Werner Buckel, Reinhold Kleiner
Supraleitung

Werner Buckel, Reinhold Kleiner

Supraleitung

Grundlagen und Anwendungen

6., vollständig überarbeitete
und erweiterte Auflage

WILEY-
VCH

WILEY-VCH Verlag GmbH & Co. KGaA

Prof. Dr. Reinhold Kleiner
Physikalisches Institut
Experimentalphysik II
Universität Tübingen
Auf der Morgenstelle 14
72076 Tübingen

6. Auflage 2004
1. Nachdruck 2007

**Bibliografische Information
der Deutschen Nationalbibliothek**
Die Deutsche Nationalbibliothek verzeichnet diese Publikation in der Deutschen Nationalbibliografie; detaillierte bibliografische Daten sind im Internet über http://dnb.d-nb.de abrufbar.

»Titelbild: Levitiertes Spielzeugauto auf supraleitender Rennbahn (Fotographie: R. Straub, Universität Tübingen)«

Satz Typomedia GmbH, Ostfildern
ISBN 978-3-527-40348-6

Heike Kamerlingh-Onnes

Für die freundliche Überlassung dieses Bildes danken wir
Herrn Professor Dr. C. J. Gorter, Kamerlingh-Onnes Laboratorium, Leiden

Vorwort zur 6. Auflage

Zehn Jahre sind seit der letzten Auflage dieses Buches vergangen – zehn Jahre, in denen die Entwicklung der Supraleitung stürmisch vorangeschritten ist. Es war daher an der Zeit, die »Supraleitung« vollständig zu überarbeiten. Der Aufbau des Buches hat sich an vielen Stellen geändert. Erhalten werden sollte jedoch der Grundgedanke, die Supraleitung auf möglichst einfache Art darzustellen, um auch Nichtfachleuten einen Einblick in dieses spannende Gebiet zu geben.

Werner Buckel starb wenige Wochen vor der Fertigstellung des Manuskripts. Ich hoffe, sein Werk in seinem Sinne weitergeführt zu haben.

Mein herzlicher Dank gilt allen Kollegen, die zur Neugestaltung des Buches beigetragen haben, insbesondere den Herren Klaus Schlenga, Rudolf Hübener, Dieter Kölle, Michael Mayer und Rainer Straub. Besonders danken möchte ich Frau Marie-Luise Fenske für ihre große Hilfe bei der Literaturrecherche sowie Frau Dr. Anna Schleitzer und den Lektoren des Verlages für Anregungen und Verbesserungen.

Den Herren Klaus-Peter Jüngst, Forschungszenrum Karlsruhe; Jochen Mannhart und Christof Schneider, Institut für Physik der Universität Augsburg; Fritz Schick, Radiologische Klinik der Universität Tübingen; Klaus Schlenga, Fa. Bruker BioSpin; Tom H. Johansen, Superconductivity Lab. der Universität Oslo; Akira Tonomura, Fa. Hitachi Ltd.; den Firmen CTF Systems Inc. und Bell Labs/Lucent Technologies Inc., dem Institut Laue-Langevin, dem International Superconductivity Technology Center (ISTEC) und der SUMO Association sowie dem Railway Technical Research Institute danke ich herzlich für die Überlassung unveröffentlichter Aufnahmen. Herrn Klaus Schlenga danke ich außerdem für die Textgestaltung des Abschnitts 7.3.1.

Tübingen, im Januar 2004   Reinhold Kleiner

Supraleitung: Grundlagen und Anwendungen, 6. Auflage
Werner Buckel, Reinhold Kleiner
Copyright © 2004 Wiley-VCH Verlag GmbH & Co. KGaA, Weinheim
ISBN: 978-3-527-40348-6

Vorwort zur 5. Auflage

Der »Goldrausch«, der nach der Entdeckung der neuen Supraleiter durch J. G. Bednorz und K. A. Müller ausgebrochen war, ist etwas abgeklungen. Zwar werden noch immer jährlich mehrere tausend Arbeiten zur Supraleitung publiziert; es wird aber nun darauf geachtet, mit möglichst gut definierten Proben zu arbeiten und damit reproduzierbare Ergebnisse zu erhalten. Diese weltweiten Anstrengungen haben dazu geführt, daß seit dem Erscheinen der 4. Auflage viele interessante Detailprobleme der neuen Supraleiter geklärt werden konnten. Auch erste Anwendungen, z. B. für magnetische Abschirmungen oder für Magnetfeldsensoren, den SQUIDs, wurden entwickelt. Wir haben aber noch immer kein überzeugendes theoretisches Verständnis dieser Supraleiter mit Übergangstemperaturen bis 125 K.

Die Grundstruktur des Buches wurde beibehalten. Die neuen Entwicklungen werden in den entsprechenden Kapiteln behandelt. Kürzungen, im wesentlichen bei den supraleitenden Schalt- und Speicherelementen, ermöglichten es, den Umfang des Buches nicht zu stark anwachsen zu lassen.

Bei der großen Zahl von Publikationen ist es kaum möglich, alle Entwicklungen eingehend zu verfolgen. Hier ist die Hilfe und der Rat von Fachleuten unverzichtbar. Wieder habe ich vielen Kollegen für wertvolle Hinweise und Diskussionen zu danken. Stellvertretend für viele möchte ich nur einige Namen nennen. Herrn H. Rietschel, Karlsruhe, danke ich für viele wichtige Hinweise. Mein herzlicher Dank gilt den Herren A. I. Braginski, KfA Jülich; Ø. Fischer, Genf; Ch. Heiden, Gießen; E. H. Hoenig, Siemens Erlangen; H. Küpfer, Karlsruhe; Kl. Lüders, Berlin; K. Renk, Regensburg; Gerd Schön, Karlsruhe; J. Tenbrink, Vacuumschmelze Hanau, und H. Wühl, Karlsruhe. Den Herren L. Intichar, Siemens KWU, S. Wolff und D. Proch, beide DESY, danke ich sehr herzlich für die freundliche Überlassung von einigen Abbildungen. Dem Verlag habe ich für angenehme Zusammenarbeit und für die Bereitschaft zu danken, einige Verbesserungen bei den Abbildungen vorzunehmen. Herrn Götz Jerke vom Lektorat danke ich für wichtige fachliche Hinweise.

Karlsruhe, im August 1993   Werner Buckel

Supraleitung: Grundlagen und Anwendungen, 6. Auflage
Werner Buckel, Reinhold Kleiner
Copyright © 2004 Wiley-VCH Verlag GmbH & Co. KGaA, Weinheim
ISBN: 978-3-527-40348-6

Vorwort zur 1. Auflage

Nahezu 5 Jahrzehnte konnte die Supraleitung nicht befriedigend gedeutet werden. Heute haben wir eine mikroskopische Theorie, die eine Fülle von Erscheinungen erfaßt und zum Teil sogar quantitativ beschreibt. Damit ist das Phänomen Supraleitung zumindest im Prinzip verstanden.

Mit dem Bau großer supraleitender Magnete hat die technische Auswertung der Supraleitung begonnen. Weitere Anwendungen in der Elektrotechnik, z. B. für die Leistungsübertragung, werden intensiv studiert. Auf einigen Gebieten der elektrischen Meßtechnik hat die Supraleitung durch eine Steigerung der Empfindlichkeit um einige Größenordnungen, z. B. bei der Magnetfeldmessung, geradezu einen Durchbruch bewirkt.

Damit wird das Interesse an dieser Erscheinung in Zukunft nicht auf den Physiker beschränkt bleiben. Vielmehr werden mehr und mehr Ingenieure mit diesem Phänomen konfrontiert werden. Die Anwendungen werden auch dazu führen, daß die Supraleitung stärker in das Blickfeld der technisch interessierten Öffentlichkeit rückt.

An alle diese interessierten »Nichtfachleute« wendet sich die vorliegende Einführung in die Supraleitung. Es wird versucht, unsere Grundvorstellungen über die Supraleitung möglichst anschaulich und unter bewußtem Verzicht auf mathematische Formulierungen darzustellen. Auf dem Hintergrund dieser Vorstellungen werden die vielfältigen Erscheinungen diskutiert. Auch die Anwendungen werden dabei eingehend behandelt.

Natürlich kann eine solche einführende Darstellung nur eine begrenzte Auswahl von Überlegungen und Fakten bringen. Jede solche Auswahl muß notwendigerweise sehr subjektiv sein. Unter Verzicht auf viele Einzelheiten wurde versucht, ein möglichst umfassendes Bild der Supraleitung und insbesondere ihrer Quantennatur zu geben. Dabei schien es nicht zweckmäßig, der historischen Entwicklung zu folgen. Vielmehr werden die Erscheinungen ihrem inneren Zusammenhang nach geordnet und behandelt. Zweifellos wird dabei viel hervorragende Pionierarbeit nicht entsprechend gewürdigt. Auch das Literaturverzeichnis gibt keineswegs einen repräsentativen Querschnitt der vielen tausend Arbeiten, die zum Thema Supraleitung erschienen sind. Es soll dem interessierten Leser lediglich einen Zugang zur Originalliteratur eröffnen. Im übrigen kann für Spezialfragen auf eine ganze Reihe hervorragender Monographien verwiesen werden.

Supraleitung: Grundlagen und Anwendungen, 6. Auflage
Werner Buckel, Reinhold Kleiner
Copyright © 2004 Wiley-VCH Verlag GmbH & Co. KGaA, Weinheim
ISBN: 978-3-527-40348-6

Das Buch hat seinen Zweck erfüllt, wenn es dazu beitragen kann, die Supraleitung einem weiteren Kreis von Interessierten näher zu bringen. Vielleicht kann es darüber hinaus als kurze Zusammenfassung auch denen eine kleine Hilfe sein, die selbst Fragen der Supraleitung bearbeiten.

Viele haben mich bei der Arbeit an diesem Buch dadurch tatkräftig unterstützt, daß sie stets bereit waren, über alle auftauchenden Probleme mit mir eingehend zu diskutieren. Ihnen allen habe ich sehr zu danken. Ganz besonders danke ich meinem lieben Kollegen Falk, der unermüdlich bereit war, meine Fragen zu beantworten und zu diskutieren. Herzlich zu danken habe ich meinen Mitarbeitern, sowohl in Karlsruhe als auch in Jülich, unter ihnen besonders den Herren Dr. Baumann, Dr. Gey, Dr. Hasse, Dr. Kinder und Dr. Wittig. Den Herren Dr. Appleton (EEDIRDC), Dr. Schmeissner (CERN), Dr. Kirchner (München); Prof. Rinderer (L.ausanne), Dr. Eßmann (Stuttgart) und Dr. Voigt (Erlangen) sowie den Firmen Siemens, Vakuumschmelze und General Electric möchte ich sehr herzlich für die freundliche Überlassung von Bildern danken. Dem Physik Verlag bin ich für die angenehme Zusammenarbeit sehr verbunden.

Besonders herzlich habe ich aber meiner lieben Frau zu danken, die mit großer Geduld ertragen hat, daß ich manche Abende und Sonntage ausschließlich mit der Arbeit an diesem Buch verbracht habe.

Jülich, im August 1971   Werner Buckel

Werner Buckel
15.5.1920 – 3.2.2003

Inhaltsverzeichnis

Supraleitung: Grundlagen und Anwendungen, 6. Auflage
Werner Buckel, Reinhold Kleiner
Copyright © 2004 Wiley-VCH Verlag GmbH & Co. KGaA, Weinheim
ISBN: 978-3-527-40348-6

Einleitung

Viele Phänomene in der Physik resultieren aus dem Gegeneinander gegensätz-licher Wechselwirkungen. Ein wichtiges Beispiel ist das Wechselspiel zwischen der ungeordneten thermischen Bewegung der Bausteine der Materie und den ordnen-den Kräften zwischen diesen Bausteinen. Wird mit wachsender Temperatur die thermische Bewegungsenergie genügend groß im Vergleich zu irgendeiner ordnen-den Wechselwirkung, so bricht der geordnete Zustand der Materie, der sich bei kleinen Temperaturen eingestellt hat, zusammen. Alle Phasenübergänge, etwa vom gasförmigen in den flüssigen Zustand, genauso wie der Aufbau der Atome selbst aus den elementaren Bausteinen der Materie unterliegen dieser Gesetzmäßigkeit. Es muss daher nicht überraschen, dass oft unerwartete – und später für die Technologie wichtige – neue Eigenschaften der Materie durch Experimente bei extremen Bedingungen entdeckt werden. Ein Beispiel einer solchen Entdeckung ist die Supraleitung.

Im Jahre 1908 war es Heike Kamerlingh-Onnes[1], Leiter des von ihm ge-gründeten und zu Weltruhm geführten Kältelaboratoriums der Universität Leiden, gelungen, das Helium als letztes der Edelgase zu verflüssigen [1]. Dessen Siede-temperatur liegt bei Atmosphärendruck bei 4,2 Kelvin und kann durch Abpumpen weiter erniedrigt werden. Mit der Verflüssigung des Heliums war ein neuer Temperaturbereich in der Nähe des absoluten Nullpunktes erschlossen. Der erste erfolgreiche Versuch hatte noch die gesamte Kapazität des Instituts erfordert; aber schon bald konnte Kamerlingh-Onnes bei diesen Temperaturen experimentieren. Er begann zunächst eine Untersuchung des elektrischen Widerstandes der Me-talle.

Die Vorstellungen über den elektrischen Leitungsmechanismus waren zu der damaligen Zeit noch recht lückenhaft. Man wusste zwar, dass es Elektronen sein müssen, die den Ladungstransport bewirken. Man hatte auch schon die Tempera-turabhängigkeit des Widerstandes vieler Metalle gemessen und gefunden, dass der Widerstand im Bereich der Zimmertemperatur linear mit der Temperatur ab-nimmt. Im Gebiet tiefer Temperatur zeigte sich allerdings, dass diese Abnahme immer kleiner wird. Es standen im Prinzip drei Möglichkeiten zur Diskussion:

---

1 Eine Biographie findet sich z. B. in Spektrum der Wissenschaft, Mai 1997, S. 84–89.

Supraleitung: Grundlagen und Anwendungen, 6. Auflage
Werner Buckel, Reinhold Kleiner
Copyright © 2004 Wiley-VCH Verlag GmbH & Co. KGaA, Weinheim
ISBN: 978-3-527-40348-6

1. Der Widerstand konnte mit sinkender Temperatur stetig gegen Null gehen (James Dewar, 1904; Abb. 1, Kurve 1);
2. er konnte einem festen Grenzwert zustreben (Heinrich Friedrich Ludwig Matthiesen, 1864; Abb. 1, Kurve 2) oder
3. er konnte durch ein Minimum laufen und für sehr tiefe Temperaturen gegen unendlich gehen (William Lord Kelvin, 1902; Abb. 1, Kurve 3).

Gerade für die dritte Möglichkeit sprach die Vorstellung, dass bei genügend tiefen Temperaturen die Elektronen eigentlich an ihre Atome gebunden sein sollten. Damit sollte die freie Beweglichkeit verschwinden. Die erste Möglichkeit, wonach der Widerstand für kleine Temperaturen gegen Null gehen würde, war durch die starke Abnahme mit sinkender Temperatur nahegelegt worden.

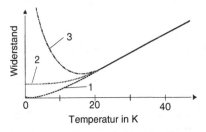

Abb. 1 Zur Temperaturabhängigkeit des elektrischen Widerstandes bei tiefen Temperaturen.

Kamerlingh-Onnes untersuchte zunächst Platin- und Goldproben, weil er diese Metalle schon damals in beachtlich reiner Form erhalten konnte. Er fand, dass der elektrische Widerstand seiner Proben bei Annäherung an den absoluten Nullpunkt einem festen Wert, dem sog. Restwiderstand zustrebte, in seinem Verhalten also der unter Punkt 2 genannten Möglichkeit entsprach. Dieser Restwiderstand war in seiner Größe abhängig vom Reinheitsgrad der Proben. Je reiner die Proben waren, desto kleiner war der Restwiderstand. Kamerlingh-Onnes neigte nach diesen Ergebnissen zu der Auffassung, dass ideal reines Platin oder Gold bei den Temperaturen des flüssigen Heliums einen verschwindend kleinen Widerstand haben sollte. In einem Vortrag auf dem Dritten Internationalen Kältekongress in Chicago 1913 schildert er diese Überlegungen und Experimente. Er sagt dort: »*Allowing a correction for the additive resistance I came to the conclusion that probably the resistance of absolutely pure Platinum would have vanished at the boiling point of Helium*« [2]. Diese Vorstellung wurde auch gestützt durch die gerade in einer sehr stürmischen Entwicklung begriffene Quantenphysik. Von Albert Einstein war ein Modell des festen Körpers angegeben worden, nach dem die Schwingungsenergie der Atome bei sehr kleinen Temperaturen exponentiell abnehmen sollte. Da der Widerstand sehr reiner Proben nach der – wie wir heute wissen, völlig richtigen – Ansicht von Kamerlingh-Onnes nur durch diese Bewegung der Atome hervorgerufen werden sollte, lag seine oben zitierte Hypothese auf der Hand.

Für einen Test dieser Vorstellung entschloss sich Kamerlingh-Onnes zu einer Untersuchung des Quecksilbers, des einzigen Metalls, von dem er damals hoffen konnte, es durch mehrfache Destillation in einen noch höheren Reinheitsgrad zu bringen. Er schätzte ab, dass er den Widerstand des Quecksilbers am Siedepunkt

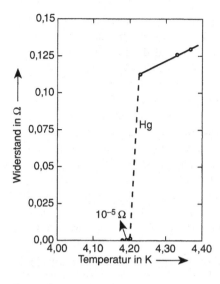

Abb. 2 Supraleitung von Quecksilber (nach [3]).

des Heliums mit seiner Anordnung gerade noch beobachten könnte, dass dieser aber dann bei noch tieferen Temperaturen rasch gegen Null gehen sollte.

Die ersten Experimente, die Kamerlingh-Onnes mit seinen Mitarbeitern Gerrit Flim, Gilles Holst und Gerrit Dorsman durchführte, schienen diese Auffassung zu bestätigen. Der Widerstand des Quecksilbers wurde bei Temperaturen unter 4,2 K wirklich unmessbar klein. In seinem Vortrag 1913 beschreibt Kamerlingh-Onnes diese Phase der Überlegungen und Versuche wie folgt: »*With this beautiful prospect before me there was no more question of reckoning with difficulties. They were overcome and the result of the experiment was as convincing as could be.*«

Aber schon bald erkannte er bei weiteren Experimenten mit einer verbesserten Apparatur, dass der beobachtete Effekt keineswegs identisch sein konnte mit der erwarteten Widerstandsabnahme. Die Widerstandsänderung erfolgte nämlich in einem Temperaturintervall von nur einigen Hundertstel eines Grades, glich also eher einem Widerstandssprung als einer stetigen Abnahme.

Abb. 2 zeigt die von Kamerlingh-Onnes publizierte Kurve [3]. Er selbst sagt dazu: »*At this point (etwas unterhalb von 4,2 K) within some hundredths of a degree came a sudden fall not foreseen by the vibrator theory of resistance, that had framed, bringing the resistance at once less than a millionth of its original value at the melting point... Mercury has passed into a new state, which on account of its extraordinary electrical properties may be called the superconductive state.*« [2]

Damit war auch der Name für dieses neue Phänomen gefunden. Die Entdeckung kam unerwartet bei Experimenten, die eine wohlbegründete Vorstellung testen sollten. Es zeigte sich bald, dass die Reinheit der Proben von untergeordneter Bedeutung für das Verschwinden des Widerstandes ist. Das genügend sorgfältig und kritisch durchgeführte Experiment hatte einen neuen Zustand der Materie aufgedeckt.

Wir wissen heute, dass die Supraleitung ein sehr verbreitetes Phänomen ist. So tritt Supraleitung bereits im Periodensystem der Elemente bei einer ganzen Reihe von Metallen auf, wobei – bei Umgebungsdruck – Niob das Element mit der höchsten Übergangstemperatur von ca. 9 Kelvin ist. Im Lauf der Zeit wurden tausende supraleitender Verbindungen gefunden, und die Entwicklung ist noch lange nicht abgeschlossen.

Welches Gewicht die wissenschaftliche Welt der Entdeckung der Supraleitung zumaß, geht aus der Verleihung des Nobelpreises für Physik an Kamerlingh-Onnes im Jahr 1913 hervor. Damals konnte aber wohl niemand ahnen, welche Fülle grundsätzlicher Fragestellungen und interessanter Möglichkeiten sich aus dieser Beobachtung ergeben würde, und dass es erst etwa ein halbes Jahrhundert später gelingen sollte, die Supraleitung wenigstens im Prinzip zu verstehen[2].

Das Verschwinden des elektrischen Widerstands unterhalb einer »kritischen Temperatur« oder »Übergangstemperatur« T_c ist nicht die einzige ungewöhnliche Eigenschaft von Supraleitern. So können Supraleiter von außen angelegte Magnetfelder entweder bis auf eine dünne Außenschicht vollständig aus ihrem Inneren verdrängen (»Idealer Diamagnetismus« oder »Meißner-Ochsenfeld-Effekt«), oder sie bündeln das Magnetfeld in Form von »Flussschläuchen«. Dabei ist der magnetische Fluss in Einheiten des »Flussquants« $\Phi_0 = 2.07 \cdot 10^{-15}$ Wb quantisiert[3]. Der ideale Diamagnetismus von Supraleitern wurde 1933 von Walther Meißner und Robert Ochsenfeld entdeckt und war sehr überraschend, da man für ideale Leiter auf Grund des Induktionsgesetzes lediglich erwartet hätte, dass sie ein in ihrem Inneren befindliches Feld beibehalten, aber nicht verdrängen.

Der Durchbruch im theoretischen Veständnis der Supraleitung kam durch die Arbeiten von John Bardeen, Leon Neil Cooper und John Robert Schrieffer (»BCS-Theorie«), die hierfür 1972 den Nobelpreis erhielten [4]. Sie erkannten, dass beim Übergang in den supraleitenden Zustand die Elektronen paarweise in einen Zustand kondensieren, in dem sie nach den Gesetzen der Quantenmechanik eine kohärente Materiewelle mit wohldefinierter Phase bilden. Die Elektronen wechselwirken hierbei über die »Phononen«, die Schwingungen des Kristallgitters.

Das Ausbilden einer kohärenten Materiewelle, oft »makroskopische Wellenfunktion« genannt, ist die wesentliche Eigenschaft des supraleitenden Zustands. Ähnliche Erscheinungen kennen wir auch aus anderen Bereichen der Physik. So hat man beim Laser eine kohärente, aus Photonen gebildete Lichtwelle. Beim Phänomen der Superfluidität bilden Helium-Atome unterhalb des sogenannten Lambda-Punktes – er liegt bei dem Isotop ^{4}He bei 2.17 Kelvin, und bei ^{3}He bei etwa 3 Millikelvin – eine kohärente Materiewelle [5, 6]. Diese Supraflüssigkeit kann unter geeigneten Bedingungen völlig reibungsfrei fließen. Schließlich kann man seit

---

2 Für eine Darstellung der Geschichte der Supraleitung sei auf die Monographie [M1] verwiesen.

3 Der magnetische Fluss Φ durch eine Schleife der Fläche F, die von einer räumlich homogenen Flussdichte B (im folgenden einfach als »Magnetfeld« bezeichnet) senkrecht durchsetzt ist, ist gegeben durch $\Phi = B \cdot F$. Im allgemeinen Fall eines beliebig gerichteten, räumlich inhomogenen Magnetfelds $\vec{B}$ muss man über die Fläche der Schleife integrieren, $\Phi = \int_F \vec{B} d\vec{f}$. Die Einheit des magnetischen Flusses ist Weber (Wb), die Einheit des Magnetfelds ist Tesla (T). Es gilt 1 Wb = 1 T $\cdot$ m^2. Man denke sich nun eine Schleife, die in großem Abstand um die Achse eines isolierten Flussschlauchs gelegt ist. Es gilt dann $\Phi = \Phi_0$.

kurzem Gase aus Alkaliatomen wie etwa Rubidium oder Kalium in einen kohärenten Quantenzustand kondensieren. Diese »Bose-Einstein Kondensation« wurde von
Bose und Einstein 1925 vorhergesagt. Erst 1995 konnten solche Kondensate aus
einigen tausend Atomen durch spezielle optische und magnetische Kühltechniken
bei Temperaturen unterhalb von 1 Mikrokelvin realisiert werden [7]. Auch für die
Entdeckung des Lasers, der Superfluidität und der Bose-Einstein-Kondensation
wurden Nobelpreise vergeben[4].

Über 75 Jahre war auch die Supraleitung ein ausgesprochenes Tieftemperatur-
phänomen. Dies änderte sich 1986, als J. G. Bednorz und K. A. Müller Supraleiter
auf der Basis von Kupferoxid entdeckten. Die beiden Forscher erhielten hierfür
bereits 1987 den Nobelpreis [8]. Im Septemberheft 1986 der *Zeitschrift für Physik B*
publizierten Bednorz und Müller eine Arbeit mit dem vorsichtigen Titel »Possible
High T_c Superconductivity in the Ba-La-Cu-O System« [9]. Die Autoren waren von
der Hypothese ausgegangen, dass Substanzen mit ausgeprägtem Jahn-Teller-
Effekt[5] auch Supraleiter mit besonders hohen Übergangstemperaturen T_c sein
könnten. Sie begannen mit dem Studium von Verbindungen auf der Basis des
Nickeloxids, da Ni^{3+} in einem Oktaeder von Sauerstoffatomen einen starken Jahn-
Teller-Effekt zeigt. Sie fanden in dieser Substanzgruppe jedoch keine Supraleiter.
Danach gingen sie systematisch zum Kupferoxid über. Auch Cu^{2+} hat in einem
Sauerstoffoktaeder einen großen Jahn-Teller-Effekt. Nach wenigen Monaten hatten
Bednorz und Müller Proben, die schon oberhalb von 30 K einen steilen Abfall des
elektrischen Widerstands zeigten. Waren hier Supraleiter mit $T_c > 30$ K gefunden?
Dies wäre nach mehr als 10 Jahren Stagnation ein Durchbruch gewesen. Die Arbeit
fand überraschenderweise wenig Beachtung. Zweifel, ob es sich wirklich um
Supraleitung handelte, wurden geäußert. Die Proben waren Mischungen aus
mehreren Phasen, darunter auch isolierende Substanzen. Sie hatten deshalb extrem
große spezifische Widerstände. Es war durchaus denkbar, dass irgendeine Phasenumwandlung im Gefüge den Widerstandsabfall verursachte[6]. So musste ein überzeugender Beweis für die Supraleitung dieser Proben noch erbracht werden.

Dies geschah durch Bednorz, Müller und Takashige über den Nachweis des
Meißner-Ochsenfeld-Effektes [10]. Die Abb. 3 gibt die entscheidende Messung dieser Arbeit wieder. Die beiden Proben zeigten oberhalb von 40 K den für Metalle
bekannten kleinen Paramagnetismus, der nahezu temperaturunabhängig ist. Um
30 K, also im gleichen Temperaturbereich, in dem der Widerstandsabfall auftritt,

---

4 1962 an Landau (^{4}He), 1964 an Townes, Basov und Prokhorov (Laser), 1996 an Lee, Osheroff und
Richardson (^{3}He), 2001 an Cornell, Wieman und Ketterle (Bose-Einstein Kondensation).

5 Unter dem Jahn-Teller-Effekt versteht man die Verschiebung eines Ions aus der hochsymmetrischen
Lage bezüglich der Umgebung. Dabei wird die Entartung der Zustände des Ions aufgehoben und
seine Energie insgesamt abgesenkt. Ein starker Jahn-Teller-Effekt ist Ausdruck einer starken
Elektron-Phonon-Wechselwirkung. So lag die Hypothese von Müller und Bednorz durchaus im
Rahmen der BCS-Theorie.

6 In metallischen Natrium-Ammoniak-Lösungen wurden Mitte der 1940er Jahre beim Abkühlen unter
etwa 70 K scharfe Widerstandsabfälle beobachtet, die zunächst als Supraleitung gedeutet wurden.
Tatsächlich handelte es sich aber um die Ausscheidung von Natriumfäden aus der Lösung [R. A. Ogg
Jr.: Phys. Rev. **69**, 243 u. 668 (1946); **70**, 93 (1946)].

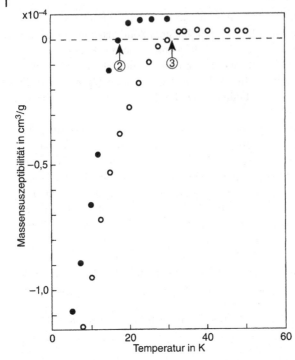

Abb. 3 Magnetische Suszeptibilität von zwei Proben des La-Ba-Cu-O-Systems als Funktion der Temperatur nach [10].

bildet sich beim Abkühlen im Magnetfeld ein wachsender Diamagnetismus – der Meißner-Ochsenfeld-Effekt – aus; die magnetische Suszeptibilität wird negativ.

Dieses Resultat war auch deshalb für die Fachleute so überraschend, weil Bernd Matthias und seine Mitarbeiter schon Mitte der 1960er Jahre eine systematische Untersuchung metallischer Oxide begonnen hatten (siehe [11]). Sie suchten bei den Substanzen auf der Basis von Oxiden der Übergangsmetalle wie W, Ti, Mo und Bi. Dabei fanden sie außerordentlich interessante Supraleiter, z.B. im Ba-Pb-Bi-O System, aber keine besonders hohen Übergangstemperaturen.

Der »Goldrausch« begann um die Jahreswende 1986/87, als bekannt wurde, dass die Ergebnisse von Bednorz und Müller in einer japanischen Gruppe um S. Tanaka voll reproduziert werden konnten. Nun begannen die Wissenschaftler in unzähligen Labors in aller Welt diese neuen Oxide zu studieren. Diese außerordentliche wissenschaftliche Anstrengung brachte bald Erfolge. Es konnte gezeigt werden, dass im System La-Sr-Cu-O Supraleiter mit Übergangstemperaturen über 40 K hergestellt werden können [12]. Schon einige Wochen später wurden Übergangstemperaturen über 80 K im System Y-Ba-Cu-O beobachtet [13, 14]. Die Bekanntgabe von Ergebnissen erfolgte in dieser Phase häufiger auf Pressekonferenzen als in wissenschaftlichen Zeitschriften. Die Medien nahmen sich dieser Entwicklung mit besonderem Eifer an. Mit Supraleitung bei Temperaturen oberhalb der Siedetemperatur des flüssigen Stickstoffs ($T = 77$ K) konnte man von großen technischen Anwendungen dieses Phänomens schwärmen.

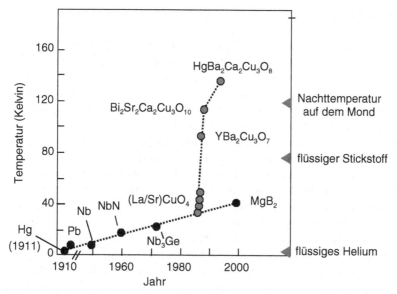

Abb. 4 Entwicklung der supraleitenden Übergangstemperatur seit
Entdeckung der Supraleitung (nach [15]).

Heute kennen wir eine ganze Reihe von »Hochtemperatursupraleitern« auf
Kupferoxidbasis. Die meistuntersuchten Verbindungen sind dabei $YBa_2Cu_3O_7$
(auch »YBCO« oder »Y123«) und $Bi_2Sr_2CaCu_2O_8$ (auch »BSCCO« oder »Bi2212«),
die maximale Sprungtemperaturen um 90 K besitzen. Viele Verbindungen haben
Sprungtemperaturen über 100 K. Den Rekord hält $HgBa_2Ca_2Cu_3O_8$, das bei Raum-
druck ein T_c von 135 K hat und unter einem Druck von 30 GPa bereits bei 164 K
supraleitend wird. Abb. 4 zeigt die Entwicklung der Sprungtemperaturen seit ihrer
Entdeckung durch Kamerlingh-Onnes. Besonders auffällig ist die sprunghafte
Erhöhung durch die Entdeckung der Kupferoxide.

Wir haben in das Diagramm auch die metallische Verbindung MgB_2 aufgenommen, für die erstaunlicherweise erst Anfang 2000 Supraleitung mit einer Sprungtemperatur von 39 K nachgewiesen wurde, obwohl das Material seit langem
kommerziell erhältlich war [16]. Auch diese Entdeckung hat in der Physik ein sehr
großes Aufsehen verursacht, und bereits in den beiden folgenden Jahren wurden
wesentliche Eigenschaften des Materials geklärt. MgB_2 verhält sich demnach ähnlich wie die »klassischen« metallischen Supraleiter.

Im Gegensatz dazu sind viele Eigenschaften der Hochtemperatursupraleiter –
aber auch anderer supraleitender Verbindungen – sehr ungewöhnlich, wie wir im
Verlauf des Buchs vielfach sehen werden. Ebenso ist über 15 Jahre nach Entdeckung der oxidischen Supraleiter immer noch unklar, wie die Cooper-Paarung in
diesen Materialien zustande kommt. Mit hoher Wahrscheinlichkeit spielen dabei
aber magnetische Wechselwirkungen eine große Rolle.

Mit der Entdeckung der Kuprate ist das Phänomen Supraleitung nicht mehr
allzuweit von dem uns gewohnten Temperaturbereich organischen Lebens entfernt,

und man hofft, eines Tages Materialien zu finden, die dieses Phänomen auch bei Zimmertemperatur und darüber zeigen.

Aber auch tiefe Temperaturen werden für die tägliche Nutzung immer zugänglicher. So sind Kühlschränke und Gefriertruhen selbstverständliche Gebrauchsgegenstände. Gerade in jüngster Zeit hat man sehr große Fortschritte in der Kühltechnik erzielt, und moderne, einfach gebaute Kryokühler erreichen heutzutage leicht Temperaturen von 30 K, z. T. sogar 4.2 K und weniger [17, 18][7]. Auch Kühlung mit flüssigem Stickstoff ist in vielen Bereichen der Industrie ein Standardverfahren. Die Supraleitung wird damit in wachsendem Maß in unser Alltagsleben Eingang finden, etwa im Bereich der Energietechnik oder der Mikroelektronik.

Bereits seit geraumer Zeit verwendet man – unter Einsatz flüssigen Heliums als Kühlmittel – die metallischen Supraleiter in der Medizin, etwa zur Erzeugung hoher Magnetfelder in Kernspintomographen, oder in der Magnetfeldsensorik. Magnetfeldsensoren aus $YBa_2Cu_3O_7$ werden in Testversuchen auf »freiem Feld« eingesetzt, etwa zur zerstörungsfreien Prüfung von Werkstoffen oder zur Detektion magnetischer Herzsignale. Im Bereich der Energietechnik sind erste Prototypen supraleitender Kabel aus Hochtemperatursupraleitern im Einsatz. Hochtemperatursupraleiter können auf Magneten schweben, oder sogar unter den Magneten hängen. Damit hat man die Möglichkeit einer berührungs- und nahezu reibungsfreien Lagerung und Bewegung, was sehr reizvoll für viele Bereiche der Technik ist.

Dieses Buch soll einen ersten Eindruck vom Phänomen der Supraleitung geben. Es konnten nur ausgewählte Aspekte berücksichtigt werden. Auch mussten speziellere Themen sehr kurz dargestellt werden, um den Umfang des Buchs in einem vernünftigen Rahmen zu halten. Dennoch mag das Buch einiges von der Faszination vermitteln, die die Supraleitung seit nun beinahe einem Jahrhundert den Physikern bietet.

Literatur

1 H. Kamerlingh-Onnes: Proc. Roy. Acad. Amsterdam **11**, 168 (1908).
2 H. Kamerlingh-Onnes: Comm. Leiden, Suppl. Nr. 34 (1913).
3 H. Kamerlingh-Onnes: Comm. Leiden **120b** (1911).
4 J. Bardeen, L. N. Cooper u. J. R. Schrieffer: Phys. Rev. **108**, 1175 (1957).
5 D. R. Tilley u. J. Tilley, »Superfluidity and Superconductivity«, Van Nostrand Reinhold Company, New York (1974).
6 D. M. Lee, Rev. Mod. Phys. **69**, 645 (1997); D. D. Osheroff, Rev. Mod.Phys. **69**, 667 (1997); R. C. Richardson, Rev. Mod. Phys. **69**, 683 (1997).
7 E. A. Cornell u. C. E. Wieman: Rev. Mod. Phys. **74**, 875 (2002); W. Ketterle: Rev. Mod. Phys. **74**, 1131 (2002).
8 J. Bednorz u. K. A. Müller, Rev. Mod. Phys. **60**, 585 (1988).

---

7 Im Laborbetrieb lassen sich durch verschiedene Kühlverfahren Temperaturen bis herab zu einigen Millikelvin kontinuierlich aufrecht erhalten. Mit Hilfe der Kernspinentmagnetisierung sind Endtemperaturen im Mikrokelvin-Bereich und darunter möglich. Für einen Überblick siehe z. B. die Monographien [M32, M33].

9 J. G. Bednorz u. K. A. Müller: Z. Physik **B 64** 189 (1986).

10 J. G. Bednorz, M. Takashige u. K. A. Müller: Europhys. Lett. **3**, 379 (1987).

11 Ch. J. Raub: J. Less-Common Met. **137**, 287 (1988).

12 R. J. Cava, R. B. van Dover, B. Batlogg u. E. A. Rietmann: Phys. Rev. Lett. **58** 408 (1987). C. W Chu, P. H. Hor, R. L. Meng, L. Gao, Z. J. Huang u. Y. Q. Wang: Phys. Rev. Lett. **58**, 405 (1987).

13 M. K. Wu, J. R. Ashburn, C. J. Torng, P H. Hor, R. L. Meng, L. Gao, Z. J. Huang, Y. O. Wang u. C. W Chu: Phys. Rev. Lett. **58**, 908 (1987).

14 Z. X. Zhao: Int. J. Mod. Phys. **B 1**, 179 (1987).

15 J. R. Kirtley u. C. C. Tsuei: Spektrum der Wissenschaften, Oktober 1996, S. 58.

16 J. Nagamatsu, N. Nakagawa, T. Muranaka, Y. Zenitani, u. J. Akimitsu: Nature **410**, 63 (2001).

17 C. Heiden, in [M26], S. 289; C. Lienert, G. Thummes u. C. Heiden: IEEE Trans. Appl. Supercond. **11**, 832 (2002).

18 R. Hott u. H. Rietschel: Applied Superconductivity Status Report, Forschungszentrum Karlsruhe (1998).

1
Grundlegende Eigenschaften von Supraleitern

Das Verschwinden des elektrischen Widerstands, die Beobachtung des ideal diamagnetischen Verhaltens oder das Auftreten quantisierter magnetischer Flussschläuche sind sehr charakteristische Eigenschaften von Supraleitern, die wir in diesem ersten Kapitel detailliert betrachten werden. Wir werden sehen, dass all diese Eigenschaften verständlich werden, wenn wir den supraleitenden Zustand als eine kohärente Materiewelle erkennen. Wir werden in diesem ersten Kapitel auch Experimente kennenlernen, die diese Welleneigenschaft eindrucksvoll demonstrieren.

Wenden wir uns aber zunächst der namensgebenden Eigenschaft der Supraleitung zu.

1.1
Das Verschwinden des elektrischen Widerstandes

Schon aus den ersten Beobachtungen der Supraleitung an Quecksilber ergab sich die grundlegende Frage, wie groß die Widerstandsabnahme bei Eintritt der Supraleitung ist. Oder anders ausgedrückt: Wie gerechtfertigt ist es, von einem Verschwinden des elektrischen Widerstandes zu sprechen?

Bei den ersten Untersuchungen zur Supraleitung wurde eine konventionelle Methode der Widerstandsmessung verwendet. Es wurde die elektrische Spannung an der von einem Strom durchflossenen Probe gemessen. Dabei konnte nur festgestellt werden, dass der Widerstand bei Eintritt der Supraleitung auf weniger als ein Tausendstel abnimmt. Von einem Verschwinden des Widerstandes zu sprechen, war also nur insoweit gerechtfertigt, als der Widerstand unter die Empfindlichkeitsgrenze der Messanordnung absank und damit nicht mehr nachgewiesen werden konnte.

Man muss sich darüber klar werden, dass es grundsätzlich unmöglich ist, mit einem Experiment die Aussage, der Widerstand sei exakt Null, zu beweisen. Ein Experiment kann immer nur eine obere Grenze für den Widerstand eines Supraleiters liefern.

Es ist natürlich für das Verständnis einer solch neuen Erscheinung sehr wichtig, mit möglichst empfindlichen Methoden zu testen, ob auch im supraleitenden

Supraleitung: Grundlagen und Anwendungen, 6. Auflage
Werner Buckel, Reinhold Kleiner
Copyright © 2004 Wiley-VCH Verlag GmbH & Co. KGaA, Weinheim
ISBN: 978-3-527-40348-6

zuerst abkühlen – dann Magnet wegnehmen

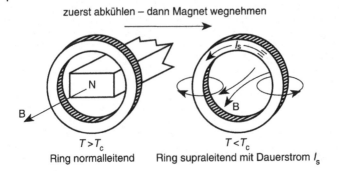

$T > T_c$

Ring normalleitend

$T < T_c$

Ring supraleitend mit Dauerstrom I_s

Abb. 1.1 Zur Erzeugung eines Dauerstromes in einem supraleitenden Ring.

Zustand noch ein Restwiderstand gefunden werden kann. Es geht also darum, extrem kleine Widerstände zu messen. Dafür wurde schon 1914 von Kamerlingh-Onnes die schlechthin beste Methode verwendet. Kamerlingh-Onnes beobachtete nämlich das Abklingen eines Stromes in einem geschlossenen supraleitenden Kreis. Die in einem solchen Strom gespeicherte Energie wird, falls ein Widerstand vorhanden ist, allmählich in Joulesche Wärme verwandelt. Man braucht also nur einen solchen Strom zu verfolgen. Klingt er im Laufe der Zeit ab, so ist mit Sicherheit noch ein Widerstand vorhanden. Kann man kein solches Abklingen feststellen, so lässt sich aus der Beobachtungszeit und der Geometrie des supraleitenden Stromkreises eine obere Grenze für den Widerstand angeben.

Diese Methode kann um viele Zehnerpotenzen empfindlicher gemacht werden als die übliche Strom-Spannungs-Messung. In Abb. 1.1 ist sie im Prinzip veranschaulicht. Wir haben einen Ring aus supraleitendem Material, z. B. Blei, oberhalb der Übergangstemperatur T_c, also im normalleitenden Zustand. Ein Magnetstab sorgt dafür, dass die Ringöffnung von einem Magnetfeld durchsetzt wird. Nun kühlen wir den Ring auf eine Temperatur ab, bei der er supraleitend ist ($T < T_c$). An dem Magnetfeld[1] durch die Öffnung ändert sich dabei praktisch nichts. Dann nehmen wir den Magneten weg. Dabei wird in dem supraleitenden Ring ein Strom angeworfen, weil jede Änderung des magnetischen Flusses Φ durch den Ring eine elektrische Spannung längs des Ringes erzeugt. Diese Induktionsspannung wirft den Strom an.

Wäre der Widerstand exakt Null, so sollte dieser Strom als sogenannter »Dauerstrom« ungeändert fließen, solange der Bleiring supraleitend bleibt. Ist irgendein Widerstand R vorhanden, so nimmt der Strom nach einem Exponentialgesetz ab.

---

1 Wir werden fast durchgehend die Größe $\vec{B}$ als magnetische Feldgröße verwenden und sie der Einfachheit halber »magnetisches Feld« anstelle von »magnetischer Flussdichte« nennen. Da die uns interessierenden Magnetfelder, auch diejenigen im Supraleiter, durch makroskopische Ströme erzeugt werden, ist eine Unterscheidung von magnetischer Feldstärke $\vec{H}$ und magnetischer Flussdichte $\vec{B}$ bis auf wenige Ausnahmen unnötig.

Es gilt:

$$I(t) = I_0 e^{-\frac{R}{L}t} \tag{1-1}$$

Dabei ist I_0 irgendein Strom zu einem Zeitpunkt, von dem aus wir die Zeit zählen. $I(t)$ ist der Strom zur Zeit t. R ist der Widerstand, und L ist der Selbstinduktions-koeffizient, der nur von der Geometrie des Ringes abhängt [2].

Für eine Abschätzung wollen wir einmal annehmen, dass wir einen Drahtring von 5 cm Durchmesser mit einer Drahtdicke von 1 mm verwenden. Der Selbst-induktionskoeffizient L eines solchen Ringes ist etwa $1{,}3 \cdot 10^{-7}$ H. Klingt in einem solchen Ring ein Dauerstrom innerhalb einer Stunde um weniger als ein Prozent ab, so kann man daraus schließen [3], dass der Widerstand kleiner sein muss als $4 \cdot 10^{-13}$ Ω. Das aber bedeutet eine Widerstandsänderung bei Eintritt der Supralei-tung um mehr als 8 Zehnerpotenzen.

Bei all diesen Versuchen muss die Stärke des Dauerstromes beobachtet werden. In den ersten Experimenten [1] geschah dies einfach mit einer Magnetnadel, deren Auslenkung im magnetischen Feld des Dauerstromes verfolgt wurde. Eine emp-findlichere Anordnung wurde von Kamerlingh-Onnes und etwas später von Tuyn [2] verwendet. Sie ist in Abb. 1.2 schematisch dargestellt. In den beiden supraleitenden Ringen 1 und 2 wird über einen Induktionsvorgang ein Dauerstrom angeworfen. Dieser Strom versucht, die beiden Ringe in paralleler Lage zu halten. Nun kann man einen der beiden Ringe (hier den inneren) an einem Torsionsfaden aufhängen und etwas aus der Parallellage herausdrehen. Dabei wird der Torsions-faden verdrillt. Es ergibt sich eine Gleichgewichtslage, bei der die Drehmomente von Dauerstrom und Torsionsfaden gleich groß sind. Diese Gleichgewichtslage wird über einen Lichtzeiger sehr empfindlich beobachtet. Klingt der Dauerstrom in den Ringen ab, so würde der Lichtzeiger eine Veränderung der Gleichgewichtslage anzeigen. Bei allen derartigen Experimenten ist nie eine Änderung des Dauer-stromes beobachtet worden.

Eine hübsche Demonstration für supraleitende Dauerströme ist in Abb. 1.3 dargestellt. Ein kleiner Permanentmagnet, der auf eine supraleitende Bleischale herabgesenkt wird, wirft nach der Lenzschen Regel Induktionsströme so an, dass eine Abstoßung des Magneten zustande kommt. Die Induktionsströme tragen den Magneten in einer Gleichgewichtshöhe. Man nennt diese Anordnung einen

---

2 Der Selbstinduktionskoeffizient L kann definiert werden als der Proportionalitätsfaktor zwischen der Induktionsspannung an einem Leiter und der zeitlichen Änderung des Stromes durch den Leiter, also via $U_{ind} = -L\frac{dI}{dt}$. Die in einem Ring mit Dauerstrom gespeicherte Energie wird gegeben durch $1/2\, L \cdot I^2$. Die zeitliche Änderung dieser Energie ist gerade gleich der im Widerstand auftretenden Jouleschen Wärmeleistung $R \cdot I^2$. Es gilt also $-\frac{d}{dt}(\frac{1}{2} LI^2) = R \cdot I^2$. Damit erhält man die Differential-gleichung $-\frac{dI}{dt} = \frac{R}{L} \cdot I$, deren Lösung (1-1) ist.

3 Für einen Kreisring mit dem Radius r aus einem Draht der Dicke $2d$ mit ebenfalls kreisförmi-gem Querschnitt $(r \gg d)$ gilt: $L = \mu_0 r \cdot [\ln(8r/d) - 1{,}75]$, mit $\mu_0 = 4\pi \cdot 10^{-7}$ Vs/Am. Es folgt damit $R \leq \frac{-\ln 0{,}99 \cdot 1{,}3 \cdot 10^{-7}}{3{,}6 \cdot 10^3} \frac{\text{Vs}}{\text{Am}} \simeq 3{,}6 \cdot 10^{-13}$ Ω

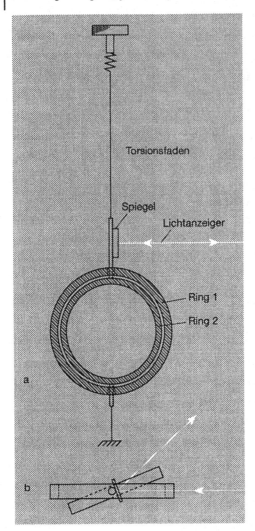

Abb. 1.2 Anordnung zur Beobachtung eines Dauerstromes (nach [2]). Ring 1 ist am Kryostaten verankert.

»schwebenden Magneten«. Der Magnet wird so lange getragen, so lange die Dauerströme im Blei fließen, d. h. so lange das Blei supraleitend gehalten wird. Mit Hochtemperatursupraleitern wie $YBa_2Cu_3O_7$ kann nicht nur diese Demonstration mit flüssigem Stickstoff leicht an Raumluft vorgeführt werden, sie kann auch verwendet werden, um wahre Schwergewichte wie den in Abb. 1.4 gezeigten Sumo-Ringer berührungsfrei zu levitieren.

Die empfindlichsten Anordnungen zur Festlegung einer oberen Grenze für den Widerstand im supraleitenden Zustand verwenden Leitergeometrien mit besonders kleinem Selbstinduktionskoeffizienten L und steigern die Beobachtungszeit. Mit solchen hochgezüchteten Apparaturen konnte die Grenze weiter erniedrigt werden. Die modernen supraleitenden Magnetfeldmesser (s. Abschnitt 7.6.4) erlauben eine

Abb. 1.3 Der »Schwebende Magnet« zur Demonstration der Dauerströme in supraleitendem Blei, die beim Absenken durch Induktion angeworfen werden. Links: Ausgangslage; rechts: Gleichgewichtslage.

weitere Steigerung der Empfindlichkeit. Wir wissen heute, dass der Widerstands-sprung bei Eintritt der Supraleitung mindestens 14 Zehnerpotenzen beträgt [3]. Ein Metall im supraleitenden Zustand könnte damit höchstens einen spezifischen Widerstand haben, der etwa 17 Zehnerpotenzen kleiner ist als der spezifische Widerstand von Kupfer, einem unserer besten metallischen Leiter bei 300 K. Da wohl niemand eine Vorstellung mit der Angabe »17 Zehnerpotenzen« verbinden kann, soll noch ein anderer Vergleich gegeben werden: Der Widerstandsunter-schied zwischen einem Metall im supraleitenden und im normalleitenden Zustand ist mindestens ebenso groß wie zwischen Kupfer und gebräuchlichen Isolatoren.

Danach erscheint es gerechtfertigt, fürs erste anzunehmen, dass der elektrische Widerstand im supraleitenden Zustand wirklich verschwindet. Es sei hier allerdings darauf hingewiesen, dass diese Aussage nur unter speziellen Bedingungen gilt. So

Abb. 1.4 Anwendung der berührungsfreien Levitation durch die Dauerströme in Supraleitern. Der Sumo-Ringer inklusive Bodenplatte wiegt 202 kg. Der verwendete Supraleiter ist $YBa_2Cu_3O_7$. (Wiedergabe mit freundlicher Genehmigung durch das International Superconductivity Research Center (ISTEC) und Nihon-SUMO Kyokai, Japan, 1997).

kann der Widerstand endlich werden, wenn sich magnetische Flussschläuche im Supraleiter befinden. Auch hat man bei Wechselströmen einen von Null verschiedenen Widerstand. Darauf wird in späteren Kapiteln genauer eingegangen.

Wie neuartig, ja unglaublich diese Feststellung ist, und wie sehr dieser widerstandslose Strom durch ein Metall seinerzeit allen durch viele Erfahrungen wohlbegründeten Vorstellungen widersprach, wird erst so recht deutlich, wenn man den Ladungstransport durch ein Metall etwas genauer betrachtet. Dies wird uns auch in die Lage versetzen, das Problem, das uns für ein Verständnis der Supraleitung gestellt ist, genauer zu erkennen.

Wir wissen, dass dieser Ladungstransport in Metallen über Elektronen erfolgt. Schon sehr früh wurde die Vorstellung entwickelt (Paul Drude 1900, Hendrik Anton Lorentz 1905), wonach in einem Metall eine bestimmte Anzahl von Elektronen pro Atom – in den Alkalimetallen z. B. ein Elektron, das Valenzelektron – frei, gleichsam als Gas vorhanden seien. Diese »freien« Elektronen vermitteln auch die Bindung der Atome in Metallkristallen. Unter dem Einfluss eines elektrischen Feldes werden die freien Elektronen beschleunigt. Nach einer gewissen Zeit, der mittleren Stoßzeit τ, stoßen sie mit Atomen zusammen, geben ihre aus dem elektrischen Feld aufgenommene Energie ab und werden von neuem beschleunigt. Die Existenz freier Ladungsträger, die mit dem Metallgitter nur über Stöße wechselwirken, macht die gute Leitfähigkeit der Metalle verständlich.

Auch der Anstieg des Widerstandes (die Abnahme der Leitfähigkeit) mit steigender Temperatur wird zwanglos erklärt. Mit wachsender Temperatur wird die ungeordnete thermische Bewegung der Atome eines Metalls – die Atome schwingen mit statistischer Amplitude um ihre Ruhelage – größer. Damit wird die Wahrscheinlichkeit für Stöße zwischen den Elektronen und den Atomen größer, d. h. die Zeit zwischen zwei Stößen wird kleiner. Da die Leitfähigkeit direkt proportional ist zu der Zeit, die die Elektronen im Feld frei beschleunigt werden, nimmt sie mit wachsender Temperatur ab – der Widerstand nimmt zu.

So gibt dieses Modell der freien Elektronen, die nur über Zusammenstöße mit den Atomrümpfen (Atome ohne die im Metall freien Elektronen) Energie an das Gitter abgeben können, ein plausibles Verständnis für den elektrischen Widerstand. Im Rahmen dieses Modells scheint es aber ganz undenkbar, dass bei endlicher Temperatur innerhalb eines sehr schmalen Temperaturbereiches diese Stöße mit den Atomrümpfen plötzlich verboten werden sollen. Welche Mechanismen sollen dazu führen, dass im supraleitenden Zustand kein Energieaustausch zwischen den Elektronen und dem Gitter mehr erlaubt ist? Eine Deutung scheint zunächst ganz unmöglich.

Für die Vorstellung eines freien Elektronengases in den Metallen hatte sich im Rahmen der klassischen Theorie der Materie eine andere große Schwierigkeit ergeben. Nach sehr allgemeinen Gesetzmäßigkeiten der klassischen statistischen Thermodynamik sollten alle Freiheitsgrade[4] eines Systems im Mittel $k_B T/2$, mit der

---

4 Als thermodynamischen Freiheitsgrad bezeichnen wir jede Koordinate des Systems, die quadratisch in die Gesamtenergie eingeht. Beispiele sind: die Geschwindigkeit, $E_{kin} = (1/2)\ mv^2$, oder die Verschiebung x aus der Ruhelage bei linearem Kraftgesetz, $E_{pot} = (1/2)\ Dx^2$ (D = Kraftkonstante).

Boltzmann-Konstanten $k_B = 1{,}38 \cdot 10^{-23}$ Ws/K, zur inneren Energie des Systems beitragen. Das heißt auch, die freien Elektronen sollten den für ein einatomiges Gas charakteristischen Beitrag von $3k_BT/2$ pro freies Elektron liefern. Messungen der spezifischen Wärme von Metallen zeigten jedoch, dass der Beitrag der Elektronen zur Gesamtenergie der Metalle etwa tausendmal kleiner ist, als nach den klassischen Gesetzen erwartet werden muss.

Hier zeigte sich deutlich, dass die klassische Behandlung der Metallelektronen als freies Elektronengas kein volles Verständnis geben konnte. Nun war durch die Entdeckung des Planckschen Wirkungsquantums (Max Planck, 1900) ein neues Verständnis der physikalischen Vorgänge insbesondere im atomaren Bereich eröffnet worden. Die folgenden Jahrzehnte zeigten die umfassende Bedeutung der Quantentheorie, dieser neuen Betrachtungsweise, die sich aus der Entdeckung von Max Planck entwickelte.

Auch die Diskrepanz zwischen dem von der klassischen Theorie geforderten und dem beobachteten Beitrag der freien Elektronen zur inneren Energie eines Metalls konnte von Arnold Sommerfeld 1928 im Rahmen der Quantentheorie aufgelöst werden.

Die Grundidee der Quantentheorie besteht darin, dass jedem physikalischen System diskrete Zustände zugeordnet werden. Ein Austausch physikalischer Größen, etwa der Energie, kann nur dadurch erfolgen, dass das System von einem Zustand in einen anderen übergeht.

Deutlich wird diese Beschränkung auf diskrete Zustände bei atomaren Gebilden. 1913 konnte Niels Bohr ein erstes stabiles Atommodell vorschlagen, das eine Fülle von bisher unverstandenen Beobachtungen zu erfassen gestattete. Bohr postulierte die Existenz diskreter stabiler Zustände des Atoms. Wenn ein Atom auf irgendeine Weise mit der Umgebung wechselwirkt, etwa durch Aufnahme oder Abgabe von Energie (z. B. Absorption oder Emission von Licht), so soll dies nur in diskreten Stufen möglich sein, indem das Atom von einem diskreten Zustand in einen anderen übergehen muss. Wird der für irgendeinen solchen Übergang erforderliche Betrag der Energie oder einer anderen Austauschgröße nicht angeboten, so bleibt der Zustand stabil.

Diese relative Stabilität quantenmechanischer Zustände ist letztlich auch der Schlüssel zum Verständnis der Supraleitung. Wir haben gesehen, dass wir irgendwelche Mechanismen brauchen, die eine Wechselwirkung zwischen den einen Strom tragenden Elektronen eines Supraleiters und dem Gitter verbieten. Nimmt man an, dass die »supraleitenden« Elektronen in einem Quantenzustand sind, so wäre eine gewisse Stabilität dieses Zustandes verständlich. Spätestens um 1930 hatte sich die Erkenntnis durchgesetzt, dass die Supraleitung ein typisches Quantenphänomen sein müsse. Bis zu einem wirklichen Verständnis war noch ein weiter Weg. Eine Schwierigkeit lag zweifellos darin, dass man sich an quantenhafte Phänomene zwar bei atomaren Systemen, nicht aber bei makroskopischen Körpern gewöhnt hatte. Um diese Besonderheit der Supraleitung zum Ausdruck zu bringen, sprach man nicht selten von einem »makroskopischen Quantenphänomen«. Wir werden diese Bezeichnung später noch besser verstehen.

Die moderne Physik hat uns noch einen anderen Aspekt gebracht, der hier erwähnt werden muss, da er für ein wirkliches Verständnis einiger Erscheinungen der Supraleitung unerlässlich ist. Sie hat uns gelehrt, dass Teilchenbild und Wellenbild komplementäre Beschreibungen ein und desselben physikalischen Gegenstandes sind. Dabei kann als einfache Regel gelten, dass es zweckmäßig ist, Ausbreitungsvorgänge im Wellenbild und Austauschprozesse bei der Wechselwirkung mit anderen Systemen im Teilchenbild zu beschreiben.

Nur zwei Beispiele mögen diesen wichtigen Sachverhalt etwas erläutern. Das Licht z. B. ist uns von vielen Beugungs- und Interferenzerscheinungen her als Welle geläufig. Bei der Wechselwirkung mit Materie, etwa im Photoeffekt (Herausschlagen eines Elektrons aus einer Oberfläche) zeigt sich deutlich der Teilchencharakter. Wir finden nämlich, dass unabhängig von der Intensität des Lichtes eine nur von der Frequenz abhängige Energie auf das Elektron übertragen wird. Dies aber würden wir erwarten, wenn wir das Licht als Partikelstrom auffassen, in dem alle Partikel eine von der Frequenz abhängige Energie besitzen.

Umgekehrt ist uns bei Elektronen das Teilchenbild bekannter. Wir können Elektronen in elektrischen und magnetischen Feldern ablenken, und wir können sie thermisch aus Metallen verdampfen (Glühkathoden). Dies sind alles Prozesse, für deren Beschreibung wir die Elektronen als Teilchen auffassen. Louis de Broglie stellte nun die Hypothese auf, dass jedem bewegten Teilchen auch eine Welle zugeordnet werden kann, wobei die Wellenlänge gleich sein sollte der Planckschen Konstanten h dividiert durch den Betrag des Impulses p des Teilchens, also $\lambda = h/p$. Das Quadrat der Wellenamplitude am Ort (x, y, z) soll dabei ein Maß für die Wahrscheinlichkeit sein, das Teilchen an diesem Ort anzutreffen.

Das Teilchen wird also über den Raum »verschmiert«. Will man im Wellenbild ausdrücken, dass ein Ort für den Aufenthalt des Teilchens besonders bevorzugt ist, so muss man eine Welle zusammensetzen, die an diesem Ort eine besonders hohe Amplitude gegenüber allen anderen Orten hat – man nennt eine solche Welle ein Wellenpaket. Die Geschwindigkeit, mit der das Wellenpaket im Raum läuft, ist dann gleich der Geschwindigkeit des Teilchens.

Diese Hypothese wurde in der Folge glänzend bestätigt. Wir können mit Elektronen Beugungs- und Interferenzerscheinungen beobachten. Ähnliches gilt auch für andere Teilchen, etwa Neutronen. Die Elektronen- und die Neutronenbeugung sind ein wichtiges Hilfsmittel der Strukturuntersuchung geworden. Im Elektronenmikroskop erzeugen wir Bilder mit Elektronenstrahlen und erreichen wegen der gegenüber sichtbarem Licht sehr viel kleineren Wellenlänge der Elektronen ein höheres Auflösungsvermögen.

Für die mit einem bewegten Teilchen verbundene Welle – man spricht häufig von Materiewellen – existiert, wie für jeden Wellenvorgang, eine charakteristische Differentialgleichung, die fundamentale Schrödinger-Gleichung.

Diese tiefere Einsicht in das Wesen der Elektronen müssen wir auch bei der Beschreibung der Metallelektronen anwenden. Auch die Elektronen im Inneren eines Metalls haben Wellencharakter. Die Schrödinger-Gleichung gibt uns unter einigen vereinfachenden Annahmen die diskreten Quantenzustände für diese Elektronenwellen in der Form eines Zusammenhangs zwischen den erlaubten

Energien E und dem sogenannten Wellenzahlvektor oder Wellenvektor $\vec{k}$. Der Betrag von $\vec{k}$ ist gegeben durch $2\,\pi/\lambda$ und die Richtung von $\vec{k}$ ist die Ausbreitungsrichtung der Welle. Für ein völlig freies Elektron ist dieser Zusammenhang sehr einfach. Es gilt:

$$E = \frac{\hbar^2 \vec{k}^2}{2m} \tag{1-2}$$

(m ist die Masse des Elektrons; $\hbar = h/2\pi$)

Nun sind die Elektronen im Inneren eines Metalls nicht völlig frei. Sie sind erstens auf das Volumen des Metallstückes beschränkt; sie sind in dem Metall wie in einem Kasten eingesperrt. Diese Beschränkung führt dazu, dass die erlaubten $\vec{k}$-Werte diskret werden, einfach deshalb, weil die zugelassenen Elektronenwellen an den Wänden des Kastens gewisse Bedingungen (Randbedingungen) erfüllen müssen. Man kann z.B. fordern, dass die Amplitude der Elektronenwelle am Rand verschwindet.

Zum zweiten spüren die Elektronen im Inneren eines Metalls über die elektrostatischen Kräfte die positiv geladenen Rumpfatome, die im allgemeinen periodisch angeordnet sind.

Man sagt, die Elektronen befinden sich in einem periodischen Potenzial. Damit meint man, dass die potenzielle Energie der Elektronen in der Nähe der positiv geladenen Atomrümpfe niedriger ist als zwischen den Atomen. Dieses periodische Potenzial führt dazu, dass im E-$\vec{k}$-Zusammenhang nicht mehr alle Energien erlaubt sind. Es ergeben sich vielmehr Bereiche erlaubter Energien, die getrennt sind von Bereichen verbotener Energien. Ein Beispiel eines solchen durch ein periodisches Potenzial modifizierten E-$\vec{k}$-Zusammenhangs ist in Abb. 1.5 schematisch dargestellt. Man spricht von Energiebändern.

In diese Zustände müssen die Elektronen eingefüllt werden. Hierbei ist ein weiteres wichtiges Prinzip zu beachten, das von Wolfgang Pauli 1924 formuliert worden ist. Dieses Pauli-Prinzip besagt, dass Elektronen (allgemeiner alle Teilchen mit halbzahligem Spin, sogenannte Fermionen) jeden diskreten Zustand der

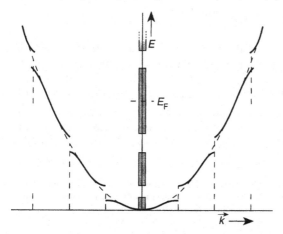

Abb. 1.5 Energie-Impuls-Zusammenhang für ein Elektron im periodischen Potenzial. Der Zuammenhang (Gleichung 1-2) für freie Elektronen ist als gestrichelte Parabel eingezeichnet.

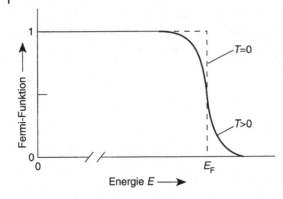

Abb. 1.6 Fermi-Funktion. E_F beträgt einige eV, die Temperaturverschmierung dagegen nur einige 10^{-3} eV. Um dies anzudeuten, ist die Abszisse unterbrochen.

Quantenphysik nur einfach besetzen können. Da der Eigendrehimpuls (Spin) der Elektronen eine hier bisher nicht betrachtete Quantenzahl mit zwei Werten darstellt, können wir aufgrund des Pauli-Prinzips je zwei Elektronen in jeden unserer diskreten $\vec{k}$-Werte einfüllen. Wir müssen also, um alle Elektronen eines Metalls unterzubringen, die Zustände bis zu relativ hohen Energien auffüllen. Die Energie, bis zu der wir dabei auffüllen, nennt man die Fermi-Energie E_F. Die Dichte der Zustände pro Energieintervall und Volumeneinheit bezeichnet man als Zustandsdichte $N(E)$. Im einfachsten Fall bilden die gefüllten Zustände im Impulsraum dabei eine Kugel, die sogenannte Fermi-Kugel.

Ein Metall kann dadurch charakterisiert werden, dass die Fermi-Energie in ein erlaubtes Energieband fällt, d.h. dass wir ein Band nur teilweise auffüllen[5]. In Abb. 1.5 ist für diesen Fall die Fermi-Energie eingezeichnet.

Die Besetzung der Zustände wird durch die Verteilungsfunktion für ein System von Fermionen, die Fermi-Funktion, bestimmt. Diese Fermi-Funktion, die dem Pauli-Prinzip Rechnung trägt, lautet:

$$f = \frac{1}{e^{(E-E_F)/k_BT} + 1} \tag{1-3}$$

(k_B ist die Boltzmann-Konstante, E_F die Fermi-Energie)

Diese Fermi-Funktion ist in Abb. 1.6 für den Fall $T = 0$ (gestrichelte Kurve) und für den Fall $T \neq 0$ (ausgezogene Kurve) dargestellt. Für endliche Temperaturen wird die Fermi-Verteilung etwas verschmiert. Die Verschmierung ist etwa gleich der mittleren thermischen Energie, also bei Zimmertemperatur etwa gleich 1/40 eV[6]. Die Fermi-Energie ist bei endlichen Temperaturen diejenige Energie, bei der die Verteilungsfunktion den Wert 1/2 annimmt. Sie liegt in der Größenordnung von einigen eV. Das heißt aber – und das ist sehr wichtig –, dass die Verschmierung an

---

5 Ein Isolator ergibt sich, wenn wir beim Einfüllen der Elektronen nur volle Bänder erhalten. Das ist leicht einzusehen. Die Elektronen eines vollen Bandes können aus dem elektrischen Feld keine Energie aufnehmen, da sie keine freien Zustände finden.

6 eV ist eine bei elementaren Prozessen gebräuchliche Energieeinheit. 1 eV = 1,6 · 10^{-19} Ws.

der Fermi-Kante bei normalen Temperaturen sehr gering ist. Man nennt ein solches Elektronensystem ein »entartetes Elektronengas«.

Mit diesen Überlegungen verstehen wir nun auch den sehr kleinen Beitrag der Elektronen zur inneren Energie. Es können nach dem eben Gesagten nur sehr wenige Elektronen, nämlich nur die innerhalb der Verschmierung der Fermi-Kante liegenden, an den thermischen Austauschprozessen teilnehmen. Alle anderen können mit thermischen Energien gar nicht angeregt werden, weil sie keine freien Plätze finden, in die sie nach der Anregung gehen könnten.

Mit dem Denken in Quantenzuständen und ihrer Besetzung muss man sich vertraut machen, wenn man die moderne Festkörperphysik verstehen will. Auch für ein Verständnis der Supraleitung ist eine Gewöhnung an diese etwas abstrakten Begriffe unerlässlich. Wir wollen deshalb – gleichsam zur Einübung der vielen neuen Begriffe – noch kurz betrachten, wie man sich das Zustandekommen des elektrischen Widerstandes vorstellen muss. Die Elektronen werden jetzt als Wellen beschrieben, die den Kristall in allen Richtungen durchlaufen. Ein Strom kommt dadurch zustande, dass etwas mehr Wellen in der Richtung des Stromes laufen als entgegengesetzt. Die Wechselwirkung mit den Rumpfatomen führt zu einer Streuung der Elektronenwellen. Diese Streuung entspricht den Stößen im Teilchenbild. Sie kann – und das ist im Wellenbild neu – nicht am streng periodischen Gitter erfolgen. Die mit Hilfe der Schrödinger-Gleichung bestimmten Zustände der Elektronen sind stabile Quantenzustände. Erst eine Störung des periodischen Potenzials, sei sie nun durch die thermischen Schwingungen der Atome, durch Fehler im Gitteraufbau oder durch Fremdatome hervorgerufen, kann eine Streuung der Elektronenwellen, d. h. eine Umbesetzung der Quantenzustände bedingen. Die Streuung an den thermischen Schwingungen ergibt den temperaturabhängigen Anteil des Widerstandes und die an den Baufehlern und Fremdatomen den Restwiderstand.

Kommen wir nach diesem ersten kurzen und notwendigerweise simplifizierenden Ausflug in die moderne theoretische Behandlung des Leitungsvorganges zu unserem eigentlichen Problem, der Existenz eines widerstandsfreien Ladungstransportes im supraleitenden Zustand, zurück. Auch die neue wellenmechanische Betrachtung macht einen Dauerstrom zunächst nicht leichter verständlich. Wir haben lediglich die Sprechweise geändert. Wir müssen nun fragen: Welche Mechanismen sind es, die bei endlichen Temperaturen in einem sehr schmalen Temperaturbereich jeden Energieaustausch mit dem Gitter über Streuung verbieten? Es scheint nichts gewonnen zu sein. Und doch sind diese Überlegungen, wie wir sehen werden, für das Verständnis der Supraleitung eine entscheidende Voraussetzung. Was noch neu hinzukommen muss, ist die Berücksichtigung einer besonderen Wechselwirkung der Elektronen untereinander. In den vorangegangenen Überlegungen haben wir Quantenzustände für einzelne Elektronen betrachtet und so getan, als würden sich diese Zustände nicht ändern, wenn wir sie mit Elektronen besetzen. Existiert aber eine Wechselwirkung zwischen den Elektronen, so ist diese Behandlung nicht mehr in Strenge richtig. Wir müssen vielmehr fragen, welche Zustände das System der Elektronen mit Wechselwirkung hat, anders gesagt, welche Kollektivzustände existieren. Hierin liegt das Verständnis, aber auch die Schwierigkeit der Supraleitung. Sie ist ein typisches Quanten- und Kollektivphänomen, charakterisiert durch die Ausbildung einer kohärenten Materiewelle, die sich reibungsfrei durch den Supraleiter bewegen kann.

1.2
Idealer Diamagnetismus, Flussschläuche und Flussquantisierung

Lange Zeit glaubte man, dass es die einzige charakteristische Eigenschaft des supraleitenden Zustandes sei, keinen messbaren Widerstand für Gleichstrom zu besitzen. Wird an einen solch idealen Leiter ein Magnetfeld angelegt, so werden durch die Induktion Dauerströme angeworfen, die das Magnetfeld vom Inneren einer Probe abschirmen. Dieses Prinzip ist uns ist uns ja bereits in Abschnitt 1.1 beim schwebenden Magneten begegnet.

Was passiert, wenn wir zunächst ein Magnetfeld $\vec{B}_a$ an einen Normalleiter anlegen und dann durch Abkühlung unter die Sprungtemperatur T_c die ideale Leitfähigkeit erhalten? Zunächst werden im normalleitenden Zustand bei Anlegen des Feldes durch Induktion Wirbelströme fließen. Sobald das Magnetfeld seinen Endwert erreicht hat und sich zeitlich nicht mehr ändert, werden diese Ströme aber ganz in Analogie zu Gleichung (1-1) abklingen, so dass schließlich das Magnetfeld im Supraleiter gleich dem von außen angelegten Feld ist.

Kühlt man jetzt den idealen Leiter unter T_c, dann wird dieser Zustand einfach beibehalten, da weitere Induktionsströme ja nur bei Feld*änderungen* angeworfen werden. Genau dies passiert, wenn das Feld jetzt unterhalb T_c abgeschaltet wird. Der ideale Leiter behält das Feld in seinem Inneren.

Wir haben damit, je nach Art und Weise, wie der Endzustand – eine Temperatur unterhalb T_c und ein angelegtes Magnetfeld $\vec{B}_a$ – erreicht wurde, ganz verschiedene Magnetfelder im Inneren des idealen Leiters.

Ein Experiment von Kamerlingh-Onnes aus dem Jahr 1924 schien dieses komplizierte Verhalten eines Supraleiters eindeutig zu bestätigen. Kamerlingh-Onnes [4] kühlte eine Hohlkugel aus Blei bei angelegtem Magnetfeld unter die Sprungtemperatur und schaltete dann das äußere Magnetfeld ab. Dabei erhielt er, wie man aus $R = 0$ erwarten musste, Dauerströme, die ein magnetisches Moment der Kugel ergaben.

Man könnte demnach einen Stoff, der nur die Eigenschaft $R = 0$ hätte, bei gleichen äußeren Variablen T und $\vec{B}_a$ je nach der Vorgeschichte in ganz verschiedene Zustände bringen. Damit hätte man nicht *eine* durch Vorgabe der Variablen wohldefinierte supraleitende Phase, sondern eine kontinuierliche Mannigfaltigkeit von supraleitenden Phasen mit beliebigen Abschirmströmen, die von der Vorgeschichte abhängen. Die Existenz einer Mannigfaltigkeit supraleitender Phasen war so unvorstellbar, dass man – eigentlich ohne experimentelle Verifikation – auch vor 1933 von *einer* supraleitenden Phase sprach [5].

Tatsächlich verhält sich ein Supraleiter aber anders als ein idealer Leiter. Kühlen wir wiederum in Gedanken eine Probe bei angelegtem Magnetfeld durch T_c. Wenn das Magnetfeld sehr klein war, findet man, dass das Feld bis auf eine sehr dünne

Abb. 1.7 »Schwebender Magnet« zur Demonstration des Meißner-Ochsenfeld-Effektes bei angelegtem Magnetfeld.
Links: Ausgangslage für $T > T_c$; rechts: Gleichgewichtslage für $T < T_c$.

Schicht an der Probenoberfläche aus dem Inneren des Supraleiters vollständig *verdrängt* wird, und damit hat man einen idealen diamagnetischen Zustand, der nicht davon abhängt, in welcher Reihenfolge das Magnetfeld angelegt und die Probe gekühlt wurde.

Dieser ideale Diamagnetismus wurde 1933 durch Meißner und Ochsenfeld an Blei- und Zinnstäbchen entdeckt [6].

Wir können den Verdrängungseffekt ebenso wie die Eigenschaft $R = 0$ mit dem »schwebenden Magneten« eindrucksvoll demonstrieren. Um die Eigenschaft $R = 0$ zu zeigen, haben wir in Abb. 1.3 den Permanentmagneten auf die supraleitende Bleischale abgesenkt und dabei die Dauerströme über den damit verbundenen Induktionsvorgang angeworfen. Zur Demonstration des Meißner-Ochsenfeld-Effektes legen wir den Permanentmagneten bei $T > T_c$ auf die Bleischale (Abb. 1.7 links) und kühlen dann ab. Mit dem Übergang in die Supraleitung tritt die Feldverdrängung auf, der Magnet wird von dem diamagnetischen Supraleiter abgestoßen und steigt bis zur Gleichgewichtshöhe auf (Abb. 1.7 rechts). Dabei wird im Grenzfall idealer Verdrängung des Magnetfeldes die gleiche Schwebehöhe erreicht wie in Abb. 1.3.

Was ging schief beim ursprünglichen Experiment von Kamerlingh-Onnes? Für den Versuch wurde eine Hohlkugel verwendet, um weniger flüssiges Helium für die Abkühlung zu benötigen. Die Beobachtungen an dieser Probe waren korrekt, man hatte aber übersehen, dass bei einer Hohlkugel während der Abkühlung ein ringförmig geschlossener supraleitender Bereich entstehen kann, der dann den Fluss durch seine Fläche konstant hält. Damit kann sich die Hohlkugel wie ein supraleitender Ring (Abb. 1.1) verhalten und zu dem beobachteten Ergebnis führen.

Wir hatten oben angenommen, dass das an den Supraleiter angelegte Magnetfeld »klein« sei. Tatsächlich zeigt sich, dass der ideale Diamagnetismus nur in einem endlichen Bereich von Magnetfeldern und Temperaturen existiert, der überdies von der Geometrie der Probe abhängen kann.

Betrachten wir im folgenden eine lange, stabförmige Probe, für die Magnetfelder parallel zur Achse angelegt werden. Für andere Formen kann das Magnetfeld häufig verzerrt werden. So ist für eine ideal diamagnetische Kugel das Magnetfeld am »Äquator« anderthalb mal so groß wie das von außen angelegte Feld. Auf geometriebedingte Effekte werden wir in Abschnitt 4.6.4 näher eingehen.

Man findet, dass zwei unterschiedliche Arten von Supraleitern existieren:

- Der erste Typ – Typ-I-Supraleiter oder Supraleiter erster Art genannt – verdrängt das Magnetfeld bis zu einem Maximalwert B_c, dem kritischen Feld. Für größere Felder bricht die Supraleitung zusammen und die Probe geht in den normalleitenden Zustand über. Das kritische Feld hängt dabei von der Temperatur ab und geht an der Übergangstemperatur T_c gegen Null. Beispiele für Typ-I-Supraleiter sind Quecksilber oder sehr reines Blei.

- Der zweite Typ – Typ-II-Supraleiter oder Supraleiter zweiter Art genannt – zeigt den idealen Diamagnetismus für Magnetfelder kleiner als das »untere kritische Magnetfeld« B_{c1}. Die Supraleitung verschwindet vollständig für Felder oberhalb des »oberen kritischen Magnetfeldes« B_{c2}, das oft erheblich größer ist als B_{c1}. Beide kritischen Felder gehen bei T_c gegen Null. Viele Legierungen, aber auch die Hochtemperatursupraleiter zeigen dieses Verhalten. Für letztere kann B_{c2} sogar Werte von über 100 Tesla erreichen.

Was passiert bei Typ-II-Supraleitern in der »Shubnikov-Phase« zwischen B_{c1} und B_{c2}? In diesem Bereich dringt das Magnetfeld teilweise in die Probe ein. Es fließen dann Abschirmströme im Inneren des Supraleiters und bündeln die magnetischen Feldlinien, sodass ein System von Flussschläuchen, auch »Abrikosov-Flusswirbel«[*] genannt, entsteht. Diese Wirbel ordnen sich in einem ideal homogenen Supraleiter im allgemeinen in der Form eines Dreiecksgitters an. Abb. 1.8 zeigt diese Struktur der Shubnikov-Phase schematisch. Der Supraleiter wird von magnetischen Flussschläuchen durchsetzt, die jeweils ein elementares Flussquant enthalten und an den Ecken gleichseitiger Dreiecke sitzen. Jeder Flussschlauch besteht aus einem System von Ringströmen, die in Abb. 1.8 für zwei Flussschläuche angedeutet sind. Diese Ströme erzeugen zusammen mit dem äußeren Feld den magnetischen Fluss durch den Schlauch und verdrängen das Magnetfeld etwas aus dem Raum zwischen den Flussschläuchen. Man spricht deshalb auch von Flusswirbeln oder »Vortices«. Mit wachsendem Außenfeld $\vec{B}_a$ wird der Abstand der Flussschläuche kleiner.

Der erste Nachweis einer periodischen Struktur des Magnetfeldes in der Shubnikov-Phase wurde 1964 mit Hilfe der Neutronenbeugung von einer Gruppe am Kernforschungszentrum Saclay erbracht [7]. Dabei konnte allerdings nur eine Grundperiode der Struktur beobachtet werden. Sehr schöne Neutronenbeugungsexperimente an dieser magnetischen Struktur wurden von einer Gruppe der Kernforschungsanlage Jülich durchgeführt [8]. Wirkliche »Bilder« der Shubnikov-Phase wurden von Eßmann und Träuble [9] mit einer trickreichen Dekorationsmethode

---

[*] Für die Vorhersage solcher Flusswirbel erhielt A. A. Abrikosov 2003 den Nobelpreis.

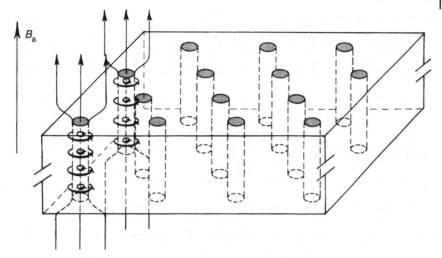

Abb. 1.8 Schematische Darstellung der Shubnikov-Phase. Magnetfeld und Supraströme sind nur für zwei Flussschläuche gezeichnet.

hergestellt. Abb. 1.9 gibt ein Beispiel für eine Blei-Indium-Legierung. Diese Aufnahmen der magnetischen Struktur sind auf folgende Weise erhalten worden: Über der supraleitenden Probe wird von einem glühenden Draht Eisen verdampft. Die Eisenatome finden sich bei der Diffusion durch das Heliumgas des Kryostaten zu Eisenkolloiden. Diese Kolloide mit einem Durchmesser von weniger als 50 nm sedimentieren im Helium langsam auf die Oberfläche des Supraleiters. Aus dieser Oberfläche stoßen die Flussschläuche der Shubnikov-Phase (in Abb. 1.8 für zwei Flussschläuche angedeutet), die je ein Flussquant Φ_0 enthalten sollen. Das ferromagnetische Eisenkolloid lagert sich an den Stellen ab, an denen die Flussschläuche aus der Oberfläche austreten, da hier die stärksten Magnetfelder vorliegen. Damit gelingt es, die Flussschläuche zu dekorieren. Diese Struktur kann anschließend im Elektronenmikroskop sichtbar gemacht werden. So wurde die Aufnahme der Abb. 1.9 gewonnen. Mit diesen Experimenten wurde die Flusswirbelstruktur, die von der Theorie vorausgesagt worden war, in überzeugender Weise bestätigt.

Offen bleibt zunächst die Frage, ob die dekorierten Stellen der Oberfläche wirklich den Enden von Flussschläuchen mit nur *einem* Flussquant entsprechen. Um diese Frage zu entscheiden, muss man die Flussschläuche abzählen und gleichzeitig den Gesamtfluss, etwa über ein Induktionsexperiment, bestimmen. Dann erhält man die Größe des magnetischen Flusses durch einen Flussschlauch, indem man den Gesamtfluss Φ_{ges} durch die Probe durch die Zahl der Schläuche dividiert. Solche Auswertungen haben eindeutig ergeben, dass tatsächlich für sehr homogene Supraleiter 2. Art jeder Flussschlauch nur ein elementares Flussquant $\Phi_0 = 2.07 \cdot 10^{-15}$ T $\cdot$ m^2 enthält.

Heute kennt man eine Reihe von Verfahren, um magnetische Flusswirbel abzubilden. Die Verfahren ergänzen sich oft gegenseitig und liefern wertvolle Informationen über die Supraleitung. Wir wollen sie deshalb etwas näher besprechen.

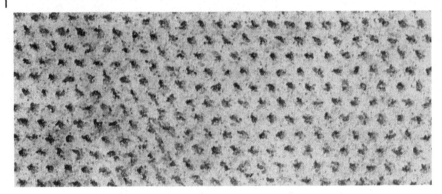

Abb. 1.9 Elektronenmikroskopische Aufnahme eines Flussquantengitters nach der Dekoration mit Eisenkolloid. »Eingefrorener« Fluss beim Feld Null. Material: Pb + 6,3 Atom-% In, Temperatur: 1,2 K, Probenform: Zylinder 60 mm lang, 4 mm Ø, Magnetfeld $\vec{B}_a$ parallel zur Achse. Vergrößerung 8300fach. (Wiedergabe mit freundlicher Genehmigung von Herrn Dr. Eßmann).

Nach wie vor stellen die Neutronenbeugung und die Dekoration wichtige Techniken dar. Abb. 1.10a zeigt eine Beugungsstruktur, die am Institut Max von Laue-Paul Langevin in Grenoble durch Neutronenstreuung am Flussliniengitter in Niob gewonnen wurde. Das Beugungsbild gibt klar die Dreiecksstruktur des Flussliniengitters wieder.

Ein drittes Verfahren, das Abbildungen magnetischer Strukturen im Ortsraum ermöglicht, ist die Magnetooptik. Hier nützt man den Faraday-Effekt aus. Wenn linear polarisiertes Licht durch eine dünne Schicht eines »Faraday-aktiven« Materials, z. B. Ferrit-Granat, tritt, wird die Polarisationsebene des Lichts durch ein in der Filmebene liegendes Magnetfeld gedreht. Man legt ein durchsichtiges Substrat, auf dem sich ein dünner Ferrit-Granat-Film befindet, auf eine supraleitende Probe und durchstrahlt die Anordnung mit polarisiertem und gut fokussiertem Licht. Das Licht wird am Supraleiter reflektiert, durchläuft nochmals den Ferrit-Granat-Film und wird dann in eine CCD-Kamera fokussiert. Das Magnetfeld von Flusswirbeln im Supraleiter dringt teilweise in den Ferrit-Granat-Film ein und dreht dort die Polarisationsebene des Lichts. Man bringt nun einen Analysator vor die CCD-Kamara, der nur Licht durchlässt, dessen Polarisation aus der ursprünglichen Richtung gedreht wurde, und kann damit die Flusswirbel als helle Punkte erkennen, wie in Abb. 1.10b für die Verbindung NbSe₂ dargestellt [13][7]. Das Verfahren erlaubt eine Ortsauflösung von unter 1 μm. Man kann zur Zeit etwa 10 Bilder pro Sekunde erstellen, sodass man sehr schön dynamische Prozesse beobachten kann. Leider ist das Verfahren zumindest zur Zeit auf Supraleiter beschränkt, deren Oberfläche sehr glatt ist und gut reflektiert.

---

7 Man beachte, dass in diesem Fall das Vortex-Gitter stark gestört ist. Auf solche gestörten Gitter werden wir in Abschn. 5.3.2 genauer eingehen.

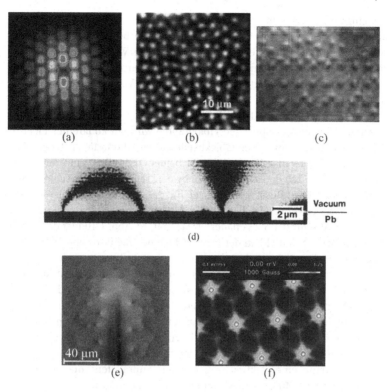

Abb. 1.10 Methoden zur Abbildung von Flussschläuchen: (a) Neutronen-
Beugungsbild des Vortexgitters in Niob [10]; (b) Magneto-optische Abbildung
von Flusswirbeln in $NbSe_2$ [13]; (c) Lorenz-Mikroskopie an Niob [11];
(d) Elektronen-Holographie an Pb [15]; (e) Tieftemperatur-Rasterelektronenmikroskopie an $YBa_2Cu_3O_7$ [17]; (f) Raster-Tunnelmikroskopie an $NbSe_2$ [12].

Bei der Lorentz-Mikroskopie transmittiert man einen Elektronenstrahl durch eine
dünne supraleitende Probe. Man benötigt hierbei sehr dünne Proben und eine hohe
Energie der Elektronen, damit die Probe vom Strahl durchdrungen werden kann. In
der Nähe eines Flussschlauchs erfahren die transmittierten Elektronen eine zusätzliche Lorentz-Kraft, und der Elektronenstrahl wird durch den Magnetfeldgradienten
eines Flussschlauchs leicht defokusiert. Man kann den durch die Flussschläuche
hervorgerufenen Phasenkontrast außerhalb des eigentlichen Fokus des Trans-
missions-Elektronenmikroskopes abbilden. Durch die Ablenkung erscheint jeder
Wirbel als ein kreisförmiges Signal, das zur Hälfte hell und zur Hälfte dunkel ist.
Aus diesem Wechsel von hell nach dunkel lässt sich ebenfalls die Polarität des
Wirbels ermitteln. Die Lorentz-Mikroskopie erlaubt eine sehr schnelle Vortex-
Abbildung, sodass man wie bei der Magnetooptik regelrecht Filme aufnehmen
kann, die die Bewegung der Flusswirbel zeigen [14]. Die Abb. 1.10c zeigt ein Bild
aus einem derartigen Film, der von A. Tonomura, Fa. Hitachi, an Niob gewonnen
wurde. Bei der hier gezeigten Probe waren kleine Mikro-Löcher (»Antidots«) in den

Supraleiter eingebracht, die ihrerseits ein quadratisches Gitter bilden. In der Abbildung sind die meisten der Antidots durch Flusswirbel »besetzt«, während einige weitere Wirbel zwischen den Antidots sitzen. Die Wirbel treten dabei im oberen Bildteil in die Probe ein und werden dann von den Antidots und den sich bereits im Supraleiter befindenden Wirbeln am weiteren Vordringen in die Probe gehindert.

Bei der Elektronenholographie [14] steht die Wellennatur des Elektrons im Vordergrund. Ähnlich wie bei der optischen Holographie wird ein kohärenter Elektronenstrahl in eine Referenz- und eine Objektwelle aufgespalten, die später miteinander interferieren. Die relative Phasenlage der beiden Teilwellen kann durch ein Magnetfeld – genauer, durch den zwischen den beiden Teilwellen eingeschlossenen magnetischen Fluss – beeinflusst werden. Der für die Abbildung genutzte Effekt besitzt selbst eine starke Verwandtschaft mit der Flussquantisierung im Supraleiter. Wir werden ihn in Abschnitt 1.5.2 genauer betrachten. In Abb. 1.10d ist das durch Flusswirbel verursachte Streufeld an der Oberfläche eines Bleifilms abgebildet [15]. Der Wechsel von Hell auf Dunkel in den Interferenzstreifen entspricht einem magnetischen Fluss von einem Flussquant. Im linken Bildteil schließt sich das Streufeld zwischen zwei Wirbeln entgegengesetzter Polarität, während sich das Streufeld im rechten Bildteil vom Supraleiter entfernt.

Bei der Abbildung mit dem Tieftemperatur-Raster-Elektronenmikroskop (TTREM) rastert ein Elektronenstrahl über die zu untersuchende Probe und erwärmt diese lokal innerhalb eines etwa 1 μm durchmessenden Flecks um wenige Kelvin. Man misst dann eine elektrische Größe des Supraleiters, die sich durch diese Erwärmung ändert. Mit diesem Verfahren kann eine Vielzahl supraleitender Eigenschaften, wie etwa die Übergangstemperatur T_c, ortsaufgelöst dargestellt werden [16]. Im speziellen Fall der Flusswirbelabbildung wird das Magnetfeld des Wirbels durch ein supraleitendes Quanteninterferometer (»SQUID« für **S**uper-conducting **Q**uantum **I**nterference **D**evice, vgl. Abschnitt 1.5.2) detektiert [17]. Wenn der Elektronenstrahl nahe am Flusswirbel vorbeiläuft, werden die um die Wirbelachse fließenden Supraströme etwas verzerrt, was zu einer leichten Verschiebung der Achse der Wirbelströme zum Elektronenstrahl hin führt. Mit dieser Verschiebung ändert sich ebenfalls das vom Quanteninterferometer detektierte Magnetfeld des Wirbels, und diese Feldänderung bildet das kontrastgebende Signal. Eine typische Abbildung von Flusswirbeln im Hochtemperatursupraleiter $YBa_2Cu_3O_7$ ist Abb. 1.10e dargestellt. Die Flusswirbel befinden sich bei diesem Bild im Quanteninterferometer selbst. Jeder Wirbel wird ähnlich wie bei der Lorentz-Mikroskopie als ein kreisförmiges Hell/Dunkel-Signal angezeigt, das durch die Verschiebung des Flusswirbels zu verschiedenen Richtungen hin entsteht. Die dunkle Linie in der Bildmitte ist ein Schlitz im Quanteninterferometer, der den eigentlichen, magnetfeldempfindlichen Teil des Sensors bildet. Man beachte, dass die Anordnung der Flusswirbel sehr unregelmäßig ist. Der besondere Vorteil des Verfahren ist, dass auch sehr kleine Bewegungen der Flusswirbel um ihre Gleichgewichtslage noch gut nachgewiesen werden können, da das SQUID bereits eine Änderung des magnetischen Flusses von einigen millionstel eines Flussquants detektiert. Solche Änderungen treten beispielsweise dadurch auf, dass die Wirbel durch thermische Bewegung statistisch zwischen zwei Positionen hin- und herspringen. Diese Prozesse können das Auflösungsvermögen von SQUIDs stark herabsetzen, weshalb man sie mit Anordnungen wie der eben besprochenen detailliert untersucht.

Die letzte Gruppe von Abbildungsmethoden, die wir hier ansprechen wollen, sind die Rastersondenverfahren, bei denen ein geeigneter Detektor relativ zum Supraleiter bewegt wird. Der Detektor kann eine magnetische Spitze [18], eine Hallsonde [19] oder auch ein SQUID [20] sein. Insbesondere mit der letzten Methode wurden eine Reihe von Schlüsselexperimenten zum Verständnis der Hochtemperatursupraleitung durchgeführt, die wir in Abschnitt 3.2.2 besprechen werden. Ähnlich wichtige Beiträge hat schließlich das Rastertunnelmikroskop geliefert. Hierbei wird eine unmagnetische metallische Spitze über die Probenoberfläche geführt. Der Abstand zwischen der Spitze und der Probenoberfläche ist so gering, dass Elektronen auf Grund des quantenmechanischen Tunneleffektes von der Probenoberfläche zur Spitze fließen können.

Im Gegensatz zu den obigen Methoden, die alle das magnetische Feld von Flusswirbeln detektierten, bildet man mit dem Rastertunnelmikroskop die Elektronenverteilung, genauer gesagt die Dichte der für die Elektronen quantenmechanisch erlaubten Zustände ab [21]. Das Verfahren kann atomare Auflösung erreichen. Ein Beispiel ist in Abb. 1.10f gezeigt. Die Abbildung wurde von H. F. Hess und Mitarbeitern (Bell Laboratories, Fa. Lucent Technologies Inc.) an einem $NbSe_2$ – Einkristall gewonnen. Das angelegte Magnetfeld betrug 1000 Gauss = 0.1 T. Man sieht schön die hexagonale Anordnung der Flusswirbel. Wir werden später sehen, dass der Supraleiter nahe der Wirbelachse sozusagen normalleitend ist. In diesen Regionen fließen die größten Tunnelströme zwischen der Spitze und der Probe, und die Achse der Wirbel erscheint hell.

1.3
Die Flussquantisierung im supraleitenden Ring

Betrachten wir nochmals das in Abb. 1.1 dargestellte Experiment. Durch einen Induktionsvorgang haben wir in einem supraleitenden Ring einen Dauerstrom angeworfen.

Wie groß ist der magnetische Fluss durch den Ring? Er ist gegeben durch das Produkt aus der Eigeninduktivität L des Rings und dem im Ring zirkulierenden Strom J, $\Phi = LJ$. Aus unseren Erfahrungen mit makroskopischen Systemen würden wir erwarten, dass wir bei Induktionsvorgängen durch geeignete Wahl des Magnetfeldes jeden beliebigen Dauerstrom anwerfen können. Der magnetische Fluss durch den Ring könnte damit jeden beliebigen Wert annehmen. Auf der anderen Seite haben wir gesehen, dass im Inneren von Typ-II-Supraleitern Magnetfelder zu Schläuchen gebündelt werden, die jeweils einen Fluss von einem Flussquant Φ_0 tragen. Die Frage ist jetzt, ob das Flussquant auch beim supraleitenden Ring eine Rolle spielt. Diese Vermutung wurde bereits 1950 von Fritz London [22] ausgesprochen.

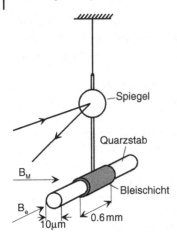

Abb. 1.11 Schematische Darstellung des Messaufbaus von Doll und Näbauer (nach [23]). Das Quarzstäbchen mit dem kleinen Bleizylinder, der durch die aufgedampfte Schicht gebildet wird, schwingt in flüssigem Helium.

1961 wurden von zwei Gruppen – Doll und Näbauer [23] in München und Deaver und Fairbank [24] in Stanford – Messungen zur Flussquantisierung in supraleitenden Hohlzylindern publiziert, die klar zeigten, dass der magnetische Fluss durch den Zylinder in Vielfachen des Flussquants Φ_0 auftritt. Diese Experimente hatten großen Einfluss auf die Entwicklung der Supraleitung. Wegen ihre besonderen Bedeutung und nicht zuletzt als Musterbeispiele hervorragender Experimentierkunst sollen diese Versuche genauer beschrieben werden.

Um zu testen, ob die Flussquantisierung im supraleitenden Ring bzw. Hohlzylinder eine Rolle spielt, mussten mit verschiedenen Magnetfeldern Dauerströme angeworfen und der von ihnen erzeugte magnetische Fluss so genau bestimmt werden, dass eine Detektion des magnetischen Flusses durch den Ring mit einer Auflösung besser als Φ_0 möglich war. Wegen der Kleinheit des Flussquants sind diese Experimente äußerst schwierig. Um eine große relative Änderung des Flusses in verschiedenen Zuständen zu erhalten, muss man versuchen, den Fluss durch den Ring von der Größenordnung eines oder weniger Φ_0 zu haben. Dazu ist es erforderlich, recht kleine supraleitende Ringe zu verwenden, da sonst die erforderlichen Felder zur Erzeugung des Dauerstromes zu klein werden. Wir nennen diese Felder »Einfrierfelder«, da der Fluss, den sie durch die Öffnung des Ringes erzeugen, bei Eintritt der Supraleitung »eingefroren« wird. Für eine Öffnung von nur 1 mm² wird ein Flussquant schon durch ein Feld von $2 \cdot 10^{-9}$ T erzeugt.

Von beiden Gruppen wurden deshalb sehr kleine Proben in der Form dünner Röhrchen mit einem Durchmesser von nur ca. 10 µm verwendet. Bei diesem Durchmesser ist zur Erzeugung eines Flussquants $\Phi_0 = h/2e = 2.07 \cdot 10^{-15}$ Tm² ein Feld von $\Phi_0/\pi r^2 = 2{,}6 \cdot 10^{-5}$ T erforderlich. Solche Felder kann man bei sorgfältiger Abschirmung der Störfelder, z. B. des Erdfeldes, experimentell beherrschen.

Doll und Näbauer verwendeten Bleizylinder, die auf Quarzstäbchen aufgedampft waren (Abb. 1.11). In diesen Bleizylindern wird ein Dauerstrom in der bekannten Weise durch Abkühlen in dem zur Zylinderachse parallelen Einfrierfeld B_e und Abschalten dieses Feldes nach Eintritt der Supraleitung bei $T < T_c$ erzeugt. Der Dauerstrom macht den Bleizylinder zu einem Magneten. Die Größe des einge-

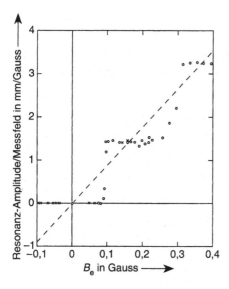

Abb. 1.12 Ergebnisse von Doll und Näbauer zur Flussquantisierung in einem Pb-Zylinder (nach [23]) (1 G = 10^{-4} T).

frorenen Flusses kann im Prinzip aus dem Drehmoment bestimmt werden, das ein Messfeld B_M, senkrecht zur Zylinderachse gerichtet, auf die Probe ausübt. Dazu hängt die Probe an einem Quarzfaden. Der Ausschlag kann über einen Spiegel mit einem Lichtzeiger abgelesen werden. Die erreichbaren Drehmomente waren jedoch so klein, dass eine statische Bestimmung selbst bei sehr dünnen Quarzfäden aussichtslos erschien. Doll und Näbauer überwanden diese Schwierigkeit mit einer äußerst eleganten Messmethode, die man als Autoresonanzmethode bezeichnen kann.

Sie verwendeten das kleine Drehmoment, das von dem Messfeld auf den Bleizylinder ausgeübt wird, zur Anregung einer Torsionsschwingung des Systems. Im Resonanzfall werden die Amplituden genügend groß, um sie bequem zu registrieren. Die Resonanzamplitude ist proportional zum erregenden Drehmoment, das bestimmt werden soll. Für die Anregung muss das Messfeld B_M mit der Frequenz der Schwingung umgepolt werden. Um sicher zu sein, dass die Anregung stets exakt mit der Resonanzfrequenz erfolgt, wurde die Umpolung von dem schwingenden System selbst über den Lichtzeiger und eine Photozelle gesteuert.

In Abb. 1.12 sind Ergebnisse von Doll und Näbauer wiedergegeben. Als Ordinate ist die Resonanzamplitude dividiert durch das Messfeld, also eine Größe, die dem gesuchten Drehmoment proportional ist, aufgetragen. Die Abszisse gibt das jeweilige Einfrierfeld. Wäre der Fluss in dem supraleitenden Bleizylinder kontinuierlich variabel, so sollte auch die beobachtete Resonanzamplitude proportional zum Einfrierfeld variieren (gestrichelte Gerade in Abb. 1.12). Das Experiment zeigt deutlich ein anderes Verhalten. Bis zu einem Einfrierfeld von ca. $1 \cdot 10^{-5}$ T wird überhaupt kein Fluss eingefroren. Der supraleitende Bleizylinder nimmt den energetisch tiefliegendsten Zustand mit $\Phi = 0$ ein. Erst bei Einfrierfeldern größer als $1 \cdot 10^{-5}$ T wird ein Zustand mit eingefrorenem Fluss erzeugt. Er ist für alle

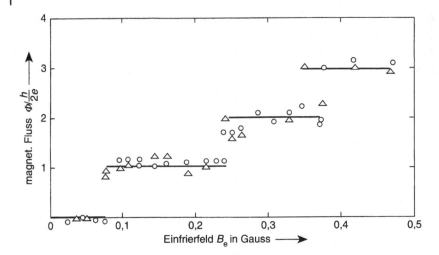

Abb. 1.13 Ergebnisse von Deaver und Fairbank zur Flussquantisierung in einem Sn-Zylinder. Der Zylinder hatte ca. 0,9 mm Länge, einen inneren Durchmesser von 13 μm und eine Wandstärke von 1,5 μm (nach [24]) (1 G = 10^{-4} T).

Einfrierfelder zwischen $1 \cdot 10^{-5}$ und ca. $3 \cdot 10^{-5}$ T der gleiche. Die Resonanzamplitude ist in diesem Bereich konstant. Der aus dieser Amplitude und der Apparatekonstanten berechnete Fluss entspricht etwa einem Flussquant $\Phi_0 = h/2e$. Für größere Einfrierfelder werden weitere Quantenstufen beobachtet.

Dieses Experiment zeigt eindeutig, dass der magnetische Fluss durch einen supraleitenden Ring nur diskrete Werte $\Phi = n \cdot \Phi_0$ annehmen kann.

Auch die Ergebnisse von Deaver und Fairbank – Abb. 1.13 gibt ein Beispiel – zeigten die Quantisierung des Magnetflusses durch einen supraleitenden Hohlzylinder und ergaben für das elementare Flussquant $\Phi_0 = h/2e$. Dabei verwendeten Deaver und Fairbank eine völlig andere Messmethode für den eingefrorenen Fluss. Sie bewegten den supraleitenden Zylinder mit einer Frequenz von 100 Hz um 1 mm in seiner Längsrichtung hin und her. Dadurch wurde in zwei kleinen, die Enden des Röhrchens umfassenden Messspulen eine Induktionsspannung erzeugt, die, genügend verstärkt, gemessen werden konnte. In der Abb. 1.13 ist der Fluss durch das Röhrchen in Vielfachen des elementaren Flusses Φ_0 über dem Einfrierfeld aufgetragen. Deutlich sind auch hier die Zustände mit 0, 1 und 2 Flussquanten zu erkennen.

1.4
Supraleitung: ein makroskopisches Quantenphänomen

Wir überlegen uns nun, welche Schlussfolgerungen aus der Quantisierung des magnetischen Flusses in Einheiten des Flussquants Φ_0 gezogen werden können.

Das Auftreten diskreter Zustände ist im Bereich der Atome nichts Ungewohntes. So sind die stationären Atomzustände beispielsweise durch eine Quantenbedingung für den Drehimpuls ausgezeichnet, der in Vielfachen von $\hbar = h/2\pi$ auftritt. Hinter dieser Drehimpulsquantisierung steht letzlich die Notwendigkeit, dass das Betragsquadrat der quantenmechanischen Wellenfunktion, das ja die Aufenthaltswahrscheinlichkeit des Elektrons angibt, eindeutig ist. Wenn wir uns in Gedanken um 360° um den Atomkern drehen und dabei die Wellenfunktion beobachten, dann muss deren Betrag nach unserer Rückkehr zum Startpunkt der gleiche sein wie beim Start. Die *Phase* der Wellenfunktion kann sich dabei aber um ein ganzzahliges Vielfaches von 2π geändert haben, da dies keinen Einfluss auf das Betragsquadrat hat.

Auch im Makroskopischen kann uns diese Situation begegnen. Stellen wir uns eine beliebige Welle vor, die ungedämpft in einem Ring mit Radius R umläuft. Die Welle kann stationär sein, wann immer eine ganze Zahl n von Wellenlängen λ in den Ring passt. Wir haben dann die Bedingung $n\lambda = 2\pi R$ oder (ausgedrückt durch die Wellenzahl $k = 2\pi/\lambda$) $kR = n$. Wird diese Bedingung verletzt, dann interferiert sich die Welle nach wenigen Umläufen weg.

Wenden wir diese Gedanken nun auf eine Elektronenwelle an, die um den Ring läuft. Für eine vollständige Rechnung müssten wir die Schrödinger-Gleichung für die uns interessierende Geometrie lösen. Wir wollen aber darauf verzichten und statt dessen eine halbklassische Betrachtung durchführen, die uns ebenfalls alle wesentlichen Ergebnisse liefern wird.

Wir benötigen zunächst einen Zusammenhang zwischen dem Wellenvektor des Elektrons und seinem Impuls. Für ein ungeladenes Quantenteilchen ist dieser Zusammenhang nach de Broglie $\vec{p}_{kin} = \hbar\vec{k}$, wobei wir $\vec{p}_{kin}$ als »kinetischen Impuls« $m\vec{v}$ (m: Masse, $\vec{v}$: Geschwindigkeit des Teilchens) bezeichnen. Er bestimmt die kinetische Energie des Teilchens, $E_{kin} = (\vec{p}_{kin})^2/2m$. Für ein geladenes Teilchen wie das Elektron hängt der Wellenvektor $\vec{k}$ nach den Regeln der Quantenmechanik zusätzlich vom sogenannten Vektorpotenzial $\vec{A}$ ab. Dieses Vektorpotenzial ist mit dem Magnetfeld durch die Bedingung

$$\operatorname{rot}\vec{A} = \vec{B} \tag{1-4}$$

verknüpft[8]. Wir definieren zunächst den »kanonischen Impuls«

$$\vec{p}_{kan} = m\vec{v} + q\vec{A} \tag{1-5}$$

wobei m die Masse und q die Ladung des Teilchens bezeichnet. Der Zusammenhang zwischen Wellenvektor $\vec{k}$ und $\vec{p}_{kan}$ ist dann:

$$\vec{p}_{kan} = \hbar\vec{k} \tag{1-6}$$

---

8 Die »Rotation« $\operatorname{rot}\vec{A}$ eines Vektors $\vec{A}$ ist ebenfalls ein Vektor, dessen Komponenten $(\operatorname{rot}\vec{A})_x$, ... aus den Komponenten A_i auf folgende Weise gewonnen werden:

$(\operatorname{rot}\vec{A})_x = \frac{\partial A_z}{\partial y} - \frac{\partial A_y}{\partial z}$; $(\operatorname{rot}\vec{A})_y = \frac{\partial A_x}{\partial z} - \frac{\partial A_z}{\partial x}$; $(\operatorname{rot}\vec{A})_z = \frac{\partial A_y}{\partial x} - \frac{\partial A_x}{\partial y}$.

Wir verlangen nun, dass sich eine ganze Zahl von Wellenlängen im Ring befindet. Hierzu integrieren wir $\vec{k}$ auf einem Integrationsweg um den Ring herum und verlangen, dass dieses Integral ein ganzzahliges Vielfaches von 2π ist. Wir haben damit

$$n \cdot 2\pi = \oint \vec{k}\,d\vec{r} = \frac{1}{\hbar}\oint \vec{p}_{kan}\,d\vec{r} = \frac{m}{\hbar}\oint \vec{v}\,d\vec{r} + \frac{q}{\hbar}\oint \vec{A}\,d\vec{r} \qquad (1\text{-}7)$$

Das zweite Integral auf der rechten Seite ($\oint \vec{A}\,d\vec{r}$) kann nach dem Stokesschen Satz ersetzt werden durch das Flächenintegral $\int_F \mathrm{rot}\vec{A}\,d\vec{f}$ über die vom Ring eingeschlossene Fläche F. Dieses Integral ist aber nichts anderes als der vom Ring eingeschlossene magnetische Fluss, $\int_F \mathrm{rot}\vec{A}\,d\vec{f} = \int_F \vec{B}\,d\vec{f} = \Phi$. Damit können wir Gleichung (1-7) umschreiben zu

$$n \cdot \frac{h}{q} = \frac{m}{q}\oint \vec{v}\,d\vec{r} + \Phi \qquad (1\text{-}8)$$

Hierbei haben wir Gleichung (1-7) zusätzlich mit $\hbar/q$ multipliziert und $\hbar = h/2\pi$ verwendet.

Wir haben damit eine Quantenbedingung gefunden, die den magnetischen Fluss durch den Ring mit dem Planckschen Wirkungsquantum und der Ladung des Teilchens verknüpft. Wenn das Wegintegral auf der rechten Seite von Gleichung (1-8) konstant ist, dann ändert sich der magnetische Fluss durch den Ring gerade um ganzzahlige Vielfache von h/q.

Bisher haben wir nur von *einem* Teilchen gesprochen. Was passiert aber, wenn sich alle oder zumindest viele Ladungsträger im gleichen Quantenzustand befinden? Wir können dann auch diese Ladungsträger durch eine einzige, kohärente Materiewelle beschreiben, die eine wohldefinierte Phase hat und bei der alle Ladungsträger ihre Quantenzustände gemeinsam ändern. Gleichung (1-8) gilt dann für diese kohärente Materiewelle.

Wir stehen jetzt allerdings vor dem Problem, dass Elektronen wie alle Quantenteilchen mit halbzahligem Spin dem Pauli-Prinzip gehorchen und unterschiedliche Quantenzustände einnehmen müssen. Der Ausweg besteht darin, dass sich je zwei Elektronen auf eine trickreiche Art, die wir in Kapitel 3 näher beschreiben werden, zu einem Paar – dem Cooper Paar – zusammenschließen. Das Paar hat dann einen ganzzahligen Spin, der für fast alle Supraleiter gleich Null ist. Aus diesen Paaren lässt sich die kohärente Materiewelle aufbauen. Sie ist letztlich verknüpft mit der Bewegung der Schwerpunkte der Paare, die für alle Paare die gleiche ist.

Wir wollen nun Gleichung (1-8) weiter umformen und sehen, welche Aussagen wir über den supraleitenden Zustand gewinnen können. Zunächst verknüpfen wir die Geschwindigkeit $\vec{v}$ mit der Suprastromdichte $\vec{j}_s$ via $\vec{j}_s = qn_s\vec{v}$. Hierbei bezeichnen wir mit n_s die Dichte der supraleitenden Ladungsträger. Um allgemein zu bleiben, behalten wir für den Moment die Bezeichnung q für die Ladung bei.

Wir können damit Gleichung (1-8) umschreiben:

$$n \cdot \frac{h}{q} = \frac{m}{q^2 n_s}\oint \vec{j}_s\,d\vec{r} + \Phi \qquad (1\text{-}9)$$

Wir wollen jetzt noch die Abkürzung $\frac{m}{q^2 n_s} = \mu_0 \lambda_L^2$ benutzen. Die Länge

$$\lambda_L = \sqrt{m/(\mu_0 q^2 n_s)} \qquad (1\text{-}10)$$

(q: Ladung; m: Masse des Teilchens; n_s: Teilchendichte; μ_0: Permeabilitätskonstante)

ist die Londonsche Eindringtiefe, der wir im Folgenden häufig begegnen werden. Wir erhalten damit:

$$n \cdot \frac{h}{q} = \mu_0 \lambda_L^2 \oint \vec{j}_s d\vec{r} + \Phi \qquad (1\text{-}11)$$

Die Beziehung (1-11) ist die sogenante »Fluxoidquantisierung«, der Ausdruck auf der rechten Seite bezeichnet das »Fluxoid«. In vielen Fällen ist die Suprastromdichte und damit das Wegintegral auf der rechten Seite von Gleichung (1-11) vernachlässigbar klein. Dies gilt insbesondere, wenn wir einen dickwandigen supraleitenden Zylinder oder Ring aus einem Typ-I-Supraleiter betrachten. Das Magnetfeld wird durch den Meißner-Ochsenfeld-Effekt aus dem Supraleiter gedrängt. Die Supraströme fließen nur an der Oberfläche des Supraleiters und klingen exponentiell nach innen ab, wie wir weiter unten sehen werden. Wir können den Integrationsweg, auf dem Gleichung (1-11) auszuwerten ist, tief ins Innere des Rings legen. Das Integral über die Stromdichte ist dann exponentiell klein, und wir erhalten in guter Näherung

$$\Phi \approx n \cdot \frac{h}{q} \qquad (1\text{-}12)$$

Dies ist aber gerade die Bedingung für die Quantisierung des magnetischen Flusses, und die experimentelle Beobachtung $\Phi = n \cdot \frac{h}{2|e|} = n \cdot \Phi_0$ zeigt klar, dass die supraleitenden Ladungsträger die Ladung $|q| = 2e$ tragen. Über das Vorzeichen der Ladungsträger kann die Beobachtung der Flussquantisierung allerdings keine Aussage machen, da in diesem Experiment nicht die Richtung des *Teilchen*stroms bestimmt wurde. Für viele Supraleiter werden die Cooper-Paare durch Elektronen gebildet, d.h. $q = -2e$. Insbesondere bei vielen Hochtemperatursupraleitern liegt aber Löcherleitung vor, ähnlich wie man dies von Halbleitern kennt. Hier ist $q = +2e$.

Wenden wir uns nun einem massiven Supraleiter ohne Loch zu. Nehmen wir an, der Supraleiter sei überall in seinem Inneren supraleitend. Wir können uns dann einen Integrationsweg mit einem beliebigen Radius um einen beliebigen Punkt gelegt vorstellen, und wir erhalten dann ebenso wie beim Ring die Gleichung (1-11). Jetzt können wir uns aber einen Integrationsweg mit einem immer kleineren Radius r vorstellen. Wenn wir vernünftigerweise unterstellen, dass die Suprastromdichte auf dem Integrationsweg nicht unendlich groß werden kann, dann geht aber das Wegintegral über $\vec{j}_s$ gegen Null, da der Umfang des Rings gegen Null geht.

Ebenso geht der magnetische Fluss Φ, der ja das Magnetfeld $\vec{B}$ über die vom Integrationsweg eingeschlossene und immer kleiner werdende Fläche integriert, gegen Null, vorausgesetzt das Magnetfeld kann nicht unendlich groß werden. Damit verschwindet aber die rechte Seite von Gleichung (1-11) und wir müssen schließen, dass unter der Voraussetzung eines kontinuierlichen Supraleiters auch die linke Seite verschwinden muss, d.h. $n = 0$.

Wir lassen jetzt den Integrationsweg wieder endlich werden und haben mit $n = 0$ die Bedingung

$$\mu_0 \lambda_L^2 \oint \vec{j}_s d\vec{r} = -\Phi = -\int_F \vec{B} df \qquad (1\text{-}13)$$

Wir können, wiederum unter Verwendung des Stokesschen Satzes, diese Bedingung auch als

$$\vec{B} = -\mu_0 \lambda_L^2 \operatorname{rot} \vec{j}_s \qquad (1\text{-}14)$$

schreiben.

Gleichung (1-14) ist die 2. Londonsche Gleichung, die wir weiter unten noch auf eine etwas andere Art erhalten werden. Sie ist eine von zwei Grundgleichungen, mit der die Brüder F. und H. London bereits 1935 eine sehr erfolgreiche phänomenologische Beschreibung der Supraleitung aufbauen konnten [25].

Verwenden wir zunächst noch die Maxwell-Gleichung $\operatorname{rot} \vec{H} = \vec{j}$, die wir mit $\vec{B} = \mu \mu_0 \vec{H}$, $\mu \approx 1$ für unmagnetische Supraleiter und $\vec{j} = \vec{j}_s$ zu

$$\operatorname{rot} \vec{B} = \mu_0 \vec{j}_s \qquad (1\text{-}15)$$

umschreiben. Wir bilden zu beiden Seiten von Gleichung (1-15) nochmals die Rotation, eliminieren $\operatorname{rot} \vec{j}_s$ mit Hilfe von Gleichung (1-14) und verwenden weiter die Beziehung[9] $\operatorname{rot}(\operatorname{rot} \vec{B}) = \operatorname{grad}(\operatorname{div} \vec{B}) - \Delta \vec{B}$ und die Maxwell-Gleichung $\operatorname{div} \vec{B} = 0$. Hiermit erhalten wir

$$\Delta \vec{B} = \frac{1}{\lambda_L^2} \vec{B} \qquad (1\text{-}16)$$

Diese Differenzialgleichung gibt den Meißner-Ochsenfeld Effekt wieder, wie wir uns an einem einfachen Beispiel klarmachen können. Betrachten wir dazu die Oberfläche eines sehr großen Supraleiters, die bei der Koordinate $x = 0$ liegen und sich in (y,z)-Richtung unendlich weit ausdehnen soll. Der Supraleiter liege im Halbraum $x > 0$ (vgl. Abb. 1.14).

Es sei ein Magnetfeld $\vec{B}_a = (0,0,B_a)$ von außen an den Supraleiter angelegt. Wegen der Symmetrie unseres Problems (supraleitender Halbraum) können wir anneh-

---

9 »div« ist die Divergenz eines Vektors, $\operatorname{div} \vec{B} = \frac{\partial B_x}{\partial x} + \frac{\partial B_y}{\partial y} + \frac{\partial B_z}{\partial z}$, »grad« der Gradient, $\operatorname{grad} f(x,y,z) = (\frac{\partial f}{\partial x}, \frac{\partial f}{\partial y}, \frac{\partial f}{\partial z})$, und Δ der Laplace-Operator, $\Delta f = \frac{\partial^2 f}{\partial x^2} + \frac{\partial^2 f}{\partial y^2} + \frac{\partial^2 f}{\partial z^2}$. Er ist in Gleichung (1-16) auf die drei Komponenten von $\vec{B}$ anzuwenden.

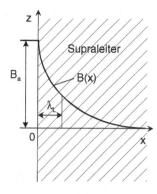

Abb. 1.14 Abnahme des magnetischen Feldes im Supraleiter nahe einer ebenen Oberfläche.

men, dass auch im Supraleiter nur die z-Komponente des Magnetfeldes von Null verschieden ist und eine Funktion allein der x-Koordinate sein wird. Gleichung (1-16) liefert dann für $B_z(x)$ im Supraleiter, d. h. für $x > 0$:

$$\frac{\mathrm{d}^2 B_z(x)}{\mathrm{d}x^2} = \frac{1}{\lambda_L^2} B_z(x) \tag{1-17}$$

Die Gleichung hat die Lösung

$$B_z(x) = B_z(0) \cdot \exp(-x/\lambda_L) \tag{1-18}$$

Die Lösung ist in Abb. 1.14 eingezeichnet. Auf der Länge λ_L fällt das Magnetfeld auf den e-ten Teil ab, und weit innerhalb des Supraleiters ist das Magnetfeld verschwindend klein.

Man beachte, dass die Gleichung (1-17) auch eine mit x anwachsende Lösung $B_z(x) = B_z(0) \cdot \exp(+x/\lambda_L)$ zulässt. Sie ist aber für unsere Geometrie nicht sinnvoll, da sie zu einem beliebig großen Feld im Inneren des Supraleiters führt.

Einen groben Zahlenwert für die Londonsche Eindringtiefe erhalten wir aus Gleichung (1-10) unter der sicher nicht ganz richtigen Annahme, dass ein Elektron pro Atom mit der Masse des freien Elektrons m_e zum Suprastrom beiträgt. Für Zinn z. B. liefert diese Abschätzung $\lambda_L = 26$ nm. Dieser Wert weicht nur wenig von dem gemessenen ab, der bei tiefen Temperaturen im Bereich von 25–36 nm liegt.

Bereits wenige Nanometer weg von der Oberfläche ist der supraleitende Halbraum praktisch feldfrei und damit im ideal diamagnetischen Zustand. Ähnliches gilt für Proben mit realistischer Geometrie, etwa einen supraleitenden Stab, solange die Krümmungsradien der Oberflächen deutlich größer sind als λ_L und der Supraleiter deutlich dicker ist als λ_L. Auf einer Längenskala von λ_L sieht dann der Supraleiter im wesentlichen wie ein supraleitender Halbraum aus. Für eine exakte Lösung müsste natürlich Gleichung (1-16) gelöst werden.

Die Londonsche Eindringtiefe ist temperaturabhängig. Man sieht aus Gleichung (1-10), dass λ_L proportional zu $1/\sqrt{n_s}$ ist. Wir können annnehmen, dass die Zahl der zu Cooper-Paaren korrelierten Elektronen zur Übergangstemperatur T_c hin abnimmt und bei T_c verschwindet. Oberhalb der Sprungtemperatur sollten jedenfalls

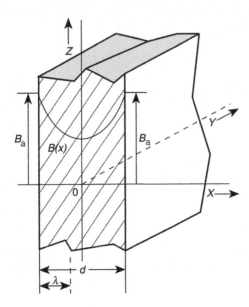

Abb. 1.15 Ortsabhängigkeit des Magnetfeldes in einer dünnen supraleitenden Schicht. Bei dem angenommenen Verhältnis $d/\lambda_L = 3$ nimmt das Magnetfeld nur noch auf etwa den halben Wert ab.

keine stabilen[10] Cooper-Paare mehr vorhanden sein. Wir erwarten daher, dass λ_L mit wachsender Temperatur zunimmt und bei T_c divergiert. Damit dringt aber auch das Magnetfeld weiter und weiter in den Supraleiter ein, bis es die Probe an der Übergangstemperatur homogen ausfüllt.

Betrachten wir dies einmal am Beispiel einer supraleitenden Platte der Dicke d. Die Platte erstrecke sich parallel zur (y, z)-Ebene, und es sei ein Magnetfeld B_a in z-Richtung angelegt. Die Geometrie ist in Abb. 1.15 gezeigt.

Auch für diesen Fall können wir den Verlauf des Magnetfeldes im Supraleiter durch die Differenzialgleichung (1-17) berechnen, wobei nun aber das Magnetfeld an *beiden* Grenzflächen bei $x = \pm d/2$ gleich dem angelegten Feld B_a sein soll. Um die Lösung zu finden, müssen wir auch die mit x anwachsende Exponentialfunktion berücksichtigen und wählen als Ansatz die Linearkombination

$$B_z(x) = B_1 e^{-x/\lambda_L} + B_2 e^{+x/\lambda_L} \tag{1-19}$$

Für $x = d/2$ erhalten wir:

$$B_a = B_z\left(\frac{d}{2}\right) = B_1 e^{-d/2\lambda_L} + B_2 e^{+d/2\lambda_L} \tag{1-20}$$

Da das Problem bei der Wahl unseres Koordinatensystems symmetrisch ist in x und $-x$, muss gelten: $B_1 = B_2 = B^*$. Wir erhalten:

$$B_a = B^*(e^{d/2\lambda_L} + e^{-d/2\lambda_L}), \text{ bzw. } B^* = \frac{B_a}{2\cosh(d/2\lambda_L)} \tag{1-21}$$

---

10 Wir vernachlässigen hier thermische Schwankungen, durch die kurzfristig Cooper-Paare auch oberhalb von T_c entstehen. Wir werden darauf in Abschnitt 4.8 näher eingehen.

Damit wird im Supraleiter

$$B_z(x) = B_a \frac{\cosh\dfrac{x}{\lambda_L}}{\cosh\dfrac{d}{2\lambda_L}} \tag{1-22}$$

Dieser Verlauf ist in Abb. 1.15 eingezeichnet. Für $d \gg \lambda_L$ fällt das Feld exponentiell von beiden Oberflächen her im Supraleiter ab, und das Platteninnere ist nahezu feldfrei. Für eine kleiner werdende Dicke d wird die Feldvariation aber immer kleiner, weil sich die Abschirmschicht nicht mehr voll aufbauen kann. Für $d \ll \lambda_L$ schließlich haben wir nur noch eine sehr kleine Feldvariation über die Dicke. Das Magnetfeld durchdringt die supraleitende Schicht praktisch homogen.

Wir geben für den Fall des supraleitenden Halbraums und der supraleitenden Platte noch die Abschirmströme an, die im Supraleiter fließen. Wir erhalten die Abschirmstromdichte aus dem Verlauf des Magnetfeldes mit Hilfe der 1. Maxwell-Gleichung (1-15), die sich für $\vec{B} = (0,0,B_z(x))$ zur Gleichung $\mu_0 j_{s,y} = -\dfrac{dB_z}{dx}$ reduziert.

Die Stromdichte hat also nur eine y-Komponente. Diese nimmt wie das Magnetfeld von der Oberfläche ins Innere des Supraleiters ab.

Für den Fall des supraleitenden Halbraums ergibt sich $j_{s,y} = \dfrac{B_a}{\mu_0 \lambda_L} e^{-x/\lambda_L}$. Die Stromdichte an der Oberfläche beträgt damit $\dfrac{B_a}{\mu_0 \lambda_L}$. Für den Fall der dünnen Platte finden wir $j_{s,y} = -\dfrac{B_a}{\mu_0 \lambda_L} \dfrac{\sinh(x/\lambda_L)}{\cosh(d/2\lambda_L)}$, was sich an der Oberfläche bei $x = -d/2$ zu $j_{s,y}(-d/2) = \dfrac{B_a}{\mu_0 \lambda_L} \tanh(d/2\lambda_L)$ reduziert. Die Suprastromdichte bei $x = d/2$ ist das Negative dieses Wertes.

Die Supraströme fließen damit bei $x = -d/2$ in die Bildebene hinein und bei $x = d/2$ aus dieser heraus. Beachten wir noch, dass sich bei einer endlich großen Platte diese Ströme schließen müssen, dann sehen wir, dass wir hier einen Kreisstrom beobachten, der nahe der Oberfläche um die Platte fließt. Das von diesem Strom erzeugte Magnetfeld ist dem angelegten Feld entgegengerichtet; die Platte verhält sich also wie ein Diamagnet.

Wie kann man die Londonsche Eindringtiefe experimentell bestimmen? Im Prinzip muss bei allen Methoden der Einfluss der dünnen Abschirmschicht auf das diamagnetische Verhalten gemessen werden. Verschiedene Verfahren sind verwendet worden.

So kann man beispielsweise die Magnetisierung immer dünnerer Platten bestimmen [26]. Solange die Plattendicke wesentlich größer ist als die Eindringtiefe, wird man dabei eine nahezu ideale diamagnetische Antwort finden, die aber abnimmt, wenn die Plattendicke in den Bereich von λ_L kommt.

Für die Bestimmung der Temperaturabhängigkeit sind nur Relativmessungen erforderlich. Man kann etwa die Resonanzfrequenz eines Hohlraums aus supraleitendem Material bestimmen. Die Resonanzfrequenz hängt empfindlich von der Geometrie ab. Wenn die Eindringtiefe mit der Temperatur variiert, so bedeutet das eine Variation der Geometrie des Hohlraumes und damit der Resonanzfrequenz, woraus die Änderung von λ_L bestimmt werden kann [27]. Wir werden experimentelle Ergebnisse in Abschnitt 4.5 vorstellen.

Ein wesentliches Interesse an der genauen Bestimmung der Eindringtiefe, etwa als Funktion von Temperatur, Magnetfeld oder der Frequenz der anregenden Mikrowellen ist in ihrer Abhängigkeit von der Dichte der supraleitenden Ladungsträger begründet. Sie liefert wesentliche Informationen über den supraleitenden Zustand und kann damit als ein Sensor zur Untersuchung der Supraleitung dienen.

Kommen wir nun zurück zu unseren Ausführungen über die makroskopische Wellenfunktion. Die bloße Annahme, dass im supraleitenden Zustand die Ladungsträger eine kohärente Materiewelle bilden, hat uns bereits das Phänomen der Fluxoid- bzw. Flussquantisierung und den idealen Diamagnetismus geliefert. Wir haben außerdem eine fundamentale Längenskala der Supraleitung gefunden, die Londonsche Eindringtiefe.

Wie kommt es nun zum Unterschied zwischen Typ-I- und Typ-II-Supraleitung bzw. zur Ausbildung von Flusswirbeln? Die Annahme eines kontinuierlichen Supraleiters hatte uns zur 2. London-Gleichung und damit zum idealen Diamagnetismus geführt. Bei Typ-I-Supraleitern ist dieser Zustand realisiert, solange das angelegte Feld einen gewissen kritischen Wert nicht überschreitet. Höhere Felder führen zum Zusammenbruch der Supraleitung. Für eine Diskussion des kritischen Feldes werden wir die Energieverhältnisse im Supraleiter genauer betrachten müssen. Wir werden dies im Kapitel 4 tun. Es wird sich zeigen, dass es letzlich die Konkurrenz zweier Energien – des Energiegewinns durch die Kondensation der Cooper-Paare und des Energieaufwands durch die Verdrängung des magnetischen Feldes – ist, die zum Übergang vom supraleitenden in den normalleitenden Zustand führen.

Auch in Typ-II-Supraleitern bildet sich bei kleinen Magnetfeldern die Meißner-Phase aus. Beim unteren kritischen Feld kondensieren aber Flusswirbel im Material. Wenn wir nochmals Gleichung (1-11) betrachten, dann sehen wir, dass die Portionierung des magnetischen Flusses in Einheiten[11] $\pm 1 \Phi_0$ Zuständen mit der Quantenzahl $n = \pm 1$ entspricht. Die Diskussion des Meißner-Zustands hat uns aber auch gezeigt, dass dann der Supraleiter nicht kontinuierlich supraleitend bleiben kann. Wir müssen vielmehr annehmen, dass, ähnlich wie beim Ring, die Achse des Flusswirbels nicht supraleitend ist. Dann können wir uns den Integrationsweg nicht auf einen Punkt zusammengezogen denken, und die Ableitung der 2. London-Gleichung mit $n = 0$, welche zum Meißner-Ochsenfeld-Effekt geführt hatte, verliert ihre Gültigkeit. Tatsächlich zeigt eine genauere Betrachtung im Rahmen der Ginzburg-Landau-Theorie, dass die Supraleitung auf einer Längenskala ξ_{GL}, der Ginzburg-Landau-Kohärenzlänge, zur Achse eines Flusswirbels hin verschwindet (s. auch Abschnitt 4.7.2). Diese Länge ist je nach supraleitendem Material von der Größenordnung einiger Nanometer bis einiger hundert Nanometer und ähnlich wie die Londonsche Eindringtiefe insbesondere nahe T_c stark temperaturabhängig.

---

11 Das Vorzeichen ist entsprechend der Magnetfeldrichtung zu wählen.

In der Shubnikov-Phase ist also der Supraleiter von einer Vielzahl »normalleitender Achsen« durchzogen. Warum trägt aber jeder Flusswirbel genau ein Φ_0?

Auch hier müssen die Energieverhältnisse im Supraleiter genau betrachtet werden. Im wesentlichen stellt sich heraus, dass ein Typ-II-Supraleiter einen energetischen Vorteil davon hat, oberhalb des unteren kritischen Feldes eine Grenzfläche Normalleiter-Supraleiter aufzubauen (vgl. Abschnitt 4.7). Er versucht dann, möglichst viele dieser Grenzflächen zu realisieren. Dies wird durch Wahl des kleinsten Quantenzustandes $n = \pm 1$ erreicht, da dann die maximale Zahl von Wirbeln und damit von Grenzflächen in Achsennähe entsteht.

Wir könnten Gleichung (1-11) benutzen, um auszurechnen, wie weit das Magnetfeld eines Flussschlauchs in den Supraleiter hineinreicht. Wir wollen dies nicht im Detail durchführen. Es stellt sich aber heraus, dass auch hier das Feld nahezu exponentiell von der Achse her mit der Längenskala λ_L abfällt. Wir können also sagen, dass ein Flussschlauch einen magnetischen Radius λ_L hat.

Hiermit können wir auch das untere kritische Feld B_{c1} grob abschätzen. Jeder Flussschlauch trägt einen Fluss Φ_0, und wir benötigen mindestens ein Magnetfeld $B_{c1} \approx \Phi_0/(\text{Fläche des Flussschlauchs}) \approx \Phi_0/(\pi\lambda_L^2)$, um diesen Fluss zu erzeugen. Für $\lambda_L = 100$ nm liefert dies einen Wert von etwa 25 G für B_{c1}.

Für höhere Magnetfelder werden die Flusslinien immer dichter gepackt, bis sie nahe B_{c2} einen Abstand von der Größenordnung der Ginzburg-Landau-Kohärenzlänge ξ_{GL} haben. Für eine einfache Abschätzung von B_{c2} nehmen wir einen zylinderförmigen normalleitenden Kern des Flussschlauchs an. Die Supraleitung sollte ungefähr dann verschwinden, wenn der Abstand zwischen den Flussquanten gleich dem Kerndchmesser ist, also für $B_{c2} \approx \Phi_0/(\pi\xi_{GL}^2)$. Die genaue Theorie liefert einen um einen Faktor 2 kleineren Wert[12]. Man beachte, dass B_{c2} je nach dem Zahlenwert für ξ_{GL} sehr groß werden kann. Für $\xi_{GL} = 2$ nm erhält man einen Wert von über 80 T! Derart hohe Werte werden bei Hochtemperatursupraleitern erreicht oder sogar überschritten.

Zum Schluss dieses Abschnitts wollen wir uns fragen, wie denn die makroskopische Wellenfunktion die Dauerströme und damit den Widerstand Null – das namensgebende Phänomen der Supraleitung – erklären kann.

Betrachten wir hierzu die zweite London-Gleichung (1-14), $\vec{B} = -\mu_0\lambda_L^2 \operatorname{rot}\vec{j}_s$, und benutzen zusätzlich die Maxwell-Gleichung

$$\operatorname{rot}\vec{E} = -\frac{d\vec{B}}{dt} = -\dot{\vec{B}} \tag{1-23}$$

die die Rotation des elektrischen Feldes mit der zeitlichen Änderung des Magnetfeldes verbindet. Wir leiten Gleichung (1-14) nach der Zeit ab und setzen dies in Gleichung (1-23) ein. Dann ergibt sich $\operatorname{rot}\vec{E} = \mu_0\lambda_L^2 \operatorname{rot}\dot{\vec{j}}_s$, oder, bis auf Integrationskonstanten,

$$\vec{E} = \mu_0\lambda_L^2 \dot{\vec{j}}_s \tag{1-24}$$

---

12 Dieser Zusammenhang wird häufig genutzt, um ξ_{GL} zu bestimmen. Eine weitere Möglichkeit besteht in der Analyse der Leitfähigkeit in der Nähe der Sprungtemperatur (s. auch Abschn. 4.8).

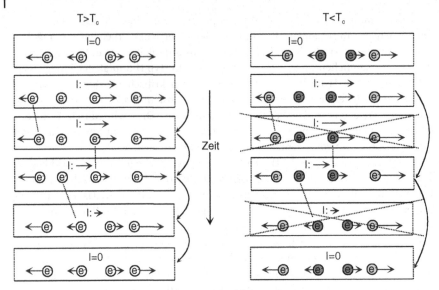

Abb. 1.16 Zur Entstehung des Suprastroms: Vier Elektronen in einem ringförmigen Draht.

Dies ist die erste London-Gleichung. Für einen zeitlich *konstanten* Suprastrom ist die rechte Seite von Gleichung (1-24) Null und damit haben wir einen Stomfluss ohne elektrisches Feld und damit ohne Widerstand.

Gleichung (1-24) besagt auch, dass die Suprastromdichte bei Anwesenheit eines elektrischen Feldes mit der Zeit immer mehr anwächst. Dies ist für einen Suprastrom sinnvoll, da dann die supraleitenden Ladungsträger durch das elektrische Feld immer weiter beschleunigt werden. Auf der anderen Seite kann die Suprastromdichte nicht bis ins Unendliche anwachsen. Man benötigt weitergehende Energiebetrachtungen, um die maximal erreichbare Suprastromdichte zu finden. Wir werden diese im Rahmen der Ginzburg-Landau-Theorie in Abschnitt 5.1 durchführen.

Wir hätten die 1. Londonsche Gleichung auch elementar in einer klassischen Betrachtung erhalten können, wenn wir sehen, dass bei Stromfluss ohne Widerstand die supraleitenden Ladungsträger ohne (inelastische) Stoßprozesse fließen müssen. Bei Anwesenheit eines elektrischen Feldes haben wir dann die Kraftgleichung $m\dot{\vec{v}} = q\vec{E}$. Wir benutzen $\vec{j_s} = qn_s\vec{v}$ und finden $\vec{E} = \frac{m}{q^2 n_s}\dot{\vec{j_s}}$, was sich mit der Definition (1-10) der Londonschen Eindringtiefe in die Form der Gleichung (1-24) bringen lässt.

Die obige Argumentation zeigt zumindest formal, dass auch der Widerstand Null eine Konsequenz der makroskopischen Wellenfunktion ist. Wir können aber auch fragen, welche Prozese zu einem endlichen Widerstand bzw. zum Abklingen eines Dauerstroms führen können. Wir beschränken uns der Einfachheit halber auf Gleichströme in einem Typ-I-Supraleiter, d. h. wir lassen dissipative Effekte durch

Flusswirbelbewegungen oder durch im Wechselfeld beschleunigte ungepaarte Elektronen außer Acht.

Betrachten wir die stark vereinfachte Situation in Abb. 1.16. Wir nehmen an, wir hätten einen metallischen Ring, in dem sich lediglich vier Elektronen befinden. Die Elektronen sollen sich nur entlang des Rings bewegen können. In der Zeichnung haben wir diesen Ring aufgeschnitten dargestellt, d.h. wir haben ein Drahtstück gezeichnet, dessen beiden Enden miteinander identisch sein sollen. Man spricht hier auch von periodischen Randbedingungen. Ein Elektron, das den gezeichneten Ring beispielsweise auf der linken Seite verlässt, erscheint wieder auf der rechten Seite.

Im normallleitenden Zustand ($T > T_c$) sei zunächst der Ringstrom gleich Null. Dies bedeutet aber nicht, dass die Elektronen ruhen. Entsprechend dem Pauli-Prinzip müssen die Elektronen unterschiedliche Quantenzustände einnehmen. Vernachlässigen wir den Elektronenspin, so müssen die vier Elektronen unterschiedliche Wellenvektoren und damit Geschwindigkeiten annehmen. Wir haben diese Geschwindigkeiten durch Pfeile unterschiedlicher Länge bzw. Richtung dargestellt. Soll netto kein Ringstrom fließen, dann müssen sich die Geschwindigkeiten der vier Elektronen gerade zu Null addieren, und dies ist die in der Abbildung links oben gezeichnete Situation. Wenn wir andererseits einen Ringstrom angeworfen haben, dann bewegen sich die Elektronen vorzugsweise in eine Richtung. Diese Situation ist im zweiten Bild von oben dargestellt. Wir haben hier zur Geschwindigkeit jedes Elektrons eine Einheit addiert und den Gesamtstrom als Summenpfeil mit eingezeichnet[13].

Überlässt man nun das System sich selbst, werden die Elektronen sehr schnell durch Streuprozesse ihren Quantenzustand in Richtung möglichst kleiner Gesamtenergie ändern, so dass nach kurzer Zeit der Ringstrom abgeklungen ist. Einige dieser Streuprozesse sind in der Abbildung angedeutet. Hierbei kann sich der Gesamtstrom in Schritten von einer Einheit ändern.

Die makroskopische Wellenfunktion zeichnet sich dadurch aus, dass die Schwerpunkte aller Cooper-Paare den gleichen Impuls bzw. den gleichen Wellenvektor haben. Wir haben zur Illustration in der rechten Seite der Abb. 1.16 die vier Elektronen zu zwei Cooper-Paaren verbunden und hell- bzw. dunkelgrau gekennzeichnet. Man beachte, dass in den beiden oberen Bildern der rechten Seite die beiden Paare jeweils die gleiche Schwerpunktsgeschwindigkeit haben, die für den Strom $I = 0$ bei Null liegt. Im zweiten Bild weist der Geschwindigkeitsvektor beider Paare eine Einheit nach rechts. Eine Reihe von Streuprozessen, die für $T > T_c$ zum Abklingen des Stroms führten, funktionieren nun nicht mehr, da sie die Bedingung verletzen, dass die Schwerpunktgeschwindigkeit der beiden Paare die gleiche sein muss. Bei einem Übergang eines Elektrons müssen die anderen Elektronen ihren Quantenzustand so einstellen, dass alle Paare auch weiterhin die gleiche Schwerpunktsgeschwindigkeit besitzen. Der Gesamtstrom muss sich in Schritten von mindestens zwei Einheiten ändern, bis der Zustand $I = 0$ wieder erreicht ist. Ganz

---

13 Wir ignorieren hier das *negative* Vorzeichen der Elektronenladung. Andernfalls müssten wir Strom- und Geschwindigkeitsvektoren in entgegengesetzte Richtung zeichnen.

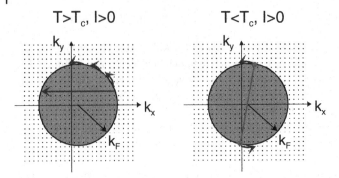

Abb. 1.17 Zur Entstehung des Suprastroms: Stromtransport und Abklingen des Dauerstroms im Bild der Fermikugel.

analog muss sich bei N Paaren der Gesamtstrom in Schritten von N Einheiten ändern. Für $N = 2$ wären diese Ereignisse sicher nicht besonders unwahrscheinlich. Für 10^{20} Elektronen bzw. Cooper-Paare ist die Wahrscheinlichkeit eines solchen simultanen Prozesses jedoch extrem klein, der Strom klingt nicht ab.

Wir können die obige Betrachtung auch etwas realistischer im Bild der Fermikugel darstellen. In Abb. 1.17 sind zwei Dimensionen k_x, k_y des $\vec{k}$-Raums gezeichnet. Die erlaubten, diskreten $\vec{k}$-Werte sind durch einzelne Punkte angedeutet. Die Elektronen besetzen zumindest bei $T = 0$ die niedrigsten Energiezustände – die Fermikugel in 3D, entsprechend einem Kreis in der (k_x,k_y)-Ebene. Ohne Netto-Stromfluss ist diese Kugel um den Nullpunkt zentriert. Fließt ein Nettostrom in x-Richtung, ist die Fermikugel dagegen entlang k_x leicht ausgelenkt, da ja über alle Elektronen summiert eine Nettobewegung in Stromrichtung übrigbleiben muss[14]. Diese Auslenkung ist in Abb. 1.17 stark übertrieben dargestellt.

Im normalleitenden Zustand können die Elektronen unter Beachtung des Pauli-Prinzips im wesentlichen unabhängig voneinander in niedrigere Energiezustände streuen, und die Fermikugel relaxiert schnell in den Ursprung zurück, d.h. der Kreisstrom klingt schnell ab. Im supraleitenden Zustand sind die Paare dagegen bezüglich des Mittelpunkts der Fermikugel korreliert. Sie können lediglich um die Kugel herum streuen, was aber nicht zu einer Verschiebung des Kugelmittelpunktes und damit nicht zu einem Abklingen des Kreisstroms führt. Wir haben einen Dauerstrom.

Die einfachste Möglichkeit, den Kreisstrom in einem Ring mit vielen Elektronen abzubremsen, besteht darin, die Paar-Korrelationen in einem möglichst kleinen Volumen des Rings kurzfristig durch eine Fluktuation aufzuheben. Dieses Volumen wäre dann vorübergehend normalleitend, und der Ringstrom könnte leicht zurückgehen. Wir wollen die Wahrscheinlichkeit eines solchen Prozesses sehr grob abschätzen.

Die Längenskala, auf der man die Supraleitung unterdrücken kann, ist die Ginzburg-Landau-Kohärenzlänge ξ_{GL}, die wir bereits im Zusammenhang mit Fluss-

---

14 Auch in dieser Darstellung ignorieren wir das negative Vorzeichen der Elektronenladung.

wirbeln in Typ-II-Supraleitern erwähnt haben. Das kleinste Volumen, das kurzfristig normalleitend werden kann, ist dann durch den Drahtquerschnitt mal ξ_{GL} gegeben, falls der Drahtquerschnitt ξ_{GL} nicht überschreitet. Nehmen wir an, das Volumen, das wir normalleitend machen müssen, sei gerade $V_c = \xi_{GL}^3$. Wie viele Cooper-Paare sind in diesem Volumen? Die Elektronendichte sei n, und es sei ein Anteil a aller Elektronen gepaart. Wir haben dann eine Zahl von $N_c = an\xi_{GL}^3/2$ im Volumen ξ_{GL}^3. Im Rahmen der BCS-Theorie ergibt sich, dass der Anteil a an Elektronen, die effektiv an der Cooper-Paarung teilnehmen, von der Größenordnung Δ_0/E_F ist, mit der Fermi-Energie E_F und der sogenannten Energielücke Δ_0, die für metallische Supraleiter wie Nb oder Pb von der Größenordnung 1 meV ist. E_F ist von der Größenordnung 1 eV. Man hat dann einen Anteil a von etwa 10^{-3}. Nehmen wir $n = 10^{23}/cm^3$ und $\xi_{GL} \approx 100$ nm an, dann haben wir etwa 10^5 Cooper-Paare, die wir durch die Fluktuation in den normalleitenden Zustand bringen müssen. Die Kondensationsenergie pro Paar ist ebenfalls von der Größenordnung 1 meV. Der obige Prozess kostet damit eine Energie E_c von gut 10^2 eV. Die Thermodynamik sagt uns, dass die Wahrscheinlichkeit für diesen Vorgang proportional zum Boltzmann-Faktor $\exp(-E_c/k_BT)$ ist. Nehmen wir eine Temperatur von 1 Kelvin. Dann ist $k_BT \approx 0.08$ meV und das Verhältnis E_c/k_BT etwa 10^6. Der Boltzmann-Faktor beträgt dann etwa $\exp(-10^6)$!

Es sei hier angemerkt, dass eine genaue Analyse der Fluktuationseffekte, die zum Auftreten eines endlichen Widerstands in einem dünnen supraleitenden Draht führen, wesentlich komplizierter ist als gerade eben dargestellt [28, 29]. Jedoch erhält man auch hier die exponentielle Abhängigkeit von der Kondensationsenergie innerhalb eines Kohärenzvolumens. Diese Abhängigkeit wurde durch Messung des Widerstands sehr dünner einkristalliner Zinn-Drähte (sogenannter Whisker) nahe $T_c = 3{,}7$ K getestet [30, 31]. Innerhalb eines Millikelvins fiel der Widerstand exponentiell um 6 Größenordnungen. Extrapoliert man dieses Verhalten zu tieferen Temperaturen, dann wird die Wahrscheinlichkeit für das kurzfristige Zusammenbrechen der Supraleitung so verschwindend gering, dass wir getrost vom Widerstand Null sprechen können.

Für Hochtemperatursupraleiter ist die Kondensationsenergie pro Paar etwa eine Größenordnung höher als bei Nb oder Pb, allerdings ist das Volumen V_c wesentlich kleiner. Die Ginzburg-Landau-Kohärenzlänge ist hier anisotrop. Sie beträgt in zwei Raumrichtungen etwa 1–2 nm und ist in der dritten Raumrichtung kleiner als 0.3 nm. Bei tiefen Temperaturen haben wir hier mitunter weniger als 10 Cooper-Paare im Volumen V_c. Der Boltzmann-Faktor ist dann bei $T = 1$ K immerhin von der Größenordnung $\exp(-10^2)$.

Fluktuationseffekte sind bei Hochtemperatursupraleitern in der Tat häufig nicht vernachlässigbar und führen zu einer Reihe interessanter Erscheinungen insbesondere im Zusammenhang mit Flusswirbeln. Wir werden hierauf in den Kapiteln 4 und 5 genauer eingehen.

1.5
Quanteninterferenzen

Wie können wir die kohärente Materiewelle im Supraleiter direkt nachweisen?

In der Optik geschieht dies sehr elegant durch Beugungserscheinungen bzw. Interferenz. Jeder kennt die Interferenzstreifen, das beispielsweise Laserlicht beim Durchgang durch einen Doppelspalt auf einem Schirm hinter dem Spalt erzeugt.

Ein spezielles optisches Interferometer – das Sagnac-Interferometer – ist in Abb. 1.18 schematisch dargestellt. Ein Laserstrahl wird durch einen halbdurchlässigen Spiegel so aufgespalten, dass er in beiden Richtungen eine Ringstrecke durchläuft, die durch drei weitere Spiegel realisiert wird. Wenn die beiden Teilwellen mit der gleichen Phasenlage konstruktiv miteinander interferieren, dann erreichen die beiden Teilwellen mit der gleichen Phase den Detektor, und ein großes Signal kann nachgewiesen werden. Das Interessante am Sagnac-Interferometer ist, dass es auf eine Rotation des Messaufbaus empfindlich ist. Rotiert der Aufbau z. B. im Uhrzeigersinn, dann laufen die Spiegel dem linksherum laufenden Strahl *entgegen*, aber dem rechtsherum laufenden Strahl *davon*. Der rechtsherum laufende Strahl muss also bis zur Auskopplung in den Detektor eine größere Wegstrecke zurücklegen als der linksherum laufende, und als Resultat entsteht ein Gangunterschied zwischen den Teilstrahlen am Detektor. Das nachgewiesene Signal wird kleiner. Mit immer weiter wachsender Rotationsgeschwindigkeit des Messaufbaus würde das Signal schließlich zwischen einem Maximalwert und einem Minimalwert periodisch variieren. Diese Abhängigkeit des Detektorsignals von der Rotationsgeschwindigkeit des Aufbaus erlaubt, das Sagnac-Interferometer als Gyroskop zum Nachweis von Drehbewegungen einzusetzen.

Man kann die Wellennatur zumindest im Prinzip auch durch *zeitliche* Interferenz beobachten. Stellen wir uns vor, dass zwei Wellen unterschiedlicher Frequenz interferieren, und beobachten wir an einem bestimmten Ort, z. B. bei $x = 0$, die Gesamtamplitude aus beiden Teilwellen. Immer dann, wenn die beiden Wellen in Phase sind, ist die Amplitude der Welle gleich der Summe der Amplituden der beiden Teilwellen. Die Gesamtamplitude ist gleich der Differenz der Amplituden

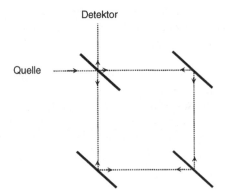

Abb. 1.18 Das optische Sagnac-Interferometer.

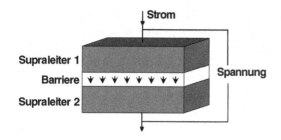

Abb. 1.19 Sandwichanordnung von zwei durch eine dünne Barriere getrennten Supraleitern.

der beiden Teilwellen, wenn diese außer Phase sind. Wir beobachten also, dass die Amplitude der Gesamtwelle periodisch mit der Zeit oszilliert, wobei die Frequenz gerade durch die Differenz der Oszillationsfrequenzen der beiden Teilwellen gegeben ist.

Können analoge Phänomene mit der kohärenten Materiewelle in Supraleitern erzielt werden? Die Antwort ist ja: Beide Phänomene, räumliche und zeitliche Interferenz sind nachweisbar und werden mittlerweile in einer Vielzahl von Anwendungen genutzt.

Zur genaueren Erklärung müssen wir etwas weiter ausholen und zunächst den Josephsoneffekt diskutieren.

1.5.1
Josephsonströme

Denken wir uns zwei Supraleiter, die wir in Form einer Sandwich-Struktur zusammenbringen. Die Anordnung ist in Abb. 1.19 schematisch gezeichnet. Zwischen den beiden Supraleitern sei eine nicht-supraleitende Barriere, z. B. ein Isolator. Wenn die Barriere sehr dünn (Größenordnung: wenige nm) wird, können Elektronen von einem Supraleiter zum anderen gelangen, obwohl sich eine nichtleitende Schicht zwischen den beiden Metallen befindet. Die Ursache ist der quantenmechanische Tunneleffekt: Die Wellenfunktion, die die Aufenthaltwahrscheinlichkeit eines Elektrons beschreibt, »leckt« etwas aus dem metallischen Bereich heraus. Bringen wir ein zweites Metall in diese Zone, dann kann das Elektron von Metall 1 zum Metall 2 »tunneln«, und wir können einen Stom über die Sandwich-Anordnung schicken. Dieser Tunneleffekt ist ein grundlegendes Phänomen in der Quantenmechanik. Es ist beispielsweise auch beim Alpha-Zerfall von Atomkernen sehr wichtig.

Durch die tunnelnden Elektronen bzw. Cooper-Paare werden die beiden Supraleiter miteinander gekoppelt, und man kann einen schwachen Suprastrom – den Josephsonstrom – über die Barriere schicken. Dieser Strom wurde von Brian D. Josephson erstmals 1962 in einer theoretischen Arbeit beschrieben [32]. Der Josephsonstrom hat eine Reihe ganz erstaunlicher Eigenschaften, die unmittelbar mit der Phase der makroskopischen Wellenfunktion des supraleitenden Zustands verknüpft sind. Josephson erhielt für seine Entdeckung 1973 den Nobelpreis.

Wir werden sehen, dass der Josephsonstrom proportional zum Sinus der Differenz der Phasen φ_1 und φ_2 der makroskopischen Wellenfunktionen der beiden Supraleiter ist. Genauer gesagt, gilt:

$$I_s = I_c \cdot \sin\gamma \tag{1-25}$$

wobei γ die sogenannte eichinvariante Phasendifferenz ist:

$$\gamma = \varphi_2 - \varphi_1 - \frac{2\pi}{\Phi_0} \int_1^2 \vec{A}\, d\vec{l} \tag{1-26}$$

Hierbei ist das Wegintegral über das Vektorpotenzial über die Barriere hinweg von Supraleiter 1 zum Supraleiter 2 zu nehmen.

Gleichung (1-25) ist die 1. Josephsongleichung. Die Konstante I_c wird als kritischer Strom bezeichnet. Geteilt durch die Fläche des Kontakts ergibt sich die kritische Stromdichte j_c. Sie liegt bei tiefen Temperaturen typischerweise im Bereich 10^2–10^4 A/cm^2.

Wenn wir eine Gleichspannung U an das Sandwich anlegen können, wie in Abb. 1.19 gezeichnet, dann wächst, wie wir weiter unten im Detail sehen werden, die eichinvariante Phasendifferenz mit der Zeit an, und wir beobachten einen hochfrequenten Wechselstrom, dessen Frequenz durch

$$f_J = \frac{U}{\Phi_0} = U \cdot \frac{2e}{h} \tag{1-27}$$

gegeben ist. Im Josephson-Wechselstrom sehen wir die zeitliche Interferenz der Wellenfunktionen der beiden Supraleiter. Der genaue Zusammenhang zwischen eichinvarianter Phasendifferenz γ und angelegter Spannung U wird durch die 2. Josephsongleichung

$$\dot{\gamma} = \frac{2\pi}{\Phi_0} U \tag{1-28}$$

beschrieben, die wir weiter unten ebenso wie die 1. Josephsongleichung im Detail herleiten werden.

Die Frequenz des Josephson-Wechselstroms ist also zur angelegten Gleichspannung proportional, und die Proportionalitätskonstante ist das Flussquant Φ_0. Es ergibt sich ein Zahlenwert von ca. 483,6 GHz pro mV angelegter Spannung. Dieser hohe Wert und die Tatsache, dass die Oszillationsfrequenz mit der angelegten Spannung durchgestimmt werden kann, macht Josephsonkontakte interessant als Oszillatoren für Frequenzen im hohen GHz-Bereich oder sogar im THz-Bereich. Umgekehrt erlaubt die Tatsache, dass mit Gleichung (1-27) Spannung und Frequenz durch die beiden fundamentalen Naturkonstanten h und e verknüpft sind, das Volt über die Frequenz des Josephson-Wechselstoms zu definieren und Josephsonkontakte als Spannungsstandards zu verwenden. Wir werden auf die vielfältigen Einsatzmöglichkeiten von Josephsonkontakten in den Kapiteln 6 und 7 eingehen.

Betrachten wir nun die Eigenschaften des Josephsonstroms etwas genauer im Bild der makroskopischen Wellenfunktion. Wie im oben beschriebenen Fall einzel-

ner Elektronen können wir uns auch hier vorstellen, dass die kohärente Materiewelle aus dem Supraleiter herausleckt und damit die beiden supraleitenden Bereiche koppelt.

Wegen der großen Bedeutung des Josephsoneffekts wollen wir die zu Grunde
liegenden »Josephson-Gleichungen« auf zwei verschiedene Arten herleiten.

In der ersten Herleitung, die auf Richard Feynman zurückgeht [33], betrachten
wir zwei schwach gekoppelte quantenmechanische Systeme und lösen näherungsweise die Schrödinger-Gleichung für dieses Problem. Wir vernachlässigen dabei für
den Moment Magnetfeldeffekte.

Die beiden *getrennten* Systeme sollen durch die beiden Wellenfunktionen Ψ_1 und
Ψ_2 beschrieben werden. Es gilt dann gemäß der zeitabhängigen Schrödinger-
Gleichung für die zeitliche Änderung der beiden Wellenfunktionen

$$\frac{\partial \Psi_1}{\partial t} = \frac{-i}{\hbar} E_1 \Psi_1 ; \qquad \frac{\partial \Psi_2}{\partial t} = \frac{-i}{\hbar} E_2 \Psi_2 \tag{1-29}$$

Wenn eine schwache Kopplung der Systeme vorliegt, so wird die zeitliche Änderung
von Ψ_1 auch durch Ψ_2 beeinflusst werden und ebenso die von Ψ_2 durch Ψ_1. Diese
Situation können wir dadurch erfassen, dass wir in Gleichung (1-29) eine zusätzliche Kopplung einführen:

$$\frac{\partial \Psi_1}{\partial t} = \frac{-i}{\hbar} (E_1 \Psi_1 + K \Psi_2) \tag{1-30a}$$

$$\frac{\partial \Psi_2}{\partial t} = \frac{-i}{\hbar} (E_2 \Psi_2 + K \Psi_1) \tag{1-30b}$$

In unserem Fall bedeutet die Kopplung, dass Cooper-Paare zwischen den Supraleitern 1 und 2 ausgetauscht werden können. Die Stärke des Austausches, der
symmetrisch ist, wird durch die Konstante K festgelegt.

Eine Besonderheit der beiden schwach gekoppelten Supraleiter gegenüber anderen Zweizustandssystemen in der Quantenmechanik (z. B. H_2^+-Molekül) besteht
darin, dass Ψ_1 und Ψ_2 makroskopisch mit einer großen Zahl von Teilchen besetzte
Zustände beschreiben. Wir können dann das Quadrat der Amplitude als Teilchendichte n_s für die Dichte der Cooper-Paare auffassen. Wir dürfen also schreiben:

$$\Psi_1 = \sqrt{n_{s1}} e^{i\varphi_1} ; \qquad \Psi_2 = \sqrt{n_{s2}} e^{i\varphi_2} \tag{1-31}$$

Hierbei sind φ_1 und φ_2 die Phasen der Wellenfunktionen Ψ_1 und Ψ_2.

Wenn wir diese Wellenfunktionen in die Gleichungen (1-30a) und (1-30b) einsetzen, so erhalten wir:

$$\frac{\dot{n}_{s1}}{2\sqrt{n_{s1}}} e^{i\varphi_1} + i\sqrt{n_{s1}} e^{i\varphi_1} \cdot \dot{\varphi}_1 = -\frac{i}{\hbar} \left\{ E_1 \sqrt{n_{s1}} e^{i\varphi_1} + K \sqrt{n_{s2}} e^{i\varphi_2} \right\} \tag{1-32a}$$

$$\frac{\dot{n}_{s2}}{2\sqrt{n_{s2}}} e^{i\varphi_2} + i\sqrt{n_{s2}} e^{i\varphi_2} \cdot \dot{\varphi}_2 = -\frac{i}{\hbar} \left\{ E_2 \sqrt{n_{s2}} e^{i\varphi_2} + K \sqrt{n_{s1}} e^{i\varphi_1} \right\} \tag{1-32b}$$

Die Trennung von Real- und Imaginärteil liefert:

$$\frac{1}{2}\frac{\dot{n}_{s1}}{\sqrt{n_{s1}}} = \frac{K}{\hbar}\sqrt{n_{s2}}\,\sin(\varphi_2 - \varphi_1) \tag{1-33a}$$

$$\frac{1}{2}\frac{\dot{n}_{s2}}{\sqrt{n_{s2}}} = \frac{K}{\hbar}\sqrt{n_{s1}}\,\sin(\varphi_1 - \varphi_2) \tag{1-33b}$$

$$i\sqrt{n_{s1}}\,\dot{\varphi}_1 = -\frac{i}{\hbar}\left\{E_1\sqrt{n_{s1}} + K\sqrt{n_{s2}}\,\cos(\varphi_2 - \varphi_1)\right\} \tag{1-34a}$$

$$i\sqrt{n_{s2}}\,\dot{\varphi}_2 = -\frac{i}{\hbar}\left\{E_2\sqrt{n_{s2}} + K\sqrt{n_{s1}}\,\cos(\varphi_1 - \varphi_2)\right\} \tag{1-34b}$$

Wenn wir nun noch bedenken, dass für den Austausch der Cooper-Paare zwischen 1 und 2 immer $\dot{n}_{s1} = -\dot{n}_{s2}$ sein muss, und der Einfachheit halber zwei gleiche Supraleiter voraussetzen (d.h. $n_{s1} = n_{s2}$), so erhalten wir aus den Gleichungen (1-33a) und (1-33b) die Differenzialgleichung

$$\dot{n}_{s1} = \frac{2K}{\hbar}n_{s1}\,\sin(\varphi_2 - \varphi_1) = -\dot{n}_{s2} \tag{1-35}$$

Die zeitliche Änderung der Teilchendichte in 1 multipliziert mit dem Volumen V von 1 ergibt die Änderung der Teilchenzahl und damit den Teilchenstrom durch den Kontakt. Den elektrischen Strom I_s erhält man durch Multiplikation des Teilchenstroms mit der Ladung $2e$ jedes einzelnen Teilchens. Damit haben wir

$$I_s = I_c\,\sin(\varphi_2 - \varphi_1) \tag{1-36}$$

mit

$$I_c = \frac{2K \cdot 2e}{\hbar} \cdot V \cdot n_s = \frac{4\pi K}{\Phi_0} \cdot V \cdot n_s \tag{1-37}$$

Dies ist die erste Josephsongleichung, wenn wir das Vektorpotenzial $\vec{A}$ gleich Null setzen. Wir hatten ja Magnetfeldeffekte außer Acht gelassen, sodass dieser Schritt in Ordnung ist. Beim Übergang von $\dot{n}_s$ zum Strom im Kontakt müssen wir außerdem daran denken, dass die beiden Supraleiter mit einer Stromquelle verbunden sind, die durch Nachlieferung oder Abnahme der Ladungen dafür sorgt, dass n_s in den Supraleitern konstant bleibt.

Aus den Gleichungen (1-34a) und (1-34b) erhalten wir eine Differenzialgleichung für die zeitliche Änderung der Phasendifferenz. Es wird mit $n_{s1} = n_{s2}$ und $E_2 - E_1 = 2eU$:

$$\frac{\mathrm{d}}{\mathrm{d}t}(\varphi_2 - \varphi_1) = \frac{2eU}{\hbar} = \frac{2\pi}{\Phi_0}U \tag{1-38}$$

Dies ist die zweite Josephsongleichung für $\vec{A} = 0$. Demnach wächst für eine zeitlich konstante Spannung $U = $ const. die Phasendifferenz linear mit der Zeit an:

$$\varphi_2 - \varphi_1 = \frac{2\pi}{\Phi_0}U \cdot t + \varphi(t=0) \tag{1-39}$$

Das bedeutet aber, dass in dem Kontakt entsprechend der ersten Josephsongleichung ein Wechselstrom auftritt, dessen Frequenz f durch Gleichung (1-27) gegeben ist.

Die zweite Ableitung der Josephsongleichungen, die wir hier betrachten wollen,
geht in Teilen auf L. D. Landau zurück [34]. Sie benutzt lediglich sehr allgemeine
Symmetrie- und Invarianzprinzpien und hebt damit den großen Gültigkeitsbereich
des Josephsoneffekts hervor.

Überlegen wir zunächst qualitativ, wie Suprastromdichte und Phase innerhalb
eines homogen supraleitenden Drahtes zusammenhängen[15]. Der Strom soll in z-
Richtung fließen. Es liegt nahe, dass wir die Suprastromdichte als $j_{s,z} = 2e \cdot n_s v_z$
schreiben. Wir hatten diese Beziehung ja schon bei der Ableitung der Fluxoidquantisierung benutzt. Eliminieren wir jetzt v_z unter Verwendung des kanonischen
Impulses (Gleichung 1-5), so erhalten wir $j_{s,z} = \frac{q}{m} \cdot n_s \left(p_{kan,z} - q A_z \right)$ oder, wenn wir
$\vec{p}_{kan} = \hbar \vec{k}$ benutzen, $j_{s,z} = \frac{q}{m} \cdot n_s \cdot \left(\hbar k_z - q A_z \right)$.

Wir betrachten nun eine Materiewelle der Form $\Psi = \Psi_0 e^{i\varphi} = \Psi_0 e^{i\vec{k}\vec{x}}$ und schreiben anstelle von k_z den Ausdruck $\varphi' \equiv \frac{d\varphi}{dz}$ (Differenziation der Phase $\varphi = \vec{k}\vec{x}$
nach z ergibt gerade k_z). Damit erhalten wir

$$j_{s,z} = \frac{q}{m} \cdot n_s \cdot \left(\hbar \varphi' - q A_z \right) \tag{1-40}$$

Nun definieren wir

$$\gamma(z) = \varphi(z) - \frac{q}{\hbar} \int_0^z A_z \, dz \tag{1-41}$$

und erhalten

$$j_{s,z} = \frac{q\hbar}{m} \cdot n_s \cdot \gamma' \tag{1-42}$$

Was passiert, wenn unser supraleitender Draht eine dünne Schwachstelle enthält,
an der die Cooper-Paardichte stark reduziert ist? Diese Geometrie ist in Abb. 1.20
schematisch dargestellt.

Der Strom, den wir durch den Draht schicken, muss überall den gleichen Wert
haben. Wenn wir annehmen, dass die Suprastromdichte über den Drahtquerschnitt
konstant ist, dann muss in Gleichung (1-42) das Produkt $n_s \gamma'$ überall den gleichen
Wert haben. Wenn aber an der Schwachstelle n_s stark reduziert ist, dann muss γ'
dort wesentlich größer sein als im Rest des Drahtes. Wenn aber $\gamma'(z)$ an der
Schwachstelle ein scharfes Maximum aufweist, dann ändert sich $\gamma(z)$ dort sehr
schnell von einem Wert γ_1 auf einen deutlich größeren Wert γ_2.

---

15 Diese qualitative Überlegung geht etwas unsanft mit der Quantenmechanik um, liefert aber das
richtige Ergebnis.

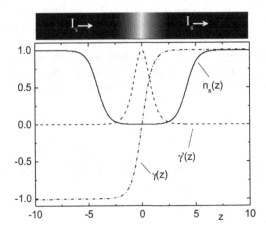

Abb. 1.20 Zur Ableitung der Josephsongleichungen: Wir betrachten einen dünnen supraleitenden Draht mit einer Schwachstelle bei $z = 0$, an der die Cooper-Paardichte n_s stark reduziert ist. Die Stromerhaltung fordert $n_s(z) \cdot \gamma'(z)$ = const., was zu einer Spitze in $\gamma'(z)$ und zu einer Stufe in $\gamma(z)$ führt. Im Beispiel haben wir zur Illustration folgende »Testfunktionen« verwendet: $n_s(z) = 1/\gamma'(z) = 1/[1.001-\tanh^2(x)]$, const. = 0.001. Für $\gamma(z)$ erhält man $\gamma(z) = \tanh(z) + 0.001 \cdot z$. Im Bereich der Schwachstelle ändert sich $\gamma(z)$ sehr schnell von -1 auf 1.

Mittels Gleichung (1-41) können wir den Phasensprung an der Barriere als

$$\gamma = \gamma(z_2) - \gamma(z_1) = \varphi(z_2) - \varphi(z_1) - \frac{q}{\hbar}\int_{z_1}^{z_2} A_z \, dz \tag{1-43}$$

darstellen, wobei z_1 eine Koordinate in Supraleiter 1 vor der Barriere und z_2 eine Koordinate in Supraleiter 2 hinter der Barriere bezeichnet. Die Gleichung (1-43) hat genau die Form der Gleichung (1-26).

Wenn wir die Ortsabhängigkeit $n_s(z)$ vorgeben, dann ist der Suprastrom über die Barriere eine Funktion des Phasensprungs γ, also $I_s = I_s(\gamma)$. Nun sollte eine Änderung einer Phasendifferenz um 2π aber zur gleichen Wellenfunktion und damit zum gleichen Wert für den Suprastrom über die Barriere führen. Wir können damit I_s als eine Summe von Sinus- und Kosinus-Termen (eine Fourier-Reihe) darstellen:

$$I_s(\gamma) = \sum_{n=0}^{\infty} I_{cn} \sin(n\gamma) + \sum_{n=0}^{\infty} \tilde{I}_{cn} \cos(n\gamma) \tag{1-44}$$

Hierbei sind die I_{cn} und $\tilde{I}_{cn}$ die Entwicklungskoeffizienten der Funktion $I_s(\gamma)$. Man beachte, dass mikroskopische Details, wie etwa die Beschaffenheit der Barriere oder die Temperaturabhängigkeit der Cooper-Paardichte, in diesen Entwicklungskoeffizienten stecken. Die Periodizität von $I_s(\gamma)$ ist aber hiervon unabhängig.

Nun benutzen wir das Prinzip der Zeitumkehrinvarianz: Viele Grundvorgänge in der Natur sind reversibel. Wenn wir einen solchen Vorgang mit der Kamera aufnehmen und den Film dann rückwärts anschauen, dann sehen wir ebenfalls einen physikalisch möglichen Prozess[16]. Wir verlangen nun, dass der Josephson-strom diesem Prinzip folgt. Wenn wir die Zeit umkehren, dann fließt der Strom rückwärts, wir haben also einen Strom $-I_s$. Die makroskopischen Wellenfunktionen oszillieren wie $\exp(-\omega t)$. Drehen wir hier die Zeit um, dann sehen wir, dass wir auch das Vorzeichen der Phase der Wellenfunktion umkehren müssen. Verlangen wir also, dass der Josephsonstrom unter Zeitumkehr invariant bleibt, dann haben wir die Bedingung $I_s(\gamma) = -I_s(-\gamma)$, was alle Kosinus-Glieder in Gleichung (1-44) aus-schließt.

Der Suprastrom über die Barriere wird also bei Zeitumkehrinvarianz durch

$$I_s(\gamma) = \sum_{n=0}^{\infty} I_{cn} \sin(n\gamma) \tag{1-45}$$

beschrieben. Sehr häufig – aber nicht notwendig – ist es so, dass diese Reihe sehr schnell konvergiert, d.h. die Entwicklungskoeffizienten I_{cn} sehr schnell kleiner werden. Wir können dann die Reihe auf das erste Glied beschränken und erhalten die erste Josephsongleichung.

Es sei hier aber angemerkt, dass es Situationen gibt, bei denen beispielsweise der erste Entwicklungskoeffizient I_{c1} verschwindet. Dann erhalten wir eine Beziehung zwischen Suprastrom und Phasendifferenz γ, die eine Periode von π anstelle von 2π hat.

Um zur zweiten Josephsongleichung zu gelangen, leiten wir Gleichung (1-43) nach der Zeit ab. Wir erhalten:

$$\dot{\gamma} = \dot{\varphi}(z_2) - \dot{\varphi}(z_1) - \frac{q}{\hbar} \int_{z_1}^{z_2} \dot{A}_z \, dz \tag{1-46}$$

Nach den Gesetzen der Elektrodynamik gibt das Integral über die zeitliche Ab-leitung des Vektorpotenzials gerade die durch ein zeitlich veränderliches Magnet-feld über die Barriere induzierte Spannung an. Die Zeitableitung der Differenz $\varphi(z_2) - \varphi(z_1)$ ergibt mit $\Psi \propto \exp(-i\omega t) = \exp(-iEt/\hbar)$ die Differenz $[E(z_2) - E(z_1)]/\hbar$ zwischen den beiden supraleitenden Bereichen rechts und links der Barriere, die wir als $q \cdot U_{21}$, mit der Spannungsdifferenz U_{21}, schreiben können. Wir haben also

$$\dot{\gamma} = \frac{q}{\hbar}(U_{21} + U_{ind}) = \frac{q}{\hbar} U_{gesamt} \tag{1-47}$$

Mit $q = 2e$ folgt daraus die zweite Josephsongleichung (1-28).

Die zweite Ableitung der Josephsongleichungen war sehr allgemein. Sie hat angenommen, dass eine makroskopische Welle mit definierter Phase φ vorliegt und dass das System zeitumkehrinvariant ist. Die Gleichungen (1-40) bis (1-47) sind ebenfalls »eichinvariant«.

---

16 Dies git nicht für irreversible Prozesse: Ein zu Boden fallendes Wasserglas zerbricht in viele Scherben, und das Wasser verteilt sich über den Boden. Der umgekehrte Prozess – das Wasser und die Scherben springen auf den Tisch und bilden ein intaktes, mit Wasser gefülltes Glas – kommt dagegen nur im Film vor.

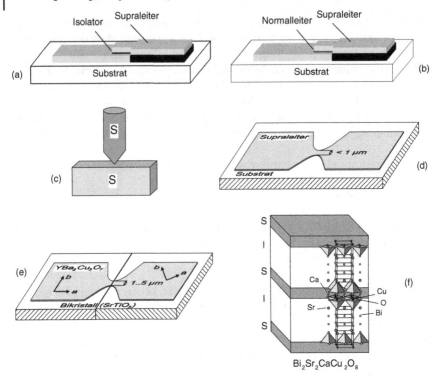

Abb. 1.21 Schematische Darstellung von Möglichkeiten zur Herstellung einer schwachen Kopplung zwischen zwei Supraleitern. a) SIS-Kontakt mit einer Oxidschicht als Barriere; b) SNS-Kontakt mit normalleitender Barriere; c) Punktkontakt; d) dünne Brücke; e) $YBa_2Cu_3O_7$-Korngrenzenkontakt; f) intrinsischer Josephsonkontakt in $Bi_2Sr_2CaCu_2O_8$.

Die Eichinvarianz ist ein sehr grundlegendes Prinzip. In den Kraft- und Feldgleichungen der Elektrodynamik treten nur die elektrischen und magnetischen Felder, aber nicht die zugehörigen Potenziale – das Vektorpotenzial $\vec{A}$ und das skalare Potenzial Φ – auf. Aus letzterem erhält man durch Gradientenbildung das (negative) elektrische Feld. Wie bereits erwähnt gilt $\mathrm{rot}\,\vec{A} = \vec{B}$. Nun ist aber das magnetische Feld quellenfrei, d.h. es gilt $\mathrm{div}\,\vec{B} = 0$. Damit kann man zu $\vec{A}$ einen Vektor $\vec{V}(x,y,z,t)$ hinzuaddieren, der aus dem Gradienten einer Funktion $\chi(x,y,z,t)$ gebildet wurde. Dies entspricht einer anderen »Eichung« für $\vec{A}$. Die Rotation von $\vec{V}$ verschwindet immer, und damit bleibt das Magnetfeld unbeeinflusst. Um auch das elektrische Feld bei dieser Transformation unverändert zu lassen, muss aber vom skalaren Potenzial gleichzeitig die Größe $\chi(x,y,z,t)$ abgezogen werden. Die Schrödinger-Gleichung verlangt schließlich, dass die Phase φ der Wellenfunktion in $\varphi + \dfrac{2\pi}{\Phi_0}\chi$ »umzueichen« ist. Die Eichinvarianz der Gleichungen (1-40) bis (1-47) lässt sich durch explizites Einsetzen dieser Beziehungen zeigen.

Gleichungen, die eichinvariant sind, haben in der Physik oft eine fundamentale Aussagekraft und sind nicht leicht durch mikroskopische Details zu beeinflussen. Wir können also erwarten, dass die Josephsongleichungen sehr allgemein für viele verschiedene Barrierentypen und Supraleiter gelten.

In Abb. 1.21 sind einige Kontakttypen schematisch dargestellt. Beim Supraleiter-Isolator-Supraleiter-Kontakt (SIS-Kontakt) (Abb. 1.21a) darf die isolierende Barriere nur 1–2 nm dick sein. Die Supraleiter-Normalleiter-Supraleiter-Kontakte (SNS-Kontakte) (Abb. 1.21b) können mit sehr viel größerer Dicke des Normalleiters arbeiten, weil die Cooper-Paare in ein normalleitendes Metall sehr viel tiefer eindringen können als in eine Oxidschicht. Die Abklingtiefe der Cooper-Paarkonzentration im Normalmetall hängt dabei unter anderem von der freien Weglänge der Elektronen ab. Bei sehr großer freier Weglänge (geringem Störgrad) können normalleitende Schichtdicken bis zu einigen 100 nm verwendet werden. Ein wesentlicher Unterschied zwischen den Oxid- und den Normalleiter-Kontakten liegt in ihrem Flächenwiderstand (Normalwiderstand × Fläche der Barriere). Bei den Oxidkontakten hat man in der Regel Flächenwiderstände im Bereich von 10^{-4} bis 10^{-3} $\Omega\,cm^2$, bei den SNS-Kontakten dagegen ca. 10^{-8} $\Omega\,cm^2$ und darunter. Neben SIS- und SNS-Kontakten verwendet man auch häufig solche mit komplizierterer Barrierenstruktur, z. B. die sogenannten SINIS-Kontakte.

Besonders einfach sind die Punktkontakte (Abb. 1.21c). Bei ihnen wird lediglich eine Spitze gegen eine Fläche gedrückt. Der Auflagedruck bedingt die Brückenfläche. Damit lassen sich sehr leicht die gewünschten Kontakteigenschaften herstellen und gegebenenfalls nachjustieren.

Die Filmbrücke (Abb. 1.21d) besteht lediglich aus einer engen Einschnürung, die aufgrund ihres sehr kleinen Querschnittes den Austausch von Cooper-Paaren begrenzt. Man muss hierzu Breiten von 1 µm und darunter reproduzierbar herstellen, was den Einsatz moderner Strukturierungsmethoden wie der Elektronenstrahllithographie erfordert.

Bei den Hochtemperatursupraleitern können auf Grund der sehr kleinen Kohärenzlängen Korngrenzen als Bereiche schwacher Kopplung verwendet werden [35, 36]. So kann man einen Dünnfilm, z. B. aus $YBa_2Cu_3O_7$, auf ein »Bikristall-Substrat« aufbringen, das aus zwei definiert zueinander verdrehten einkristallinen Bereichen besteht. Die Korngrenze des Substrats überträgt sich dabei in den Dünnfilm, der ansonsten einkristallin (epitaktisch) aufwächst (Abb. 1.21e). Auch an Stufen im Substrat oder an den Rändern von epitaktisch auf ein Substrat aufgebrachten Pufferschichten lassen sich definiert Korngrenzen erzeugen. Die Stärke der Josephsonkopplung kann durch den Korngrenzenwinkel sehr stark variiert werden.

Einige Hochtemperatursupraleiter wie z. B. $Bi_2Sr_2CaCu_2O_8$ bilden sogar allein auf Grund ihrer Kristallstruktur intrinsisch Josephsonkontakte aus (Abb. 1.21f): Die Supraleitung beschränkt sich hier auf nur ca. 0,3 nm dicke Schichten aus Kupferoxid. Zwischen diesen Schichten liegen Wismutoxid- und Strontiumoxidebenen, die isolierend sind. Solche Materialien bilden damit natürliche Stapel von SIS-Josephsonkontakten, wobei jeder Kontakt lediglich eine Dicke von 1,5 nm – dem Abstand zwischen zwei benachbarten Kupferoxidschichten – hat [37].

Diese ganz unterschiedlichen Realisierungen von Josephsonkontakten sind tatsächlich nur eine kleine Auswahl aus der Gesamtheit aller Möglichkeiten. Jeder Kontakttyp hat seine Vor- und Nachteile, und je nach konkreter Problemstellung können ganz verschiedene Typen zum Einsatz kommen.

Es stellt sich hier die Frage, wie gleichartig die Josephsoneffekte in diesen Kontakten sind, insbesondere was den Zusammenhang zwischen der Oszillationsfrequenz der Josephson-Wechselströme und der angelegten Spannung betrifft. Der Proportionalitätsfaktor Φ_0, dessen Inverses auch »Josephsonkonstante« $K_J = 2e/h = 483{,}5979$ GHz/mV bezeichnet wird[17], wurde für ganz unterschiedliche Realisierungen von Josephsonkontakten bestimmt. Ein Beispiel ist der direkte Vergleich eines Josephsonkontakts aus Indium, dessen »Schwachstelle« durch eine sehr dünne Einschnürung (»Mikrobrücke«) realisiert war, und eines Josephsonkontakts aus Niob, dessen Barriere durch eine dünne Goldschicht gegeben war [38]. Die für die beiden Kontakte gemessenen Josephsonkonstanten waren gleich, bei einer Unsicherheit von maximal $2 \cdot 10^{-16}$! Diese Genauigkeit konnte mittlerweile sogar in den Bereich von 10^{-19} gesteigert werden. Auch an den Hochtemperatursupraleitern konnte $2e/h$ durch die Analyse von Shapiro-Stufen hochgenau bestimmt werden [39]. Der gefundene Zahlenwert stimmte dabei innerhalb eines Messfehlers von maximal $5 \cdot 10^{-6}$ mit der Josephsonkonstanten in metallischen Supraleitern überein. Josephsonkontakte lassen sich damit sehr gut als Spannungsstandard verwenden [40].

Wie kann man die Josephson-Wechselströme experimentell nachweisen?

Eine sehr direkte Methode liegt in der Beobachtung der von den oszillierenden Josephsonströmen erzeugten elektromagnetischen Strahlung, deren Frequenz im Mikrowellenbereich liegt. Machen wir uns zunächst klar, von welcher Größenordnung die vom Kontakt abgestrahlte Mikrowellenleistung bestenfalls sein kann.

Wir nehmen dazu an, am Kontakt liege eine Spannung von 100 µV an, was einer Abstrahlfrequenz von etwa 48 GHz entspricht. Der kritische Suprastrom I_c des Kontakts sei 100 µA. Die in den Kontakt gesteckte Gleichstromleistung beträgt dann 10^{-8} W, und die abgestrahlte Leistung liegt sicher weit unterhalb dieses Wertes.

Die Schwierigkeit eines direkten Nachweises lag nun weniger in der geringen Leistung dieser Strahlung als vielmehr darin, dass es schwierig ist, die Hochfrequenzleistung aus dem winzigen Tunnelkontakt in eine entsprechende Hochfrequenzleitung auszukoppeln. Die erste Bestätigung des Josephson-Wechselstromes erfolgte deshalb auch auf indirekte Weise [41]. Bringt man einen solchen Kontakt in das hochfrequente Wechselfeld eines schwingenden Mikrowellenhohlraumes, so beobachtet man in der Strom-Spannungs-Kennlinie charakteristische äquidistante Stufen konstanter Spannung (vgl. Abschnitt 6.3). Ihr Abstand auf der Spannungsachse ΔU ist durch die Beziehung

$$\Delta U_S = \Phi_0 \cdot f_{HF} \tag{1-48}$$

---

17 Der hier angegebene Zahlenwert wurde 1990 als Josephsonkonstante K_{J-90} *definiert* und ist damit exakt.

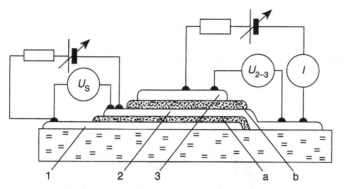

Abb. 1.22 Anordnung zum Nachweis des Josephson-Wechselstromes nach Giaever. 1, 2 u. 3 sind Sn-Schichten, a und b sind Oxidschichten. Die Dicken von a und b sind so gewählt, dass 1 und 2 einen Josephson-kontakt bilden und zwischen 2 und 3 keine Josephsonströme möglich sind (nach [42]).

gegeben, wobei f_{HF} die Frequenz des Hochfrequenzfeldes ist. Diese »Shapiro-Stufen« entstehen aus der Überlagerung von Josephson-Wechselstrom und Mikro-wellenfeld. Immer dann, wenn die Frequenz des Josephson-Wechselstromes einem ganzzahligen Vielfachen der Mikrowellenfrequenz entspricht, gibt die Überlage-rung einen zusätzlichen Josephson-Gleichstrom, der die Treppenstruktur der Kenn-linie verursacht.

Eine andere indirekte Bestätigung der Existenz eines Josephson-Wechselstromes wurde an Kontakten in einem kleinen statischen Magnetfeld gefunden. Hier konnten ohne Einstrahlung eines äußeren Hochfrequenzfeldes äquidistante Stufen in der Kennlinie bei kleinen Spannungen U_s beobachtet werden (siehe Abschnitt 6.4). Die Sandwich-Geometrie eines Josephson-Tunnelkontakts stellt selbst einen Hohlraumresonator dar, und die in der Kennline beobachteten Strukturen – die »Fiske-Stufen« entsprechen den Resonanzstellen des Kontaktes. Bei geeigneter Spannung U_s und geeignetem Feld B passen die Stromdichteschwankungen des Josephson-Wechselstromes gerade in eine Schwingungsmode des Kontaktes. In diesem Resonanzfall wird der Strom besonders groß.

Eine genauere Beschreibung von Shapiro- und Fiske-Moden benötigt einigen mathematischen Aufwand, der jenseits der Intentionen dieses ersten Kapitels liegt. Wir werden aber auf diese Strukturen in Kapitel 6 zurückkommen.

Ein erster mehr direkter Nachweis des Josephson-Wechselstromes gelang Ivar Giaever[18] 1965 [42]. Wie wir schon erwähnten, lag die Hauptschwierigkeit eines direkten Nachweises, etwa mit einer üblichen Hochfrequenzapparatur, in der Auskopplung der Leistung aus dem kleinen Tunnelkontakt. Giaever ging nun davon aus, dass eine zweite Tunnelanordnung, unmittelbar auf den Josephsonkontakt gelegt, eine besonders günstige Ankopplung ergeben sollte (Abb. 1.22).

---

18 Für seine Experimente mit supraleitenden Tunnelkontakten wurde Giaever zusammen mit B. D. Josephson und L. Esaki 1973 der Nobelpreis verliehen.

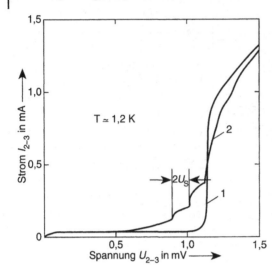

Abb. 1.23 Kennlinie des Kontaktes 2–3 aus Abb. 1.22. Kurve 1 ohne Spannung an Kontakt 1-2, Kurve 2 mit 0,055 mV an Kontakt 1-2.

Der Nachweis der ausgekoppelten Leistung erfolgt dabei in dem zweiten Tunnelkontakt über die Veränderung der Charakteristik des Tunnelstromes für Einzelelektronen durch ein eingestrahltes Hochfrequenzfeld, eben das Hochfrequenzfeld, das in dem Josephson-Kontakt erzeugt wird. Es war in den Jahren zuvor gezeigt worden, dass ein Hochfrequenzfeld eine Struktur in der Kennlinie des Einzelelektronentunnelstromes hervorruft [43]. Die Elektronen können mit dem Hochfrequenzfeld dadurch wechselwirken, dass sie Photonen mit der Energie $E = hf_{HF}$ aufnehmen oder abgeben.

Wir werden in Abschnitt 3.1.3 sehen, dass Einzelelektronen ohne die Anwesenheit des Hochfrequenzfeldes erst ab einer Spannung $(\Delta_1 + \Delta_2)/e$ in großer Zahl zwischen den beiden Supraleitern tunneln können. Hierbei sind Δ_1 und Δ_2 die »Energielücken« der beiden Supraleiter, deren Größe vom verwendeten Material abhängt. Mit anderen Worten, sie müssen beim Tunnelprozess eine Mindestenergie von $eU = (\Delta_1 + \Delta_2)$ aufnehmen. Die Strom-Spannungs-Kennlinie weist dann bei einer Spannung $(\Delta_1 + \Delta_2)/e$ eine sehr scharfe Stufe auf, wie in Abb. 1.23 gezeigt.

Im Hochfrequenzfeld kann ein von Photonen unterstützter (photon assisted) Tunnelprozess schon bei einer Spannung $U_s = [(\Delta_1 + \Delta_2)\text{-}hf_{HF}]/e$ einsetzen. Nimmt ein Elektron beim Tunnelprozess mehrere Photonen auf, was bei hoher Photonendichte – anders ausgedrückt, bei hoher Leistung des Hochfrequenzfeldes – auftreten kann, so erhält man eine Struktur in der Kennlinie mit dem charakteristischen Intervall der Spannung U_s:

$$\Delta U_s = \frac{hf_{HF}}{e} \tag{1-49}$$

(h = Plancksche Konstante, f_{HF} = Frequenz des Hochfrequenzfeldes,
e = Elementarladung)

Man beachte, dass beim Einelektronentunneln die Elementarladung e des Einzelelektrons auftritt.

Man erhält am Kontakt 2–3 eine typische Einelektronenkennlinie, wenn man diesen Tunnelkontakt in der üblichen Weise ausmisst, ohne am Kontakt 1–2 eine Spannung zu haben (Kurve 1 in Abb. 1.23). Das entscheidende Experiment besteht nun darin, dass man an den Josephson-Kontakt 1–2 eine kleine Spannung U_S anlegt. Tritt dabei in diesem Kontakt der erwartete hochfrequente Wechselstrom auf, so sollte er wegen der relativ guten Ankopplung im Kontakt 2–3 die bekannte Struktur der Tunnelkennlinie hervorrufen. Dieser Effekt konnte von Giaever beobachtet werden. Die Kurve 2 in Abb. 1.23 gibt eine solche Kennlinie wieder. Dabei lag am Kontakt 1–2, dem Generator des Hochfrequenzfeldes, eine Spannung U_s von 0,055 mV an. Die Frequenz des Josephson-Wechselstromes ist dann $f_J = 2eU_s/h$, und die Struktur der Kennlinie des Kontaktes 2–3 sollte die Spannungsabstände $\Delta U_s = hf_J/e = 2 \cdot U_s$ haben. Für die in Abb. 1.23 dargestellte Kurve ergibt das also $\Delta U_{2,3} = 0,11$ mV, was von Giaever beobachtet wurde.

Der unmittelbare Nachweis des Josephson-Wechselstromes durch Auskoppeln der Leistung in eine Hochfrequenzleitung gelang einer amerikanischen und einer russischen Gruppe. Die Amerikaner [44] konnten die Hochfrequenzleistung am Josephson-Kontakt dadurch nachweisen, dass sie den Tunnelkontakt in einen abgestimmten Hohlraumresonator setzten und durch die Wahl eines geeigneten Magnetfeldes in einer Resonanzmode des Kontaktes arbeiteten. Dabei musste aber noch immer eine extreme Nachweisempfindlichkeit erreicht werden. Es wurden ca. 10^{-11} Watt nachgewiesen, wobei die Nachweisempfindlichkeit bis auf 10^{-16} Watt gebracht werden konnte. In einem zusammenfassenden Artikel der Wissenschaftler D. N. Langenberg, D. J. Scalapino und B. N. Taylor im »Scientific American« [45] wird diese Nachweisempfindlichkeit auf folgende Weise veranschaulicht: Die noch nachweisbare Leistung entspricht etwa der Lichtleistung, die ein menschliches Auge von einer 100-Watt-Glühbirne in einer Entfernung von ca. 500 km empfängt. Diese Untersuchungen stellten eine großartige experimentelle Leistung dar. Die russische Gruppe, I. K. Yanson, V. M. Svistunov und J. M. Dmitrenko [46], konnte eine Strahlungsleistung von ca. 10^{-13} Watt aus einem Josephsonkontakt nachweisen. Stets wurde zwischen der Frequenz des Josephson-Wechselstromes und der am Kontakt liegenden Spannung die Beziehung $f_J = 2eU_s/h$ gefunden. Die Messgenauigkeit wurde von der amerikanischen Gruppe so weit gesteigert, dass damit eine Präzisionsbestimmung von $2e/h$ erfolgen konnte [47]. Damit war ein weiterer überzeugender Beweis für die Bedeutung von Elektronenpaaren für die Supraleitung erbracht worden.

Heute sind die Nachweismethoden elektromagnetischer Strahlung so verbessert, dass es keinerlei Schwierigkeiten macht, den Josephson-Wechselstrom bis in den 100-GHz-Bereich auszukoppeln. Problematisch sind jedoch nach wie vor Frequenzen im THz-Bereich, wie sie beispielsweise bei intrinsischen Josephsonkontakten in Hochtemperatursupraleitern eine große Rolle spielen. Auch in diesem Frequenzbereich konnten aber Josephson-Wechselströme durch die Beobachtung von Shapiro-Stufen [48, 49] eindeutig nachgewiesen werden.

Josephsonkontakte können im THz-Bereich in der Zukunft eine wichtige Rolle spielen, da dieser Frequenzbereich einerseits zu hoch ist, um gut von Halbleiter-Bauelementen erreicht zu werden, und anderseits zu niedrig ist, um optische Methoden leicht einsetzen zu können.

1.5.2
Quanteninterferenzen im Magnetfeld

In den Josephson-Wechselströmen manifestiert sich die makroskopische Wellenfunktion als eine *zeitliche* Interferenz der Materiewellen in den beiden supraleitenden Elektroden. Wie sieht es nun mit der *räumlichen* Interferenz aus, in Analogie zum optischen Doppelspalt-Experiment oder zum Sagnac-Interferometer?

Betrachten wir dazu die in Abb. 1.24 gezeichnete Struktur. Sie besteht aus einem supraleitenden Ring, in den zwei Josephsonkontakte eingebaut sind. Der Ring befindet sich in einem parallel zur Flächennormalen orientierten Magnetfeld $\vec{B}_a$. Über den Ring fließt ein Transportstrom I, und wir können durch Messung des Spannungsabfalls über den Josephsonkontakten bestimmen, wie groß der maximale Suprastrom ist, den wir über die Ringstruktur schicken können. Wir werden sehen, dass dieser maximale Suprastrom $I_{s,max}$ als Funktion des magnetischen Flusses durch den Ring oszilliert, ganz ähnlich wie dies die Lichtintensität – genauer die Lichtamplitude – beim Doppelspaltexperiment auf dem Leuchtschirm oder beim Sagnac-Interferometer als Funktion der Rotationsfrequenz tut.

In Abschnitt 1.3 hatten wir einen supraleitenden Ring im Magnetfeld betrachtet und gefunden, dass der magnetische Fluss durch den Ring in Vielfachen des Flussquants Φ_0 auftritt. Man konnte zwar ein beliebiges Magnetfeld $\vec{B}_a$ an den Ring anlegen und damit einen beliebigen angelegten Fluss Φ_a durch den Ring erzeugen; im Ring fließt dann aber ein Kreisstrom J. Er erzeugt einen magnetischen Fluss $\Phi_{ind} = LJ$ so, dass der Gesamtfluss ein Vielfaches von Φ_0 ergibt: $\Phi_{ges} = \Phi_a + LJ$. Der Ringstrom rundet also gewissermaßen Φ_a zum nächsten ganzzahligen Wert von Φ_{ges}/Φ_0 auf oder ab. Offensichtlich muss LJ hierfür maximal den Wert $\Phi_0/2$ erreichen.

Durch das Einfügen der beiden Josephsonkontakte ändert sich dieses Bild. An den beiden Josephsonkontakten kann die Phase der supraleitenden Wellenfunktion Sprünge γ_1 bzw. γ_2 aufweisen, die bei der Integration des Phasengradienten um den Ring herum (Integral $\oint \vec{k}\,d\vec{x}$) mitberücksichtigt werden müssen. Die Phasensprünge sind über die erste Josephsongleichung (1-25) mit dem Strom über die Kontakte verknüpft.

Wir leiten nun die Abhängigkeit $I_{s,max}(\Phi_a)$ im Detail ab und benutzen hierfür die Bezeichnungen aus Abb. 1.24b.

Wir nehmen zunächst an, dass die Breite der Josephsonkontakte wesentlich kleiner ist als der Ringdurchmesser.

Der Strom I, der über die beiden Arme des Rings fließt, teilt sich auf in die Ströme I_1 und I_2. Die Stromerhaltung verlangt:

$$I = I_1 + I_2 \tag{1-50}$$

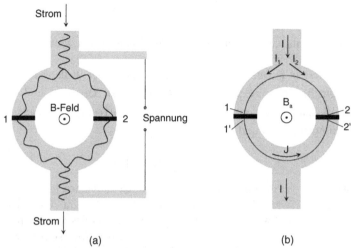

Abb. 1.24 Ringstruktur zur Erzeugung räumlicher Interferenzen der supraleitenden Wellenfunktion: (a) schematische Darstellung der Welle; (b) Bezeichnungen zur Herleitung der Quanteninterferenz.

Wir können die Ströme I_1 und I_2 auch mittels des im Ring fließenden Kreisstroms J ausdrücken. Es gilt ganz allgemein:

$$I_1 = \frac{I}{2} + J; \qquad I_2 = \frac{I}{2} - J \tag{1-51}$$

Der Strom I_1 fließt durch Josephsonkontakt 1, der Strom I_2 durch Josephsonkontakt 2. Daher gilt auch

$$I_1 = I_c \sin\gamma_1; \qquad I_2 = I_c \sin\gamma_2 \tag{1-52}$$

wobei wir die kritischen Ströme I_c der beiden Josephsonkontakte der Einfachheit halber als identisch angenomen haben. Wir haben jetzt also

$$\frac{I}{2} + J = I_c \sin\gamma_1 \tag{1-53a}$$

$$\frac{I}{2} - J = I_c \sin\gamma_2 \tag{1-53b}$$

Nun benötigen wir eine Beziehung, die die eichinvarianten Phasendifferenzen γ_1 und γ_1 mit dem angelegten Magnetfeld verbindet. Wir gehen dabei ganz analog zur Herleitung der Fluxoidquantisierung (Gleichung 1-11) vor, integrieren aber den Wellenvektor $\vec{k}$ nicht wie bei Gleichung (1-7) über den ganzen Ring, sondern getrennt über die untere und obere Ringhälfte, d.h. von 1' nach 2' bzw. von 2 nach 1 in Abb. 1.24b. Wir erhalten:

$$\int_{1'}^{2'} \vec{k}\,d\vec{r} = \mu_0 \lambda_L^2 \int_{1'}^{2'} \vec{j}_s\,d\vec{r} + \frac{2\pi}{\Phi_0} \int_{1'}^{2'} \vec{A}\,d\vec{r} \tag{1-54a}$$

$$\int_2^1 \vec{k}\,d\vec{r} = \mu_0 \lambda_L^2 \int_2^1 \vec{j}_s \,dr + \frac{2\pi}{\Phi_0} \int_2^1 \vec{A}\,d\vec{r} \qquad (1\text{-}54\,b)$$

Hierbei haben wir bereits die Definition (1-10) der Londonschen Eindringtiefe sowie $\Phi_0 = h/q = h/2e$ verwendet.

Das Integral $\int_{1'}^{2'} \vec{k}\,d\vec{r}$ ergibt gerade die Differenz der Phase φ_2 der Wellenfunktion der unteren Ringhälfte, $\Psi_2 \propto \exp(i\,\vec{k}\,\vec{r}) = \exp(i\varphi_2)$ an den Orten 2' und 1', $\int_{1'}^{2'} \vec{k}\,d\vec{r} = \varphi_2(2')-\varphi_2(1')$. Ganz analog gibt das Integral $\int_2^1 \vec{k}\,d\vec{r} = \varphi_1(1)-\varphi_1(2)$. Nun addieren wir die Gleichungen (1-54a) und (1-54b) und finden:

$$\varphi_2(2') - \varphi_1(2) - [\varphi_2(1') - \varphi_1(1)] = \mu_0 \lambda_L^2 \left(\int_{1'}^{2'} \vec{j}_s\,d\vec{r} + \int_2^1 \vec{j}_s\,d\vec{r} \right) + \frac{2\pi}{\Phi_0} \oint_{C'} \vec{A}\,d\vec{r} \qquad (1\text{-}55)$$

Hierbei schließt das Integral über die Kurve C' die Barrieren der beiden Josephson-kontakte nicht mit ein. Wäre dies der Fall, so würde das Integral über den kompletten Ring laufen, und wir könnten es unter Verwendung des Stokesschen Satzes in den magnetischen Fluss durch den Ring umschreiben. Dies können wir aber dadurch erreichen, dass wir die Integrale über die entsprechenden Wegstücke auf beiden Seiten der Gleichung (1-55) hinzuaddieren. Damit haben wir:

$$\oint_C \vec{A}\,d\vec{r} + \int_{2'}^2 \vec{A}\,d\vec{r} + \int_1^{1'} \vec{A}_r\,d\vec{r} = \oint_C \vec{A}\,d\vec{r} = \int_F \vec{B}\,d\vec{f} = \Phi \qquad (1\text{-}56)$$

Auf der linken Seite der Gleichung (1-55) ergibt aber der Term $\varphi_2(2')-\varphi_1(2)+ \frac{2\pi}{\Phi_0}\int_{2'}^2 \vec{A}\,d\vec{r}$ gerade die eichinvariante Phasendifferenz γ_2 über den Josephsonkontakt 2. Ganz analog ergibt der Ausdruck $\varphi_2(1')-\varphi_1(1)-\frac{2\pi}{\Phi_0}\int_1^{1'} \vec{A}\,d\vec{r}$ die eichinvariante Phasendifferenz γ_1 über den Josephsonkontakt 1.

Wir erhalten also:

$$\gamma_2 - \gamma_1 = \mu_0 \lambda_L^2 \left(\int_{1'}^{2'} \vec{j}_s\,d\vec{r} + \int_2^1 \vec{j}_s\,d\vec{r} \right) + \frac{2\pi}{\Phi_0} \Phi \qquad (1\text{-}57)$$

Der magnetische Fluss Φ ergibt sich wie beim massiven Kreisring als die Summe aus angelegtem Fluss Φ_a und dem Eigenfeld durch die Kreisströme J, $\Phi = \Phi_a + LJ$. Die Beiträge über die Stromdichten sind ihrerseits dem Kreisstrom J proportional und können dem Term LJ zugeschlagen werden[19]. Wir erhalten schließlich die gesuchte Beziehung

$$\gamma_2 - \gamma_1 = \frac{2\pi}{\Phi_0} \Phi = \frac{2\pi}{\Phi_0} (\Phi_a + LJ) \qquad (1\text{-}58)$$

Mittels der Gleichungen (1-53) und (1-58) können wir den maximalen Suprastrom über den Ring als Funktion des angelegten Feldes bzw. Flusses bestimmen.

---

[19] Hierdurch erhöht sich die Ringinduktivität etwas. Man nennt diesen Beitrag auch die »kinetische Induktivität« L_{kin}, die zur durch die Geometrie bestimmten Induktivität L hinzuzuaddieren ist. Man hat also $L_{gesamt} = L + L_{kin}$. Da aber der Beitrag L_{kin} meist sehr klein ist, wollen wir hier nicht weiter zwischen L_{gesamt} und L unterscheiden.

Nehmen wir hierzu zunächst an, dass wir den Beitrag des Terms LJ zum magnetischen Fluss vernachlässigen können. Der Kreisstrom J kann sicher nicht größer als der kritische Strom I_c der Josephsonkontakte werden. Damit ist der vom Term LJ erzeugte Fluss kleiner als LI_c. Wir verlangen, dass dieser Fluss deutlich kleiner ist als ein halbes Flussquant und erhalten damit die Bedingung $2LI_c/\Phi_0 \ll 1$. Die Größe $2LI_c/\Phi_0$ nennt man auch Induktivitätsparameter β_L,

$$\beta_L = \frac{2LI_c}{\Phi_0} \tag{1-59}$$

Wenn wir den durch den Ringstrom erzeugten magnetischen Fluss vernachlässigen, haben wir $\Phi = \Phi_a$. Wir eliminieren jetzt mittels Gleichung (1-58) γ_2 aus Gleichung (1-53) und finden durch Addition der Gleichungen (1-53a) und (1-53b)

$$I = I_c \cdot \left[\sin\gamma_1 + \sin\left(2\pi\frac{\Phi_a}{\Phi_0} + \gamma_1\right) \right] \tag{1-60}$$

Es ist jetzt günstig, statt γ_1 die Variable $\delta = \gamma_1 + \pi\frac{\Phi_a}{\Phi_0}$ zu benutzen. Wir können dann Gleichung (1-60) zu

$$I = I_c \cdot \left[\sin\left(\delta - \pi\frac{\Phi_a}{\Phi_0}\right) + \sin\left(\delta + \pi\frac{\Phi_a}{\Phi_0}\right) \right] \tag{1-61}$$

umformen. Unter Verwendung der Additionstheoreme für Sinus und Cosinus bekommen wir dann den Ausdruck

$$I = 2I_c \cdot \sin\delta \cdot \cos\left(\pi\frac{\Phi_a}{\Phi_0}\right) \tag{1-62}$$

Wenn wir den Fluss Φ_a und den Strom I vorgeben, dann wird sich δ so einstellen, dass Gleichung (1-62) erfüllt ist. Dies gelingt bei wachsendem Strom höchstens, bis $\sin\delta$ je nach Stromrichtung und Vorzeichen des cos-Faktors gleich $+1$ oder gleich -1 ist. Der maximale Suprastrom, der über die Anordnung geschickt werden kann, ist damit durch

$$I_{s,max} = 2I_c \cdot \left| \cos\left(\pi\frac{\Phi_a}{\Phi_0}\right) \right| \tag{1-63}$$

gegeben. $I_{s,max}$ wird für einen magnetischen Fluss maximal, der einem ganzzahligem Vielfachen eines Flussquants entspricht. Der Cosinus-Faktor wird dann gleich 1, und wir erhalten $I_{s,max} = 2I_c$, was der maximale Suprastrom ist, den die parallele Anordnung der beiden Josephsonkontakte tragen kann. Wir haben dann $\sin\gamma_1 = \sin\gamma_2 = 1$. Der Kreisstrom J, den wir durch Subtraktion der Gleichungen (1-53a) und (1-53b) als

$$J = \frac{I_c}{2}(\sin\gamma_1 - \sin\gamma_2) \tag{1-64}$$

erhalten können, verschwindet in diesem Fall. Wenn Φ_a den Wert $(n + 1/2)\,\Phi_0$ mit $n = 0, \pm1, \pm2, \dots$ annimmt, dann verschwindet $I_{s,max}$. Der Kreisstrom J ist jetzt maximal und je nach Wert von n gleich $+I_c$ oder gleich $-I_c$.

Der maximale Suprastrom über die Ringstruktur oszilliert also periodisch als Funktion des angelegten magnetischen Feldes, wobei die Periode des vom Feld erzeugten magnetischen Flusses ein Flussquant ist. Dieser Effekt, der zuerst 1965 von Mercereau und Mitarbeitern nachgewiesen wurde [50], ist das Analogon zur Lichtbeugung am Doppelspalt und bildet die Grundlage zur Verwendung solcher Ringstrukturen als supraleitendes Quanteninterferometer (Superconducting Quantum Interference Device, SQUID). Man beachte, dass SQUIDs ein angelegtes Magnetfeld kontinuierlich messen können.

Wir werden SQUIDs in Abschnitt 7.6.4 ausführlich behandeln. Es sei aber schon jetzt gesagt, dass man damit magnetische Flussänderungen bis zu etwa 10^{-6} Φ_0 auflösen kann. Wenn die Fläche des SQUID etwa 1 mm^2 beträgt, dann entspricht dies Feldänderungen ΔB von etwa 10^{-6} $\Phi_0/1\text{mm}^2 \approx 10^{-15}$ T, die mit dem SQUID nachweisbar sind!

Dieser Wert liegt elf Größenordnungen unterhalb des Erdmagnetfeldes und entspricht etwa dem Feld, das Hirnströme an der Schädeloberfläche produzieren. SQUIDs gehören zu den empfindlichsten Detektoren überhaupt, und sehr viele physikalische Größen lassen sich in eine Magnetfeld- bzw. Flussmessung umwandeln. SQUIDs sind damit äußerst vielfältig einsetzbar.

Wir können hier auch nochmals kurz die Analogie zum Sagnac-Interferometer ansprechen. Wenn das SQUID bei konstantem äußerem Feld in Rotation um eine Achse parallel zur Flächennormalen des Rings versetzt wird, dann ergibt sich eine Phasenverschiebung von $\frac{2m}{\hbar} \cdot 2\pi R^2 \cdot \Omega = 4\pi^2 R^2 \frac{2m}{h} \cdot \Omega$ im Interferometer, wobei Ω die Winkelgeschwindigkeit und $2m$ die Masse eines Cooper-Paars ist. Hierbei haben wir ein kreisförmiges SQUID mit Radius R angenommen. $I_{s,max}$ oszilliert damit mit einer Periode, die vom Verhältnis m/h abhängt. Auf die Äquivalenz eines rotierenden Supraleiters und einem von außen angelegten Magnetfeldes wies Fritz London bereits 1950 hin [51]. Ein ähnlicher Rotationseffekt kann aber auch mit anderen kohärenten Materiewellen beobachtet werden, z. B. bei superfluidem Helium [52]. Da die Masse der Heliumatome aber wesentlich größer ist als die Masse der Cooper-Paare, ist dort die Empfindlichkeit auf Rotationen wesentlich größer als beim SQUID.

Diskutieren wir nun kurz die Näherungen, die uns zu Gleichung (1-63) geführt haben.

Wir haben zunächst angenommen, dass die kritischen Ströme I_c der beiden Josephsonkontakte identisch sind. Ohne diese Annahme würden wir finden, dass $I_{s,max}$ zwischen $I_{c1} + I_{c2}$ und $|I_{c1} - I_{c2}|$ variiert, wobei die Periode ebenfalls ein Flussquant ist. Wir haben also keine qualitative Änderung gegenüber Gleichung (1-63). Auch die Berücksichtigung einer endlichen Induktivität ändert nichts an der Oszillationsperiode. Der maximale Wert von $I_{s,max}$ ist ebenfalls nach wie vor $I_{c1} + I_{c2}$. Allerdings nähert sich das Minimum von $I_{s,max}(\Phi)$ immer mehr dem Maximalwert an. Dieser Effekt ist in Abb. 1.25 für drei verschiedene Werte des Induktivitätsparameters β_L gezeigt.

Für große Werte des Induktivitätsparameters β_L fällt die relative Durchmodulation wie $1/\beta_L$ ab. Um dies zu erkennen, müssen wir uns in Erinnerung rufen, dass

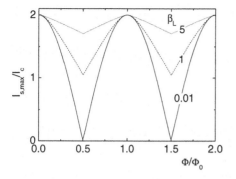

Abb. 1.25 Modulation des maximalen Suprastroms eines supraleitenden Quanteninterferometers als Funktion des magnetischen Flusses durch den Ring. Die Kurven sind für drei verschiedene Werte des Induktivitätsparameters β_L aufgetragen.

beim massiven supraleitenden Ring ein Abschirmstrom von maximal $J = \Phi_0/2L$ genügte, um den angelegten Fluss auf den nächsten ganzzahligen Wert von Φ_0 zu ergänzen. Wenn wir dieses Prinzip auf das SQUID anwenden, dann braucht der Ringstrom nicht größer als eben $\Phi_0/2L$ zu werden. Für große Induktivitäten ist dieser Ringstrom kleiner als I_c, und $I_{s,max}$ geht auf den Wert $2(I_c-J)$ zurück. Wir haben damit eine relative Durchmodulation $[2I_c-2(I_c-J)]/2I_c = J/I_c = \Phi_0/(2LI_c) = 1/\beta_L$. Der Effekt der Quanteninterferenz wird also mit wachsender Induktivität immer geringer.

Man kann, unter Einschluss thermischer Fluktuationseffekte, zeigen, dass die optimale Empfindlichkeit des SQUIDs auf Flussänderungen für $\beta_L \approx 1$ erreicht wird. Dies limitiert aber bei vorgegebenem kritischem Strom auch die Fläche des SQUID-Rings, da die Induktivität mit dem Umfang des Rings immer mehr anwächst. Man möchte also zum einen eine möglichst große Fläche, damit bereits eine kleine Feldänderung zu einer großen Flussänderung führt. Auf der anderen Seite darf diese Fläche nicht zu groß werden, weil sonst die Induktivität zu groß wird. Dieser Konflikt hat zu einer Reihe sehr spezieller SQUID-Geometrien geführt, die weitab von einer einfachen Ringstruktur wie in Abb. 1.24 liegen. Wir werden diese in Abschnitt 7.6.4 besprechen.

Schließlich wollen wir uns fragen, wie sich die endliche Größe der Josephsonkontakte äußert. Wir werden sehen, dass auch der kritische Strom der Kontakte selbst vom Magnetfeld bzw. dem magnetischen Fluss durch den Kontakt abhängt, ganz in Analogie zur Lichtbeugung am Einzelspalt.

Betrachten wir zunächst die in Abb. 1.26 schematisch dargestellte Geometrie eines räumlich ausgedehnten Josephsonkontakts. Dieser Kontakt sei von einem Magnetfeld in y-Richtung parallel zur Barrierenschicht durchdrungen.

Wir suchen eine Gleichung, die die Abhängigkeit der eichinvarianten Phasendifferenz γ vom angelegten Magnetfeld beschreibt. Beim supraleitenden Ring in Abb. 1.24 hatten wir gesehen, dass die Differenz der beiden Phasen $\gamma_2-\gamma_1$ der als punktförmig angenommenen Josephsonkontakte proportional zum zwischen diesen Kontakten eingeschlossenen magnetischen Fluss war.

Ganz analog zur Herleitung dieses Zusammenhang betrachten wir den in Abb. 1.26 gestrichelt eingezeichneten Integrationsweg, auf dem wir den Wellenvektor der supraleitenden Wellenfunktion integrieren wollen. Entlang der x-Koordinate

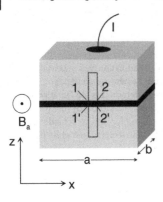

Abb. 1.26 Geometrie des räumlich ausgedehnten Josephsonkontakts.

erstreckt sich der Weg vom Punkt x bis zum Punkt $x + dx$, wobei dx eine infinitesimale Wegstrecke ist. In z-Richtung erstreckt sich der Weg tief ins Innere der beiden Supraleiter, von denen wir annehmen wollen, dass sie wesentlich dicker sind als die Londonsche Eindringtiefe.

Völlig analog zur Gleichung (1-57) finden wir

$$\gamma(x+dx) - \gamma(x) = \mu_0 \lambda_L^2 \left(\int_{1'}^{2'} \vec{j}_s d\vec{r} + \int_{2}^{1} \vec{j}_s d\vec{r} \right) + \frac{2\pi}{\Phi_0} \Phi_I \tag{1-65}$$

wobei Φ_I den vom Integrationsweg eingeschlossenen Gesamtfluss bezeichnet. Außerhalb einer Schicht λ_L sind die Abschirmströme in den supraleitenden Elektroden exponentiell klein, sodass wir die beiden Integrale über die Suprastromdichten vernachlässigen können. Wir nehmen außerdem an, dass die Supraströme und Magnetfelder zwar in x-Richtung, aber nicht in y-Richtung variieren. Für den magnetischen Fluss schreiben wir dann:

$$\Phi_I = B \cdot t_{\mathit{eff}} \cdot dx \tag{1-66}$$

Die »effektive Dicke« t_{eff} finden wir durch Integration des Magnetfelds entlang z. Da das Magnetfeld exponentiell mit einer charakteristischen Länge λ_L in den beiden Supraleitern abklingt, liefert diese Integration

$$t_{\mathit{eff}} = \lambda_{L,1} + \lambda_{L,2} + t_b \tag{1-67}$$

Hierbei sind $\lambda_{L,1}$ *und* $\lambda_{L,2}$ die Londonschen Eindringtiefen in die beiden Supraleiter, die nicht notwendig identisch sein müssen. Die Dicke der Barrierenschicht bezeichnen wir als t_b. Sie ist im allgemeinen deutlich kleiner als $\lambda_{L,1}$ und $\lambda_{L,2}$ und kann daher meist vernachlässigt werden.

Mit diesen Annahmen und Bezeichnungen erhalten wir aus Gleichung (1-65) die Differenzialgleichung

$$\gamma' \equiv \frac{d\gamma}{dx} = \frac{2\pi}{\Phi_0} B \cdot t_{\mathit{eff}} \tag{1-68}$$

die den gesuchten Zusammenhang darstellt.

Wir nehmen nun weiter an, dass wir das von den Josephsonströmen produzierte Eigenfeld vernachlässigen können. Diese Annahme ist letztlich eine Bedingung für die räumliche Ausdehnung des Kontakts in x- und y-Richtung. In Abschnitt 6.4 werden wir sehen, dass wir verlangen müssen, dass die Kantenlängen a und b des Kontakts die sogenannte Josephson-Eindringtiefe

$$\lambda_J = \sqrt{\frac{\Phi_0}{2\pi\mu_0 j_c l_{eff}}} \tag{1-69}$$

nicht überschreiten dürfen, wobei j_c die als räumlich homogen angenommene kritische Suprastromdichte ist, und die Länge l_{eff} gleich t_{eff} ist, falls die supraleitenden Elektroden wie hier angenommen wesentlich dicker sind als λ_L. Die Josephson-Eindringtiefe beträgt typischerweise einige μm, kann aber auch bis auf die Millimeter-Skala anwachsen, falls die kritische Suprastromdichte sehr klein ist.

Unter obiger Annahme ist das Magnetfeld B gleich dem von außen angelegten Feld B_a. Wir können dann die Gleichung (1-68) integrieren und erhalten

$$\gamma(x) = \gamma(0) + \frac{2\pi}{\Phi_0} B_a t_{eff} x \tag{1-70}$$

Die eichinvariante Phasendifferenz wächst also linear mit der x-Koordinate an. Wenn wir diese Funktion $\gamma(x)$ in die erste Josephsongleichung einsetzen, dann erhalten wir für die Ortsabhängigkeit der Suprastromdichte über die Barrierenschicht

$$j_s(x) = j_c \cdot \sin\left[\gamma(0) + \frac{2\pi}{\Phi_0} B_a t_{eff} x\right] \tag{1-71}$$

Die Suprastromdichte oszilliert also entlang der x-Koordinate, d.h. senkrecht zum angelegten Feld, wobei die Wellenlänge vom angelegten Magnetfeld bestimmt wird.

Wir wollen jetzt den maximalen Suprastrom finden, den wir über den Josephsonkontakt schicken können. Dazu integrieren wir die Gleichung (1-71) über die Fläche des Kontakts:

$$I_s = \int_0^b dy \int_0^a dx \cdot j_c \cdot \sin\left[\gamma(0) + \frac{2\pi}{\Phi_0} B_a t_{eff} x\right] \tag{1-72a}$$

Wir nehmen nun an, dass die kritische Suprastromdichte j_c räumlich homogen ist, d.h. nicht von x und y abhängt. Wir können dann die Integrationen unmittelbar ausführen und erhalten:

$$I_s = j_c \cdot b \cdot \int_0^a dx \cdot \sin\left[\gamma(0) + \frac{2\pi}{\Phi_0} B_a t_{eff} x\right] = -j_c \cdot b \cdot \frac{\cos[\gamma(0) + \frac{2\pi}{\Phi_0} B_a t_{eff} x]}{\frac{2\pi}{\Phi_0} B_a t_{eff}}\Bigg|_0^a \tag{1-72b}$$

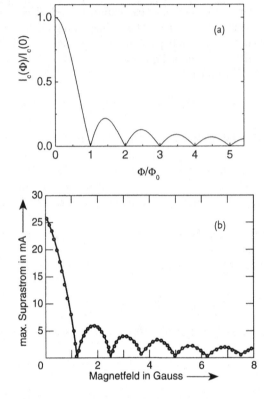

Abb. 1.27 Abhängigkeit des maximalen Josephsonstromes von einem Magnetfeld parallel zur Barrierenschicht. (a) Theoretische Kurve nach Gleichung (1-73); (b) Messung an einem Sn-SnO-Sn Tunnelkontakt (1 G = 10^{-4} T) (nach [53]).

Wenn wir die Integrationsgrenzen einsetzen, erhalten wir

$$I_s = j_c \cdot b \cdot \frac{\cos\gamma(0) - \cos\left[\gamma(0) + \dfrac{2\pi}{\Phi_0} B_a t_{eff} a\right]}{\dfrac{2\pi}{\Phi_0} B_a t_{eff}} \qquad (1\text{-}72\,c)$$

Mit der Variablen $\delta = \gamma(0) + \frac{\pi}{\Phi_0} B_a t_{eff} a$ können wir dies unter Benutzung von $\cos(\alpha \pm \beta) = \cos\alpha\cos\beta \mp \sin\alpha\sin\beta$ schließlich in die folgende Form bringen:

$$I_s = j_c \cdot a \cdot b \cdot \sin\delta \cdot \frac{\sin\left[\dfrac{\pi}{\Phi_0} B_a t_{eff} a\right]}{\dfrac{\pi}{\Phi_0} B_a t_{eff} \cdot a} \qquad (1\text{-}72\,d)$$

Ähnlich wie bei Gleichung (1-62) wird sich bei vorgegebenem Strom I und Magnetfeld B_a die Größe δ so einstellen, dass Gleichung (1-72d) erfüllt ist. Dies gelingt, bis $\sin\delta$ gleich ± 1 ist, und wir erhalten schließlich die Magnetfeldabhängigkeit des kritischen Stroms des Josephsonkontakts:

$$I_c(\Phi_K) = I_c(0) \cdot \left| \frac{\sin\left[\pi \dfrac{\Phi_K}{\Phi_0}\right]}{\pi \dfrac{\Phi_K}{\Phi_0}} \right| \qquad (1\text{-}73)$$

mit $\Phi_K = B_a t_{eff} a$ und $I_c(0) = j_c \cdot a \cdot b$. Die Größe Φ_K entspricht gerade dem magnetischen Fluss durch den Josephsonkontakt.

Die Funktion (1-73) ist in Abb. 1.27a gezeichnet. Man bezeichnet sie in Analogie zur Lichtbeugung am Spalt auch als »Spaltfunktion« oder im Englischen als »Fraunhofer pattern«.

Die Abb. 1.27b zeigt die gemessene Abhängigkeit $I_c(B_a)$ für einen Sn-SnO-Sn Tunnelkontakt. Mit einer London-Eindringtiefe von 30 nm ergibt sich für t_{eff} ein Wert von ca. 60 nm. Der Kontakt war 250 µm breit. Man erwartet daher Nullstellen des kritischen Stroms im Abstand von $\Delta B_a = \Phi_0/(a \cdot t_{eff}) \approx 1{,}4$ G, was mit der Beobachtung ($\Delta B_a = 1.25$ G) gut übereinstimmt.

Für die meisten Josephsonkontakte erscheinen die Nullstellen im kritischen Strom auf einer Feldskala von einigen G. Eine Ausnahme bilden die bereits erwähnten intrinsischen Josephsonkontakte von Hochtemperatursupraleitern. Hier sind die supraleitenden Schichten (die Kupferoxidebenen) wesentlich dünner als die Londonsche Eindringtiefe. Die effektive Dicke des Josephsonkontakts ergibt sich in diesem Grenzfall schlicht als der Abstand zwischen benachbarten Josephsonkontakten in der Struktur. Für $Bi_2Sr_2CaCu_2O_8$ beträgt dieser Abstand 1.5 nm. Für eine Kontaktbreite von 1 µm liegen die Nullstellen des kritischen Stroms dann im Abstand von 1.4 Tesla!

Wäre die kritische Stromdichte j_c inhomogen gewesen, also von den Ortskoordinaten x und y abhängig, dann wäre $I_c(B_a)$ deutlich von der Form der Spaltfunktion abgewichen. Die Messung von $I_c(B_a)$ dient daher häufig als ein einfacher Test für die Homogenität der Barrierenschicht.

Wie stellt sich nun die Physik hinter der Spaltfunktion (1-73) dar?

Bei der Lichtbeugung am Spalt erscheinen die Minima in den Interferenzstreifen an den Orten, an denen die durch den Spalt tretenden Wellen destruktiv interferieren. Im Josephsonkontakt ergibt sich nach Gleichung (1-70) durch das Magnetfeld ein Anwachsen der eichinvarianten Phasendifferenz entlang der Barriere, und die Suprastromdichte oszilliert in x-Richtung. An den Nullstellen von $I_c(\Phi_K)$ ist die Kontaktbreite a ein ganzzahliges Vielfaches der Wellenlänge dieser Oszillationen. Damit fließen gleich große Anteile des Suprastroms nach beiden Richtungen über die Barriere, und das Integral über die Suprastromdichte ist Null, ganz egal wie groß der Wert der Anfangsphase $\gamma(0)$ in Gleichung (1-70) ist. Abseits der Nullstellen ist die Wellenlänge der Suprastromdichte aber inkommensurabel mit der Kontaktbreite, und der Suprastrom kann einen endlichen Wert annehmen, der durch die Phasenverschiebung $\gamma(0)$ bis zu einem gewissen Maximalwert einstellbar ist. Dieser Maximalwert wird umso kleiner, je kürzer die Wellenlänge der Oszillationen der Suprastromdichte ist, da sich in jedem Fall die Supraströme über eine ganze Wellenlänge hinweg wegmitteln.

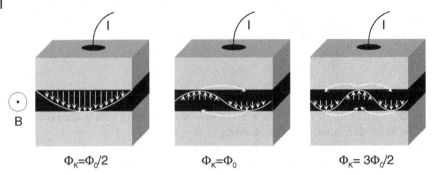

Abb. 1.28 Variation der Josephson-Suprastromdichte für drei verschiedene Werte des magnetischen Flusses durch den Josephsonkontakt.

Die Abb. 1.28 zeigt den Effekt beispielhaft für drei Stromdichteverteilungen bei den Flusswerten $\Phi_0/2$, Φ_0 und $3\Phi_0/2$. Die Phasenlage $\gamma(0)$ ist für die Werte $\Phi_0/2$, und $3\Phi_0/2$ so gewählt, dass der Suprastrom über den Kontakt maximal wird. Beim Fluss Φ_0 ist der Suprastrom über den Kontakt unabhängig von $\gamma(0)$ immer Null.

Man beachte außerdem, dass sich der Anteil des Josephsonstroms, der nicht als Vorwärtsstrom über die Anordnung fließt, als Kreisstrom in den supraleitenden Elektroden schließen muss. Der Effekt ist in Abb. 1.28 durch waagerechte Pfeile angedeutet.

Was passiert schließlich, wenn wir das vom Josephsonstrom hervorgerufene Eigenfeld mit berücksichtigen? Wenn der Effekt des Eigenfelds gering ist, so dass der hierdurch erzeugte magnetische Fluss wesentlich geringer ist als Φ_0, erhält man nur eine kleine Korrektur zum angelegten Feld. Erreicht aber der magnetische Fluss, der durch die über die Barrierenschicht zirkulierenden Supraströme hervorgerufen wird, die Größenordnung Φ_0, dann können Flusswirbel entstehen, deren Achsen in der Barrierenschicht verlaufen. Diese Flusswirbel, auch Josephson-Flussquanten oder Fluxonen genannt, zeigen eine Reihe sehr interessanter Eigenschaften, die wir in Abschnitt 6.4 genauer betrachten werden. Insbesondere kann man auf der Basis sich bewegender Josephson-Flusswirbel Hochfrequenzoszillatoren realisieren, die bei der Verwendung von Josephsonkontakten für die Mikrowellendetektion verwendet werden (s. Abschnitt 7.6.3).

Kommen wir nochmals zurück auf die Ringstruktur der Abb. 1.24. Wenn wir hier die endliche Ausdehnung der beiden Josephsonkontakte berücksichtigen, dann überlagert sich die Feldabhängigkeit ihres kritischen Stroms mit der periodischen Modulation des maximalen Suprastroms durch die Ringstruktur. Formal können wir dies dadurch berücksichtigen, dass wir beispielsweise in Gleichung (1-62) I_c durch Gleichung (1-72d) ersetzen. Für ein typisches SQUID ist die Fläche $a \cdot t_{\mathit{eff}}$ der beiden Josephsonkontakte um mehrere Größenordnungen kleiner als die Fläche des SQUIDs selbst. Der maximale Suprastrom oszilliert auf einer Feldskala von einigen mG, während der kritische Strom der Josephsonkontakte erst bei Feldern von einigen G nennenswert abnimmt. Man kann also mitunter Tausende von Oszillationen mit nahezu gleicher Maximalamplitude $I_{c1} + I_{c2}$ beobachten. In

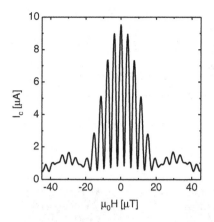

Abb. 1.29 Magnetfeldabhängigkeit des maximalen Suprastroms einer SQUID-Struktur aus $YBa_2Cu_3O_7$ Die beiden Josephsonkontakte sind 9 µm breit, sodass die I_c-Modulation der Einzelkontakte als Einhüllende der SQUID-Oszillationen sichtbar wird [54]. © 2000 AIP.

einigen Fällen wurden aber Strukturen untersucht, bei denen SQUID-Fläche und Ausdehnung der Josephsonkontakte vergleichbar waren. Die Abb. 1.29 zeigt ein Beispiel einer Ringstruktur aus $YBa_2Cu_3O_7$, bei der die Fläche $a \cdot t_{eff}$ der Josephsonkontakte lediglich um knapp einen Faktor 10 unterhalb der Ringfläche lag [54]. Hier ist deutlich die Überlagerung von SQUID-Modulation und Spaltfunktion zu erkennen.

Zum Schluss dieses Abschnitts wollen wir auf die Frage eingehen, in welcher Form ähnliche Interferenzerscheinungen für einzelne Elektronen beobachtet werden können.

Wir können uns vorstellen, dass die Materiewelle, die ein Einzelelektron beschreibt, in zwei räumlich getrennte kohärente Teile aufgespalten wird, die dann später wieder zur Interferenz gebracht werden. Wenn die von den beiden Teilstrahlen gebildete Fläche von einem Fluss Φ durchsetzt wird, dann sollte sich ein Gangunterschied zwischen den beiden Teilstrahlen einstellen. Wir erwarten eine Phasenverschiebung um 2π bei einer Flussänderung von h/e, also dem doppelten bei Supraleitern beobachteten Wert.

Ein derartiges Experiment wurde 1962 mit Elektronenwellen im Vakuum von Möllenstedt und Mitarbeitern durchgeführt [55]. Sie zerlegten einen Elektronenstrahl mittels eines sehr dünnen, negativ geladenen Drahtes (eines »Biprismas«) in zwei Teilbündel, die sie auf gegenüberliegenden Seiten um eine winzige Spule (Durchmesser ca. 20 µm) herumführten und anschließend durch Verwendung weiterer Biprismen zu einem Interferenzstreifensystem überlagerten. Sie erhielten das bekannte Interferenzmuster des Doppelspaltes. Nun wurde das Interferenzstreifensystem bei verschiedenen Magnetfeldern in der Spule aufgenommen. Es ergab sich eine Verschiebung des Streifensystems bei Änderung des Magnetfeldes mit der erwarteten Phasenverschiebung von 2π bei einer Flussänderung von h/e. Abb. 1.30 zeigt die Anordnung schematisch (Teilbild a) und eine Aufnahme des Streifensystems (Teilbild b). Dabei wurde der Film während der Änderung des Magnetfeldes senkrecht zum Streifensystem bewegt. Man sieht deutlich die Verschiebung des Streifensystems. Sie beträgt für die gesamte Feldänderung in

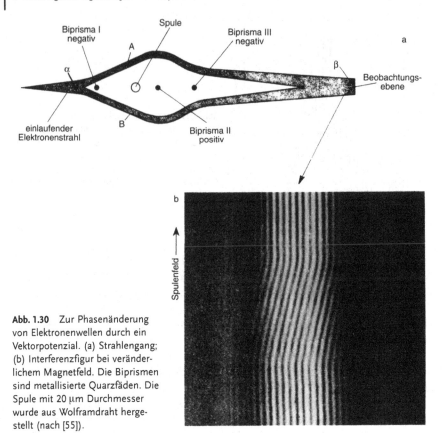

Abb. 1.30 Zur Phasenänderung von Elektronenwellen durch ein Vektorpotenzial. (a) Strahlengang; (b) Interferenzfigur bei veränderlichem Magnetfeld. Die Biprismen sind metallisierte Quarzfäden. Die Spule mit 20 µm Durchmesser wurde aus Wolframdraht hergestellt (nach [55]).

Abb. 1.30b etwa drei volle Perioden, d. h. dass die Phasendifferenz der Teilbündel in diesem Experiment um etwa $3 \cdot 2\pi$ durch das Magnetfeld geändert wurde.

Das Besondere des Experiments ist, dass das Magnetfeld sehr gut auf das Innere der Spule beschränkt war. Die rückläufigen Feldlinien wurden bei dem vorliegenden Experiment außerhalb der von den Elektronen gebildeten Schleife durch ein Joch aus magnetischem Material geführt. Die Verschiebung des Interferenzstreifenmusters ergab sich also, obwohl außer den – konstant gehaltenen – elektrostatischen Kräften durch die Biprismen keine Lorentzkraft auf die Elektronen ausgeübt wurde. Man hat demnach einen Effekt, der sich in einem klassischen Teilchenbild nicht erklären lässt: Die Interferenzstreifen änderten sich als Funktion des magnetischen Flusses zwischen den beiden Teilstrahlen, ohne dass zusätzliche Kräfte die Elektronenbahn beeinflusst hätten. Dieser nichtklassische Effekt wurde bereits 1959 von Aharonov und Bohm beschrieben [56]. Er wurde in den Folgejahren sehr kontrovers diskutiert, konnte aber durch die Verwendung ringförmiger, mit einem supraleitenden Überzug gekapselter Magnete, die das Magnetfeld vollständig in ihrem Inneren tragen, zugunsten von Bohm und Aharonov entschieden werden [14].

Auf dem hier beschriebenen Prinzip der Elektronenholographie wurden auch die Flusslinien der Abb. 1.10d aufgenommen. Die Quantenmechanik tritt uns in diesem Experiment also gleich zweifach gegenüber: Einerseits wurde die Wellennatur des Elektrons genutzt, um die Abbildung zu erzeugen, andererseits wurde ja gerade der quantisierte magnetische Fluss eines Flusswirbels im Supraleiter nachgewiesen.

Die Beobachtung der Flussquantisierung und der Quanteninterferenzen in Josephsonkontakten und SQUID-Ringen hat klar gezeigt, dass die wesentliche Eigenschaft des supraleitenden Zustands die Ausbildung einer kohärenten Materiewelle ist. Dabei wurde für die Ladung der supraleitenden Ladungsträger immer der Wert $2e$ gefunden. Wir werden im dritten Kapitel beschreiben, wie diese Cooper-Paarung zustande kommt. Zuvor werden wir uns allerdings den unterschiedlichen supraleitenden Materialien selbst zuwenden.

Literatur

1 H. Kamerlingh-Onnes: Comm. Leiden **140b, c** u. **141b** (1914).
2 H. Kamerlingh-Onnes: Reports u. Comm. 4. Intern. Kältekongreß, London 1924, 175; W. Tuyn: Comm. Leiden **198** (1929).
3 D. J. Quinn u. W. B. Ittner: J. Appl. Phys. **33**, 748 (1962).
4 H. Kamerlingh-Onnes: Comm. Leiden Suppl **50** a (1924).
5 C. J. Gorter u. H. Casimir: Physica **1**, 306 (1934).
6 W. Meißner u. R. Ochsenfeld: Naturwissenschaften **21**, 787 (1933).
7 D. Cribier, B. Jacrot, L. Madhav Rao u. B. Farnoux: Phys. Lett. **9**, 106 (1964); siehe auch: Progress Low Temp. Phys. Vol. 5, ed. by C. J. Gorter, North Holland Publishing Comp. Amsterdam, S. 161 ff. (1967).
8 J. Schelten, H. Ullmaier u. W. Schmatz: Phys. Status Solidi **48**, 619 (1971).
9 U. Eßmann u. H. Träuble: Phys. Lett. **24** A, 526 (1967) u. J. Sci. Instrum. **43**, 344 (1966).
10 Abbildung mit freundlicher Genehmigung durch das Institut Max von Laue-Paul Langevin, Grenoble; Autoren: E. M. Forgan (Univ. Birmingham), S. L. Lee (Univ. St. Andrews), D. McK.Paul (Univ. Warwick), H. A. Mook (Oak Ridge) u. R. Cubitt (ILL).
11 Abbildung mit freundlicher Genehmigung durch A. Tomomura, Fa. Hitachi Ltd.
12 Abbildung mit freundlicher Genehmigung durch Fa. Lucent Technologies Inc./Bell labs
13 P. E. Goa, H. Hauglin, M. Baziljevich, E. Il'yashenko, P. L. Gammel, T. H. Johansen: Supercond. Sci. Technol. **14**, 729 (2001).
14 A. Tonomura: »Electron holography«, Springer Series in Optical Sciences **70** (1998).
15 T. Matsuda, S. Hasegawa, M. Igarashi, T. Kobayashi, M. Naito, H. Kajiyama, J. Endo, N. Osakabe, A. Tonomura, u. R. Aoki: Phys. Rev. Lett. **62**, 2519 (1989)
16 R. Gross, u. D. Koelle: Rep. Prog. Phys. **57**, 651 (1994).
17 R. Straub, S. Keil, R. Kleiner, u. D. Koelle: Appl. Phys. Lett. **78**, 3645 (2001)
18 A. de Lozanne: Supercond. Sci. Technol. **12**, Seite R43 (1999).
19 A. Oral, J. C. Barnard, S. J. Bending, I. I. Kaya, S. Ooi, T. Tamegai u. M. Henini: Phys. Rev. Lett. **80**, 3610 (1998).
20 J. R. Kirtley, M. B. Ketchen, K. G. Stawiasz, J. Z. Sun, W. J. Gallagher, S. H. Blanton u. S. J. Wind: Appl. Phys. Lett. **66**, 1138(1995); R. C. Black, F. C. Wellstood, E. Dantsker, A. H. Miklich, D. Koelle, F. Ludwig u. J. Clarke: Appl. Phys. Lett. **66**, 1267 (1995)
21 H. F. Hess, R. B. Robinson, J. V. Waszczak: Phys. Rev. Lett. **64**, 2711 (1990).
22 F. London: »Superfluids«, Vol. I, Seite 152, Wiley 1950.
23 R. Doll u. M. Näbauer: Phys. Rev. Lett. **7**, 51 (1961).
24 B. S. Deaver Jr. u. W. M. Fairbank: Phys. Rev. Lett. **7**, 43 (1961).

25 F. London u. H. London: Z. Phys. **96**, 359 (1935); F. London: »Une conception nouvelle de la supraconductivite«, Hermann u. Cie, Paris 1937.

26 J. M. Lock: Proc. R. Soc. London, Ser. A **208** 391 (1951).

27 A. B. Pippard: Proc. R. Soc. London, Ser. A **203**, 210 (1950).

28 J. S. Langer, u. V. Ambegaokar: Phys. Rev. **164**, 498 (1967).

29 D. E. McCumber, u. B. I. Halperin: Phys. Rev. B **1**, 1054 (1970).

30 J. E. Lukens, R. J. Warburton, u. W. W. Webb: Phys. Rev. Lett. **25**, 1180 (1970).

31 R. S. Newbower, M. R. Beasley, u. M.Tinkham: Phys. Rev. B **5**, 864 (1972).

32 B. D. Josephson: Phys. Lett. **1**, 251 (1962).

33 Feynman Lectures on Physics, Bd. 3, Addison-Wesley Publ. Comp., New York (1965).

34 L. D. Landau u. E. M. Lifschitz, Lehrbuch der Theoretischen Physik, Bd. IX, Akademie-Verlag, Berlin, 1980.

35 R. Gross: in »Interfaces in High-T$_c$ Superconducting Systems«, S. L. Shinde u. D. A. Rudman (Hrsg.), Springer, New York (1994), S. 176.

36 H. Hilgenkamp u. J. Mannhart: Rev. Mod. Phys. **74** (2002).

37 R. Kleiner, F. Steinmeyer, G. Kunkel u. P. Müller: Phys. Rev. Lett. **68**, 2394 (1992).

38 J. S. Tsai, A. K. Jain, u. J. E. Lukens: Phys. Rev. Lett. **51**, 316 (1983).

39 T. J. Witt: Phys. Rev. Lett. **61**, 1423 (1988).

40 D. G. McDonald: Science **247**, 177 (1990).

41 S. Shapiro: Phys. Rev. Lett. **11**, 80 (1963).

42 I. Giaever: Phys. Rev. Lett. **14**, 904 (1965).

43 A. H. Dayem u. R. J. Martin: Phys. Rev. Lett. **8**, 246 (1962).

44 D. N. Langenberg, D. J. Scalapino, B. N. Taylor u. R. E. Eck: Phys. Rev. Lett. **15**, 294 (1965).

45 D. N. Langenberg, D. J. Scalapino u. B. N. Taylor: Sci. Am. **214**, May 1966.

46 I. K. Yanson, V. M. Svistunov u. I. M. Dmitrenko: Zh. Eksperim. Teor. Fiz. **48**, 976 (1965) – Sov. Phys. JETP **21**, 650 (1966).

47 D. N. Langenberg, W. H. Parker u. B. N. Taylor: Phys. Rev. **150**, 186 (1966) u. Phys. Rev. Lett. **18**, 287 (1967).

48 S. Rother, Y. Koval, P. Müller, R. Kleiner, Y. Kasai, K. Nakajima u. M. Darula: IEEE Trans. Appl Supercond. **11**, 1191 (2001).

49 H. B. Wang, P. H. Wu u. T. Yamashita: Phys. Rev. Lett. **87**, 107002 (2001).

50 R. C. Jaklevic, J. Lambe, J. E. Mercereau u. A. H. Silver: Phys. Rev. **140** A, 1628 (1965).

51 F. London: »Superfluids« Band 1, »Macroscopic Theory of Superconductivity«, John Wiley & Sons, Inc. New York 1950.

52 R. E. Packard, u. S. Vitale, Phys. Rev. B **46**, 3540 (1992); O. Avenel, P. Hakonen u. Varoquaux, Phys. Rev. Lett. **78**, 3602 (1997); K. Schwab, N. Bruckner u. R. E. Packard Nature **386**, 585 (1997).

53 D. N. Langenberg, D. J. Scalapino u. B. N. Taylor: Proc. IEEE **54**, 560 (1966).

54 R. R. Schulz, B. Chesca, B. Goetz, C. W. Schneider, A. Schmehl, H. Bielefeldt, H. Hilgenkamp, J. Mannhart u. C. C. Tsuei: Appl. Phys. Lett **76**, 912 (2000).

55 G. Möllenstedt u. W. Bayh: Phys. Bl. **18**, 299 (1962) (siehe auch Naturwissenschaften **49**, 81 (1962)).

56 Y. Aharonov u. D. Bohm: Phys. Rev. **115**, 485 (1959).

2
Supraleitende Elemente, Legierungen und Verbindungen

Nachdem wir im vorangegangenen Abschnitt schon einige supraleitende Elemente und Verbindungen kennengelernt haben, wollen wir uns jetzt mehr im Detail mit den unterschiedlichen Materialien beschäftigen. Wir werden mit einem Blick auf das Periodensystem der Elemente beginnen und uns dann mehrkomponentigen Verbindungen zuwenden.

Mittlerweile sind Tausende von supraleitenden Substanzen bekannt, und man muss sich hier fragen, nach welchen Kriterien man einen Supraleiter als »interessant« genug einstufen sollte, um ihn in ein Lehrbuch aufzunehmen. Ein anfänglicher genauer Blick in das Periodensystem bietet sich an. Wie aber sieht es mit der Unzahl supraleitender Legierungen und Verbindungen aus?

Ein Kriterium ist die Höhe der Übergangstemperatur T_c. Eine wesentliche Motivation bei der Erforschung neuer supraleitender Verbindungen ist sicher die Hoffnung, dass man eines Tages einen Supraleiter bei Zimmertemperatur haben wird, der dann noch weitere positive Eigenschaften haben sollte, wie etwa die Möglichkeit, aus diesem Material Drähte oder Dünnfilme hoher Qualität herzustellen.

Ein anderes, genauso wichtiges Kriterium ist aber die Erforschung von Supraleitern, die schlichtweg »interessante« supraleitende Eigenschaften zeigen. Gerade hier liegt ja der Reiz des Neuen und Unbekannten.

Um diese Eigenschaften besser einordnen zu können, wollen wir uns kurz mit den Begriffen »konventionelle« und »unkonventionelle« Supraleiter auseinandersetzen, bevor wir die supraleitenden Materialien selbst betrachten.

2.1
Vorbemerkung: Konventionelle und unkonventionelle Supraleiter

Über viele Jahrzehnte hinweg war die Supraleitung selbst ein Phänomen, das man schlechthin als »unkonventionell« im Gegensatz zu den »konventionellen« normalleitenden Metallen bezeichnen könnte. Mit der BCS-Theorie, die wir in Abschnitt 3.1.2 genauer darstellen werden, entwickelte man ein erstes tiefes Verständnis der Eigenschaften der damals bekannten supraleitenden Materialien. Demnach bilden die Elektronen unterhalb der Sprungtemperatur Paare, wobei gleichzeitig alle Paare

Supraleitung: Grundlagen und Anwendungen, 6. Auflage
Werner Buckel, Reinhold Kleiner
Copyright © 2004 Wiley-VCH Verlag GmbH & Co. KGaA, Weinheim
ISBN: 978-3-527-40348-6

kollektiv eine makroskopische Materiewelle ausbilden. Diese Eigenschaft trifft, soweit uns bekannt, auf alle Supraleiter zu.

Bei der »konventionellen« Supraleitung wechselwirken die Elektronen über die Schwingungen des Kristallgitters, und die beiden Elektronen eines Cooper-Paars bilden einen Zustand, in dem sowohl der Betrag S des Gesamtspins (Eigendrehimpuls) als auch der Betrag L des Gesamtdrehimpulses des Paars verschwindet. Gemäß der in der Atomphysik üblichen Nomenklatur können wir diesen $L=0$-Paarzustand auch als s-Welle bezeichnen. Dieser Zustand ist zumindest in erster Näherung isotrop, d. h. die supraleitende Wellenfunktion hat entlang jeder Kristallrichtung die gleichen Eigenschaften. In den meisten Substanzen ist die Supraleitung auch homogen: Wenn man nicht gerade eine Barrierenschicht in das Material einfügt, die dann z. B. zum Josephsoneffekt führt, hat der supraleitende Zustand an jedem Ort des Materials im wesentlichen die gleichen Eigenschaften.

Man könnte auch die Eigenschaft »unmagnetisch« der konventionellen Liste hinzufügen. Magnetische Ordnung (wie Ferro- oder Antiferromagnetismus) und Supraleitung sind im allgemeinen konkurrierende Phänomene. Wann immer diese aufeinandertreffen, führt die Konkurrenz dieser beiden Ordnungstypen zu ungewöhnlichen Eigenschaften des supraleitenden Zustands [1]. So kann beispielsweise zunächst Supraleitung einsetzen, diese aber durch magnetische Ordnung wieder verdrängt werden (»Reentrante Supraleitung«). Dieses Phänomen wurde 1970 von Müller-Hartmann und Zittartz vorhergesagt [2] und 1973 am System $(La_{1-x}Ce_x)Al_2$ nachgewiesen [3]. Wir werden darauf in Abschnitt 3.1.4.2 näher eingehen. Im Abschnitt 2.3.4 werden wir einige weitere Supraleiter kennenlernen, bei denen die reentrante Supraleitung beobachtet werden kann.

Welche Supraleiter sind im Sinne von Spin und Drehimpuls »unkonventionell«? Zunächst können wir uns ansehen, welche Werte von S und L für ein Cooper-Paar möglich sind.

In Bezug auf den Spin können sich die Elektronen, die jeweils einen Spin $\hbar/2$ haben, zu einem Paar mit $S = 0$ (Spin-Singulett) oder mit $S = 1\,\hbar$ (Spin-Triplett) zusammenschließen. Fast alle uns bekannten Supraleiter bevorzugen die erste Variante.

Für einen $S = 0$-Zustand muss der Betrag des Drehimpulses L ein geradzahliges Vielfaches von $\hbar$ annehmen, um nach den Gesetzen der Quantenmechanik zu gewährleisten, dass die Wellenfunktion aller Elektronen antisymmetrisch ist, d. h. ihr Vorzeichen wechselt, wenn zwei Elektronen vertauscht werden[1]. Man hat also für den $S = 0$-Zustand die Möglichkeiten $L = 0$, $2\,\hbar$, $4\,\hbar$ usw. Diese Zustände bezeichnen wir auch als s-, d-, g-Zustand usw. Ein von Null verschiedener Drehimpuls ist aber immer mit Rotationsenergie verbunden, und der Supraleiter wird dies, falls möglich, vermeiden, um einen Zustand möglichst geringer Energie anzunehmen. Daher ist der $(S = 0, L = 0)$-Zustand energetisch oft favorisiert und

---

1 Man findet, dass in der Natur zwei Möglichkeiten bestehen, eine Welle aus vielen Quantenteilchen aufzubauen: Fermionen, d. h. Teilchen mit halbzahligem Spin wie die Elektronen, formen eine Wellenfunktion, die ihr Vorzeichen wechselt, wenn zwei der Teilchen miteinander vertauscht werden. Bosonen, d. h. Teilchen mit ganzzahligem Spin, bilden dagegen eine symmetrische Wellenfunktion, die sich beim Vertauschen zweier Teilchen nicht ändert.

wird von den meisten Supraleitern angenommen. Bei einigen Supraleitern – insbesondere bei den Hochtemperatursupraleitern – ist aber der $L = 2\text{-}\hbar$-Zustand realisiert. Dies ist die erste Variante eines »unkonventionellen« Supraleiters. Wir werden sehen, dass auch andere Supraleiter diesen Zustand annehmen.

Es ist noch zu beachten, dass für einen Drehimpuls mit Betrag $N\hbar$ die z-Komponente $2N+1$ Möglichkeiten hat, sich einzustellen, nämlich in ganzzahligen Schritten von $-N\hbar$ bis $+N\hbar$. Speziell für $N = 2$ (d-Welle) ergeben sich 5 Möglichkeiten. Im elektrischen Feld des Kristalls sind diese Möglichkeiten aber nicht mehr gleichwertig, die energetische Entartung, die man für ein freies Atom hat, ist aufgehoben. Bei den Hochtemperatursupraleitern spielt der $d_{x^2-y^2}$-Zustand eine besondere Rolle, wie wir in Abschnitt 3.2.2 sehen werden.

Wenn sich die Cooper-Paare andererseits zu einem Spin-Triplett-Zustand zusammenschließen, muss der Drehimpuls ein ungeradzahliges Vielfaches von $\hbar$ sein. Diese Zustände können wir als p-Welle, f-Welle usw. klassifizieren. Für einen $S = 1\text{-}\hbar$-Zustand kann die z-Komponente des Spins die drei möglichen Einstellungen $S_z = -1\hbar$, 0 und $+1\hbar$ annehmen. Bei einem p-Wellen-Zustand erhalten wir für L_z die Einstellungsmöglichkeiten $-1\hbar$, 0 und $+1\hbar$, was zusammen mit den drei Einstellungsmöglichkeiten für den Spin zu neun unterschiedlichen Kombinationen von Spin und Drehimpuls führt. Auch hier sind aber durch den Einfluss des Kristallfelds nur wenige Kombinationen relevant.

Bis vor einigen Jahren kannte man die p-Wellen-Paarung nur vom superfluiden ^{3}He. Mittlerweile wurden aber auch supraleitende Substanzen gefunden, bei denen Spin-Triplett-Supraleitung vorzuliegen scheint. Ein Beispiel ist die Verbindung Sr_2RuO_4, die ähnlich wie die Hochtemperatursupraleiter ein oxidisches Material ist.

In Systemen wie den Schwere-Fermionen-Supraleitern (siehe Abschnitt 2.6) sind sowohl der Einfluss des Kristallfelds als auch die Kopplung zwischen dem Spin der Ladungsträger und ihrem Bahndrehimpuls sehr groß. Man muss den supraleitenden Zustand dann nach dem *Gesamt*drehimpuls klassifizieren und spricht oft von Paarzuständen gerader und ungerader Parität anstelle von Spin-Singulett und Spin-Triplett-Zuständen. Dabei treten Zustände ungerader Parität ebenfalls als Triplett auf. Beide Paritäten können bei den Schwere-Fermionen-Supraleitern beobachtet werden.

Bei den unkonventionellen Substanzen ist es außerdem wahrscheinlich, dass die Cooper-Paarung nicht durch die Wechselwirkung der Elektronen mit dem Kristallgitter zustande kommt[2].

---

2 Eine naheliegende Frage, die man hier stellen kann, ist, ob einerseits die Elektron-Phonon-Wechselwirkung immer zur konventionellen Supraleitung führt, und ob andererseits eine andersartige Wechselwirkung immer unkonventionelle Supraleiter hervorbringt. Die Antwort ist: Wir wissen es nicht. Von theoretischer Seite her kann man sich durchaus vorstellen, dass man auch unkonventionelle Supraleiter über die Elektron-Phonon-Wechselwirkung erhalten kann und andererseits andere Paarmechanismen zu konventioneller Cooper-Paarung führen können. Allerdings gibt es hierfür auch keine experimentellen Befunde.

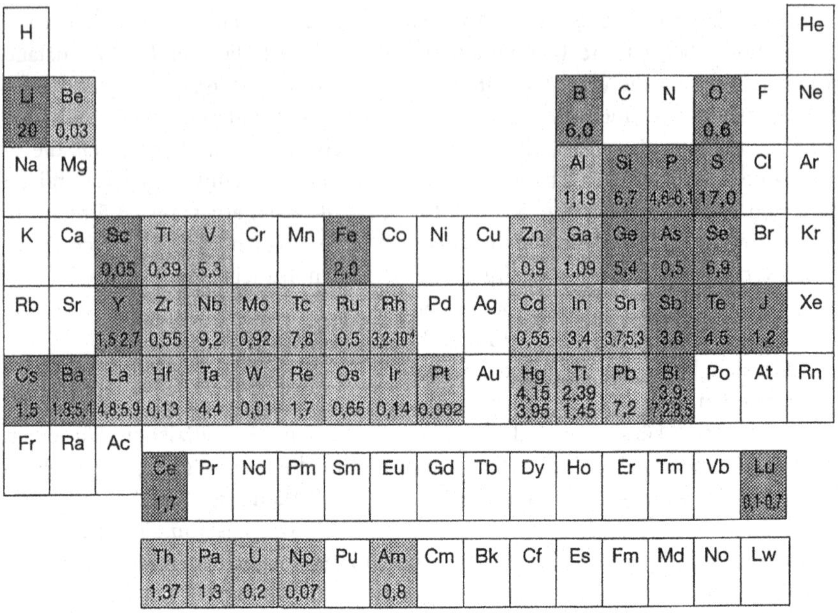

1	2	3	4	5	6	7	8	9	10	11	12	13	14	15	16	17	18
H																	He
Li 20	Be 0,03											B 6,0	C	N	O 0,6	F	Ne
Na	Mg											Al 1,19	Si 6,7	P 4,6–6,1	S 17,0	Cl	Ar
K	Ca	Sc 0,05	Ti 0,39	V 5,3	Cr	Mn	Fe 2,0	Co	Ni	Cu	Zn 0,9	Ga 1,09	Ge 5,4	As 0,5	Se 6,9	Br	Kr
Rb	Sr	Y 1,5 2,7	Zr 0,55	Nb 9,2	Mo 0,92	Tc 7,8	Ru 0,5	Rh $3{,}2\cdot10^{-4}$	Pd	Ag	Cd 0,55	In 3,4	Sn 3,7 5,3	Sb 3,6	Te 4,5	J 1,2	Xe
Cs 1,5	Ba 1,3,5,1	La 4,8 5,9	Hf 0,13	Ta 4,4	W 0,01	Re 1,7	Os 0,65	Ir 0,14	Pt 0,002	Au	Hg 4,15 3,95	Tl 2,39 1,45	Pb 7,2	Bi 3,9; 7 2,3,5	Po	At	Rn
Fr	Ra	Ac															

	Ce 1,7	Pr	Nd	Pm	Sm	Eu	Gd	Tb	Dy	Ho	Er	Tm	Vb	Lu 0,1–0,7
	Th 1,37	Pa 1,3	U 0,2	Np 0,07	Pu	Am 0,8	Cm	Bk	Cf	Es	Fm	Md	No	Lw

Abb. 2.1 Verteilung der Supraleiter und ihre Sprungtemperatur in Kelvin im Periodischen System. Dunkel getönt sind die Elemente, die nur in Hochdruckphasen supraleitend werden.

Die unkonventionelle Cooper-Paarung macht den supraleitenden Zustand anisotrop im $\vec{k}$-Raum, aber nicht notwendig inhomogen im Ortsraum. Genau dies zeichnet die Klasse der Schichtsupraleiter aus. Hier wechseln sich gut supraleitende Schichten ähnlich wie beim Josephsonkontakt mit schwach supraleitenden, normalleitenden oder gar isolierenden Lagen ab. Diese Supraleiter-Beispiele sind wiederum einige Hochtemperatursupraleiter, aber auch Verbindungen wie NbSe$_2$, bei der die Cooper-Paarung »konventionell« ist – können regelrecht atomare Stapel aus Josephsonkontakten bilden, mit einer Reihe sehr ungewöhnlicher Eigenschaften. Auch diese Materialien müssen in diesem Kapitel erwähnt werden.

Wir haben nun einige Kriterien kennengelernt, die ein Material besonders interessant machen. Beginnen wir aber mit den supraleitenden Elementen. Sie sind konventionelle Supraleiter, und zwar in der Regel vom Typ I.

2.2
Supraleitende Elemente

Ein Blick auf die Elemente, für die heute supraleitende Phasen bekannt sind (Abb. 2.1 und Tabelle 2.1), zeigt, dass die Supraleitung keine seltene Eigenschaft der

Metalle ist[3]. Einige Elemente werden nur in Hochdruckphasen supraleitend. Sie sind in Abb. 2.1 dunkel getönt und am Ende der Tabelle 2.1 aufgelistet. Man erkennt aus Abb. 2.1 deutlich zwei Gruppen von Supraleitern:

1. Nichtübergangsmetalle, zu denen auch die meisten supraleitenden Hochdruckphasen gehören;

2. Übergangsmetalle, bei denen in einer Zeile mit wachsender Ordnungszahl eine innere Schale (3*d*-, 4*d*- und 5*d*-Niveau; bei den Lanthaniden und Actiniden das 4*f*- und 5*f*-Niveau) aufgefüllt wird.

In Tabelle 2.1 sind ebenfalls Kristallstruktur und Schmelzpunkt eingetragen, um zu zeigen, wie verschiedenartig die supraleitenden Elemente in ihren sonstigen Eigenschaften sein können. Ein Maß für die Stärke der Schwingungen des Kristallgitters ist die Debye-Temperatur Θ_D, die wir in der Tabelle 2.1 mit aufgenommen haben. Sie ist mit der charakteristischen »Debye-Frequenz« ω_D der Gitterschwingungen über $k_B \Theta_D = \hbar \omega_D$ verknüpft. Θ_D bzw. ω_D sind wichtige Größen bei der konventionellen Supraleitung, die ja durch die Wechselwirkung der Elektronen mit den Schwingungen des Kristallgitters (Phononen) zustande kommt.

Die Tabelle 2.1 gibt auch einige Eigenschaften des supraleitenden Zustands an, die wir zum Teil bereits kennengelernt haben: Übergangstemperatur T_c, die London-Eindringtiefe λ_L, die Ginzburg-Landau-Kohärenzlänge ξ_{GL} und das kritische Feld B_c, oberhalb dem die Typ-I-Supraleitung zusammenbricht.

Die Übergangstemperaturen der Elemente liegen zwischen einigen hundertstel K und etwa[4] 10 K. Es ist keine Korrelation zwischen der Größe der Übergangstemperatur und anderen charakteristischen Eigenschaften, wie z. B. der Kristallstruktur oder dem Schmelzpunkt, sichtbar, mit der man etwa die Supraleiter unter den Metallen von den Nichtsupraleitern unterscheiden könnte.

Die Frage, ob bestimmte Metalle, auch im reinsten Zustand und bei beliebig kleinen Temperaturen, niemals supraleitend werden, kann heute noch nicht mit Sicherheit beantwortet werden. Von den theoretischen Vorstellungen her, die wir noch genauer kennenlernen werden, besteht keinerlei Zwang zu der Annahme, dass alle Metalle im Prinzip supraleitend werden sollten. Andererseits muss zugegeben werden, dass Supraleiter mit kleinen Übergangstemperaturen (etwa $T_c < 10^{-2}$ K) nur sehr schwer gefunden werden können. Kleinste Mengen an Verunreinigungen durch paramagnetische Atome (z. B. Mn, Co u. ä. in Konzentrationen, die kleiner sind als 1 ppm) können ebenso wie kleinste Magnetfelder (z. B. Bruchteile des Erdfeldes) die Supraleitung in diesem Falle vollkommen unterdrücken. Man kann deshalb auch die Meinung vertreten, dass wir bei vielen Metallen die Supraleitung einfach noch nicht entdeckt haben, weil wir diese Metalle noch nicht in genügend reiner Form und bei genügend tiefen Temperaturen untersucht haben.

---

3 Einen Überblick über supraleitende Elemente geben C. Buzea und K. Robbie, Supercond. Sci. Technol. **18**, R1 (2005).

4 Es gibt seit kurzem Evidenz, dass Lithium unter hohem Druck supraleitend wird und bei ca. 0,5 Mbar ein T_c von ca. 20 K erreicht (vgl. Tabelle 2.1). Auch eine Hochdruckphase von Schwefel erreicht ein T_c von 17 K.

Tabelle 2.1 Supraleitende Elemente, Kristallstruktur und Schmelzpunkt, und einige Eigenschaften des supraleitenden Zustands: Übergangstemperatur T_c, Debye-Temperatur Θ_D, London-Eindringtiefe λ_L, Ginzburg-Landau-Kohärenzlänge ξ_{GL} und kritisches Magnetfeld B_c. Die in Klammern angegebenen Übergangstemperaturen gehören zu weiteren Kristallmodifikationen. Viele der Zahlenwerte können nur als Richtwerte angesehen werden. Angaben überwiegend nach [5, 6].

	Element	T_c in K	Kristall-struktur	Schmelz-punkt in °C	Θ_D in K	λ_L in nm	ξ_{GL} in nm	B_c in G
1	Al	1,19	k. f. z.	660	420	50	500–1600	100
2	Am [7]	0,8	hex.	994				
3	Be	0,026	hex.	1283	1160			
4	Cd	0,55	hex.	321	300	130	760	30
5	Ga	1,09 (6,5; 7,5)	orth.	29,8	317	120		59
6	Hf [8]	0,13	hex.	2220				
7	Hg	4,15 (3,95)	rhom. tetr.	−38,9	90		55	400 (340)
8	In	3,40	tetr.	156	109	24–64	360–440	280
9	Ir	0,14	k. f. z.	2450	420			19
10	La	4,8 (5,9)	hex. k. f. z.	900	140			(1600)
11	Mo	0,92	k. r. z.	2620	460			98
12	Nb	9,2	k. r. z.	2500	240	32–44	39–40	1950
13	Np [9]	0,075	orth.					
14	Os	0,65	hex.	2700	500			65
15	Pa	1,3						
16	Pb	7,2	k. f. z.	327	96	32–39	51–83	800
17	Re	1,7	hex.	3180	430			190
18	Rh [10]	$3,2 \cdot 10^{-4}$	k. f. z.	1966	269			
19	Ru	0,5	hex.	2500	600			66
20	Sn	3,72 (5,3)	tetr. tetr.	231,9	195	25–50	120–320	305
21	Ta	4,39	k. r. z.	3000	260	35	93	800
22	Tc	7,8	hex.		351			177
23	Th	1,37	k. f. z.	1695	170			150
24	Ti	0,39	hex.	1670	426			100
25	Tl	2,39	hex.	303	88			170
26	U (α)	0,2	orth.	1132	200			
27	V	5,3	k. r. z.	1730	340	39,8	45	1200
28	W	0,012	k. r. z.	3380	390			1,24
29	Zn	0,9	hex.	419	310		25–32	52
30	Zr	0,55	hex.	1855	290			47

Tabelle 2.1 (Fortsetzung)
Elemente, die nur unter Druck oder in Hochdruckphasen Supraleitung zeigen.

	Element	T_c in K	Druck in kbar	Referenz
31	As	0,5	120	[11]
32	B	6,0	1750	[11b]
33	Ba	5,1	> 140	[12]
		(1,8)	> 55	
34	Bi II	3,9	26	[13]
	Bi III	7,2	> 27	
	Bi V	8,5	> 78	
35	Ce	1,7	> 50	[14]
36	Cs	1,5	100	[15]
37	Fe	2	150–300	[16]
38	Ge	5,4	> ca. 110	[17]
39	I	1,2	290	[18]
40	Li	20	500	[19]
41	Lu	0,02–1,1	45–ca.l80	[20]
42	O	0,6	1000	[20b]
43	P	4,6–6,1	> ca. 100	[21]
44	S	17	1600	[21b]
45	Sb	3,6	> 85	[22]
46	Se	6,9	> ca. 130	[23]
47	Si	6,7	> ca. 120	[17]
48	Te	4,5	> 43	[24]
49	Y	1,5–2,7	120–160	[15]

So wurde aus Untersuchungen an sehr verdünnten Legierungen der Edelmetalle mit Übergangstemperaturen im mK-Bereich geschlossen, dass reines Au bei ca. 0,2 mK supraleitend wird [4]. Für Cu und Ag ergaben diese Experimente T_c-Werte von ca. 10^{-6} mK.

Die Aussage »Alle Metalle in genügend reiner Form werden bei genügend tiefer Temperatur supraleitend« lässt sich grundsätzlich nicht widerlegen. Sie kann höchstens bestätigt werden, nämlich dadurch, dass man für alle Metalle[5] Supraleitung nachweist. Gegenwärtig ist diese Frage offen.

Weiter können wir der Tabelle 2.1 entnehmen, dass die Supraleitung wesentlich von der Anordnung der Atome abhängt. Dasselbe Element hat in verschiedenen Kristallstrukturen verschiedene Übergangstemperaturen. Es kann, wie z. B. im Falle des Wismuts (Bi) vorkommen, dass eine Modifikation bis zu sehr tiefen Temperaturen ($T = 10^{-2}$ K) nicht supraleitend wird, während mehrere andere Modifikationen Supraleitung zeigen.

Man hat auch gefunden, dass der kristalline Aufbau keine notwendige Bedingung für die Supraleitung ist. Es konnte gezeigt werden, dass »amorphe« Proben, wie sie

---

5 Die ferromagnetischen Metalle (z. B. Fe, Ni u. ä.) müssen aus dieser Betrachtung ausgenommen werden. Sie können – vermutlich – im ferromagnetischen Zustand nicht supraleitend werden. Allerdings wurde gezeigt, dass eine unmagnetische Hochdruckphase des Eisens mit einer Übergangstemperatur von bis zu 2 K supraleitend werden kann (siehe Tabelle 2.1).

von einigen Metallen durch die Kondensation des Metalldampfes auf eine sehr kalte Unterlage eingefroren werden können, Supraleitung – zum Teil sogar mit recht hoher Übergangstemperatur – zeigen.

Es hat in den mehr als 75 Jahren, in denen die Supraleitung mit wachsendem Interesse untersucht worden ist, nicht an Versuchen gefehlt, Regeln für die Größe der Übergangstemperatur zu finden. Es wurde schon früh darauf hingewiesen, dass das Atomvolumen, d. h. das Volumen, das einem Atom im Metallverband zur Verfügung steht, von Bedeutung sein könnte. Trägt man dieses Atomvolumen der Elemente über der Ordnungszahl auf, so stellt man in der Tat fest, dass die Supraleiter bevorzugt im Bereich kleiner Atomvolumina liegen[6]. Diese Überlegungen können eine gewisse Bedeutung für das Verständnis der supraleitenden Hochdruckphasen haben. Allseitiger Druck verringert das Atomvolumen. Eine Reihe von Elementen, wie etwa Ba und sogar Cs, das in seiner Normalphase ein besonders großes Atomvolumen besitzt, werden unter genügend hohem Druck zu Supraleitern. Man muss aber bedenken, dass diese Elemente unter hohem Druck Phasenumwandlungen durchlaufen können, wobei sich die Nahordnung und damit andere für die Supraleitung wichtige Parameter ändern.

Eine sehr fruchtbare empirische Regel für die Höhe der Übergangstemperatur wurde von Matthias angegeben [25]. Diese Matthias-Regel besagt, dass die mittlere Zahl der Valenzelektronen eines Stoffes eine für die Supraleitung entscheidende Größe sei. Als Valenzelektronen werden alle Elektronen in nicht abgeschlossenen Schalen gezählt, d. h. die Valenzelektronenzahl eines Elementes ist identisch mit der Nummer der Spalte, in der das Element im Periodensystem steht. Die mittlere Valenzelektronenzahl wird als arithmetisches Mittel über alle Valenzelektronen bestimmt. Bei den Übergangsmetallen liegen nach der Matthias-Regel für Valenzelektronenzahlen n_v zwischen 3 und 8 ausgeprägte Maxima von T_c vor. Für den Wert $n_v = 5$ kommt dies durch die relativ hohen Übergangstemperaturen von V, Nb und Ta zum Ausdruck. Auch in der 7. Gruppe des Periodensystems wird für Technetium eine besonders hohe Übergangstemperatur beobachtet. Demgegenüber haben die Elemente der 4. und 6. Gruppe des Periodensystems sehr niedrige Übergangstemperaturen. In der Gruppe der Nichtübergangsmetalle wird ein Anstieg der Übergangstemperatur mit wachsender Valenzelektronenzahl deutlich sichtbar.

Fruchtbar wurde die Matthias-Regel im Hinblick auf Legierungen. In Abb. 2.2 ist die Übergangstemperatur für einige Legierungen[7] über die Valenzelektronenzahl aufgetragen. Man sieht deutlich die zwei Maxima von T_c bei mittleren Valenzelektronenzahlen um etwa 4,7 und 6,5. Auch die Verbindungen der sogenannten β-Wolframstruktur mit den besonders hohen T_c Werten haben mittlere n_v um 4,7. Wir werden uns dieser Materialklasse in Abschnitt 2.3.1 genauer zuwenden.

---

6 Siehe »Roberts-Bericht«, B. W. Roberts: General Electric Report No. 63-RL-3252 M and N. B. S. Technical Note 482.

7 Da natürlich auch andere Parameter neben der Valenzelektronenzahl die Supraleitung beeinflussen, ist es nur möglich, Legierungen zu vergleichen, deren Kristallstruktur gleich oder ähnlich ist und deren Komponenten im Periodensystem nicht zu weit voneinander entfernt sind.

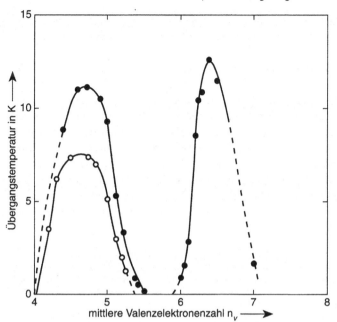

Abb. 2.2 Übergangstemperatur von einigen Legierungen der Übergangsmetalle als Funktion der mittleren Valenzelektronenzahl (nach [26]).
Volle Kreise: Zr–Nb–Mo–Re, Offene Kreise: Ti–V–Cr.

2.3
Supraleitende Legierungen und metallische Verbindungen

Sehr reichhaltig wird das Bild, wenn wir die weit über 1000 supraleitenden
Legierungen und Verbindungen in die Betrachtungen einbeziehen [5]. So finden
wir supraleitende Verbindungen, für deren beide Komponenten bis heute keine
Supraleitung beobachtet worden ist. CuS mit $T_c = 1{,}6$ K ist ein Beispiel.

Selbstverständlich können wir hier nicht auf alle bekannten supraleitenden
Materialien eingehen. Wir wollen aber einige Substanzen erwähnen, die für die
Grundlagenphysik oder auch für technische Anwendungen von größerer Bedeu-
tung sind oder dies zumindest für einen gewissen Zeitraum waren.

2.3.1
Die β-Wolfram-Struktur

Eine technisch sehr wichtige Gruppe bilden die Supraleiter mit β-Wolframstruktur
(auch: »A-15-Struktur«). Diese Typ-II-Supraleiter können beachtliche Übergangstemperaturen von über 20 K und obere kritische Magnetfelder von über 20 T haben.
Vor der Entdeckung der Hochtemperatursupraleiter hatte ein Vertreter dieser
Gruppe, nämlich das Nb_3Ge mit 23,2 K [27], für mehr als ein Jahrzehnt die höchste

Übergangstemperatur. Ein sehr wichtiger A-15-Supraleiter ist Nb_3Sn. Dieses Material wird oft für den Bau supraleitender Magnete[8] verwendet (siehe Abschn. 7.1 und 7.3).

Zusammenfassungen der Eigenschaften der A-15-Verbindungen finden sich in [28, 29].

Tabelle 2.2 gibt die Übergangstemperaturen und einige weitere Eigenschaften des supraleitenden Zustands (London-Eindringtiefe, Ginzburg-Landau-Kohärenzlänge, oberes kritisches Feld[9]) für einige dieser Supraleiter an. Auch hier ist zu beachten, dass die Angaben nur Richtwerte sind, da die Größen je nach Reinheitsgrad der Proben stark schwanken können. Die Abb. 2.3 zeigt die Kristallstruktur der A-15-Verbindungen. Sehr spezifisch ist die Anordnung der A-Atome in Ketten parallel zur x-, y- und z-Achse. Diese orthogonalen Ketten schneiden sich nicht. In den Ketten haben z. B. die Nb-Atome einen kleineren gegenseitigen Abstand als im Gitter des reinen Nb.

Tabelle 2.2 Supraleitende Verbindungen mit β-Wolframstruktur [5, 30].

Stoff	T_c in K	λ_L in nm	ξ_{GL} in nm	B_{c2} in T
V_3Ge	6,0	65		
V_3Ga^*	14,2–14,6	65	4	23
V_3Si	17,1	70	4	23
Nb_3Sn	18,0	80	4	24
Nb_3Ge	23,2	80	3	38

* Durch besonders sorgfältiges Tempern konnten T_c-Werte um 20 K erreicht werden
(G. Webb RCA, Princeton, USA 1971)

Diese Struktur kann offenbar für die Supraleitung besonders günstig sein, obgleich es auch Substanzen in dieser Gruppe gibt, die sehr niedrige T_c Werte (Nb_3Os: $T_c = 1$ K) haben, oder für die z. Zt. noch keine Supraleitung bekannt ist (Nb_3Sb: nicht supraleitend für $T > 1$ K [5]).

Man nimmt an, dass die Ketten für die besonderen Eigenschaften verantwortlich sind. Es wurden Modelle entwickelt, die diese Kettenstruktur zur Grundlage haben [31]. Betrachtet man die Ketten als »eindimensionale Leiter«, so erhält man Spitzen in der elektronischen Zustandsdichte[10] $N(E)$. Diese ist nach der BCS-Theorie eine wesentliche Größe für das Zustandekommen der Supraleitung (siehe

---

8 Weitere Supraleiter auf Niob-Basis, die hier erwähnt werden sollen, sind NbTi und NbN. Die Legierung NbTi wird ebenfalls beim Bau von Magneten verwendet. Sie hat eine Übergangstemperatur von 9,6 K und ein oberes kritisches Feld von 16 T. Die Eindringtiefe beträgt 60 nm, die Kohärenzlänge 4 nm. Dünne Filme aus NbN werden im Zusammenhang mit Tunnelkontakten verwendet. NbN hat eine Übergangstemperatur von 13–16 K, ein oberes kritisches Feld von 16 T, eine Eindringtiefe von 250 nm und eine Kohärenzlänge von 4 nm.

9 Wir verzichten in diesem Kapitel auf die Angabe des unteren kritischen Feldes, da die Angaben in der Literatur oft sehr stark schwanken. Als Richtwert kann B_{c1} durch den Ausdruck $B_{c1} \approx [\Phi_0/(4\pi\lambda_L^2)] \cdot \ln(\lambda_L/\xi_{GL})$ berechnet werden, vgl. Abschn. 4.7.1.

10 Aus Abb. 1.5 wird deutlich, daß die Dichte der elektronischen Zustände pro Energieintervall dE (die Zustandsdichte) $N(E) \propto dk/dE$ für eine Raumrichtung gegen unendlich gehen kann. Im einfachen Beispiel der Abb. 1.5 liegen die Divergenzen an den Bandrändern.

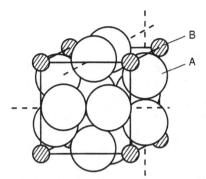

Abb. 2.3 Elementarzelle der β-Wolframstruktur (A-15-Struktur) binärer Verbindungen A_3B.

Abschnitt 3.1). Liegt die Fermi-Energie im Bereich einer solchen Spitze der Zustandsdichte, so kann man zwei Effekte erwarten: Einmal könnte die Elektron-Phonon-Wechselwirkung besonders groß sein, und zum anderen sollte die Zustandsdichte an der Fermi-Kante stark temperaturabhängig sein, da kleine Verschiebungen von E_F durch die Umbesetzung der Zustände mit variierender Temperatur auch eine starke Änderung von $N(E_F)$ bedingen.

Diese Vorstellungen werden durch das elastische Verhalten einiger Substanzen mit hohem T_c, z. B. Nb$_3$Sn und V$_3$Si, bestätigt. Für diese Substanzen findet man mit sinkender Temperatur eine sehr starke Abnahme der Fortpflanzungsgeschwindigkeit bestimmter Schallwellen [32]. Dies bedeutet, dass das Gitter gegenüber bestimmten elastischen Verzerrungen sehr weich wird. Das »Weichwerden« kann schließlich dazu führen, dass die Struktur instabil wird [33, 34]. An Nb$_3$Sn- und V$_3$Si-Einkristallen konnte eine Gitterumwandlung bei ca. 40 K bzw. 21 K beobachtet werden. Die Umwandlung besteht in einer schwachen tetragonalen Verzerrung des ursprünglich kubischen Gitters.

Zahlreiche Experimente haben ergeben, dass die Übergangstemperatur dieser Substanzen empfindlich vom Ordnungsgrad in den Ketten abhängt. Die höchsten T_c-Werte konnten häufig nur nach sehr sorgfältigem und langem Tempern (Erwärmen auf eine geeignete Temperatur) erhalten werden. Dabei muss man darauf achten, dass keine neuen Phasen neben der β-Wolframstruktur gebildet werden. Die Auswahl der geeigneten Temperatur setzt die Kenntnis des Phasendiagramms der betreffenden Substanz voraus. Nach dem derzeitigen Stand unseres Wissens scheint es sicher, dass für die Substanzen der β-Wolframstruktur der höchste Ordnungsgrad auch die jeweils höchste Übergangstemperatur liefert [35].

Hinsichtlich des theoretischen Verständnisses wurde allerdings auch klar, dass die einfachen Modelle [31] nicht ausreichen, um alle Beobachtungen zu verstehen [36]. Es ist ebenfalls wichtig, die Kopplung zwischen den orthogonalen Kettensystemen untereinander und zwischen den Kettenatomen A und den Atomen B in den Substanzen A_3B im einzelnen zu erfassen [37].

2.3.2
Magnesium-Diborid

Anfang 2001 fanden Akimitsu und Mitarbeiter, dass die Verbindung MgB_2 unterhalb von ca. 40 K supraleitend wird [38]. Dieses Resultat kam völlig überraschend, da einerseits intermetallische Verbindungen seit langem auf Supraleitung untersucht wurden und, was noch erstaunlicher ist, das relativ einfach aufgebaute MgB_2 bereits seit den fünfziger Jahren bekannt und kommerziell erhältlich war.

Viele Eigenschaften des MgB_2 sind in den Überblicksartikeln [39] zusammengestellt.

MgB_2 besitzt eine hexagonale Kristallstruktur, in der sich Schichten aus Bor mit Lagen aus Magnesium abwechseln. Die Struktur ist in Abb. 2.4 gezeigt.

MgB_2 ist ein Typ-II Supraleiter. Kritische Felder und charakteristische Längen sind stark vom Reinheitsgrad der Proben abhängig. Für sehr reine Proben beträgt das obere kritische Feld für Feldorientierungen parallel zur c-Achse der Kristallstruktur Werte etwa 2 T; für Felder parallel zur a- oder b-Richtung erhält man ca. 14 T (für gezielt verunreinigte Proben kann sich das obere kritische Feld auf Werte über 35 T erhöhen). Das untere kritische Feld liegt im Bereich 0,12 T. Für die London'sche Eindringtiefe findet man Werte um 40 nm; die Ginzburg-Landau Kohärenzlängen berechnen sich aus der Messung des oberen kritischen Feldes zu 13 nm in ab-Richtung und 5 nm in c-Richtung. Die Werte für die Energielücke variieren je nach Kristallrichtung zwischen 1,8 und 7,5 meV.

Die Supraleitung wird in MgB_2 ganz konventionell durch die Elektron-Phonon-Wechselwirkung hervorgerufen. Allerdings tragen Elektronen aus zwei sehr unterschiedlichen Energiebändern zur Supraleitung bei (»Zweibandsupraleitung«), was dann auch beispielsweise das Auftreten zweier unterschiedlich großer Energielücken (eine im Bereich von 2 meV, die andere im Bereich von 7,5 meV) zur Konsequenz hat.

MgB_2 könnte in der Zukunft für technische Anwendungen, etwa im Bereich supraleitender Kabel oder Magnetspulen oder auch in der Mikroelektronik bedeutsam werden. Bereits kurz nach der Entdeckung der Supraleitung in MgB_2 wurden die ersten Dünnfilme aus diesem Material herstellt. Man wird sehen, wie gut und schnell man die kristallinen Eigenschaften dieses Materials, das sehr hart und spröde ist, beherrschen wird.

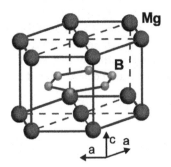

Abb. 2.4 Kristallstruktur von MgB_2.
Nachdruck aus [39], mit Erlaubnis durch IOP.

2.3.3
Metall-Wasserstoff-Systeme

Wir kennen heute eine Vielzahl von Verbindungen, die bei Temperaturen oberhalb von 20 K supraleitend werden. Ganz anders war die Situation aber vor der Entdeckung der Hochtemperatursupraleiter, und es ist daher nicht erstaunlich, dass Supraleiter mit Übergangstemperaturen oberhalb von 10 K größtes Interesse hervorriefen. Als Beispiel sollen hier kurz Metall-Wasserstoff-Systeme erwähnt werden, die in den 1970er Jahren intensiv untersucht wurden. Der Wasserstoff ist in diesen Verbindungen auf Zwischengitterplätzen eingebaut.

Die Supraleitung von Palladium-Wasserstoff wurde 1972 von Skoskiewicz [40] entdeckt. Er fand Übergangstemperaturen oberhalb von 1 K, wenn er das Verhältnis H/Pd gleich ca. 0,8 machte. Bei einer Vergrößerung der Wasserstoffkonzentration auf H/Pd $\approx$ 0,9 stiegen die Übergangstemperaturen auf ca. 4 K an.

Diese Entdeckung war deshalb so überraschend, weil das System Pd-H wegen seiner sonstigen interessanten Eigenschaften Gegenstand vieler Untersuchungen gewesen war. Man hatte auch kaum vermutet, an dieser Stelle des Periodischen Systems Supraleitung zu finden.

Der steile Anstieg von T_c mit wachsender H-Konzentration ließ erwarten, dass die von Skoskiewicz gefundenen Werte nicht die obere Grenze für T_c in diesem System darstellen würden[11]. Es wurde deshalb die H-Konzentration mit Hilfe der Ionenimplanation bei tiefen Temperaturen weiter erhöht. Dabei konnte eine maximale Übergangstemperatur T_c = 9 K erreicht werden [41].

Ein unerwartetes Ergebnis brachte der Übergang von Wasserstoff zu Deuterium. Bei vorgegebener Kristallstruktur sind die Phonon-Frequenzen eines Materials umgekehrt proportional zur Wurzel aus der Masse der Gitterbausteine (Isotopeneffekt, vgl. Abschnitt 3.1.3.1). Deshalb würde man eine etwas kleinere Übergangstemperatur für deuterierte Proben erwarten. Das maximale T_c liegt jedoch hier bei ca. 11 K und tritt wieder bei dem Verhältnis D/Pd = 1 auf. Dieser anomale Isotopeneffekt, der mit anderen Anomalien beim Übergang von H nach D im Pd (z. B. Ansteigen der Diffusionskonstante) korreliert ist, zeigt, dass der Einbau von Deuterium auch die Eigenschaften des Wirtsgitters ändert.

Eine weitere große Überraschung brachten Experimente an Pd-Edelmetall-Legierungen [42]. Hier wurden nach der Implantation von Wasserstoff Übergangstemperaturen bis zu 17 K beobachtet. Abb. 2.5 zeigt diese Ergebnisse. Es ist deutlich eine Systematik von den PdAu- zu den PdCu-Legierungen zu erkennen.

Man versteht die Supraleitung zumindest des reinen Pd nach Beladung mit Wasserstoff recht gut. Der Wasserstoff wird auf Zwischengitterplätzen im Pd-Gitter eingebaut. Dabei weitet sich das Pd-Gitter etwas auf. Im wesentlichen führt der Einbau des Wasserstoffes dazu, dass man zusätzliche Gitterschwingungen erhält, einfach weil man mehr Atome im Volumen hat. Diese zusätzlichen Gitterschwin-

---

11 Skoskiewicz verwendete die Elektrolyse bei Zimmertemperatur zum Beladen seiner Pd-Drähte. Dabei war die erreichbare H-Konzentration auf H/Pd $\approx$ 0,9 beschränkt.

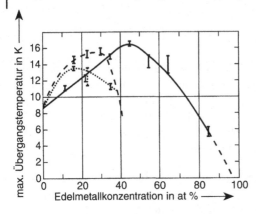

Abb. 2.5 Maximale Übergangstemperaturen von Pd-Edelmetall-Legierungen nach Beladung mit Wasserstoff durch Ionenimplantation bei tiefen Temperaturen in Abhängigkeit von der Edelmetallkonzentration (nach [42]). Durchgezogene Linie: Pd-Cu-H; gestrichelte Linie: Pd-Ag-H; gepunktete Linie: Pd-Au-H.

gungen verstärken die Elektron-Phonon-Wechselwirkung und begünstigen damit die Supraleitung [43].

2.4
Fulleride

1985 entdeckten R. F. Curl und R. E. Smalley sowie H. W. Kroto eines der merkwürdigsten Kohlenstoffmoleküle, das C_{60} (Abb. 2.6 a). In diesem Molekül sind 60 Kohlenstoffatome in der Form eines Fußballs angeordnet. Der Name Fulleren geht auf den Architekten Buckminster Fuller zurück, den Erfinder des »Geodesischen Doms«, dessen Verbindungselemente wie die Nahtstellen eines Fußballs – oder eben wie ein C_{60}-Molekül – angeordnet sind. Das C_{60}, und verwandte Strukturen wie das C_{70} oder die Carbon-Nanoröhren bilden eine Stoffklasse, die gerade dabei ist, sich eine Vielzahl von Anwendungsgebieten zu erobern.

Die C_{60}-Moleküle lassen sich kristallisieren und mit verschiedenen Atomen dotieren. Man erhält dann »Fulleride«, die in einigen Fällen bei erstaunlich hohen Temperaturen supraleitend werden. Dies wurde zuerst für die Verbindung K_3C_{60} entdeckt, die eine Übergangstemperatur von ca. 20 K hat [44]. Mittlerweile sind eine Reihe von Fulleriden auf der Basis von Alkali- oder Erdalkaliatomen bekannt, wobei Rb_3C_{60} ein T_c von 29,5 K und Cs_3C_{60} als Rekordhalter unter Druck eine Übergangstemperatur von 40 K hat. Auch für in eine Zeolith-Matrix eingebettete Carbon-Nanoröhren konnte mittlerweile Supraleitung mit einer Sprungtemperatur von ca. 15 K nachgewiesen werden [45]. Viele Eigenschaften der Fulleride findet man in den Übersichtsartikeln [46–48] zusammengestellt.

Die Kristallstruktur der Fulleride ist in Abb. 2.6 b gezeigt. Man sieht deutlich, dass die Alkaliatome Zwischengitterplätze zwischen den riesigen C_{60}-Molekülen annehmen. Die Gesamtstruktur ist kubisch-flächenzentriert bei einer Gitterkonstante von ca. 1,42 nm.

Die oben genannten Fulleride sind Typ-II-Supraleiter mit Kohärenzlängen um 3 nm und magnetischen Eindringtiefen von 200–800 nm. Entsprechend sind die

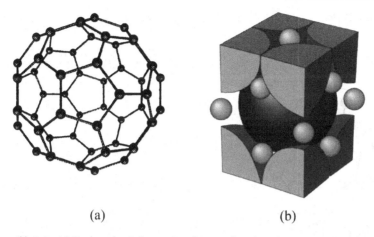

(a)   (b)

Abb. 2.6   (a) Struktur des Fullerens C_{60}; (b) Kristallstruktur der Fulleride [46].

oberen kritischen Felder sehr hoch, im Bereich von 50 T und mehr. Das untere kritische Feld liegt in der Größenordnung 50–120 G.

Es deutet alles darauf hin, dass die Supraleitung in diesen Materialien konventionell ist, d. h. auf einer ($S = 0$, $L = 0$)-Cooper-Paarung basiert, die durch die Elektron-Phonon-Wechselwirkung zustande kommt. Dabei scheinen intramolekulare Schwingungen der C_{60}-Moleküle sehr wichtig zu sein.

Ähnlich wie beim Magnesium-Diborid ist es erstaunlich, dass nach langen Jahren, in denen die maximale Sprungtemperatur mit Nb_3Ge bei 23 K stagnierte, nun auch wieder ganz »konventionelle« Supraleiter gefunden werden, deren Sprungtemperatur 30 K deutlich überschreitet. Diese Materialien haben außerdem technisch sehr ansprechende Eigenschaften wie etwa ein sehr hohes oberes kritisches Feld. Es sind also nicht nur die oxidischen Materialien, die die Supraleitung zur Zeit so interessant machen.

2.5
Chevrel-Phasen und Borkarbide

Die Chevrel-Phasen haben die Zusammensetzung MMo_6X_8, wobei M für ein Metall- (z. B. Sn oder Pb) oder ein Seltenerd-Atom (z. B. Dy, Tb oder Gd) und X für Schwefel oder Selen steht. Sie haben eine hexagonal-rhomboedrische Kristallstruktur, die in Abb. 2.7 dargestellt ist. Die M-Atome formen dabei ein nahezu kubisches Gitter, in das die Mo_6X_8-Einheiten eingelagert sind.

Tabelle 2.3 listet die Sprungtemperatur, das obere kritische Feld und die charakteristischen Längen λ_L und ξ_{GL} für einige Substanzen auf. Eine Übersicht über die Eigenschaften der Chevrel-Phasen findet man in [M13].

Die Chevrel-Phasen sind konventionelle Supraleiter, haben aber mindestens zwei Eigenschaften, die sie besonders interessant machen.

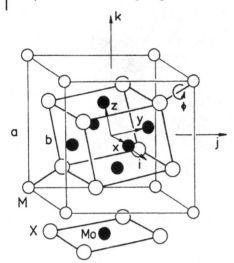

Abb. 2.7 Kristallstruktur der Chevrel-Phasen [49].

Tabelle 2.3 Supraleitende Eigenschaften der Chevrel-Phasen [M7, 50]: Sprungtemperatur, sowie T = 0 Werte des oberes kritischen Feldes, der London-Eindringtiefe und der Ginzburg-Landau-Kohärenzlänge.

Material	T_c in K	B_{c2} in T	λ_L in nm	ξ_{GL} in nm
$PbMo_6S_8$	15	60	240	2,3
$SnMo_6S_8$	12	34	240	3,5
$LaMo_6S_8$	7	45		3,1
$TbMo_6S_8$	1,65	0,2		45
$PbMo_6Se_8$	3,6	3,8		11
$LaMo_6Se_8$	11	5		9

- In einigen Verbindungen ist das obere kritische Feld sehr hoch. So beträgt B_{c2} von $PbMo_6S_8$ bei tiefen Temperaturen 60 T. Diese hohen Werte machen die Cheverel-Phasen für eventuelle Hochfeldanwendungen wie den Bau von Magneten sehr interessant. Leider sind die Materialien ausgesprochen spröde, sodass es sehr schwierig ist, beispielsweise Drähte zu formen.

- In einigen Verbindungen, bei denen für *M* ein Seltenerdatom (z. B. Dy, Er, Gd, Tb) eingebaut ist, tritt unterhalb der Sprungtemperatur neben der Supraleitung eine antiferromagnetische Ordnung der Seltenerdionen auf, was die Supraleitung zwar schwächt, aber nicht zerstört. Die Koexistenz von magnetischer Ordnung und Supraleitung ist bei konventionellen Supraleitern ein sehr seltenes Phänomen. Im Normalfall wird die (konventionelle) Supraleitung bereits durch das Einbringen weniger paramagnetischer Fremdatome zerstört, wie wir in Abschnitt 3.1.4.2 sehen werden. Ein Beispiel für eine Chevrel-Phase, bei der Antiferromagnetismus und Supraleitung koexistieren, ist $TbMo_6S_8$ mit einem T_c von etwa 1,65 K. Die magnetische Ordnung wird hier unterhalb von 0,9 K beobachtet.

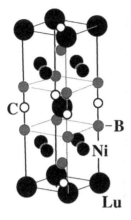

C

—B

Ni

Lu

Abb. 2.8 Kristallstruktur des Borkarbids LuNi$_2$B$_2$C. Nachdruck aus [52], mit Erlaubnis durch IOP.

Beim Einsetzen wird beispielsweise das obere kritische Feld abgeschwächt, und der Temperaturverlauf von B_{c2} wird nichtmonoton.

- Eine weitere Besonderheit wird in der Verbindung HoMo$_6$S$_8$ beobachtet. Sie wird bei 2 K supraleitend. Unterhalb von 0,6 K tritt hier aber ein ferromagnetisch geordneter Zustand auf, der die Supraleitung wieder zerstört. Dieses Phänomen der reentranten Supraleitung kann auch in anderen Supraleitern beobachtet werden, etwa bei den Borkarbiden, die wir gleich besprechen werden, dem bereits in Abschnitt 2.1 erwähnten (La$_{1-x}$Ce$_x$)Al$_2$ oder bei den Rhodium-Boriden. So wird ErRh$_4$B$_4$ bei 9 K supraleitend. Unterhalb von 0,93 K ordnen die Seltenerdionen in dem Material ferromagnetisch, und die Supraleitung verschwindet wieder[12] [51].

Bei den Borkarbiden [52] handelt es sich um Verbindungen der Form RM_2B$_2$C, wobei R für ein Seltenerd-Atom (z. B. Tm, Er oder Ho) und M für Ni oder Pd steht. Die ersten dieser Verbindungen wurden 1994 entdeckt [53, 54]. Die Kristallstruktur des Borkarbids LuNi$_2$B$_2$C ist in Abb. 2.8 gezeigt. Einige Eigenschaften des Suprazu-stands sind in Tabelle 2.4 zusammengestellt.

Einige dieser Materialien haben Sprungtemperaturen oberhalb von 15 K. So hat YPd$_2$B$_2$C ein T_c von 23 K und LuNi$_2$B$_2$C ein T_c von 16,6 K.

Auch bei den Borkarbiden – sie sind ebenfalls konventionelle Supraleiter – kann die Koexistenz von Supraleitung und Antiferromagnetismus beobachtet werden. Im Fall von Ho(Ni$_{1-x}$Co$_x$)B$_2$C tritt auch das Phänomen der reentranten Supraleitung auf. Das Phänomen ist in Abb. 2.9 an Hand des Temperaturverlaufs des spezifi-

---

12 Ein weiterer sehr interessanter Supraleiter, den wir im Zusammenhang mit der Koexistenz von Supraleitung und Magnetismus kurz erwähnen wollen, ist AuIn$_2$. Diese intermetallische Verbin-dung ist ein Typ-I-Supraleiter, der unterhalb von 207 µK supraleitend wird. Das kritische Feld wächst bis zu etwa 35 µK auf 15 G an und wird dann auf etwa die Hälfte reduziert. Bei dieser Temperatur setzt eine ferromagnetische Kernordnung ein, und die Supraleitung koexistiert mit der ferroma-gnetischen Ordnung der Kernmomente [S. Rehmann, T. Hermannsdörfer, F. Pobell: Phys. Rev. Lett. **78**, 1122 (1997)].

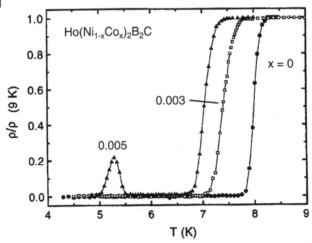

Abb. 2.9 Temperaturverlauf des normierten spezifischen Widerstands von Ho(Ni$_{1-x}$Co$_x$)B$_2$C. Für x = 0,005 wird reentrante Supraleitung beobachtet [52, 57]. Nachdruck aus [52], mit Erlaubnis durch IOP.

Tabelle 2.4 Supraleitende Eigenschaften einiger Borkarbide: Sprungtemperatur, sowie $T = 0$ Werte des oberes kritischen Feldes, der London-Eindringtiefe und der Ginzburg-Landau-Kohärenzlänge.

Material	T_c in K	B_{c2} in T	λ_L in nm	ξ_{GL} in nm	Literatur
YPd$_2$B$_2$C	23				
LuNi$_2$B$_2$C	16,6	7	70–130	7	[55]
YNi$_2$B$_2$C	15,5	6,5	120–350	6,5	[55]
TmNi$_2$B$_2$C	11				
ErNi$_2$B$_2$C	10,5	1,4	750	15	[56]
HoNi$_2$B$_2$C	7,5				

schen Winderstands ρ gezeigt. Für x = 0,005 wird Ho(Ni$_{1-x}$Co$_x$)B$_2$C zunächst bei 7 K supraleitend. Bei 5,5 K tritt wiederum Normalleitung ein. Bei ca. 5 K beobachtet man aber nochmals einen Übergang in den supraleitenden Zustand, und das Material bleibt zu tiefen Temperaturen hin schließlich supraleitend.

2.6
Schwere-Fermionen-Supraleiter

Ende der 1970er Jahre wurde an der Verbindung CeCu$_2$Si$_2$ ein Übergang zur Supraleitung bei etwa 0,5 K beobachtet [58]. Die Supraleitung dieser Verbindung war deshalb so erstaunlich, weil es sich hier um einen metallischen Leiter handelt, in dem die Elektronen effektive Massen haben, die einige hundert bis tausend Mal größer sind als die Masse freier Elektronen. Diese Massen errechnen sich aus einer extrem großen elektronischen Zustandsdichte bei der Fermi-Energie. Diese wie-

Tabelle 2.5 Supraleitende Eigenschaften einiger Schwere-Fermion-Supraleiter: Sprungtemperatur, sowie $T = 0$ Werte des oberes kritischen Feldes, der London-Eindringtiefe und der Ginzburg-Landau-Kohärenzlänge (nach [59]).

Material	T_c in K	Effektive Masse in Einheiten der freien Elektronenmasse	B_{c2} in T	λ_L in nm	ξ_{GL} in nm
URu$_2$Si [60, 63]	1,5 K	140	8	1000	10
CeCu$_2$Si$_2$	1,5[12]	380	1,5–2,5	500	9
UPt$_3$ [60]	1,5	180	1,5	>1500	20
UBe$_{13}$ [61]	0,85	260	10	1100	9,5
UNi$_2$Al$_3$	1	48	<1	330	24
UPd$_2$Al$_3$ [62]	2	66	2,5–3	400	8,5

derum rührt von der Wechselwirkung der freien Elektronen mit an den Gitterplätzen lokalisierten magnetischen Momenten her. Der Name »Heavy Fermion Materials« weist auf diese großen Massen hin. Wir kennen heute eine ganze Reihe von solchen Materialien. Die supraleitenden Eigenschaften einiger Materialien sind in Tabelle 2.5 aufgelistet.

Mit den Schwere-Fermionen-Supraleitern treffen wir in unserer Auflistung supraleitender Materialien auf die erste Substanzklasse, bei der die Cooper-Paarung unkonventionell ist [63]. Wie bei den im vorhergehenden Abschnitt besprochenen Chevrel-Phasen und Borkarbiden treten auch hier magnetische Ordnung und Supraleitung gemeinsam auf. Dort war diese Koexistenz jedoch im Grunde ein Nebeneinander der beiden Ordnungszustände. In den Schwere-Fermionen-Supraleitern sind aber einerseits magnetische Wechselwirkungen für die hohe effektive Masse der Ladungsträger verantwortlich, andererseits bilden genau diese Elektronen, die im Fall der Uranverbindungen überwiegend aus den 5f-Orbitalen des Urans stammen, die Cooper-Paare. Zumindest für UPd$_2$Al$_3$ wurde nachgewiesen, dass die Paarung durch magnetische Wechselwirkungen und nicht durch die Elektron-Phonon-Wechselwirkung zustande kommt [64].

Bei den Schwere-Fermionen-Systemen sind, wie schon in Abschnitt 2.1 erwähnt, Wechselwirkungen zwischen dem Spin der Ladungsträger und deren Bahndrehimpuls sehr groß. Man sollte dann den supraleitenden Zustand nach seiner *Parität* klassifizieren, die gerade oder ungerade sein kann. Beide Paritäten können bei den Schwere-Fermionen-Supraleitern beobachet werden.

Das am besten untersuchte System ist UPt$_3$ [65]. Die Abb. 2.10 zeigt dessen hexagonale Kristallstruktur.

UPt$_3$ ist unterhalb von 5 K antiferromagnetisch und wird unterhalb von 1,5 K supraleitend. Hierbei zeigt sich, dass es in einem Temperatur-Magnetfeld-Diagramm drei unterschiedliche supraleitende Phasen gibt, die sich in ihren thermodynamischen Eigenschaften unterscheiden. Diese Tatsache zeigt bereits, dass keine s-Wellen-Paarung vorliegen kann, da dann Spin und Drehimpuls nur eine Ein-

---

13 Gegenüber den ersten Messungen konnte die Homogenität der Verbindung wesentlich verbessert werden. Dabei ergab sich die etwas höhere Übergangstemperatur.

Abb. 2.10 Kristallstruktur des Schwere-Fermionen-Supraleiters UPt$_3$ [65].

stellmöglichkeit hätten. Sowohl Zustände gerader als auch ungerader Parität oder wenn man die Spin-Bahn-Kopplung vernachlässigt, der Spin-Triplett-Paarung [66] werden diskutiert.

Auch bei UNi$_2$Al$_3$ scheint die ungerade Parität bzw. die Spin-Triplett-Paarung vorzuliegen [67], möglicherweise auch bei UBe$_{13}$ [59]. Bei den Verbindungen CeCu$_2$Si$_2$ und URu$_2$Si$_2$ liegt dagegen ein stark anisotroper supraleitender Zustand mit gerader Parität vor, ebenso bei UPd$_2$Al$_3$, obwohl diese Verbindung die gleiche Kristallstruktur wie UNi$_2$Al$_3$ hat [67]. Die magnetische Ordnung ist allerdings in beiden Systemen unterschiedlich: In UPd$_2$Al$_3$ hat man eine mit den Gitterplätzen der Uranatome kommensurable antiferromagnetische Ordnung, während bei UNi$_2$Al$_3$ eine sogenante Spin-Dichtewelle vorliegt, die inkommensurabel mit der Kristallstruktur ist.

Eine weitere Uranverbindung, die hier genannt werden sollte, ist UGe$_2$. Die Leitungselektronen sind in dieser Verbindung wesentlich mobiler als in den oben genannten Verbindungen. UGe$_2$ wird bei Drücken von 10–15 kbar unterhalb von 1 K supraleitend. Hier sind die magnetischen Momente des Uran ferromagnetisch geordnet, so dass man damit auch ein Material hat, bei dem Ferromagnetismus und Supraleitung koexistieren. Auch bei UGe$_2$ bilden die Cooper-Paare sehr wahrscheinlich ein Spin-Triplett [68].

2.7
Natürliche und künstliche Schichtsupraleiter

Der einfachste Schichtsupraleiter besteht aus einem Sandwich aus zwei supraleitenden Schichten mit dazwischenliegender Barrierenschicht. Wenn die Barrierenschicht dünn genug ist, stellt dies gerade einen Josephsonkontakt dar, wie wir ihn in Abschnitt 1.5.1 besprochen haben. Die naheliegende Verallgemeinerung liegt nun darin, zu Multilagen überzugehen, bei denen unterschiedliche Schichten periodisch alternieren. Man hat dabei eine große Zahl von Möglichkeiten, verschiedene supraleitende und nichtsupraleitende Materialien zu kombinieren. So können verschiedenartige Supraleiter miteinander in Kontakt gebracht werden, oder man kann alternierende Schichtfolgen aus supraleitenden und nichtsupraleitenden Materialien herstellen. Letztere können normalmetallisch oder isolierend, magnetisch oder unmagnetisch sein.

Ganz offensichtlich eröffnet die Dünnschichttechnologie damit eine Möglichkeit, eine große Vielzahl supraleitender Systeme herzustellen, die ganz unterschiedliche Eigenschaften haben und besonders für Grundlagenuntersuchungen sehr interessant sind. Viele Eigenschaften solcher künstlicher supraleitender Multilagen kann man in den Übersichtsartikeln [69, 70] finden. Einige der Eigenschaften supraleitender Schichtstrukturen werden wir auch in den verschiedenen Abschnitten dieses Buches kennenlernen.

Eine besonders interessante Klasse von Schichtsupraleitern sind Materialien, bei denen die Supraleitung bereits innerhalb der Kristallstruktur selbst räumlich variiert.

Wir haben mit dem Magnesium-Diborid bereits eine geschichtete Kristallstruktur kennengelernt. Hier ist aber die Ginzburg-Landau-Kohärenzlänge senkrecht zur Schichtfolge erheblich größer als der Schichtabstand, sodass der supraleitende Zustand gewissermaßen über die Kristallstruktur mittelt und letztlich wiederum ein räumlich homogener, wenn auch anisotroper Zustand entsteht.

Dies ändert sich aber, wenn diese Kohärenzlänge in den Bereich des Schichtabstands und darunter kommt. Dann beginnt auch der supraleitende Zustand räumlich zu variieren, und im Extremfall bekommt man eine atomare Abfolge aus supraleitenden und nichtsupraleitenden Schichten, bei denen Supraströme senkrecht zur Schichtfolge als Josephsonströme fließen. Solche Materialien bilden auf natürliche Weise Stapel von Josephsonkontakten.

Die Untersuchung natürlicher Schichtsupraleiter begann Mitte der sechziger Jahre mit den sogenannten Dichalkogeniden (Verbindungen wie $NbSe_2$ oder TaS_2) [71, 72]. Die allgemeine Formel läßt sich als MX_2 schreiben, wobei M für ein Übergangsmetall und X für Se, S oder Te steht. Eine typische Kristallstruktur ist in Abb. 2.11 gezeigt.

Bei den Dichalkogeniden sind die einzelnen MX_2-Lagen chemisch nur sehr schwach durch Van-der-Waals-Kräfte aneinander gebunden. Man kann daher zu-

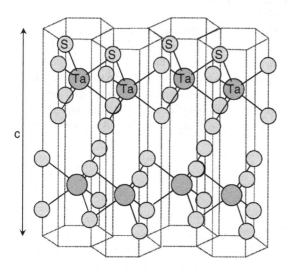

c

Abb. 2.11 Kristallstruktur des Schichtsupraleiters $2H$-TaS_2 (nach [73]). »H« steht für hexagonal, die »2« gibt an, dass man zwei unterschiedliche Orientierungen der TaS_2-Moleküle in der Einheitszelle hat. Die hexagonalen Einheitszellen sind gestrichelt eingezeichnet. Die Länge der c-Achse beträgt ca. 1,2 nm.

sätzliche Atome oder Moleküle zwischen diese Lagen einbringen (»interkalieren«), sogar sehr große organische Moleküle wie das Pyridin. Hierdurch ist es möglich den Abstand zwischen den MX_2-Lagen stark zu vergrößern, wodurch die supraleitende Kopplung zwischen den Schichten klein werden kann und ein natürlicher Schichtsupraleiter entsteht.

Die Tabelle 2.6 gibt einige Eigenschaften nicht-interkalierter und interkalierter Dichalkogenide an.

Tabelle 2.6 Eigenschaften des supraleitenden Zustands einiger Dichalkogenide und ihrer Interkalate: Sprungtemperatur, kritische Felder für Feldorientierungen senkrecht und parallel zu den Schichten, Ginzburg-Landau-Kohärenzlängen und magnetische Eindringtiefen für Felder senkrecht und parallel zu den Schichten sowie Schichtabstand s (nach [72, 74–76]).

Material	T_c in K	$B_{c2\perp}$ in T	$B_{c2\parallel}$[a] in T	$\xi_\parallel$ in nm	$\xi_\perp$ in nm	$\lambda_\parallel$ in nm	$\lambda_\perp$ in μm	s in nm
$NbSe_2$	7	4	18	7–8	2,5	69–140	1,5	0,63
TaS_1Se_1	3,7	0,9	13	12	2			0,61
$TaS_{1.2}Se_{0.8}$	3,9	1,3	23	10	1,1			0,64
TaS_1Se_1 (Pyridin)	1,5	0,26	7	18	2,5			
TaS_2(Pyridin)	3,25	0,14	>16	30	0,6	130	100–500	1,18

[a] Von Temperaturen knapp unterhalb T_c auf 0 K extrapoliert.

Bei der Verbindung $NbSe_2$ beträgt die Kohärenzlänge $\xi_\perp$ senkrecht zu den Schichten etwa 2,5 nm, was deutlich größer ist als der Schichtabstand von 0,63 nm. Ähnliches gilt auch für die in der Tabelle aufgelisteten nicht-interkalierten Verbindungen. Bei den mit Pyridin interkalierten Materialien ist dagegen $\xi_\perp$ kleiner als der Schichtabstand. Man kann von einem natürlichen Schichtsupraleiter sprechen, bei dem die Dichte der supraleitenden Ladungsträger räumlich moduliert ist.

Die Dichalkogenide haben in den 1970er Jahren erhebliches Interesse gefunden [72], obgleich diese Materialien im Grunde gerade erst an der Grenze zum natürlichen Schichtsupraleiter standen.

Auch auf dem Gebiet der natürlichen Schichtsupraleiter ergab sich der große Durchbruch mit der Entdeckung der Hochtemperatursupraleiter, die wir im nächsten Abschnitt behandeln werden. Verbindungen wie $Bi_2Sr_2CaCu_2O_8$ realisieren in nahezu idealer Weise Stapel natürlicher Josephson-Tunnelkontakte, die eine interessante Physik zeigen und ebenfalls vielversprechend für Anwendungen sind.

Neben den Hochtemperatursupraleitern sind auch eine Reihe organischer Materialien Schichtsupraleiter. Wir werden diese Verbindungen in Abschnitt 2.9 ansprechen.

2.8
Die supraleitenden Oxide

Unter Oxiden stellen wir uns spontan ein isolierendes Material vor, und in vielen Fällen ist diese Einschätzung auch richtig. Um so erstaunlicher ist es, dass gerade diese Materialklasse mit den Kupraten Supraleiter mit den höchsten bekannten Übergangstemperaturen hervorgebracht hat. Im folgenden wollen wir im Schwerpunkt diese Materialien näher charakterisieren, aber im Anschluss auch kurz auf weitere supraleitende Oxide wie die Wismutoxide und Ruthenoxide eingehen.

2.8.1
Kuprate

Wir kennen mittlerweile eine große Vielzahl supraleitender Kuprate, wobei einige dieser Verbindungen sehr leicht aus einfachen Ausgangssubstanzen (z. B. Kupferoxid, Wismutoxid, Strontiumoxid und Calciumcarbonat im Fall von $Bi_2Sr_2CaCu_2O_8$) erzeugt werden können [77], andere dagegen nur in Reaktionsprozessen unter hohem Druck entstehen [78–80]. In einigen Fällen können nur polykristalline Keramiken hergestellt werden, in vielen Fällen aber auch Einkristalle [81] und Dünnfilme [82] hoher Qualität.

Die Kristallstruktur der Kuprate geht auf die des Perowskits ($CaTiO_3$) zurück, die schematisch in Abb. 2.12 gezeigt ist. Man hat hier die Formeleinheit ABX_3, wobei die B-Atome oktaedrisch von den X-Atomen umgeben sind.

Die Abb. 2.13 zeigt im Vergleich exemplarisch die Kristallstrukturen der beiden Kuprate $YBa_2Cu_3O_7$ und $Bi_2Sr_2CaCu_2O_8$. Die erste der beiden Verbindungen wird manchmal – nach der Stöchiometrie der Elemente – auch als »Y123« oder – nach den Anfangsbuchstaben der Elemente – als »YBCO« bezeichnet. Die zweite Verbindung nennt man entsprechend auch »Bi2212« oder »BSCCO«. Sowohl Y123 als auch Bi2212 bilden Schichtstrukturen, wobei sich Lagen aus Kupferoxid mit Zwischenschichten aus anderen Elementen abwechseln.

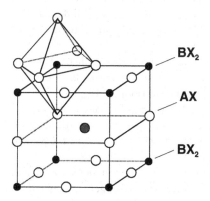

Abb. 2.12 Allgemeine Kristallstruktur der Perowskit-Verbindungen.

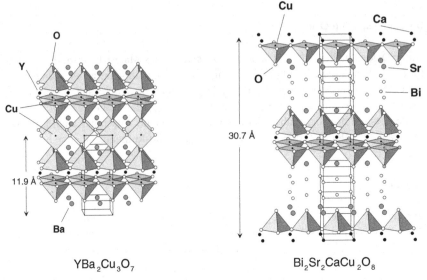

Abb. 2.13 Kristallstruktur der beiden Hochtemperatursupraleiter
$YBa_2Cu_3O_7$ und $Bi_2Sr_2CaCu_2O_8$.

Betrachten wir zunächst die Kupferoxidebenen. In den beiden Substanzen sind
je zwei dieser Ebenen eng benachbart, bei einem Abstand von ca. 0,3 nm. Jedes
Kupferion ist innerhalb einer Ebene quadratisch von Sauerstoffionen umgeben, so
dass sich die Formeleinheit CuO_2 ergibt. Senkrecht zu den Schichten (in der
kristallographischen c-Richtung) befindet sich über jedem Cu-Ion ein weiteres
Sauerstoffion (der »Apex-Sauerstoff«), so dass jedes Cu mit dem benachbarten
Sauerstoff ein Tetraeder bildet. Die Tetraeder sind dabei über ihre Grundflächen
vernetzt.

Zwischen den beiden eng benachbarten CuO_2-Ebenen befindet sich im Fall von
Y123 Yttrium und im Fall von Bi2212 Calcium.

Einer CuO_2-Doppelschicht folgt im Fall von Y123 eine Schicht aus Bariumoxid,
eine Schicht aus CuO (wobei sich eine kettenförmige Abfolge Cu-O-Cu-O... entlang
der kristallographischen b-Richtung ausbildet; längs der a-Achse fehlt der Sauerstoff
zwischen den Kupferionen) und eine weitere Schicht aus BaO. Im Fall des Bi2212
liegen zwischen den CuO_2-Doppelebenen zwei Schichten aus Strontiumoxid und
zwei weitere aus Wismutoxid.

Die anderen Hochtemperatursupraleiter besitzen eine sehr ähnliche Kristallstruktur. In allen Fällen treten Ebenen aus CuO_2 auf, von denen jeweils einige eng
benachbart sein können. Entsprechend hat man Einzel-, Doppel-, Dreifach-Ebenen
usw. aus CuO_2. Die äußeren Ebenen können dabei ein Apex-Sauerstoffion aufweisen, müssen aber nicht. Man hat sogar mit Verbindungen wie $(Sr,Ca)CuO_2$ und
$(Sr,La)CuO_2$ Kuprate gefunden, in der alle Kupferoxidschichten einen ca. 0,35 nm
großen Abstand haben (»Unendlichschichter«) [83].

Diese CuO_2-Schichten bilden den wesentlichen Baustein, in dem die Hochtemperatursupraleitung stattfindet. Dabei werden von Verbindungen, in denen drei

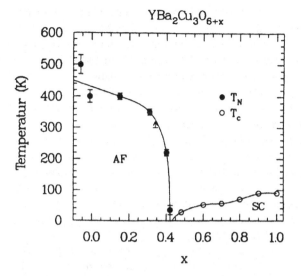

Abb. 2.14 Phasendiagramm (Temperatur gegen Sauerstoffgehalt x) des Kuprats $YBa_2Cu_3O_{6+x}$. Im Zustand »AF« ist das Material antiferromagnetisch geordnet und isolierend. Im Bereich »SC« ist das Material supraleitend [84].

CuO_2-Ebenen eng benachbart sind, die höchsten Übergangstemperaturen erreicht. Die Schichten zwischen den CuO_2-Ebenen halten aber keineswegs nur die Kristallstruktur zusammen, sondern stellen dem Kupferoxid die Ladungsträger zur Verfügung, die sich dann zu Cooper-Paaren zusammenschließen. Hierbei spielt insbesondere der Sauerstoffgehalt der Proben eine große Rolle.

Betrachten wir dies für den Fall von YBCO, wobei wir den Sauerstoffgehalt als $6 + x$ schreiben, also $YBa_2Cu_3O_{6+x}$. Das Temperatur-x-Phasendiagramm ist in Abb. 2.14 gezeigt. Für $x = 0$ fehlen gegenüber $YBa_2Cu_3O_7$ die Sauerstoffionen in den Cu-O-Ketten. Man findet, dass das Material ein antiferromagnetischer Isolator ist. Die antiferromagnetische Ordnung setzt dabei unterhalb der Néel-Temperatur von ca. 500 K ein.

Bereits dieser Zustand ist keineswegs einfach zu verstehen und verlangt die Berücksichtigung der abstoßenden Wechselwirkung zwischen den Elektronen, wie wir in Abschnitt 3.2.2 genauer sehen werden. Wir wollen hier lediglich erwähnen, dass das Material ohne die Berücksichtigung dieser Wechselwirkung ein Metall sein müsste. Man hat hier die $d_{x^2-y^2}$-Orbitale des Kupfers mit je einem Elektron besetzt. Diese Orbitale überlappen in den Ebenen gut mit den p_x- und p_y-Orbitalen des Sauerstoffs. In jedem dieser $d_{x^2-y^2}$-Orbitale können aber zwei Elektronen mit entgegengesetztem Spin Platz finden, und man sollte damit ein halbgefülltes Energieband und metallische Leitfähigkeit erhalten.

Man kann nun in das Material beispielsweise durch Erhitzen in Luft oder Sauerstoff weitere O-Atome einbringen, die dann allmählich die Ketten aufbauen. Jedes Sauerstoffatom bindet zwei Elektronen, d. h. es bildet ein O^{2-}-Ion. Die beiden Elektronen stammen zum Teil aus den CuO_2-Ebenen, so dass sich dort jetzt gegenüber der halben Bandfüllung bei $x = 0$ *weniger* Elektronen befinden als in $YBa_2Cu_3O_6$. Wir haben damit Löcher, d. h. fehlende Elektronen, in den CuO_2-Ebenen erzeugt.

Mit wachsender Lochkonzentration wird der Antiferromagnetismus schwächer und die Néel-Temperatur nimmt ab.

Bei $x \approx 0{,}4$ verschwindet der Antiferromagnetismus. Bei steigender Lochkonzentration wird das Material elektrisch leitend und die Supraleitung setzt ein, wobei die Übergangstemperatur von kleinen Werten auf einen Maximalwert von ca. 90 K knapp unterhalb von $x = 1$ anwächst. Man findet außerdem zwischen $x \approx 0{,}5$ und $x \approx 0{,}75$ ein Plateau mit einem T_c von ca. 60 K. In dieser »60-K-Phase« hat man eine partielle Ordnung der Ketten-Sauerstoffatome vorliegen [85].

Höhere Sauerstoffkonzentrationen als $x = 1$ sind im Fall von YBCO nur schwer einzustellen.

Im Fall von $Bi_2Sr_2CaCu_2O_8$ findet man ganz ähnlich wie bei $YBa_2Cu_3O_6$, dass die Verbindung ein antiferromagnetischer Isolator ist. In dieser Verbindung kann man weitere Sauerstoffionen zwischen die BiO-Schichten einbringen, sodass man von der Formeleinheit $Bi_2Sr_2CaCu_2O_{8+x}$ ausgehen sollte. Wie bei YBCO nimmt mit wachsendem x zunächst die Néel-Temperatur ab, um knapp unterhalb von $x = 0{,}05$ zu verschwinden. Bei etwas größerem Sauerstoffgehalt setzt Supraleitung ein. Die Übergangstemperatur ist zunächst sehr klein und wächst dann bis zu etwa $x = 0{,}16$ an. Hier wird ein T_c um 90 K erreicht. Für größere Sauerstoffkonzentrationen wird die Supraleitung wieder schwächer, um bei $x \approx 0{,}27$ ganz zu verschwinden. Für höhere Lochkonzentrationen ist $Bi_2Sr_2CaCu_2O_{8+x}$ bei allen Temperaturen ein Normalleiter.

In BSCCO entziehen die zusätzlichen Sauerstoffatome die Elektronen im wesentlichen aus den CuO_2-Ebenen. Ein Überschuss-Sauerstoffgehalt x entspricht dann gerade x Löchern pro Cu-Ion. Bei der optimalen Dotierung hat man daher etwa 0,16 Löcher pro Cu-Platz.

Die oben für YBCO und BSCCO geschilderte Situation ist typisch für sehr viele Hochtemperatursupraleiter. Es existiert immer eine optimale Ladungsträgerkonzentration. Abseits dieses Wertes nimmt die Sprungtemperatur ab.

Man kann die Ladungsträgerkonzentration auch durch Substitution einiger Bausteine durch Elemente mit anderer Wertigkeit verändern. Im Fall der Verbindung $La_{2-x}Sr_xCuO_4$ geschieht dies beispielsweise durch die Ersetzung des dreiwertigen Lanthans durch das zweiwertige Strontium. Das entsprechende Phasendiagramm ist in Abb. 2.15 gezeigt.

Auch hier findet man für x = 0 zunächst einen antiferromagnetisch-isolierenden Zustand, bei dem durch Einbau von Sr Löchern in den CuO_2-Ebenen erzeugt werden, in diesem Fall ein Loch pro Sr-Atom. Für Lochkonzentrationen zwischen 0,05 und 0,3 findet man wiederum Supraleitung, wobei auch hier die maximale Übergangstemperatur etwas oberhalb von 0,15 Löchern pro Cu-Platz erreicht wird.

In das Diagramm sind eine Reihe weiterer Eigenschaften des Materials eingezeichnet, etwa die Kristallstruktur, die bei hohen Werten von x und T tetragonal ist und dann in eine orthorhombische Anordnung übergeht. Für Sr-Konzentrationen knapp unterhalb $x = 0{,}05$ hat man eine komplexe magnetische Ordnung, die im Diagramm als »Spinglas« bezeichnet ist. Im Diagramm ist außerdem eine gestrichelte Linie eingezeichnet, unterhalb der der Widerstand der Proben mit fallender Temperatur anwächst.

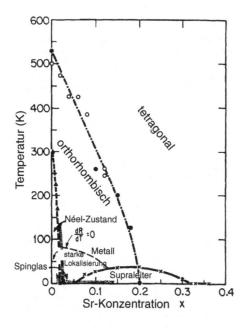

Abb. 2.15 Phasendiagramm (Temperatur gegen Sr-Gehalt x) des Kuprats $La_{2-x}Sr_xCuO_4$ nach [86]).

Ob die Zahl der freien Ladungsträger nun über die Sauerstoffkonzentration oder über die Substitution von Elementen geregelt wird – in allen Fällen können wir die Hochtemperatursupraleiter als dotierte Isolatoren ganz in Analogie zur Dotierung in Halbleitern auffassen. Man kann sich an dieser Stelle fragen, ob es auch elektrondotierte Kuprate gibt, also Substanzen, bei denen gegenüber der halben Bandfüllung zusätzliche Elektronen in die CuO_2-Ebenen eingebracht wurden. Diese Verbindungen gibt es in der Tat, wobei auch im elektrondotierten Fall zunächst mit wachsender Ladungsträgerkonzentration der antiferromagnetische Zustand schwächer wird und anschließend in einem gewissen Intervall an Ladungsträgerkonzentrationen Supraleitung auftritt. Ein Beispiel für einen elektrondotierten Hochtemperatursupraleiter ist $(Nd_{1-x}Ce_x)_2CuO_4$, kurz NCCO. Hier wird für $x = 0{,}08$ die maximale Übergangstemperatur von ca. 25 K erreicht. Anstelle des Nd können auch andere Elemente wie das Pr eingebracht werden. Auch die Unendlichschichter können entweder elektron- oder lochdotiert sein. Der erste Fall liegt bei $(Sr,Ca)CuO_2$ vor, der zweite bei $(Sr,La)CuO_2$.

Es stellt sich aber heraus, dass das Phasendiagramm für vergleichbare Kristallstrukturen insgesamt asymmetrisch gegenüber Sauerstoff- und Lochdotierung ist. Im elektrondotierten Fall ist die antiferromagnetische Phase stabiler und die supraleitende Phase schwächer ausgeprägt als im lochdotierten Fall. Die maximale Sprungtemperatur ist kleiner und das Intervall an Ladungsträgerkonzentrationen, innerhalb dessen Supraleitung beobachtet wird, ist im elektrondotierten Fall kleiner. Beispielsweise erreicht man mit $(Sr,Ca)CuO_2$ eine maximale Sprungtemperatur von ca. 44 K, für $(Sr,La)CuO_2$ dagegen über 90 K.

Die Tabelle 2.7 gibt charakteristische supraleitende Eigenschaften einiger Kuprate an.

Tabelle 2.7 Daten einiger Kuprat-Supraleiter: Maximale Übergangstemperatur, magnetische Eindringtiefen λ_{ab} bzw. λ_c für angelegte Felder senkrecht bzw. parallel zu den Schichten, sowie Ginzburg-Landau-Kohärenzlängen ξ_{ab} und ξ_c senkrecht bzw. parallel zu den CuO_2-Schichten. Ebenfalls angegeben sind die oberen kritischen Felder für Feldorientierungen senkrecht und parallel zu den Ebenen. Die oberen kritischen Felder sind bei tiefen Temperatzuren z. T. extrem groß und wurden häufig aus der Steigung dB_{c2}/dT nahe der Sprungtemperatur zu tiefen Temperaturen extrapoliert.

Verbindung	$T_{c,max}$ in K	λ_{ab} in nm	λ_c in μm	ξ_{ab} in nm	ξ_c in nm	$B_{c2\perp}$ in T	$B_{c2\parallel}$ in T	Literatur
$La_{1.83}Sr_{0.17}CuO_4$	38	100	2–5	2–3	0,3	60		[87]
$YBa_2Cu_3O_{7-x}$	93	150	0,8	1,6	0,3	110	240	[88, 89]
$Bi_2Sr_2CuO_{6+x}$	13	310	0,8	3,5	1,5	16–27	43	[90]
$Bi_2Sr_2CaCu_2O_{8+x}$	94	200–300	15–150	2	0,1	>60	>250	[87]
$Bi_2Sr_2Ca_2Cu_3O_{10+x}$	107	150	>1	2,9	0,1	40	>250	[91]
$Tl_2Ba_2CuO_{6+x}$	82	80	2	3	0,2	21	300	[92–94]
$Tl_2Ba_2CaCu_2O_{8+x}$	97	200	>25	3	0,7	27	120	[91, 92, 95]
$Tl_2Ba_2Ca_2Cu_3O_{10+x}$	125	200	>20	3	0,5	28	200	[96, 97]
$HgBa_2CuO_{4+x}$	95	120–200	0,2–0,45	2	1,2	72	125	[98]
$HgBa_2CaCu_2O_{6+x}$	127	205	0,8	1,7	0,4	113	450	[98]
$HgBa_2Ca_2Cu_3O_{8+x}$	135	130–200	0,7	1,5	0,19	108		[98–100]
$HgBa_2Ca_3Cu_4O_{10+x}$	125	160	7	1,3–1,8		100	>200	[101, 102]
$Sm_{1.85}Ce_{0.15}CuO_{4-y}$	11,5			8	1,5			[103]
$Nd_{1.84}Ce_{0.16}CuO_{4-y}$	25	72–100		7–8	0,2–0,3	5–6	>100	[104, 105]

Die Kuprate sind Typ-II-Supraleiter mit einer ganzen Reihe sehr ungewöhnlicher Eigenschaften.

Die Ginzburg-Landau-Kohärenzlängen liegen bei tiefen Temperaturen parallel zur Schichtstruktur bei 1,5–3 nm, was etwa 5 bis 10 Gitterkonstanten entspricht. Senkrecht zur Schichtfolge ist die Kohärenzlänge dagegen für viele Substanzen extrem klein und beträgt 0,3 nm und weniger. Als Konsequenz ist die Supraleitung stark auf die CuO_2-Schichten konzentriert, d.h. man hat vielfach natürliche Schichtsupraleiter vorliegen (vgl. Abschnitt 2.7). Die supraleitenden Eigenschaften hängen dann stark davon ab, ob Supraströme ausschließlich parallel zu den Schichten oder auch senkrecht dazu fließen. So wird die magnetische Eindringtiefe stark anisotrop. Wenn das Magnetfeld senkrecht zu den Schichten angelegt ist, fließen die Abschirmströme innerhalb der Schichten, und die zugehörige Eindringtiefe λ_{ab} beträgt typischerweise 150–300 nm. Für eine Magnetfeldorientierung parallel zu den Schichten werden dagegen erheblich größere Werte λ_c gemessen. Sie betragen bei $YBa_2Cu_3O_7$ etwa 800 nm, sodass man ein Verhältnis λ_c/λ_{ab} von 5 bis 8 beobachtet. Bei den Wismut-Verbindungen steigt aber λ_c je nach Ladungsträgerkonzentration der Proben auf Werte von einigen μm bis über 100 μm an, sodass man ein riesiges Anisotropieverhältnis λ_c/λ_{ab} von bis über 1000 beobachten kann.

In diesen extrem anisotropen Verbindungen fließen Transportströme senkrecht zu den Schichten als Josephsonströme. Diese Materialien stellen also bereits auf Grund ihrer Kristallstruktur natürliche Stapel von Josephsonkontakten dar.

Die Kohärenzlängen betragen auch entlang der Schichten nur wenige Gitterkonstanten. Aus diesem Grund wird die Supraleitung an Kristallfehlern wie Korngrenzen geschwächt, sodass auch diese Defekte als Josephsonkontakte agieren können.

Durch die sehr kleinen Kohärenzlängen und die hohen Sprungtemperaturen kann außerdem das Verhältnis der Kondensationsenergie der supraleitenden Phase innerhalb eines Kohärenzvolumens $\xi_{ab}^2 \cdot \xi_c$ zur thermischen Energie $k_B T$ vergleichsweise gering sein, wie wir bereits in Abschnitt 1.4 erwähnt haben. Der Einfluss thermischer Fluktuationen auf den supraleitenden Zustand ist daher bei Hochtemperatursupraleitern ungewohnt groß und führt zu einer Reihe von Eigenschaften, die man von klassischen Supraleitern her nicht kennt. Beispielsweise zerfallen die Dauerströme in supraleitenden Ringen bei nicht allzu tiefen Temperaturen im Lauf der Zeit. Wir werden darauf in Abschnitt 5.3.2 näher eingehen.

Schließlich ist auch die Cooper-Paarung selbst unkonventionell. Die Paare bilden Spin-Singuletts, wobei aber der Drehimpuls den Wert $2\,\hbar$ annimmt. Der genaue Paar-Mechanismus ist nach wie vor unbekannt. Es ist aber wahrscheinlich, dass magnetische Wechselwirkungen eine große Rolle spielen und zur Cooper-Paarung führen.

Die Kuprate verbinden damit mindestens drei hochinteressante und ungewöhnliche Eigenschaften: ihr hohes T_c, die atomar kleinen Kohärenzlängen und die unkonventionelle Natur der Cooper-Paarung. Aus dieser Kombination heraus ist sicher das große Interesse der Forscher an diesen Materialien zu verstehen.

2.8.2
Wismutate, Ruthenate und andere oxidische Supraleiter

Schon Mitte der 1960er Jahre hatten Bernd Matthias und seine Mitarbeiter mit einer systematischen Untersuchung metallischer Oxide begonnen [106]. Sie suchten bei den Substanzen auf der Basis von Oxiden der Übergangsmetalle, wie W, Ti, Mo und Bi. Dabei fanden sie außerordentlich interessante Supraleiter, z. B. im System Ba-Pb-Bi-O, aber keine allzu hohen Übergangstemperaturen. Mit $BaPb_{0.75}Bi_{0.25}O_3$ wurde dann aber immerhin ein T_c von 13 K erreicht [107].

Mit der Entdeckung der Kuprate wurde auch die Suche nach Oxiden, die kein Kupfer enthalten, sehr stark intensiviert. Erwähnenswerte Materialien sind $LiTiO_2$ ($T_c = 12$ K) [108], dessen Kristallstruktur auf die des Spinells zurückgeht, sowie die Verbindung $Ba_{1-x}K_xBiO_3$, die für $x = 0{,}4$ eine Übergangstemperatur von bis zu 35 K aufweist [109, 110]. Die Kristallstruktur von $Ba_{1-x}K_xBiO_3$ leitet sich von der Perowskit-Struktur ab, wie sie in Abb. 2.12 für die allgemeine Struktur ABO_3 gezeigt war. Im Fall der Wismutate übernimmt Bi die Rolle der B-Atome.

Soweit wir wissen, ist $Ba_{1-x}K_xBiO_3$ ein konventioneller Typ-II-Supraleiter (λ_L: 220 nm, ξ_{GL}: 3,7 nm, B_{c2}: 23 T [111]), bei dem die Cooper-Paare einen Spin-Singulett-Zustand mit Drehimpuls Null bilden.

Dagegen ist das 1994 von Y. Maeno und Mitarbeitern [112, 113] entdeckte Ruthenat Sr_2RuO_4 anscheinend ein unkonventioneller Spin-Triplett-Supraleiter [114], bei einem Bahndrehimpuls von $1\,\hbar$ (p-Welle) [115]. Sr_2RuO_4 hat je nach Kristallreinheit Sprungtemperaturen zwischen 0,5 K und 1,5 K. Trotz dieser niedrigen Sprungtemperatur ist die unkonventionelle Supraleitung in diesem Material

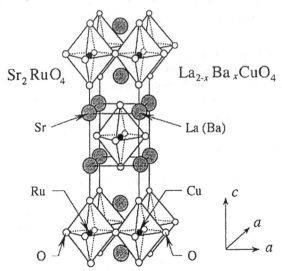

$$Sr_2RuO_4 \qquad La_{2-x}Ba_xCuO_4$$

Sr —— —— La (Ba)

Ru —— —— Cu

O —— —— O

Abb. 2.16 Kristallstruktur des Strontiumruthenats im Vergleich zur Kristallstruktur von $(La,Ba)_2CuO_4$ (nach [112]; © 1994 Nature).

sehr aufregend und führt zur Zeit (d. h. im Jahr 2002) zu einer großen Zahl von Veröffentlichungen.

Sr_2RuO_4 hat die gleiche Kristallstruktur wie das Kuprat $(La,Ba)_2CuO_4$ (siehe Abb. 2.16) und eignet sich daher gut für vergleichende Studien hinsichtlich des Mechanismus der Supraleitung in diesen beiden Materialien.

Das Material ist ein Typ-II-Supraleiter mit einem oberen kritischen Feld, das für eine Feldorientierung senkrecht zu den Schichten je nach T_c des Materials zwischen 150 G und 650 G liegt [116]. Das kritische Feld parallel zu den Schichten ist um etwa einen Faktor 10 höher. Die daraus abgeleitete Ginzburg-Landau-Kohärenzlänge beträgt parallel zu den Ru-Schichten 55–150 nm. Die Kohärenzlänge senkrecht zu den Schichten liegt im Bereich von 4 nm, ist also wesentlich größer als der Abstand der Ru-Schichten [117]. Für die London-Eindringtiefe findet man Werte um 190 nm [118].

Die oxidischen Supraleiter haben sich damit als eine wahre Goldgrube erwiesen, sowohl in Bezug auf die erreichbaren Sprungtemperaturen als auch in Bezug auf unkonventionelle und für die Grundlagenforschung interessante Eigenschaften. Man darf gespannt sein, wie die Entwicklung dieser Materialklasse weitergeht.

2.9
Organische Supraleiter

Von W. H. Little [119] wurde 1964 die Hypothese geäußert, dass es möglich sein sollte, organische Supraleiter mit sehr hohen Übergangstemperaturen zu finden. Es sollte sich dabei um lange Kettenmoleküle mit konjugierten Doppelbindungen

Abb. 2.17 Strukturformeln organischer Supraleiter. (a) TMTSF (= Tetramethyl-tetraselenafulvalen); (b) BEDT-TTF (= Bisethylen-dithia-tetrathiafulvalen).

längs der Kette und geeigneten Liganden handeln. Little vermutete, dass sich in solchen Strukturen Cooper-Paare durch die Wechselwirkung der Elektronen mit speziellen elektronischen Anregungen innerhalb der Moleküle (sog. Exzitonen) bilden könnten. Diese Exzitonen würden dann die Rolle der Phononen bei der herkömmlichen Cooper-Paarung übernehmen.

Bisher konnte Littles Hypothese nicht bestätigt werden. Auf der Suche nach entsprechenden Materialien wurden aber andersartige organische Supraleiter gefunden[14].

Mit dem Hexafluorophosphat des TMTSF (= Tetramethyl-tetraselenafulvalen) wurde 1980 von Jérome et al. [120] der erste organische Supraleiter entdeckt. Das Material musste unter einen allseitigen Druck von 12 kbar gesetzt werden, um einen Metall-Isolator-Übergang zu unterbinden. Bei diesem Druck behielt der organische Leiter bis zu den tiefsten Temperaturen seine guten Metalleigenschaften und wurde bei T_c = 0,9 K supraleitend.

In der Folgezeit wurden eine Reihe weiterer Supraleiter auf der Basis des TMTSF-Moleküls gefunden. All diese Materialien zeigen Supraleitung mit Sprungtemperaturen in der Gegend von 1 K. Als Beispiel sei $(TMTSF)_2ClO_4$ genannt, das auch bei Normaldruck bis zu tiefsten Temperaturen metallisch bleibt und bei T = 1 K supraleitend wird [121].

Abb. 2.17a zeigt die Strukturformel des TMTSF. Die supraleitenden Verbindungen haben die allgemeine Formel $(TMTSF)_2X$. Hier steht X für einen Elektronenakzeptor. Neben PF_6 und ClO_4 kann dies beispielsweise AsF_6 oder TaF_6 sein.

In diesen Verbindungen sind die TMTSF-Moleküle stapelartig angeordnet. Im Normalzustand haben die TMTSF-Verbindungen entlang der Stapel eine relativ große elektrische Leitfähigkeit. Senkrecht zu den Stapeln ist die Leitfähigkeit dagegen gering. Man hat also Materialien vorliegen, die nahezu einen eindimensionalen Leiter bilden.

Die TMTSF-Verbindungen sind Typ-II-Supraleiter mit sehr anisotropen Eigenschaften. Beispielsweise beträgt in $(TMTSF)_2ClO_4$ die Ginzburg-Landau-Kohärenzlänge entlang der Stapel ca. 80 nm, während sie entlang der dazu senkrechten Kristallachsen ca. 35 nm bzw. 2 nm beträgt. Der letztere Wert ist in der Größenordnung der Gitterkonstanten in c-Richtung. Die Verbindung stellt damit in Bezug auf seine supraleitenden Eigenschaften nahezu einen *zweidimensionalen* Supraleiter dar.

Für das untere kritische Feld B_{c1} bei T = 50 mK findet man für $(TMTSF)_2ClO_4$ Werte von 0,2 G, 1 G und 10 G entlang der a-, b- bzw. c-Achse. Für die oberen kritischen Felder ergeben sich Werte von 2,8 T, 2,1 T und 0,16 T. Die Londonschen

---

14 Für eine Gesamtdarstellung der Eigenschaften organischer Supraleiter siehe [M12].

κ-(BEDT-TTF)$_2$Cu(NCS)$_2$

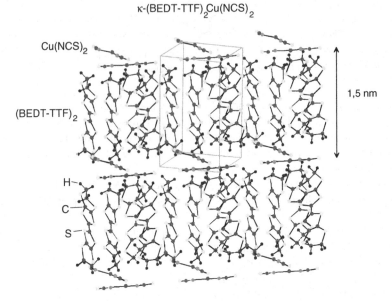

Abb. 2.18 Kristallstruktur des organischen Supraleiters κ-(BEDT-TTF)$_2$Cu(NCS)$_2$ [124].

Eindringtiefen sind sehr groß und betragen in den drei Kristallrichtungen 0,5 µm, 8 µm und 40 µm [122].

In den letzten Jahren konnten eine Reihe organischer Supraleiter mit wesentlich höheren Übergangstemperaturen gefunden werden. Eine wichtige Rolle spielt dabei das BEDT-TTF-Molekül (manchmal auch kurz ET genannt), dessen Strukturformel in Abb. 2.17b gezeigt ist. Die Verbindung (BEDT-TTF)$_2$Cu[N(CN)$_2$]Br wird beispielsweise bei 11,2 K supraleitend [123]. Für (BEDT-TTF)$_2$Cu(NCS)$_2$ findet man eine Übergangstemperatur von 10,4 K. Die Kristallstruktur dieser Verbindung ist in Abb. 2.18 gezeigt.

Auch die ET-Salze sind sehr anisotrop. Im Gegensatz zu den TMTSF-Verbindungen bilden sie aber zweidimensionale Schichtstrukturen mit einer in zwei Dimensionen großen elektrischen Leitfähigkeit aus.

Die ET-Verbindungen sind Typ-II-Supraleiter. Einige ihrer Eigenschaften sind in Tabelle 2.8 aufgelistet. Beispielsweise findet man für (BEDT-TTF)$_2$Cu(NCS)$_2$ für die Ginzburg-Landau-Kohärenzlänge in den gut leitfähigen Schichten einen Wert um 10 nm. Senkrecht dazu hat man dagegen nur etwa 0,8 nm. Die Londonsche Eindringtiefe liegt bei etwa 650–1200 nm, wenn das Magnetfeld senkrecht zu den Schichten angelegt ist; für Feldorientierungen parallel zur Schichtstruktur findet man einen sehr großen Wert um 200 µm. Für das obere kritische Feld ergibt sich schließlich ein Wert von ca. 5 T für Felder senkrecht zu den Schichten und ca. 20 T für die parallele Feldorientierung.

Auch die organischen Verbindungen stellen also supraleitende Schichtstrukturen dar. Ähnlich wie die Hochtemperatursupraleiter haben sie eine Reihe ungewöhnlicher Eigenschaften, etwa in Bezug auf die Ausbildung magnetischer Flusswirbel.

Der Mechanismus, der in den organischen Supraleitern zur Cooper-Paarung führt, ist zur Zeit noch unklar. Ähnlich wie bei den Kupraten scheinen die Paare aber zumindestens in einigen Verbindungen einen Drehimpuls von $2\,\hbar$ zu haben. Bei der Verbindung $(TMTSF)_2PF_6$ könnte es sich um einen Spin-Triplett-Supraleiter handeln [125].

Die ursprünglich auf Grund von Littles Hypothese gesuchten organischen Verbindungen konnten bislang nicht gefunden werden. Statt dessen wurden ebenso interessante Verbindungen entdeckt. Das Feld der organischen Moleküle und Verbindungen ist aber so reichhaltig, dass auch zukünftig eine Vielzahl hochinteressanter supraleitender Materialien zu erwarten sind.

Tabelle 2.8 Daten einiger organischer Supraleiter auf der Basis des BEDT-Moleküls: maximale Übergangstemperatur T_c, magnetische Eindringtiefen $\lambda_\perp$ bzw. $\lambda_\parallel$ für Magnetfeldrichtungen senkrecht bzw. parallel zu den Schichten, sowie Ginzburg-Landau-Kohärenzlängen $\xi_\parallel$ und $\xi_\perp$ senkrecht bzw. parallel zu den Schichten. Ebenfalls angegeben sind die oberen kritischen Felder für Feldorientierungen senkrecht und parallel zu den Ebenen. Angaben überwiegend aus [M12].

Verbindung	$T_{c,max}$ in K	$\lambda_\perp$ in nm	$\lambda_\parallel$ in µm	$\xi_\parallel$ in nm	$\xi_\perp$ in nm	$B_{c2\perp}$ in T	$B_{c2\parallel}$ in T
κ-(BEDT-TTF)$_2$Cu(NCS)$_2$	10,4	500–2000	40–200	5–8	0,8	6	30–35
(BEDT-TTF)$_2$Cu[N(CN)$_2$]Br	11,2	550–1500	40–130	2,5–6,5	0,5–1,2	8–10	80
β_H-(BEDT-TTF)$_2$I$_3$	7–8[a]			12,5	1	2,7	25
β_L-(BEDT-TTF)$_2$I$_3$	1,5	3500	30–40	60–63	2,0	0,08	1,7–1,8
β-(BEDT-TTF)$_2$IBr$_2$	2,2	550	4–5	44–46	1,9	3,3–3,6	1,5
β-(BEDT-TTF)$_2$AuI$_2$	4,2	500	4	18–25	2–3	6,1–6,6	

[a] Bei einem Druck von 1,6 kbar.

2.10
Supraleiter durch Feldeffekt?

Wir müssen uns jetzt einem Thema zuwenden, das nicht unerwähnt bleiben sollte.

In den Jahren 2000 bis 2002 berichteten die Forscher J. H. Schön, Ch. Kloc und B. Batlogg von den Bell Laboratorien des Konzerns Lucent Technologies in einer Vielzahl aufsehenerregender Veröffentlichungen (davon allein 17 in den renommierten Zeitschriften Science und Nature), dass durch die Injektion von Ladungsträgern eine ganze Reihe von Substanzen supraleitend gemacht werden können. Hierzu gehörten organische Kristalle wie Pentazen oder Anthrazen. Man startete mit isolierenden Ausgangssubstanzen, auf die ganz in Analogie zu den aus der Halbleiterphysik bekannten Feldeffekt-Transistoren eine Gate-Elektrode sowie Source- und Drain-Kontakte aufgebracht wurden. Je nach Gate-Spannung wurden Elektronen oder Löcher in die Materialien induziert und angeblich Supraleitung beobachtet, zuletzt mit Sprungtemperaturen bis nahe 120 K in interkaliertem C_{60}. Auch eine Reihe weiterer Phänomene wurde angeblich beobachtet.

Der Effekt, dass durch Injektion von Ladungsträgern die supraleitenden Eigenschaften von Supraleiten geändert werden können, war bereits seit längerem bekannt. Es bestand daher zunächst kein Grund, grundsätzlich an den Daten von Schön, Kloc und Batlogg zu zweifeln. Allerdings gelang es trotz weltweiter intensiver Versuche nicht, die neuen Ergebnisse zu reproduzieren. Schließlich fiel nach Hinweisen aus den Bell Labs auf, dass das Rauschen auf einer ganzen Reihe der veröffentlichten Messkurven identisch war, obwohl es sich angeblich um ganz verschiedene Daten und sogar Materialien handelte. Als Konsequenz auf den jetzt aufgekommenen Verdacht der Datenfälschung wurde im Mai 2002 von Lucent eine Untersuchungskommission eingesetzt [126], deren mehr als 120 Seiten umfassender Untersuchungsbericht im September 2002 erschien [127]. Schön wurde in 16 von 24 genauer untersuchten Verdachtsfällen der Fälschung überführt, die Koautoren wurden freigesprochen.

Es lässt sich nicht vermeiden, dass immer wieder einzelne Forscher Daten fälschen. Man kann nur hoffen, dass in Zukunft die Kontrollmechanismen der wissenschaftlichen Gemeinschaft – angefangen bei der Kontrolle primärer Daten innerhalb einer Arbeitsgruppe und fortgesetzt durch die Referierpraktiken der wissenschaftlichen Zeitschriften – schnell greifen und sich zumindest das Ausmaß des Falls Schön nicht wiederholen wird.

Wir wollen diesen Abschnitt nicht ohne einige Anmerkungen über den *real* existierenden elektrischen Feldeffekt in Supraleitern beenden [128]. Wie in der Halbleitertechnik auch besteht die grundlegende Idee darin, durch Anlegen einer Spannung U_g an eine Gate-Elektrode eine Ladung $\Delta Q = CU_g$ in den Elektroden zu erzeugen. Diese Ladung sammelt sich in einer dünnen Oberflächenschicht λ_{el} an, die umgekehrt proportional zur Wurzel aus der Ladungsträgerdichte ist. In typischen Metallen beträgt allerdings λ_{el}, dort Thomas-Fermi-Länge genannt, nur wenige Å. Damit diese Ladungsansammlung auf die elektrischen Eigenschaften eines supraleitenden Films einen nennenswerten Einfluss hat, muss λ_{el} vergleichbar mit der Filmdicke und/oder der Kohärenzlänge ξ_{GL} sein. Die induzierte Ladungsdichte sollte zumindest einige Prozent der ungestörten Dichte der freien Elektronen im Material betragen, was hohe elektrische Felder und damit insbesondere hohe Durchbruchsfeldstärken des Gate-Oxids erfordert. Hier liegt die größte experimentelle Herausforderung.

Bereits in den 1960er Jahren konnte durch den elektrischen Feldeffekt die Übergangstemperatur von 7 nm dicken Sn- und In-Filmen in der Größenordnung 0,1 bis 1 mK variiert werden [129]. Für Feldeffektexperimente sind aber Hochtemperatursupraleiter wesentlich geeigneter, da hier einerseits die Ladungsträgerkonzentration gering ist und andererseits die supraleitenden Eigenschaften stark mit der Dichte der freien Elektronen variieren (vgl. Abschnitt 2.8.1). Mit Dünnfilmen aus $YBa_2Cu_3O_{7-x}$, aber auch anderen Hochtemperatursupraleitern konnten enstprechend vergleichsweise große Effekte erzielt werden [128]. Man erreicht eine T_c-Verschiebung von 1–3 K mit epitaxialen (d. h. einkristallinen) Dünnfilmen und Verschiebungen von 10–20 K mit polykristallinen Filmen. Mit dieser T_c-Verschiebung geht auch die Änderung anderer elektronischer Eigenschaften wie etwa die maximale Suprastromtragfähigkeit des Materials einher.

Der elektrische Feldeffekt ist damit auch ohne die eingangs beschriebenen »sensationellen« Ergebnisse ein sehr interessantes Forschungsfeld, von dem auch in der Zukunft wichtige Beiträge zur Physik und den möglichen Anwendungen der Supraleitung zu erwarten ist.

Literatur

1 J. Flouquet u. A. Buzdin: Physics World, Januar 2002.
2 E. Müller-Hartmann u. J. Zittartz: Phys. Rev. Lett. **26**, 428 (1970).
3 K. Winzer: Z. Physik **265**, 139 (1973). G. Riblet u. K. Winzer: Solid State Commun. **9**, 1663 (1971); M. B. Maple: Appl. Phys. **9**, 179 (1976).
4 R. F. Hoyt u. A. C. Mota: Solid State Commun. **18** 139 (1975); A. C. Mota u. R. F. Hoyt: Solid State Commun. **20**, 1025 (1976); Ch. Buchal, R. M. Müller, F. Pobell, M. Kubota u. H. R. Folle: Solid State Commun. **42**, 43 (1982).
5 B. W. Roberts: »Superconducting Materials and Some of Their Properties«. IV Progress in Cryogenics, Seite 160–231 (1964) und National Bureau of Standards, Technical Note 482.
6 »Superconductivity Data«, herausgeg. von H. Behrens und G. Ebel, Fachinformationszentrum Energie, Physik, Mathematik, Karlsruhe 1982.
7 L. J. Smith u. R. G. Haire: Science **200**, 535 (1978).
8 C. Probst: Dissertation, TU München (1974).
9 J. Smith u. Hunter Hill: Bull. Am. Phys. Soc. Ser II, **21**, 383 (1976).
10 Ch. Buchal, R. Pobell, R. M. Mueller, M. Kubota u. J. R. Owers-Bradley: Phys. Rev. Lett. **50**, 64 (1982).
11 I. V. Berman u. N. B. Brandt: JETP **10**, 55 (1969).
11b M. I. Eremets, V. V. Struzhkim, H.-K. Mao u. R. J. Hemley: Science **293**, 272 (2001).
12 J. Wittig u. B. T. Matthias: Phys. Rev. Lett. **22**, 634 (1969).
13 A. Eichler u. J. Wittig: Z. Angew. Physik **25**, 319 (1968).
14 J. Wittig: Phys. Rev. Lett. **21**, 1250 (1968).
15 J. Wittig: Phys. Rev. Lett. **24**, 812 (1970).
16 K. Shimizu, T. Kimura, S. Furumoto, K. Takeda, K. Kontani, Y. Onuki u. K. Amaya: Nature **412**, 316 (2001).
17 J. Wittig: Z. Physik **195**, 215 (1966).
18 K. Shimizu, N. Tamitani, N. Takeshita, M. Ishizuka, K. Amaya u. S. Endo: J. Phys. Soc. Japan **61**, 3853 (1992).
19 K. Shimizu, H. Ishikawa, D. Takao, T. Yagi u. K. Amaya, Nature **419**, 597 (2002); V. V. Struzhkin, M. I. Eremets, W. Gan, H. K. Mao u. R. J. Hemley, Science **298**, 1213 (2002).
20 C. Probst u. J. Wittig: High Temperature – High Pressures, Vol **7**, 674 (1975).
20b K. Shimizu, K. Suhara, M. Ikumo, M. I. Eremets u. K. Amaya: Nature **393**, 767 (1998).
21 J. Wittig u. B. T Matthias: Science **160**, 994 (1968); N. B. Brandt u. I. V Berman: LT 11, St. Andrews 1968, Vol 2, 973.
21b V. V. Struzhkin, R. J. Hemley, H.-K. Mao u. Y. A. Timofeev: Nature **390**, 382 (1997).
22 J. Wittig, J. Chem. Phys. Solids **30**, 1407 (1969).
23 J. Wittig: Phys. Rev. Lett. **15**, 159 (1965).
24 B. T. Matthias u. J. L. Olsen: Phys. Lett. **13**, 202 (1964).
25 B. T. Matthias: Phys. Rev. **97**, 74 (1955) u. Prog. Low Temp. Phys. **2**, 138 (1957), ed. by C. J. Gorter, North Holland, Amsterdam 1957
26 J. K. Hulm u. R. D. Blaugher: Phys. Rev. **123**, 1569 (1961); V. B. Compton, E. Corenzwit, E. Maita, B. T. Matthias u. F. J. Morin: Phys. Rev. **123**, 1567 (1961); W. Gey: Z. Phys. **229**, 85 (1969).
27 L. R. Testardi, J. H. Wernick u. W. A. Royer: Sol. State Comm. **15**, 1 (1974); J. R. Gavaler, M. H. Janocko u. C. K. Jones: J. Appl. Phys. **45**, 3009 (1974).
28 L. R. Testardi: Rev. Mod. Phys. **47**, 637 (1975).
29 J. Muller: Rep. Prog. Phys. **43**, 641 (1980) (G. B.).

30 C. M. Soukoulis u. D. A. Papaconstantopoulos: Phys. Rev. B **26**, 3673 (1982).
31 A. M. Clogston u. V. Jaccarino: Phys. Rev. **121**, 1357 (1961); M. Weger: Rev. Mod. Phys. **36**, 175 (1964); J. Labbe u. J. Friedel: J. Phys. (Paris) **27**, 153 u. 303 (1966).
32 L. R. Testardi u. T. B. Bateman: Phys. Rev. **154**, 402 (1967).
33 B. W Batterman u. C. S. Barrett: Phys. Rev. Lett. **13**, 390 (1964).
34 Z. W. Lu u. B. M. Klein: Phys. Rev. Lett. **79**, 1361 (1997).
35 R. Flückiger, J. L. Staudemann, A. Treyvaud u. P. Fischer: Proceedings of LT 14, Otaniemi 1975, Vol. 2, S. 1, North Holland Publishing Comp. 1975.
36 M. Weger u. I. B. Goldberg: Solid State Phys. **28**, 1 (1973).
37 W. Weber: Proc. IV Conf. Superconductivity in d- and f-Band Metals, 1982, S. 15, Karlsruhe FRG: Ed. W. Buckel u. W. Weber, Kernforschungszentrum Karlsruhe 1982.
38 J. Nagamatsu, N. Nakagawa, T. Muranaka, Y. Zenitani u. J. Akimitsu: Nature **410**, 63 (2001).
39 C. Buzea u. T. Yamashita: Supercond. Sci. Technol. **14**, R115 (2001); P. C. Canfield, S. L. Bud'ko u. D. K. Finnemore: Physica C **385**, 1 (2003); C. Canfield u. G. W. Crabtree, Physics Today, März 2003, 34; M. Eisterer, Supercond. Sci. Technol. **20**, R47 (2007); K. Vinod, R. G. Abhilash Kumar, U. Syamaprasad, Supercond. Sci. Technol. **20**, R1 (2007); K. Vinod, N. Varghese, U. U. Syamaprasad, Supercond. Sci. Technol. **20**, R31 (2007); J. Kortus, Physica C **456**, 54 (2007); M. Naito, K. Ueda, Supercond. Sci. Technol. **17**, R1 (2007).
40 T. Skoskiewicz: Phys. Stat. Sol. A **11**, K 123 (1972).
41 B. Stritzker u. W. Buckel: Z. Phys. **257**, 1 (1972).
42 B. Stritzker: Z. Phys. **268**, 261 (1974).
43 B. N. Ganguly: Z. Phys. **265**, 433 (1973); Phys. Lett. **46 A**, 23 (1973).
44 A. Hebard, M. J. Rosseinsky, R. C. Haddon, D. W. Murphy, S. H. Glarum, T. T. M. Palstra, A. P. Ramirez u. A. R. Kortan: Nature **350**, 600 (1991); R. M. Fleming, A. P. Ramirez, M. J. Rosseinsky, D. W. Murphy, R. C. Haddon, S. M. Zahurak u. A. V. Markhija: Nature **352**, 787 (1991).
45 Z. K. Tang, L. Zhang, N. Wang, X. X. Zhang, G. W. Wen, G. D. Li, J. N. Wang, C. T. Chan u. P. Sheng: Science **292**, 2462 (2001).
46 C. H. Pennington u. V. A. Stenger: Rev. Mod. Phys. **68**, 855 (1996).
47 V. Buntar u. H. W. Weber: Supercond. Sci. Technol. **9**, 599 (1996).
48 O. Gunnarson: Rev. Mod. Phys. **69**, 575 (1997).
49 O. K. Andersen, W. Klose u. H. Nohl: Phys. Rev. B **17**, 1209 (1978).
50 P. Birrer, F. N. Gygax, B. Hitti, E. Lippelt, A. Schenck, M. Weber, D. Cattani, J. Cors, M. Decroux u. Ø. Fischer: Phys. Rev. B **48**, 16589 (1993).
51 D. C. Johnston, W. A. Fertig, M. B. Maple u. B. T. Matthias: Solid State Commun. **26**, 141 (1978); H. B. Mackay, L. D. Woolf, M. B. Maple u. D. C. Johnston: Phys. Rev. Lett. **42**, 918 (1979).
52 K.-H. Müller u. V. N. Narozhnyi: Rep. Prog. Phys. **64**, 943 (2001).
53 C. Mazumdar, R. Nagarajan, C. Godart, L. C. Gupta, M. Latroche, S. K. Dhar, C. Levy-Clement, B. D. Padalia u. R. Vijayaraghavan, Solid State Commun. **87**, 413 (1993); R. Nagarajan, Chandan Mazumdar, Zakir Hossain, S. K. Dhar, K. V. Gopalakrishnan, L. C. Gupta, C. Godart, B. D. Padalia u. R. Vijayaraghavan: Phys. Rev. Lett. **72**, 274 (1994).
54 R. J. Cava, H. Takagi, H. W. Zandbergen, J. J. Krajewski, W. F. Peck Jr., T. Siegrist, B. Batlogg, R. B. van Dover, R. J. Felder, K. Mizuhashi, J. O. Lee, H. Eisaki u. S. Uchida, Nature **367**, 252 (1994); R. J. Cava, H. Takagi, B. Batlogg, H. W. Zandbergen, J. J. Krajewski, W. F. Peck Jr., R. B. van Dover, R. J. Felder, K. Mizuhashi, J. O. Lee, H. Eisaki, S. A. Carter u. S. Uchida: Nature **367**, 146 (1994).
55 K. D. D. Rathnayaka, A. K. Bhatnagar, A. Parasiris, D. G. Naugle, P. C. Canfield u. B. K. Cho: Phys. Rev. B **55**, 8506 (1997).
56 P. L. Gammel, B. P. Barber, A. P. Ramirez, C. M. Varma, D. J. Bishop, P. C. Canfield, V. G. Kogan, M. R. Eskildsen, N. H. Andersen, K. Mortensen u. K. Harada: Phys. Rev. Lett. **82**, 1756 (1999).
57 H. Schmidt: Dissertation, Universität Bayreuth, 1997.

58 F. Steglich, J. Aarts, C. D. Bredl, W Lieke, D. Meschede, W. Franz u. H. Schäfer: Phys. Rev. Lett. **43**, 1892 (1979).
59 A. Amato: Rev. Mod. Phys. **69**, 1119 (1997).
60 Z. Fisk, H. Borges, M. McElfresh, J. L. Smith, J. D. Thompson, H. R. Ott, G. Aeppli, E. Bucher, S. E. Lambert, M. B. Maple, C. Broholm u. J. K. Kjems: Physica C **153–155**, 1728 (1988).
61 H. Ott, H. Rudigier, Z. Fisk u. J. L. Smith: Phys. Rev. Lett. **50**, 1595 (1983).
62 Ch. Geibel, C. Schank, S. Thies, H. Kitazawa, C. D. Bredl, A. Böhm, M. Rau, A. Grauel, R. Caspary, R. Helfrich, U. Ahlheim, G. Weber u. F. Steglich: Z. Phys. B **84**, 1 (1991).
63 R. H. Heffner and M. R. Norman, Comments Condens. Matter Phys. **17**, 361 (1996).
64 P. Thalmeier, M. Jourdan u. M. Huth: Physik Journal, Juni 2002, Seite 51 ff.
65 R. Joynt u. L. Taillefer: Ref. Mod. Phys. **74**, 235 (2002).
66 H. Tou, Y. Kitaoka, K. Asayama, N. Kimura, Y. Onuki, E. Yamamoto u. K. Maezawa: Phys. Rev. Lett. **77**, 1374 (1996).
67 K. Ishida, D. Ozaki, T. Kamatsuka, H. Tou, M. Kyogaku, Y. Kitaoka, N. Tateiwa, N. K. Sato, N. Aso, C. Geibel u. F. Steglich: Phys. Rev. Lett. **89**, 037 002 (2002).
68 S. S. Saxena, P. Agarwai, K. Ahilan, F. M. Grosche, R. K. W. Haselwimmer, M. J. Steiner, E. Pugh, I. R. Walker, S. R. Julian, P. Monhoux, G. G. Lonzarich, A. Huxley, I. Sheikin, D. Braithwaite u. J. Flouquet: Nature **406**, 587 (2000).
69 B. Y. Jin u. J. B. Ketterson: Adv. Phys. **38**, 189 (1989).
70 J.-M. Triscone u. Ø. Fisher: Rep. Prog. Phys. **60**, 1673 (1997).
71 J. A. Wilson u. A. D. Yoffe: Adv. Phys. **18**, 193 (1969).
72 L. N. Bulaevskii: Sov. Phys. Usp. **18**, 514 (1976).
73 L. F. Mattheiss: Phys. Rev. B **8**, 3719 (1973).
74 S. Foner u. E. J. McNiff: Phys. Lett. A**45**, 429 (1973).
75 R. C. Morris u. R. V. Coleman: Phys. Rev. B **7**, 991 (1973).
76 D. E. Prober, M. R. Beasley u. R. E. Schwall: Phys. Rev. B **15**, 5245 (1977).
77 W. E. Pickett: Rev. Mod. Phys. **61**, 433 (1989); Physica B **296**, 112 (2001).
78 M. E. Takayama-Muromachi: Chem. Mater. **10**, 2686 (1998).
79 H. Yamauchi u. M. Karppinen: Supercond. Sci. Techol. **13**, R33 (2000).
80 J. Karpinski, G. I. Meijer, H. Schwer, R. Molinski, E. Kopnin, K. Conder, M. Angst, J. Jun, S. Kazakov, A. Wisniewski, P. Puzniak, J. Hofer, V. Alyoshin u. A. Sin: Supercond. Sci. Technol. 12, R153 (1999).
81 A. Revcholevschi u. J. Jegoudez: Progress in Materials Science **42**, 321 (1997); W. Assmus u. W. Schmidbauer: Supercond. Sci. Technol. **6**, 555 (1993).
82 D. G. Schlom u. J. Mannhart: Encyclopedia of Materials: Science and Technology, K. H. J. Buschow, R. W. Cahn, M. C. Flemings, B. Ilschner, E. J. Kramer u. S. Mahajan (Hrsg.), Elsevier Science, Amsterdam, 3806 (2002); R. Wördenweber: Supercond. Sci. Technol. **12**, R86 (1999).
83 M. Takano, M. Azuma, Z. Hiroi, Y. Bando u. Y. Takeda: Physica C **176**, 441 (1991); M. G. Smith, A. Manthiram, J. Zhou, J. B. Goodenough u. J. T. Markert: Nature **351**, 549 (1991); G. Er, Y. Miyamoto, F. Kanamaru u. S. Kikkawa: Physica C **181**, 206 (1991).
84 J. M. Tranquada, A. H. Moudden, A. I. Goldman, P. Zolliker, D. E. Cox, G. Shirane, S. K. Sinha, D. Vaknin, D. C. Johnston, M. S. Alvarez, A. J. Jacobson, J. T. Lewandowski u. J. M. Newsam: Phys. Rev. B **38**, 2477 (1988).
85 P. Manca, S. Sanna, G. Calestani, A. Migliori, S. Lapinskas u. E. E. Tornau: Phys. Rev. B **63**, 134 512 (2001).
86 B. Keimer, N. Belk, R. J. Birgeneau, A. Cassanho, C. Y. Chen, M. Greven, M. A. Kastner, A. Aharony, Y. Endoh, R. W. Erwin u. G. Shirane: Phys. Rev. B **46**, 14 034 (1992).
87 Y. Ando, G. S. Boebinger, A. Passner, L. F. Schneemeyer, T. Kimura, M. Okuda, S. Watauchi, J. Shimoyama, K. Kishio, K. Tamasaku, N. Ichikawa u. S. Uchida, Phys. Rev. B **60**, 12 475 (1999).
88 T. Ishida, K. Okuda, A. I. Rykov, S. Tajima u. I. Terasaki: Phys. Rev. B **58**, 5222 (1998).
89 H. Nakagawa, H. Takamasu, N. Miura u. Y. Enomoto: Physica B **246**, 429 (1998).

90 S. I. Vedeneev, A. G. M. Jansen, E. Haanappel u. P. Wyder: Phys. Rev. B **60**, 12467 (1999).

91 I. Matsubara, H. Tanigawa, T. Ogura, H. Yamashita, M. Kinoshita u. T. Kawai: Phys. Rev. B **45**, 7414 (1992).

92 H. Mukaida, K. Kawaguchi, M. Nakao, H. Kumakura, D. R. Dietderich u. T. Togano: Phys. Rev. B **42**, 2659 (1990).

93 N. E. Hussey, J. R. Cooper, R. A. Doyle, C. T. Lin, W. Y. Liang, D. C. Sinclair, G. Balakrishnan, D. McK. Paul u. A. Revcolevschi: Phys. Rev. B **53**, 6752 (1996)

94 A. P. Mackenzie, S. R. Julian, G. G. Lonzarich, A. Carrington, S. D. Hughes, R. S. Liu u. D. C. Sinclair: Phys. Rev. Lett. **71**, 1238 (1993).

95 V. Vulcanescu, L. Fruchter, A. Bertinotti, D. Colson, G. Le Bras u. J.-F. Marucco: Physica C **259**, 131 (1996).

96 K. Winzer, G. Kumm, P. Maaß, H. Thomas, E. Schwarzmann, A. Aghaie u. F. Ladenberger: Ann. Phys. **1**, 479 (1992).

97 F. Steinmeyer, R. Kleiner, P. Müller, H. Müller u. K. Winzer: Europhys. Lett. **25**, 459 (1994).

98 R. Puźniak, R. Usami, K. Isawa u. H. Yamauchi: Phys. Rev. B **52**, 3756 (1995).

99 Y. C. Kim, J. R. Thompson, J. G. Ossandon, D. K. Christen u. M. Paranthaman: Phys. Rev. B **51**, 11767 (1995).

100 M.-S. Kim, M.-K. Bae, W. C. Lee u. S.-I. Lee: Phys. Rev. B **51**, 3261 (1995).

101 M-S. Kim, S.-I. Lee, S.-C. Yu, I. Kuzemskaya, E. S. Itskevich u. K. A. Lokshin: Phys. Rev. B **57**, 6121 (1998).

102 D. Zech, J. Hofer, H. Keller, C. Rossel, P. Bauer u. J. Karpinski: Phys. Rev. B **53**, R6026 (1996).

103 Y. Dalichaouch, B. W. Lee, C. L. Seaman, J. T. Markert u. M. B. Maple: Phys. Rev. Lett. **64**, 599 (1990).

104 S. M. Anlage, D.-H. Wu, J. Mao, S. N. Mao, X. X. Xi, T. Venkatesan, J. L. Peng u. R. L. Greene: Phys. Rev. B **50**, 523 (1994).

105 M. Suzuki u. Makoto Hikita: Phys. Rev. B **41**, 9566 (1990).

106 Ch. J. Raub: J. Less-Common Met. **137**, 287 (1988).

107 A. W. Sleight, J. L. Gillson u. P. E. Bierstedt: Solid State Commun. **17**, 27 (1975).

108 S. Satpathy, u. R. M. Martin: Phys. Rev. B **36**, 7269 (1987).

109 L. F. Mattheiss, E. M. Gyorgy u. D. W. Johnson, Jr: Phys. Rev. B **37**, 3745 (1988).

110 R. J. Cava, B. Batlogg, J. J. Krajewski, R. Farrow, L. W Rupp Jr., A. E. White, K. Short, W. F. Peck u. T. Kometani: Nature **332**, 814 (1988).

111 W. K. Kwok, U. Welp, G. W. Crabtree, K. G. Vandervoort, R. Hulscher, Y. Zheng, B. Dabrowski u. D. G. Hinks: Phys. Rev. B **40**, 9400 (1989).

112 Y. Maeno, H. Hashimoto, K. Yoshida, S.Nishizaki, T. Fujita, J. G. Bednorz u. F. Lichtenberg: Nature **372**, 532 (1994).

113 Y. Maeno: Physica C **282–287**, 206 (1997).

114 M. Sigrist, D. Agterberg, T. M. Rice u. M. E. Zhitomirsky: Physica C **282–287**, 214 (1997)

115 Y. Maeno, T. M. Rice u. M. Sigrist: Physics Today, Januar 2001, S. 42.

116 Z. Q. Mao, Y. Mori u. Y. Maeno: Phys. Rev. B **60**, 610 (1999).

117 K. Yoshida, Y. Maeno, S. Nishizaki u. T. Fujita: Physica C **263**, 519 (1996).

118 T. M. Riseman, P. G. Kealey, E. M. Forgan, A. P. Mackenzie, L. M. Galvin, A. W. Tyler, S. L. Lee, C. Ager, D. McK. Paul, C. M. Aegerter, R. Cubitt, Z. Q. Mao, T. Akima u. Y. Maeno: Nature **396**, 242 (1998).

119 W A. Little: Phys. Rev. **134A**, 1416 (1964).

120 D. Jérome, A. Mazaud, M. Ribault u. K. Bechgaard: C. R. Hebd. Acad. Sci. Ser. B **290**, 27 (1980).

121 K. Bechgaard, K. Carneiro, M. Olsen, R B. Rasmussen u. C. B. Jacobsen: Phys. Rev. Lett. **46**, 852 (1981).

122 P. A. Mansky, G. Danner u. P. M. Chaikin: Phys. Rev. B **52**, 7554 (1995).

123 G. Saito, H. Yamochi, T. Nakamura, T. Komatsu, M. Nakashima, H. Mori u. K. Oshima: Physica B **169**, 372 (1991).

124 Zeichnung: W. Biberacher, H. Müller: Walther Meißner Institut, Garching (1993).

125 I. J. Lee, S. E. Brown, W. G. Clark, M. J. Strouse, M. J. Naughton, W. Kang u. P. M. Chaikin: Phys. Rev. Lett. **88**, 017 004 (2002).

126 Science Now, 20. Mai 2002; Physics World, Juni 2002; Physics Today, Juli 2002, S. 15; Physik Journal, Juli/August 2002, S. 2

127 »Report of the investigation committee on the possibility of scientific misconduct in the work of Hendrik Schön and Coauthors«, Fa. Lucent Technologies Inc.; siehe auch: Physics Today, November 2002, S. 15.

128 Für einen Überblick, siehe C. H. Ahn, J.-M. Triscone u. J. Mannhart: Nature **424**, 1015 (2003); sowie J. Mannhart: Supercond. Sci. Technol. **9**, 49 (1996).

129 R. E. Glover III u. M. D. Sherill: Phys. Rev. Lett. **5**, 248 (1960); H. L. Stadler: Phys. Rev. Lett. **14**, 979 (1965).

3
Die Cooper-Paarung

In Kapitel 1 haben wir gesehen, dass die Supraleitung ursächlich mit dem Auftreten einer makroskopischen, kohärenten Materiewelle zu tun hat, die durch Elektronen-Paare gebildet wird. Wir müssen uns jetzt fragen, wie diese Paarung zustandekommt und wie daraus schließlich eine makroskopische Quantenwelle mit wohldefinierter Phase hervorgeht. Wir wollen zunächst die konventionellen Supraleiter (vgl. Abschnitt 2.1) betrachten. In der zweiten Hälfte dieses Kapitels werden wir dann auf unkonventionelle Supraleiter, und hier insbesondere auf die Hochtemperatursupraleiter, eingehen.

3.1
Konventionelle Supraleitung

3.1.1
Cooper-Paarung durch die Elektron-Phonon-Wechselwirkung

Nach den Ausführungen in Kapitel 1 erscheint es relativ leicht, zu einer Theorie der Supraleitung zu kommen, die auf den mikroskopischen Wechselwirkungen der Elektronen untereinander und mit dem sie umgebenden Kristallgitter basiert. Historisch waren allerdings die Schwierigkeiten für eine solche Theorie außerordentlich groß. Man konnte aufgrund der auffallenden Änderung der elektrischen Leitfähigkeit und der magnetischen Eigenschaften beim Eintritt der Supraleitung vermuten, dass es sich im wesentlichen um einen Ordnungsvorgang im System der Leitungselektronen handelt. Diese Leitungselektronen haben, wie wir in Abschnitt 1.1 gesehen haben, wegen des Pauli-Prinzips ganz beträchtliche Energien bis zu einigen eV. Ein eV entspricht einer mittleren thermischen Energie $k_B T$ von etwa 11 000 Kelvin. Der Übergang in den supraleitenden Zustand erfolgt aber bei wenigen Kelvin. Es musste also eine Wechselwirkung gefunden werden, die ungeachtet der hohen Energien der Elektronen zu einer Ordnung im Elektronensystem führen konnte.

Nun gibt es eine ganze Reihe von möglichen Wechselwirkungen zwischen den Leitungselektronen eines Metalls. Man hat daran gedacht, dass die Coulomb-Abstoßung der Elektronen zu einer räumlichen Ordnung der Elektronen in gitter-

Supraleitung: Grundlagen und Anwendungen, 6. Auflage
Werner Buckel, Reinhold Kleiner
Copyright © 2004 Wiley-VCH Verlag GmbH & Co. KGaA, Weinheim
ISBN: 978-3-527-40348-6

förmigen Bereichen führen könnte (Heisenberg, 1947) [1]. Auch eine magnetische Wechselwirkung wäre denkbar (Welker, 1929) [2]. Die mit beachtlichen Geschwindigkeiten – Elektronen mit Energien nahe der Fermi-Energie können Werte im Bereich von etwa einem Prozent der Lichtgeschwindigleit erreichen – durch das Metallgitter fliegenden Elektronen erzeugen als Ströme ein Magnetfeld und können über dieses Magnetfeld miteinander wechselwirken. Weitere Wechselwirkungen können aus der Struktur der Elektronenzustände (erlaubte Energiebänder, siehe Abschnitt 1.1) resultieren [3].

Alle diese Versuche führten zu keiner auch nur einigermaßen befriedigenden atomistischen Theorie der Supraleitung. Erst 1950/51 wurde gleichzeitig von Fröhlich [4] und unabhängig davon von Bardeen [5] eine Wechselwirkung der Elektronen über die Schwingungen des Gitters angegeben, die, wie sich später zeigte, zu einem grundsätzlichen Verständnis der Supraleitung im Rahmen unserer sonstigen Kenntnisse über die Metalle führen sollte. Ausgehend von dieser Wechselwirkung konnten Bardeen, Cooper und Schrieffer 1957 [6] eine mikroskopische Theorie der Supraleitung – die BCS-Theorie – vorschlagen, die in der Lage war, eine Fülle von bekannten Tatsachen quantitativ zu deuten, und die vor allem ungeheuer stimulierend wirkte. Angeregt durch diese Theorie wurde in den Jahren nach 1957 eine große Zahl ganz neuer Experimente unternommen, die unsere Vorstellungen über die Supraleitung nicht nur beachtlich erweitert, sondern – das darf wohl behauptet werden – grundsätzlich verändert haben.

Dabei war der Weg von der Angabe einer neuen Wechselwirkung (1950) bis zur Entwicklung einer tragfähigen Theorie (1957) noch sehr schwierig. Es muss als ein besonders glücklicher Umstand gewertet werden, dass nahezu gleichzeitig mit der theoretischen Formulierung dieser neuen Wechselwirkung und ihrer möglichen Bedeutung für die Supraleitung eine überraschend eindeutige Bestätigung für die grundsätzliche Richtigkeit der Überlegungen erbracht wurde. Man hatte nämlich bei der Untersuchung verschiedener Isotope eines Supraleiters gefunden, dass die Übergangstemperatur zur Supraleitung T_c von der Atommasse abhängt. Und nicht nur das – die experimentell gefundene Abhängigkeit entsprach sehr genau derjenigen, die nach den ersten theoretischen Ansätzen von Fröhlich erwartet werden musste (s. Abschnitt 3.1.3.1).

Damit war gezeigt, dass ungeachtet aller formalen Schwierigkeiten der Theorie offenbar ein richtiger Kern erkannt war. Diese Bestätigung der neuen Grundidee hatte einen bedeutenden Einfluss auf die folgende Entwicklung.

Wie ist diese Wechselwirkung der Elektronen untereinander, die über Gitterschwingungen vermittelt werden soll, zu verstehen? Wir wollen im folgenden einige Modellvorstellungen für diese Wechselwirkung diskutieren. Es muss aber gleich betont werden, dass diese Modelle nur sehr beschränkte Aussagekraft haben, wenn man versuchen wollte, aus ihnen weitergehende Schlüsse zu ziehen.

Beginnen wir mit einem statischen Modell. Das Gitter der Atomrümpfe, in dem sich die Leitungselektronen wie ein Fermi-Gas bewegen, hat elastische Eigenschaften. Die Atomrümpfe sind nicht starr an ihre Ruhelagen gebunden, sondern können aus den Ruhelagen ausgelenkt werden. Bei endlicher Temperatur schwingen sie, wie wir erläutert haben, um diese Ruhelagen in regelloser Weise. Bringen

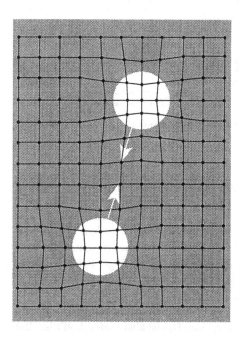

Abb. 3.1 Zur Polarisation des Gitters der Atomrümpfe durch die Elektronen. Diese Polarisation kann in einem *statischen* Modell die Abstoßung der Elektronen aufgrund ihrer gleichen Ladung nicht überkompensieren. Sie kann die Abstoßung nur stark reduzieren.

wir nun nur zwei negative Ladungen in dieses Gitter der Atomrümpfe und vernachlässigen – sehr vereinfachend und auch etwas unrealistisch – alle übrigen Elektronen, so wird die negative Ladung der beiden Elektronen das Gitter in der Weise beeinflussen, dass die umgebenden positiven Ladungen etwas angezogen werden. Man sagt: Das Gitter wird durch die negative Ladung polarisiert. In Abb. 3.1 ist dieser Sachverhalt schematisch dargestellt. Die Polarisation bedeutet gegenüber der gleichmäßigen Verteilung der positiven Ladungen eine Anhäufung von positiver Ladung in der Nähe der polarisierenden negativen Ladung. Das zweite Elektron mit seiner Polarisation kann die Polarisation des ersten Elektrons spüren. Es erfährt eine Anziehung zu der Stelle der Polarisation und damit zu dem ersten Elektron. Wir haben eine anziehende Wechselwirkung zwischen zwei Elektronen über die Polarisation des Gitters beschrieben.

Man kann für diese statische, anziehende Wechselwirkung ein mechanisches Analogon geben. Das elastisch deformierbare Gitter der Atomrümpfe repräsentieren wir durch eine elastische Membran, etwa eine ausgespannte dünne Gummihaut oder die Oberfläche einer Flüssigkeit[1]. Nun legen wir zwei Kügelchen auf diese Membran – im Falle der Flüssigkeit dürfen die Kügelchen nicht benetzt werden. Sie werden, wenn sie weit voneinander entfernt sind, jedes für sich die Membran aufgrund ihres Gewichtes deformieren (Abb. 3.2 a).

Dies entspricht der Polarisation des Gitters. Auch ohne Rechnung ist es unmittelbar einleuchtend, dass die Energie dieses ganzen Systems (Membran mit zwei

---

1 Wegen der Oberflächenspannung erfordert es Energie, eine Flüssigkeitsoberfläche aus der Gleichgewichtskonfiguration zu deformieren.

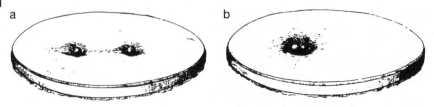

Abb. 3.2 Zur Anziehung von Kugeln auf einer elastischen Membran.
Die Konfiguration (a) ist instabil und geht in (b) über.

Kügelchen) abgesenkt werden kann, wenn die beiden Kügelchen in einer einzigen
Mulde liegen. Sie werden beide tiefer einsinken (Abb. 3.2 b), was einer Abnahme
der potenziellen Energie im Schwerefeld entspricht. Damit nimmt auch die Gesamtenergie des Systems ab, wobei die Differenz der mechanischen Energie von
Anfangs- und Endzustand durch Reibungseffekte in Wärme umgewandelt wird.
Wir haben also über die elastische Membran zwischen den Kügelchen eine Wechselwirkung, die zu einem gebundenen Zustand führt, d.h. zu einem Zustand, bei
dem die Kügelchen im Ortsraum möglichst nahe beisammen sind.

Das Modell veranschaulicht uns, dass über elastische Verformungen eine an-
ziehende Wechselwirkung realisiert werden kann. Das ist aber auch schon alles. Die
Elektronen im Metall haben beachtliche Geschwindigkeiten. Sie polarisieren das
Gitter nicht statisch. Man könnte vermuten, dass vielmehr bei der Bewegung durch
das Gitter längs des Weges eine Polarisation auftritt, die ganz entscheidend davon
abhängen würde, wie rasch das Gitter einer polarisierenden Wirkung durch das
Elektron folgen kann. Es sollte auf die Zeiten ankommen, mit denen das Gitter der
Rumpfatome irgendwelche Verrückungen vornehmen kann. Das heißt aber bei
einem elastischen System, dass es auf die Eigenfrequenzen ankommt. Mit dieser
sehr pauschalen Einfügung eines dynamischen Elementes haben wir einen wesentlichen Fortschritt erzielt. Wir verstehen nun schon, wenigstens qualitativ, dass die
Stärke der Polarisation und damit der Wechselwirkung bei sonst gleichen Bedingungen von der Eigenfrequenz des Gitters und damit von der Masse der
Rumpfatome abhängen kann. Schwere Isotope schwingen etwas langsamer, haben
also kleinere Frequenzen des Gitters. Sie können der polarisierenden Wirkung nur
langsamer folgen als leichtere Isotope, d.h. die Polarisation wird geringer bleiben.
Damit erwarten wir, dass die Wechselwirkung schwächer und die Temperatur
kleiner wird, bei der der Übergang in den supraleitenden Zustand erfolgt. Die
Übergangstemperatur sinkt mit wachsender Isotopenmasse. Das entspricht dem
experimentellen Befund. Es muss aber ausdrücklich darauf hingewiesen werden,
dass diese zuletzt angestellten Überlegungen rein heuristischer Natur sind und
quantitative Folgerungen nicht erlauben. Erst eine quantenmechanische Betrachtung kann Aufschluss darüber geben, welche Frequenzen des Gitters für diese
Wechselwirkung maßgebend sind.

Wir haben nun zwar dynamische Elemente in die Wechselwirkung über die
Polarisation des Gitters eingefügt, haben aber die Vorstellung aus der statischen
Betrachtung übernommen, wonach eine Polarisation durch ein Elektron zu einer

Energieabsenkung für ein zweites führen kann. Um unser dynamisches Modell noch etwas weiter zu führen, können wir uns vorstellen, dass das zweite Elektron in der Polarisationsspur des ersten fliegt und dabei seine Energie abgesenkt wird, weil es das Gitter schon in einem polarisierten Zustand vorfindet.

Nun haben wir grundsätzlich zwei Möglichkeiten: Die beiden Elektronen können mit dem gleichen Impuls $\vec{p} = \hbar\vec{k}$ fliegen. Wir hätten dann ein Gebilde, das wir uns bequem als ein Teilchen, nämlich ein Elektronenpaar, vorstellen könnten. Dieses Paar hätte allerdings einen Gesamtimpuls, und zwar den doppelten Impuls eines einzelnen Elektrons. Die andere Möglichkeit besteht darin, dass die Elektronen entgegengesetzten Impuls haben. Das eine kann dabei auch in der Polarisationsspur des anderen fliegen. Nun wird aber die Vorstellung eines neuen Teilchens, eines Elektronenpaares, schwieriger. Wenn wir aber nur etwas abstrahieren, so stellen wir fest, dass im ersten Fall die Einzelelektronen durch die Forderung, gleichen Impuls zu haben, also durch $\vec{p}_1 = \vec{p}_2$ bzw. durch $\vec{k}_1 = \vec{k}_2$ korreliert sind. Eine ebenso eindeutige Korrelation stellt die Forderung $\vec{p}_1 = -\vec{p}_2$ (oder $\vec{k}_1 = -\vec{k}_2$) dar. Wir sind also voll berechtigt, auch *diese* streng korrelierten Elektronen ein Paar zu nennen. Dieses Elektronenpaar hat den Gesamtimpuls null. Solche Paare nennt man »Cooper-Paare«, weil Cooper [7] als Erster zeigen konnte, dass eine derartige Korrelation zu einer Absenkung der Gesamtenergie führt. Wenn wir auch noch den Eigendrehimpuls (Spin) der Elektronen berücksichtigen, was für das statistische Verhalten des neuen Teilchens wichtig ist, so besteht ein Cooper-Paar aus zwei Elektronen mit entgegengesetzten, gleich großen Impulsen und entgegengesetzten Spins:

Cooper-Paar[2]: $\{\vec{k}\uparrow, -\vec{k}\downarrow\}$

Die Korrelation zu Cooper-Paaren wird durch die Polarisation des positiven Gitters energetisch günstig.

Da die Möglichkeit einer Paarkorrelation die entscheidende Grundlage für die atomistische Theorie der Supraleitung und damit für ein Verständnis des supraleitenden Zustandes ist, soll noch eine wesentlich andere, allgemeinere Betrachtung behandelt werden. Wir können die Bildung von Elektronenpaaren in einem Gitter mit dem sehr allgemeinen Formalismus der sog. Austauschwechselwirkung verstehen.

Es ist eine Trivialität, dass Systeme, die irgendwelche Größen austauschen, in einer Wechselwirkung stehen. Diese Aussage gilt allgemein. Bei der Austauschwechselwirkung der Quantenmechanik geht es nun darum, dass der Austausch zu einer Anziehung zwischen zwei physikalischen Systemen führen kann. Zwei Teilchen z. B. können durch den Austausch eines dritten Teilchens eine Anziehung

---

2 Der Schwerpunkt des oben beschriebenen Cooper-Paars ruht bei einem Gesamtimpuls $\vec{P} = \hbar\vec{K} = 0$. Wenn wir dagegen einen Zustand beschreiben wollen, in dem ein Suprastrom fließt, müssen wir die Cooper-Paarung um einen Schwerpunkt $\vec{K}$ herum durchführen, also einen Zustand $\{\vec{k} + \vec{K}\uparrow, -\vec{k} + \vec{K}\downarrow\}$ wählen.

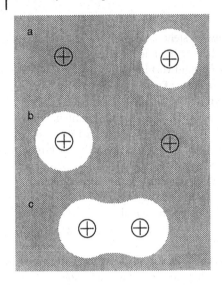

Abb. 3.3 Bindungsenergie eines H_2^+-Moleküls. Die Größenverhältnisse sind nicht maßstabgerecht.

erfahren, die zu einem Zustand führt, in dem die beiden Teilchen aneinander gebunden sind.

Eine Abstoßung aufgrund eines Teilchenaustausches können wir sehr leicht klassisch verstehen. Zwei Personen, die zwischen sich einen Ball hin- und herwerfen, erfahren eine solche Abstoßung. Das ist unmittelbar einsichtig und kann leicht dadurch geprüft werden, dass man die Personen auf leicht laufende Wagen stellt, die sich längs der Verbindungslinie der Personen bewegen können. Beim Hin- und Herwerfen des Balles werden die Wagen auseinander rollen, wobei diese abstoßende Wechselwirkung allein durch den Austausch des Balles und den damit verbundenen Impulsaustausch zustande kommt.

Wir wollen nicht versuchen, ein ebenso einfaches Modell für eine anziehende Wechselwirkung zu konstruieren. Wir wollen vielmehr ein Beispiel aus der modernen Physik besprechen.

Wir wissen, dass zwei Wasserstoffatome ein Wasserstoffmolekül bilden und dass dieses Molekül recht fest gebunden ist. Es bedarf einer Energie von $26 \cdot 10^4$ Ws/mol (62,5 kcal/mol), um diese Bindung aufzubrechen, d. h. 2 Gramm H_2 zu dissoziieren. Wie können wir diese feste Bindung der an sich doch neutralen H-Atome in einem H_2-Molekül verstehen? Um das Prinzip klar zu machen, betrachten wir ein etwas einfacheres System, nämlich H_2^+, d. h. ein einfach positiv geladenes H_2-Molekülion. Dieses Molekül besteht aus zwei Wasserstoffkernen (zwei Protonen) und einem Elektron. In Abb. 3.3a und b sind die beiden möglichen Zustände dieses Systems bei großer Entfernung der beiden Protonen gezeichnet. Das Elektron sitzt bei einem der beiden Protonen. Bringen wir nun die Protonen näher zusammen, so kann, wie uns die Quantenmechanik lehrt, das Elektron mit einer gewissen Wahrscheinlichkeit von einem Proton zum anderen »hüpfen«, in unserer Terminologie »ausgetauscht werden«. Die Wahrscheinlichkeit für den Austausch wächst stark mit kleiner werdendem Abstand. Das Elektron gehört dann den beiden

Protonen in gleichem Maße an, wie dies in Abb. 3.3 c angedeutet ist. Die entscheidende Aussage der Quantenmechanik zu diesem Problem ist nun, dass durch diesen Austausch die Gesamtenergie des Systems abgesenkt werden kann. Das bedeutet aber, dass kleinere Abstände R energetisch günstiger sind. Die beiden Protonen werden durch das gemeinsame Elektron gebunden. Der Gleichgewichtsabstand ergibt sich aus der Forderung, dass die anziehende Kraft durch den Elektronenaustausch gerade gleich ist der abstoßenden Kraft der beiden positiven Protonen.

Die Energieabsenkung aufgrund des Elektronenaustausches kann man besonders einfach einsehen, wenn man ein sehr fundamentales Prinzip der modernen Physik, die Unschärferelation, zu Hilfe nimmt. Dieses Prinzip besagt, dass für ein Teilchen die beiden Größen Impuls und Ort nicht beide gleichzeitig scharf bestimmt sein können. Wir können keine genauere Festlegung der beiden Größen haben, als durch folgende Beziehung gegeben wird:

$$\Delta p_x \cdot \Delta x = \hbar \qquad (3\text{-}1)$$

Das heißt aber für unser System, dass wir die Impulsverschmierung Δp_x verringern können, wenn wir dem Elektron erlauben, bei beiden Protonen zu sein, weil wir dadurch seine Ortsunschärfe Δx vergrößern. Damit wird aber auch die Energieverschmierung kleiner und die Energie des Elektrons wird abgesenkt [8].

Wenn diese Absenkung der Energie größer ist als die Anhebung aufgrund der Coulomb-Abstoßung der beiden positiven Protonen, erhalten wir eine Nettoanziehung. Wir sehen, dass es sich bei der Bindung des H$_2$-Moleküls um einen typisch quantenmechanischen Effekt handelt. Die dargelegten Überlegungen bilden die Grundlage für das Verständnis der chemischen Bindung.

Mit ganz ähnlichen Überlegungen können wir auch die anziehende Wechselwirkung zwischen den Leitungselektronen in einem Metall verstehen. In dem Metall können ganz neue Teilchen ausgetauscht werden, nämlich die sog. Phononen. Die Phononen sind nichts anderes als elementare Schwingungsformen des Gitters. Haben wir irgendeinen komplizierten Schwingungsvorgang des Gitters, so können wir diesen in harmonische Wellen zerlegen. Diese Zerlegung entspricht der Fourier-Zerlegung. Die harmonischen Wellen haben für einen makroskopischen Körper eine wohldefinierte Energie. Sie haben außerdem bestimmte Wellenlängen und damit wegen $|\vec{p}| = h/\lambda$ bestimmte Impulse. Wir können sie demnach als Teilchen auffassen und nennen sie Phononen oder Schallquanten.

Ein Elektron im Gitter kann also mit einem anderen Elektron dadurch wechselwirken, dass es mit diesem Phononen austauscht. Man spricht von einer Elektron-Elektron-Wechselwirkung via Phononen. Die Austauschphononen nennt man virtuell, weil sie nur während des Übergangs von einem Elektron zum andern existieren, nicht aber die Möglichkeit haben, als reelle Phononen von den Elektronen weg in das Gitter zu laufen[3]. Hier wird ein entscheidender Unterschied zu der Wechsel-

---

3 Werden von einem Elektron reelle Phononen erzeugt, so haben wir einen Prozess, der elektrischen Widerstand erzeugt, weil durch ihn aus dem System der Elektronen Energie an das Gitter übertragen werden kann.

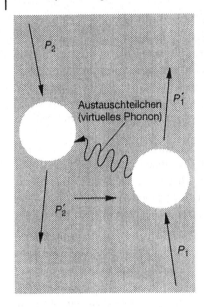

Abb. 3.4 Zur Elektron-Elektron-Wechselwirkung via Phononen.

wirkung im H_2-Molekül sichtbar. Die Elektronen, die dort ausgetauscht werden, sind reelle Teilchen.

Diese Wechselwirkung wird schematisch in Abb. 3.4 dargestellt. Sie kann unter gewissen Bedingungen, die in Supraleitern vorliegen, so stark sein, dass sie die Abstoßung der Elektronen aufgrund der elektrostatischen Kräfte[4] überwiegt. Dann können wir die besprochene Paarkorrelation erhalten.

Die mittleren Abstände, über die diese Paarkorrelation wirksam ist, liegen für reine Supraleiter zwischen 100 nm und 1000 nm[5]. Man nennt diese Länge die BCS-Kohärenzlänge ξ_0 des Cooper-Paars, die nicht mit der schon mehrfach erwähnten Ginzburg-Landau-Kohärenzlänge ξ_{GL} zu verwechseln ist. Letztere gibt an, auf welcher Längenskala sich die Gesamtheit aller Cooper-Paare ändern kann.

Man kann die BCS-Kohärenzlänge ξ_0 auch als die mittlere Ausdehnung eines Cooper-Paares deuten und sehr vereinfachend sagen: Ein Cooper-Paar hat in einem reinen Supraleiter eine mittlere Ausdehnung von 10^2 bis 10^3 nm. Diese Ausdehnung ist groß gegen den mittleren Abstand von zwei Leitungselektronen, der bei einigen 10^{-1} nm liegt. Die Cooper-Paare überlappen sehr stark. Im Bereich eines Paares liegen 10^6 bis 10^7 andere Elektronen, die ihrerseits zu Paaren korreliert sind.

---

4 Man muss beachten, dass die elektrostatische Abstoßung durch die positiven Ladungen der Rumpf-atome sehr stark abgeschirmt wird.

5 Die Wechselwirkung über den Austausch von Phononen ist so schwach, dass sie die Elektronen eines Cooper-Paares nicht schärfer als auf etwa ξ_0 lokalisieren kann. Eine schärfere Lokalisierung würde aufgrund der Unschärferelation eine kinetische Energie der Elektronen ergeben, die größer ist als die Bindungsenergie des Paares. Natürlich kommen diese anschaulichen Beschreibungen schnell in Schwierigkeiten. Man wird z. B. fragen, ob nicht die hohe Fermi-Geschwindigkeit die ganze Paarkorrelation zerstört. Die Antwort lautet »nein«, ohne dass wir versuchen, dies zu begründen. Hier wird einfach das Teilchenbild überstrapaziert.

Man wird intuitiv vermuten, dass eine Gesamtheit von Teilchen, die sich so stark durchdringen, besondere Eigenschaften hat. Davon soll im nächsten Abschnitt die Rede sein.

3.1.2
Der supraleitende Zustand, Quasiteilchen und die BCS-Theorie

Wir haben zumindest qualitativ gesehen, dass sich durch die Elektron-Phonon-Wechselwirkung zwei Elektronen kurzfristig anziehen und somit ein Cooper-Paar $\{\vec{k}\uparrow, -\vec{k}\downarrow\}$ bilden können. Die Frage ist nun, wie diese Paare kollektiv in den gleichen Quantenzustand gelangen können.

Hier fanden Bardeen, Cooper und Schrieffer eine trickreiche Antwort, die wir für den Fall einer Temperatur von Null kurz umreißen wollen.

Führen wir uns zunächst nochmals die Situation ungepaarter Elektronen vor Augen. Diese besetzen bei $T = 0$ die niedrigstmöglichen Energiezustände. Wenn wir die Elektronen als freie Teilchen ansehen, ist deren Energie durch

$$\varepsilon_k = \frac{1}{2m}(p_x^2 + p_y^2 + p_z^2) \tag{3-2a}$$

bzw. mit $\vec{p} = \hbar\vec{k}$ durch

$$\varepsilon_k = \frac{\hbar^2}{2m}(k_x^2 + k_y^2 + k_z^2) \tag{3-2b}$$

gegeben. Die möglichen $\vec{k}$-Werte sind diskret (vgl. Abschnitt 1.2), und die Elektronen besetzen im einfachsten Fall im $\vec{k}$-Raum eine Kugel, die Fermi-Kugel (vgl. Abb. 1.17). Alle Zustände im Innern der Fermikugel sind dabei mit Sicherheit von einem Elektron besetzt, alle Zustände außerhalb der Kugel dagegen mit Sicherheit unbesetzt.

Nun sollen die Elektronen in der Nähe der Fermi-Energie attraktiv miteinander wechselwirken, und zwar sei die anziehende Wechselwirkung gleich einer negativen Konstanten $-V$ für Elektronen, deren Energie in einem Intervall $\pm\,\hbar\omega_c$ um die Fermi-Energie herumliegt[6]. Anderweitig sei die Wechselwirkung gleich Null.

Die Wechselwirkungsenergie V muss nicht notwendigerweise von der Elektron-Phonon-Wechselwirkung herrühren. Wenn dem aber so ist, dann liegt es nahe, die Energie $\hbar\omega_c$ mit einer charakteristischen Phonon-Energie bzw. die Frequenz ω_c mit einer charakteristischen Phonon-Frequenz – nämlich der Debye-Frequenz – zu identifizieren.

Die Cooper-Paare bauen nun um die Oberfläche der Fermi-Kugel herum einen sehr eigenartigen Zustand auf, in dem innerhalb eines gewissen Intervalls um die Fermi-Energie E_F herum die Paar-Zustände $\{\vec{k}\uparrow, -\vec{k}\downarrow\}$ *gleichzeitig* mit einer Wahrscheinlichkeit $|u_k|^2$ unbesetzt und mit einer Wahrscheinlichkeit $|v_k|^2$ besetzt sind. Die Wahrscheinlichkeits*amplituden* u_k und v_k sind im allgemeinen komplexwertige

---

6 Etwas allgemeiner kann man zulassen, dass die Wechselwirkung zwischen den Elektronen vom Impuls bzw. Wellenvektor der Elektronen abhängt.

Zahlen, die vom Wellenvektor $\vec{k}$ abhängen. Es muss $|u_k|^2 + |v_k|^2 = 1$ gelten, da sich die Wahrscheinlichkeiten, einen Zustand besetzt oder unbesetzt zu finden, zu 1 addieren müssen.

Ein derartiger Zustand ist klassisch nicht vorstellbar. In der Quantenmechanik sind aber solche Superpositionen ohne weiteres möglich.

Nun ist es die Aufgabe, die Parameter u und v zu bestimmen. Man erreicht dies dadurch, dass man den obigen Ansatz für die Wellenfunktion der Cooper-Paare in die Schrödinger-Gleichung des Systems einsetzt, die Energie des Systems in Abhängigkeit von u und v ausrechnet und dann u und v so wählt, dass die Energie minimal wird [M3, M4]. Man hat dann den energetisch besten Zustand gefunden, der mit der angenommenen Wellenfunktion möglich ist.

Mit der obigen Prozedur findet man für $|v_k|^2$ den Ausdruck

$$|v_k|^2 = \frac{1}{2}\left[1 - \frac{\varepsilon_k - E_F}{\sqrt{|\Delta|^2 + (\varepsilon_k - E_F)^2}}\right] \tag{3-3a}$$

wobei wir die Energie der einzelnen Elektronen bei Abwesenheit der Wechselwirkung V wie in Gleichung (3-2) als ε_k bezeichnet haben. E_F ist die Fermi-Energie. Die Größe Δ wird im folgenden noch sehr wichtig werden. Sie ist gegeben durch die Summe $\Delta = -V\sum_k u_k v_k$ und damit wie die Wechselwirkung V nur für ε_k-Werte im Intervall $\pm \hbar\omega_c$ verschieden von Null. Im allgemeinen ist Δ eine komplexe Zahl, die wir im folgenden auch als $\Delta = \Delta_0 e^{i\varphi}$ mit einer reellen Amplitude Δ_0 schreiben wollen. Wir haben dann $|\Delta|^2 = \Delta_0^2$.

Für $|u_k|^2 = 1 - |v_k|^2$ findet man

$$|u_k|^2 = \frac{1}{2}\left[1 + \frac{\varepsilon_k - E_F}{\sqrt{|\Delta|^2 + (\varepsilon_k - E_F)^2}}\right] = \frac{1}{2}\left[1 + \frac{\varepsilon_k - E_F}{\sqrt{\Delta_0^2 + (\varepsilon_k - E_F)^2}}\right] \tag{3-3b}$$

Die beiden Funktionen $|u_k|^2$ und $|v_k|^2$ sind in Abb. 3.5 gezeichnet, wobei wir für E_F einen Wert von 1 eV und für Δ_0 einen Wert von 1 meV angenommen haben, was typische Werte für metallische Supraleiter sind. Die Wahrscheinlichkeit $|v_k|^2$, ein Elektronenpaar in einem Zustand $\vec{k}$ (bzw. $|\vec{k}|$) zu finden, ist tief im Inneren der Fermikugel (d.h. für $\varepsilon_k \ll E_F$) praktisch gleich eins, wie dies für nicht wechselwirkende Elektronen auch der Fall gewesen wäre. Ganz analog ist für Energien $\varepsilon_k \gg E_F$ die Wahrscheinlichkeit $|u_k|^2$ nahezu gleich 1, dass dieser Zustand unbesetzt ist. In einem Intervall von etwa $\pm \Delta_0$ um die Fermi-Energie herum weichen aber sowohl $|u_k|^2$ und $|v_k|^2$ stark von Null bzw. Eins ab. Genau dies wäre bei unabhängigen Elektronen nicht der Fall gewesen. In diesem Intervall verhält sich also das Cooper-Paarsystem nichttrivial. Das Verhältnis Δ_0/E_F beträgt in der Abbildung gleich 10^{-3}. In diesem Sinne kann man auch sagen, dass nur etwa ein Promille aller Elektronen nahe der Fermienergie an der Supraleitung teilnimmt.

Die Größe Δ hängt ihrerseits über das Produkt $u_k \cdot v_k$ von allen Zuständen k ab. Dies zeigt, dass alle Cooper-Paare kollektiv miteinander verbunden sind. Im Gegensatz dazu wäre für unabhängige Elektronen Δ immer Null, da entweder u_k oder v_k immer verschwindet.

In dem durch die BCS-Theorie beschriebenen Zustand stimmen alle Paare in allen physikalischen Größen überein. Insbesondere ist die Schwerpunktsbewegung

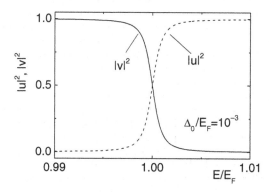

Abb. 3.5 Die Funktionen $|u_k|^2$ und $|v_k|^2$, die nach Gleichung (3-3) die Wahrscheinlichkeit angeben, dass sich ein Cooper-Paar in einem Zustand mit Wellenvektor k befindet ($|v_k|^2$) bzw. nicht befindet ($|u_k|^2$). Für die Darstellung wurde $E_F = 1$ eV und $\Delta_0 = 1$ meV gewählt.

für alle Paare die gleiche, und damit sind wir bei der makroskopischen Materiewelle angelangt, deren Eigenschaften wir in Kapitel 1 ausführlich beschrieben haben.

Welche darüber hinausgehenden Informationen liefert uns die mikroskopische Theorie?

Zunächst kann man den Energiegewinn berechnen, der durch die Cooper-Paarung entsteht, d.h. die Kondensationsenergie. Man findet, dass diese durch $-N(E_F)\Delta_0^2/2$ gegeben ist, wobei $N(E_F)$ die Zustandsdichte an der Fermienergie ist (vgl. Abschnitt 1.1). Außer von $N(E_F)$ hängt die Kondensationsenergie via Δ_0^2 auch noch von der Paar-Wechselwirkung V ab. Offensichtlich ist es für die Supraleitung günstig, wenn die beiden Größen sehr groß werden.

Das nächste wichtige Ergebnis betrifft die Frage, welche Anregungen aus dem supraleitenden Grundzustand heraus möglich sind.

Eine sehr einfache Anregung, die man sich vorstellen kann, besteht darin, ein Cooper-Paar zu zerbrechen und zwei unabhängige Elektronen zu haben. Wir können hierbei als »Elementarprozess« ein einzelnes ungepaartes Elektron betrachten und uns fragen, wie dessen (Anregungs-)Energie im Vergleich zur Energie ε_k desselben Elektrons im normalleitenden Zustand aussieht. Das resultierende Elektron inklusive der Wechselwirkung nennt man Quasiteilchen.

Hier findet man, dass die Energie dieses ungepaarten Elektrons durch

$$E_k = \sqrt{(\varepsilon_k - E_F)^2 + \Delta_0^2} \tag{3-4}$$

gegeben ist [M3, M4]. Diese Funktion ist in Abb. 3.6 gezeichnet. Wäre Δ_0 gleich Null, würde sich $E_k = \pm(\varepsilon_k - E_F)$ ergeben, man erhielte also die Energie der nicht wechselwirkenden Elektronen zurück. Für $\Delta_0 \neq 0$ hat E_k aber einen Mindestwert Δ_0. Das bedeutet aber auch, dass mindestens zweimal dieser Wert aufgebracht werden muss, um ein Cooper-Paar zu zerbrechen und zwei dieser Quasiteilchen zu erzeugen!

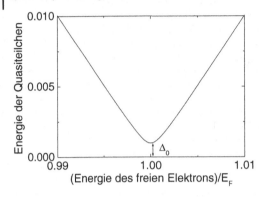

Abb. 3.6 Energie eines ungepaarten Elektrons (»Quasiteilchen«) im Supraleiter.

Wir können hier auch bereits den Einfluss der Cooper-Paar-Wechselwirkung auf die Zustandsdichte der ungepaarten Elektronen angeben. Bereits ohne diese Wechselwirkung ist die Zustandsdichte eine im allgemeinen sehr komplizierte, von der Kristallstruktur abhängende Funktion, die wir als $N_n(E)$ bezeichnen wollen. Es kommt hier aber nur auf ein kleines Intervall $\pm \Delta_0$ in der Nähe der Fermi-Energie an, und in diesem Intervall können wir die Zustandsdichte der nicht wechselwirkenden Elektronen als konstant ansehen: $N_n(E) \approx N_n(E_F)$. In diesem Fall existieren bereits ganz nahe an der Fermi-Energie Zustände, in die man die Elektronen anregen kann. Genau dies geht aber für die Quasiteilchen nicht. Hier benötigt man nach Gleichung (3-4) eine Mindestenergie Δ_0.

Für die Zustandsdichte der Quasiteilchen bedeutet dies, dass an der Fermi-Energie in einem Intervall $\pm \Delta_0$ eine Lücke entsteht, in der keine Zustände mehr existieren. Der genaue Ausdruck für die Zustandsdichte der Quasiteilchen, die wir als $N_s(E)$ bezeichnen wollen, ergibt sich aus der BCS-Theorie für Energien $|E - E_F| \geq \Delta_0$ zu

$$N_s(E) = N_n(E_F) \cdot \frac{|E - E_F|}{\sqrt{(E - E_F)^2 - \Delta_0^2}} \qquad \text{für } |E - E_F| \geq \Delta_0 \tag{3-5}$$

Für Energien $|E - E_F| < \Delta_0$ ist $N_s(E)$ gleich Null. Diese Zustandsdichte ist in Abb. 3.7 gezeichnet. Sie geht bei Energien $E = E_F \pm \Delta_0$ gegen unendlich und nähert sich für große Werte von $|E|$ rasch der Zustandsdichte $N_n(E_F)$ an.

Im Energieintervall $E_F \pm \Delta_0$ gibt es keine Zustände[7]. Man nennt deshalb $2\Delta_0$ auch die »Energielücke« des Supraleiters.

Es sei hier außerdem angemerkt, dass durch die Cooper-Paarwechselwirkung die Energiezustände der ungepaarten Elektronen zwar energetisch umverteilt, aber nicht vernichtet werden. Integriert man $N_s(E)$ über alle Energien, so erhält man die gleiche Zahl von Zuständen, die man auch im normalleitenden Zustand hat. Die meisten der Zustände, die im Normalleiter im Bereich zwischen E_F und $E_F + \Delta_0$ sind, erscheinen beim Supraleiter bei Energien knapp oberhalb von $E_F + \Delta_0$.

---

7 Wir werden in Abschnitt 3.2 sehen, dass sich diese Eigenschaft ändert, wenn die Cooper-Paare keinen ($L = 0$)-Zustand bilden (vgl. Abschnitt 2.1). Dann existieren Quasiteilchen bei jeder Energie.

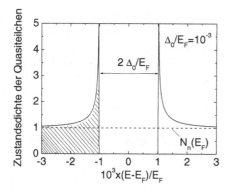

Abb. 3.7 Normierte Zustandsdichte $N_s(E)/N_n(E_F)$ der Quasiteilchen im Supraleiter entsprechend der BCS-Theorie. Für das Verhältnis Δ_0/E_F wurde 10^{-3} gewählt. Bei der Temperatur $T = 0$ sind alle Zustände unterhalb der Fermi-Energie E_F besetzt (schraffierter Bereich).

Wie wir in Abschnitt 3.1.3 sehen werden, kann die Energielücke des Supraleiters sehr schön in Infrarot-Absorptionsexperimenten, und insbesondere mittels supra-leitender Tunnelkontakte beobachtet werden. Diese Messungen bestätigen ausge-zeichnet unsere Vorstellungen über den supraleitenden Zustand.

Wenden wir uns nun den Eigenschaften des Supraleiters bei endlichen Tem-peraturen zu.

Für $T > 0$ werden einige Cooper-Paare durch thermische Fluktuationen zerbro-chen, und man erhält thermisch angeregte Quasiteilchen. Diese Quasiteilchen sind genau wie die Elektronen im Normalleiter Fermionen. Die Wahrscheinlichkeit, dass in einem gegebenen Energiezustand ein Quasiteilchen vorgefunden wird, ist daher durch die Fermi-Verteilungsfunktion (1-3) gegeben.

Nun »blockiert« aber ein Quasiteilchen im Quantenzustand $\vec{k}$ diesen Zustand für das Kondensat der Cooper-Paare, sodass sowohl die Zahl der Cooper-Paare als auch deren Bindungsenergie zurückgeht. Man erhält eine Abnahme von Δ_0 mit der Temperatur. Für $T \to T_c$ geht Δ_0 gegen Null.

Wie hängt die Dichte n_s der Cooper-Paare mit Δ_0 zusammen? Man findet: *n_s ist proportional zu Δ_0^2*. Die Größe Δ_0 tritt uns also einmal als die (halbe) »Energielücke« des Supraleiters entgegen, andererseits bestimmt sie aber auch die Zahl der Cooper-Paare. In Kapitel 1 hatten wir die Cooper-Paardichte als das Betragsquadrat der makroskopischen Wellenfunktion $\Psi = \Psi_0 e^{i\varphi}$ beschrieben. Man kann zeigen, dass $\Delta \propto \Psi$ gilt [9]. Paar-Amplitude Ψ_0 und Δ_0 werden daher häufig auch synonym verwendet.

Schließlich kann man aus der BCS-Theorie einen sehr einfachen Zusammen-hang zwischen T_c und den Größen $N_n(E_F)$, $\hbar\omega_c$ und der Cooper-Paar-Wechselwir-kung V finden. Er lautet [M3, M4]

$$T_c = 1{,}13 \frac{\hbar\omega_c}{k_B} \exp\left(-\frac{1}{N_n(E_F)V}\right) \tag{3-6}$$

Identifiziert man ω_c mit der Debye-Frequenz ω_D, dann erhält man auch unmittelbar einen Zusammenhang zwischen der Sprungtemperatur und der Masse M der Gitterbausteine, da die Frequenz der Gitterschwingungen umgekehrt proportional zur Wurzel aus M ist. Ersetzt man ein Isotop eines Gitterbausteins durch ein anderes, so ändern sich die Wechselwirkungen zwischen diesen Bausteinen ansonsten nicht. Dies ist der Isotopen-Effekt, den man bei einer Cooper-Paarung durch die Elektron-Phonon-Wechselwirkung erwartet.

Weiterhin kann man in der BCS-Theorie einen Zusammenhang zwischen Δ_0 bei der Temperatur Null und T_c aufstellen. Es ergibt sich:

$$2\Delta_0(T=0) = 3{,}5\, k_B T_c \qquad\qquad\qquad (3\text{-}7)$$

Sehen wir uns nun im folgenden Abschnitt die experimentellen Befunde für die mikroskopischen Vorstellungen des supraleitenden Zustands genauer an.

3.1.3
Experimente zur unmittelbaren Bestätigung der Grundvorstellungen über den supraleitenden Zustand

Wir haben im vorangegangenen Abschnitt ein Bild des supraleitenden Zustandes entworfen, wie es von der BCS-Theorie, der so überaus erfolgreichen mikroskopischen Theorie der Supraleitung, gegeben wird. Grundsätzlich stellt natürlich die Fülle aller Beobachtungen, die durch die Theorie quantitativ oder auch nur qualitativ erklärt werden können, die volle Rechtfertigung für die wesentlichen Vorstellungen dar. Unter diesen Beobachtungen gibt es einige, die besonders unmittelbar einzelne charakteristische Eigenschaften des supraleitenden Zustandes erkennen lassen.

Wir hatten in Kapitel 1 Ergebnisse besprochen, die unmittelbar zeigen, dass bei der Supraleitung ein makroskopischer Quantenzustand mit wohldefinierter Phase vorliegt. Im folgenden Abschnitt wollen wir weitere Ergebnisse behandeln, um einerseits unser Vertrauen in die doch etwas komplizierten Vorstellungen über den supraleitenden Zustand zu stärken und andererseits diese Vorstellungen anhand konkreter Experimente zu vertiefen. Mit Ausnahme des Isotopen-Effektes sind diese charakteristischen Eigenschaften unabhängig von der speziellen Wechselwirkung, die zu der Paarkorrelation führt.

Einige der experimentellen Fakten, wie etwa das Verhalten der spezifischen Wärme oder der Isotopeneffekt, waren schon vor der Entwicklung der BCS-Theorie bekannt. Andere Experimente, wie etwa Messungen des Tunneleffektes und auch der in Kapitel 1 besprochenen Josephson-Effekte, sind erst durch die mikroskopische Theorie stimuliert worden. Die ebenfalls in Kapitel 1 besprochene Flussquantisierung stellt eine Besonderheit insofern dar, als sie von F. London schon lange vor der BCS-Theorie vermutet wurde, experimentell jedoch erst nach der Entwicklung dieser Theorie beobachtet worden ist und in ihrem quantitativen Ergebnis einen besonders überzeugenden Beweis für die Vorstellung der Cooper-Paarung lieferte.

3.1.3.1 Der Isotopeneffekt

Die Frage, ob die Kernmasse der Gitteratome einen Einfluss auf die Supraleitung hat, ob – anders ausgedrückt – die Supraleitung von dem Gitter der Rumpfatome abhängt oder nur auf das System der Elektronen beschränkt ist, wurde schon 1922 von Kamerlingh-Onnes [10] untersucht. Ihm standen damals nur die in der Natur vorkommenden Bleisorten [(M) = 206 Uranblei und (M) = 207,2 natürliches Blei] zur Verfügung. Mit seiner Nachweisgenauigkeit konnte er keinen Unterschied der Übergangstemperaturen finden. Auch spätere Versuche mit Bleiproben (E. Justi, 1941) [11] zeigten keinen Einfluss der Atommasse auf T_c.

Erst die modernere Kernphysik gestattet es, in den Kernreaktoren Isotope mit größerem Massenunterschied in genügender Konzentration herzustellen. So wurde 1950 fast gleichzeitig von Maxwell [12] einerseits und Reynolds, Serin, Wright und Nesbitt [13] andererseits bei Quecksilber eine Abhängigkeit der Übergangstemperatur von der Kernmasse festgestellt. In Tabelle 3.1 sind einige Ergebnisse aufgeführt.

Tabelle 3.1   Isotopeneffekt für Quecksilber [13].

Mittleres Atomgewicht	199,7	200,7	202,0	203,4
Übergangstemperatur T_c in K	4,161	4,150	4,143	4,126

Wir haben schon erwähnt, dass diese Ergebnisse für die Entwicklung der Supraleitung deshalb so ausschlaggebend waren, weil sie gerade zur rechten Zeit kamen, um die Idee der Elektron-Phonon-Wechselwirkung so hervorragend zu bestätigen. Schon die ersten mehr qualitativen Überlegungen von Fröhlich bzw. Bardeen ließen erwarten, dass die Übergangstemperatur T_c umgekehrt proportional zur Wurzel der Atommasse M sein sollte:

$$T_c \propto M^{-1/2} \tag{3-8}$$

Diese Abhängigkeit ist auch in der erst 7 Jahre später erschienenen BCS-Theorie geblieben, wie in Abschnitt 3.1.2 erläutert wurde.

Die Abhängigkeit (3-8) ist für eine ganze Reihe von Supraleitern sehr gut erfüllt. In Abb. 3.8 sind die Ergebnisse für Zinn dargestellt. Zinn ist deshalb besonders günstig, weil es eine relativ große Variation der Kernmasse, nämlich von (M) = 113 bis (M) = 123, erlaubt. In Abb. 3.8 sind die Ergebnisse verschiedener Laboratorien eingetragen [14]. Die gestrichelte Gerade entspricht dem Exponenten –1/2 in der Beziehung (3-8). Die Übereinstimmung zwischen Experiment und theoretischer Erwartung ist sehr gut.

Das ist aus heutiger Sicht beinahe etwas überraschend, da die zu Gleichung (3-8) führende Theorie sehr starke Vereinfachungen macht. Die Übereinstimmung zeigt uns, dass diese Vereinfachungen offenbar für eine größere Zahl von Supraleitern gerechtfertigt sind. Dass dies nicht immer der Fall ist, zeigt Tabelle 3.2, in der Messungen des Isotopeneffektes für verschiedene Supraleiter zusammengestellt sind.

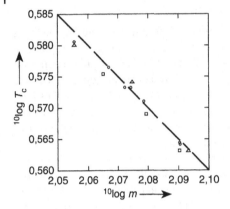

Abb. 3.8 Isotopeneffekt für Zinn.
○ Maxwell; □ Lock, Pippard und Shoenberg;
△ Serin, Reynolds und Lohman (nach [14]).

Tabelle 3.2 Isotopeneffekt.

Element	Hg	Sn	Pb	Cd	Tl	Mo	Os	Ru
Isotopenexponent $\beta^{*)}$	0,50	0,47	0,48	0,5	0,5	0,33	0,2	0,0

*) β wird aus den Experimenten durch Anpassung an die Beziehung $T_c \propto M^{-\beta}$ erhalten. Die angegebenen Werte sind dem Buch »Superconductivity« von R. D. Parks, Marcel Dekker Inc, New York 1969, Seite 126, entnommen.

Während die Nichtübergangsmetalle recht gut den erwarteten Exponenten $\beta = 1/2$ besitzen, weichen die Übergangsmetalle doch sehr erheblich von diesem Wert ab. Trotz der beachtlichen Schwierigkeiten[8], die diese Experimente bieten, kann die Abweichung als gesichert gelten. Für Uran wird nach vorliegenden Messungen sogar ein Wert $\beta = -2,2$, also ein Isotopeneffekt mit umgekehrten Vorzeichen, angegeben [15].

Man wird angesichts der großen Erfolge der BCS-Theorie versuchen, eine Erklärung der von 1/2 abweichenden Isotopenexponenten im Rahmen dieser Theorie zu finden. Das ist durchaus möglich, wenn man den die Wechselwirkung charakterisierenden Parameter V in Gleichung (3-6) etwas näher analysiert. Dieser Wechselwirkungsparameter ergibt sich im wesentlichen aus der Differenz der *anziehenden* Elektron-Phonon-Wechselwirkung und der *abstoßenden* Coulomb-Wechselwirkung zwischen den Elektronen. Führt man diese beiden Wechselwirkungen explizit in die Theorie ein, was im Zuge der Entwicklung dieser Theorie möglich wurde, so erhält man für T_c die verbesserte, aber auch kompliziertere Formel [16]:

$$T_c \propto \omega_D \cdot \exp\left(-\frac{\lambda^* + 1}{\lambda^* - \mu^*(1 + \lambda^* \cdot <\omega>/\omega_D)}\right) \qquad (3-9)$$

---

8 Bei den kleinen Änderungen von T_c ist es nicht ganz einfach, die Experimente mit der erforderlichen Genauigkeit durchzuführen. Man ist gezwungen, die T_c-Messungen an verschiedenen Proben zu machen. Dabei muss verlangt werden, dass alle anderen Einflüsse auf T_c, wie etwa innere Verspannungen, Verunreinigungen und Gitterfehler, die alle T_c verändern können, für alle Proben genügend gleich gehalten werden, um den Einfluss der Isotopenmasse allein zu beobachten.

Hier wird die Elektron-Phonon-Wechselwirkung durch λ^* und die Coulomb-Wechselwirkung durch μ^* charakterisiert. $<\omega>$ ist ein bestimmter Mittelwert über alle Frequenzen des Gitters[9].

Wir wollen diese Formel hier nicht näher untersuchen. Entscheidend ist, dass bei einer solchen verbesserten Analyse die Gitterfrequenzen auch, wie zu erwarten ist, explizit in den Exponenten eingehen. Damit kann je nach der Größe von λ^* und μ^* der Einfluss des Faktors ω_D auf T_c (s. Gleichung 3-9) mehr oder weniger verändert werden. Abweichungen der Größe β in $T_c \propto M^{-\beta}$ vom Wert $1/2$, ja sogar ein vollständiges Fehlen jeder M-Abhängigkeit von T_c kann deshalb nicht als ein Beweis gegen die Bedeutung der Elektron-Phonon-Wechselwirkung in diesen Supraleitern angeführt werden. Andererseits kann man oft auch nicht mit Sicherheit sagen, ob die für eine Erklärung der anomalen Isotopeneffekte erforderlichen Annahmen über λ^* und μ^* wirklich gerechtfertigt sind. Wir haben heute noch immer nicht genügend quantitative Einsicht in die Zusammenhänge zwischen der Supraleitung und den übrigen Metallparametern.

Einen wesentlichen Fortschritt haben Tunnelexperimente an Supraleitern gebracht, wie wir im nächsten Abschnitt erläutern werden. Die Elektron-Phonon-Wechselwirkung zeichnet sich bei genügender Stärke in der Strom-Spannungs-Kennlinie von Tunneldioden ab. Eine sorgfältige Analyse solcher Kennlinien erlaubt es, die Größen λ^* und μ^* zu bestimmen.

Der Isotopeneffekt zeigt aber ganz unmittelbar den Einfluss der Gitterschwingungen und bestätigt durch seine quantitative Übereinstimmung mit der Theorie zumindest für viele Supraleiter die entscheidende Bedeutung der Elektron-Phonon-Wechselwirkung. Hier hat der Fortschritt der Kernphysik, der die Erzeugung neuer Isotope im Kernreaktor ermöglichte, ganz wesentlich auf die Entwicklung der Supraleitung gewirkt. Dies ist eines der im Zusammenhang mit der Supraleitung zahlreichen Beispiele dafür, wie ganz verschiedene physikalische Gebiete sich in ihrem Fortschritt gegenseitig beeinflussen.

Auch neu entdeckte Supraleiter werden, sofern dies möglich ist, auf den Isotopeneffekt hin untersucht. Die Ergebnisse zu den Hochtemperatursupraleitern werden wir in Abschnitt 3.2.2 besprechen. Als weitere Beispiele nennen wir hier die Fulleride K_3C_{60} und Rb_3C_{60} [17] sowie das Magnesium-Diborid [18]. In den Fulleriden wurde das Kohlenstoffisotop ^{12}C durch das Isotop ^{13}C teilweise oder ganz ersetzt. Da der Kohlenstoff ein leichtes Element ist, konnte hier eine relativ große T_c-Verschiebung im Prozent-Bereich beobachtet werden. Es ergab sich – bei großen Streuungen – ein Isotopenexponent von etwa 0,3. Der Wert ist in guter Übereinstimmung mit der Elektron-Phonon-Kopplung, wenn man annimmt, dass die intramolekularen Schwingungen der C_{60}-Moleküle den dominanten Beitrag zur Cooper-Paarung liefern.

Bei MgB_2 wurde der Isotopeneffekt sowohl bezüglich Mg als auch bezüglich B untersucht. Bei der Variation der Bor-Isotope ($^{10}B \leftrightarrow {}^{11}B$) fand man einen Expo-

---

9 Einen gewissen Eindruck von der Größenordnung dieser Parameter vermitteln die folgenden Angaben: λ^* variiert zwischen 0 und ca. 2, wobei für große λ^* die Näherungen zweifelhaft werden; μ^* liegt im Bereich von etwa 0,1 bis 0,2; $<\omega>/\omega_D$ ist etwa 0,6.

nenten von etwa 0,3, bei der Variation der Mg-Isotope (^{26}Mg $\leftrightarrow$ ^{27}Mg) dagegen nur einen Exponenten von 0,02. Dies zeigt, dass offensichtlich Schwingungen der Bor-Ionen eine ganz wesentliche Rolle bei der Cooper-Paarung in MgB$_2$ spielen.

3.1.3.2 Die Energielücke

In Abb. 3.7 (s. Abschnitt 3.1.2) haben wir für $T = 0$ die normierte Zustandsdichte für ungepaarte Elektronen im supraleitenden Zustand dargestellt. Die Existenz eines Bereiches verbotener Energie (»energy gap«) hat uns ein einfaches Verständnis dafür gegeben, dass die Cooper-Paare unterhalb einer kritischen kinetischen Anregungsenergie nicht mit dem Gitter wechselwirken können. Zur Ausmessung der Energielücke können verschiedene Methoden verwendet werden, die wir im folgenden kurz behandeln wollen.

Absorption elektromagnetischer Strahlung

Wir haben schon auf die Möglichkeit hingewiesen, die Energielücke durch Messung der Absorption elektromagnetischer Strahlung zu bestimmen. Der erste experimentelle Nachweis für die Existenz einer Energielücke im Termschema der Einzelelektronen bei $T < T_c$ wurde von Glover und Tinkham 1957 [19] bei Beobachtungen der Infrarotdurchlässigkeit von dünnen supraleitenden Filmen erbracht.

Schon Anfang der 1930er Jahre wurde darauf hingewiesen[10], dass man mit elektromagnetischen Wellen geeigneter Frequenz in der Lage sein sollte, den Ordnungszustand eines Supraleiters unterhalb der Übergangstemperatur aufzubrechen. Dies sollte sich in einer Anomalie der Absorption zeigen. Erfolgreiche Versuche waren in den 1930er Jahren nicht möglich, weil damals der erforderliche Wellenlängenbereich experimentell kaum zugänglich war. Nehmen wir eine Bindungsenergie E_B von ca. 10^{-3} eV an, so benötigen wir für diese Energie Strahlungsquanten mit einer Frequenz $f = E_B/h = 2{,}4 \cdot 10^{11}$ Hz (240 GHz). Das sind Wellen von ca. 1 mm Wellenlänge, für die in den 1930er Jahren weder die Erzeugungs- noch die Nachweismethoden zur Verfügung standen. Erst gut 20 Jahre später wurde diese Methode erfolgreich zur Ausmessung der Energielücke, deren Größe inzwischen durch die BCS Theorie vorhergesagt werden konnte[11], eingesetzt [19]. Heute haben wir auch für den Wellenlängenbereich von ca. 500 µm bis 3 cm genügend gute experimentelle Hilfsmittel, um derartige Messungen zur quantitativen Bestimmung der Energielücke zu verwenden.

Wir wollen diese Methode, deren quantitative Auswertung etwas kompliziert ist, nicht näher behandeln. Die Abb. 3.9 gibt nur ein Beispiel für eine solche Messung [20]. Die Strahlung wurde dabei in einen kleinen Hohlraum geleitet, der aus dem zu untersuchenden Material bestand. In dem Hohlraum erfährt die Strahlung sehr viele Reflexionen, bevor sie nachgewiesen wird. Je stärker die Absorption der

---

10 Siehe dazu W. Meißner: Handbuch der Experimentalphysik von Wien u. Harms, Band XI, 2. Teil, Seite 260, Akademische Verlagsgesellschaft Leipzig 1935.

11 Die Existenz einer Energielücke im Termschema des Supraleiters unterhalb von T_c wurde schon 1946 von Daunt und Mendelssohn vorgeschlagen, siehe J. G. Daunt u. K. Mendelssohn: Proc. R. Soc. London, Ser. A **185**, 225 (1946).

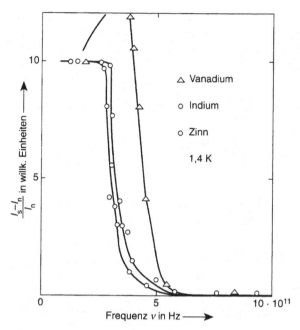

Abb. 3.9 Zur Absorption elektromagnetischer Wellen der Frequenz f in Supraleitern. Übergangstemperaturen T_c: V 5,3 K; In 3,42 K; Sn 3,72 K; Messtemperatur: 1,4 K. Bei Vanadium wird für $f < 2\Delta_0/h$ eine Frequenzabhängigkeit beobachtet, deren mögliche Ursachen hier nicht diskutiert werden können (nach [20]).

Strahlung in der Hohlraumwand ist, umso kleiner wird die nachgewiesene Leistung. Die Messung erfolgt nun in der Weise, dass bei einer festen Temperatur (hier ca. 1,4 K) für jede Wellenlänge die Leistung im supra- und im normalleitenden Zustand, I_s bzw. I_n, bestimmt wird. Die Supraleitung kann dabei durch ein genügend hohes Magnetfeld zerstört werden. Die Differenz dieser Leistungen gibt den Unterschied der Reflexion in beiden Zuständen. In Abb. 3.9 ist diese Differenz bezogen auf die Leistung im normalleitenden Zustand gegen die Frequenz aufgetragen. Bei kleinen Frequenzen ist ein deutlicher Unterschied der Reflexion im supra- bzw. normalleitenden Zustand zu beobachten. Die Reflexion im supraleitenden Zustand ist größer. Bei einer bestimmten Frequenz tritt ein starker Abfall der Differenz auf, und bei größeren Frequenzen wird der Unterschied zwischen beiden Zuständen Null. Die Deutung ist nun, dass der starke Abfall dann auftritt, wenn die Quantenenergie der Strahlung ausreicht, um die Cooper-Paare aufzubrechen. Dies bedeutet eine zusätzliche Absorption[12]. Für Energien $hf > 2\Delta_0$ ist

---

12 Solche »Absorptionskanten« werden auch bei Halbleitern beobachtet. Der Bereich verbotener Energie ist dort jedoch sehr viel größer, z. B. ca. 0,8 eV für Germanium. Dementsprechend liegt der Abfall der Absorption bei ca. 1000mal kleineren Wellenlängen, d. h. bei Wellenlängen von ca. 1 μm, also im nahen Infrarot.

praktisch kein Einfluss der Energielücke auf die Absorption vorhanden, weil die Strahlungsquanten die Elektronen weit über die Lücke anregen können. In Tabelle 3.3 sind für einige Elementsupraleiter Werte für die Energielücke bei $T = 0$ aus derartigen Messungen angegeben. Die Tabelle 3.4 gibt Werte für die Energielücke für einige ausgewählte supraleitende Verbindungen und Legierungen an.

Tabelle 3.3 Die Energielücke $2\Delta_0$ für einige Element-Supraleiter, gemessen in Einheiten von $k_B T_c$. Die Zahlen in Klammern geben die Energielücke in meV an.

Element	Messmethode			
	T_c in Kelvin	Tunneleffekt	Ultraschall	Lichtabsorption
Sn	3,72	3,5 ± 0,1 (1,15)	–	3,5
In	3,4	3,5 ± 0,1 (1,05)	3,5 ± 0,2	3,9 ± 0,3
Tl	2,39	3,6 ± 0,1 (0,75)	–	–
Ta	4,29	3,5 ± 0,1 (1,30)	3,5 ± 0,1	3,0
Nb	9,2	3,6 (2,90)	4,0 ± 0,1	2,8 ± 0,3
Hg	4,15	4,6 ± 0,1 (1,65)	–	4,6 ± 0,2
Pb	7,2	4,3 ± 0,05 (2,70)		4,4 ± 0,1

Die Werte sind entnommen aus: R. D. Parks »Superconductivity«, S. 141 und S. 216, sowie: D. H. Douglass Jr. und L. M. Falicov: »Progress of Low Temperature Physics«, Band 4, 97 (1964), North-Holland, Amsterdam. Für detaillierte Angaben siehe Physik Daten, »Superconductivity Data« Nr. 19-1 (1982), Fachinformationszentrum Karlsruhe GmbH.

Tabelle 3.4 Die Energielücke $2\Delta_0$ für ausgewählte supraleitende Verbindungen (s-Wellen-Cooper-Paarung); (Messmethoden: Tunneleffekt, optische Methoden, Kernspinresonanz, spezifische Wärme u. a.). Viele Daten findet man auch in der Monographie [M14].

Material	T_c in K	$2\Delta_0$ in meV	$2\Delta_0/k_B T_c$	Lit.	Siehe auch Abschnitt
Nb_3Sn	18	6,55	4,2	[21]	2.3.1
NbN	13	4,6	4,1	[22]	2.3.1
MgB_2	40	3,6–15	1,1–4,5	[18]	2.3.2
Rb_3C_{60}	29,5	10–13	4,0–5,1	[17]	2.4
$ErRh_4B_4$	8,5	2,7–3	3,8–4,2	[23]	2.5
$PbMo_6S_3$	12	4–5	4–5	[24]	2.5
YNi_2B_2C	15,5	4,7	3,5	[25]	2.5
$NbSe_2$	7	2,2	3,7	[26]	2.7
$BaPb_{0.75}Bi_{0.25}O_3$	11,5	3,5	3,5	[27]	2.8.2
$Ba_{0.6}K_{0.4}BiO_3$	25–30	8	3,5	[28]	2.8.2

Ultraschallabsorption

Auch Schallwellen wechselwirken mit dem System der Leitungselektronen in einem Metall. Wir können eine Schallwelle als einen Strom kohärenter Phononen auffassen. Bis vor kurzem standen uns als Ultraschall nur Frequenzen von maximal ca. 30 GHz zur Verfügung. Die meisten Messungen wurden mit Frequenzen von einigen MHz bis 10 MHz durchgeführt. Die Energien dieser Frequenzen sind wesentlich kleiner als die Breite der Energielücke. Nur in unmittelbarer Nähe von T_c, wo die Energielücke $2\Delta_0(T)$ gegen Null geht, ist es möglich, dass die Schallenergie dieser Frequenzen vergleichbar mit $2\Delta_0(T)$ wird. Die Absorption wird da-

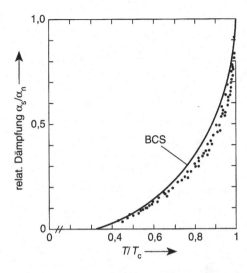

Abb. 3.10 Ultraschallabsorption in supraleitendem Zinn und Indium. Die eingezeichnete Kurve gibt die Werte wieder, wie sie nach der BCS-Theorie für eine Energielücke $2\Delta_0 = 3{,}5\,k_BT_c$ zu erwarten sind (nach [29]).

her neben anderen Mechanismen im wesentlichen von der Zahl der ungepaarten Elektronen abhängen. Unterhalb von T_c nimmt diese Zahl mit sinkender Temperatur rasch ab. Entsprechend nimmt die Schalldämpfung unterhalb von T_c ebenfalls rasch ab. Abb. 3.10 gibt ein Beispiel für eine solche Messung [29]. Da die jeweilige Zahl der ungepaarten Elektronen bei gegebener Temperatur von der Breite der Energielücke abhängt, kann man aus solchen Absorptionsmessungen durch Vergleich mit der theoretisch erwarteten Abhängigkeit diese Breite der Energielücke bestimmen. In Abb. 3.10 ist die nach der BCS-Theorie für $2\Delta_0$ ($T = 0$) = 3,5 k_BT_c (Gleichung 3-7) zu erwartende Kurve eingezeichnet.

Wir können hier auf die ebenfalls nicht ganz einfache Analyse solcher Messungen nicht näher eingehen. Es sei nur erwähnt, dass die Schallwellen gegenüber elektromagnetischen Wellen den großen Vorteil haben, tiefer in das Metall hineinlaufen zu können, während die hochfrequenten elektromagnetischen Wellen nur in eine sehr dünne Oberflächenschicht, nämlich bis zur Skintiefe, eindringen können.

Tunnelexperimente

Die Möglichkeit, Tunnelexperimente zur Bestimmung der Energielücke zu verwenden, wurde von I. Giaever 1961 [30, 31] angegeben. Wir wollen diese Messmethode ausführlich behandeln, da sie weit über die Bestimmung der Energielücke hinaus eine Fülle von neuen Erkenntnissen gebracht hat.

Die Methode beruht auf der Beobachtung eines Tunnelstromes durch eine dünne Isolationsschicht zwischen einer Referenzprobe und dem Supraleiter, der untersucht werden soll. Im Gegensatz zum Josephsonstrom, den wir in Kapitel 1 behandelt haben, geht es jetzt aber um das Tunneln der ungepaarten Elektronen.

In Abb. 3.11a ist die Anordnung schematisch gezeigt. Zwei metallische Leiter, z. B. zwei Al-Schichten, sind durch eine sehr dünne Isolatorschicht, z. B. Al_2O_3, getrennt. Das Al_2O_3 ist ein sehr guter Isolator, der sich auch bei einer Dicke von wenigen Nanometern fast perfekt herstellen lässt.

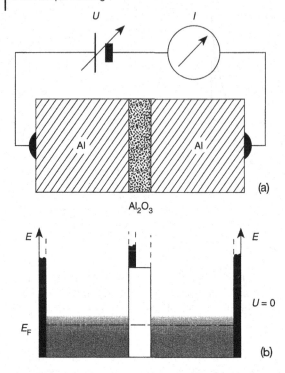

Abb. 3.11 (a) Anordnung zur Messung eines Tunnelstromes (schematisch); (b) Darstellung der erlaubten Energiewerte (schwarz) und ihrer Besetzung (punktiert).

Wir wollen uns diesen Tunneleffekt wegen seiner Bedeutung, z. B. auch in der Halbleiterphysik, etwas genauer ansehen. Dazu sind in Abb. 3.11b die erlaubten und verbotenen Energiebereiche für die drei Teile der Tunnelanordnung in der Umgebung der Fermi-Energie schematisch wiedergegeben. Die vollen vertikalen Balken markieren die erlaubten Energiebänder. Die Punktierung gibt die Besetzung wieder. Die Temperaturverschmierung der Besetzung ist angedeutet. Im Isolator liegen die nächsten erlaubten und unbesetzten Energiewerte sehr viel höher.

Der Tunneleffekt wird auch ohne ausführliche Rechnung verständlich, wenn wir uns an den Wellencharakter unserer Teilchen erinnern. Wenn eine Welle auf die Trennfläche zu einem Medium trifft, in das sie nicht eindringen kann, so muss die Welle *total reflektiert werden*. Dabei ist es intuitiv klar, dass die Welle ein gewisses Stück in den verbotenen Bereich eindringen wird. Sie tastet sozusagen die Möglichkeit ihrer Existenz in diesem Stoff ab. Dabei nimmt ihre Amplitude exponentiell ab, und zwar um so rascher, je größer die Differenz zwischen der Energie der Welle und einem erlaubten Wert der Energie ist, anders ausgedrückt, je höher die Barriere ist. Mit dieser natürlich sehr qualitativen Betrachtung wird sofort klar, dass für genügend dünne Barrieren eine endliche Wahrscheinlichkeit besteht, auch hinter der Barriere eine Welle zu bekommen, nämlich immer dann, wenn die Dicke der Barriere vergleichbar wird mit der Abklingstrecke der Amplitude in dem verbotenen Bereich. Dann nämlich kommt eine endliche Amplitude an der Rückseite an und kann dort wieder in den erlaubten Bereich austreten. Natürlich ist dort die Amplitude sehr klein, d. h. die Wahrscheinlichkeit für den Durchtritt eines Teilchens nimmt entsprechend der Wellenamplitude mit wachsender Dicke der Barriere rasch ab. Die Tunnelwahrscheinlichkeit hängt also von der energetischen Höhe und der Dicke der Barriere ab. Die energetische Höhe der Barriere ist dabei von der Energie des Teilchens aus zu messen, in unserem Fall der Abb. 3.11b also praktisch von E_F aus.

Wir haben es bei der vorliegenden Anordnung mit Elektronen, also mit Fermi-Teilchen, zu tun. Für sie gilt das Pauli-Verbot (s. Abschnitt 1.1). Für einen Übergang durch die Barriere muss das Elektron auf der anderen Seite einen freien Zustand finden. Sind dort alle Zustände schon besetzt, so wird auch bei genügend dünner Barriere kein Übergang stattfinden können. Die Zahl der durch die Barriere laufenden Teilchen hängt also von drei Größen ab:

1. der Zahl der Elektronen, die gegen die Barriere anlaufen,
2. der Wahrscheinlichkeit, die Barriere zu durchtunneln,
3. der Zahl der freien Plätze, die auf der anderen Seite zur Verfügung stehen.

Diese drei Größen müssen in die quantitative Beschreibung eines Tunnelstromes von Elektronen eingehen.

In Abb. 3.11b haben wir die Tunnelanordnung *ohne* äußere Spannung dargestellt. Wenn Elektronen zwischen zwei Systemen ausgetauscht werden können, so ist der Gleichgewichtszustand dadurch festgelegt, dass die Fermi-Energie auf gleicher Höhe liegt, in unserer Darstellung also eine horizontale Gerade bildet. Für diesen Zustand ist der Nettoaustausch von Teilchen gerade Null. Es tunneln gleich viele Elektronen von rechts nach links wie umgekehrt.

Nun legen wir eine Spannung $U \neq 0$ an die Anordnung. Die Spannung liegt praktisch vollständig an der Isolierschicht. Das bedeutet, dass sich die Fermi-Energien rechts und links von der Isolierschicht um den Energiebetrag $e \cdot U$ unterscheiden. Es werden sich die Tunnelströme in beiden Richtungen nicht mehr kompensieren, es fließt ein Nettostrom I.

Um uns die Größe des Stromes und seine Abhängigkeit von der Spannung U klarzumachen, ist in Abb. 3.12 eine Darstellung gewählt, die auch die Zustandsdichten enthält. In der unmittelbaren Umgebung der Fermi-Energie können wir die Zustandsdichte im Modell der freien Elektronen näherungsweise als konstant ansehen. In Abb. 3.12 ist die Tunnelanordnung für die Spannungen $U = 0$, $U = U_1$ und $U = U_2 > U_1$ wiedergegeben. Die Besetzung der Zustände wird durch die Schraffur angedeutet. Zur Vereinfachung wurde der Fall $T = 0$ gewählt. Die Energie der Elektronen als negativ geladene Teilchen wird auf der positiven Seite der Spannung gegen die negative Seite abgesenkt. Nun können mehr Elektronen von links nach rechts tunneln als umgekehrt, es fließt ein Elektronenstrom (Pfeil in Abb. 3.12 b und c). Da wir die Zustandsdichte konstant angenommen haben, wächst die Zahl der Elektronen, die von links nach rechts tunneln können, proportional zur Spannung U. Der Nettotunnelstrom I ist deshalb ebenfalls proportional zur angelegten Spannung U (Abb. 3.14, gestrichelte Kurve[13]). An dieser Stelle soll aus-

---

13 Wir vernachlässigen bei dieser Betrachtung den Einfluss der angelegten Spannung auf die energetische Höhe der Barriere.

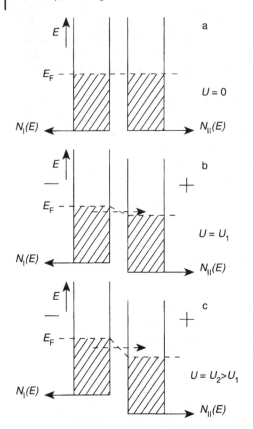

Abb. 3.12 Zum Tunnelstrom zwischen normalleitenden Metallen. Zur Vereinfachung wurde die Besetzung für $T = 0$ eingezeichnet. In der Isolierschicht sind in der Nähe von E_F keine Zustände.

drücklich nochmals betont werden, dass wir hier nur Tunnelprozesse bei konstanter Energie betrachten[14], Übergänge also, die in unserer Darstellung horizontal einzuzeichnen sind.

Die Strom-Spannungs-Charakteristik einer solchen Tunnelanordnung ändert sich, wenn die eine oder beide Seiten im supraleitenden Zustand sind. Dies ist sofort ersichtlich, wenn wir bedenken, dass im supraleitenden Zustand eine Energielücke im Termschema der Einzelelektronen auftritt und damit die Zustandsdichte in der Nähe der Fermi-Energie grundsätzlich verändert wird.

In Abb. 3.13 ist der erste Fall, Normalleiter gegen Supraleiter, in der Art der Abb. 3.12 dargestellt. Wieder wählen wir zur Vereinfachung den Fall $T = 0$. Die zugehörige Strom-Spannungs-Charakteristik ist in der Abb. 3.14 als Kurve 2 gezeigt. Bis zur Spannung $U = \Delta_0/e$ kann kein Tunnelstrom fließen, weil die Elektronen des Normalleiters keine Zustände im Supraleiter finden. Bei $U = \Delta_0/e$ setzt der Tunnelstrom mit vertikaler Tangente ein. Dieser steile Anstieg ist durch

---

14 Ein Elektron kann während des Tunnelprozesses, z. B. in der Barriere, ein Phonon absorbieren oder emittieren. Solche Prozesse, die als »phonon assisted tunneling« bezeichnet werden, sind selten und sollen zunächst außer Betracht bleiben.

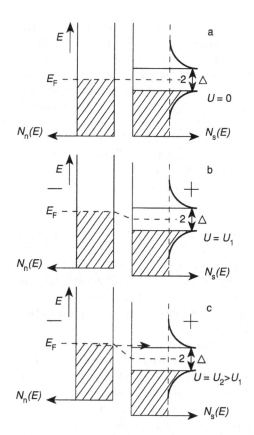

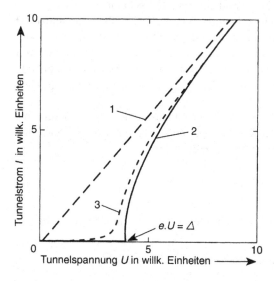

Abb. 3.13 Zum Tunnelstrom zwischen Normalleiter und Supraleiter. $T = 0$ K.

Abb. 3.14 Strom-Spannungs-Kurven für Tunnelkontakte. 1: Normalleiter/Normalleiter, Abb. 3.12; 2: Normalleiter/Supraleiter, $T = 0$ K, Abb. 3.13; 3: Normalleiter/Supraleiter, $0 < T < T_c$.

die hohe Dichte der freien Zustände im Supraleiter bedingt. Bei noch höheren Spannungen läuft die Kurve gegen die Tunnelkennlinie für zwei Normalleiter (Kurve 1). Bei endlichen Temperaturen haben wir die Besetzung im Normalleiter etwas verschmiert und auch entsprechend einige Einzelelektronen im Supraleiter oberhalb der Energielücke, die auch etwas kleiner ist, wie in Abschnitt 3.1.2 erläutert. Dann erhalten wir eine Kennlinie, wie sie durch Kurve 3 schematisch dargestellt ist.

Aus solchen Kennlinien lässt sich die Energielücke bequem bestimmen. Aus dem Verlauf der Funktion $I(U)$ lassen sich bei bekannter Zustandsdichte des Normalleiters auch quantitative Aussagen über den Verlauf der Zustandsdichte für ungepaarte Elektronen im Supraleiter gewinnen. Für $T = 0$ und $N_n(E)$ = const. gibt die Ableitung dI/dU direkt die Zustandsdichte der Einzelelektronen $N_s(E)$.

Es soll noch erwähnt werden, dass die Tunnelcharakteristik unabhängig von der Richtung der Spannung ist. Bei Umkehr der Spannung vertauschen lediglich die unbesetzten und die besetzten Zustände ihre Rolle. Polen wir den Supraleiter negativ, so können bei $U = \Delta_0/e$ die ungepaarten Elektronen in die freien Zustände des Normalleiters tunneln. Es ist festzuhalten, dass bei einem Tunnelprozess von Einzelelektronen wegen des Pauli-Verbots nicht nur die Elektronen im Ausgangszustand (z. B. links in Abb. 3.13), sondern auch die freien Plätze für den Endzustand (rechts in Abb. 3.13) vorhanden sein müssen.

Bevor wir den Fall 2, nämlich einen Tunnelkontakt aus zwei Supraleitern, behandeln, wollen wir den quantitativen Zusammenhang zwischen den wichtigen Größen betrachten. Wir haben schon festgestellt, dass die Wahrscheinlichkeit für einen Tunnelprozess von der Höhe und Breite der Barriere abhängt. In dem kleinen Energiebereich in der Nähe der Fermi-Energie, den wir hier betrachten, können wir diese Wahrscheinlichkeit als konstant (unabhängig von der Energie) ansehen. Wir nennen sie D (Durchlässigkeit). Die Zahl der pro Zeiteinheit z. B. bei der Energie E von links nach rechts tunnelnden Elektronen ist weiter proportional zur Zahl der links *besetzten* Zustände $N_I(E) \cdot f(E)$[15] und zur Zahl der rechts *freien* Plätze.

Die Wahrscheinlichkeit, bei einer Energie E einen freien Platz zu finden ist gerade 1 minus der Wahrscheinlichkeit, dass dieser Platz besetzt ist, also $1-f(E)$. Wenn eine Spannung U über der Barriere abfällt, tunneln die Elektronen von einem Zustand der Energie E auf der linken Seite in einen Zustand der Energie $E + eU$ auf der rechten Seite. Deren Anzahl ist also bei der Spannung U gegeben durch $N_{II}(E + eU) \cdot [1 - f(E + eU)]$.

Die Energie der Elektronen zählen wir im Folgenden von der Fermi-Energie aus: $\tilde{\varepsilon} = E - E_F$. Wir haben also in einem kleinen Energieintervall $d\tilde{\varepsilon}$ bei der Energie $\tilde{\varepsilon}$ den kleinen Beitrag zum Tunnelstrom von links nach rechts:

$$dI_{I \to II} \propto D \cdot N_I(\tilde{\varepsilon}) \cdot f(\tilde{\varepsilon}) \cdot N_{II}(\tilde{\varepsilon} + eU) \cdot [1 - f(\tilde{\varepsilon} + eU)] d\tilde{\varepsilon} \tag{3-10}$$

Der gesamte Tunnelstrom $I_{I \to II}$ wird durch Integration über alle Energien erhalten.

---

15 Wir kennzeichnen die Zustandsdichten in den Elektroden mit den Indizes I bzw. II.

Es gilt:

$$I_{I \to II} \propto D \cdot \int_{-\infty}^{\infty} N_I(\tilde{\varepsilon}) \cdot f(\tilde{\varepsilon}) \cdot N_{II}(\tilde{\varepsilon} + eU) \cdot [1 - f(\tilde{\varepsilon} + eU)] \mathrm{d}\tilde{\varepsilon} \qquad (3\text{-}11)$$

Wir müssen von $-\infty$ bis $+\infty$ integrieren, da wir die Energie von E_F aus zählen. Ebenso erhalten wir den Tunnelstrom $I_{II \to I}$ von rechts nach links:

$$I_{II \to I} \propto D \cdot \int_{-\infty}^{\infty} N_{II}(\tilde{\varepsilon} + eU) \cdot f(\tilde{\varepsilon} + eU) \cdot N_I(\tilde{\varepsilon}) \cdot [1 - f(\tilde{\varepsilon})] \mathrm{d}\tilde{\varepsilon} \qquad (3\text{-}12)$$

Die Differenz beider liefert schließlich den Nettotunnelstrom:

$$I = I_{I \to II} - I_{II \to I} \propto D \cdot \int_{-\infty}^{\infty} N_I(\tilde{\varepsilon}) \cdot N_{II}(\tilde{\varepsilon} + eU) \cdot [f(\tilde{\varepsilon}) - f(\tilde{\varepsilon} + eU)] \mathrm{d}\tilde{\varepsilon} \qquad (3\text{-}13)$$

Dabei ist nach Gleichung (1-3):

$$f(\tilde{\varepsilon}) = \frac{1}{e^{\tilde{\varepsilon}/k_B T} + 1} \qquad \text{mit } \tilde{\varepsilon} = E - E_F \qquad (3\text{-}14)$$

Wir haben diese kurze Ableitung deshalb gebracht, weil sie uns in so einfacher Weise als Bilanzgleichung den quantitativen Zusammenhang gibt. Für die Verhältnisse der Abb. 3.13 z. B. können wir $N_n(\tilde{\varepsilon}) = const$ annehmen und für $N_s(\tilde{\varepsilon})$ die Beziehung (3-5) aus Abschnitt 3.1.2, umgeschrieben von E auf $\tilde{\varepsilon}$, verwenden:

$$N_s(\tilde{\varepsilon}) = N_n(0) \cdot \frac{|\tilde{\varepsilon}|}{\sqrt{\tilde{\varepsilon}^2 - \Delta_0^2}} \qquad \text{für } |\tilde{\varepsilon}| \geq \Delta_0 \qquad (3\text{-}15)$$

Wir können dann den Verlauf der Tunnelkennlinie berechnen. Ein besonders einfaches Übungsbeispiel ist der in Abb. 3.12 dargestellte Fall eines Tunnelkontaktes zwischen zwei Normalleitern[16].

Nun betrachten wir den Fall eines Tunnelkontaktes aus zwei Supraleitern. In Abb. 3.15a und b ist ein solcher Kontakt in der uns schon bekannten Weise dargestellt. Hier ist lediglich das Teilbild für $U = 0$ weggelassen. Im Teilbild c der Abb. 3.15 ist die Strom-Spannungs-Charakteristik schematisch wiedergegeben.

Da sich in diesem Fall die Kennlinie für endliche Temperaturen grundsätzlich von der für $T = 0$ unterscheidet, haben wir hier eine Besetzung für $T \neq 0$ angenommen. Die gestrichelte Linie in Abb. 3.15c würde man für $T = 0$ erhalten. Bei $e \cdot U = \Delta_{II} - \Delta_I$ wird ein Maximum des Tunnelstromes erreicht, weil nun alle Einzelelektronen des Supraleiters I nach rechts tunneln können und dort eine besonders hohe Dichte unbesetzter Zustände finden. Der Strom nimmt dann mit wachsender Spannung ab, weil die Dichte der unbesetzten Zustände in II abnimmt.

---

16 Im Fall der Abb. 3.12 wird für alle $\tilde{\varepsilon} > 0$ die Klammer $[f(\tilde{\varepsilon}) - f(\tilde{\varepsilon} + eU)]$ gleich Null, da beide Fermifunktionen den Wert Null haben. Dabei ist unabhängig vom Vorzeichen der Elektronenladung $eU > 0$ angenommen. Für $\tilde{\varepsilon} < -eU$ wird die Klammer ebenfalls gleich Null, da beide Fermifunktionen den Wert 1 haben. Nur in dem Bereich $-eU < \tilde{\varepsilon} < 0$ hat die Klammer den Wert 1. Die als konstant angenommene Zustandsdichte können wir vor das Integral ziehen. Wir erhalten (vgl. Kurve 1 in Abb. 3.14):

$$I \propto D \cdot N_I \cdot N_n \int_{-eU}^{0} 1 \cdot \mathrm{d}\tilde{\varepsilon} \propto U$$

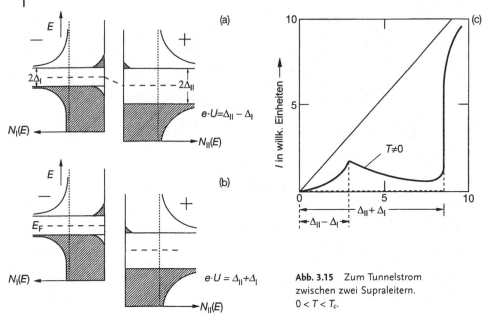

(a)

(b)

$e \cdot U = \Delta_{II} - \Delta_I$

$e \cdot U = \Delta_{II} + \Delta_I$

(c)

Abb. 3.15 Zum Tunnelstrom zwischen zwei Supraleitern. $0 < T < T_c$.

Bei $e \cdot U = \Delta_{II} + \Delta_I$ wird dann ein besonders steiler Anstieg von I beobachtet. Hier kommt nun sowohl die hohe Dichte der besetzten als auch der unbesetzten Zustände zur Wirkung. In dem besonders steilen Anstieg liegt der messtechnische Vorteil bei der Verwendung von zwei Supraleitern.

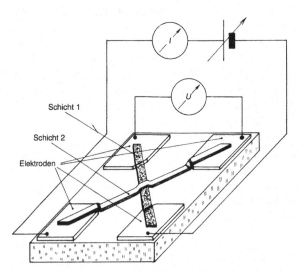

Abb. 3.16 Tunnelkontakt aus zwei Schichten. Schicht 1 wurde vor der Kondensation von Schicht 2 oxidiert. Die Schichtdicken sind für die Darstellung stark vergrößert. Sie sind meist kleiner als 1 μm. Für die Oxidbarrieren sind Dicken von ca. 3 nm zweckmäßig.

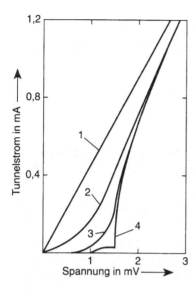

Abb. 3.17 Strom-Spannungs-Kennlinien eines Tunnelkontaktes Al-Al$_2$O$_3$-Pb. Kurve 1: $T = 10$ K; Kurve 2: $T = 4,2$ K; Kurve 3: $T = 1,64$ K; Kurve 4: $T = 1,05$ K; bei 1,05 K ist auch das Al supraleitend. Der steile Anstieg bei $e \cdot U = \Delta_I + \Delta_{II}$ ist deutlich sichtbar. Übergangstemperaturen: Pb 7,2 K; Al 1,2 (nach [32]).

Mit Hilfe von Tunnelexperimenten ist eine Fülle von Aussagen über die Energielücke gewonnen worden. Meist werden zwei dünne aufgedampfte Schichten mit einer Oxidschicht als Barriere verwendet. Es können aber auch kompakte Proben verwendet werden, um etwa schwer verdampfbare Substanzen zu untersuchen. Die Barriere kann auch hier aus einer Oxidschicht bestehen oder durch Bedampfen mit einem Isolator erzeugt werden. Die Untersuchung von kompakten Proben ist dann erforderlich, wenn man Einkristalle verwendet, um die Energielücke für eine bestimmte Kristallrichtung festzustellen.

Die Abb. 3.16 gibt eine Anordnung für aufgedampfte Schichten wieder. Die Fläche für den Tunnelstrom wird zweckmäßigerweise klein gehalten, um keine zu großen Tunnelströme zu bekommen und um die Wahrscheinlichkeit für Löcher in der Oxidschicht herabzusetzen.

Abb. 3.17 zeigt die Ergebnisse an einem Tunnelkontakt Al-Al$_2$O$_3$-Pb bei vier verschiedenen Temperaturen [32]. Für die Kurven 1, 2 und 3 ist das Al normallei-

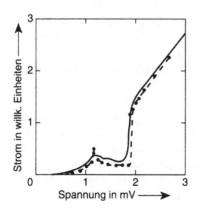

Abb. 3.18 Strom-Spannungs-Kennlinie eines Tunnelkontaktes Niob-Isolator-Zinn bei $T = 3,38$ K. Die ausgezogene Kurve ist eine Registrierkurve des Experiments. Die vollen Punkte sind nach Gleichung (3-13) berechnet mit $2\Delta_{Sn} = 0,74$ meV und $2\Delta_{Nb} = 2,98$ meV (nach [33]).

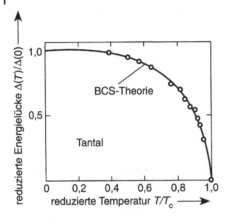

Abb. 3.19 Temperaturabhängigkeit der Energielücke von Tantal; $\Delta(0) = 1{,}3$ meV (nach [34]).

tend. Nur für die Kurve 4 haben wir es mit einer Anordnung aus zwei Supraleitern zu tun, wobei allerdings die Messtemperatur 1,05 K nur wenig unter der Übergangstemperatur des Al (1,2 K) liegt. Deutlich ist jedoch schon die neue Form der Kennlinie zu sehen.

Die Abb. 3.18 zeigt uns die Kennlinie für einen typischen Kontakt aus zwei Supraleitern, nämlich Nb-Nioboxid-Sn bei 3,4 K [33]. Bei dieser Temperatur sind Nb (T_c = 9,3 K) und Sn (T_c = 3,7 K) supraleitend. Die ausgezogene Kurve ist die Registrierkurve des Experiments. Die Punkte sind berechnet nach Gleichung (3-13) für geeignete Werte der Energielücken ($2\Delta_{Sn}$ = 0,74 meV; $2\Delta_{Nb}$ = 2,98 meV).

Die Abb. 3.19 schließlich zeigt ein Beispiel für die Temperaturabhängigkeit der Energielücke, und zwar für Tantal [34]. Die Kreise geben die Messwerte und die ausgezogene Kurve zeigt die nach der BCS-Theorie erwartete Abhängigkeit von $\Delta_0(T)/\Delta_0(0)$. Die Übereinstimmung ist hervorragend.

Die Tabellen 3.3 und 3.4, die nur einen kleinen Teil der vielen Ergebnisse enthalten, zeigen, dass eine Reihe von Metallen eine Energielücke beim Temperatur-Null-Verhältnis $2\Delta_0\,(T=0)/k_BT_c$ nahe dem von der BCS-Theorie vorhergesagten Wert von 3,5 aufweist (Gleichung 3-7). Abweichungen bei Metallen wie Nb können leicht durch Verunreinigungen der Oberfläche bedingt sein. Für solche Metalle ist es sehr schwer, eine völlig saubere Oberfläche herzustellen.

Deutliche Abweichungen von den Werten der BCS-Theorie zeigen die Supraleiter Pb und Hg. Diese Abweichungen werden mit einer besonders starken Elektron-Phonon-Wechselwirkung in diesen Metallen verständlich.

Es ist nun möglich durch Tunnelexperimente festzustellen, ob die zur Cooper-Paarung führende Wechselwirkung tatsächlich der Austausch von Phononen ist.

Ist die Kopplung zwischen den Gitterschwingungen und dem Elektronensystem genügend stark, so wird die Zustandsdichte der Quasiteilchen durch diese Ankopplung verändert. Diese Veränderungen werden in der Tunnelcharakteristik sichtbar und können mit genügend empfindlichen Anordnungen ausgemessen werden. Mit einiger Rechenarbeit gelingt es, daraus die Kopplungskonstante λ^* der anziehenden Elektron-Elektron-Wechselwirkung und die Konstante μ^* der abstoßenden Coulomb-Wechselwirkung (siehe Gleichung 3-9) zu bestimmen. Man erhält auf diese

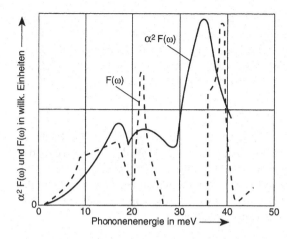

Abb. 3.20 $\alpha^2 F(\omega)$ aus Tunnel-messungen und $F(\omega)$ aus Neutronenstreuexperimenten in Abhängigkeit von der Phononen-energie ω für Pd-D-Proben (vgl. Abschnitt 2.3.3) (nach [35, 36]).

Weise die sogenannte Eliashberg-Funktion $\alpha^2 F(\omega)$, die eng mit λ^* verknüpft ist. $F(\omega)$ ist die Zustandsdichte der Phononen. Um jede Verwechslung mit der Zu-standsdichte der Elektronen zu vermeiden, bezeichnen wir hier die Energie mit ω.

Mit der Tunnelmessung können wir also – das ist entscheidend – nur Phononen erfassen, die an das Elektronensystem ankoppeln. Dagegen kann man mit Neu-tronenstreuexperimenten die Zustandsdichte der Phononen unabhängig davon, ob sie an die Elektronen gekoppelt sind, ausmessen. Ein Vergleich der beiden Mes-sungen liefert damit eine Aussage über die Kopplung. Die Abb. 3.20 zeigt einen solchen Vergleich für Pd-D-Proben, deren Eigenschaften in Abschnitt 2.3.3 charak-terisiert wurden [35, 36]. Trotz der stark verschiedenen Deuteriumkonzentration sieht man deutlich, dass die wesentlichen Strukturen in beiden Messungen sichtbar sind. Insbesondere sind die Phononen bei hohen Energien, die vom eingebauten Deuterium herrühren, auch in der Tunnelmessung sichtbar, d. h. diese Schwingun-gen koppeln gut an die Elektronen. Mit dieser Kenntnis werden die relativ hohen Übergangstemperaturen im Palladium-Wasserstoff-System verständlich.

Die Bestimmung der Funktion $\alpha^2 F(\omega)$ aus der Feinstruktur der Tunnelleit-fähigkeit und der Vergleich mit dem etwa aus der Neutronenstreuung gewonnenen Spektrum der Phononen $F(\omega)$ war *das* Schlüsselexperiment dafür, dass die Cooper-Paarung in den konventionellen Supraleitern durch die Elektron-Phonon-Wechsel-wirkung zustande kommt.

In ähnlicher Weise kann man für jeden neu entdeckten Supraleiter versuchen, die Quasiteilchen-Zustandsdichte über die Tunnelspektroskopie präzise auszumessen – vorausgesetzt, es gelingt, einen solchen Tunnelkontakt mit hoher Qualität herzu-stellen. Wir werden im folgenden Abschnitt 3.2 sehen, dass die Tunnelspektro-skopie, aber auch andere Methoden, für die Hochtemperatursupraleiter sehr eigen-artige Ergebnisse liefern, die zum Teil noch nicht verstanden sind. Sie machen aber klar, dass dort die Cooper-Paarung unkonventionell ist.

Wir wollen schon hier noch drei weitere Fragestellungen im Zusammenhang mit der Energielücke erwähnen, die wir in Abschnitt 3.1.4 genauer kennenlernen werden.

1. Die Energielücke kann in verschiedenen Richtungen eines Kristalls unterschiedlich groß sein. Man nennt solche Supraleiter anisotrop. Diese Anisotropie kann die Ursache für unterschiedliche Ergebnisse bei verschiedenen Experimenten sein. Je nach den Aufdampfbedingungen können auch bei Experimenten mit dünnen Schichten spezielle Kristallrichtungen bevorzugt wirksam werden. Messungen an Einkristallen in verschiedenen Richtungen geben Aufschluss über die Größe der Anisotropie.

2. Bei einigen Verbindungen scheinen sich mindestens zwei unterschiedliche Energielücken auszubilden. Ein Beispiel ist mit Niob dotiertes $SrTiO_3$, das unterhalb von 0,7 K supraleitend wird [37]. Ein weiteres Beispiel ist MgB_2 [38]. Bei diesen Materialien tragen zwei oder auch mehrere unterschiedliche Fermiflächen bzw. Energiebänder zur Supraleitung bei, die dann jeweils ihre eigene Energielücke ausbilden (»Zweibandsupraleitung«).

3. Die Energielücke kann schon durch sehr kleine Konzentrationen von Verunreinigungen, die einen atomaren Drehimpuls und damit ein magnetisches Moment haben (paramagnetische Verunreinigungen), grundsätzlich verändert werden. Auf diese Weise können Supraleiter entstehen, die keine Energielücke mehr besitzen (»gapless superconductor«), die aber noch supraleitend sind, da sie noch eine Paarkorrelation aufweisen.

Bei der bisherigen Darstellung der Tunnelexperimente mit Supraleitern haben wir nur von den ungepaarten Elektronen gesprochen. Wir haben zur Deutung der Beobachtungen die Zustandsdichten für die Einzelelektronen im supraleitenden Zustand herangezogen. Es war dabei nirgendwo die Rede von den Cooper-Paaren und deren Bindungsenergie. Dies konnte auch nicht der Fall sein, weil wir in diesem Bild der Einzelelektronen die gesamte Wechselwirkung in der Veränderung der Zustandsdichte für die Einzelelektronen zum Ausdruck bringen.

Da wir aber den supraleitenden Zustand entscheidend mit der Vorstellung der Cooper-Paare verbinden, wird man auch gerne ein Bild haben, in dem die Cooper-Paare deutlich sichtbar werden. Ein solches Bild soll im folgenden noch kurz diskutiert werden. Eine gewisse Schwierigkeit für dieses Bild besteht allerdings darin, dass in *einem* Schema Zustände für Paare, also Kollektivzustände, mit Zuständen von Einzelteilchen zusammen dargestellt werden.

Wir wollen dafür den Fall eines Tunnelkontaktes aus zwei verschiedenen Supraleitern (siehe Abb. 3.15) wählen und nehmen der Einfachheit halber $T=0$ an. Die Supraleiter werden jetzt charakterisiert durch die Angabe von Cooper-Paaren in einem Zustand und die Angabe der Zustände, die beim Aufbrechen eines Paares in Einzelteilchen zur Verfügung stehen (Abb. 3.21). Im Gleichgewicht ohne äußere Spannung sind die Cooper-Paarzustände auf gleiche Höhe zu zeichnen. Das System stellt sich so ein, wenn wir den Austauch von Teilchen erlauben. Beim Anlegen einer Spannung erwarten wir in dem Fall $T = 0$ nach Abb. 3.15 keinen Tunnelstrom I für $e \cdot U < \Delta_I + \Delta_{II}$ und bei $e \cdot U = \Delta_I + \Delta_{II}$ ein sehr steiles Ansteigen von I. Die Abb. 3.21 b und c geben die Situation für die beiden möglichen Polungen der Spannung $U = (\Delta_I + \Delta_{II})/e$ wieder. In diesem Bild müssen wir nun das Auftreten

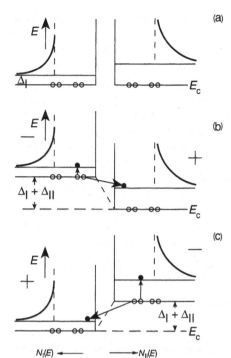

Abb. 3.21 Darstellung des Tunneleffektes zwischen Supraleitern im Bild der Cooper-Paare und der »angeregten« Einzelelektronen. ○○ Cooper-Paare, ● Einzelelektronen (Anregungen).

eines Tunnelstromes bei dieser Spannung mit einem Aufbrechen der Cooper-Paare erklären. Die angelegte Spannung muss mindestens so groß sein, dass ein Paar in ein Elektron im Supraleiter I und in ein Elektron im Supraleiter II zerfallen kann. Dies ist gerade der Prozess, den wir beschreiben wollen, nämlich der Übergang *eines* Teilchens durch die Isolierschicht. Mit wachsender Spannung U tritt die erste Möglichkeit für einen solchen Prozess bei $U = (\Delta_I + \Delta_{II})/e$ auf. Wird durch die Spannung der Supraleiter II gegen I abgesenkt, so kann bei $U = (\Delta_I + \Delta_{II})/e$ ein Paar in I aufgebrochen werden, wobei ein Einzelelektron im tiefsten Zustand von I entsteht und das andere Einzelelektron in den tiefsten Zustand von II tunnelt. Dieser Prozess läuft unter konstanter Energie ab. Die Anregungsenergie des einen Elektrons kann durch den Übergang des anderen Elektrons im Feld der äußeren Spannung geliefert werden. Entscheidend für die erforderliche Spannung sind die Endzustände, in die die beiden Elektronen gehen können. Für Spannungen $U < (\Delta_I + \Delta_{II})/e$ gibt es keine Möglichkeit, die Elektronen eines Paares unter Energieerhaltung auf zwei Einzelelektronenzustände in I und II zu bringen. Polt man den Supraleiter II negativ, so wird wieder bei $|U| = (\Delta_I + \Delta_{II})/e$ ein Paar, diesmal aber in II, aufbrechen können, so dass die Einzelelektronen Zustände in I und II besetzen[17]. Wegen der besonders großen Dichte der Zustände für Einzelelektronen bei $E = \Delta_I$ setzt der Tunnelstrom bei $|U| = (\Delta_I + \Delta_{II})/e$ sehr steil ein. Hier

---

17 Es ist also die Bedingung $I(U) = -I(-U)$ die für jeden Tunnelkontakt gelten muss, erfüllt.

argumentieren wir wie im anderen Bild. Die Zahl der Prozesse ist proportional zur Zahl der möglichen Endzustände.

Will man dieses Bild auch für endliche Temperaturen beibehalten und daraus wenigstens den qualitativen Verlauf der Strom-Spannungs-Kennlinie herleiten, so muss man für die im thermischen Gleichgewicht vorhandenen Einzelelektronen das zuerst behandelte Bild verwenden.

Eine weitere Möglichkeit, die Energielücke zu bestimmen, werden wir in Abschnitt 4.2 bei der Behandlung der spezifischen Wärme des supraleitenden Zustands kennenlernen. Wir werden in Kapitel 4 ebenfalls sehen, dass beispielsweise die Londonsche Eindringtiefe, die ja eine Eigenschaft der Cooper-Paare ist, in ihrer Temperaturabhängigkeit von der Energielücke abhängt. Grundsätzlich kann jede physikalische Eigenschaft, die von der Zustandsdichte der Einzelelektronen abhängt, zur Bestimmung von Δ_0 benützt werden. Wir haben mit der Lichtabsorption, der Ultraschalldämpfung und dem Einelektronentunneln von diesen Möglichkeiten drei besprochen, die besonders viele Ergebnisse geliefert haben und zudem in ihren Grundlagen sehr durchsichtig sind.

3.1.4
Spezielle Eigenschaften der konventionellen Supraleiter

Zum Abschluss dieses »mikroskopischen« Abschnitts über konventionelle Supraleiter wollen wir noch einige spezielle Eigenschaften ansprechen, die unser Verständnis der (konventionellen) Supraleitung vertiefen werden. Wir werden dabei insbesondere auf den Einfluss gestörter Kristallgitter und den Einfluss von Fremdatomen auf die supraleitenden Eigenschaften eingehen

3.1.4.1 Der Einfluss von Gitterstörungen auf die konventionelle Cooper-Paarung
Als Gitterstörungen bezeichnen wir alle Abweichungen von der strengen Periodizität des Kristallgitters, unabhängig davon, ob diese durch den Einbau von Fremdatomen oder durch reine Baufehler, d. h. Verrückungen der Atome aus ihren regulären Plätzen hervorgerufen werden. Der primäre Einfluss solcher Gitterstörungen auf das System der Leitungselektronen besteht darin, dass sie als Streuzentren wirken und so die mittlere freie Weglänge der Elektronen verkürzen. Im allgemeinen werden die Gitterstörungen aber alle Eigenschaften eines Supraleiters beeinflussen. Einige Effekte, die dabei auftreten, sollen in diesem Abschnitt diskutiert werden.

Der Anisotropieeffekt
Die Korrelation der Elektronen zu Cooper-Paaren erfolgt über die elastischen Schwingungen des Gitters, die Phononen. Nun kann diese Wechselwirkung in einem Kristall richtungsabhängig sein. Sehr vereinfachend kann man sagen, dass bei Vorliegen einer solchen Anisotropie bestimmte Kristallrichtungen hinsichtlich der Supraleitung »günstiger« sind als andere.

Dies zeigt sich z. B. darin, dass die Energielücke Δ_0 in verschiedenen Richtungen verschiedene Werte hat. Die Stärke dieser Anisotropie wird durch den quadratischen Mittelwert eines Parameters α angegeben[18]. Ein Wert $<\alpha^2> = 0,02$, wie er etwa für Zinn gefunden wird, bedeutet, dass die Energielücke in verschiedenen Kristallrichtungen etwa $14\% \approx 0,02^{1/2}$ vom Mittelwert abweicht. Solche unterschiedlichen Energielücken sind z. B. durch Tunnelexperimente oder Messungen der Ultraschallabsorption (siehe Abschnitt 3.1.3.2) nachgewiesen worden.

Die Übergangstemperatur T_c wird ganz wesentlich von den günstigen Raumrichtungen bestimmt, da der Übergang in den supraleitenden Zustand erfolgt, wenn die ersten Cooper-Paare im Gleichgewicht gebildet werden[19]. Baut man Störungen in den Kristall ein, so werden die Elektronen an diesen Irregularitäten gestreut. Das bedeutet aber, dass, wie fast unmittelbar einsichtig ist, der Impuls eines Elektrons durch die Streuung nacheinander rasch in alle Raumrichtungen gelangt. Dabei wird über die für die Supraleitung verantwortliche Wechselwirkung gemittelt. Die besonders günstigen Richtungen werden nicht mehr in voller Stärke zur Wirkung kommen, weil Elektronen mit Impulsen in diesen Richtungen rasch in andere, ungünstigere gestreut werden. Dadurch ergibt sich eine Absenkung der Übergangstemperatur mit zunehmender Konzentration der Streuzentren.

Die mikroskopische Theorie der Supraleitung erlaubt es, diesen Einfluss der Störung auf T_c zu berechnen. In Abb. 3.22 sind einige Ergebnisse für Zinn aufgetragen [39]. Als Streuzentren sind Fremdatome verwendet worden. Da die Fremdatome unterschiedliche Streueigenschaften haben, dient als Maß für die freie Weglänge der Elektronen das sogenannte Restwiderstandsverhältnis $\varrho^* = R_n/(R_{273}-R_n)$. Hierbei ist R_n der zu tiefen Temperaturen hin extrapolierte Widerstand und R_{273} der Widerstand bei 273 K. In Abb. 3.22 ist die Übergangstemperatur über ϱ^* aufgetragen. Entscheidend für den Anisotropieeffekt ist die universelle, lineare Absenkung von T_c bei kleinen Störkonzentrationen (Teilbild b in Abb. 3.22), die in Übereinstimmung mit der Theorie steht. Für große Störkonzentrationen, d. h. kleine freie Weglängen, wird die Mittelung über alle Raumrichtungen vollständig. T_c sollte für den reinen Anisotropieeffekt einen Grenzwert annehmen, der einige Prozent unter dem Wert des ungestörten Supraleiters liegt.

Die Abb. 3.22 zeigt, dass dieses Verhalten für große Störkonzentrationen nicht vorliegt. Vielmehr treten hier offenbar spezifische Eigenschaften der Störsubstanz hervor, was zu unterschiedlichen Abhängigkeiten der Übergangstemperatur für die verschiedenen Fremdatome führt. Es ist heute noch nicht möglich, diese Einflüsse für alle Systeme quantitativ zu verstehen. Man fasst sie unter dem Begriff »Valenzeffekt«[20] zusammen.

---

18 Die Mittelung muss über alle Elektronen auf der Fermi-Oberfläche durchgeführt werden.

19 Die Übergangstemperatur ist eine thermodynamische Größe für das Gesamtsystem und kann daher nicht richtungsabhängig sein.

20 Diese Bezeichnung ist nicht sehr glücklich, da neben der Valenz des Störatoms auch andere Parameter unter diesen Begriff fallen.

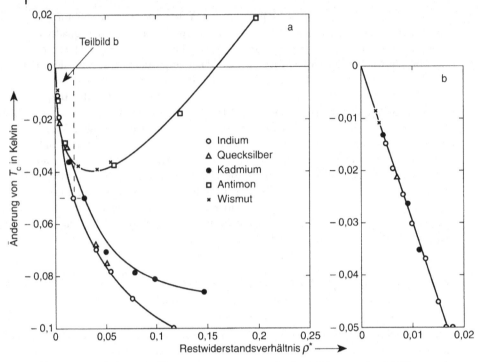

Abb. 3.22 Verschiebung der Übergangstemperatur von Sn durch Störatome (nach [39]).

Der Valenzeffekt

Der spezifische Einfluss der Störatome auf die Übergangstemperatur des Wirtsmetalls kann auf einer Änderung der Konzentration der freien Ladungsträger oder auf einer Änderung der Gitterkonstanten beruhen. Baut man z. B. in Zinn, das vier Valenzelektronen hat, Bi-Atome mit je fünf Außenelektronen ein, so kann man erwarten, dass dadurch die Zahl der freien Elektronen im Zinn erhöht wird. Im Modell des freien Elektronengases würde das zu einer Erhöhung der Zustandsdichte $N(E_F)$ der Elektronen führen. Da die Störatome im allgemeinen ein anderes Atomvolumen haben als die Grundgitteratome, entstehen in ihrer Umgebung mechanische Spannungsfelder. Außerdem wird dabei die Gitterkonstante des Wirtsmetalls verändert. Alle diese Einflüsse der Störung ergeben im allgemeinen auch eine Änderung von T_c (siehe Abschnitt 4.6.6).

Um diese Effekte zu trennen, muss man spezielle Legierungssysteme aussuchen, bei denen möglichst nur ein Parameter, etwa die Valenzelektronenzahl oder das Atomvolumen, variiert. Es ist bisher nur in wenigen Fällen gelungen, eine befriedigende Analyse durchzuführen. Für allgemeine Aussagen fehlen zur Zeit noch viele Einsichten in die quantitativen Zusammenhänge zwischen der Supraleitung und anderen Metallparametern. Die Bedeutung solcher Experimente an ausgewählten Legierungssystemen liegt gerade darin, dass sie uns die Möglichkeit bieten, quantitative Zusammenhänge aufzufinden.

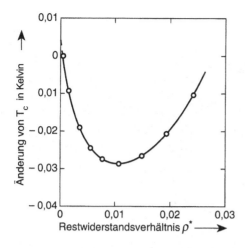

Abb. 3.23 Verschiebung der Übergangstemperatur von Thallium durch den Einbau von Gitterfehlern. Restwiderstandsverhältnis der unverformten Probe $\varrho^* = 0{,}4 \cdot 10^{-3}$ (nach [40]).

Wir haben bisher nur Störungen betrachtet, die durch Fremdatome hervorgerufen werden. Auch die reinen Baufehler innerhalb eines Kristallgitters führen im Prinzip zu den gleichen Effekten. Die Abb. 3.23 gibt dafür ein Beispiel [40]. Hier ist die Übergangstemperatur eines Thalliumdrahtes in Abhängigkeit vom Restwiderstandsverhältnis aufgetragen. Der Restwiderstand wurde bei diesem Experiment durch eine plastische Verformung des Tl-Drahtes bei He-Temperaturen allmählich erhöht. Die Änderung von T_c entspricht im Prinzip ganz der, wie wir sie auch bei Einbau von Fremdatomen erhalten. Allerdings ist die quantitative Analyse hier noch schwieriger als für Legierungen, da durch die plastische Verformung nicht nur statistisch verteilte atomare Störzentren, sondern auch ausgedehnte Störungen, wie etwa Korngrenzen, erzeugt werden. Der unterschiedliche Streumechanismus bringt zusätzliche Komplikationen für die Deutung[21]. Es ist aber verständlich, dass auch die reinen Baufehler ähnliche Veränderungen des Materials bedingen wie Fremdatome. Wird etwa ein Atom bei der plastischen Verformung von einem regulären Gitterplatz entfernt und zwischen die anderen Atome, auf einen sog. Zwischengitterplatz, gebracht, so wird es dort ein mechanisches Spannungsfeld erzeugen, genau wie ein Fremdatom, dessen Atomvolumen größer ist als das des Wirtsmetalls.

Eine Änderung der Zahl freier Elektronen wird man zunächst nicht vermuten, da wir ja keine Atome mit unterschiedlicher Valenzelektronenzahl haben. Man muss aber bedenken, dass durch Baufehler die Umgebung der Atome geändert wird. Damit ändern sich die Zustände der Elektronen. So wird auch für reine Baufehler ein Einfluss auf die Zustandsdichte $N(E_F)$ verständlich.

Wir haben bisher im wesentlichen die Einflüsse der Störungen auf das System der freien Elektronen betrachtet. Natürlich können, insbesondere bei großen Konzentrationen der Störung, auch die Gitterschwingungen, die Phononen, verändert

---

21 Die hier beobachtete Absenkung von T_c kann nicht mit der Anisotropie erklärt werden, da $\langle a^2 \rangle$, wie es aus anderen Messungen bekannt ist, eine wesentlich kleinere Absenkung ergeben würde; siehe W. Gey: Phys. Rev. **153**, 422 (1967).

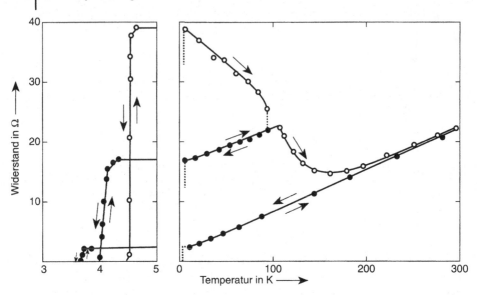

Abb. 3.24 Widerstandsverlauf einer durch Abschrecken kondensierten Zinn-schicht. Kondensationstemperatur: 4 K, Schichtdicke: 50 nm, Länge: 10 mm, Breite: 1 mm. Die vollen Kreise wurden bei Abkühlen nach Tempern beobachtet (nach [41]).

werden. Da sie die zur Supraleitung führende Wechselwirkung bedingen, müssen wir erwarten, dass diese Veränderungen des Phononensystems ebenfalls stark auf die Supraleitung wirken.

Die Elektron-Phonon-Wechselwirkung

Besonders große Störungen lassen sich dadurch erzeugen, dass man die Probe durch die Kondensation des Dampfes auf eine sehr kalte Unterlage (z. B. eine Quarzplatte bei der Temperatur flüssigen Heliums) herstellt. Dieser Kondensations-vorgang entspricht einer extrem starken Abschreckung [41]. Die Atome, die aus dem Dampf völlig statistisch auf die Unterlage auftreffen, verlieren ihre Energie so rasch, dass sie in falschen Lagen eingefroren werden. Die so erreichbare Fehlordnung kann die Übergangstemperatur eines Supraleiters beträchtlich beeinflussen.

Die Abb. 3.24 gibt das Verhalten einer kondensierten Zinnschicht wieder [41].

Im linken Teil der Abbildung sind die Übergangskurven nahe T_c und im rechten das Verhalten des Widerstandes bei höheren Temperaturen dargestellt. Unmittelbar nach der Kondensation bei 4 K hat die Zinnschicht aufgrund der vielen einge-frorenen Gitterfehler einen hohen Widerstand. Erstaunlich ist die hohe Übergangs-temperatur von 4,6 K, die um 0,9 K oder 25 % höher ist als für normales kompaktes Zinn.

Dass diese starke Veränderung von T_c mit der Gitterstörung verknüpft ist, geht beispielsweise aus dem Temperverhalten hervor. Beim Erwärmen erhalten mehr und mehr Atome die erforderliche Energie, um auf reguläre Gitterplätze zu gehen.

Die Störung wird abgebaut, der Widerstand nimmt ab. Gleichzeitig wird auch die Übergangstemperatur zu kleineren Werten verschoben. Nach Erwärmen auf ca. 90 K findet man ein T_c von etwa 4,1 K. Genügend langes Tempern bei etwa 100 °C ergibt die Übergangstemperatur des kompakten Materials.

Elektronenbeugungsaufnahmen von solchen durch Abschrecken kondensierten Schichten zeigen, dass diese Schichten kristallin wachsen bei einer mittleren Kristallitgröße von etwa 10 nm [42].

Man kann die Kristallisation noch weiter behindern, wenn man gleichzeitig mit den Sn-Atomen eine Substanz kondensiert, die nicht in das Zinngitter passt, d.h. eine Substanz, die möglichst wenig im Grundgitter löslich ist, aber doch genügend Affinität zum Wirtsgitter hat, um nicht vollständig ausgeschieden zu werden. [42]. Es gelingt auf diese Weise, eine extreme Störung einzufrieren.

Diese extrem große Störung wirkt auch entsprechend stark auf die Supraleitung. In Abb. 3.25 sind die Übergangskurven und das Temperverhalten des Widerstandes dargestellt. Die Übergangstemperatur liegt bei 7 K, sie ist also um nahezu den Faktor 2 erhöht. Auch der Widerstand ist entsprechend der großen Störung sehr hoch [43]. Dieser stark gestörte Zustand ist sehr instabil. Schon bei ca. 60 K tritt ein scharfer Ordnungsprozess ein, der zu einer Widerstandsabnahme auf den halben Wert führt. Die Übergangstemperatur wird dabei auf etwa 4,5 K abgesenkt. Weiteres Tempern liefert die bekannte Verschiebung von T_c zu dem Wert des kompakten Materials[22].

Ähnliche und sogar noch stärkere Veränderungen von T_c wurden auch für andere Supraleiter gefunden [44]. So kann die Übergangstemperatur von Al bei der gleichzeitigen Kondensation mit einigen Atom-% Cu auf über 4 K (gegenüber 1,2 K für kompaktes Material) erhöht werden [45]. Mit Ge als Störsubstanz oder durch die Implantation von Wasserstoff, Germanium und Silizium bei tiefen Temperaturen konnte die Übergangstemperatur von Al sogar in den Bereich von 7 bis über 8 K gebracht werden [46]. Abschreckend kondensierte Berylliumfilme haben ein T_c von ca. 9,3 K [47], während für kompaktes Be heute ein T_c von ca. 0,03 K bekannt ist.

Diese großen Änderungen von T_c, die teilweise schon anfangs der 1950er Jahre aus Arbeiten von Hilsch u. Mitarbeitern bekannt waren, konnten lange Zeit nicht befriedigend erklärt werden. Heute haben wir ein qualitatives Verständnis und sogar Ansätze für eine quantitative Deutung dieser Befunde. Tunnelexperimente und Messungen der spezifischen Wärme haben gezeigt, dass in den extrem gestörten Filmen[23] die Bindungen zwischen den Atomen etwas weicher sind als im geordneten Kristall. Das bedeutet, dass die Frequenzen der Gitterschwingungen erniedrigt sind[24]. Nach Gleichung (3-6) würde dies zu einer Erniedrigung von T_c führen. Man findet aber, dass die Elektron-Phonon-Wechselwirkung zunimmt und

---

22 Bei etwa 220 K bildet das Cu eine intermetallische Verbindung mit Sn, was in einem Widerstandsabfall sichtbar wird. Im Beugungsbild treten neue Linien der Verbindung auf. Für die Übergangstemperatur wird dies nicht sehr wirksam, weil das verbleibende, fast reine Zinn die nicht supraleitende Verbindung kurzschließt.

23 Man nennt diese Filme oft auch »amorph«, ohne damit mehr auszudrücken als die extreme Unordnung.

24 Weichere Federn haben bei gleicher Masse kleinere Schwingungsfrequenzen.

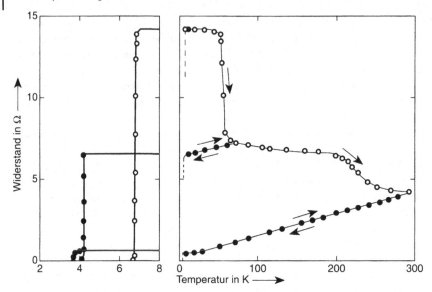

Abb. 3.25 Widerstandsverlauf einer durch Abschrecken kondensierten Zinnschicht mit 10 Atom-% Kupfer als Störsubstanz. Schichtdicke: ca. 50 nm, Breite: 5 mm, Länge: 10 mm, Kondensationstemperatur: 10 K (nach [43]).

die Konstante λ^* (s. Gleichung 3-9) größer wird. Dies führt zu einer *Erhöhung* von T_c. Im Rahmen dieser Vorstellungen ergibt sich auch, dass eine Erniedrigung der Phononenfrequenzen umso stärker auf T_c wirkt, je kleiner das Verhältnis T_c/Θ_D (s. Gleichung 3-9) ist. So wäre verständlich, dass die Übergangstemperatur in der Reihe In, Sn, Zn, Al, in der T_c/Θ_D abnimmt, durch die extreme Störung in steigendem Maße erhöht wird[25].

Neben dieser Deutung der T_c-Änderung, die von einer Erniedrigung der Phononenfrequenzen ausgeht, ist es auch möglich, dass die Streuung an den Störstellen unmittelbar zu einer Verstärkung der Elektron-Phonon-Wechselwirkung führt [48]. Dieser Mechanismus ist möglicherweise für die T_c-Änderung bei mittleren Störgraden verantwortlich.

Zum Schluss dieses Abschnittes über den Einfluss der Störung sollen noch amorphe Metalle, auch metallische Gläser genannt, erwähnt werden. Sie können als eine metastabile Phase durch die Kondensation von Atomen auf eine sehr kalte Unterlage oder durch extrem rasche Abkühlung aus der Schmelze (»splat cooling«) erhalten werden [49]. Unter diesen Legierungen sind auch eine Reihe Supraleiter [50]. Sie geben die Möglichkeit, die für amorphe Stoffe spezifischen niederenergetischen Anregungen [51] bei sehr tiefen Temperaturen auch an Metallen zu studieren. Im supraleitenden Zustand werden bei genügend tiefen Temperaturen

---

25 Die extrem starken Änderungen bei Be dürften wohl noch eine andere, bisher nicht voll geklärte Ursache haben. Da auch sehr berylliumreiche Legierungen mit kubischer Struktur T_c-Werte über 9 K haben, ist ein starker Einfluss der Kristallstruktur zu vermuten.

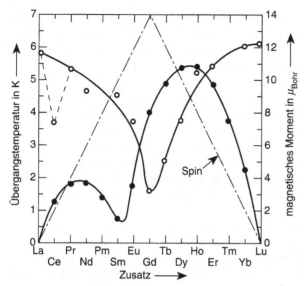

Abb. 3.26 Übergangstemperaturen von Lanthanlegierungen mit jeweils
1 Atom-% Zusatz einer Seltenen Erde und effektives magnetisches
Moment des Zusatzes (volle Kreise) (nach [53]).

die freien Elektronen praktisch vollständig vom Wärmehaushalt abgekoppelt, wodurch beispielsweise Anregungen des Gitters allein gemessen werden können [52].

3.1.4.2 Der Einfluss paramagnetischer Ionen auf die konventionelle Cooper-Paarung

Der Einbau paramagnetischer Ionen beeinflusst die Übergangstemperatur zur
Supraleitung besonders stark. Deshalb nehmen die Legierungen mit paramagnetischen Ionen eine Sonderstellung ein. Ihre Eigenschaften sollen in diesem Abschnitt
besprochen werden.

Unter einem paramagnetischen Ion wollen wir ein Fremdatom verstehen, das
auch nach dem Einbau in das Wirtsgitter ein festes magnetisches Moment hat.
Solche eingebauten Momente erniedrigen T_c sehr stark. Zunächst könnte man
vermuten, dass der starke Einfluss über das magnetische Moment erfolgt. Matthias
und Mitarbeiter [53] konnten jedoch durch eine systematische Untersuchung von
Legierungen des Lanthans mit Seltenen Erden zeigen, dass die entscheidende
Größe für die Absenkung von T_c der Spin des eingebauten Ions ist.

In Abb. 3.26 ist die Änderung von T_c für La-Legierungen mit jeweils 1 Atom-%
Zusatz eines Seltenerdmetalls dargestellt. Die größte Absenkung wird für Gadoli-
nium beobachtet. Gd hat den größten Spin, nicht aber das größte magnetische
Moment.

Auch dieser Einfluss von Ionen mit Spin ist im Prinzip recht einfach zu
verstehen. Die Wechselwirkung zwischen dem paramagnetischen Ion und den

Leitungselektronen wird dazu führen, dass in der Umgebung des Ions eine Spinrichtung des Elektrons bevorzugt ist. Dies kann je nach der Art der Wechselwirkung die parallele oder die antiparallele Einstellung sein. Im supraleitenden Zustand ist ein Teil der Leitungselektronen zu Cooper-Paaren korreliert. Dabei sind die Spins der beiden Elektronen, die ein Cooper-Paar bilden, bei konventionellen Supraleitern antiparallel ausgerichtet. Kommt eines dieser beiden Elektronen – wir geben hier eine etwas überspitzt korpuskulare Darstellung, die aber geeignet ist, den grundsätzlichen Sachverhalt besonders klar werden zu lassen – in den Wirkungsbereich eines der paramagnetischen Ionen, so tritt die Wechselwirkung mit diesen Ionen in Konkurrenz mit der Paarkorrelation. Dabei können, gleichgültig ob die parallele oder die antiparallele Einstellung bevorzugt ist, Cooper-Paare dadurch aufgebrochen werden, dass die Elektronen ihre Spinrichtung unter dem Einfluss des Störatoms ändern.

Der Einbau solcher Ionen wird also die Cooper-Paarkorrelation vermindern. Damit wird die Übergangstemperatur abgesenkt. Dieser Sachverhalt kann mit der vorhandenen Theorie [54] verstanden werden. Sie liefert für kleine Konzentrationen der paramagnetischen Ionen eine lineare Absenkung von T_c mit der Konzentration. Dieser lineare Effekt ist an einer ganzen Reihe von Systemen beobachtet worden. Die Abb. 3.27 gibt nur einige wenige Beispiele von Bleilegierungen wieder. Dabei tritt die experimentelle Schwierigkeit auf, dass viele Supraleiter praktisch keine Löslichkeit für die paramagnetischen Ionen haben[26]. In solchen Fällen kann man eine statistische Verteilung der Zusatzatome dadurch erzwingen, dass man das Wirtsmetall zusammen mit den paramagnetischen Atomen auf eine kalte Unterlage kondensiert. Der extreme Abschreckungsvorgang verhindert die Ausscheidung. Beim Tempern erfolgt dann die Ausscheidung des Zusatzes und kann über die Veränderung von T_c verfolgt werden. Die große Streuung der Messwerte in Abb. 3.27 zeigt die Schwierigkeit der Herstellung solcher metastabiler Legierungen.

Eine andere Möglichkeit zur Herstellung von metastabilen Legierungen, insbesondere für geringe Konzentrationen des Zusatzes, bietet die Ionenimplantation (Kurve 1 in Abb. 3.27 a). Hier werden die paramagnetischen Ionen in einer Quelle erzeugt, auf einige hundert Kilovolt beschleunigt und mit dieser Energie in eine dünne Folie des Wirtsmetalls bei tiefen Temperaturen hineingeschossen. Durch eine geeignete Variation der Energie der Ionen lässt sich auf diese Weise eine sehr homogene Verteilung der Zusatzatome erreichen.

Quantitativ können die Ergebnisse der Abb. 3.27 und anderer derartiger Versuche durch einen Parameter der Theorie angepasst werden, welcher die Stärke der Wechselwirkung charakterisiert (Abb. 3.27 d). Ein volles Verständnis für die Größe der Wechselwirkung, das eine Berechnung aus anderen Festkörperkonstanten erlauben würde, steht noch aus. In Tabelle 3.5 ist für einige Systeme die Anfangssteigung der T_c-Abhängigkeit von der Konzentration c der Ionen zusammengestellt. Für große Konzentrationen ($c > 1$ Atom-%) werden die Verhältnisse sehr unüber-

---

26 Die Legierungen des Lanthans mit den Seltenen Erden sind hinsichtlich der Löslichkeit besonders günstig.

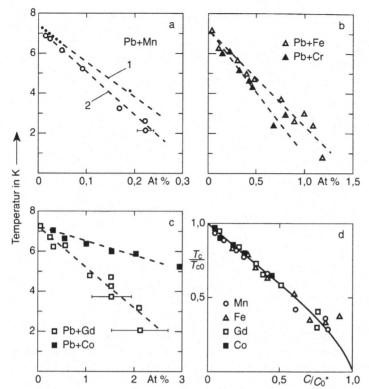

Abb. 3.27 Einfluss von paramagnetischen Ionen auf die Übergangstemperatur von Blei. In Teilbild d sind die Ergebnisse in reduzierten Einheiten aufgetragen. Die ausgezogene Kurve wird durch die Theorie gegeben, wenn die folgenden kritischen Konzentrationen verwendet werden. Mn: 0,26 Atom-%, Fe: 1,2 Atom-%, Cr: ca. 1 Atom-%, Gd: 2,8 Atom-%, Co: 6,3 Atom-%. Alle Ergebnisse mit Ausnahme von Kurve 1 in Teilbild a wurden an durch Abschrecken kondensierten Filmen erhalten. Kurve 1 in Teilbild a wurde an Legierungen beobachtet, die durch Ionenimplantation bei He Temperaturen hergestellt worden sind. Pb + Fe, Pb + Cr u. Pb + Co [55]; Pb + Mn [56–58]; Pb + Gd [59].

sichtlich, weil dann Wechselwirkungen zwischen den paramagnetischen Ionen Bedeutung erhalten können. Eine Ordnung innerhalb der Spins dieser Ionen z. B. sollte zu einer Abschwächung des störenden Einflusses auf die Cooper-Paare führen.

Bei konventionellen Supraleitern mit kleiner Übergangstemperatur können schon sehr geringe Gehalte von paramagnetischen Verunreinigungen dazu führen, dass die Supraleitung vollständig unterdrückt wird. Wenn wir heute für eine Reihe von Metallen auch bei sehr tiefen Temperaturen keine Supraleitung beobachten, so mag dies zumindest in einigen Fällen an solchen Verunreinigungen liegen. Die Supraleitung des Molybdäns z. B. konnte erst nach einer extremen Reinigung gefunden werden [67].

Tabelle 3.5 Erniedrigung der Übergangstemperatur einiger Supraleiter durch paramagnetische Ionen

Supraleiter	Zusatz	$-dT_c/dc$ in K/Atom-%	Literatur
Pb	Mn	$21^{a)}$, $20^{b)}$	[56, 57]
	Cr	ca. $6^{a)}$	[55]
	Fe	$4,7^{a)}$	[55]
	Gd	$2,0^{a)}$	[59]
	Co	$0,8^{a)}$	[55]
Sn	Mn	$69^{a)}$, $14^{b)}$	[60, 57]
	Cr	$16^{a)}$	[60]
	Fe	$1,1^{a)}$	[60]
	Co	$0,15^{a)}$	[60]
Zn	Mn	315, $285^{a)}$ $343^{b)}$	[61, 62]
In	Mn	$53^{a)}$, $50^{b)}$	[63, 64]
La	Gd	5,1, $4,5^{a)}$	[53, 65]

a) Durch Abschrecken kondensierte Schichten; b) Ionenimplantation bei tiefen Temperaturen. Eine Zusammenfassung gibt [66].

In theoretischen Arbeiten [68] konnte gezeigt werden, dass die Abhängigkeit der Übergangstemperatur von der Konzentration der paramagnetischen Ionen auch wesentlich anders sein kann als die von Abrikosov und Gor'kov zunächst berechnete. Hier handelt es sich um Systeme, bei denen die antiparallele Einstellung des Elektronenspins zum Spin des paramagnetischen Ions energetisch bevorzugt ist. Man nennt diese Legierungen Kondo-Systeme[27]. Im normalleitenden Zustand tritt hier eine Reihe von Anomalien auf. So durchläuft z. B. der elektrische Widerstand bei tiefen Temperaturen ein Minimum.

Für Supraleiter mit solchen paramagnetischen Ionen wurde die erstaunliche Voraussage gemacht, dass unter bestimmten Bedingungen ein solches Legierungssystem bei einer Temperatur T_{c1} supraleitend, bei der tieferen Temperatur T_{c2} aber wieder normalleitend werden kann [68]. Bei sehr tiefen Temperaturen $T < T_{c3}$ sollte schließlich wieder Supraleitung eintreten. Der Grund für dieses Verhalten liegt in der Temperaturabhängigkeit der Wechselwirkung zwischen den Elektronen und den Spins der paramagnetischen Ionen. Wenn diese paarbrechende Wechselwirkung bei tiefen Temperaturen zunächst sehr stark zunimmt und dann (bei der sog. Kondotemperatur) wieder abnimmt – was nach Aussage der Theorie für bestimmte Systeme möglich ist –, so ist qualitativ verständlich, dass die unterhalb von T_{c1} bereits eingetretene Korrelation zu Cooper-Paaren bei noch tieferen Temperaturen durch die sehr stark anwachsende Paarbrechung wieder vollständig aufgehoben wird. Schließlich, bei sehr tiefen Temperaturen, sollte bei abnehmender paarbrechender Wechselwirkung die Korrelation zu Cooper-Paaren wieder eintreten.

---

27 J. Kondo entwickelte eine erste quantitative Beschreibung dieser Systeme und konnte damit die beobachteten Anomalien theoretisch erfassen.

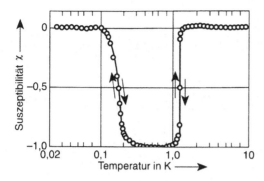

Abb. 3.28 Übergangskurven von $(La_{1-x}Ce_x)Al_2$. $x = 0,63$ at % (nach [69]).

Die Voraussage der Theorie bezüglich der Existenz einer Temperatur T_{c2} im obigen Sinne konnte an dem System $(La_{1-x}Ce_x)Al_2$ bestätigt[28] werden [69]. Reines $LaAl_2$ hat eine Übergangstemperatur $T_c = 3,26$ K. Mit einem Ce-Zusatz $x = 0,63$ at% erhält man die beiden Übergangstemperaturen T_{c1} und T_{c2}. In Abb. 3.28 sind die induktiv gemessenen (siehe Abschnitt 4.6.1) Übergangskurven dargestellt. Aufgetragen ist die magnetische Suszeptibilität χ über der Temperatur. Im normalleitenden Zustand ist χ praktisch Null, sie wird im supraleitenden Zustand gleich -1. Etwas oberhalb von 1 K wird die Probe mit steiler Übergangskurve supraleitend. Unterhalb von 0,2 K kehrt sie in den normalleitenden Zustand zurück. Die paarbrechende Wirkung der Ce-Ionen ist bei dieser tieferen Temperatur genügend stark geworden, um die Supraleitung vollständig zu verhindern. An La-Y-Ce-Legierungen geeigneter Zusammensetzung konnte auch der zweite Übergang in die Supraleitung bei etwa 50 mK beobachtet werden [70]. Auch Widerstandsmessungen haben die Übergänge ergeben. Dies ist ein schönes Beispiel für das Zusammenwirken von Theorie und Experiment.

Neben der Übergangstemperatur verändern die paramagnetischen Ionen auch die Energielücke eines Supraleiters. Dieser Einfluss wird am einfachsten verständlich aus einer Betrachtung der Lebensdauer der Cooper-Paare. Durch die Möglichkeit, Paare aufzubrechen, das sog. »pair breaking«, verkleinern die paramagnetischen Zusätze die Lebensdauer. Eine endliche Lebensdauer bedeutet eine Unschärfe in der Energie gemäß $\Delta E \cdot \Delta t \geq \hbar$ (Δt = mittlere Lebensdauer, $\hbar$ = Plancksche Konstante/2π). Dadurch wird die Begrenzung der Energielücke verwaschen. In Abb. 3.29 ist die Zustandsdichte für die Temperatur $T = 0$ bei verschiedenen Konzentrationen der paramagnetischen Ionen über einer reduzierten Energie E/Δ_0 aufgetragen[29]. Mit wachsender Konzentration wird die Energielücke kleiner und gleichzeitig die Verschmierung der Kante größer. Das führt dazu, dass für eine bestimmte Konzentration c_0 keine Energielücke mehr vorhanden ist, wohl aber weicht die Zustandsdichte noch stark von der des normalleitenden Zustandes ab. Wir haben noch immer eine endliche Konzentration von Cooper-Paaren.

---

28 Einige weitere Systeme, die dieses Verhalten zeigen, haben wir in Abschnitt 2.5 angesprochen.

29 Die Reduzierung der Energieskala macht die Ergebnisse unabhängig von der absoluten Größe der Energielücke und damit universell anwendbar für verschiedene Supraleiter.

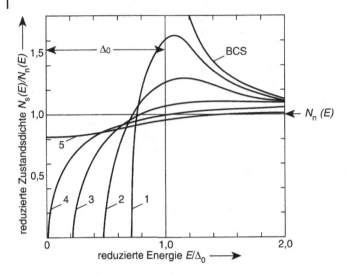

Abb. 3.29 Zustandsdichte für ungepaarte Elektronen in einem Supraleiter mit paramagnetischen Ionen bei $T = 0$. Die Kurven 1, 2, ... entsprechen wachsenden Konzentrationen der paramagnetischen Ionen.
Kurve 4 entspricht der kritischen Konzentration (nach [71]).

Dieser Zustand, bei dem keine endliche Energielücke im Anregungsspektrum
mehr vorliegt, bei dem aber noch immer eine Korrelation zu Cooper-Paaren besteht,
wird als »gapless superconductivity« – Supraleitung ohne Energielücke – bezeichnet. Auch in diesem Zustand hat der Supraleiter für nicht zu große Ströme keinen
messbaren Widerstand. Der Widerstand erscheint erst bei einer kritischen Konzen-
tation c_0^*, die deutlich (ca. 10 %) größer ist als c_0. Dieser experimentelle Befund
zeigt, dass der supraleitende Zustand nicht durch die Existenz einer Lücke im
Anregungsspektrum, sondern durch das Vorliegen von Cooper-Paaren bestimmt
wird.

Die Existenz eines dissipationsfreien Stromes auch beim Fehlen einer endlichen
Energielücke ist nicht einfach zu verstehen. Bei einer endlichen Energielücke kann
man argumentieren, dass die Wechselwirkung erst einsetzen kann, wenn die
kinetische Energie der Cooper-Paare genügend groß ist, um die endliche Anregungsenergie zur Verfügung zu stellen. Dieses Argument erfasst aber offenbar
nicht den Kern des Problems, da es für einen Supraleiter ohne Energielücke versagt.
Vielmehr müssen wir davon ausgehen, dass eine bestimmte Konzentration von
Cooper-Paaren thermodynamisch stabil ist, d.h. Abweichungen von dieser Gleichgewichtskonzentration werden immer wieder ausgeglichen. Trägt der Supraleiter
einen Strom, so haben alle Cooper-Paare exakt den gleichen Impuls. Verschwinden
Paare – mit oder ohne Anregungsenergie –, so müssen dafür wieder je zwei
Elektronen mit geeigneten Impulsen Cooper-Paare bilden, die wieder exakt den
Impuls aller anderen Paare haben. Für die Stabilität ist die starre Korrelation der
Cooper-Paare untereinander verantwortlich.

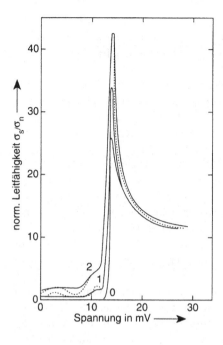

Abb. 3.30 Normalisierte Leitfähigkeit σ_s/σ_n (proportional zur Zustandsdichte der Elektronen) von Blei mit Manganzusatz (nach [58]). Messtemperatur: 200 mK; Kurve 0: reines Blei, Kurve 1: Pb + 25 ppm Mn, Kurve 2: Pb + 250 ppm Mn. Die gestrichelte Linie wurde mit Hilfe der MHZB-Theorie berechnet [73].

Experimentell konnte der Einfluss der paramagnetischen Ionen auf die Energielücke mit Tunnelmessungen nachgewiesen werden [72]. Die verbesserten Theorien [73] machen die weitergehende Aussage, dass für einen Supraleiter mit paramagnetischen Ionen in der Energielücke diskrete Zustände auftreten sollten. Auch diese Voraussage konnte experimentell bestätigt werden. Die Abb. 3.30 zeigt die normalisierte Zustandsdichte für Blei mit sehr geringen Gehalten von Mn-Ionen. Es sind klar zwei Zustandsmaxima innerhalb der Energielücke zu erkennen. Bei diesen Untersuchungen wurden paramagnetische Ionen in den Bleifilm einer vorher präparierten Mg-MgO-Pb-Tunneldiode mit nahezu idealem Verhalten bei tiefen Temperaturen implantiert.

Wenden wir uns nun aber den unkonventionellen Supraleitern zu. Auch hier werden wir sehen, dass keine echte Lücke in der Zustandsdichte der Quasiteilchen auftritt, wobei die Gründe sehr verschieden von dem hier diskutierten Fall sind.

3.2
Unkonventionelle Supraleitung

3.2.1
Allgemeine Gesichtspunkte

Wir haben in den letzten Abschnitten ein detailliertes Bild konventioneller Supraleiter entwickelt. Wie wir gesehen haben, ist dieses Bild in hervorragender Übereinstimmung mit den experimentellen Befunden. Bei den konventionellen Supraleitern – sie waren für lange Zeit die einzigen supraleitenden Materialien, die man kannte – bilden je zwei Elektronen mit entgegengesetztem Spin über die Elektron-Phonon-Wechselwirkung ein Cooper-Paar. Der Drehimpuls des Paars wie auch des gesamten supraleitenden Kondensats ist Null.

Woran erkennt man einen Supraleiter, der andersartige Eigenschaften hat?

Eine erstes Charakteristikum ist, dass sich viele unkonventionelle Supraleiter in einer Auftragung der Sprungtemperatur gegen die Fermitemperatur $T_F = E_F/k_B$ (»Uemura-Plot«) auf einer Linie anordnen; die meisten konventionellen Supraleiter liegen dagegen fernab dieser Linie [74].

Betrachten wir jetzt die elektrische Ladung q. Die Beobachtung der Flussquantisierung bietet die Möglichkeit, q direkt zu bestimmen. Wie wir in Abschnitt 1.3 gesehen haben, ist der magnetische Fluss – genauer das Fluxoid, Gleichung (1-11) – im supraleitenden Ring in Einheiten von h/q quantisiert. Die Größe h/q tritt ebenfalls beim Josephson-Effekt auf (vgl. Abschnitt 1.5). Diese Messungen haben bislang für alle uns bekannten Supraleiter den Wert $|q| = 2e$ geliefert. Das schließt allerdings nicht aus, dass sich die Paare in einer anderen als der von Cooper gefundenen Weise bilden.

Beispielsweise wurde im Zusammenhang mit der Hochtemperatursupraleitung in der Literatur ein Modell diskutiert, in dem sich aus dem System der Elektronen zwei verschiedenartige bewegliche Teilchensorten bilden [75]. Die eine Sorte trägt den Spin der Elektronen, aber keine Ladung (»Spinonen«), die andere hat die Ladung e, aber keinen Spin (»Holonen«). Die Holonen könnten ganz in Analogie zur Bose-Einstein-Kondensation eine makroskopische Quantenwelle aufbauen, die aus Ladungsträgern mit der Ladung e bestehen würde. Allerdings können sich die Holonen auf trickreiche Art nur paarweise bewegen, sodass wiederum eine Flussquantisierung in Einheiten von $h/2e$ zu beobachten wäre.

Auch den Spin der supraleitenden Ladungsträger kann man relativ direkt bestimmen. Man beobachtet hierbei die Präzession eines Atomkerns, etwa eines Kupferkerns oder eines Sauerstoffkerns in den Kupraten, in einem angelegten Magnetfeld. Dies geschieht mit Hilfe der Kernspinresonanz (NMR), die ja mittlerweile über die Kernspintomographie Einzug in unser Alltagsleben gefunden hat. In einem Metall wird die Präzessionsfrequenz der Atomkerne durch die Spins der Leitungselektronen bzw. durch das mit dem Spin zusammenhängende magnetische Moment beeinflusst. Diese richten sich teilweise im angelegten Magnetfeld aus (»Pauli-Paramagnetismus«) und erzeugen dadurch am Ort des Atomkerns ein zusätzliches Magnetfeld, das die Präzessionsfrequenz des Kerns ändert. Der Effekt ist als »Knight-Shift« bekannt. Wenn sich Cooper-Paare mit Spin Null bilden, können diese gepaarten Elektronen nicht mehr zur Knight-Shift beitragen. Der Knight-Shift nimmt dann bei Abkühlung an T_c stark ab und geht gegen Null[30], wenn alle Elektronen gepaart sind. Die Abb. 3.31a zeigt eine Messung des Knight-

---

30 Ein kleiner endlicher Beitrag ergibt sich, wenn man den Beitrag der normallleitenden Kerne von Flusswirbeln mit berücksichtigt. Dieser Beitrag ist in der gestrichelten Kurve der Abb. 3.31 nicht mit dargestellt (A. Maeno, private Kommunikation).

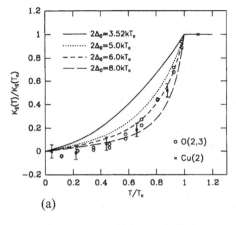

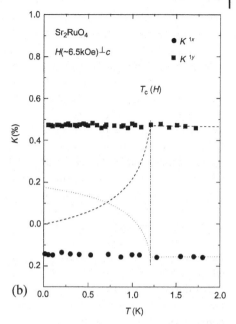

Abb. 3.31 Messung des Knight-Shifts:
(a) am Hochtemperatursupraleiter
YBa$_2$Cu$_3$O$_7$ [77] und (b) an Sr$_2$RuO$_4$ ([78],
© 1998 Nature). Die Linien geben das
erwartete Verhalten für einen Supraleiter mit
Spin-Singulett-Paarung und eine $d_{x^2-y^2}$-
Symmetrie der Paarwellenfunktion wieder.

Shifts K_s am Hochtemperatursupraleiter YBa$_2$Cu$_3$O$_7$. Die Daten wurden an den Sauerstoff- und Kupferkernen der CuO$_2$-Ebenen gewonnen [76]. Man sieht ganz klar den Abfall von K_s unterhalb der Sprungtemperatur. Die in das Diagramm eingezeichneten Linien sind für Cooper-Paare mit Drehimpuls $2\hbar$, genauer für die sogenannte $d_{x^2-y^2}$-Symmetrie der Paarwellenfunktion gerechnet [77], die wir gleich im Anschluss genauer besprechen werden.

Die in Abb. 3.31b gezeigten Daten wurden an der Verbindung Sr$_2$RuO$_4$ an den Sauerstoffatomen der RuO$_2$-Ebenen gewonnen [78]. Bei der mit K^{1x} bezeichneten Kurve war das Magnetfeld entlang einer Ru-O-Bindung ausgerichtet, bei der mit K^{1y} bezeicheten Kurve senkrecht dazu. Die gestrichelte Linie ist wieder die Kurve, die man für eine $d_{x^2-y^2}$-Symmetrie der Paarwellenfunktion erwarten würde. Im Gegensatz zu den Messungen an YBa$_2$Cu$_3$O$_7$ ist aber bei Sr$_2$RuO$_4$ überhaupt kein Abfall des Knight-Shifts unterhalb T$_c$ zu beobachten, was klar zeigt, dass sich die Elektronen *nicht* zu einem Spin-Singulett-Zustand paaren. Es bleibt damit nur der Spin-$1\hbar$-Zustand für die Cooper-Paare übrig.

Wenden wir uns jetzt der Identifikation des Drehimpulszustands zu. Hier müssen wir etwas weiter ausholen und zunächst den Zusammenhang zwischen Drehimpuls eines Paars, der Paarwellenfunktion und der Energielücke in der Quasiteilchen-Zustandsdichte betrachten.

Bei der konventionellen Supraleitung ist die Paarwellenfunktion im großen und ganzen[31)] isotrop, d.h. nicht sehr stark vom Wellenvektor $\vec{k}$ der Elektronen abhängig. Das gleiche gilt für die Energielücke in der Zustandsdichte der Quasi-

---

31 Wir vernachlässigen hier den in Abschnitt 3.1.4.1 besprochenen Anisotropieeffekt.

teilchen. Wenn man ein ungepaartes Elektron mit Wellenvektor $\vec{k}$ (bzw. mit Impuls $\hbar\vec{k}$) erzeugt, dann kostet dies eine Energie Δ_0, die ungefähr gleich für alle Richtungen von $\vec{k}$ ist. Wir können diese Situation wie in Abb. 3.32a gezeigt darstellen. Hier ist in der *(k$_x$, k$_y$)*-Ebene des $\vec{k}$-Raums die Amplitude Ψ_0 der Paarwellenfunktion für einen festen Wert $|\vec{k}|$ durch den Abstandsvektor vom Ursprung zur Kurve symbolisiert. Wenn Ψ_0 von $\vec{k}$ unabhängig ist, hat dieser Abstandsvektor nach allen Richtungen den gleichen Wert, stellt also in zwei Dimensionen den Radius eines Kreises und in drei Dimensionen den Radius einer Kugel dar. Hängt Ψ_0 leicht von $\vec{k}$ ab, wird der Kreis geringfügig deformiert. Ganz entsprechend kann man die nahezu $\vec{k}$-unabhängige Energielücke Δ_0 wie in Abb. 3.32b gezeigt als Ring um die Oberfläche der Fermikugel herum auftragen. Nach allen Richtungen von $\vec{k}$ ist Δ_0 endlich und hat überall den gleichen Wert.

Die Situation ändert sich drastisch, wenn man zu Zuständen mit endlichem Drehimpuls übergeht.

Betrachten wir zunächst den Fall der Spin-Singulett-Paarung. Der Betrag des Drehimpulses eines Paars muss hier geradzahlig sein (vgl. Abschnitt 2.1), sodass wir nach dem *s*-Zustand als niedrigsten endlichen Wert $2\,\hbar$ betrachten müssen.

Aus der Atomphysik ist wohlbekannt, dass für einen *d*-Zustand 5 Einstellmöglichkeiten der *z*-Komponente des Drehimpulses existieren. Dies führt zu 5 verschiedenen Atomorbitalen, die man als d_{xy}, d_{yz}, d_{xz}, $d_{x^2-y^2}$ und $d_{z^2-r^2}$ bezeichnet. Aus diesen Bezeichnungen kann man die Winkelabhängigkeit der Atomorbitale ablesen. Die Wellenfunktion Ψ ändert ihren Wert auf die gleiche Weise wie die Funktion, die als Index angegeben ist.

Untersuchen wir hierzu den Zustand $d_{x^2-y^2}$ in der *(x,y)*-Ebene. Wir betrachten den Wert der Funktion $f(x,y) = x^2 - y^2$ auf dem Einheitskreis mit Radius $r^2 = x^2 + y^2 = 1$. Ersetzen wir in $f(x,y)$ y^2 durch $1 - x^2$, dann erhalten wir $f(x,y) = 2x^2 - 1$. Diese Funktion ist auf der *y*-Achse (d. h. für $x = 0$) minimal und gleich -1, während sie auf der *x*-Achse ihren größten Wert von $+1$ annimmt. Bei $x^2 = 1/2$, d. h. bei $x = \pm 1/\sqrt{2}$ wechselt $f(x,y)$ das Vorzeichen. An diesen Stellen ist $|x| = |y|$, d. h. der Vorzeichenwechsel passiert auf den Diagonalen in der *(x,y)*-Ebene.

Wir können $f(x,y)$ auch dadurch kennzeichnen, dass wir den Winkel φ zwischen der *y*-Achse und einem Radiusvektor $\vec{r}$ zum Einheitskreis einführen. Dann wird ein Punkt auf dem Kreis durch $(x,y) = (\cos\varphi, \sin\varphi)$ beschrieben, und wir können $f(x,y)$ als $f(\varphi) = \sin^2\varphi - \cos^2\varphi = -\cos 2\varphi$ schreiben. Diese Funktion ist in Abb. 3.33a gezeigt. In Abb. 3.33b haben wir $|f(x,y)|$ in der *(x,y)*-Ebene dargestellt. Dabei ist der Radiusvektor vom Ursprung zur Funktion proportional zu $|f(x,y)|$. Das Vorzeichen von $f(x,y)$ haben wir explizit eingetragen. Wir erhalten eine kleeblattartige Struktur, wobei $|f(x,y)|$ auf den Diagonalen verschwindet.

Wir hätten eine ganz ähnliche Betrachtung auch in drei Dimensionen machen können. Dann hätten wir statt des Kleeblatts der Abb. 3.33b eine keulenförmige Struktur gefunden. Ganz analog wären für die Fälle d_{xy}, d_{yz} und d_{xz} Keulen entstanden, die anders im Raum orientiert sind als das $d_{x^2-y^2}$-Orbital. Das $d_{3z^2-r^2}$ liefert eine etwas kompliziertere Geometrie.

Im Fall des Wasserstoffatoms sind alle Raumrichtungen gleichwertig, und alle Einstellmöglichkeiten der *z*-Komponente des Drehimpulses sind energetisch gleich

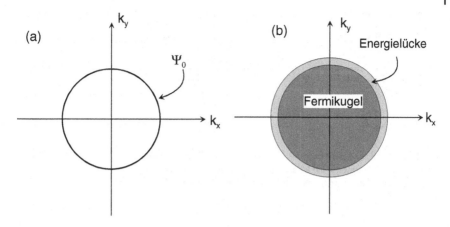

Abb. 3.32 Konventioneller Supraleiter mit s-Wellen-Symmetrie: (a) Amplitude der Paarwellenfunktion im $\vec{k}$-Raum; (b) Größe der Energielücke Δ_0 in Abhängigkeit von $\vec{k}$.

(»entartet«), solange kein Magnetfeld angelegt ist. Dies ändert sich im Festkörper. Man muss jetzt zusätzlich die Symmetrie der Kristallstruktur berücksichtigen. Dies kann einerseits die energetische Entartung aufheben und andererseits auch dazu führen, dass man verschiedene Orbitale miteinander kombinieren muss, um den energetisch günstigsten Zustand zu finden. Wir wollen hierauf aber nicht im Detail eingehen, sondern uns vielmehr fragen, welche Konsequenzen ein von Null verschiedener Drehimpuls für die Paarwellenfunktion Ψ und die Energielücke Δ_0 hat. Wir betrachten diese beiden Größen im $\vec{k}$-Raum.

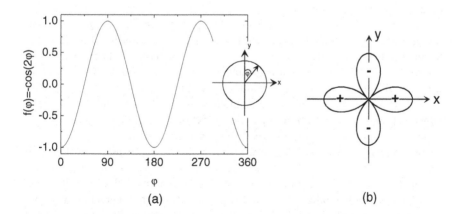

Abb. 3.33 Wert der Funktion x^2-y^2 auf dem Einheitskreis. In (a) ist f als Funktion des Winkels φ zwischen der y-Achse und einem Radiusvektor zum Einheitskreis aufgetragen: $f(\varphi) = -\cos 2\varphi$. In (b) ist $|f(x,y)|$ in der (x,y)-Ebene aufgetragen. Der Abstandvektor vom Ursprung zu $f(x,y)$ ist proportional zu $|f(x,y)|$. Das Vorzeichen der Funktion ist als (+) bzw. (−) in die Abbildung eingetragen.

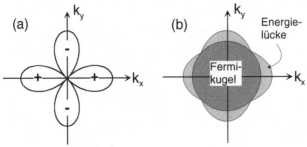

Abb. 3.34 Amplitude der Cooper-Paarwellenfunktion (a) und Energie-lücke bei $d_{x^2-y^2}$-Symmetrie im $\vec{k}$-Raum (b). In (b) ist der Abstand vom Ursprung zur Funktion proportional zu $|\Psi_0|$. Das Vorzeichen von Ψ_0 ist explizit eingetragen.

Zunächst können wir die komplexe Funktion $\Psi(k_x,k_y)$ als $\Psi_0(k_x,k_y) \cdot e^{i\varphi}$ schrei-ben, mit einer reellen Funktion $\Psi_0(k_x,k_y)$ und einem Phasenfaktor φ. Der Phasen-faktor gibt gerade die Schwerpunktsbewegung der Cooper-Paare in eine bestimmte Richtung an. $\Psi_0(k_x,k_y)$ kann man ebenso wie die Atomorbitale nach den Dreh-impulszuständen klassifizieren.

Im Fall der $d_{x^2-y^2}$-Symmetrie hat $\Psi_0(k_x,k_y)$ die gleiche Struktur wie das in Abb. 3.33 gezeigte Atomorbital. Man muss aber beachten, dass wir jetzt den Zustand *aller Cooper-Paare im $\vec{k}$-Raum* beschreiben, also nicht mehr die Wellenfunk-tion einzelner Elektronen im Ortsraum. Wir haben deshalb $\Psi_0(k_x,k_y)$ für die $d_{x^2-y^2}$-Symmetrie nochmals in Abb. 3.34a gezeichnet.

Das Betragsquadrat von $\Psi_0(k_x,k_y)$ ergibt die Dichte der Cooper-Paare. Diese Dichte verschwindet ganz offensichtlich für bestimmte Werte von (k_x,k_y). Dies bedeutet nichts anderes, als dass sich die Cooper-Paare in bestimmten Kristallrich-tungen nicht bewegen können.

Ganz analog findet man, dass auch die Energielücke Δ_0 für die Quasiteilchen-Anregungen von $\vec{k}$ abhängig wird. Man erhält $\Delta_0 \propto |\Psi_0|$. Speziell für die $d_{x^2-y^2}$-Symmetrie hat man in den Richtungen $\hat{k}_x$ und $\hat{k}_y$ die maximale Energielücke, die wir mit Δ_{max} bezeichnen wollen (vgl. Abb. 3.34b). In Richtung der Diagonalen in der (k_x,k_y)-Ebene ist $\Delta_0 = 0$. Ausgedehnt auf drei Dimensionen bedeutet dies, dass Δ_0 entlang von Linien – den »Längengraden« 45°, 135°, 225° und 315° – ver-schwindet. Man hat damit bestimmte Kristallrichtungen, in denen Quasiteilchen ohne eine Mindest-Anregungsenergie erzeugt werden können.

Auch $\Psi_0(k_x,k_y)$ und $\Delta_0(k_x,k_y)$ müssen mit der Kristallstruktur in Einklang gebracht werden. Bei orthorhombischer Kristallsymmetrie könnten beispielsweise die Richtungen k_x und k_y nicht mehr gleichwertig sein. Man erhält dann statt des in Abb. 3.34a gezeigten Bildes eine Funktion $\Psi_0(k_x,k_y)$, deren Keulen z.B. in k_x-Richtung größer sind als in k_y-Richtung. Man kann dies durch eine Mischung eines $d_{x^2-y^2}$-Zustands und eines s-Zustands beschreiben, was wir hier aber nicht weiter vertiefen wollen.

Als wesentliches neues Ergebnis unserer Diskussion halten wir fest, dass bei endlichem Drehimpuls die Funktion $\Psi_0(k_x,k_y)$, sowie die Energielücke $\Delta_0(k_x,k_y)$

Nullstellen in bestimmmten Richtungen bekommen und dass zusätzlich $\Psi_0(k_x,k_y)$ das Vorzeichen wechselt.

Diese beiden Eigenschaften bilden die Grundlage für den Nachweis des Drehimpulszustands: Man muss die Lage der Nullstellen und/oder den Vorzeichenwechsel der Paarwellenfunktion nachweisen. Wir werden einige Experimente in den Abschnitten 3.2.2 und 3.2.3 vorstellen. Zuvor wollen wir aber noch kurz diskutieren, welche neuen Eigenschaften bei Spin-Triplett-Paarung auftreten.

Im Fall der Spin-Triplett-Paarung müssen zusätzlich zum endlichen Drehimpuls – er muss ein ungeradzahliges Vielfaches von $\hbar$ sein, vgl. Abschnitt 2.1 – noch die möglichen Einstellungen des Spins berücksichtigt werden. Dies führt dazu, dass man anstelle von $\Psi(\vec{k})$ bzw. $\Delta(\vec{k})$ 2×2-Matrizen betrachten muss, die die Einstellungen der Spins der beiden Elektronen zueinander berücksichtigen. Anstelle dieser Matrizen wird oft der sogenannte $\vec{d}$-Vektor verwendet, auf dessen Definition wir hier nicht genauer eingehen wollen. Ähnlich wie für Ψ_0 und Δ_0 im Fall der Spin-Singulett-Paarung kann man aber auch für den $\vec{d}$-Vektor Ausdrücke finden, die in relativ einfacher Form von $\vec{k}$ abhängen. Für das Quasiteilchen-Anregungsspektrum findet man beispielsweise [79]

$$E_k = \sqrt{(\varepsilon_k - E_F)^2 + |\vec{d}(\vec{k})|^2} \tag{3-16a}$$

bzw. für einen komplexwertigen $\vec{d}$-Vektor

$$E_k = \sqrt{(\varepsilon_k - E_F)^2 + |\vec{d}(\vec{k})|^2 \pm |d^*(\vec{k})\times d(\vec{k})|} \tag{3-16b}$$

anstelle der Gleichung (3-4) für Spin-Singulett-Paarung.

Auch im Fall der Spin-Triplett-Paarung kann das Quasiteilchen-Anregungsspektrum Nullstellen in bestimmten Kristallrichtungen haben, die im $\vec{k}$-Raum an einzelnen Punkten oder auf ganzen Linien auftreten. Dann kann der $\vec{d}$-Vektor sein Vorzeichen wechseln. Je nach relativer Einstellung von Spin und Drehimpuls können ganz verschiedene Zustände realisiert sein, und es ist möglich, dass Übergänge zwischen diesen Zuständen bei ein- und demselben Supraleiter in Abhängigkeit von Temperatur oder Magnetfeld auftreten. Auch Grenz- und Oberflächen können hierbei eine Rolle spielen.

Offensichtlich bieten also Spin-Triplett-Supraleiter, ganz in Analogie zum superfluiden ³He, eine äußerst reichhaltige Vielfalt physikalischer Erscheinungen, die bis heute nur zu einem kleinen Teil erforscht worden sind.

3.2.2
Hochtemperatursupraleiter

Bei der Entdeckung der Hochtemperatursupraleitung im System (La,Sr)CuO₄ hatte man noch keinen Grund anzunehmen, dass der Mechanismus der Cooper-Paarung nicht konventioneller Natur war. Die hohen Schwingungsfrequenzen der leichten Sauerstoffionen machen den Faktor ω_D in Gleichung (3-6) sehr groß, sodass eine Übergangstemperatur im Bereich von 40 K durchaus möglich wäre. Allerdings fand man kurz darauf mit $YBa_2Cu_3O_7$ einen Supraleiter mit einer maximalen Übergangs-temperatur um 90 K, was mit der gängigen Theorie nur schwer zu verstehen war.

Man hatte auch sehr frühzeitig den Isotopeneffekt gemessen, der beim Ersatz des ^{16}O durch ^{18}O auftritt. Hier waren die Ergebnisse für die verschiedenen Materialien sehr unterschiedlich.. Sehr sorgfältige Untersuchungen an nahezu optimal dotiertem $YBa_2Cu_3O_7$, bei dem etwa 75 % des ^{16}O durch das schwere Isotop ersetzt worden waren, zeigten keinen Einfluss der Isotopenmasse [80].

Im Rahmen der einfachen Gleichung (3-6) hätte man für $YBa_2Cu_3O_7$ eine Erniedrigung von T_c um 3,5 K erwartet. Innerhalb der Messgenauigkeit von ca. 0,1 K blieb die Übergangstemperatur unverändert. Dagegen wurde am $La_{1,85}Sr_{0,15}CuO_4$ ein Isotopeneffekt des Sauerstoffs mit einem Exponenten $\beta = 0,16$ beobachtet [81]. Auch an $YBa_2Cu_3O_{7-x}$-Verbindungen, in denen das Y teilweise durch Pr ersetzt wurde, fand man einen großen Isotopeneffekt. Mit wachsendem Gehalt an Pr nimmt die Übergangstemperatur ab und beträgt $T_c = 30,6$ K für das $(Y_{0,5}Pr_{0,5})Ba_2Cu_3O_{7-x}$. Der Isotopenexponent β des Sauerstoffs steigt dabei auf nahezu 0,5 an [82].

Systematische Untersuchungen haben mittlerweile ergeben, dass die Größe des Isotopeneffekts stark von der Dotierung der CuO_2-Ebenen abhängt (vgl. Abb. 2.14 und 2.15) [83]. Für optimal dotierte Proben ist der Isotopeneffekt klein bis nicht vorhanden. Dagegen findet man einen merklichen Effekt sowohl für unter- als auch für überdotierte Kuprate, wobei der Exponent β sogar den Wert 0,5 überschreiten kann. Es gibt also einen systematischen Einfluss der Gitterschwingungen auf die Übergangstemperatur. Allerdings ist es wahrscheinlich, dass der Effekt eher indirekter Art ist und nicht auf eine Cooper-Paarung durch die Elektron-Phonon-Kopplung hinweist [84].

Eine weitere wichtige Beobachtung ist, dass das Einbringen paramagnetischer Verunreinigungen zu weitaus weniger drastischen Änderungen der Sprungtemperatur führt als im Fall konventioneller Supraleiter (vgl. Abschnitt 3.1.4.2). Man muss hierbei natürlich beachten, dass das Einbringen des Fremdatoms nicht den Ladungsträgergehalt der CuO_2-Ebenen ändert. So kann man in $YBa_2Cu_3O_{7-x}$ die unmagnetischen Y^{3+}-Ionen durch magnetische Seltenerd–(3+)–Ionen wie Ho^{3+} ersetzen und findet dann, dass selbst bei kompletter Substitution des Y die Sprungtemperatur nahe 90 K bleibt [85]. Ganz im Gegensatz dazu reichen interessanterweise wenige Prozent unmagnetischer Zn^{3+}-Ionen anstelle des Kupfers aus, um die Supraleitung zu unterdrücken [86].

Es liegt in diesem Zusammenhang nahe, auch nach dem magnetischen Moment der Kupfer-Ionen zu fragen. Im undotierten Zustand hat man in den CuO_2-Ebenen Cu^{2+}-Ionen vorliegen, bei denen sich ein Elektron in den beiden möglichen Plätzen des $d_{x^2-y^2}$-Atomorbitals aufhält[32]. Diese Cu^{2+}-Ionen haben einen Spin von $\hbar/2$ und daher ein magnetisches Moment. Man findet im Experiment einen Wert von ca. 0,6 Bohrschen Magnetonen μ_B, was relativ wenig ist, da man einen Wert von $1\,\mu_B$ erwarten würde, wenn das Elektron vollständig im $d_{x^2-y^2}$-Orbital des Kupfers lokalisiert wäre. Im undotierten Zustand sind die magnetischen Momente der Kup-

---

32 Die CuO_2-Ebene ist in dann zweifach positiv geladen.

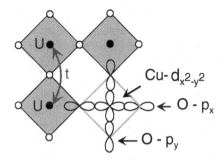

Abb. 3.35 Ein vier Elementarzellen großer Ausschnitt aus der CuO_2-Ebene eines Hochtemperatursupraleiters (● Kupfer, ○ Sauerstoff). Rechts unten sind die relevanten Atomorbitale des Kupfers und des Sauerstoffs skizziert. Das Symbol U kennzeichnet die elektrostatische Abstoßung zweier Elektronen am gleichen Kupfer-Ion, das Symbol t kennzeichnet die kinetische Energie (»t« für »Transfer«), die das Elektron erhält, wenn es zwischen benachbarten Kupferionen springt.

ferionen außerdem antiferromagnetisch geordnet. Bringt man Löcher in die CuO_2-Ebenen ein, dann nimmt die Néel-Temperatur T_N, bei der die antiferomagnetische Ordnung einsetzt, ab. Das magnetische Moment der Cu-Ionen wird ebenfalls geringer. Oberhalb einer kritischen Lochkonzentration verschwindet der Antiferromagnetismus und Supraleitung setzt ein (vgl. Abb. 2.14 und 2.15). Dann scheinen auch die Kupferionen kein *statisches* magnetisches Moment mehr zu haben.

Bereits der undotierte, antiferromagnetische Zustand der CuO_2-Ebenen ist sehr ungewöhnlich und könnte einen Hinweis auf den Mechanismus der Hochtemperatursupraleitung im dotierten Zustand geben.

Wie bereits erwähnt, hat man im undotierten Zustand ein Elektron in jedem $d_{x^2-y^2}$-Orbital des Kupfers. Diese Orbitale überlappen mit den p_x und p_y-Orbitalen des Sauerstoffs, wie in Abb. 3.35 angedeutet. Würden die Elektronen untereinander bis auf das Pauli-Prinzip nicht wechselwirken, dann hätte man gerade ein halbvolles Energieband, und die undotierte CuO_2-Ebene müsste metallisch sein. Statt dessen findet man einen isolierenden Zustand.

Der Grund hierfür wird in der starken elektrostatischen Wechselwirkung zwischen den Elektronen gesehen. Wenn sich zwei Elektronen am gleichen Cu-Ion aufhalten, so stoßen sie sich ab und haben eine größere Coulomb-Energie. Auf der anderen Seite würden sich die Elektronen gerne delokalisieren, da dann ihre kinetische Energie abgesenkt würde. Dieser Effekt macht ja gerade die Bindungsenergie klassischer Metalle aus.

In dieser Konkurrenzsituation ist nun die Frage, welcher Einfluss überwiegt. Im Fall der CuO_2-Ebenen ist es offensichtlich der Abstoßungseffekt, sodass die Elektronen weitgehend am Kupfer lokalisiert bleiben. Sie können aber ihre Energie etwas dadurch absenken, dass sie »virtuell« zwischen benachbarten Kupferplätzen hin und her springen. Dann greift zusätzlich das Pauli-Prinzip, und die Elektronen müssen unterschiedliche Spinstellungen haben, um diesen Prozess zu ermöglichen. Auf diese Weise lässt sich zumindest qualitativ der antiferromagnetisch/isolierende Zustand erklären. Quantitativ berechnet man dies im so genannten Hubbard-Modell [87], das bereits lange vor der Entdeckung der Hochtemperatursupraleiter in den 1950er Jahren entwickelt wurde. Es liefert eine Aufspaltung des ohne die Coulomb-Wechselwirkung halbgefüllten Energiebandes in zwei Teilbänder, die durch eine Energielücke getrennt sind. Einen Überblick über die Anwendung des Hubbard-Modells auf die Hochtemperatursupraleiter findet man beispielsweise in [88].

Nun wäre denkbar, dass auch der Mechanismus der Hochtemperatursupraleitung aus dem Hubbard-Modell heraus verstanden werden kann, obwohl die Wechselwirkung zwischen den Elektronen primär abstoßender Natur ist [88]. Bringt man ein Loch in die CuO_2-Ebenen (d. h. entfernt man ein Elektron), dann bricht dies die antiferromagnetische Wechselwirkungsenergie[33] zu vier nächsten Cu-Nachbarn. Ein zweites Loch, das in die CuO_2-Ebene eingebracht wird, hat einen energetischen Vorteil, wenn es sich auf einen dieser Nachbarplätze setzt, da dann die Wechselwirkung nur zu sieben anstelle von acht Nachbarn gestört wird. Ähnlich wie bei der Elektron-Phonon-Kopplung würde aber dieses einfache statische Bild für viele Löcher zu einer Ansammlung nahe benachbarter Löcher und nicht zur Cooper-Paarung führen. Stellt man sich aber vor, dass sich das erste Loch durch das antiferromagnetische Gitter bewegt, dann erzeugt dieses Loch eine Art ferromagnetischer Spur innerhalb des antiferromagnetischen Gitters: Es bewegt sich dadurch, dass ein benachbartes Elektron auf den unbesetzten Platz hüpft. Dieses Elektron hat dann aber an seinem neuen Platz die falsche Spinorientierung, d. h. sein Spin steht in der gleichen Richtung wie die der Nachbarn. Bewegt sich nun ein zweites Loch auf der Spur des ersten, dann wird die ferromagnetische Spinanordnung wieder in eine antiferromagnetische verwandelt.

Diese Darstellung zeigt zumindest qualitativ, wie Löcher in den CuO_2-Ebenen zu Paaren korreliert werden könnten. Übertragen auf viele Löcher hätte man dann ein hochdynamisches System, bei dem die Elektronen durch (antiferromagnetische) Spinfluktuationen korreliert sind[34]. Die kurzen Kohärenzlängen der Hochtemperatursupraleiter entstehen in diesem Bild auf natürliche Weise, da die beschriebene Wechselwirkung sehr kurzreichweitig ist. Bislang konnte allerdings keine quantitative Erklärung der Hochtemperatursupraleitung auf der Basis dieses Modells erbracht werden.

Allerdings liefert das Modell einen Grund dafür, dass der resultierende Suprazustand keine s-Wellen-Symmetrie haben sollte: Die Löcher stoßen sich stark ab, sodass es vorteilhaft ist, eine Paarwellenfunktion zu finden, bei der die Aufenthaltswahrscheinlichkeit zweier Elektronen am gleichen Ort klein ist. Dies ist bei $L = 0$ nicht der Fall, sodass für $S = 0$ als kleinster möglicher Drehimpulsbetrag der Wert $L = 2\,\hbar$ in Frage kommt.

Indizien für eine unkonventionelle Symmetrie der Paarwellenfunktion wurden bereits früh gefunden. Für eine ganze Reihe von Messgrößen fand man eine Temperaturabhängigkeit, die ganz anders war als im Fall konventioneller Supraleitung. Den Knight-Shift haben wir bereits angesprochen.

Eine weitere Messgröße in der Kernspinresonanz ist die Abklingrate, mit der die z-Komponente der Kernspins in ihre Orientierung parallel zum angelegten statischen Magnetfeld zurückkehrt, wenn man sie durch einen Magnetfeldpuls aus

---

33 Man kann den antiferromagnetischen Zustand des Hubbard-Modells im Fall einer sehr großen Coulomb-Abstoßung wie beim klassischen Antiferromagneten durch eine »Austauschenergie« J beschreiben; sie ist im Fall des Antiferromagneten negativ. Das System gewinnt Energie, wenn sich benachbarte Spins antiparallel einstellen.

34 In ähnlicher Weise würden bei *elektron*dotierten Kupraten die *überzähligen* Spins lokal die antiferromagnetische Ordnung stören.

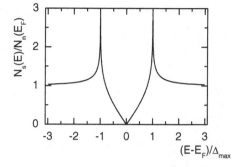

Abb. 3.36 Quasiteilchen-Zustandsdichte $N_s(E)$ für einen Supraleiter mit $d_{x^2-y^2}$-Symmetrie der Paarwellenfunktion.

dieser Richtung weggekippt hat. Diese Abklingrate, die sogenannte Spin-Gitter-Relaxationsrate $1/T_1$, wird durch Wechselwirkungen zwischen den Kernspins und den Elektronen beinflusst und hat bei konventionellen Supraleitern ein Maximum bei der Sprungtemperatur. Bei den Kupraten wurde dagegen kein solches Maximum gefunden.

Auch die Temperaturabhängigkeit der magnetischen Eindringtiefe ist ungewöhnlich. Bei konventionellen Supraleitern ist λ_L bei tiefen Temperaturen praktisch konstant. Bei den Kupraten wurde dagegen gefunden, dass $\lambda_L(T)$ bereits bei tiefen Temperaturen bei reinen Proben linear und bei verunreinigten Proben quadratisch mit der Temperatur anwächst [89].

Ein weiteres Beispiel ist die durch die Leitungselektronen verursachte Wärmekapazität, die wir in Abschnitt 4.2 genauer behandeln. Sie geht bei konventionellen Supraleitern zu tiefen Temperaturen hin exponentiell gegen Null, da die ungepaarten Elektronen ja über eine Energielücke hinweg angeregt werden müssen. Bei den Kupraten wurden dagegen wiederum Potenzgesetze gefunden [90, 91].

All diese Messungen deuten darauf hin, dass sowohl die Cooper-Paardichte als auch die Energielücke des Quasiteilchen-Anregungsspektrums entlang bestimmter Richtungen im $\vec{k}$-Raum Nullstellen hat, wie etwa in Abb. 3.34 gezeichnet. Wir können zur Veranschaulichung für den Fall der $d_{x^2-y^2}$-Symmetrie die Zustandsdichte der Quasiteilchen betrachten. Dazu müssen wir in Gleichung (3-5) die $\vec{k}$-Abhängigkeit von Δ_0 berücksichtigen und erhalten dann zunächst eine Zustandsdichte $N_s(E, \vec{k})$, die sowohl von der Energie als auch von $\vec{k}$ abhängt. Diese Größe wollen wir nun über die $\vec{k}$-Abhängigkeit mitteln. Wir erhalten dann die in Abb. 3.36 dargestellte Zustandsdichte $N_s(E)$, die wir mit Abb. 3.7 vergleichen können. $N_s(E)$ wächst jetzt bereits an der Fermi-Energie linear an, divergiert bei $(E-E_F) = \Delta_{max}$ und nähert sich dann rasch dem Wert $N_n(E_F)$ des Normalzustands an.

Die Abb. 3.37 zeigt die Ergebnisse von Tunnel-Messungen bei 4,2 K, die dadurch erzielt wurden, dass die Iridium-Spitze eines Rastertunnelmikroskops[35] an

---

35 Nähert man eine möglichst feine Metallspitze einer metallischen Oberfläche bis auf einen Abstand von wenigen Å, so können Elektronen durch das Vakuum tunneln. Der Tunnelstrom liefert Informationen über die Oberfläche. Insbesondere kann man wegen der extrem empfindlichen Abhängigkeit des Tunnelstromes vom Abstand die Topologie der Oberfläche sehr genau bestimmen. Für die Entwicklung des Rastertunnelmikroskops erhielten G. Binnig und H. Rohrer zusammen mit E. Ruska, dem Pionier der Elektronenmikroskopie, 1986 den Nobelpreis für Physik.

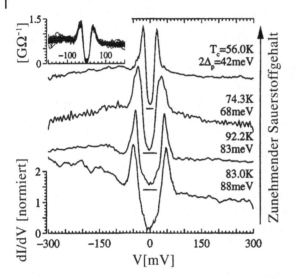

Abb. 3.37 Leitfähigkeit von Tunnelkontakten zwischen der Ir-Spitze eines Rastertunnelmikroskops und $Bi_2Sr_2CaCu_2O_{8+x}$-Einkristallen unterschiedlicher Dotierungen. Die Kurven sind zur besseren Übersichtlichkeit vertikal verschoben. Die beiden oberen Kurven sind für überdotierte Kristalle, die dritte Kurve von oben für einen optimal dotierten Kristall und die untere Kurve für einen unterdotierten Kristall. Die kleine Graphik zeigt die Überlagerung von 200 Tunnelmessungen an einem überdotierten Kristall mit $T_c = 71{,}4$ K. Die Messungen wurden an verschiedenen Stellen des Kristalls durchgeführt (nach [92]).

$Bi_2Sr_2CaCu_2O_{8+x}$-Einkristalle unterschiedlicher Dotierungsgrade herangeführt wurde [92]. Die Tunnelströme fließen dabei im Mittel senkrecht zu den CuO_2-Ebenen. Es ist deutlich zu sehen, dass die Tunnelleitfähigkeit und damit die Quasiteilchen-Zustandsdichte bereits bei kleinen Spannungen endliche Werte hat.

Eigenartigerweise nimmt Δ_{max} mit abnehmender Dotierung stetig zu, obwohl die Sprungtemperatur über ein Maximum läuft. Das Verhältnis $2\Delta_{max}/k_B T_c$ ist also keineswegs konstant. Es nimmt für den Fall der in Abb. 3.37 dargestellten Kurven von 9 auf 12 zu, was in jedem Fall deutlich größer ist als der BCS-Wert von 3,5.

Man kann auch die Zustandsdichte $N_s(E, \vec{k})$ in Abhängigkeit von $\vec{k}$ messen und daraus die Funktion $\Delta_0(\vec{k})$ bestimmen. Hierzu hat sich die winkelaufgelöste Photoemissionsspektroskopie (»ARPES« = Angle resolved photo emission spectroscopy) als besonders geeignet erwiesen. Die Methode basiert auf dem Photoeffekt, für dessen Erklärung Albert Einstein den Nobelpreis erhielt. Beim Photoeffekt fällt Licht der Frequenz f auf eine Probe. Falls die Energie hf der Photonen die Austrittsarbeit W übertrifft, werden Elektronen mit der Energie hf-W frei. Man kann die Methode noch dadurch verfeinern, dass man bei definierter Einfallsrichtung und Energie der Photonen auch den Impuls der freigesetzten Elektronen bestimmt. Dann lassen sich die Energie und der Impuls berechnen, die die Elektronen innerhalb der Probe hatten, und daraus $N_s(E, \vec{k})$ und $\Delta_0(\vec{k})$ bestimmen. Diese

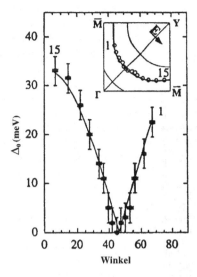

Abb. 3.38 ARPES-Messungen der Energielücke in $Bi_2Sr_2CaCu_2O_8$ in der (k_x, k_y)-Ebene. Die große Figur zeigt Δ_0 als Funktion des Winkels zu den Cu-O-Bindungen. Die kleine Figur zeigt den Ausschnitt der Fermifläche, an dem die Energielücke bestimmt wurde (● Rohdaten, ○ korrigierte Daten) (nach [95]).

Messungen zeigen klar, dass $\Delta_0(\vec{k})$ innerhalb der Nachweisgrenzen verschwindet, wenn der Wellenvektor parallel zu den Kupferoxidebenen in Richtung der Diagonalen in der (k_x,k_y)-Ebene weist [93, 94].

Die Abb. 3.38 zeigt dies für die Verbindung $Bi_2Sr_2CaCu_2O_8$ [95]. Im Diagramm ist auch die Fermifläche in der (k_x, k_y)-Ebene eingetragen. Hierbei bezeichnet Γ den Ursprung. Die Richtung von Γ zu dem mit $\bar{M}$ bezeichneten Punkt ist entlang der Kupfer-Sauerstoff-Bindungen, die Richtung zum Punkt $Y = (\pi/a, \pi/a)$ (a: Gitterkonstante) ist diagonal dazu. Die Fermifläche erinnert in diesem Fall an ein abgerundetes Quadrat und ist um den Punkt Y zentriert.

Die bislang genannten Messungen erlauben, Aussagen über den Betrag der Paarwellenfunktion zu machen. Einen Schritt weiter gehen phasensensitive Experimente, die den Vorzeichenwechsel von ψ_0 direkt detektieren. Diese Experimente zeigen klar, dass in den Kupraten der $d_{x^2-y^2}$-Zustand realisiert ist. Übertragen auf den Ortsraum heißt das, dass Cooper-Paardichte und Energielücke in Richtung der Kupfer-Sauerstoff-Bindungen in den CuO_2-Ebenen maximal ist und diagonal dazu verschwindet. Diese spezielle Symmetrie erscheint natürlich, wenn man annimmt, dass sich die Ladungsträger gerade entlang dieser Bindungen gut bewegen und Paare bilden können.

Bevor wir uns den phasensensitiven Experimenten im Detail zuwenden, wollen wir eine weitere, sehr eigenartige Eigenschaft der Energielücke in den Kupraten ansprechen. Diese läßt sich auch oberhalb der Sprungtemperatur beobachten. Einen Überblick über die experimentellen Befunde findet man in [96].

Bereits frühzeitig hatten Messungen des Knight-Shifts und der Spin-Gitter-Relaxationsrate $1/T_1$ an unterdotiertem $YBa_2Cu_3O_{7-x}$ gezeigt, dass auch weit oberhalb der Sprungtemperatur Spins »auszufrieren« scheinen. Man sprach von einem »Spin gap«. Spätere Messungen der spezifischen Wärme und vieler anderer Größen ergaben aber, dass nicht nur Spin-Freiheitsgrade betroffen sind, sondern dass die Zustandsdichte der Elektronen selbst bei kleinen Energien stark reduziert ist. Man

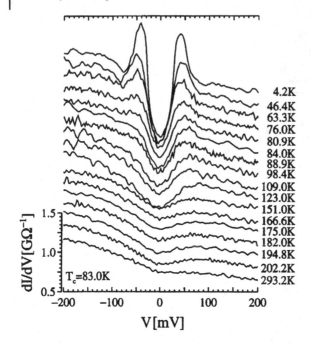

Abb. 3.39 Leitfähigkeit eines Tunnelkontakts zwischen der
Ir-Spitze eines Rastertunnelmikroskops und einem unterdotiertem
Bi$_2$Sr$_2$CaCu$_2$O$_{8+x}$-Einkristall bei unterschiedlichen Temperaturen
(vgl. auch Abb. 3.37). Die Messkurven sind zur besseren Übersichtlichkeit vertikal verschoben (nach [92]).

spricht daher von einer Pseudo-Energielücke. Diese ist vor allem bei unterdotierten
Kupraten stark ausgeprägt.

Die Abb. 3.39 zeigt dies am Beispiel von Tunnelmessungen bei verschiedenen
Temperaturen an einem unterdotierten Bi$_2$Sr$_2$CaCu$_2$O$_{8+x}$-Einkristall mit einer
Sprungtemperatur von 83 K [92]. Die Messkurve bei 4,2 K haben wir bereits in
Abb. 3.37 gezeigt. In der Abbildung fallen mehrere Eigenschaften der Tunnelspektren auf. Zunächst sind die Spektren sehr asymmetrisch. Es macht einen
Unterschied, ob (bei negativer Spannung) Elektronen aus der Probe herausfließen,
d.h. Löcher erzeugt werden, oder ob bei positiver Spannung Löcher aus dem
Einkristall herausfließen. Zweitens wird die Amplitude des Leitfähigkeitsmaxi-
mums zwar mit wachsender Temperatur allmählich kleiner, dessen Spannungs-
position, die den Wert Δ_{max} der maximalen Energielücke angibt, ändert sich aber
nur wenig. Insbesondere geht Δ_{max} bei der Sprungtemperatur keineswegs gegen
Null.

Eine weitere charakteristische Eigenschaft der Tunnelspektren ist in Abb. 3.39
nur zu erahnen: Für negative Spannungen unterhalb von Δ_{max} fällt die Leitfähigkeit
zunächst stark ab, geht dann aber nicht monoton gegen einen Grenzwert, sondern
durchläuft ein Minimum und anschließend ein zweites Maximum. Diese Struk-

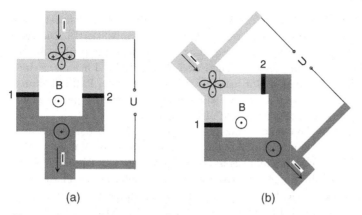

(a)   (b)

Abb. 3.40 Zwei Interferometer-Anordnungen zwischen einem unkonventionellen Supraleiter mit $d_{x^2-y^2}$-Symmetrie der Paarwellenfunktion und einem konventionellen Supraleiter. Die beiden Supraleiter sind durch die Josephsonkontakte »1« und »2« miteinander verbunden.

turen, auch als »Dip« und »Hump« bezeichnet, werden sowohl in Tunnelmessungen als auch bei der Photoemission beobachtet.

ARPES-Messungen haben außerdem gezeigt, dass die Pseudolücke oberhalb der Sprungtemperatur im $\vec{k}$-Raum die gleiche Symmetrie wie die Energielücke im Suprazustand hat, d.h. auch die Pseudolücke verschwindet in den Richtungen diagonal zu den Cu-O-Bindungen [97].

Pseudolücke und die Dip/Hump-Struktur werden zur Zeit, d.h. im Jahr 2003, sehr intensiv von vielen Gruppen untersucht. Man erhofft sich, weitere Aufschlüsse über den noch unbekannten Mechanismus der Cooper-Paarung in den Kupraten zu erhalten. Eine Reihe unterschiedlicher Szenarien sind für die Pseudolücke und die Dip/Hump-Struktur vorgeschlagen worden. So könnte die Pseudolücke direkt aus der Energielücke im Suprazustand hervorgehen und beispielsweise von kurzlebigen Cooper-Paaren verursacht werden, die bereits oberhalb von T_c existieren. Ebenso könnte die Pseudolücke durch ein von den Cooper-Paaren unabhängiges Phänomen verursacht werden, das eventuell mit der Supraleitung konkurriert. Im gleichen Sinne ist noch unklar, ob die Dip/Hump-Struktur direkt mit der Cooper-Paarung zusammenhängt oder andere Ursachen hat.

Kehren wir aber zu Experimenten zurück, bei denen der Vorzeichenwechsel der Paarwellenfunktion eine unmittelbare Rolle spielt. Schöne Übersichten über dieses Thema geben die Artikel [98, 99].

Eine wesentliche Rolle spielen hierbei Josephsonkontakte, die in oft sehr trickreichen Geometrien angeordnet sind. Betrachten wir zunächst ein Quanteninterferometer zwischen einem unkonventionellen Supraleiter mit $d_{x^2-y^2}$-Symmetrie der Paarwellenfunktion und einem konventionellen Supraleiter (Abb. 3.40a). Die Anordnung ist ganz analog zu der in Abb. 1.24 gezeigten Geometrie. Jetzt bestehen aber die beiden Hälften des Interferometers, die durch die Josephsonkontakte getrennt sind, aus zwei verschiedenen Supraleitern. Wir haben die Paarwellenfunktionen der beiden Supraleiter in der Abbildung durch die Kleeblattstruktur der Abb. 3.34 a bzw. durch einen Kreis wie in Abb 3.32 a symbolisiert[36]. Die Ausrichtung des d-Wellen-Supraleiters sei so, dass die Stromrichtung über die Josephsonkontakte in Richtung des maximalen Wertes von $|\Psi_0|$ ist, d. h. entlang einer Cu-O-Bindung in den Kupraten. Wir haben in der Abbildung der Paarwellenfunktion des konventionellen Supraleiters willkürlich das Vorzeichen + gegeben. Wir werden aber gleich sehen, dass es hierauf nicht ankommt.

Für diese Anordnung können wir ganz in Analogie zu Abschnitt 1.5.2 berechnen, wie groß der maximale Suprastrom über die beiden Josephsonkontakte ist.

Wir hatten die Paarwellenfunktion als $\Psi = \Psi_0\,(\vec{k}) \cdot e^{i\varphi}$ definiert. Die reelle Größe $\Psi_0\,(\vec{k})$ konnte dabei ihr Vorzeichen wechseln. Die übrigbleibende Phase φ ist genauso zu behandeln wie für den konventionellen Supraleiter. Insbesondere können wir wie in Abschnitt 1.5.2 wiederum den Gradienten der Phasen φ_1 und φ_2 in den beiden Ringhälften integrieren und finden identisch zur Gleichung (1-58) die Beziehung

$$\gamma_2 - \gamma_1 = \frac{2\pi}{\Phi_0}\,\Phi = \frac{2\pi}{\Phi_0}\,(\Phi_a + LJ) \qquad (3\text{-}17)$$

Nun müssen wir einen Zusammenhang zwischen dem Suprastrom über die beiden Josephsonkontakte und den Phasen der Paarwellenfunktion zu beiden Seiten des Kontakts finden. Auch diese Herleitung ist völlig analog zu der in Abschnitt 1.5.1. Wir müssen jetzt aber berücksichtigen, dass die Paarwellenfunktion auf beiden Seiten der Barriere ein unterschiedliches Vorzeichen hat. Damit wird der Vorfaktor in der Josephson-Strom-Phasen-Beziehung negativ,

$$I_s = -I_c \sin \gamma \qquad (3\text{-}18)$$

mit $I_c > 0$. Es ist aber $-I_c\sin\gamma = I_c\sin(\gamma+\pi)$, sodass wir auch sagen können, die Phase des Josephsonkontakts hat gegenüber einem konventionellen Josephsonkontakt einen zusätzlichen Phasenfaktor von π. Man spricht deshalb häufig von »π-Josephsonkontakten«.

Wir können jetzt in Analogie zu den Gleichungen (1-53) weiterschreiben:

$$\frac{I}{2} + J = -I_{c1} \sin \gamma_1 \qquad (3\text{-}19\,\text{a})$$

$$\frac{I}{2} - J = -I_{c2} \sin \gamma_2 \qquad (3\text{-}19\,\text{b})$$

Hier ist J der Kreisstrom um den Ring. Man beachte auch hier das negative Vorzeichen vor den Sinusfunktionen.

Zur einfachen Darstellung vernachlässigen wir jetzt die Induktivität L und nehmen an, dass die beiden Josephsonkontakte den gleichen kritischen Strom I_c haben. Damit erhalten wir analog zur Gleichung (1-60) den Ausdruck

---

36 Man beachte, dass diese Überlagerung etwas künstlich ist, da die Ringstruktur den Ortsraum, die Paarwellenfunktion dagegen den k-Raum symbolisiert. Sie ist aber zweckmäßig, um sich klarzumachen, welche Phasendifferenzen zwischen den beiden Josephsonkontakten auftreten.

$$I = -I_c \cdot \left[\sin \gamma_l + \left(\sin 2\pi \frac{\Phi_a}{\Phi_0} + \gamma_l \right) \right] \tag{3-20}$$

Wir können wiederum eine Hilfsphase $\delta = \gamma_l + \pi \frac{\Phi_a}{\Phi_0}$ einführen und erhalten dann in Analogie zu den Gleichungen (1-61) und (1-62)

$$I_s = -I_c \cdot \left[\sin \left(\delta - \pi \frac{\Phi_a}{\Phi_0} \right) + \sin \left(\delta + \pi \frac{\Phi_a}{\Phi_0} \right) \right] = -2I_c \cdot \sin \delta \cdot \cos \left(\pi \frac{\Phi_a}{\Phi_0} \right) \tag{3-21}$$

Um den maximalen Suprastrom zu erhalten, müssen wir jetzt wiederum δ so wählen, dass I_s maximal wird. Wir erhalten

$$I_{s,max} = 2I_c \cdot \left| \cos \left(\pi \frac{\Phi_a}{\Phi_0} \right) \right| \tag{3-22}$$

was das *gleiche Ergebnis* ist wie Gleichung (1-63)!

In der betrachteten Geometrie konnten wir also keinen Unterschied zu einem konventionellen Quanteninterferometer feststellen, obwohl wir das Vorzeichen des kritischen Stroms der beiden Josephsonkontakte ändern mussten. Dies hätte sich auch nicht geändert, wenn wir auf der Seite des konventionellen Supraleiters der Paarwellenfunktion ein negatives Vorzeichen gegeben hätten oder wenn wir die Vorzeichen + und − auf der Seite des d-Wellen-Supraleiters vertauscht hätten. In allen Fällen wäre entweder an beiden oder an keinem der Josephsonkontakte ein Vorzeichenwechsel der Paarwellenfunktionen aufgetreten.

Wenn wir aber das Interferometer wie in der Abb. 3.40 b konstruieren, dann tritt nur an *einem* der beiden Josephsonkontakte ein Vorzeichenwechsel auf. In der Abbildung ist dies beim Kontakt 1 der Fall. Damit erhalten wir, wenn wir wiederum den Einfluss der Eigeninduktivität vernachlässigen,

$$I_s = -I_c \cdot \left[\sin \left(\delta - \pi \frac{\Phi_a}{\Phi_0} \right) - \sin \left(\delta + \pi \frac{\Phi_a}{\Phi_0} \right) \right] = -2I_c \cdot \sin \delta \cdot \sin \left(\pi \frac{\Phi_a}{\Phi_0} \right) \tag{3-23}$$

und

$$I_{s,max} = 2I_c \cdot \left| \sin \left(\pi \frac{\Phi_a}{\Phi_0} \right) \right| \tag{3-24}$$

Der maximale Suprastrom verschwindet ohne angelegtes Feld und wird bei einem äußeren Fluss von $\Phi_0/2$ maximal. Wir können auch sagen, dass gegenüber einem konventionellen Quanteninterferometer eine Phasenverschiebung um $\pi/2$ auftritt, was einem zusätzlichen magnetischen Fluss von einem halben Flussquant durch das Interferometer entspricht. Eine ähnliche Geometrie war 1987 im Zusammenhang mit den Schwere-Fermionen-Supraleitern vorgeschlagen worden [100].

Anfang der 1990er Jahre wurde das entsprechende Experiment in Urbana an einem $YBa_2Cu_3O_7$-Kristall durchgeführt [101]. Der konventionelle Supraleiter war Pb. Innerhalb einer großen Messunsicherheit ergab sich das Ergebnis (3-24).

Bei der Anordnung der Abb. 3.40 b tritt allerdings das Problem auf, dass die Resultate systematisch verfälscht worden sein könnten. Wenn sich beim Abkühlen in den Armen des Interferometers ein Flusswirbel festsetzt, sei es in $YBa_2Cu_3O_7$

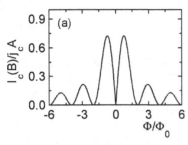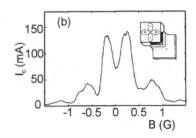

Abb. 3.41 Magnetfeld- bzw. Flussabhängigkeit eines Josephsonkontakts zwischen YBa$_2$Cu$_3$O$_7$ und Pb in der in (b) eingezeichneten Geometrie. In (a) ist die theoretische Kurve (Gleichung 3-25) gezeichnet. Sie ist auf den Suprastrom $j_c A$ normiert, der bei homogenem Stromfluss durch die Kontaktfläche A zu erwarten wäre. In (b) ist die gemessene Kurve aufgetragen [102].

oder in Pb, dann wird dieser Wirbel einen Teil seines magnetischen Flusses in das Interferometer einkoppeln und eine Phasenverschiebung der Funktion $I_{s,max}(\Phi)$ in ähnlicher Weise verursachen wie das auch die unkonventionelle Paarwellenfunktion getan hätte.

Man musste also noch ein Stück weitergehen, um den Vorzeichenwechsel der Paarwellenfunktion in YBa$_2$Cu$_3$O$_7$ zu zeigen. Ein sehr wichtiges Experiment war ganz analog zum Interferometer der Abb. 3.40b aufgebaut. Jetzt verwendete man allerdings einen kontinuierlichen Josephsonkontakt, der »um die Ecke« eines YBa$_2$Cu$_3$O$_7$-Einkristalls herum aufgedampft war [102]. Die Geometrie des Kontakts ist schematisch in der Abb. 3.41b angedeutet.

In einem konventionellen ausgedehnten Josephsonkontakt wird die Feld- bzw. Flussabhängigkeit des kritischen Stroms durch die Spaltfunktion (1-73) beschrieben. Der kritische Strom ist hier für den Fluss Null maximal und nimmt mit wachsendem Fluss eine Reihe von Nullstellen und Nebenmaxima an. In der Eck-Geometrie der Abb. 3.41b erhält man ein drastisch anderes Ergebnis, falls einer der beiden Supraleiter d-Wellen-Symmetrie hat. Jetzt hat nämlich die Hälfte des Kontakts eine negativen Wert der kritischen Stromdichte, während die andere Hälfte den üblichen positiven Wert hat. Man kann ganz in Analogie zur Herleitung der Gleichung (1-73) diese Stromdichte über die Fläche des Kontakts integrieren und erhält den Ausdruck

$$I_c(\Phi_K) = I_c(0) \cdot \left| \frac{\sin^2(\pi\Phi_K / 2\Phi_0)}{\pi\Phi_K / 2\Phi_0} \right| \tag{3-25}$$

wobei $\Phi_K = B_a b t_{eff}$ wie bei Gleichung (1-73) der magnetische Fluss durch den Kontakt ist. B_a ist das angelegte Magnetfeld parallel zur Barrierenschicht, b die gesamte Breite des Kontakts und t_{eff} dessen effektive Dicke, die durch die magnetischen Eindringtiefen in die beiden Supraleiter plus die Dicke der Barrierenschicht gegeben ist. Die Funktion ist in Abb. 3.41a dargestellt, und die Abb. 3.41b zeigt das entsprechende Messergebnis. Trotz einiger Abweichungen ist klar das charakteristische Minimum von I_c für $B = 0$ zu erkennen. Zwar wurde auch in diesem

Experiment auf die Gefahr hingewiesen, dass sich Flussquanten in die Ecke des Josephsonkontakts setzen und damit das Ergebnis verfälschen könnten [103], jedoch war das Ergebnis bereits wesentlich klarer als im Fall der Ringgeometrie.

Eine ganz andere Versuchsanordnung wurde bei IBM in Yorktown Heights gewählt. Man betrachtete den magnetischen Fluss durch einen Ring aus $YBa_2Cu_3O_7$, in den mehrere Josephsonkontakte integriert waren. Hätte man einen soliden Ring aus einem konventionellen oder auch einem d-Wellen-Supraleiter, dann wäre der magnetische Fluss Φ durch den Ring ein ganzzahliges Vielfaches von Φ_0. Ohne ein von außen angelegtes Feld wäre der niedrigste Energiezustand der Zustand $\Phi = 0$. Dies ändert sich auch nicht, wenn gewöhnliche Josephsonkontakte in den Ring integriert sind. Man muss lediglich sicherstellen, dass der kritische Strom des Josephsonkontakts und die Ringinduktivität groß genug sind, dass der durch einen Kreisstrom J produzierte Fluss $L \cdot J$ einen eventuell von außen angelegten Fluss auf ein ganzzahliges Vielfaches von Φ_0 ergänzen kann, d.h. $L \cdot J$ muss mindestens $\Phi_0/2$ betragen.

Was passiert aber, wenn sich ein π-Josephsonkontakt im Ring befindet? Die entsprechenden Überlegungen wurden bereits lange vor der Entdeckung der Hochtemperatursupraleiter angestellt[37] [104]. Es zeigt sich, dass auch ohne angelegtes Magnetfeld spontan Abschirmströme im Ring angeworfen werden, die – vorausgesetzt, das Produkt $L \cdot J$ ist groß genug – einen magnetischen Fluss durch den Ring von $\pm \Phi_0/2$ erzeugen. Man spricht hier auch von einer spontanen Symmetriebrechung, da man zwei äquivalente Zustände erzeugen kann, die sich durch den Drehsinn der Abschirmströme unterscheiden. Es zeigt sich weiter, dass auch im Magnetfeld der Fluss durch den Ring in Einheiten von $(n + 1/2)\Phi_0$ quantisiert ist, also immer in ungeradzahligen Vielfachen eines *halben* Flussquants auftritt. Ein ganz analoges Ergebnis erhält man für jede *ungerade* Anzahl von π-Josephsonkontakten im Ring. Wir können etwas salopp sagen, dass die ungerade Zahl von π's in der Phase der Wellenfunktion, die durch die π-Josephsonkontakte erzeugt wird, durch mindestens ein weiteres π durch die Abschirmströme auf einen Vielfaches von 2π ergänzt wird[38]. Man hat also einen ganz charakteristischen Effekt – das Auftreten einer halbzahligen Flussquantisierung –, der sich nur schwer durch irgendwelche Artefakte vortäuschen lässt.

Wie lässt sich dieses Szenario mit Hochtemperatursupraleitern realisieren? Der Trick bestand darin, ein ganz spezielles Substrat – einen Trikristall – herzustellen, auf den später ein dünner Film eines Hochtemperatursupraleiters aufgebracht wurde. Das Substrat ist in Abb. 3.42 schematisch dargestellt. Es besteht aus drei einkristallinen Segmenten aus $SrTiO_3$, die gegeneinander verdreht und anschließend wieder zusammengesintert wurden. Dampft man einen $YBa_2Cu_3O_7$-Dünn-

---

37 Hierbei wurden Josephsonkontakte mit magnetischer Barriere betrachtet. Auch hier kann sich ein π-Josephsonkontakt ausbilden, wie sehr eindrucksvoll experimentell bestätigt werden konnte [siehe V. V. Ryazanov, V. A. Obozov, A. Yu. Rusanov, A. V. Veretennikov, A. A. Golubov und J. Aarts: Phys. Rev. Lett. **86**, 2427 (2001)]. Solche Supraleiter-Ferromagnet-Strukturen werden derzeit intensiv untersucht, siehe z. B. F. S. Bergeret, A. F. Volkov und K. B. Efetov, Rev. Mod. Phys. **77**, 1321 (2005) und A. I. Buzdin, Rev. Mod. Phys. **77**, 935 (2005).

38 In einer sauberen Rechnung muss man die Energie des Systems minimieren.

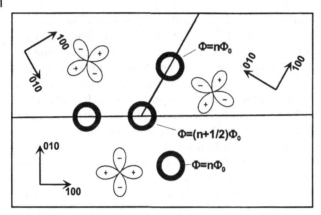

Abb. 3.42 Die Geometrie des Trikristall-Experiments zum Nachweis der halbzahligen Flussquantisierung. Die Richtung der kristallographischen *a*- bzw. *b*-Achse sind mit (100) und (010) gekennzeichnet. Ringdurchmesser innen: 48 μm, außen: 68 μm.

film auf dieses Substrat auf, dann richten sich die CuO_2-Ebenen parallel zur Filmebene aus. Die Cu-O-Bindungen weisen dabei in die *a*- und *b*-Richtungen des Substrats, die in der Abbildung mit (100) und (101) gekennzeichnet sind.

Nun wurden aus dem Dünnfilm Ringe strukturiert. Ein Ring befand sich innerhalb eines der drei Segmente, zwei Ringe schnitten die Grenzlinie zwischen zwei Segmenten und ein Ring schnitt alle drei Segmente. Es bilden sich an den Grenzlinien (den Korngrenzen) Josephsonkontakte aus, sodass die Ringe eine unterschiedliche Anzahl von Josephsonkontakten enthalten.

Der vollständig in einem Segment liegende Ring besitzt keinen Josephsonkontakt. Für ihn erwarten wir, dass der magnetische Fluss ein ganzzahliges Vielfaches von Φ_0 annimmt. Im Fall der Ringe, die je eine Korngrenze schneiden, haben wir je nach Orientierung der Ringe entweder zwei konventionelle Josephsonkontakte oder zwei π-Josephsonkontakte im Ring. Auch hier erwarten wir also nach dem oben Gesagten eine ganzzahlige Flussquantisierung.

Der Ring, der um den trikristallinen Punkt gelegt ist, enthält drei Josephsonkontakte. Die Winkel zwischen den drei Segmenten des Substrats wurden jetzt so gewählt, dass an einem der Kontakte ein Vorzeichenwechsel der Paarwellenfunktion stattfindet. In der Abbildung ist dies der Kontakt zwischen dem unteren Segment und dem Segment rechts oben. Dagegen hat die Paarwellenfunktion für den Stromfluss zwischen den beiden oberen Segmenten auf beiden Seiten ein negatives Vorzeichen, ebenso wie beim dritten Josephsonkontakt. Damit erwarten wir also bei Vorliegen der $d_{x^2-y^2}$-Symmetrie eine halbzahlige Flussquantisierung für diesen Ring.

Um den magnetischen Fluss durch den Ring nachzuweisen wurde ein supraleitendes Quanteninterferometer (SQUID) bei tiefen Temperaturen über die Probe bewegt und der Fluss durch dieses Interferometer detektiert. Das Messsignal muss noch geeicht werden, um den Absolutwert des Flusses durch die $YBa_2Cu_3O_7$-Ringe

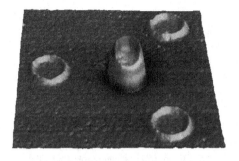

Abb. 3.43 Magnetischer Fluss durch die in Abb. 3.42 gezeigten $YBa_2Cu_3O_7$-Ringe ohne angelegtes Magnetfeld. Die Referenzringe sind flussfrei, während der Ring um den trikristallinen Punkt einen Fluss $\Phi_0/2$ enthält [99].

zu bestimmen. Eine Eichung ist aber nicht allzu schwer, da man ja drei Referenzringe hat, für die man eine ganzzahlige Flussquantisierung erwartet. Man kann durch Anlegen eines kleinen Magnetfeldes Flussquanten in diese Ringe »einfrieren«. Noch eindrucksvoller ist aber die in Abb. 3.43 gezeigte Messung ohne angelegtes Feld. Hier sollten die Referenzringe flussfrei sein, was auch beobachtet wurde. Dagegen tritt im Ring um den trikristallinen Punkt immer magnetischer Fluss auf, dessen Wert mit der obigen Eichung mit hoher Genauigkeit zu $\Phi_0/2$ bestimmt wurde.

Später fand man die halbzahlige Flussquantisierung in einer ganzen Reihe von sowohl lochdotierten als auch elektrondotierten Kupraten [99].

Dabei verzichtete man auch auf die Strukturierung der supraleitenden Filme in Ringe. An den Korngrenzen können sich Josephson-Flusswirbel ausbilden, die wir in Abschnitt 6.4 näher beschreiben werden. Auch sie tragen im Normalfall einen Fluss von einem Φ_0. Am trikristallinen Punkt bildet sich dagegen ein Josephson-Flusswirbel aus, der einen Fluss $\Phi_0/2$ trägt. Der Effekt ist in Abb. 3.44 für einen $Bi_2Sr_2CaCu_2O_8$-Dünnfilm gezeigt.

Man hatte bei diesem Experiment ein Magnetfeld von 3,7 mG senkrecht zum Trikristall angelegt, um Flusswirbel im Film zu erzeugen. In der Abbildung, die wiederum mit dem SQUID gemacht wurde, sieht man eine ganze Reihe ganzzahliger Flussquanten, die den Film durchdringen. Sie befinden sich teils in den soliden Teilen des Films und teils in den Korngrenzen. Genau am trikristallinen Punkt, der sich etwa in der Mitte der Abbildung befindet, sitzt das halbzahlige Flussquant. Es ist leicht zu erkennen, da es nur etwa die halbe Höhe wie die anderen Flussquanten hat. Ähnlich wie bei denYBa$_2$Cu$_3$O$_7$-Ringen der Abb. 3.43 verschwinden ohne angelegtes Magnetfeld alle Flusswirbel bis auf dieses eine.

Dieser Effekt kann interessanterweise auch in polykristallinen Kupratproben beobachtet werden. Hier sind die Körner zufällig gegeneinander verdreht, und es können sich hin und wieder zufälligerweise π-Ringe ausbilden. Kühlt man nun diese Proben in einem schwachen Magnetfeld ab, dann werden die spontanen Flusswirbel vorzugsweise in Feldrichtung zeigen und man erhält ein paramagnetisches Signal anstelle des diamagnetischen Meißner-Signals. Dieser Effekt ist als paramagnetischer Meißnereffekt oder auch als Wohlleben-Effekt bekannt [106, 107].

Ein zweites »natürliches« System, bei dem π-Josephsonkontakte eine Rolle spielen, sind Dünnfilm-Korngrenzenkontakte, bei denen die beiden Hälften des

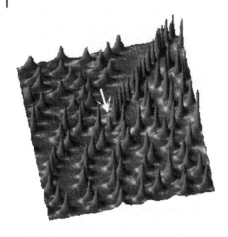

Abb. 3.44 Abbildung der Flussverteilung in einem $Bi_2Sr_2CaCu_2O_8$-Dünnfilm auf einem Trikristall wie in Abb. 3.42. Angelegtes Feld: 3,7 mG. Im trikristallinen Punkt (siehe Pfeil) hat sich ein halbzahliges Flussquant gebildet [105]. Bildausschnitt ca. $1 \times 0,7\ mm^2$.

Bikristalls stark gegeneinander verdreht sind. Die eigentliche Korngrenze im Kuprat mäandert dabei um die Korngrenze des Substrats. Im Extremfall eines Bikristalls mit um 45° gegeneinander verdrehten Hälften stehen sich dann in zufälliger Weise Bereiche mit gleichem und mit entgegengesetztem Vorzeichen der Paarwellenfunktion gegenüber. Die Magnetfeldabhängigkeit des kritischen Stroms einer solchen Korngrenze ist äußerst komplex; man findet beispielsweise den größten Wert des kritischen Stroms erst bei hohen Feldwerten [108].

In der Folgezeit wurde die $d_{x^2-y^2}$-Symmetrie der Paarwellenfunktion von verschiedenen Gruppen mit unterschiedlichen Versuchsgeometrien demonstriert. Ein Beispiel ist die in Abb. 3.45 gezeigte Anordnung [109]. Hier besteht das Substrat aus vier Segmenten. Die in der Abbildung vertikal verlaufende Korngrenze hat einen möglichst kleinen Verkippungswinkel und tritt lediglich herstellungsbedingt auf. Die entscheidenden Korngrenzen sind die beiden anderen. Sie sind so gestaltet, dass sich später über *eine* der Korngrenzen ein π-Josephsonkontakt ausbildet. Man

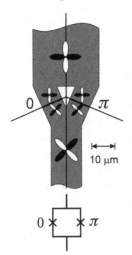

Abb. 3.45 Korngrenzen-Interferometeranordnung zum Nachweis der $d_{x^2-y^2}$-Symmetrie in Hochtemperatursupraleitern.

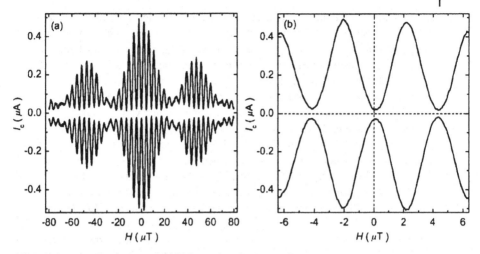

Abb. 3.46 Messungen der Magnetfeldabhängigkeit des maximalen Suprastroms über die mit »0« und »π« bezeichneten Josephsonkontakte des in Abb. 3.45 skizzierten Interferometers. Die negativen I_c-Werte wurden für einen negativen Transportstrom über das Interferometer aufgenommen [109]. (© 2000 AIP).

hat damit eine Interferometer-Anordnung, die im Gegensatz zu den in Abb. 3.40 gezeigten vollständig aus einem Kuprat-Film besteht. Man beachte außerdem, dass die Abmessungen der beiden Josephsonkontakte vergleichbar mit dem Lochdurchmesser sind. Diese große Breite wurde gewählt, um zu verhindern, dass in den Interferometerarmen eingefrorene Flusswirbel den Effekt der π-Josephsonkontakte vortäuschen. Man kann hier nämlich neben den periodischen Oszillationen (Gleichung 3-24) als Einhüllende auch die Beugungsfigur der beiden Josephsonkontakte beobachten, deren Symmetrie bzw. Asymmetrie sofort Aufschluss über eingefrorenen Fluss gibt [110].

Die Abb. 3.46 zeigt Messresultate an $YBa_2Cu_3O_7$. Man sieht klar die sehr symmetrische Einhüllende durch die beiden Josephsonkontakte (Abb. 3.46 a). Für ein Magnetfeld von Null durchläuft der kritische Suprastrom ein Minimum, was die Anwesenheit eines π-Josephsonkontakts zeigt (Abb. 3.46 b). Strukturiert man dagegen einen Dünnfilm auf gleiche Weise über eine einzige Korngrenze, dann tritt kein π-Josephsonkontakt auf und der kritische Suprastrom sollte bei Feld Null maximal sein. Auch dies wurde beobachtet. Wir hatten das ensprechende Messergebnis bereits in Abb. 1.30 gezeigt. Ähnliche Ergebnisse konnten auch an Bi_2Sr_2Ca-Cu_2O_8 [111] sowie an der *elektrondotierten* Verbindung $(La,Ce)CuO_4$ [112] erzielt werden.

Man ist mittlerweile auch bereits über Experimente hinausgegangen, die den bloßen Nachweis der $d_{x^2-y^2}$-Symmetrie der Paarwellenfunktion zum Ziel haben. So kann man $YBa_2Cu_3O_7$/Nb-Eckenkontakte in großer Zahl auf einkristallinen $SrTiO_3$-Substraten herstellen. Man realisiert dabei die Josephsonkontakte an in das Substrat geätzten Rampen [113]. Dabei können π-Josephsonkontakte entweder an einer

Zickzacklinie innerhalb *eines* Kontakts auftreten [114] oder auch über das gesamte Substrat verteilt sein [115]. Mit diesen Anordnungen lassen sich beispielsweise die Wechselwirkungen zwischen den halbzahligen Flusswirbeln untersuchen.

Zum Abschluss dieses Abschnitts wollen wir der Frage nachgehen, ob bei allen[39] Kupraten die Paarwellenfunktion $d_{x^2-y^2}$-Symmetrie hat oder ob auch andere Symmetrien, zumindest Beimischungen anderer Symmetrien, vorliegen können[40].

Im Fall der elektrondotierten Kuprate deutet eine Reihe von Messungen an, dass zumindest in einem Teil des Dotierungs-Phasendiagrams die s-Wellen-Symmetrie realisiert sein könnte [116] und eventuell ein Übergang zwischen der s- und der $d_{x^2-y^2}$-Symmetrie stattfindet. Im allgemeinen scheint aber ein nahezu »reiner« $d_{x^2-y^2}$-Zustand vorzuliegen, der allenfalls kleine Beimischungen anderer Symmetrie hat. Aber auch sehr kleine »subdominante« Komponenten sind interessant, da sie weitere Aufschlüsse über die Natur der Cooper-Paarung in den Hochtemperatursupraleitern liefern können.

Hinweise für eine kleine s-Komponente ergaben sich aus Experimenten, bei denen ein konventioneller Supraleiter (z. B. Pb oder Nb) mit einem Hochtemperatursupraleiter so in Kontakt gebracht wurde, dass die Josephsonströme senkrecht zu den CuO_2-Ebenen fließen (»c-Achsen-Kontakt«). Bei einer reinen $d_{x^2-y^2}$-Symmetrie der Paarwellenfunktion des Hochtemperatursupraleiters kompensieren sich die zur Hälfte positiven und zur Hälfte negativen Beiträge zum Suprastrom gegenseitig, so dass kein Josephsonstrom auftreten kann. Genau ein solcher Josephsonstrom wurde aber für $YBa_2Cu_3O_7$ [117], $Bi_2Sr_2CaCu_2O_8$ [118] und für das elektrondotierte Kuprat $(Nd,Ce)CuO_4$ [119] gefunden. Der kritische Strom, dessen Homogenität durch die Beobachtung einer sehr sauberen Spaltfunktion gezeigt werden konnte, war aber sehr klein. Die Abb. 3.47 zeigt ein Beispiel. Quantitative Analysen für alle drei Materialien ergaben, dass bereits ein s-Wellen-Anteil von unter 1% ausreicht, um das Messergebnis zu erklären. Die s-Komponente ist also sehr klein, aber eindeutig vorhanden.

Im Zusammenhang mit c-Achsen-Tunnelkontakten müssen ebenfalls die so genannten Twist-Kontakte erwähnt werden [120–122]. Hier beobachtet man das Tunneln zwischen CuO_2-Ebenen. Der Tunnelkontakt wird dabei zwischen zwei um die c-Achse rotierte $Bi_2Sr_2CaCu_2O_8$-Einkristalle hergestellt. Nun sollte bei einer $d_{x^2-y^2}$-Symmetrie der Paarwellenfunktion eine starke Abhängigkeit des maximalen Suprastroms vom Verdrehwinkel festgestellt werden. In [120] wurde dagegen keine derartige Winkelabhängigkeit festgestellt, während hingegen in [121] eine Winkelabhängigkeit beobachtet wurde, die deutlich stärker war als man für die $d_{x^2-y^2}$-Symmetrie erwartet hätte. Die genaue Einordnung dieses Experiments ist daher zur Zeit noch unklar.

---

39 Es sei hier angemerkt, dass die hier vorgestellten Experimente nicht von allen Physikern als Evidenz für die d-Wellen-Symmetrie akzeptiert werden.

40 Man kann sich dabei Kombinationen der Form $a\Psi_{0,1}(\vec{k}) \pm b\Psi_{0,2}(\vec{k})$, aber auch komplexe Mischungen der Form $a\Psi_{0,1}(\vec{k}) \pm i \cdot b\Psi_{0,2}(\vec{k})$ vorstellen. Die beiden Funktionen $\Psi_{0,1}(\vec{k})$ und $\Psi_{0,2}(\vec{k})$ sollen dabei Paarwellenfunktionen unterschiedlicher Symmetrie darstellen, und die Koeffizienten a und b sollen deren relatives Gewicht repräsentieren. Die komplexen Mischungen verletzen die Zeitumkehrinvarianz.

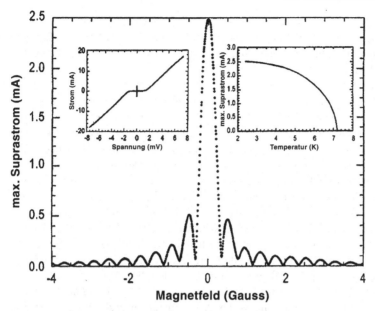

Abb. 3.47 Josephson-Tunnelkontakt zwischen einem $YBa_2Cu_3O_7$-Einkristall und Pb mit Stromfluss *senkrecht* zu den CuO_2-Ebenen. Der beobachtete Suprastrom zeigt, dass die Paarwellenfunktion eine kleine s-Komponente besitzen muss. Großes Diagramm: Magnetfeldabhängigkeit des maximalen Suprastroms. Linker Einschub: Strom-Spannungs-Charakteristik; rechter Einschub: Temperaturabhängigkeit des max. Josephsonstroms (nach [99]).

Zusammenfassend wollen wir festhalten, dass die Kuprate die vielleicht bestuntersuchten Supraleiter mit einer unkonventionellen Cooper-Paarung sind. Sehr vieles spricht dafür, dass es Wechselwirkungen zwischen den Elektronen selbst sind, die zur Cooper-Paarung führen. Der mikroskopische Paarmechanismus ist aber noch nicht eindeutig identifiziert. Dies ist eine der großen verbleibenden Aufgaben, wenn man verstehen will, warum in dieser Materialklasse Übergangstemperaturen von 100 K und mehr erreicht werden.

3.2.3
Schwere Fermionen, Ruthenate und andere unkonventionelle Supraleiter

Die Symmetrie der Paarwellenfunktion wurde bislang in keinem anderen Supraleiter derart intensiv untersucht wie bei den Kupraten. Dennoch hat man in einer Reihe von Verbindungen klare Hinweise auf unkonventionelle Supraleitung gefunden, die meist auf der Beobachtung der Signaturen der Nullstellen in der Energielückenfunktion Δ_0 beruhen.

Eine Materialklasse, für die lange vor den Kupraten unkonventionelle Formen der Cooper-Paarung diskutiert wurden, sind die Schwere-Fermion-Supraleiter. Wie bereits in Abschnitt 2.6 erwähnt, werden je nach Material ganz verschiedene

Symmetrien der Paarwellenfunktionen beobachtet. Wir werden auf zwei Substanzen näher eingehen, nämlich auf das besonders gut untersuchte UPt$_3$, das eine Sprungtemperatur von 0,5 K hat, und auf das UPd$_2$Al$_3$, das unterhalb von 2 K supraleitend wird.

Bei den schweren Fermionen entsteht die hohe effektive Masse der Ladungsträger durch die Wechselwirkung zwischen den Elektronen und lokalisierten magnetischen Momenten, die im Fall des UPt$_3$ von den 5f-Orbitalen des Uran herrühren. Damit sind bei diesen Verbindungen magnetische Wechselwirkungen von vornherein essentiell für die Supraleitung, ganz unabhängig davon, wie die eigentliche Paarung der »schweren« Elektronen zustande kommt.

Im Fall des UPt$_3$ zeigten Messungen der spezifischen Wärme, aber auch anderer Größen schnell, dass die Energielückenfunktion Nullstellen haben muss. Noch interessanter waren die Beobachtung von Anomalien in der Temperaturabhängigkeit der spezifischen Wärme, des oberen kritischen Feldes oder der Ultraschallabsorption, die klar anzeigten, dass UPt$_3$ je nach Temperatur, angelegtem Magnetfeld oder Druck *unterschiedliche* supraleitende Paarzustände ausbildet. Bis dahin kannte man eine ähnliche Eigenschaft nur vom superfluiden ^{3}He. Die drei Phasen des UPt$_3$ werden als A-, B- und C-Phase bezeichnet. Die A- und B-Phase können ihrerseits eine Meißner- und eine Vortex-Phase ausbilden, während die C-Phase eine reine Vortex-Phase ist, die nur in äußeren Magnetfeldern beobachtet wird (vgl. Abb. 3.48 a). Damit hat man also insgesamt fünf supraleitende Phasen.

Zur Zeit existieren mehrere unterschiedliche phänomenologische Modelle über den Aufbau der A-, B- und C-Phase. Man betrachtet zunächst Paarwellenfunktionen $\Psi_0(\vec{k})$ unterschiedlicher Symmetrien, die mit der hexagonalen Kristallstruktur des UPt$_3$ im Einklang stehen, und bildet dann aus diesen Kombinationen, die die Experimente soweit wie möglich erklären. So könnte in der A-Phase Ψ_0 proportional zu $k_z \cdot k_x$ sein. Auf einer Kugel im $\vec{k}$-Raum hat dieser Zustand Nullstellen auf dem »Äquator« $k_z = 0$ und auf dem »Längengrad« $k_x = 0$. Bei der C-Phase könnte Ψ_0 proportional zu $k_z \cdot k_y$ sein, und die B-Phase könnte eine komplexe Mischung $\Psi_0 \propto k_z \cdot (k_x \pm i \cdot k_y)$ dieser beiden Paarzustände sein. Der Betrag dieser Funktion (bzw. die Energielückenfunktion $\Delta_0(\vec{k})$) ist in Abb. 3.48 b gezeigt. Offensichtlich treten punktförmige Nullstellen an den Polen (d.h. für $k_z = 0$) und eine linienförmige Nullstelle am Äquator (d.h. für $k_x = k_y = 0$) auf.

Im eben geschilderten Fall hat $\Psi_0(\vec{k})$ gerade Parität, es gilt $\Psi_0(\vec{k}) = \Psi_0(-\vec{k})$. Entsprechend kann man auch zweikomponentige Zustände ungerader Parität mit $\Psi_0(\vec{k}) = -\Psi_0(-\vec{k})$ konstruieren, die sich ebenfalls in der Lage der Nullstellen unterscheiden.

Eine genauere Darstellung der Eigenschaften des UPt$_3$ würde den Rahmen dieses Buches übersteigen. Wir verweisen deshalb auf den Übersichtsartikel [123].

Der zweite Schwere-Fermionen-Supraleiter, den wir genauer betrachten wollen, ist UPd$_2$Al$_3$. Die Paarwellenfunktion hat gerade Parität. Für diesen Supraleiter konnte die Natur der Paarwechselwirkung weitgehend geklärt werden.

Dass die Elektron-Phonon-Wechselwirkung als Paarmechanismus bei den Schwere-Fermionen-Supraleitern nicht sehr effektiv ist, liegt in der großen effektiven Masse (70 m_e) der Ladungsträger. Im Gegensatz zu konventionellen Supralei-

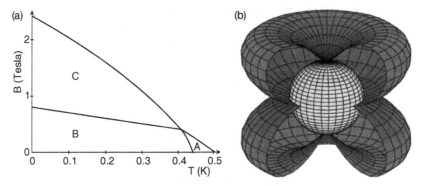

Abb. 3.48 (a) Die drei Phasen des UPt₃ in einem Magnetfeld-Temperatur-Diagramm und (b) eine der diskutierten Energielückenfunktionen der B-Phase, aufgetragen auf einer sphärischen Fermifläche. Die tatsächliche Fermifläche des UPt₃ ist allerdings wesentlich komplizierter (nach [123]).

tern kann sich ein so träges Elektron, nachdem es an einem bestimmten Ort eine Gitterverzerrung hervorgerufen hat, nicht schnell genug entfernen, um die Coulomb-Abstoßung zu seinem Partner zu verringern. Auf der anderen Seite hat man in UPd₂Al₃ sogenannte magnetische Exzitonen, die analog zu den Phononen im Kristall propagieren können. Sie stellen bosonische Anregungen der 5f-Elektronen des Urans dar. Diese Anregungen können mit den »schweren« Leitungselektronen wechselwirken und letztlich die Cooper-Paarung bewirken.

Der Nachweis dieses unkonventionellen Paarmechanismus erfolgte ganz ähnlich wie bei den konventionellen Supraleitern über eine Kombination von Tunnelspektroskopie und Neutronenstreuung [124]. Zunächst wurde ein Tunnelkontakt zwischen UPd₂Al₃ und Pb hergestellt und für diesen die Tunnelleitfähigkeit gemessen. Dabei wurde ein Feld von 0,3 T angelegt, um die Supraleitung in Pb zu unterdrücken. In den Messungen zeigte sich oberhalb der maximalen Energielücke des UPd₂Al₃ eine charakteristische Feinstruktur, die in Abb. 3.49 zu sehen ist. Diese Feinstruktur könnte auf das Austauschboson hinweisen.

Ein Kandidat für ein solches Boson wurde in den Neutronenstreuexperimenten identifiziert. Hier treten bei tiefen Temperaturen die magnetischen Exzitonen als charakteristische Anregungen auf. Die Abb. 3.50 zeigt die gemessenen Intensitätsspektren als Funktion des Energieübertrags zwischen den Neutronen und UPd₂Al₃. Man erkennt ein kleines Nebenmaximum bei Energien um 1,4 meV, das der Anregung des Exzitons durch die Neutronen zugeordnet werden kann. Mit der aus diesen Messungen bestimmten Dispersion $\omega_E(\vec{q})$ der magnetischen Exzitonen kann dann ein effektives Paar-Wechselwirkungspotenzial zwischen den Elektronen angesetzt werden und damit die Tunnel-Zustandsdichte berechnet werden. Die Übereinstimmung mit den gemessenen Spektren ist hervorragend, wie Abb. 3.51 zeigt. Es deutet also alles darauf hin, dass die Cooper-Paarung in UPd₂Al₃ durch den Austausch der magnetischen Exzitonen verursacht wird.

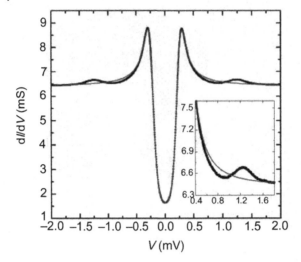

Abb. 3.49   Leitfähigkeit eines Tunnelkontakts ($T = 0{,}3$ K, $B = 0{,}3$ T) zwischen UPd$_2$Al$_3$ und Pb mit AlO$_x$ als Tunnelbarriere Die dünne Linie ist ein theoretischer Fit mit $\Delta_{max} = 235$ μeV. Er berücksichtigt auch die endliche Lebensdauer der Quasiteilchen, enthält aber nicht Strukturen, die durch das Austauschboson hervorgerufen werden [125], (© 1999 Nature).

Der dritte unkonventionelle Supraleiter, den wir hier näher betrachten wollen, ist das Strontiumruthenat Sr$_2$RuO$_4$. Einige seiner Eigenschaften haben wir schon in Abschnitt 2.8.2 angesprochen. In Abb. 3.31 b hatten wir Messungen des Knight-Shifts an diesem Material gezeigt, die stark darauf hindeuten, dass Sr$_2$RuO$_4$ ein Spin-Triplett-Supraleiter ist[41]. Sr$_2$RuO$_4$ hat praktisch die gleiche Kristallstruktur wie das Kuprat (La,Ba)CuO$_4$, das ein Spin-Singulett-d-Wellen-Supraleiter ist.

Wie kommt der drastische Unterschied zwischen den beiden Materialien zustande? Im Kuprat ist das $3d_{x^2-y^2}$ Orbital des Kupfers entscheidend. Wir hatten gesehen, dass die Kuprate antiferromagnetische Isolatoren sind, wenn man ein Elektron in diesem Orbital hat. Man musste diese Ausgangssubstanz dotieren, um metallische Leitfähigkeit bzw. Supraleitung zu erhalten. In Sr$_2$RuO$_4$ sind es die $4d$-Orbitale, die man besonders berücksichtigen muss. Das Ruthenium liegt dabei als Ru^{4+}-Ion vor, das noch 4 Elektronen in den $4d$-Orbitalen hat. Durch die Wechselwirkung mit dem Kristallfeld werden die fünf unterschiedlichen d-Orbitale energetisch aufgespalten. Man erhält eine Unterschale, die aus den zwei Orbitalen $d_{x^2-y^2}$ bzw. $d_{3z^2-r^2}$ besteht, und eine weitere, die sich aus den drei Orbitalen d_{xy}, d_{yz} und d_{zx} zusammensetzt und die energetisch günstigere ist. Aus dieser Unterschale wird das Leitungsband des Sr$_2$RuO$_4$ gebildet. Bereits die stöchiometrische, undotierte Verbindung ist elektrisch leitfähig und wird unterhalb von etwa 1,5 K supraleitend.

---

41 Die Spin-Bahn-Kopplung ist schwach, sodass wir wiederum nach Spin und Drehimpuls klassifizieren können.

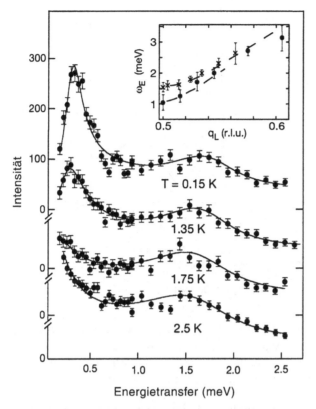

Abb. 3.50 Intensitätsspektren bei der inelastischen Neutronenstreuung als Funktion des Energieübertrags zwischen den Neutronen und UPd_2Al_3 bei verschiedenen Temperaturen. Das magnetische Exziton erscheint als Peak bei ca. 1,4 meV. Der Einschub zeigt die daraus bestimmte Abhängigkeit der Frequenz des magnetischen Exzitons vom Wellenvektor für $T = 2{,}5$ K ($\times$) und 0,15 K ($\bullet$) [124], ($\copyright$ 2001 Nature).

Nun findet man, dass dem Sr_2RuO_4 sehr ähnliche Verbindungen (wie das $SrRuO_3$) Ferromagneten sind, so dass allem Anschein nach eine parallele Spinausrichtung der Elektronen in den Ruthenaten günstig ist und dann letztlich zur Spin-Triplet-Supraleitung führen könnte. Der mikroskopische Paarmechanismus ist aber bei Sr_2RuO_4 wie bei fast allen unkonventionellen Supraleitern, noch unklar.

Wie sieht die Paarwellenfunktion des Sr_2RuO_4 aus? Der wahrscheinlichste Drehimpulszustand des Paars ist der p-Zustand ($L = 1\,\hbar$). Man muss jetzt anstelle einer einkomponentigen Funktion $\Psi_0(\vec{k})$ den Suprazustand durch einen Vektor, den sogenannten $\vec{d}$-Vektor beschreiben. Eine wahrscheinliche Form dieses Vektors ist $\vec{d}(\vec{k}) = \hat{z}(k_x + ik_y)$ oder, um uns der bei den Kupraten üblichen Notation anzunähern, $\vec{d}(\vec{k}) = \hat{z}(p_x + ip_y)$. Der $\vec{d}$-Vektor weist in die $\hat{z}$-Richtung (d. h. entlang der kristallographischen c-Achse) und ist komplexwertig. Die z-Komponente des Drehimpulses der Cooper-Paare ist für diesen Zustand gleich $\pm\,\hbar$, und der Spin der Cooper-Paare liegt

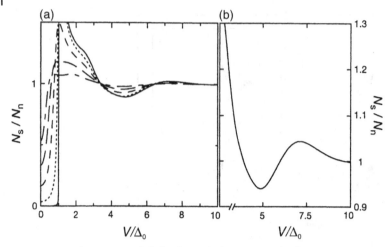

Abb. 3.51 Berechnete Zustandsdichte für UPd$_2$Al$_3$ unter Berücksichtigung des magnetischen Exzitons für verschiedene Temperaturen (a). (b) zeigt einen vergrößerten Ausschnitt, in dem man die durch das Exziton verursachte Struktur erkennt [124] (© 2001 Nature).

in der *(x,y)*-Ebene. Damit bilden die Cooper-Paare gewissermaßen selbst einen ferromagnetischen Zustand. Man sieht sofort ein, dass in diesem Zustand die Zeitumkehrinvarianz gebrochen ist: Bei Zeitumkehr sollte sich die Richtung eines Magnetfeldes umdrehen. Genau dies macht ein magnetisch geordneter Zustand nicht.

Man sollte nun meinen, dass man diesen Ferromagnetismus nur schwer übersehen kann. Allerdings darf man den Meißner-Ochsenfeld-Effekt nicht übersehen. Es werden sofort Abschirmströme induziert, die eine homogene Magnetisierung der Proben verhindern. Ein schwaches Feld tritt aber an Stellen auf, an denen die Homogenität gestört ist, etwa an Verunreinigungen oder an der Oberfläche. Man hat damit im Probeninneren lokale Felder, die um den Mittelwert Null variieren. Man kann diese lokalen Felder dadurch nachweisen, dass man positiv geladene Myonen in den Supraleiter schießt, deren Spin in eine bestimmte Richtung polarisiert war. Diese Myonen werden schnell in der Probe gestoppt. Ihr Spin präzediert dann in dem lokalen Feld[42]. Nach etwa 2 µs zerfallen die Myonen und senden ein Positron vorzugsweise in Richtung des Myonspins beim Zerfall aus. Diese Positronen weist man bei der Myon-Spin-Resonanz (µSR) nach. Solche Messungen zeigten, dass in Sr$_2$RuO$_4$ in der Tat lokale Felder unterhalb von 1 G erzeugt werden [126], was ein sehr starkes Indiz für die Brechung der Zeitumkehrinvarianz ist. Ein ähnliches Phänomen wurde ebenfalls in der B-Phase des UPt$_3$ beobachtet, wo ja auch ein komplexwertiger, die Zeitumkehrinvarianz brechender Paarzustand vorliegt [127].

---

42 Die Myonen stellen auch selbst eine »lokale Störung« dar, die ihrerseits ein lokales Magnetfeld erzeugt.

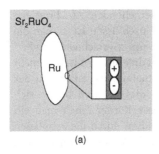
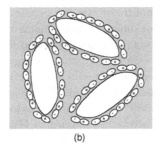

(a)   (b)

Abb. 3.52 (a) Die Struktur der 3 K-Phase des Sr_2RuO_4, die sich an der Grenzfläche zu Ru-Einschlüssen einstellt. (b) Das Auftreten von Phasensprüngen um π zwischen drei solcher Einschlüsse (nach [129]).

Wie zu erwarten ist, hat die Spin-Triplett-Supraleitung in Sr_2RuO_4 eine ganze Reihe ungewöhnlicher Konsequenzen. So hat man einen Flusswirbelzustand, in dem die Flusswirbel ein Vierecksgitter anstelle eines Dreiecksgitters bilden, wenn das Feld in c-Richtung angelegt wird [128].

Ein zweites Phänomen, das wir hier erwähnen wollen, ist das Auftreten einer zweiten supraleitenden Phase, die eine Übergangstemperatur von etwa 3 K hat. Man beobachtet sie als einen zusätzlichen Widerstandsabfall bereits vor dem eigentlichen supraleitenden Übergang bei 1,5 K in Proben, die kleine Einschlüsse des normalleitenden Ruthenium haben. Diese zweite supraleitende Phase entsteht sehr wahrscheinlich an den Grenzflächen zwischen den Ru-Einschlüssen und dem Sr_2RuO_4. Hier sind der p_x- und der p_y-Zustand nicht mehr gleichwertig, die Rotationssymmetrie in der xy-Ebene ist gebrochen. Als Konsequenz stellt sich ein neuer Zustand so ein, dass sich die »Keulen« des p-Zustands parallel zur Grenzfläche orientieren [129]. Der Effekt ist schematisch in Abb. 3.52 a gezeigt. Dieser neue Zustand bricht nicht mehr die Zeitumkehrinvarianz und bildet damit eine zweite supraleitende Phase, deren Eigenschaften inklusive der Übergangstemperatur sich von der im Inneren des Sr_2RuO_4 unterscheiden.

Ein interessanter Effekt sollte auftreten, wenn sich mehrere Ru-Einschlüsse nahekommen, so wie in Abb. 3.52 b gezeigt. Solange die Körner voneinander unabhängig sind, haben die Paarwellenfunktionen voneinander unabhängige Phasen φ_k. Wenn aber Supraströme zwischen den Körnern fließen können, dann werden sich wie beim Josephsonkontakt die Phasen φ_k möglichst aneinander angleichen.

Hätte der Suprazustand an der Grenzfläche s-Wellen-Symmetrie, dann wäre dies ohne Problem möglich. Durch den Vorzeichenwechsel der p-Orbitale bekommt die 3-K-Phase aber einen Drehsinn um den Einschluss herum. Dies ist in Abb. 3.52 b durch die vielen eingezeichneten p-Orbitale angedeutet. Würde man jedes Orbital durch einen Vektor ersetzen, der in Richtung + zeigt [129], dann liefen diese Vektoren in der Zeichnung gegen den Uhrzeigersin um die Körner. Wenn sich zwei Einschlüsse nahekommen, dann stehen sich bei gleichem Drehsinn der p-Orbitale zwei p-Orbitale mit entgegengesetzem Vorzeichen gegenüber. Man hat dann eine

Situation, die sehr ähnlich ist wie bei den im vorhergehenden Abschnitt besprochenen π-Josephsonkontakten. Bei lediglich zwei Einschlüssen kann man die Phase der Paarwellenfunktion eines der beiden Körner um π verschieben und so den Vorzeichenwechsel am Kontaktpunkt beseitigen. Bei drei Körnern ist dies nicht mehr möglich. Man erhält dann eine »frustrierte« Situation, die analog zu der Trikristall-Geometrie der Abb. 3.42 ist. Zwischen den drei Körnern bilden sich spontane Abschirmströme aus. Verallgemeinert auf viele Körner erhält man ein Netzwerk, das sich in schwachen angelegten Magnetfeldern durch die spontanen Abschirmströme paramagnetisch verhalten kann. Dieser Effekt ist ganz analog zum Wohlleben-Effekt, der bei polykristallinen Kuprat-Proben beobachtet wird (vgl. Abschnitt 3.2.2).

Wir sind nun fast am Ende unserer Ausführungen über die Cooper-Paarung in unkonventionellen Supraleitern angekommen.

Es sollte noch erwähnt werden, dass sich unkonventionelle Supraleitung auch in weiteren Verbindungen wie den organischen Supraleitern anzudeuten scheint. Beispielsweise scheint in der Schichtstruktur κ-$(BEDT-TTF)_2Cu(NCS)_2$ ganz ähnlich wie bei den Kupraten die d-Symmetrie realisiert zu sein [130], und bei $(TMTSF)_2PF_6$ weisen Knight-Shift-Messungen auf Spin-Triplett-Supraleitung hin [131].

Man hat damit eine Vielzahl neuer Materialien, in denen man eine ganze Reihe neuartiger physikalischer Phänomene beobachten kann. Vieles – insbesondere der Mechanismus der Cooperpaarung – ist zur Zeit oftmals noch unverstanden.

Man muss aber nicht allzu prophetisch sein, um vorherzusagen, dass die unkonventionellen Supraleiter noch eine ganze Menge von Überraschungen bereithalten werden.

Literatur

1 W. Heisenberg: Z. Naturforsch. **2a**, 185 (1947).

2 H. Welker: Z. Phys. **114**, 525 (1939).

3 M. Born u. K. C. Cheng: Nature (London) **161**, 968 u. 1017 (1948).

4 H. Fröhlich: Phys. Rev. **79**, 845 (1950).

5 J. Bardeen: Phys. Rev. **80**, 567 (1950).

6 J. Bardeen, L. N. Cooper u. J. R. Schrieffer: Phys. Rev. **108**, 1175 (1957).

7 L. N. Cooper: Phys. Rev. **104**, 1189 (1956).

8 »Feynman-Lectures on Physics«, Vol. 3, 10–1 ff. Addison-Wesley Publ. Comp. 1965.

9 L. P. Gor'kov: Sov. Phys: JETP 9, 1364 (1960).

10 H. K. Onnes u. W. Tuyn: Comm. Leiden **160b** (1922).

11 E. Justi: Phys. Z. **42**, 325 (1941).

12 E. Maxwell: Phys. Rev. **78**, 477 (1950).

13 C. A. Reynolds, B. Serin, W. H. Wright u. L. B. Nesbitt: Phys. Rev. **78**, 487 (1950).

14 E. Maxwell: Phys. Rev. **86**, 235 (1952); B. Serin, C. A. Reynolds u. C. Lohman: Phys. Rev. **86**, 162 (1952); J. M. Lock, A. B. Pippard u. D. Shoenberg: Proc. Cambridge Phil. Soc. **47**, 811 (1951).

15 R. D. Fowler, J. D. G. Lindsay, R. W. White, H. H. Hill u. B. T. Matthias: Phys. Rev. Lett. **19**, 892 (1967); W. E. Gardner u. T. F. Smith: Phys. Rev. **154**, 309 (1967).

16 W. L. McMillan: Phys. Rev. **167**, 331 (1968).

17 O. Gunnarson: Rev. Mod. Phys. **69**, 575 (1997).

18 C. Buzea u. T. Yamashita: Supercond. Sci. Technol. **14**, R115 (2001).

19 R. E. Glover III u. M. Tinkham: Phys. Rev. **108**, 243 (1957).

20 P. L. Richards u. M. Tinkham: Phys. Rev. **119**, 575 (1960).

21 D. F. Moore, R. B. Zubeck, J. M. Rowell u. M. R. Beasley: Phys. Rev.B **20**, 2721 (1979);
L. Y. L. Shen: Phys. Rev. Lett. **29**, 1082 (1972)

22 K. Komenov, T. Yamashita u. Y. Onodera, Phys. Lett. A **28**, 335 (1968).

23 U.Poppe: Physica B **108**, 805 (1981); C. P. Umbach, L. E. Toth, E. D. Dahlberg u.
A. M. Goldman: Physica B **108**, 803 (1981).

24 U. Poppe u. H. Wühl: J. Low Temp. Phys. **43**, 371 (1981).

25 T. Ekino, H. Fuji, M. Kosugi, Y. Zenitani u. J. Akimitsu, Phys. Rev. B **53**, 5640 (1996).

26 B. P. Clayman u. R. F. Frindt: Solid State Commun. 9, 1881 (1971).

27 B. Batlogg, J. P. Remeika, R. C. Dynes, H. Barz, A. S. Cooper u. J. Garno: in *Super-conductivity in d- and f-Band Metals* (Hrsg. W. Buckel u. W. Weber), Kernforschungszentrum Karlsruhe, S. 401 (1982).

28 F. Sharifi, A. Pargellis, R. C. Dynes, B. Miller, E. S. Hellman, J. Rosamilia u. E. H. Hartford, Jr.: Phys. Rev. B **44**, 12 521 (1993).

29 R. W. Morse u. H. V. Bohm: Phys. Rev. **108**, 1094 (1957).

30 J. C. Fisher u. I. Giaever: J. Appl. Phys. **32**, 172 (1961).

31 I. Giaever: Phys. Rev. Lett. **5**, 464 (1960).

32 I. Giaever u. K. Megerle: Phys. Rev. **122**, 1101 (1961).

33 J. Sutton u. P. Townsend: Proc. LT 8, 182 (1963).

34 I. Giaever: Proc. LT **8**, 171 (1963).

35 A. Eichler, H. Wühl u. B. Stritzker: Solid State Commun. **17**, 213 (1975).

36 J. M. Rowe, J. J. Rush, H. G. Smith, M. Mostoller u. H. E. Flotow: Phys. Rev. Lett. **33**, 1297 (1974).

37 G. Binnig, A. Baratoff, H. E. Hoenig u. J. G. Bednorz, Phys. Rev. Lett. **45**, 1352 (1980);
M. Jourdan, N. Blümer u. H. Adrian: Eur. Phys. J. B **33**, 25 (2003).

38 F. Giubileo, D. Roditchev, W. Sacks, R. Lamy, D. X. Thanh, J. Klein, S. Miraglia, D. Fruchart, J. Marcus u. Ph. Monod: Phys. Rev. Lett. **87**, 177 008 (2001); A. Y. Liu, I. I. Mazin u. J. Kortus: Phys. Rev. Lett. **87**, 087 005 (2001); H. J. Choi, D. Roundy, H. Sun, M. L. Cohen u. S. G. Louie: Nature **418**, 758 (2002).

39 E. A. Lynton, B. Serin u. M. Zucker: J. Phys. Chem. Solids 3, 165 (1957).

40 J. Hasse u. K. Lüders: Z. Phys. **173**, 413 (1963).

41 W. Buckel u. R. Hilsch: Z. Phys. **132**, 420 (1952).

42 W. Buckel: Z. Phys. **138**, 136 (1954).

43 J. Fortmann u. W. Buckel: Z. Phys. **162**, 93 (1961).

44 W. Buckel u. R. Hilsch: Z. Phys. **138**, 109 (1954).

45 H. Leitz, H.-J. Nowak, S. El-Dessouki, V. K. Srivastava u. W. Buckel: Z. Phys. B **29**, 199 (1978).

46 F. Meunier, J. J. Hauser, J. P Burger, E. Guyon u. M. Hesse: Phys. Lett. **28 B**, 37 (1968);
A. M. Lamoise, J. Chaumont, F. Meunier u. H. Bernas: J. Phys. Lett. (Orsay, Fr.) **36**, L 271 (1975); A. M. Lamoise, J. Chaumont, F. Meunier, H. Bernas u. F. Lalu: J. Phys. Lett. (Orsay, Fr.) **37**, L 287 (1976).

47 R. E. Glover III, F Baumann u. S. Moser: Proc. l2th Int. Conf. Low Temp. Phys. (LT 12), Kyoto 1970, S. 337, Academic Press of Japan.

48 G. Bergmann: Phys. Rev. **B 3**, 3797 (1971) u. Phys. Rep. **27 C**, 159 (1976); B. Keck u. A. Schmid: J. Low Temp. Phys. **24**, 611 (1976).

49 H.-J. Güntherodt u. H. Beck: Top. Appl. Phys. **46** (1981).

50 W. L. Johnston: Top. Appl. Phys. **46**, 191 (1981).

51 R. C. Zeller u. R. O. Pohl: Phys. Rev. **B 4**, 2029 (1971).

52 G. Kämpf, H. Selisky u. W. Buckel: Physica **108 B**, 1263 (1981); H. v. Löhneysen: Phys. Rep. **79**, 161 (1981).

53 B. T. Matthias, H. Suhl u. E. Corenzwit: Phys. Rev. Lett. **1**, 92 (1958).

54 A. A. Abrikosov u. L. P. Gor'kov: Sov. Phys. JETP **12**, 1243 (1961).

55 E. Wassermann: Z. Phys. **187**, 369 (1965).

56 N. Barth: Z. Phys. **148**, 646 (1957).

57 W. Buckel, M. Dietrich, G. Heim u. J. Kessler: Z. Phys. **245**, 283 (1971).

58 W. Bauriedl, P. Ziemann u. W. Buckel: Phys. Rev. Lett. **47**, 1163 (1981).

59 Kl. Schwidtal: Z. Phys. **158**, 563 (1960).

60 A. Schertel: Phys. Verh. **2**, 102, (1951).

61 G. Boato, G. Gallinaro u. C. Rizutto: Phys. Rev. **148**, 353 (1966).

62 P. Ziemann: Festkörperprobleme **XXIII**, 93 (1983).

63 W. Opitz: Z. Phys. **141**, 263 (1955); A. W. Bjerkaas, D. M. Ginsberg u. B. J. Mrstik: Phys. Rev. **B 5**, 854 (1972).

64 A. Hofmann, W. Bauriedl u. P. Ziemann: Z. Phys. **B 46**, 117 (1982).

65 Kl. Schwidtal: Z. Phys. **169**, 564 (1962).

66 N. Falke, N. P Jablonski, J. Kästner u. E. Wassermann: Z. Physik **220**, 6 (1969).

67 T. H. Geballe, B. T. Matthias, E. Corenzwit u. G. W. Hull Jr.: Phys. Rev. Lett. **8**, 313 (1962).

68 E. Müller-Hartmann u. J. Zittartz: Phys. Rev. Lett. **26**, 428 (1971).

69 K. Winzer: Z. Physik **265**, 139 (1973); G. Riblet u. K. Winzer: Solid State Commun. **9**, 1663 (1971); M. B. Maple: Appl. Phys. **9**, 179 (1976).

70 K. Winzer: Solid State Comm. **24**, 551 (1977). R. Dreyer, T Krug u. K. Winzer: J. Low. Temp Phys. **48**, 111 (1982).

71 V. Ambegaokar u. A. Griffin: Phys. Rev. **137** A, 1151 (1965).

72 M. A. Woolf u. F. Reif: Phys. Rev. **137 A**, 557 (1965).

73 J. Zittartz, A. Bringer u. E. Müller-Hartmann: Solid State Commun. **10**, 513 (1972).

74 Y. J. Uemura, L. P. Lee, G. M. Luke, B. J. Sternlieb, W. D. Wu, J. H. Brewer, T. M. Riseman, C. L. Seaman, M. B. Maple, M. Ishikawa, D. G. Hinks, J. D. Jogensen, G. Saito u. H. Yamochi: Phys. Rev. Lett. **66**, 2665 (1991).

75 P. W. Anderson: Science **235**, 1196 (1987), P. W. Anderson u. Z. Zhu: Phys. Rev. Lett. **60**, 132 (1988); S. Chakravarty u. P. W. Anderson: Phys. Rev. Lett. **72**, 3859 (1994).

76 M. Takigawa, P. C. Hammel, R. H. Heffner u. Z. Fisk: Phys. Rev. B **39**, 7371 (1989); S. E. Barrett, D. J. Durand, C. H. Pennington, C. P. Slichter, T. A. Friedman, J. P. Rice u. D. M. Ginsberg: Phys. Rev. B **41**, 6283 (1990).

77 N. Bulut u. D. J. Scalapino: Phys. Rev. B. **45**, 2371 (1992).

78 K. Ishida, H. Mukuda, Y. Kitaoka, K. Asayama, Z. Q. Mao, Y. Mori u. Y. Maeno: Nature **396**, 658 (1998).

79 M. Sigrist, D. Agterberg, T. M. Rice u. M. E. Zhitomirsky: Physica C **282**, 214 (1997).

80 B. Batlogg, R. J. Cava, A. Jayaraman, R. B. van Dover, G. A. Kourouklis, S. Sunshine, D. W. Murphy, L. W Rupp, H. S. Chen, A. White, K. T. Short, A. M. Mujsce u. E. A. Rietman: Phys. Rev. Lett. **58**, 2333 (1987).

81 B. Batlogg, G. Kourouklis, W. Weber, J. R. Cava, A. Jayaraman, A. E. White, K. T. Short, L. W. Rupp u. E. A. Rietman: Phys. Rev. Lett. **59**, 912 (1987).

82 J. P. Franck, J. Jung, M. A.-K. Mohamed, S. Gygax u. G. I. Sproule: Phys. Rev. B **44**, 5318 (1991).

83 J. P. Franck: in Physical Properties of High-T_c Superconductors IV, D. M. Ginsberg (Hrsg.) World Scientific, Singapur, 1994, S. 189.

84 T. Dahm: Phys. Rev. B **61**, 6381 (2000).

85 J. R. Thompson, D. K. Christen, S. T. Sekula, B. C. Sales u. L. A. Boatner: Phys. Rev. B **36**, 836 (1987).

86 S. Uchida: Physica C **357**, 25 (2001).

87 J. Hubbard: Proc. R. Soc.London, Ser. A **243**, 336 (1957).

88 D. J. Scalapino: Phys. Rep. **250**, 329 (1995).

89 W. A. Hardy, D. A. Bonn, D. C. Morgan, R. Liang u. K. Zhang: Phys. Rev. Lett. **70**, 3999 (1993); S. Kamal, R. Liang, A. Hosseini, D. A. Bonn u. W. N. Hardy: Phys. Rev. B. **58**, R8933 (1998).

90 J. W. Loram, K. A. Mirza, J. R. Cooper u. W. Y. Liang, Phys. Rev. Lett. **71**, 1740 (1993).

91 K. A. Moler, D. J. Baar, J. S. Urbach, R. Liang, W. N. Hardy u. A. Kapitulnik: Phys. Rev. Lett. **73**, 2744 (1994).

92 Ch. Renner, B. Revaz, J.-Y. Genoud, K. Kadowaki u. Ø. Fischer: Phys. Rev. Lett. **80**, 149 (1998).

93 X. Z. Shen, D. S. Dessau, B. O. Wells, D. M. King, W. E. Spicer, A. J. Arko, D. Marshall, L. W. Lombardo, A. Kapitulnik, P. Diskinson, S. Doniach, J. DiCarlo, A. G. Loeser u. C. H. Park: Phys. Rev. Lett. **70**, 1553 (1993).

94 Z. X. Shen u. D. S. Dessau, Phys. Rep. **253**, 1 (1995); A. Damascelli, Z. Hussain, Z.-X. Shen, Rev. Mod. Phys. **75**, 473 (2003).

95 H. Ding, M. R. Norman, J. C. Campuzano, M. Randeria, A. F. Bellman, T. Yokoya, T. Takahashi, T. Mochiku u. K. Kadowaki: Phys. Rev. B **54**, R9678 (1996).

96 T. Timusk u. B. Statt: Rep. Prog. Phys. **62**, 61 (1999).

97 J. M. Harris, Z.-X. Shen, P. J. White, D. S. Marshall, M. C. Schabel, J. N. Eckstein u. I. Bozović: Phys. Rev. B **54**, R15665 (1996).

98 D. J. Van Harlingen: Rev. Mod. Phys. **67**, 515 (1995).

99 C. C. Tsuei u. J. R. Kirtley: Rev. Mod. Phys. **72**, 969 (2000).

100 V. B. Geshkenbein, A. I. Larkin u. A. Barone, Phys. Rev. B **36**, 235 (1987)

101 D. A. Wollman, D. J. Van Harlingen, W. C. Lee, D. M. Ginsberg u. A. J. Leggett: Phys. Rev. Lett. **71**, 2134 (1993).

102 D. A. Wollman, D. J. Van Harlingen, J. Giapintzakis u. D. M. Ginsberg: Phys. Rev. Lett. **74**, 797 (1995).

103 R. A. Klemm: Phys. Rev. Lett. **73**, 1871 (1994); D. A. Wollman, D. J. Van Harlingen u. A. J. Leggett: Phys. Rev. Lett. **73**, 1872 (1994).

104 L. N. Bulaevskii, V. V. Kuzii u. A. A. Sobyanin: JETP Lett. **25**, 290 (1977); V. B. Geshkenbein u. A. I. Larkin, JETP Lett. **43**, 395 (1986).

105 J. R. Kirtley, C. C. Tsuei, H. Raffy, Z. Z. Li, A. Gupta, J. Z. Sun u. S. Megtert: Europhys. Lett. **36**, 707 (1996).

106 W. Braunisch, N. Knauf, G. Bauer, A. Kock, A. Becker, B. Freitag, A. Grütz, V. Kataev, S. Neuhausen, B. Boden, D. Khomskii, D. Wohlleben, J. Bock u. E. Preisler: Phys. Rev. B **48**, 4030 (1993).

107 M. Sigrist u. T. M. Rice: Rev. Mod. Phys. **67**, 503 (1995).

108 H. Hilgenkamp u. J. Mannhart: Rev. Mod. Phys. **74**, 485 (2002).

109 R. R. Schulz, B. Chesca, B. Goetz, C. W. Schneider, A. Schmehl, H. Bielefeldt, H. Hilgenkamp, J. Mannhart J u. C. C. Tsuei: Appl. Phys. Lett **76**, 912 (2000).

110 B. Chesca, Annalen der Physik **8**, 511 (1999).

111 J. Mannhart, H. Hilgenkamp, G. Hammerl u. C. W. Schneider: Physica Scripta, T **102**, 107 (2002).

112 B. Chesca, K. Ehrhardt, M. Mößle, R. Straub, D. Koelle, R. Kleiner u. A. Tsukada, Phys. Rev. Lett. **90**, 057004 (2003).

113 H. J. H. Smilde, H. Hilgenkamp, G. J. Gerritsma, D. H. A. Blank u. H. Rogalla, Physica C **350**, 269 (2001).

114 H. J. H. Smilde, Ariando, D. H. A. Blank, G. J. Gerritsma, H. Hilgenkamp u. H. Rogalla: Phys. Rev. Lett. **88**, 057004 (2002).

115 H. Hilgenkamp, Ariando, H-J. Smilde, D. H. A. Blank, G. Rijnders, H. Rogalla, J. R. Kirtley u. C. C. Tsuei: Nature **422**, 50 (2003).

116 L. Alff, S. Meyer, S. Kleefisch, U. Schoop, A. Marx, H. Sato, M. Naito u. R. Gross: Phys. Rev. Lett. **83**, 2644 (1999); L. Alff, B. Welter, S. Kleefisch, A. Marx u. R. Gross, Physica C **357**, 307 (2001); J. A. Skinta, T. R. Lemberger, T. Greibe u. M. Naito: Phys. Rev. Lett. **88**, 207003 (2002); J. A. Skinta, M.-S. Kim, T. R. Lemberger, T. Greibe u. M. Maito: Phys. Rev. Lett. **88**, 207005 (2002).

117 A. G. Sun, D. A. Gajewski, M. B. Maple u. R. C. Dynes: Phys. Rev. Lett. **72**, 2267 (1994); A. G. Sun, A. Truscott, A. S. Katz, R. C. Dynes, B. W. Veal u. C. Gu: Phys. Rev. B **54**, 6734 (1996); R. Kleiner, A. S. Katz, A. G. Sun, R. Summer, D. A. Gajewski, S. H. Han,

S. I. Woods, E. Dantsker, B. Chen, K. Char, M. B. Maple, R. C. Dynes u. John Clarke: Phys. Rev. Lett. **76**, 2161 (1996).

118 M. Mößle u. R. Kleiner: Phys. Rev. B **59**, 4486 (1999).

119 S. I. Woods, A. S. Katz, T. L. Kirk, M. C. de Andrade, M. B. Maple u. R. C. Dynes: IEEE Trans. Appl. Supercond. **9**, 3917 (1999).

120 Q. Li, Y. N. Tsay, M. Suenaga, R. A. Klemm, G. D. Gu u. N. Koshizuka: Phys. Rev. Lett. **83**, 4160 (1999).

121 Y. Takano, T. Hatano, A. Fukuyo, A. Ishii, M. Ohmori, S. Arisawa, K.Togano u. M. Tachiki: Phys. Rev. B **65**, 140513(R) (2002).

122 G. B. Arnold u. R. A. Klemm: Phys. Rev. B **62**, 661 (2000); A. Bille, R. A. Klemm u. K. Scharnberg: Phys. Rev. B **64**, 174507 (2001); K. Maki u. S. Haas: Phys. Rev. B **67**, 020510(R) (2003).

123 R. Joynt u. L. Taillefer: Rev. Mod. Phys. **74**, 235 (2002).

124 N. K. Sato, N. Aso, K. Miyake, R. Shiina, P. Thalmeier, G. Varelogiannis, C. Geibel, F. Steglich, P. Fulde u. T. Komatsubara: Nature **410**, 340 (2001).

125 M. Jourdan, M. Huth u. H. Adrian: Nature **398**, 47 (1999).

126 G. M. Luke, Y. Fudamoto, K. M. Kojima, M. I. Larkin, J. Merrin, B. Nachumi, Y. J. Uemura, Y. Maeno, Z. Q. Mao, Y. Mori, H. Nakamura u. M. Sigrist: Nature **394**, 558 (1998).

127 G. M. Luke, A. Keren, L. P. Lee, W. D. Wu, Y. J. Uemura, D. A. Bonn, L. Taillefer u. J. D. Garrett: Phys. Rev. Lett. **71**, 1466 (1993).

128 T. M. Riseman, P. G.: Kealey, E. M. Forgan, A. P. Mackenzie, L. M. Galvin, A. W. Tyler, S. L. Lee, C. Ager, D. Mck. Paul, C. M. Aegerter, R. Cubitt, Z. Q. Mao, T. Akima u. Y. Maeno: Nature **404**, 629 (2000); Nature **396**, 242 (1998); P. G. Kealey, T. M. Riseman, E. M. Forgan, L. M. Galvin, A. P. Mackenzie, S. L. Lee, D. McK. Paul, R. Cubitt, D. F. Agterberg, R. Heeb, Z. Q. Mao u. Y. Maeno: Phys. Rev. Lett. **84**, 6094 (2000).

129 M. Sigrist u. H. Monien: J. Phys. Soc. Jpn **70**, 2409 (2001).

130 K. Izawa, H. Yamaguchi, T. Sasaki u. Y. Matsuda: Phys. Rev. Lett. **88**, 027002 (2002).

131 I. J. Lee, S. E. Brown, W. G. Clark, M. J. Strouse, M. J. Naughton, W. Kang u. P. M. Chaikin: Phys. Rev. Lett. **88**, 017004 (2002).

4

Thermodynamik und thermische Eigenschaften des supraleitenden Zustandes

Wir hatten im Kapitel 3 gesehen, dass für die konventionellen Supraleiter eine sehr gut ausgebaute Theorie existiert, die erklärt, wie durch die Bildung von Cooper-Paaren eine kohärente Materiewelle aufgebaut wird. Wir hatten aber auch gesehen, dass insbesondere bei den unkonventionellen Supraleitern die mikroskopischen Details oft noch unklar sind. Dennoch konnte man durch wenige fundamentale Symmetriebetrachtungen viele Eigenschaften der Paarwellenfunktion erfassen.

Wir wollen uns nun der Supraleitung auf einer makroskopischen Ebene zuwenden. Wir werden sehen, dass man durch die konsequente Anwendung der allgemeinen Gesetzmäßigkeiten der Thermodynamik zu einem tiefen Verständnis der Eigenschaften des supraleitenden Zustands gelangen kann. Dies wird uns zu der für die Praxis sehr wichtigen Ginzburg-Landau-Theorie [1] führen, die Anfang der 1950er Jahre entwickelt wurde. Man setzt sie bei der Beschreibung sowohl der konventionellen als auch der unkonventionellen Supraleiter ein.

Schon 1924 wurde von Keesom [2] versucht, die Thermodynamik auf die Supraleitung anzuwenden. Die Schwierigkeit dabei war, dass man den supraleitenden Zustand noch nicht als *eine* neue thermodynamische Phase auffassen konnte. 1933 brachte die Entdeckung des Meißner-Ochsenfeld-Effektes die entscheidende Klärung. Unabhängig von der Versuchsführung wird bei Eintritt der Supraleitung ein magnetisches Feld aus dem Inneren eines Supraleiters erster Art verdrängt. Damit war die Existenz *einer* supraleitenden Phase experimentell bestätigt. Auch für den Supraleiter zweiter Art, bei dem das Feld in den Supraleiter eindringt, ist der thermodynamische Gleichgewichtszustand durch die Vorgabe von T und B eindeutig bestimmt.

Bevor wir in die Details gehen, sollen zur Einführung einige Vorbemerkungen zur thermodynamischen Behandlung physikalischer Systeme vorangestellt werden.

Supraleitung: Grundlagen und Anwendungen, 6. Auflage
Werner Buckel, Reinhold Kleiner
Copyright © 2004 Wiley-VCH Verlag GmbH & Co. KGaA, Weinheim
ISBN: 978-3-527-40348-6

4.1
Allgemeine Vorbemerkungen zur Thermodynamik

Ein entscheidendes Merkmal der thermodynamischen Behandlung eines makroskopischen physikalischen Systems liegt darin, dass die ungeheure Vielzahl von unabhängigen Koordinaten der einzelnen Teilchen auf einige wenige makroskopische Variablen des Systems reduziert wird. So geht man z. B. bei der thermodynamischen Behandlung eines idealen Gases nicht etwa von den $3N$ Orts- und $3N$ Impulskoordinaten der N Atome des Gases aus, sondern beschreibt das Verhalten mit Variablen wie Temperatur T, Volumen V, Teilchenzahl N und ähnlichen.

Man fragt dabei nach dem makroskopischen Verhalten des Systems, etwa nach der Stabilität einzelner Phasen, wie der flüssigen, festen oder gasförmigen gegenüber der Variation einer Variablen bei Festhalten der übrigen. Eine wichtige Rolle spielen die thermodynamischen Gleichgewichtszustände eines Systems unter gegebenen Bedingungen. Dabei geht es etwa um Folgendes: Ein System, z. B. ein Flüssigkeit-Dampf-Gemisch, sei durch die Vorgabe von Temperatur T, Volumen V und Gesamtteilchenzahl N festgelegt. Wir fragen nach der Zahl N der Atome im Dampf im thermodynamischen Gleichgewicht, d. h. in dem Zustand, der sich einstellt, wenn wir unter den gegebenen Bedingungen alle anderen Größen frei austauschen lassen. Es gibt dann in dem genannten Beispiel einen Zustand, den das System annimmt. Dabei müssen hier die Teilchen zwischen Dampf und Flüssigkeit frei austauschen können, und außerdem muss ein definierter Wärmeaustausch mit einem Wärmebad möglich sein.

Es soll hier gleich erwähnt werden, dass die thermodynamischen Gleichgewichtszustände sehr häufig nicht oder nur sehr langsam eingenommen werden, weil der freie Austausch der einen oder anderen Größe in der speziellen Versuchsführung nicht gegeben ist. Die thermodynamische Aussage über den Gleichgewichtszustand ist völlig unabhängig von der Frage seiner Realisierungsmöglichkeit.

Alle derartigen Fragen werden erfasst durch die Angabe geeigneter thermodynamischer Funktionen, der Gibbs-Funktionen, auch thermodynamische Potenziale genannt. Diese Gibbs-Funktionen werden aus den Variablen gebildet, und zwar gehört zu einem bestimmten Satz von unabhängigen Variablen eine bestimmte Gibbs-Funktion. Hat man diese Gibbs-Funktion, so hat man damit das System thermodynamisch voll erfasst.

Die Schwierigkeit liegt im Auffinden der richtigen Gibbs-Funktion für ein System. Zunächst ist es wichtig, einen Satz unabhängiger Variablen zu finden. Das ist nicht immer einfach. Bekannte Variablensätze sind etwa: Temperatur T, Volumen V und Teilchenzahl N, oder Temperatur T, Druck p und Teilchenzahl N. Natürlich kommen dazu weitere Variable, wenn ein System weitere Variationsmöglichkeiten hat, z. B. durch elektrische oder magnetische Felder beeinflusst wird. Das Verhalten in einem Magnetfeld wird gerade für die Behandlung eines Supraleiters von entscheidender Bedeutung sein.

Hat man dann die zu einem Satz von Variablen gehörende Gibbs-Funktion, so sind die Gleichgewichtszustände durch Extremalwerte der Gibbs-Funktion festgelegt[1]. Zwei Phasen eines Systems sind im Gleichgewicht, wenn ihre Gibbs-Funktionen den gleichen Wert haben. Damit können wir schon die Frage nach der Stabilität einer Phase im Prinzip beantworten. Ist der Gleichgewichtszustand durch ein Minimum der Gibbs-Funktion festgelegt, so wird eine Phase I gegenüber einer Phase II instabil, wenn die Gibbs-Funktion der Phase I größer wird als diejenige der Phase II.

Die Gibbs-Funktionen sind dadurch ausgezeichnet, dass bei einer differenziellen Variation gerade die Differenziale der unabhängigen Variablen auftreten. Wir geben zur Erläuterung einige bekannte Beispiele.

Für die innere Energie U gilt:

$$dU = TdS + \delta A \tag{4-1}$$

Nehmen wir nur die Kompressionsarbeit $\delta A^{V} = -pdV$, so erhalten wir:

$$dU = TdS - pdV \tag{4-2}$$

U ist Gibbs-Funktion für die Variablen S und V. Das negative Vorzeichen bei dem Term pdV ist nötig, weil wir definieren wollen, dass alle Energie, die einem System *zugeführt* wird, positiv gezählt werden soll. Bei einer Volumenverkleinerung, also $dV < 0$, wird dem System Arbeit zugeführt[2]. Natürlich können hier noch andere Variable hinzukommen, z.B. die Teilchenzahl N. Für alle folgenden Ausführungen wollen wir die Teilchenzahl stets konstant halten, so dass wir diese Variable außer Acht lassen können.

Die freie Energie F ist gegeben als

$$F = U - TS \tag{4-3}$$

und damit

$$dF = dU - TdS - SdT = -SdT - pdV \tag{4-4}$$

F ist also Gibbs-Funktion für die Variablen T und V.

Häufig ist es sehr viel leichter, den Druck p willkürlich zu variieren als V und deshalb p als unabhängige Variable einzuführen. Die Gibbs-Funktion für die Variablen T und p ist die freie Enthalpie G mit

$$G = U - TS + pV \tag{4-5}$$

---

1 Sehr bekannt ist diese Extremalbedingung für die Entropie S als Gibbs-Funktion. Systeme unter Bedingungen, für die die Entropie Gibbs-Funktion ist, entwickeln sich in Richtung zunehmender Entropie. Der Gleichgewichtszustand entspricht einem Zustand mit maximaler Entropie, immer natürlich unter den gegebenen Bedingungen. Auf diese durch den 2. Hauptsatz erfasste Erfahrung sind die Extremalforderungen für Gleichgewichtszustände bei anderen Gibbs-Funktionen stets zurückzuführen.

2 In der technischen Thermodynamik wird meist anders verfahren. Hier werden Arbeiten, die vom System abgegeben werden, als die für die Technik interessanten Arbeitsbeträge positiv gezählt.

und

$$dG = -SdT + Vdp \qquad (4\text{-}6)$$

In der obigen Betrachtung haben wir nur die Variablen Druck und Temperatur berücksichtigt. Wir müssen bei der thermodynamischen Behandlung der supraleitenden Phase[3] sicher eine Variable hinzunehmen, die das Verhalten im Magnetfeld berücksichtigt. Wir wählen als weitere unabhängige Variable das Magnetfeld $\vec{B}$. Die zu den Variablen T, p und $\vec{B}$ gehörende Gibbs-Funktion bei konstanter Teilchenzahl lautet:

$$G = U - TS + pV - \vec{m}\vec{B} \qquad (4\text{-}7)$$

wobei $\vec{m}$ das magnetische Moment des Supraleiters ist[4]. Da $\vec{m}$ und $\vec{B}$ hier stets parallel oder antiparallel sind und wir dies im Vorzeichen von $\vec{m}$ berücksichtigen wollen, können wir den Vektorcharakter für diese Betrachtungen vergessen.

Für die Variation der inneren Energie U erhalten wir[5]

$$dU = TdS - pdV + Bdm \qquad (4\text{-}8)$$

wie in Standard-Lehrbüchern über Wärmelehre gezeigt wird. Damit ergibt sich[6]:

$$dG = -SdT + Vdp - mdB \qquad (4\text{-}9)$$

Wie verlangt, treten die unabhängigen Variablen T, p und B bei unserer Wahl der Gibbs-Funktion $G(T, p, B)$ in den Differentialen auf.

Wenn wir die Gibbs-Funktion eines Systems kennen, so können wir aus ihr sehr leicht eine Vielzahl thermodynamischer Größen durch die Bildung geeigneter Ableitungen nach den Variablen bestimmen. So erhält man aus G die Entropie aus

$$S = -\left(\frac{\partial G}{\partial T}\right)_{p,B} \qquad (4\text{-}10)$$

Dabei gibt das Symbol »$\partial/\partial T$« die *partielle* Ableitung nach der Temperatur an. Der Druck p und das Magnetfeld B sind dabei konstant zu halten, was durch den Index »p,B« angedeutet ist. In dieser Form hängt dann die Entropie von der Temperatur,

---

3 Die Bezeichnungen »supraleitender Zustand« und »supraleitende Phase« werden hier in gleicher Bedeutung verwendet.

4 Da das magnetische Moment $\vec{m}$ hier stets in Verbindung mit $\vec{B}$ auftritt, ist eine Verwechslung mit der Masse nicht zu befürchten.

5 Die differenzielle Arbeit $\delta A^m = Bdm$ entspricht ganz der Kompressionsarbeit $\delta A^V = -pdV$, wobei B für den Druck p und das magnetische Moment m für das negative Volumen $-V$ steht. Betrachten wir z. B. paramagnetische Stoffe. Es ist $\vec{m}$ parallel zu $\vec{B}$. Bei Vergrößerung von $\vec{m}$, d.h. $d\vec{m} > 0$ wird dem System Arbeit zugeführt, die als Magnetisierungswärme sichtbar wird.

6 Siehe z. B. R. Becker: »Theorie der Wärme«, S. 7, Springer, Heidelberg, 1961.

vom Magnetfeld und vom Druck ab: $S = S(T, B, p)$. Falls G von weiteren Variablen abhängt, so sind auch diese konstant zu halten. Man schreibt dann auch diese Variablen als Index an die Klammer.

Ganz analog kann man auch andere thermodynamische Größen aus G ableiten. So erhalten wir das Probenvolumen V (in Abhängigkeit von T, B und p) aus der partiellen Ableitung nach dem Druck bei konstanter Temperatur:

$$V = \left(\frac{\partial G}{\partial p} \right)_{T,B} \tag{4-11}$$

Eine weitere wichtige Größe, die wir im folgenden benötigen werden, ist die spezifische Wärme c. Sie ist ganz allgemein definiert über die Beziehung

$$\Delta Q = c \cdot m' \cdot \Delta T \tag{4-12}$$

ΔQ ist die Wärme, die man einer Stoffmenge der Masse m' zuführen muss, um eine Temperaturerhöhung von ΔT zu erreichen. Je nach den Nebenbedingungen, unter denen die Wärme zugeführt wird, unterscheiden wir verschiedene spezifische Wärmen. Halten wir z. B. den Druck konstant, so sprechen wir von einer spezifischen Wärme c_p bei konstantem Druck.

Wir kommen von der Funktion G sehr direkt zu der spezifischen Wärme c_p. Es gilt:

$$-T(\partial^2 G / \partial T^2)_{p,B} = T(\partial S / \partial T)_{p,B} = c_p \tag{4-13}$$

Beziehungen der Art (4-13) sind ganz wesentlich, um etwa aus der gemessenen Temperaturabhängigkeit der spezifischen Wärme die Entropie zu rekonstruieren. Außerdem bestehen oft sehr enge Verbindungen zwischen den verschiedenen thermodynamischen Größen. Einige Beispiele werden wir in diesem Kapitel kennenlernen.

Ein letzter allgemeiner Aspekt, den wir hier ansprechen wollen, ist die Ordnung eines Übergangs zwischen zwei thermodynamischen Phasen. Wir hatten bereits erwähnt, dass am Phasenübergang die Gibbs-Funktionen zu den für die Versuchsbedingungen relevanten Variablen gleich sind. Ist die erste Ableitung der Gibbs-Funktion nach der Temperatur am Phasenübergang unstetig, dann spricht man von einem Phasenübergang erster Ordnung. Die Entropie springt dann um einen endlichen Wert. Ganz analog spricht man von einem Phasenübergang zweiter Ordnung, wenn die Entropie am Phasenübergang endlich ist, aber die zweite Ableitung der Gibbs-Funktion, die proportional zur spezifischen Wärme ist, einen Sprung hat. Für solche Phasenübergänge hat Lew Dawidowitsch Landau eine tragfähige Theorie gegeben [3].

Auch der supraleitende Phasenübergang ist in Abwesenheit eines Magnetfeldes von zweiter Ordnung. Die Anwendung der Ideen der Landau-Theorie auf den supraleitenden Phasenübergang wird uns zur Ginzburg-Landau-Theorie führen.

Bevor wir uns aber dieser Theorie genauer zuwenden, wollen wir uns an Hand von Messungen der spezifischen Wärme überzeugen, dass der supraleitende Pha-

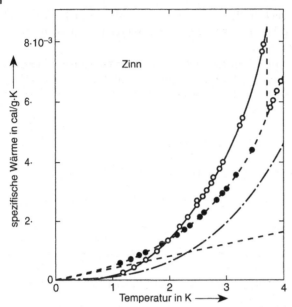

Abb. 4.1 Spezifische Wärme von Zinn als Funktion der Temperatur.
−O−O−O− ohne äußeres Magnetfeld, −●−●−●− in überkritischem Feld $B > B_c$,
−·−·−·− Gitterbeitrag für $B > B_c$, − − − − Elektronenbeitrag für $B > B_c$ (nach [4]).

senübergang tatsächlich von zweiter Ordnung ist. Wir wollen ebenfalls einen kurzen Blick auf die thermische Leitfähigkeit von Supraleitern werfen. Diese ist ja eine der Größen, die wir ganz unmittelbar mit dem Begriff »thermische Eigenschaften« eines Materials verbinden.

4.2
Die spezifische Wärme

In Abb. 4.1 ist exemplarisch die spezifische Wärme von Zinn als Funktion der Temperatur dargestellt [4]. Zinn ist ein Supraleiter erster Art. Die ausgezogene Kurve wird ohne äußeres Magnetfeld beobachtet. Man erkennt sehr schön den Sprung der spezifischen Wärme an T_c, der uns klar anzeigt, dass hier ein Phasenübergang zweiter Ordnung vorliegt. Bei einem Phasenübergang erster Ordnung wäre c_p an der Sprungtemperatur unendlich groß geworden.

In Magnetfeldern oberhalb des kritischen Feldes B_c kann die spezifische Wärme c_n des normalleitenden Zustandes auch für $T < T_c$ bestimmt werden (gestrichelte Kurve in Abb. 4.1). In diesem Fall erhält man natürlich keine Unstetigkeit, da ja kein Phasenübergang stattfindet.

Diese spezifische Wärme des Normalleiters kann man in zwei Anteile aufteilen, nämlich den Beitrag der Leitungselektronen c_{nE} und den Beitrag der Gitterschwingungen c_{nG} mit, $c_n = c_{nE} + c_{nG}$.

Es gilt in guter Näherung:

$$c_{nE} = \gamma \cdot T \tag{4-14}$$

$$c_{nG} = \alpha \cdot (T/\Theta_D)^3 \tag{4-15}$$

γ und α sind Konstanten, Θ_D ist die Debye-Temperatur.

Die »Sommerfeld-Konstante« γ ist proportional zur Zustandsdichte der Elektronen an der Fermi-Energie (s. Abschnitt 1.1). Es gilt allgemein:

$$\gamma = \frac{2}{3}\pi^2 k_B^2 N(E_F) \tag{4-16}$$

($k_B = 1{,}38 \cdot 10^{-23}$ Ws/K: Boltzmann-Konstante, $N(E_F)$ = Zustandsdichte in $(\text{Ws})^{-1} \cdot \text{mol}^{-1}$)

Die Temperaturabhängigkeit der spezifischen Wärme im supraleitenden Zustand wird für mittlere Temperaturen sehr gut durch ein Potenzgesetz 3. Ordnung angenähert. Mit den Gleichungen (4-14) und (4-15) bedeutet dies, dass der Gitteranteil dominiert.

Wir wollen auch kurz darauf eingehen, welche Temperaturabhängigkeit der spezifischen Wärme des supraleitenden Zustandes aus der mikroskopischen Theorie folgt.

Betrachten wir zunächst die konventionellen Supraleiter.

Bei Temperaturen in der Nähe von T_c ändern sich die Cooper-Paardichte und die Energielücke stark mit der Temperatur. Wir können nicht erwarten, in diesem Temperaturbereich einfache Zusammenhänge zu erhalten. Bei sehr kleinen Temperaturen dagegen ist die Energielücke nahezu unabhängig von T. Die Zufuhr von Energie in das Elektronensystem ist dann im wesentlichen mit dem Aufbrechen von Cooper-Paaren verknüpft[7]. Dazu sind Anregungen über die Energielücke erforderlich. Da die Wahrscheinlichkeit für die Anregungen mit einer Exponentialfunktion der Art $e^{-A/k_B T}$ (A ist eine Konstante, im wesentlichen die Anregungsenergie) abnehmen sollte, erwarten wir aus unserer Grundvorstellung bei sehr kleinen Temperaturen eine im wesentlichen exponentielle Abnahme von c_{sE}, des elektronischen Anteils an der spezifischen Wärme.

Die BCS-Theorie liefert für die Wärmekapazität konventioneller Supraleiter für $T \to 0$:

$$C_{sE} = 9{,}17\gamma \cdot T_c \exp\left(-\frac{1{,}5T_c}{T}\right) \tag{4-17}$$

Die Abb. 4.2 zeigt ein Beispiel für diese exponentielle Abhängigkeit [5]. Es ist entsprechend Gleichung (4-17) $c_{sE}/\gamma T_c$ gegen T_c/T aufgetragen. Die eingezeichnete Gerade entspricht der Beziehung (4-17). Auch schon vor der Ausarbeitung der BCS-Theorie wurden bei sehr genauen Messungen der spezifischen Wärme für sehr

---

7 Die Dichte der ungepaarten freien Elektronen ist dann so klein geworden, dass ihre Energieaufnahme vernachlässigt werden kann.

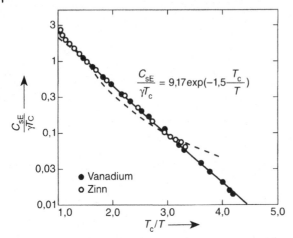

$$\frac{C_{sE}}{\gamma T_c} = 9{,}17 \exp(-1{,}5\frac{T_c}{T})$$

Abb. 4.2 Elektronischer Anteil der spezifischen Wärme von Zinn und Vanadium. Die eingezeichnete Gerade entspricht der Beziehung, wie sie aus der BCS-Theorie erhalten wird. Die gestrichelte Kurve entspricht einem T^3-Gesetz nach Gleichung (4-15) (nach [5]).

kleine Temperaturen exponentielle Abhängigkeiten gefunden, die die Annahme von Daunt und Mendelssohn [6] einer Energielücke im Anregungsspektrum des Supraleiters bestätigten.

Für den relativen Sprung des elektronischen Anteils der spezifischen Wärme $(c_{sE}{-}c_{nE})/c_{nE}$ bei T_c liefert die BCS-Theorie den Wert 1,43, was ebenfalls sehr gut mit den Beobachtungen übereinstimmt.

Das Anregungsspektrum unkonventioneller Supraleiter hat dagegen keine echte Energielücke. Vielmehr verschwindet die Energielückenfunktion $\Delta_0(\vec{k})$ in bestimmten Richtungen im $\vec{k}$-Raum. Man hat damit auch bei sehr tiefen Temperaturen eine nennenswerte Anzahl ungepaarter Elektronen, die zur spezifischen Wärme des Elektronensystems beitragen. Die Funktion $\Delta_0(\vec{k})$ kann, wie wir im Abschnitt 3.2 gesehen haben, an einzelnen Punkten im $\vec{k}$-Raum oder auch auf ganzen Linien verschwinden. Dies führt dazu, dass $c_{sE}(T)$ nach einem Potenzgesetz mit der Temperatur anwächst: $c_{sE}(T) \propto T^a$. Je nach der Dimensionalität der Nullstellen (Punkte oder Linien) und der Potenz, mit der $\Delta_0(\vec{k})$ mit $|\vec{k}|$ in der Nähe der Nullstellen verschwindet, ist a gleich 2 oder 3. Auch die relative Größe des Sprungs $(c_{sE}{-}c_{nE})/c_{nE}$ der elektronischen spezifischen Wärme an T_c hängt von der genauen Form der Nullstellen von $\Delta_0(\vec{k})$ ab und kann somit Aufschluss über diese geben.

Speziell bei den Kupraten ist es sehr schwierig, den elektronischen Anteil der spezifischen Wärme über einen weiten Temperaturbereich zu bestimmen, da man (außer bei sehr tiefen Temperaturen) einen großen Beitrag der Phononen zur gesamten Wärmekapazität hat [7–9]. Auch kann man auf Grund des hohen oberen kritischen Magnetfelds nicht einfach die Supraleitung durch Anlegen eines Magnetfeldes unterdrücken, um so wie in Abb. 4.1 den Unterschied der spezifischen Wärme im Normalzustand und dem Suprazustand zu erkennen. Statt dessen kann

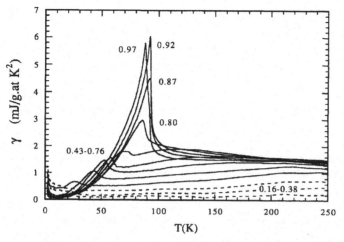

Abb. 4.3 Sommerfeldkoeffizient $\gamma = c_{el}/T$ als Funktion der Temperatur für verschieden dotierte $YBa_2Cu_3O_{6+x}$-Kristalle zwischen 1,8 und 300 K [10].

man aber undotierte Proben zum Vergleich heranziehen, also etwa $YBa_2Cu_3O_6$ mit $YBa_2Cu_3O_7$ vergleichen. Die Abb. 4.3 zeigt die Temperaturabhängigkeit der Größe $\gamma = c_{el}/T$ für verschiedene Werte der Sauerstoffdotierung x für $YBa_2Cu_3O_{6+x}$. Man erkennt sehr schön den Sprung bei der jeweiligen Übergangstemperatur.

Man hat c_{sE} auch für den Limes tiefer Temperaturen genau analysiert und fand erstaunlicherweise einen relativ großen *linearen* Term, d. h. $a = 1$ [11]. Für einen Supraleiter mit $d_{x^2-y^2}$-Symmetrie der Paarwellenfunktion hätte man dagegen ohne äußeres Magnetfeld im einfachsten Fall eine quadratische Temperaturabhängigkeit von c_{sE} erwartet[8]. Erst spätere Untersuchungen haben einerseits den T^2-Term bestätigt [12] und andererseits paramagetische Verunreinigungen als Ursache des linearen Terms erkannt [13].

Wir haben damit exemplarisch für drei Supraleiter – Zinn, Vanadium und $YBa_2Cu_3O_7$ – gesehen, dass der Übergang in den supraleitenden Zustand einen Phasenübergang zweiter Ordnung darstellt[9].

4.3
Die Wärmeleitfähigkeit

Wenn man längs eines Stabes – wir wählen gleich eine einfache Geometrie – der Länge l eine Temperaturdifferenz ΔT aufrecht erhält, so fließt Energie in Form von

---

8 Man erwartet für d-Wellen-Supraleiter im Vortexzustand einen linearen Term, der proportional zu $B^{1/2}$ wächst. Dieser Term wurde ebenfalls experimentell nachgewiesen.

9 Dies gilt bei Abwesenheit eines äußeren Magnetfeldes. Andernfalls kann der Phasenübergang von erster Ordnung sein.

Wärme vom heißen zum kalten Ende. Die Wärmeleitfähigkeit λ_W ist eine Material-konstante und wird durch die folgende Gleichung definiert:

$$\frac{\Delta Q}{\Delta t} = \lambda_w \frac{F}{l} \Delta T \qquad (4\text{-}18)$$

$\Delta Q/\Delta t$ = Wärmeenergie pro Zeit, F und l: Querschnitt und Länge des Stabes, ΔT = Temperaturdifferenz; lineare Änderung von T über die Stablänge vorausgesetzt.

Der Wärmetransport in einem Metall wird sowohl von den Leitungselektronen als auch von den Gitterschwingungen getragen. Im allgemeinen ist der Beitrag der Elektronen wesentlich größer als der des Gitters[10].

In diesem Fall können wir aus unserer Grundvorstellung vom supraleitenden Zustand recht leicht voraussagen, wie sich die Wärmeleitung für Temperaturen unterhalb von T_c verhalten sollte. Unterhalb von T_c werden mit abnehmender Temperatur mehr und mehr Leitungselektronen zu Cooper-Paaren korreliert und damit vom Energieaustausch abgekoppelt. Dadurch wird der Beitrag der Elektronen zur Wärmeleitung unterhalb von T_c immer kleiner. Wir erwarten also, dass die Wärmeleitung im supraleitenden Zustand kleiner ist als im normalleitenden, sofern sie im wesentlichen durch Elektronen bedingt ist.

Abb. 4.4 zeigt dieses Verhalten für Zinn und Quecksilber [14]. Auf die Temperatur-abhängigkeit der Wärmeleitung im normalleitenden Zustand wollen wir nicht näher eingehen. Wichtig ist hier nur, dass die Wärmeleitung im supraleitenden Zustand, wie erwartet, kleiner ist als im normalleitenden. Bei genügend tiefen Temperaturen, bei denen im supraleitenden Zustand praktisch keine freien Elektronen mehr vorhanden sind, da die Korrelation zu Cooper-Paaren nahezu vollständig ist, beobachtet man dann für Supraleiter ein Verhalten, das ganz dem isolierender Kristalle entspricht. Das Elektronensystem ist einfach vollständig vom Wärmehaushalt abgekoppelt. Hebt man die Supraleitung durch ein überkritisches Magnetfeld auf, so erhält das Metall die sehr viel höhere Wärmeleitung des Elektronensystems zurück. Damit kann ein Supraleiter als Schalter für Wärmeströme verwendet werden: Mit überkritischen Feldern hat man gute Wärmeleitung; der Schalter ist – in Analogie zu elektrischen Stromkreisen – geschlossen. Ohne Feld ist die Wärme-leitung sehr viel kleiner, der Schalter ist offen. Solche Wärmeventile sind oft ein unentbehrlicher Bestandteil von Experimenten bei Temperaturen unter 1 mK.

Das obige Verhalten ist charakteristisch für reine Metalle. Bei Legierungen und sehr stark gestörten Metallen dagegen sind die Verhältnisse wesentlich komplexer. Baut man Fremdatome in ein Metallgitter ein, so wird dadurch die freie Weglänge der Elektronen verkürzt, weil Stoßprozesse der Elektronen mit diesen Störatomen auftreten. Der damit verbundene zusätzliche elektrische Widerstand wird bei tiefen Temperaturen als Restwiderstand beobachtet. Die Behinderung der Elektronen-bewegung liefert auch einen zusätzlichen Wärmewiderstand.

---

10 In Isolatoren können nur die Gitterschwingungen Wärme transportieren, da keine freien Elektronen vorhanden sind.

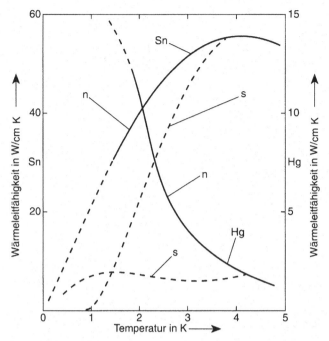

Abb. 4.4 Wärmeleitfähigkeit von reinem Zinn und Quecksilber
Linke Skala für Sn (nach [14]).

Im Gegensatz zu den Elektronen werden die Gitterschwingungen, die Phononen, durch atomare Störungen in ihrer Ausbreitung sehr viel weniger behindert[11]. Deshalb ändert sich der Beitrag der Phononen zur Wärmeleitung beim Einbau von solchen Störungen sehr viel weniger. Dies führt dann dazu, dass die Wärmeleitung über Elektronen kleiner werden kann als diejenige über Phononen. Die Wärmeleitung im supra- und normalleitenden Zustand sind nur noch wenig verschieden. Als Beispiel ist in Abb. 4.5 die Wärmeleitung einer Blei-Wismut-Legierung mit 0,1 % Bi aufgetragen [15].

Wenn schließlich der Elektronenanteil an der Wärmeleitung wesentlich kleiner wird als der Phononenanteil, was für einige Legierungssysteme zutrifft, so kann die Wärmeleitung im Suprazustand sogar größer werden als im Normalzustand. Als Beispiel für dieses Verhalten ist in Abb. 4.5 die Wärmeleitung einer Blei-Wismut-Legierung mit 0,5 % Bi wiedergegeben. Dieses Verhalten wird verständlich, wenn wir berücksichtigen, dass das Elektronen- und Phononensystem auch untereinander wechselwirken können, d. h. es treten Streuprozesse zwischen Elektronen

---

11 Die Streuung einer Welle an einem Hindernis wird dann beträchtlich, wenn die Wellenlänge und die Dimensionen des Hindernisses vergleichbar werden. Die Elektronenwellen haben bei einem Impuls, der der Fermi-Energie entspricht, Wellenlängen von einigen 0,1 nm und werden deshalb an atomaren Hindernissen stark gestreut, während die langen Gitterwellen über das gleiche Hindernis mit wesentlich weniger Wechselwirkung weglaufen.

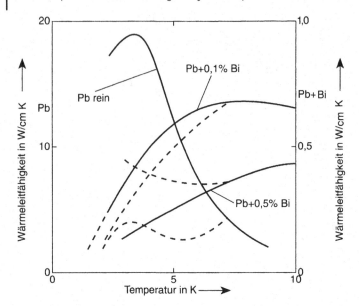

Abb. 4.5 Wärmeleitfähigkeit von Blei und Blei-Wismut-Legierungen. Durchgezogene Kurven: Normalzustand, gestrichelte Kurven: Suprazustand (nach [15]).

und Phononen auf. Die gesamte Temperaturabhängigkeit des elektrischen Widerstandes ist in solchen Streuprozessen der Elektronen an den Gitterschwingungen begründet. Mit wachsender Temperatur nehmen die Schwingungen des Gitters, d.h. die Zahl der Phononen, zu. Damit nehmen auch die Streuung der Elektronen und der elektrische Widerstand mit wachsender Temperatur zu.

Für die Substanzen, bei denen die Gitterschwingungen den wesentlichen Beitrag zur Wärmeleitung leisten, müssen wir die Elektron-Phonon-Streuung von den Phononen aus betrachten. Diese Streuprozesse behindern auch die Ausbreitung der Phononen und erniedrigen damit die Wärmeleitung des Phononensystems. Werden im supraleitenden Zustand die Elektronen abgekoppelt, so fallen diese Streuprozesse aus. Die Wärmeleitung des Phononensystems wird größer. Auf diese Weise kann es zustande kommen, dass die Wärmeleitung im supraleitenden Zustand größer ist als im normalleitenden. So sind die Ergebnisse an Pb-Bi-Legierungen nach Abb. 4.5 zu erklären.

Wir wollen hier unsere Ausführungen über die Wärmeleitung nicht weiter vertiefen. Es sei lediglich noch erwähnt, dass bei unkonventionellen Supraleitern der elektronische Beitrag wesentlich langsamer verschwindet als bei konventionellen Supraleitern, da auch bei tiefen Temperaturen relativ viele Quasiteilchen vorhanden sind [16]. Ähnliches gilt, wenn supraleitende und normalleitende Bereiche in der Probe nebeneinander vorkommen. Dies tritt im Vortex-Zustand von Typ-II-Supraleitern, aber auch im sogenannten Zwischenzustand von Typ-I-Supraleitern auf, den wir in Abschnitt 4.6.4 genauer betrachten werden.

4.4

Grundzüge der Ginzburg-Landau-Theorie

In den bisherigen thermodynamischen Betrachtungen hatten wir die Gibbs-Funktion des Systems integral betrachtet, sodass räumliche Variationen des Suprazustands nicht explizit in Erscheinung getreten sind. Auch haben wir noch keinen Gebrauch von der Tatsache gemacht, dass sich der supraleitende Zustand durch eine makroskopische Wellenfunktion mit wohldefinierter Phase beschreiben lässt.

Beides ist in der 1950 von Ginzburg und Landau publizierten Theorie enthalten. Diese Theorie stellte sofort eine wichtige Erweiterung der Londonschen Theorie [17] dar, die eine räumlich konstante Dichte der supraleitenden Ladungsträger voraussetzte. Erstaunlicherweise fand die Ginzburg-Landau-Theorie lange nicht die ihr gebührende Beachtung. Erst nach der Entwicklung einer mikroskopischen Theorie wurde allgemein anerkannt, welche Bedeutung diese erweiterte phänomenologische Theorie hat, die, wie von Gor'kov gezeigt wurde, für Temperaturen nahe T_c aus der BCS-Theorie abgeleitet werden kann [18] und wesentliche physikalische Eigenschaften des supraleitenden Zustands erfasst. Einer der großen Erfolge der Theorie war die Vorhersage des Vortex-Zustands durch Abrikosov [19]. Nach den vier Wissenschaftlern Ginzburg, Landau, Abrikosov und Gor'kov nennt man die Theorie auch oft die GLAG-Theorie[11a].

Diese Theorie geht davon aus, dass es sich beim Übergang N ↔ S ohne äußeres Magnetfeld um einen Phasenübergang 2. Ordnung (s. Abschnitt 4.1) handelt. Für solche Phasenübergänge hatte Landau eine Theorie entwickelt. Darin wurde ein Parameter, der sog. Ordnungsparameter, definiert, der in der neuen Phase – hier der supraleitenden Phase – stetig von Null bei T_c bis zum Wert 1 bei $T = 0$ anwachsen sollte. Ginzburg und Landau führten nun für den Suprazustand eine Funktion $\Psi(\vec{r})$ als Ordnungsparameter ein[12]. Die Größe $|\Psi(\vec{r})|^2$ kann als Dichte der supraleitenden Ladungen verstanden werden. Da $|\Psi(\vec{r})|^2$ im supraleitenden Zustand bei Anäherung an T_c stetig gegen Null gehen muss, kann man die Gibbs-Funktion[13] g_s der supraleitenden Phase in der Nähe von T_c in eine Taylor-Reihe nach der Dichte $|\Psi(\vec{r})|^2$ entwickeln und erhält:

$$g_s = g_n + \alpha \, |\Psi|^2 + \frac{1}{2}\beta \, |\Psi|^4 + ... \tag{4-19}$$

Die Gibbs-Funktion g_n der normalleitenden Phase tritt hier auf, weil an T_c für $\Psi = 0$ die Gibbs-Funktion g_s gleich g_n werden muss. Da für $T < T_c$ auch $g_s < g_n$ wird (Stabilitätskriterium), muss $\alpha < 0$ sein.

11a Für die Entwicklung der GLAG-Theorie erhielten V. L. Ginzburg und A. A. Abrikosov zusammen mit A. J. Leggett 2003 den Nobelpreis.

12 Wir beschreiben hier die Ginzburg-Landau-Theorie für einen isotropen, einkomponentigen Ordungsparararameter. Für konventionelle, homogene Supraleiter ist dies ausreichend. Man kann die Theorie aber in ähnlicher Weise für unkonventionelle Supraleiter formulieren.

13 Wir verwenden für die Gibbs-Funktion den Buchstaben g, um anzudeuten, dass es sich um eine Energie*dichte* handelt. Da sich der Gleichgewichtswert bzgl. $\Psi(r)$ erst aus einer Variationsrechnung für das Energieminimum ergibt, sollte strenggenommen die Bezeichnung Energiefunktional verwendet werden. Im Folgenden werden wir g jedoch auch hier weiter vereinfachend als Gibbs-Funktion bezeichnen.

In einer genügend kleinen Umgebung von T_c erhält man eine ausreichende Näherung, wenn man nur die beiden ersten Glieder der Reihe berücksichtigt, also die Reihe nach dem Glied $|\Psi|^4$ abbricht.

Es lassen sich für Temperaturen nahe der Übergangstemperatur sehr allgemeine Aussagen über das Vorzeichen der Koeffizienten α und β machen:

- Der Koeffizient β muss positiv sein. Andernfalls würde ein sehr großer Wert von $|\Psi|$ immer zu einem Wert von g_s führen, der unterhalb von g_n liegt. Das »Minimum« von g_s würde man für $|\Psi| \to \infty$ erreichen.

- Der Koeffizient α muss für $T < T_c$ negativ sein. Andernfalls wäre, da β positiv ist, g_s immer größer als g_n.

- Für $T > T_c$ muss α dagegen positiv sein. Hier soll ja der Normalzustand den kleineren Wert der Gibbs-Funktion haben, sodass $|\Psi| = 0$ die günstigste Lösung ist.

Damit kann man für Temperaturen nahe T_c auch die Koeffizienten α und β nach der Temperatur entwickeln. Wir berücksichtigen dabei nur den ersten nicht verschwindenden Koeffizienten der Taylor-Reihe.

Für α können wir schreiben:

$$\alpha(T) = \alpha(0) \cdot \left(\frac{T}{T_c} - 1 \right) \tag{4-20a}$$

Den Koeffizienten β können wir dagegen konstant setzen:

$$\beta(T) = \beta = \text{const.} \tag{4-20b}$$

Die eher abstrakten Entwicklungskoeffizienten α und β können wir jetzt in einfacher Weise mit dem »thermodynamischen kritischen Feld« B_{cth} und der Gleichgewichtsdichte n_s im Feld Null verknüpfen. B_{cth} wird in den nachfolgenden Kapiteln vielfach verwendet werden. Bezeichnen wir mit Ψ_∞ den Gleichgewichtswert von Ψ genügend weit weg von jeder Grenzfläche, dann haben wir zunächst den Zusammenhang $n_s = |\Psi_\infty|^2$. Das Feld B_{cth} führen wir über die Differenz $g_n - g_s$ ein:

$$g_n - g_s = -\alpha |\Psi_\infty|^2 - \frac{1}{2}\beta |\Psi_\infty|^4 = \frac{1}{2\mu_0} B_{cth}^2 \tag{4-21}$$

Wir werden in Abschnitt 4.6.1 sehen, dass B_{cth} für einen Typ-I-Supraleiter unter gewissen Bedingungen genau dem kritischen Feld B_c entspricht.

Eine weitere Gleichung für α und β erhält man aus der Tatsache, dass $g_s(|\Psi_\infty|^2)$ im Gleichgewicht ein Minimum annimmt. Für den Gleichgewichtswert $|\Psi_\infty|^2$ muss also $dg_s/d|\Psi|^2 = 0$ sein. Dies liefert:

$$\alpha + \beta |\Psi_\infty|^2 = 0 \tag{4-22}$$

Daraus erhalten wir unmittelbar die Beziehung

$$n_s = |\Psi_\infty|^2 = -\frac{\alpha}{\beta} \tag{4-23}$$

und aus Gleichung (4-21) folgt:

$$B_{cth}^2 = \mu_0 \frac{\alpha^2}{\beta} \tag{4-24}$$

Mit den Temperaturabhängigkeiten (Gleichung 4-20) für α und β sehen wir auch sofort, dass n_s und B_{cth} bei T_c proportional zu $(1-T/T_c)$ sind, also linear gegen Null gehen, d. h.[14] $n_s(T) = n_s(0) \cdot (1-T/T_c)$; $B_{cth}(T) = B_{cth}(0) \cdot (1-T/T_c)$.

Nach α und β aufgelöst erhält man:

$$\alpha = -\frac{1}{\mu_0} \frac{B_{cth}^2}{n_s} \tag{4-25 a}$$

$$\beta = \frac{1}{\mu_0} \frac{B_{cth}^2}{n_s^2} \tag{4-25 b}$$

Wir können jetzt auch unmittelbar sehen, dass durch Gleichung (4-19) bzw. (4-21) ein Phasenübergang zweiter Ordnung beschrieben wird:

- Für $T = T_c$ ist $g_s = g_n$, da $|\Psi| = 0$ ist.

- Die Ableitung $\partial g_s/\partial T$ ist:

$$\frac{\partial g_s}{\partial T} = \frac{\partial g_n}{\partial T} - \frac{B_{cth}}{\mu_0} \cdot \frac{\partial B_{cth}}{\partial T} = \frac{\partial g_n}{\partial T} + \frac{B_{cth}^2(0)}{\mu_0} \cdot \left(1 - \frac{T}{T_c}\right) \cdot \frac{1}{T_c} \cdot$$

Der zweite Term verschwindet bei T_c, d. h. $\partial g/\partial T$ geht stetig durch T_c.

- Für die zweite Ableitung $\partial^2 g_s/\partial T^2$ ergibt sich:

$$\frac{\partial^2 g_s}{\partial T^2} = \frac{\partial^2 g_n}{\partial T^2} - \frac{B_{cth}^2(0)}{\mu_0} \cdot \frac{1}{T_c^2} \cdot$$

Jetzt springt also $\partial^2 g/\partial T^2$ um den Wert $B_{cth}^2(0)/(\mu_0 T_c^2)$, wie es bei einem Phasenübergang zweiter Ordnung sein soll.

Es sei hier kurz angemerkt, dass man in ähnlicher Weise auch einen Phasenübergang erster Ordnung beschreiben kann. Man muss dann in Gleichung (4-19) die Reihenentwicklung um ein Glied $|\Psi|^6$ ergänzen und für β negative Vorzeichen zulassen.

Die entscheidende Erweiterung der phänomenologischen Beschreibung erfolgte nun durch den Ansatz für die Gibbs-Funktion des Supraleiters im Magnetfeld unter der Annahme einer möglichen räumlichen Variation von Ψ. Es sollte sein:

$$g_s(B) = g_n + \alpha \, |\Psi|^2 + \frac{1}{2}\beta \, |\Psi|^4 + \frac{1}{2\mu_0} \, |\vec{B}_a - \vec{B}_i|^2 + \frac{1}{2m} \left| \left(\frac{\hbar}{i}\vec{\nabla} - q\vec{A}\right)\Psi \right|^2 \tag{4-26}$$

m und q sind Masse und Ladung der durch Ψ beschriebenen Teilchen (d. h. $m = 2m_e$ und $|q| = 2e$ für die Cooper-Paare; $\vec{\nabla}$ ist eine Differenzialoperation (der Gradient $\vec{\nabla}\Psi = \text{grad}\Psi = \frac{\partial \Psi}{\partial x}\vec{e}_x + \frac{\partial \Psi}{\partial y}\vec{e}_y + \frac{\partial \Psi}{\partial z}\vec{e}_z$), der auf die Funktion Ψ anzuwenden ist.

---

14 Man beachte aber, dass diese Ausdrücke nur nahe T_c gelten.

Es kommen also zwei Terme neu hinzu. Der erste dieser beiden neuen Terme erfasst die Energie, die erforderlich ist, um das Magnetfeld von $\vec{B}_a$, dem Außenfeld ohne Supraleiter, auf $\vec{B}_i$ zu ändern. Für $\vec{B}_i = 0$ (Meißner-Phase) liefert dieser Term die volle Verdrängungsenergie. Der zweite neue Term trägt einer eventuell vorhandenen örtlichen Variation von $\vec{B}_i$ und Ψ im Supraleiter Rechnung. Er erfasst die Supraströme, die zu einer Variation des Magnetfeldes erforderlich sind. Außerdem enthält er eine Energie, die für eine örtliche Variation der Cooper-Paardichte notwendig ist. Dieser Beitrag führt eine »Steifheit« der Wellenfunktion ein, die an Supraleiter/Normalleiter-Phasengrenzen von besonderer Bedeutung ist. Man beachte außerdem, dass dieser zweite Term ganz analog zum Ausdruck in der Schrödingergleichung für die kinetische Energie eines Teilchens mit Masse m und Ladung q aufgebaut ist.

Die Gibbs-Funktion für die gesamte supraleitende Probe erhält man durch eine Integration von Gleichung (4-26) über das Volumen V der Probe:

$$\int_V \left\{ g_n + \alpha \, |\Psi|^2 + \frac{1}{2}\beta \, |\Psi|^4 + \frac{1}{2\mu_0} |\vec{B}_a - \vec{B}_i|^2 + \frac{1}{2m} \left| \left(\frac{\hbar}{i}\vec{\nabla} - q\vec{A} \right) \Psi \right|^2 \right\} \cdot dV \qquad (4\text{-}27)$$

Diese Funktion G_s muss durch Variation von Ψ und $\vec{A}$ minimalisiert werden. Das Variationsverfahren liefert die beiden Gleichungen der Ginzburg-Landau-Theorie:

$$\frac{1}{2m} \left(\frac{\hbar}{i}\vec{\nabla} - q\vec{A} \right)^2 \Psi + \alpha\Psi + \beta \, |\Psi|^2 \, \Psi = 0 \qquad (4\text{-}28)$$

$$j_s = \frac{q\hbar}{2mi} (\Psi^*\vec{\nabla}\Psi - \Psi\vec{\nabla}\Psi^*) - \frac{q^2}{m} |\Psi|^2 \, \vec{A} \qquad (4\text{-}29)$$

Hierbei ist Ψ^* die konjungiert komplexe Funktion zu Ψ.

Dieses System von Differenzialgleichungen muss noch durch eine geeignete Randbedingung ergänzt werden. Man stellt hier oft die naheliegende Forderung, dass kein Suprastrom aus dem Supraleiter herausfließt, d.h. dass der Strom (Gleichung 4-29) senkrecht zur Oberfläche des Supraleiters verschwinden soll.

Wir wollen jetzt die Ginzburg-Landau-Gleichungen (4-28) und (4-29) bzw. die Gibbs-Funktion (4-27) in verschiedenen Grenzfällen genauer untersuchen und mit experimentellen Befunden vergleichen.

4.5
Die charakteristischen Längen der Ginzburg-Landau-Theorie

Wir werden im folgenden zeigen, dass die Ginzburg-Landau-Gleichungen zwei charakteristische Längen enthalten, nämlich die Londonsche Eindringtiefe λ_L und die Ginzburg-Landau-Kohärenzlänge ξ_{GL}. Dabei müssen wir notgedrungen eine Reihe von Formeln und Herleitungen verwenden. Sie sind aber im Detail nicht sehr schwierig.

Betrachten wir zunächst die Gleichung (4-29). Wir wollen diese Gleichung dadurch etwas umschreiben, dass wir Ψ auf den Wert Ψ_∞ normieren. Mit der Bezeichnung $\psi = \Psi/\Psi_\infty$ finden wir leicht:

$$\vec{j}_s = \frac{q\hbar |\Psi_\infty|^2}{2mi} (\psi^* \vec{\nabla} \psi - \psi \vec{\nabla} \psi^*) - \frac{q^2 |\Psi_\infty|^2}{m} |\psi|^2 \vec{A} \qquad (4\text{-}30\,\text{a})$$

Mit der Definition (1-10) der Londonschen Eindringtiefe, $\lambda_L = \sqrt{m/(\mu_0 q^2 n_s)}$, und der Beziehung $n_s = |\Psi_\infty|^2$ finden wir:

$$\vec{j}_s = \frac{\hbar}{2iq} \cdot \frac{1}{\mu_0 \lambda_L^2} (\psi^* \vec{\nabla} \psi - \psi \vec{\nabla} \psi^*) - \frac{1}{\mu_0 \lambda_L^2} |\psi|^2 \vec{A} \qquad (4\text{-}30\,\text{b})$$

Wenn wir jetzt noch $\psi = \psi_0 \cdot e^{i\varphi}$ benutzen und damit den Gradienten in der Klammer berechnen ($\vec{\nabla}\psi = e^{i\varphi} \vec{\nabla}\psi_0 + \psi_0 e^{i\varphi} \cdot i\vec{\nabla}\varphi$), dann erhalten wir

$$\vec{j}_s = \psi_0^2 \frac{\hbar}{q} \cdot \frac{1}{\mu_0 \lambda_L^2} \cdot \vec{\nabla}\varphi - \frac{1}{\mu_0 \lambda_L^2} \psi_0^2 \cdot \vec{A} \qquad (4\text{-}30\,\text{c})$$

Wenn die Funktion Ψ räumlich konstant ist, dann verschwindet $\vec{\nabla}\varphi$ und $|\psi|$ ist gleich eins. Wir haben dann

$$\vec{j}_s = -\frac{1}{\mu_0 \lambda_L^2} \cdot \vec{A} \qquad (4\text{-}31)$$

Bilden wir schließlich auf beiden Seiten die Rotation und benutzen $\text{rot}\vec{A} = \vec{B}$, dann erhalten wir hieraus die 2. Londonsche Gleichung:

$$\vec{B} = -\mu_0 \lambda_L^2 \text{rot}\vec{j}_s \qquad (1\text{-}14)$$

Wir erkennen also, dass wir für eine räumlich konstante Cooper-Paardichte n_s die Londonsche Theorie zurückerhalten. Darüber hinausgehend kann aber die zweite Ginzburg-Landau-Gleichung ganz offensichtlich Supraströme im Fall einer räumlich variierenden Wellenfunktion erfassen.

Betrachten wir nun die erste Ginzburg-Landau-Gleichung (4-28). Auch hier wollen wir Ψ auf den Wert Ψ_∞ normieren. Man erhält nach einfacher Rechnung:

$$\frac{1}{2m}\left(\frac{\hbar}{i}\vec{\nabla} - q\vec{A}\right)^2 \psi + \alpha\psi - \alpha |\psi|^2 \psi = 0 \qquad (4\text{-}32\,\text{a})$$

Hierbei muss man die Beziehung (4-23) benutzen, um den im letzten Summanden auf der linken Seite auftretenden Term $\beta|\Psi_\infty|^2$ in $-\alpha$ zu verwandeln. Wir teilen jetzt auf beiden Seiten durch α und erhalten

$$\frac{\hbar^2}{2m\alpha}\left(\frac{1}{i}\vec{\nabla} - \frac{q}{\hbar}\vec{A}\right)^2 \psi + \psi - |\psi|^2 \psi = 0 \qquad (4\text{-}32\,\text{b})$$

Hierbei haben wir noch aus der Klammer auf der linken Seite das Plancksche Wirkungsquantum $\hbar$ ausgeklammert. Die Größe $-\hbar^2/(2m\alpha)$ hat die Dimension (Länge)^2 und ergibt offensichtlich die zweite charakteristische Länge der Ginzburg-Landau-Theorie, die Ginzburg-Landau-Kohärenzlänge ξ_{GL}. Sie ist gegeben durch:

$$\xi_{GL} = \sqrt{\frac{-\hbar^2}{2m\alpha}} \qquad (4\text{-}33)$$

Die zweite Ginzburg-Landau-Gleichung schreibt sich damit wie folgt:

$$-\xi_{GL}^2 \left(\frac{\vec{\nabla}}{i} - \frac{q}{\hbar}\vec{A} \right)^2 \psi + \psi - |\psi|^2 \; \psi = 0 \tag{4-34}$$

Mit der Temperaturabhängigkeit (Gleichung 4-20a) für α können wir auch sofort die Temperaturabhängigkeit von λ_L und ξ_{GL} angeben:

$$\lambda_L(T) = \frac{\lambda_L(0)}{\sqrt{1 - T/T_c}} \tag{4-35}$$

$$\xi_{GL}(T) = \frac{\xi_L(0)}{\sqrt{1 - T/T_c}} \tag{4-36}$$

Beide Größen gehen für $T \to T_c$ gegen unendlich. Man beachte, dass die Gleichungen (4-35) und (4-36) nur in der Nähe von T_c gelten, obwohl in den Gleichungen $\lambda_L(0)$ bzw. $\xi_{GL}(0)$ eingeführt wurden. Nur für diesen Genzfall ist die Ginzburg-Landau-Theorie gültig.

Man kann weiter das Verhältnis

$$\kappa = \frac{\lambda_L}{\xi_{GL}} \tag{4-37}$$

einführen. Diese Größe wird als Ginzburg-Landau-Parameter bezeichnet. Sie ist – zumindest im Rahmen der hier vorgestellen Ginzburg-Landau-Gleichungen – unabhängig von der Temperatur und auch vom Magnetfeld.

Man könnte die in den Gleichungen (4-30b) und (4-34) noch dimensionsbehafteten Größen ebenfalls normieren und würde dann finden, dass die dimensionslosen Ginzburg-Landau-Gleichungen nur noch vom Ginzburg-Landau-Parameter κ abhängen. Er steuert also das Verhalten dieser Gleichungen.

Was gibt die Länge ξ_{GL} an? Denken wir uns hierzu eine einfache Situation, in der der Supraleiter sich in x-Richtung von $x = 0$ bis nach $x \to \infty$ erstreckt. Der Supraleiter sei in der y- und z-Richtung unendlich ausgedehnt. Bei $x = 0$ sei $|\Psi| = 0$. Außerdem sei $\vec{A} = 0$. Wir können dann eine *reelle* Lösung für ψ finden, die nur von x abhängt und aus der Gleichung

$$\xi_{GL}^2 \frac{d^2\psi}{dx^2} + \psi - \psi^3 = 0 \tag{4-38}$$

zu finden ist. Diese Gleichung hat für $x \geq 0$ die Lösung

$$\psi(x) = \tanh(x/\sqrt{2}\xi_{GL}), \tag{4-39}$$

die in Abb. 4.6 dargestellt ist. Nach Gleichung (4-39) wächst $\psi(x)$ zunächst linear von Null aus an und strebt dann schnell dem Grenzwert 1 im Inneren des Supraleiters zu.

Damit können wir ξ_{GL} zumindest in der besprochenen Situation als die charakteristische Länge identifizieren, auf der sich der Ordnungsparameter ψ ändern kann.

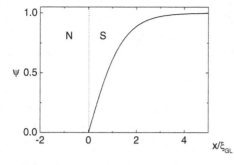

Abb. 4.6 Die Variation der Funktion $\Psi(x)$ nach Gleichung (4-39) am Rand eines supraleitenden Halbraums.

Wir haben jetzt die zwei Längenskalen der Ginzburg-Landau-Theorie kennengelernt. Dabei soll die Tatsache, dass die Ginzburg-Landau-Theorie nur nahe T_c gültig ist, aber nicht darüber hinwegtäuschen, dass λ_L und ξ_{GL} als die charakteristischen Längen, auf der sich die Supraströme (bzw. das Magnetfeld) und die Cooper-Paardichte (bzw. Ψ) ändern, ganz fundamental für den supraleitenden Zustand sind. Diese Längen können im Rahmen der mikroskopischen Theorie weiter analysiert werden.

Für sehr tiefe Temperaturen findet man im Fall konventioneller Supraleitung, dass λ_L nahezu konstant ist. Die Abweichung von dieser Konstanten $\lambda_L(0)$ nimmt mit fallender Temperatur exponentiell ab. Im Fall unkonventioneller Supraleiter, bei denen die Energielückenfunktion in bestimmten Kristallrichtungen Nullstellen hat, wächst die Differenz $\Delta\lambda = \lambda_L(T)-\lambda_L(0)$ dagegen nach einem Potenzgesetz von Null aus an. Im Fall der $d_{x^2-y^2}$-Symmetrie ist $\Delta\lambda$ proportional zu T, falls die Proben sehr rein sind. Für verunreinigte Proben kann man ein T^2-Gesetz beobachten. In Kapitel 2 sind die Werte für $\lambda_L(0)$ für viele konventionelle und unkonventionelle Supraleiter angegeben.

Abb. 4.7 zeigt Messergebnisse für die Temperaturabhängigkeit der Eindringtiefe von Quecksilber. Hierbei wurde λ_L aus der Magnetisierung von Quecksilberkolloid, also von kleinen Hg-Kügelchen, bestimmt [20]. Für dieses Material wie auch für viele andere konventionelle Supraleiter kann man die experimentell beobachtete Temperaturabhängigkeit über einen weiten Temperaturbereich durch den empirischen Ausdruck

$$\frac{\lambda_L(T)}{\lambda_L(0)} \propto \left[1-\left(\frac{T}{T_c}\right)^4\right]^{-1/2} \tag{4-40}$$

annähern. Für $T \to T_c$ liefert diese Beziehung die Gleichung (4-35) in Übereinstimmung mit der Ginzburg-Landau-Theorie[15].

Die Abb. 4.7 zeigt die Messergebnisse in einer Auftragung, die den Vergleich mit Gleichung (4-40) erlaubt. Die eingezeichnete Gerade entspricht dieser Gleichung. Man sieht hier, wie gut der analytische Ausdruck die Ergebnisse beschreibt.

---

15 Um dies zu erkennen, schreiben wir $[1-(T/T_c)^4] = [1-(T/T_c)^2] \cdot [1+(T/T_c)^2]$ und ersetzen den zweiten Faktor für $T \to T_c$ durch den Faktor 2. Auf $[1-(T/T_c)^2]$ wenden wir das gleiche Verfahren an und erhalten schließlich Gleichung (4-35).

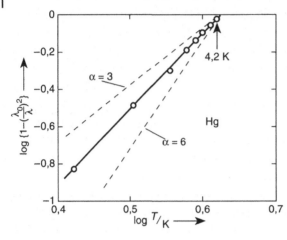

Abb. 4.7 Zur Temperaturabhängigkeit der Eindringtiefe bei Hg. Die ausgezogene Kurve entspricht dem Exponenten $a = 4$ in der Klammer von Gleichung (4-40). Zum Vergleich sind Kurven für $a = 3$ und $a = 6$ gestrichelt eingezeichnet.

Im Vergleich dazu zeigt die Abb. 4.8 Messergebnisse für einen hochreinen $YBa_2Cu_3O_7$-Einkristall. Die Eindringtiefe wurde aus der Oberflächenimpedanz des Kristalls ermittelt (vgl. auch Abschnitt 7.5.1), die ihrerseits aus der Frequenzverstimmung eines Hohlraumresonators bestimmt wurde, in den der Kristall eingebaut war. Die zur linken Achse der Abbildung gehörenden Daten zeigen das Verhältnis $\lambda_L^2(0)/\lambda_L^2(T)$, das gemäß Gleichung (1-10) proportional zur Dichte der Cooper-Paare ist. Die zur rechten Achse der Abbildung gehörenden Daten stellen die Differenz $\Delta\lambda(T) = \lambda_L(T)-\lambda_L(0)$ dar. Zu jeder Achse gehören zwei Kurven, die der Eindringtiefe entlang der a- bzw- b-Richtung des Kristalls entsprechen. Man sieht deutlich das lineare Anwachsen von $\Delta\lambda$ über einen weiten Temperaturbereich.

Die Ginzburg-Landau-Kohärenzlänge ξ_{GL} – Zahlenwerte für eine Reihe von Supraleitern findet man in Kapitel 2 – ist experimentell wesentlich schwieriger zu bestimmen als λ_L. Man verwendet in der Regel indirekte Verfahren. So ist ξ_{GL} eng mit dem oberen kritischen Feld von Typ-II-Supraleitern verknüpft (s. Abschnitt 4.7.1) und kann daraus bestimmt werden. Eine weitere indirekte Möglichkeit ist die Analyse der elektrischen Leitfähigkeit oberhalb der Sprungtemperatur. Durch thermische Fluktuationen erscheinen knapp oberhalb von T_c immer wieder kurzfristig supraleitende Zonen, die zu einer erhöhten Probenleitfähigkeit beitragen. Wir werden darauf in Abschnitt 4.8 eingehen.

Im Rahmen der Ginzburg-Landau-Theorie sind λ_L und ξ_{GL} Materialeigenschaften, die über die Parameter α und β von der Cooper-Paardichte und dem thermodynamisch kritischen Feld B_{cth} abhängen. Einen weiteren wichtigen Zusammenhang liefert uns die mikroskopische Theorie: die Abhängigkeit von λ_L und ξ_{GL} von der mittleren freien Weglänge[16] l^* der Elektronen. Für konventionelle Supraleiter findet man im Grenzfall T → 0:

$$\lambda_L(T = 0, l^*) = \lambda_L(T = 0, l^* \to \infty) \cdot \left\{1 + \frac{\xi_{GL}(T = 0, l^* \to \infty)}{l^*}\right\}^{1/2} \tag{4-41}$$

---

16 Die mittlere freie Weglänge l^* gibt an, welchen Weg ein Leitungselektron im Mittel zwischen zwei Stößen frei durchfliegen kann.

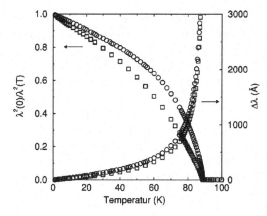

Abb. 4.8 Temperaturabhängigkeit der magnetischen Eindringtiefe an hochreinem $YBa_2Cu_3O_7$. Die Kreise entsprechen der Eindringtiefe entlang der a-Richtung des Kristalls, die Vierecke der Eindringtiefe entlang der b-Richtung. Für tiefe Temperaturen ergab die Messung Werte von $\lambda_a(0) = 160$ nm bzw. $\lambda_b(0) = 80$ nm [21].

und für $l^* \ll \xi_{GL}$ $(T = 0, l^* \to \infty)$:

$$\xi_{GL}(T = 0, l^*) = \{\xi_{GL}(T = 0, l^* \to \infty) \cdot l^*\}^{1/2} \tag{4-42}$$

Die Ausdrücke (4-35), (4-36) und (4-40) haben diese Abhängigkeit noch nicht erfasst und gelten für den Grenzall sehr großer freier Weglängen, $l^* \to \infty$. Aus den Gleichungen (4-41) und (4-42) erkennen wir, dass λ_L mit abnehmendem l^* anwächst und ξ_{GL} mit abnehmendem l^* abnimmt. Damit hängt auch der Ginzburg-Landau Parameter κ stark von l^* ab. Er wächst mit fallendem l^* an.

Nun hängt l^* vom Reinheitsgrad der Proben ab und kann durch Einbringen von Verunreinigungen gesteuert werden. Wir werden in Abschnitt 4.7 sehen, dass man dadurch einen Typ-I-Supraleiter in einen Typ-II-Supraleiter verwandeln kann.

Wir haben nun zusammen mit der in Abschnitt 3.1.1 vorgestellten BCS-Kohärenzlänge insgesamt drei charakteristische Längen des Supraleiters eingeführt:

1. die Eindringtiefe λ_L als ein Maß für das Abklingen eines Magnetfeldes im Inneren des Supraleiters,
2. die mittlere Ausdehnung eines Cooper-Paares ξ_0 als ein Maß für den Abstand, über den die Korrelation zu Cooper-Paaren wirksam ist,
3. die Kohärenzlänge ξ_{GL} als ein Maß, über welche kleinste Länge die Cooper-Paardichte variieren kann. Sie ist unter allen Bedingungen größer als ξ_0, da die Anzahldichte der Cooper-Paare sicher nicht auf Abständen variieren kann, die kleiner sind als die mittlere Ausdehnung eines Cooper-Paares.

Die Kohärenzlänge ξ_0 ist nahezu temperaturunabhängig und wird im Grenzfall $l^* \to 0$ etwa gleich l^*. Man kann auch für diese Länge in verschiedenen Grenzfällen einfache Beziehungen finden. Es ist z. B. in der BCS-Theorie

$$\xi_0 (T = 0, l^* \to \infty) = 0{,}18 \frac{\pi \hbar \cdot v_F}{2 k_B T_c} \tag{4-43}$$

$$\xi_{GL} \approx \xi_0 \frac{\lambda_L(T, l^*)}{\lambda_L(T = 0, l^* \to \infty)} \tag{4-44}$$

(v_F: Fermi-Geschwindigkeit; k_B: Boltzmann-Konstante)

Solche Beziehungen sind meist nur für einzelne Bereiche von T und l^* gute Näherungen. Ihre mathematische Herleitung aus der mikroskopischen Theorie erfordert im allgemeinen einen beachtlichen Aufwand.

Es ist ebenfalls interessant zu erwähnen, dass 1951 von Pippard eine Kohärenzlänge zur Deutung von Hochfrequenzmessungen an Supraleitern postuliert wurde [22]. Mit dieser Kohärenzlänge, die eng mit ξ_0 verwandt ist, konnte Pippard die Londonsche Theorie dahingehend erweitern, dass die Suprastromdichte $j_s(x, y, z)$ nicht mehr nur vom Magnetfeld $B(x, y, z)$ am Ort (x, y, z), sondern von einem mittleren Feld in einem Bereich mit einer Ausdehnung von der Größenordnung der Kohärenzlänge abhängen sollte.

Im folgenden wollen wir uns wieder näher mit den thermodynamischen Eigenschaften des supraleitenden Zustands befassen. Wenden wir uns zunächst den Supraleitern erster Art zu.

4.6
Typ-I-Supraleiter im Magnetfeld

Betrachten wir nun mit den Mitteln der Thermodynamik die Stabilität der Meißner-Phase von Typ-I-Supraleitern als Funktion der Temperatur und des angelegten Magnetfeldes. Wir werden sehen, dass im einfachsten Fall das kritische Feld dieser Supraleiter, bei dem der Übergang von der Meißner-Phase in die normalleitende Phase eintritt, mit dem in Abschnitt 4.4 definierten thermodynamisch kritischen Feld übereinstimmt. Wir werden aber auch sehen, dass man ein wesentlich komplexeres Verhalten beobachtet, wenn sich durch die Form der Probe das Magnetfeld am Probenrand vom angelegten Feld unterscheidet.

Wir werden außerdem die Thermodynamik ausnutzen, um das Verhalten von Supraleitern unter Druck zu verstehen.

4.6.1
Das kritische Feld und die Magnetisierung stabförmiger Proben

Die Abb. 4.9 zeigt noch einmal den Meißner-Ochsenfeld-Effekt für einen stabförmigen Supraleiter. Wenn die Länge l des Stabes sehr groß ist gegen den Durchmesser, so wird das Magnetfeld nur an den Enden etwas verzerrt. Längs des Stabes haben wir praktisch das gleiche Feld B_a wie in großer Entfernung von dem Stab. Man kann den Einfluss der Probengeometrie auf die Feldverzerrung bei besonders einfachen Körpern (Ellipsoiden mit einer Achse parallel zum Feld) durch eine Zahl, den Entmagnetisierungsfaktor N_M, ausdrücken. Ein langer Stab im achsenparallelen Feld hat den Entmagnetisierungsfaktor $N_M = 0$, d.h. das Feld an der Oberfläche braucht nicht korrigiert zu werden, es ist identisch mit dem Außenfeld B_a in großer Entfernung von der Probe. Darin liegt die besondere Einfachheit dieser Probengeometrie.

Wir wollen den Verdrängungseffekt in der Meißner-Phase wegen seiner Bedeutung noch auf eine andere Weise darstellen. Die Abschirmströme, die das Außen-

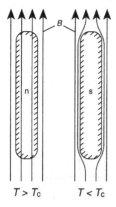

Abb. 4.9 Feldverdrängung bei einer stabförmigen Probe.
Die Probe wird im Feld B abgekühlt.

$T > T_c$ $T < T_c$

feld im Inneren der stabförmigen Probe vollständig kompensieren, geben dem Stab ein magnetisches Moment m. Wir können rein formal von einer Magnetisierung M sprechen, indem wir $M = m/V$ setzen, wobei V das Volumen der Probe ist. Diese Magnetisierung entspricht dann derjenigen eines idealen Diamagneten mit einer Suszeptibilität[17] $\chi = -1$.

Wir stellen diese Magnetisierung M als Funktion des Außenfeldes B_a für einen langen Stab mit der Achse parallel zum Feld dar (Abb. 4.10). Hier ist, einem allgemeinem Brauch folgend, die *negative* Magnetisierung gegen das äußere Magnetfeld aufgetragen. Die Magnetisierung steigt proportional zum Außenfeld. Erst beim Überschreiten der kritischen Feldstärke B_c bricht die Supraleitung zusammen.

In Abb. 4.11 schließlich ist das Magnetfeld B_i, wie es im Inneren der Probe, etwa in einem dünnen achsenparallelen Kanal, beobachtet werden könnte, gegen das Außenfeld B_a aufgetragen. Der Abschirmstrom macht das Innenfeld B_i bis zum Erreichen des kritischen Feldes B_c gerade zu Null[18]. Für alle Außenfelder $B_a > B_c$ wird dann $B_i = B_a$, da dann die Probe normalleitend ist.

Die Darstellungen in den Abb. 4.10 und 4.11 enthalten die gleiche Aussage. Sie werden beide häufig verwendet und sind verschiedenen Experimenten (Messung von M mit Hilfe der Induktion bzw. von B_i etwa mit einer Hall-Sonde[19]) angepasst. Im Verhalten von M bzw. B_i als Funktion von B_a wird der Unterschied zwischen Supraleitern 1. und 2. Art besonders deutlich (s. Abschnitt 4.7.1).

---

17 Die dünne Oberflächenschicht, in die das Magnetfeld eindringt, können wir bei einer integralen Betrachtung der Probe vernachlässigen.

18 Hier verwenden wir bei der Beschreibung explizit die Kenntnis, dass makroskopische Ströme auf der Oberfläche das Außenfeld kompensieren. Für die Beschreibung der Feldverhältnisse im Inneren von Materie ist es wichtig, den Mechanismus zu kennen, der das magnetische Verhalten bedingt. Nur für den Feldverlauf im Außenraum ist es ohne Belang, wie die Magnetisierung zustande kommt.

19 Über den Hall-Effekt kann man mit modernen Sonden Magnetfelder sehr empfindlich messen. Man beobachtet dabei eine elektrische Spannung, die senkrecht zum Strom und zum Magnetfeld aufgrund der Lorentz-Kraft auftritt. Diese Hall-Spannung ist proportional zum angelegten Magnetfeld.

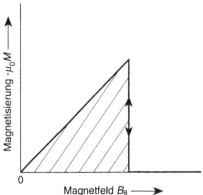

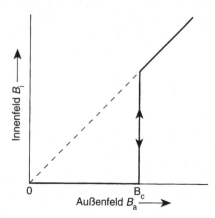

Abb. 4.10 Magnetisierung einer stabförmigen Probe ($N_M = 0$) im achsenparallelen Feld. Bei reversibler Umwandlung wird die Kurve mit zu- und abnehmendem Feld B_a durchlaufen.

Abb. 4.11 Magnetfeld im Inneren einer stabförmigen Probe ($N_M = 0$) bei achsenparallelem Außenfeld B. Bei reversibler Umwandlung wird die Kurve mit zu- und abnehmendem Feld B_a durchlaufen.

Es sei hier kurz angemerkt, dass die Messung der Magnetisierung eine sehr einfache Methode zur Bestimmung der Übergangstemperatur T_c darstellt. Man bringt die Probe in eine Induktionsspule und misst mit einem kleinen Wechselfeld deren Selbstinduktivität als Funktion der Temperatur. Mit Eintritt der Supraleitung wird die Selbstinduktivität sprunghaft kleiner. Diese Bestimmung der Übergangstemperatur hat gegenüber einer Messung des elektrischen Widerstandes in einer Strom-Spannungs-Messung (s. Abschnitt 1.1) den Vorteil, dass zur Abschirmung des Probenvolumens auf der gesamten Oberfläche Abschirmströme fließen müssen. Inhomogene Proben, bei denen die Strom-Spannungs-Messung durch eine einzige durchgehende Strombahn Supraleitung ergeben kann, werden häufig keine volle Abschirmung zeigen, was die Inhomogenität erkennen lässt[20].

Wenden wir nun die Gesetze der Thermodynamik auf den Meißner-Zustand an.

Als Ausgangspunkt nehmen wir die Gleichung (4-9):

$$dG = -S dT + V dp - m dB \tag{4-9}$$

Betrachten wir zunächst die supraleitende Phase ohne äußeres Feld. Dann verschwindet der Term mB. Außerdem wollen wir den Supraleiter unter konstantem Druck halten. Wir variieren lediglich die Temperatur. Für $T < T_c$ muss die Gibbs-

---

20 Liegt die supraleitende Phase jedoch in der Form eines dünnen Netzwerkes vor (z. B. Ausscheidungen), so wird auch die Induktionsmessung volle Supraleitung ergeben. Eine eindeutige Aussage über den Volumenanteil der supraleitenden Phase kann man allerdings durch die Messung der spezifischen Wärme erhalten. Sind normalleitende Anteile in der Probe vorhanden, so wird nach Gleichung (4-14) die spezifische Wärme der Elektronen dieses Probenteiles einen Beitrag $c_{nE} = \gamma \cdot T$ liefern, der beobachtet werden kann.

Funktion G_s des Supraleiters kleiner werden als G_n, die Gibbs-Funktion des Normalleiters. Bei $T = T_c$ wird $G_s = G_n$.

Wir können nun die Differenz $G_n - G_s$, die ein Maß für die Stabilität des supraleitenden Zustands ist, als Funktion der Temperatur bestimmen. Dazu verwenden wir die Tatsache, dass ein äußeres Magnetfeld genügender Stärke die supraleitende Phase instabil werden lässt. Der Grund dafür ist eine Zunahme von G_s mit wachsendem Feld B, was dazu führt, dass G_s für Felder oberhalb eines kritischen Wertes größer als G_n und damit instabil wird. Die Gibbs-Funktion G_n der normalleitenden Phase hängt praktisch nicht vom Magnetfeld ab, da die entstehenden magnetischen Momente im Normalleiter zumindest in den meisten Fällen sehr klein sind.

Um $G_n - G_s$ als Funktion von T zu erhalten, müssen wir also bei verschiedenen Temperaturen das kritische Feld B_c bestimmen. Der Term $\int_0^{B_c} m \cdot dB$ liefert uns dann $G_n - G_s$ bei der jeweiligen Temperatur. Es gilt:

$$G_s(B) - G_s(0) = -\int_0^B m \cdot dB$$

$$G_n(B) - G_n(0) = 0 \qquad\qquad (4\text{-}45)$$

$$G_n(B_c) - G_s(B_c) = 0$$

Die erste dieser Gleichungen erhält man durch Integration von Gleichung (4-9) bei konstanter Temperatur und konstantem Druck. Bei B_c sollen die Gibbs-Funktionen G_s und G_n gerade gleich sein. Aus diesen drei Gleichungen folgt:

$$G_n(T) - G_s(T) = -\int_0^{B_c(T)} m \cdot dB \qquad\qquad (4\text{-}46)$$

Da das magnetische Moment des Supraleiters im Gleichgewicht stets antiparallel zu B steht, wird, wie es sein muss,

$$G_n(T) > G_s(T) \qquad\qquad \text{für alle } T < T_c$$

Um über den Unterschied der Gibbs-Funktionen von Supra- und Normalphase etwas quantitativere Aussagen zu erhalten, müssen wir das magnetische Moment m als Funktion von B kennen. Wir spezialisieren uns jetzt auf unsere stabförmige Probengeometie und nehmen an, dass diese einem räumlich konstanten Magnetfeld ausgesetzt ist.

In diesem Fall hängen das lokale magnetische Moment und die Magnetisierung M sehr einfach über

$$m = M \cdot V \qquad\qquad (4\text{-}47)$$

zusammen. V ist das Volumen der Probe, das wir hier als unabhängig von Feld, Druck und Temperatur ansehen wollen. Wir haben unter diesen Bedingungen:

$$G_n - G_s = -V \int_0^{B_c} M dB \qquad\qquad (4\text{-}48)$$

Für weitere Aussagen müssen wir die Magnetisierung M als Funktion von B kennen. Für einen »dicken« Stab aus einem Supraleiter erster Art[21)] haben wir $\chi = -1$ und die Magnetisierung M wird damit in sehr guter Näherung

$$M = \chi \frac{B}{\mu_0} = -\frac{B}{\mu_0} \qquad (4\text{-}49)$$

$(\mu_0 = 4\,\pi \cdot 10^{-7}\ \text{Vs/Am})$

Damit haben wir einen sehr einfachen Ausdruck für $G_n - G_s$, nämlich:

$$G_n - G_s = \frac{V}{\mu_0} \int_0^{B_c} B \cdot dB = V\frac{B_c^2}{2\mu_0} = V\frac{B_{cth}^2}{2\mu_0} \qquad (4\text{-}50)$$

Wir sind damit in der Lage, $G_n - G_s$ quantitativ anzugeben, wenn wir das kritische Feld B_c in unserer einfachen Anordnung als Funktion von T bestimmt haben.

Für einen »dicken« Supraleiter mit voll ausgebildeter Abschirmung ist das kritische Feld B_c identisch mit dem thermodynamischen Feld B_{cth}. Dies erkennen wir unmittelbar im Vergleich zu Gleichung (4-21), wenn wir diese über das Probenvolumen integrieren. Für einen »dünnen« Supraleiter, dessen Abmessungen mit der Londonschen Eindringtiefe vergleichbar werden, ist dagegen B_c größer als B_{cth} (s. Abschnitt 4.6.3).

Die Fläche unter der Magnetisierungskurve unseres »dicken«, stabförmigen Typ-I-Supraleiters, multipliziert mit dem Volumen V der Probe, gibt uns den Unterschied der thermodynamischen Potenziale $G_n - G_s$ im Feld $B = 0$. Es sei aber betont, dass die Fläche unter der Magnetisierungskurve $M(B)$ auch für kompliziertere Abhängigkeiten der Magnetisierung vom Außenfeld, wie wir sie in den Supraleitern 2. Art kennenlernen werden, stets den Unterschied der Gibbs-Funktionen $G_n - G_s$ liefert. Voraussetzung ist nur, dass die Magnetisierung reversibel, d. h. über lauter Gleichgewichtszustände erhalten wird. Reversibilität liegt dann vor, wenn bei zunehmendem und abnehmendem Außenfeld die gleiche Magnetisierungskurve durchlaufen wird. Bei den »harten Supraleitern«, die wir in Abschnitt 5.3.2 genauer kennenlernen werden, ist gerade diese Reversibilität nicht mehr gegeben.

Die Abb. 4.12 gibt das kritische Feld B_c für einige Supraleiter 1. Art als Funktion von T wieder. Diese Messwerte werden für alle Temperaturen $T < T_c$ sehr gut angenähert durch den empirischen Ausdruck

$$B_c(T) = B_c(0) \cdot [1 - (T/T_c)^2] \qquad (4\text{-}51)$$

Diese Abhängigkeit geht nahe T_c in die lineare Temperaturabhängigkeit über, wie sie von der Ginzburg-Landau-Theorie beschrieben wird.

---

21 Wir können im Prinzip Gleichung (4-48) auch für einen Supraleiter zweiter Art auswerten. Dann muss bis zum oberen kritischen Feld B_{c2} integriert werden und die spezielle Abhängigkeit $M(B)$ dieser Supraleiter eingesetzt werden.

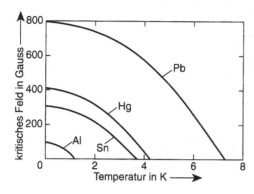

Abb. 4.12 Kritisches Magnetfeld als Funktion von T für einige Supraleiter 1. Art ($1\ G = 10^{-4}$ T).

4.6.2
Die Thermodynamik des Meißner-Zustands

Wir wollen im folgenden untersuchen, welche Folgerungen sich aus der Temperaturabhängigkeit des kritischen Felds nach Gleichung (4-51) für andere Größen des Supraleiters herleiten lassen. Hier werden wir den entscheidenden Vorteil der thermodynamischen Behandlung ausnützen, der darin liegt, dass alle wichtigen Größen aus der Gibbs-Funktion durch einfache Differenziationsoperationen gewonnen werden können.

So erhält man aus G die Entropie S aus Gleichung (4-10) über:

$$S = -\left(\frac{\partial G}{\partial T}\right)_{B,p} \tag{4-10}$$

Es wird ohne Magnetfeld:

$$S_n - S_s = -V\frac{B_{cth}}{\mu_0}\cdot\frac{\partial B_{cth}}{\partial T} \tag{4-52}$$

Auch hier haben wir die T-Abhängigkeit von V vernachlässigt, da sie sehr klein ist. Auf diese Änderungen von V werden wir in Abschnitt 4.6.6 gesondert eingehen. Dort wird dann auch die Rechtfertigung für unsere Näherungen klar werden.

Betrachten wir die Temperaturabhängigkeit des kritischen Feldes B_{cth}, wie sie aus Abb. 4.12 hervorgeht und durch Gleichung (4-51) gut angenähert wird, so können wir sofort den allgemeinen Verlauf von S_n-S_s angeben.

Mit $T \rightarrow T_c$ geht $B_{cth} \rightarrow 0$. Deshalb muss $S_n\text{-}S_s$ ebenfalls für $T \rightarrow T_c$ gegen Null gehen. Auch die Entropien von normal- und supraleitender Phase sind bei T_c (ohne Magnetfeld) gleich und es tritt bei T_c keine Umwandlungswärme auf. Wir haben es also mit einer Umwandlung 2. oder höherer Ordnung zu tun. Diese Erkenntnis hatten wir ja auf etwas andere Weise schon bei der Behandlung der spezifischen Wärme (s. Abschnitt 4.2) gewonnen.

Für Temperaturen $T < T_c$ hat die Entropiedifferenz S_n-S_s einen positiven Wert, da im ganzen Bereich $0 < T < T_c$ $dB_{cth}/dT < 0$ ist. Für $T \rightarrow 0$ muss S_n-S_s nach dem 3. Hauptsatz der Thermodynamik ebenfalls gegen Null gehen (die Näherung (4-51) erfüllt diese Bedingung). Das bedeutet aber, dass S_n-S_s über ein Maximum geht.

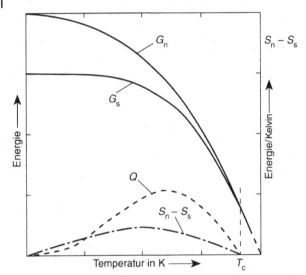

Abb. 4.13 Gibbs-Funktionen G_n und G_s, Entropiedifferenz und Umwandlungswärme in Abhängigkeit von der Temperatur. Zahlenbeispiel für 1 mol Sn: $T_c = 3{,}72$ K; $(G_n-G_s)_{T=0} = 5 \cdot 10^{-3}$ Ws; $(S_n-S_s)_{max} = 2{,}28 \cdot 10^{-3}$ Ws/K; $Q_{max} = 5 \cdot 10^{-3}$ Ws.

Diese Tatsache wird für das Verhalten der spezifischen Wärme von Bedeutung sein.

Eine wichtige Feststellung ist weiterhin, dass für alle Temperaturen $0 < T < T_c$ eine endliche Entropiedifferenz S_n-S_s vorliegt, d.h. die Umwandlung bei diesen Temperaturen von 1. Ordnung mit endlicher Umwandlungswärme ist.

Die Abb. 4.13 gibt die Temperaturabhängigkeiten von G_n, G_s und S_n-S_s mit einem willkürlichen Maßstab für die Ordinate wieder. Die beiden Kurven $G_n(T)$ und $G_s(T)$ müssen bei $T = T_c$ nicht nur den gleichen Wert, sondern, wie wir gesehen haben, auch die gleiche Tangente haben. Dies ist das Charakteristikum eines Phasenüberganges höherer als 1. Ordnung. Der Übergang zur Supraleitung ist, wie wir gleich nochmals explizit sehen werden, ein Übergang 2. Ordnung, da bei T_c die 2. Ableitungen der Gibbs-Funktionen G_n und G_s verschieden sind.

Die hier aus der Thermodynamik gewonnenen Ergebnisse passen – wie das natürlich verlangt werden muss – sehr gut zu unserem mikroskopischen Bild. Aus $S_n-S_s > 0$ folgt, dass die Supraphase eine kleinere Entropie hat als die Normalphase. Erinnern wir uns, ohne auf Einzelheiten einzugehen, daran, dass die Entropie ein Maß für die »Unordnung« eines physikalischen Systems ist, so folgt aus $S_n > S_s$, dass der Ordnungsgrad der Supraphase größer ist als der der Normalphase. Diesen größeren Ordnungsgrad können wir sehr leicht in der Korrelation von Einzelelektronen zu Cooper-Paaren und der Cooper-Paare untereinander sehen. Die Korrelation bedeutet eine zusätzliche Ordnung in unserem System.

Mit $T \rightarrow T_c$ geht die Cooper-Paardichte und die Energielücke stetig gegen Null. Wir können demnach bei T_c keine Umwandlungswärme erwarten. Vielmehr zeigt uns unser mikroskopisches Bild, dass wir eine Umwandlung von höherer als

1. Ordnung haben müssen. Unterhalb von T_c dagegen haben wir eine endliche Dichte der Cooper-Paare. Beim Anlegen eines Magnetfeldes werden Dauerströme angeworfen, die Cooper-Paardichte bleibt aber bei Typ-I-Supraleitern praktisch konstant bis zum Erreichen des kritischen Feldes. Dort bricht die Supraleitung zusammen, dabei werden alle Cooper-Paare aufgebrochen. Dies erfordert eine endliche Umwandlungsenergie. Es wird beim Übergang vom supra- zum normalleitenden Zustand Wärme, nämlich $(S_n-S_s) \cdot T$ verbraucht, d.h. sie muss dem System bei isothermer Prozessführung zugeführt werden. Führt man den Prozess der Umwandlung S → N dagegen unter Wärmeabschluss (dQ = 0), also adiabatisch durch, so wird die Probe kalt, weil die Wärme aus den übrigen Freiheitsgraden entzogen wird. Wir haben in einem Supraleiter eine Substanz, mit der wir durch adiabatische Entmagnetisierung abkühlen können [23]. Da in der Zwischenzeit wesentlich effektivere Kühlverfahren entwickelt worden sind, hat diese Möglichkeit keine besondere Bedeutung.

Eine zweite Differenziation der Gibbs-Funktion nach T liefert die spezifische Wärme, hier bei konstantem Druck und konstantem B (s. Gleichung 4-13).

Wir erhalten also aus Gleichung (4-50), $G_n-G_s = V \dfrac{B_{cth}^2}{2\mu_0}$, für die Differenz c_n-c_s der spezifischen Wärmen in Normalzustand und im Suprazustand

$$c_n - c_s = -\frac{VT}{\mu_0} \cdot \left\{ \left(\frac{\partial B_{cth}}{\partial T} \right)^2 + B_{cth} \frac{\partial^2 B_{cth}}{\partial T^2} \right\} \qquad (4\text{-}53)$$

oder

$$c_s - c_n = \frac{VT}{\mu_0} \left\{ \left(\frac{\partial B_{cth}}{\partial T} \right)^2 + B_{cth} \frac{\partial^2 B_{cth}}{\partial T^2} \right\} \qquad (4\text{-}54)$$

Wieder haben wir das Volumen V als konstant angesehen. Hier sei auch noch vermerkt, dass wir das spezifische Volumen, das ist das Volumen pro Masse, einsetzen. Damit erhalten wir spezifische Größen und hier die spezifische Wärme, die auf das Gramm als Substanzmenge bezogen ist.

Das Ergebnis (Gleichung 4-54) hatte Keesom [2] schon 1924 hergeleitet, allerdings ohne jede sichere Grundlage über die Existenz einer supraleitenden Phase im Sinne der Thermodynamik.

Wir entnehmen Gleichung (4-54), dass bei $T = T_c$ $c_s > c_n$ wird. Es ist nämlich bei T_c das kritische Feld $B_{cth} = 0$, also $c_s-c_n > 0$. Die spezifische Wärme macht bei T_c einen Sprung, der gegeben ist durch

$$(c_s - c_n)_{T=T_c} = \frac{VT_c}{\mu_0} \left(\frac{\partial B_{cth}}{\partial T} \right)_{T=T_c}^2 \qquad (4\text{-}55)$$

Diese wichtige Beziehung wird im Schrifttum als Rutgers-Formel bezeichnet [24]. Sie verknüpft eine thermische Größe, nämlich den Sprung der spezifischen Wärme, mit dem kritischen Magnetfeld. Diese Beziehung ist für eine Reihe von Supraleitern sehr gut erfüllt. Die Tabelle 4.1 gibt einige Werte für $(c_s-c_n)_{T=T_c}$ an, wie sie aus kalorischen Daten und aus Messungen des kritischen Feldes bestimmt worden sind.

Tabelle 4.1 Werte von $(c_s{-}c_n)_{T=T_c}$ aus kalorischen und magnetischen Daten – Test der Rutgers-Formel.

Element	T_c in K	$(c_s{-}c_n)$ kalorisch bestimmt	$(c_s{-}c_n)$ magnetisch bestimmt
		in 10^{-3} W $\cdot$ s$/$(mol $\cdot$ K)	
Sn[a]	3,72	10,6	10,6
In[a]	3,40	9,75	9,62
Tl[b]	2,39	6,2	6,15
Ta[a]	4,39	41,5	41,6
Pb[b]	7,2	52,6	41,8

[a] Mapother, D. E.: IBM Journal **6**, 77 (1962).
[b] Shoenberg, D.: »Superconductivity«. Cambridge University Press 1952.

Da $\mathrm{d}^2 B_{cth}/\mathrm{d}T^2 < 0$ ist und $\mathrm{d}B_{cth}/\mathrm{d}T$ mit abnehmender Temperatur immer kleiner wird, erhalten wir eine Temperatur $0 < T < T_c$, bei der $c_s = c_n$ wird. Für noch kleinere Temperaturen wird $c_s < c_n$. Der Schnittpunkt von $c_s(T)$ und $c_n(T)$ muss bei der Temperatur liegen, bei der $S_n{-}S_s$ (Abb. 4.13) maximal wird.

Da die Zustandsdichte $N(E_F)$ eine entscheidende Größe für die Supraleitung ist, soll hier noch auf eine Möglichkeit zu deren Bestimmung aus $B_{cth}(T)$ eingegangen werden. Wir gehen hierbei von der Gleichung (4-54) aus.

In vielen Fällen ändert sich der Beitrag des Gitters zur spezifischen Wärme beim Eintritt der Supraleitung praktisch nicht. Wir können demnach die Differenz $c_s{-}c_n$ ganz dem Elektronensystem zuschreiben. Es ist also:

$$c_{sE} - c_{nE} = \frac{VT}{\mu_0}\left\{\left(\frac{\partial B_{cth}}{\partial T}\right)^2 + B_{cth}\frac{\partial^2 B_{cth}}{\partial T^2}\right\} \tag{4-56}$$

Wir dürfen nach den Abb. 4.2 und 4.3 und im Hinblick auf die höhere Ordnung des supraleitenden Zustandes annehmen, dass die spezifische Wärme der Elektronen im supraleitenden Zustand bei Annäherung an $T = 0$ rascher gegen null geht als im normalleitenden Zustand. Wir drücken dies aus durch $c_{sE} \propto T^{1+a}$ mit $a > 0$. Das heißt aber, dass c_{sE}/T gegen Null geht für $T \to 0$. Wir erhalten dann für genügend kleine Temperaturen, wenn eben c_{sE}/T vernachlässigbar wird gegen c_{nE}/T:

$$-\frac{c_{nE}}{T} = \frac{V}{\mu_0}\left\{\left(\frac{\partial B_{cth}}{\partial T}\right)^2 + B_{cth}\frac{\partial^2 B_{cth}}{\partial T^2}\right\} \tag{4-57}$$

Der Ausdruck c_{nE}/T ist aber nach Gleichung (4-14) gleich der Sommerfeld-Konstanten γ, die nach Gleichung (4-16) proportional zu $N(E_F)$ ist. Nehmen wir auch an, dass

$$\left(\frac{\partial B_{cth}}{\partial T}\right)^2 \ll B_{cth}\frac{\partial^2 B_{cth}}{\partial T^2}$$

ist, was für genügend kleine Temperaturen immer erfüllt ist, so erhalten wir:

$$\gamma = -\frac{V}{\mu_0}B_{cth}\frac{\partial^2 B_{cth}}{\partial T^2} \tag{4-58}$$

und mit Gleichung (4-51) schließlich:

$$\gamma = \frac{V}{\mu_0} 2B_{cth} \frac{B_{cth}^2(0)}{T_c^2} \tag{4-59}$$

Die Beobachtung von B_{cth} bei genügend kleinen Temperaturen ist also unabhängig von der speziellen Temperaturabhängigkeit des kritischen Feldes und geeignet, γ zu bestimmen und damit eine Aussage über $N(E_F)$ zu erhalten.

4.6.3
Kritisches Magnetfeld dünner Schichten in einem Feld parallel zur Oberfläche

Auch das Verhalten dünner Schichten hängt entscheidend von der Eindringtiefe ab, wenn deren Dicke d vergleichbar mit λ_L wird. Wir haben dies ja bereits in Abschnitt 1.4 (siehe Abb. 1.14 und 1.15) dargestellt. Als Ergebnis hatten wir erhalten, dass das Magnetfeld wie

$$B_z(x) = B_a \frac{\cosh \frac{x}{\lambda_L}}{\cosh \frac{d}{2\lambda_L}} \tag{1-22}$$

in der Platte verläuft.

Ein sehr wichtiges experimentelles Ergebnis betrifft das kritische Feld einer solchen dünnen Schicht. Unter dem kritischen Feld sei das Feld verstanden, das man anlegen muss, um die Supraleitung zu zerstören, anders ausgedrückt, um G_s gleich G_n werden zu lassen. Dieses kritische Feld B_c wird mit abnehmender Dicke der Schicht immer größer. Es kann für Dicken $d \ll \lambda_L$ um mehr als den Faktor 10 größer sein als das thermodynamische Feld B_{cth} das man beobachtet, wenn die Abschirmschicht voll ausgebildet ist.

Dieser erstaunliche Befund ist recht einfach zu verstehen. Wir hatten in Abschnitt 4.1 gesehen, dass die freie Enthalpie des supraleitenden Zustandes mit dem Außenfeld B_a zunimmt. Es war nach Gleichung (4-45) $G_s(B) - G_s(0) = -\int_0^B m \cdot dB$, wobei m das magnetische Moment der Probe ist, das durch die Abschirmströme zustande kommt. Bei einer voll ausgebildeten Abschirmschicht ist die Stromdichte j_s und ihre Abnahme ins Innere des Supraleiters unabhängig von der makroskopischen Dimension der Probe durch das Außenfeld B_a festgelegt. Bei Proben, die in mindestens einer Dimension klein gegen oder vergleichbar mit der Eindringtiefe sind, wird der Zusammenhang zwischen Außenfeld und Abschirmstrom von der Probengeometrie abhängig. Die Abschirmströme zu einem festen B_a werden mit abnehmender Dicke, etwa unserer Schicht, immer kleiner. Das ist gleichbedeutend mit der Aussage, dass die freie Enthalpie des dünnen Supraleiters langsamer mit B_a wächst als die des »dicken«. Deshalb sind höhere Felder B_a nötig, um zu erreichen, dass G_s gleich G_n wird.

Qualitativ ist dies auch sehr deutlich aus Abb. 1.15 zu ersehen. Die Abnahme des Magnetfeldes im Inneren der Schicht ist ein Maß für das diamagnetische Verhalten der Probe. Mit abnehmender Schichtdicke wird die Feldabnahme im Inneren und damit der Diamagnetismus immer kleiner. Um durch ein äußeres Magnetfeld G_s gleich G_n zu machen, müssen wir mit abnehmender Schichtdicke immer größere Außenfelder anlegen.

In Abschnitt 1.4 erhielten wir für die Suprastromdichte in der dünnen Platte den Ausdruck

$$j_{s,y} = -\frac{B_a}{\mu_0 \lambda_L} \frac{\sinh(x/\lambda_L)}{\cosh(d/2\lambda_L)} \tag{4-60}$$

was sich an der Plattenoberfläche bei $x = -d/2$ zu $j_{s,y}(-d/2) = \frac{B_a}{\mu_0 \lambda_L} \tanh (d/2\lambda_L)$ reduziert. Die Suprastromdichte bei $x = d/2$ ist das Negative dieses Wertes.

Mit abnehmender Dicke wird die Stromdichte an der Oberfläche, die als Abschirmstromdichte zu einem festen B_a gehört, immer kleiner. Hier wird sehr deutlich, dass mit abnehmender Dicke gewissermaßen die Reaktion des Supraleiters auf das angelegte Feld immer kleiner wird. Es bedarf immer größerer Felder B_a, um die freie Enthalpie des supraleitenden Zustandes über die Abschirmströme gleich der des normalleitenden werden zu lassen.

Wir können jetzt die Differenz der freien Enthalpien auch ausdrücken mit Hilfe der kritischen Stromdichte j_c an der Oberfläche eines Supraleiters. Wir ersetzen dabei in Gleichung (4-50) das kritische Feld B_{cth} durch $\mu_0 \cdot \lambda_L \cdot j_c$ und erhalten

$$G_n - G_s = \frac{\mu_0 \lambda_L^2}{2} j_c^2 \cdot V \tag{4-61}$$

Für »dicke« Supraleiter mit voll ausgebildeter Abschirmschicht bedeutet dies kein neues Ergebnis. Für dünne Supraleiter aber haben wir in j_c eine Größe, die nicht geometrieabhängig ist[22]. Sie entspricht damit dem thermodynamischen kritischen Feld B_{cth}, während das tatsächliche kritische Feld B_c, das wir zur Aufhebung der Supraleitung benötigen, mit abnehmender Dicke immer größer wird.

Wir fassen das wichtige Ergebnis dieses Abschnitts noch einmal zusammen: Für Supraleiter, die in mindestens einer Dimension vergleichbar mit der Eindringtiefe sind, wächst das Außenfeld B_a, das zur Aufhebung der Supraleitung notwendig ist. Diese Feststellung wird im folgenden von großer Bedeutung sein.

4.6.4
Der Zwischenzustand

Nach den Ergebnissen des vorangegangenen Abschnitts müssen wir eine Frage formulieren: *Warum ist es überhaupt möglich, den supraleitenden Zustand durch ein überkritisches Feld instabil werden zu lassen?* Wir könnten nach den Ergebnissen von

---

22 Sie hängt vielmehr mit der maximalen kinetischen Energie zusammen, die ein Cooper-Paar aufnehmen kann. Wenn nämlich die kinetische Energie eines Cooper-Paares so groß wird, dass sie ausreicht, um das Paar gegen die Bindungsenergie aufzubrechen, dann wird dieser Prozess des »pair breaking« ablaufen. Dies führt dazu, dass eine kritische Stromdichte j_c nicht überschritten werden kann, ohne die Supraleitung zu zerstören.

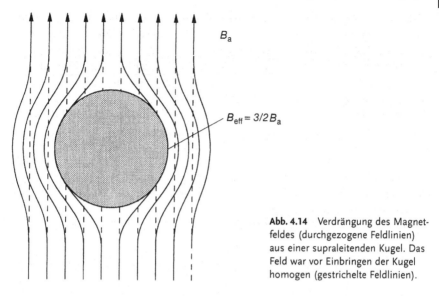

B_a

$B_{\text{eff}} = 3/2\, B_a$

Abb. 4.14 Verdrängung des Magnet-feldes (durchgezogene Feldlinien) aus einer supraleitenden Kugel. Das Feld war vor Einbringen der Kugel homogen (gestrichelte Feldlinien).

Abschnitt 4.6.3 erwarten, dass der Supraleiter bei Erreichen des kritischen Feldes in sehr feine zum Magnetfeld parallele Bereiche aus abwechselnd supraleitender und normalleitender Phase zerfällt. Die supraleitenden Bereiche könnten dabei dünn sein gegen die Eindringtiefe und somit ein größeres Magnetfeld aushalten, ohne instabil zu werden.

Die Erfahrung lehrt nun, dass dies nicht der Fall ist. Vielmehr wird der supralei-tende Zustand einer stabförmigen Probe ($N_M = 0$) bei Erreichen des kritischen Feldes instabil. Daraus müssen wir schließen, dass eine Aufteilung in feine Bereiche energetisch ungünstig ist. Eine einfache Annahme würde dies verständ-lich machen. Es soll mit jeder Grenzfläche zwischen einem normal- und einem supraleitenden Bereich eine zusätzliche Energie verbunden sein, eine Grenz-flächenenergie. Sie verhindert das Aufsplittern eines Supraleiters 1. Art in viele feine Bereiche. Die dafür erforderliche Energie würde diesen Zustand energetisch ungünstiger machen als den normalleitenden.

Diese Grenzflächenenergie, die über den Gradiententerm in der Ginzburg-Landau-Theorie berücksichtigt ist (vgl. Gleichung 4-26), bestimmt die magnetische Struktur des sog. Zwischenzustandes. Mit Zwischenzustand bezeichnet man eine Situation, in der ein homogener Supraleiter 1. Art weder vollständig supra- noch vollständig normalleitend ist. Solche Situationen können sehr einfach durch die geometrische Gestalt der Probe geschaffen werden.

Betrachten wir dazu eine supraleitende Kugel in einem homogenen Außenfeld B_a (Abb. 4.14).

Die Abschirmströme in einer dünnen Oberflächenschicht halten das Innere der Kugel feldfrei. Diese Verdrängung des Magnetfeldes führt, wie uns Abb. 4.14 unmittelbar zeigt, zu einer Feldverstärkung an der Oberfläche der Kugel in Äqua-tornähe. Der Feldverlauf ergibt sich aus der Überlagerung des homogenen Außen-feldes B_a mit dem Feld der Abschirmströme.

Die Feldverstärkung ist offenbar eine Folge der Geometrie der Probe. Für einfache Körper kann sie durch den Entmagnetisierungsfaktor erfasst werden (vgl. Abschnitt 4.6.1). Man kann zeigen, dass homogene Körper mit einem Ellipsoid als Oberfläche in einem homogenen Außenfeld eine homogene Magnetisierung haben. Liegt eine Hauptachse des Ellipsoids parallel zum Außenfeld, so ist auch die Magnetisierung parallel zu diesem Feld[23]. Diese Magnetisierung verändert das Magnetfeld, das die Probe spürt. Wir nennen den Maximalwert dieses Feldes das effektive Magnetfeld B_{eff}. Es ist:

$$B_{eff} = B_a - N_M \mu_0 M \tag{4-62}$$

Für einen Supraleiter mit vollständigem Meißner-Effekt ist die Magnetisierung M aus dem effektiven Feld B_{eff} gegeben durch

$$M = -\frac{B_{eff}}{\mu_0} \tag{4-63}$$

Damit wird

$$B_{eff} = B_a + N_M B_{eff} \tag{4-64}$$

oder

$$B_{eff} = \frac{1}{1 - N_M} B_a \tag{4-65}$$

Das effektive Magnetfeld ist gerade das Feld, das wir am Äquator unmittelbar an der Oberfläche vorfinden. Damit kann das Feld am Äquator bei bekanntem Entmagnetisierungsfaktor N_M bestimmt werden. Für eine Kugel z. B. ist $N_M = 1/3$[24]. Damit erhält man für die ideal diamagnetische Kugel:

$$B_{eff} = \frac{3}{2} B_a \tag{4-66}$$

Die Feldverstärkung bei Entmagnetisierungsfaktoren $N_M > 0$ macht es möglich, Werte des äußeren Feldes B_a vorzugeben, für die der Supraleiter weder voll supra- noch voll normalleitend sein kann. Betrachten wir das für den Fall der Kugel näher. Wir steigern das Außenfeld B_a und erhalten für $B_a = (2/3) B_{eff}$ am Äquator das kritische Feld B_c. Bei weiterer Steigerung von B_a muss die Supraleitung am Äquator zerstört werden. Die Kugel kann jedoch nicht vollständig normalleitend werden, weil dann das Feld im Innern gleich dem Außenfeld und damit kleiner als B_c werden würde. Der Supraleiter geht in den Zwischenzustand über, d. h. er spaltet auf in supraleitende und normalleitende Bereiche.

Bevor wir diese Aufspaltung näher behandeln, wollen wir das Verhalten im Zwischenzustand phänomenologisch beschreiben. Bei $B_a = B_c$ muss die Probe

---

23 Es sei daran erinnert, dass die Magnetisierung bei einem Supraleiter durch die Abschirmströme auf der Oberfläche bedingt ist.

24 Für einen Draht mit kreisförmigem Querschnitt ist im Magnetfeld senkrecht zur Achse $N_M = 1/2$.

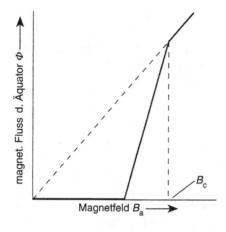

Abb. 4.15 Magnetischer Fluss Φ durch die Äquatorebene einer Kugel als Funktion des Außenfeldes B_a.

vollständig normalleitend sein. Es zeigt sich, dass im ganzen Bereich $(2/3)\,B_c < B_a < B_c$ am Äquator gerade B_c beobachtet wird. Die normalleitenden Anteile im Innern der Kugel nehmen mit wachsendem B_a gerade so zu, dass die verbleibende Feldverdrängung am Äquator B_c ergibt.

Man könnte auch sagen, dass im Zwischenzustand der Entmagnetisierungsfaktor N_M von B_a abhängig wird. Messen wir den magnetischen Fluss durch eine Induktionsspule um den Äquator, so wächst dieser Fluss Φ monoton mit B_a. Abb. 4.15 zeigt dieses Verhalten.

Die magnetische Struktur einer Kugel im Zwischenzustand wurde eingehend untersucht [25, 26]. Es liegen normal- und supraleitende Bereiche nebeneinander vor. Wir haben also Phasengrenzflächen zwischen der Normal- und der Supraphase. Diese Phasengrenzflächen werden durch die Gegenwart des kritischen Feldes parallel zum Magnetfeld stabilisiert. *Für jede Zwischenzustandsstruktur müssen die Phasengrenzen parallel zum Magnetfeld verlaufen.* Diese Aussage gilt immer. Bei komplizierteren Zwischenzustandsstrukturen, wie sie in Supraleitern bei einem äußeren Feld und gleichzeitiger Strombelastung (s. Abschnitt 5.2) auftreten, kann dies zu überraschenden Effekten führen.

Da die Ausbildung der Grenzflächen Energie erfordert, kann die Aufteilung, wie wir schon erkannt haben, nicht beliebig fein sein. Die Probe muss in einen Zustand gehen, bei dem größere supra- und normalleitende Bereiche nebeneinander vorhanden sind. Die Aufteilung wird durch die Forderung bestimmt, dass die freie Enthalpie des Systems ein Minimum wird. Diese Forderung erlaubt es aus Messungen der Struktur des Zwischenzustandes die Grenzflächenenergie zu bestimmen.

Wir können nicht auf die Einzelheiten solcher Rechnungen eingehen. Wir wollen nur einige besonders einfache Ergebnisse nennen. Der Übergang in den Zwischenzustand sollte für eine Kugel bei $B_a = (2/3)\,B_c$ erfolgen. Mit diesem Übergang ist aber der Aufbau von Grenzflächen verbunden. Dafür ist wegen der positiven Grenzflächenenergie ein endlicher Energiebetrag erforderlich, der vom Magnetfeld geliefert werden muss. Dies führt dazu, dass der Übergang in den Zwischenzustand nicht exakt bei $B_a = (2/3)\,B_c$, sondern erst bei einem etwas höheren Feld erfolgt. Das

Feld wird gewissermaßen noch solange über den kritischen Wert hinaus verdrängt, bis die gespeicherte Feldenergie ausreicht, um die erforderlichen Grenzflächen zu schaffen. Diese Überhöhung wurde für Drähte in einem Magnetfeld senkrecht zur Achse beobachtet und in der hier beschriebenen Weise gedeutet [26].

Über die Strukturen, die im Zwischenzustand auftreten können, liegen detaillierte Untersuchungen vor. Dabei sind verschiedene Verfahren angewendet worden. Für eine Kugel aus Zinn wurde die geometrische Anordnung von supra- und normalleitenden Bereichen mit kleinen Wismutdrähtchen abgetastet [25]. Dazu wurde die Kugel in einer Ebene durch den Äquator aufgeschnitten und die beiden Hälften so fixiert, dass ein dünner Spalt von wenigen Zehntelmillimetern entstand. In diesen Spalt konnte das Wismutdrähtchen als Feldsonde eingeführt werden. Dabei wurde der elektrische Widerstand, der bei Wismut relativ stark vom Magnetfeld abhängt, beobachtet. Normalleitende Bereiche werden durch das in ihnen vorhandene Magnetfeld erkannt. Die supraleitenden Bereiche dagegen sind feldfrei. Der kleine Spalt zwischen den beiden Halbkugeln verzerrt diese Bereiche, deren Grenzflächen parallel zum Magnetfeld verlaufen, kaum. Mit diesem Verfahren sind »Landkarten« des Zwischenzustandes aufgenommen worden [27].

Später wurden bzw. werden wesentlich direktere Verfahren verwendet, die sofort ein Gesamtbild der Struktur liefern. Es sind dies unter anderem[25)]

1. die Dekoration der supraleitenden Bereiche mit einem diamagnetischen Pulver,
2. die Sichtbarmachung der normalleitenden Bereiche mit Hilfe des Faraday-Effektes.

Beim Verfahren 1 wird auf die Probe im Zwischenzustand ein feines Pulver einer supraleitenden Substanz gestreut. Meist verwendet man Niobpulver [28], das wegen seiner ziemlich hohen Übergangstemperatur von 9,2 K für viele Supraleiter mit kleinerem T_c in den für die Stabilisierung des Zwischenzustandes notwendigen Magnetfeldern noch voll supraleitend bleibt. Die kleinen supraleitenden Niobkörnchen sind ideale Diamagnete. Sie werden aus den Gebieten hoher Magnetfeldstärke herausgedrängt und sammeln sich daher an der Oberfläche dort, wo supraleitende Bereiche vorliegen. Die Abb. 4.16 zeigt ein so gewonnenes Bild der Zwischenzustandsstruktur einer Platte. Ein anderes Beispiel ist in Abb. 5.5 für den Fall eines stromstabilisierten Zwischenzustandes in einem Draht wiedergegeben [29].

Das Verfahren 2 haben wir bereits in Abschnitt 1.2 genauer dargestellt. Es hat gegenüber der Pulverdekoration den Vorteil, dass es auch gestattet, Bewegungsvorgänge in der Zwischenzustandsstruktur, also zeitliche Veränderungen, zu beobachten. Es sind sehr eindrucksvolle Filme von den Vorgängen während des Durchlaufens des Zwischenzustandes gemacht worden. Abb. 4.17 gibt das Bild einer Zwischenzustandsstruktur wieder, das mit diesem Verfahren gewonnen worden ist.

---

25 Weitere Verfahren haben wir schon in Kapitel 1 im Zusammenhang mit der Abbildung von Flusswirbeln kennengelernt.

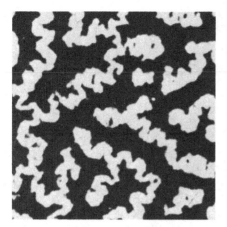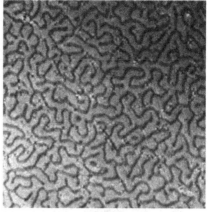

Abb. 4.16 Zwischenzustandsstruktur einer Indium-Platte. Die dunklen Strukturen entsprechen supraleitenden Bereichen. In-Reinheit: 99,999 At%, Dicke 11,7 mm, Durchmesser 38 mm, $B_a/B_{cth} = 0,1$, $T = 1,98$ K; T_c von In ist 3,42 K; Übergang N → S; 5-fach vergrößert. Durch den hohen Entmagnetisierungsfaktor der Platte geht diese bereits für $B_a/B_{cth} \ll 1$ in den Zwischenzustand über (nach [29]).

Abb. 4.17 Zwischenzustandsstruktur, mit Hilfe des Faraday-Effektes aufgenommen. Pb-Schicht 7 μm dick, magnetooptisch aktive Schicht aus EuS und EuF$_2$ ca. 100 nm dick, Magnetfeld $B_a = 0,77$ B_c senkrecht zur Schicht. Die dunklen Stellen entsprechen supraleitenden Bereichen. Der Bildausschnitt ist ca. $0,5 \times 0,5$ mm^2 groß [30]. (Wiedergabe mit freundlicher Genehmigung von Herrn Kirchner, Forschungslabor der Fa. Siemens, München).

4.6.5
Die Phasengrenzenergie

Wir wollen nun die Energieverhältnisse zwischen einem normalleitenden und einem supraleitenden Bereich etwas genauer betrachten. Diese positive[26] Grenzflächenenergie war ja sehr wesentlich für das Verständnis des Zwischenzustands. Dabei werden wir erkennen, dass durchaus Bedingungen denkbar sind, unter denen der Aufbau einer Grenzfläche keinen Energieaufwand erfordert. Dies wird uns zu den Supraleitern 2. Art führen, deren Eigenschaften in Abschnitt 4.7 beschrieben werden.

Es sei zunächst noch einmal betont, dass wir ein homogenes Material, eine Dicke des Supraleiters viel größer als λ_L und eine konstante Temperatur voraussetzen. Unter diesen Voraussetzungen muss an einer Grenzfläche gerade das kritische Feld B_{cth} vorhanden sein. Im Normalleiter ist $B > B_{cth}$, und im Supraleiter fällt B innerhalb einer Schichtdicke der Größenordnung λ_L ab.

Der Unterschied zwischen einem normalleitenden und einem supraleitenden Bereich ein und desselben Materials liegt nun darin, dass im Normalzustand die Cooper-Paar-Dichte n_s Null ist, während sie im Supraleiter einen bestimmten vom

---

26 Positiv nennen wir die Energie, weil beim Aufbau der Grenzfläche dem System, hier dem Supraleiter, Energie zugeführt werden muss.

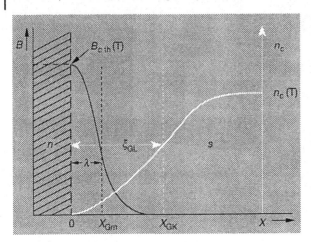

Abb. 4.18 Örtliche Variation von B und n_s an einer Grenzfläche zwischen Normal- und Supraleitung innerhalb eines
homogenen Materials bei der Temperatur T.
x_{Gm} = »magnetische Grenze«, x_{GK} = »Kondensationsgrenze«.

Material und von der Temperatur abhängigen Wert $n_s(T)$ hat. Wir erinnern daran,
dass die Kondensation zu Cooper-Paaren gerade die Absenkung der freien Enthalpie bewirkt, die den Supraleiter unterhalb von T_c gegenüber dem Normalleiter
thermodynamisch stabil macht.

Das Entscheidende für unsere Überlegungen ist nun, dass die Anzahldichte $n_s(T)$
der Cooper-Paare an der Grenzfläche nicht unstetig von $n_s(T)$ auf Null springen
kann. Die starke Korrelation zwischen den Cooper-Paaren bringt es mit sich, dass
eine räumliche Variation von $n_s(T)$ nur über Abstände erfolgen kann, die größer
sind als die Ginzburg-Landau-Kohärenzlänge ξ_{GL}.

In Abb. 4.18 sind die Verhältnisse an einer Grenzfläche dieser Art schematisch
dargestellt. Im Normalgebiet links ($x < 0$) ist das Magnetfeld gerade B_{cth} oder größer.
Damit wird der normalleitende Zustand in diesem Bereich stabilisiert, weil die
Verdrängung des Magnetfeldes mehr freie Enthalpie erfordern würde als durch den
Übergang in die Supraleitung zur Verfügung gestellt werden kann[27]. Im Suprallei-
ter ($x > 0$) steigt die Cooper-Paardichte in etwa innerhalb der Kohärenzlänge auf den
Gleichgewichtswert $n_s(T)$. Wir haben hier angenommen, dass für den betrachteten
Supraleiter gelten soll:

$$\xi_{GL} > \lambda_L \tag{4-67}$$

Nun müssen wir in der Grenzschicht zwei Energiebeiträge vergleichen, nämlich die
mit der Verdrängung des Magnetfeldes verknüpfte Energie E_B und die durch die
»Kondensation« der Cooper-Paare frei werdende Energie E_C. Im Normalleiter ist

---

27 Die Grenze ist nur dann stabil, wenn eine Verrückung nach links bzw. nach rechts das Magnetfeld
zu- bzw. abnehmen lässt.

$E_B = E_C = 0$. Es wird kein Magnetfeld verdrängt, und es sind keine Cooper-Paare vorhanden. Tief im Inneren des supraleitenden Bereiches ist bei Anliegen des kritischen Feldes B_{cth} an der Grenzfläche, was wir ja angenommen haben, $E_B = E_C = (1/2\mu_0) \, B_{cth}^2 \cdot V$ (s. Gleichung 4-50). Die volle »Kondensationsenergie« ist dem Betrage nach gerade gleich der Verdrängungsenergie.

In der Grenzschicht haben beide Energien nicht den vollen Wert. Das Magnetfeld ist nicht vollständig abgeschirmt, sondern dringt bis auf eine Tiefe λ_L, ein. Die Verdrängungsenergie ist um einen Betrag

$$\Delta E_B = F \cdot \lambda_L \cdot \frac{1}{2\mu_0} B_{cth}^2 \tag{4-68}$$

(F = Fläche der betrachteten Grenzschicht)

kleiner, als sie bei völliger Verdrängung bis zur Grenze (Abb. 4.18, $x = 0$) sein würde. Aber auch die Kondensationsenergie ist in der Grenzschicht dadurch erniedrigt, dass die Anzahldichte der Cooper-Paare kleiner ist als der Gleichgewichtswert $n_s(T)$. Diese Abnahme der Kondensationsenergie können wir ausdrücken durch:

$$\Delta E_C = -F \cdot \xi_{GL} \cdot \frac{1}{2\mu_0} B_{cth}^2 \tag{4-69}$$

(F = Fläche der betrachteten Grenzschicht, ξ_{GL} = Ginzburg-Landau-Kohärenzlänge)

Dabei haben wir λ_L und ξ_{GL} der Einfachheit halber so definiert, dass die Energiebeträge ΔE_B und ΔE_C die gleichen Werte annehmen, wie für den Fall, dass einerseits das Magnetfeld bis zu einer Tiefe λ_L voll eindringt und dann unstetig auf Null abfällt und andererseits die Cooper-Paar-Dichte erst bei ξ_{GL} auf den vollen Wert $n_s(T)$ springt. Wir haben damit sozusagen eine »magnetische Grenze« und eine »Kondensationsgrenze« festgelegt. Für den hier angenommenen Fall $\xi_{GL} > \lambda_L$ wird:

$$\Delta E_C - \Delta E_B = (\xi_{GL} - \lambda_L) \cdot F \cdot \frac{1}{2\mu_0} B_{cth}^2 > 0 \tag{4-70}$$

Der Verlust an Kondensationsenergie ist größer als der Gewinn an Verdrängungsenergie. Um eine solche Grenze aufzubauen, müssen wir dem System pro Flächeneinheit der Grenzfläche einen Energiebetrag α_{gr} zuführen, der gegeben ist durch:

$$\alpha_{gr} = (\xi_{GL} - \lambda_L) \cdot F \cdot \frac{1}{2\mu_0} B_{cth}^2 \tag{4-71}$$

Abb. 4.19 zeigt die örtliche Variation der Energiedichten ε_B und ε_C und deren Differenz, die ein Maximum durchläuft.

Wir sehen hier ganz deutlich, dass die Bildung einer Grenzschicht zwischen einem normal- und einem supraleitenden Bereich in einem homogenen Material

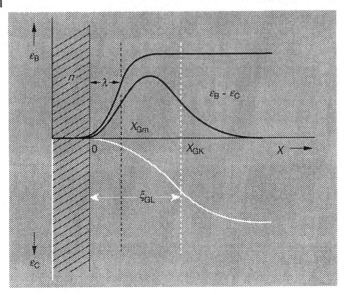

Abb. 4.19 Örtliche Variation der Verdrängungsenergie ε_B und der Kondensationsenergie ε_C pro Volumen an der Grenzfläche.

Es gilt: $\int_{0}^{x \gg x_{GK}} (\varepsilon_K - \varepsilon_C) \cdot F \cdot dx = (\xi_{GL} - \lambda_L) \cdot F \cdot \frac{1}{2\mu_0} B_{cth}^2$

Energie erfordert, wenn ξ_{GL} größer ist als λ_L[28]. Für $\xi_{GL} = \lambda_L$, d.h. wenn die magnetische Grenze mit der Kondensationsgrenze zusammenfällt, wird $\alpha_{gr} = 0$, und für $\xi_{GL} < \lambda_L$ schließlich würde man formal eine negative Grenzflächenenergie erhalten. In diesem Fall stellt sich ein neuer Zustand, der sogenannte »gemischte Zustand« (mixed state) ein. Es muss hier aber betont werden, dass diese Überlegungen aus der Ginzburg-Landau-Theorie nur in der Nähe von T_c gelten.

Wir werden unsere Betrachtungen zu Normalleiter-Supraleiter-Genzflächen im Zusammenhang mit Supraleitern zweiter Art wieder aufnehmen. Zunächst wollen wir uns kurz mit der Druckabhängigkeit des supraleitenden Zustands befassen. Auch hier können die Regeln der Thermodynamik sehr gewinnbringend eingesetzt werden. Dieser Abschnitt wird unsere Ausführungen über Supraleiter erster Art abschließen.

4.6.6
Der Einfluss von Druck auf den supraleitenden Zustand

In den Abschnitten 4.6.1 und 4.6.2 haben wir die Differenz der freien Enthalpien von normal- und supraleitendem Zustand bei konstantem Druck als Funktion der

---

28 Es muss erwähnt werden, dass die Eindringtiefe eines Magnetfeldes an einer Grenzfläche im Metall etwas anders sein wird, als an einer Grenzfläche zu einem Isolator. Der Grund liegt in der örtlichen Variation der Cooper-Paardichte. Wir haben diesen Unterschied hier nicht berücksichtigt.

Temperatur betrachtet. Dabei haben wir für die quantitative Diskussion, um die Formeln zu vereinfachen, drei Voraussetzungen festgelegt.

1. Im supraleitenden Zustand sollte ein äußeres Magnetfeld vollständig aus dem supraleitenden Material verdrängt werden – es sollte ein idealer Meißner-Ochsenfeld-Effekt vorliegen. Diese Annahme, die für makroskopische Supraleiter 1. Art im gesamten Stabilitätsbereich sehr gut erfüllt ist, gab uns den Zusammenhang zwischen dem äußeren Feld und der Magnetisierung.

2. Um von der Magnetisierung M zum magnetischen Moment m zu kommen, mussten wir das Volumen der Probe kennen. Dabei haben wir eine Näherung verwendet, indem wir die Abhängigkeit des Volumens vom Magnetfeld B außer Acht gelassen haben. Die Erfahrung zeigt, dass diese Abhängigkeit sehr klein ist.

3. Schließlich haben wir die Temperaturabhängigkeit des kritischen Feldes B_c dem Experiment entnommen und als analytische, recht gute Näherung die parabolische Abhängigkeit $B_c(T) = B_c(0) (1 - (T/T_c)^2)$ verwendet.

Wir haben alle diese Betrachtungen bei konstantem Druck gemacht. In diesem Abschnitt fragen wir nun nach dem Einfluss von Druck auf die Supraleitung. Dass ein solcher Einfluss z. B. auf die Übergangstemperatur T_c besteht, haben Sizoo und Kamerlingh-Onnes schon 1925 [31] beobachtet. Die Abb. 4.20 zeigt die Änderung der Übergangstemperatur mit wachsendem Druck für Zinn [32] ohne äußeres Magnetfeld. Die Übergangstemperatur nimmt mit wachsendem Druck ab. Der Effekt ist nicht sehr groß. Beim Zinn muss man z. B. Drücke von etwa 2000 bar[29)] anwenden, um T_c um 0,1 K zu verändern.

Das in Abb. 4.20 gezeigte Verhalten ist für viele Supraleiter typisch. Es gibt aber auch einige Materialien (z. B. Ti, Zr, V, La, U u. a.), deren Übergangstemperatur unter Druck erhöht wird [33, 34].

Eine Änderung von T_c unter Druck im Magnetfeld Null muss verknüpft sein mit einer Änderung des kritischen Feldes B_c durch den Druck. Abb. 4.21 zeigt diesen Einfluss des Druckes auf B_c für Cadmium [35]. Wir haben gerade die Untersuchungen an Cadmium ausgewählt, weil sie ein Musterbeispiel hervorragender Experimentierkunst sind. Die sehr kleinen Temperaturen bei gleichzeitiger Anwendung hoher Drücke stellten sehr hohe Anforderungen an das Experiment.

Der Druck wurde in einer sog. »Eisbombe« [36] erzeugt. Man füllt ein Stahlgefäß vollständig mit Wasser. Beim Abkühlen unter den Gefrierpunkt entsteht, da wir das Volumen konstant halten, ein Druck von ca. 1800 bar. Bei konstantem Druck gefriert das Wasser mit einer Volumenvergrößerung von ca. 10 %[30)]. Lässt man die Phasenumwandlung flüssig-fest bei konstantem Volumen ablaufen, so muss das entstehende Eis unter einem Druck stehen, der in der Lage ist, etwa 10 % Volumenverkleinerung bei Eis zu bewirken. Mit dieser Eisbombentechnik wurden viele interessante Ergebnisse über das Druckverhalten gewonnen.

---

29 1 bar = 10^5 Pa = 10^5 N/m² = 1 kp/cm².
30 Eisberge ragen mit etwa 10 % ihres Volumens aus dem Wasser.

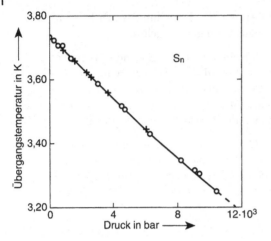

Abb. 4.20 Druckabhängigkeit der Übergangstemperatur von Zinn (nach [32]).

Bei den Untersuchungen am Cd wurde die Eisbombe mit Hilfe eines magnetischen Kühlprozesses, der sog. adiabatischen Entmagnetisierung, bis auf etwa $6 \cdot 10^{-2}$ K abgekühlt und bis herab zu diesen Temperaturen das kritische Feld B_c gemessen. B_c nimmt im Falle des Cd unter Druck ab, wie man das aus der Abnahme von T_c unter Druck beim Feld $B = 0$ erwartet.

Eine Abnahme des kritischen Feldes unter Druck bedeutet, dass die Differenz G_n-G_s mit wachsendem Druck bei konstantem B und T kleiner wird. Würden wir die Volumina des Normalleiters V_n und des Supraleiters V_s als Funktionen unserer unabhängigen Variablen T, p und B kennen, so könnten wir die p-Abhängigkeit von G_n-G_s berechnen. Die Volumenänderungen $\Delta V/V$ sind aber sehr klein, nämlich nur einige 10^{-8}. Es stellt deshalb schon beachtliche Anforderungen an das Experiment, die Änderungen mit einiger Sicherheit nachzuweisen. Etwas einfacher sind die Messungen von B_c unter Druck, von denen Abb. 4.21 ein Beispiel wiedergibt. Aus

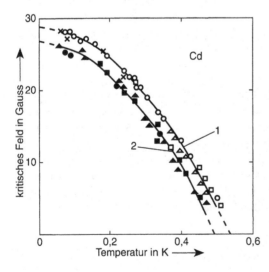

Abb. 4.21 Temperaturabhängigkeit des kritischen Feldes ($1\ \text{G} = 10^{-4}$ T) von Cadmium bei Normaldruck (Kurve 1) und bei 1550 bar (Kurve 2) nach [35]. Die Originalkurven enthalten wesentlich mehr Messpunkte als diese Wiedergabe.

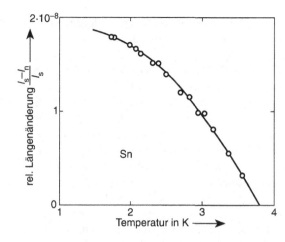

Abb. 4.22 Relative Längenänderung $(l_s-l_n)/l_s$ eines Zinnstabes beim Übergang in den supraleitenden Zustand (nach [37]).

diesen Messungen können wir über unsere Gibbs-Funktion G die Volumenänderung bei der Phasenumwandlung bestimmen.

Es gilt allgemein:

$$(\mathrm{d}G/\mathrm{d}p)_{T,\,B} = V \tag{4-11}$$

Bei der Phasenumwandlung erhalten wir[31]:

$$(V_n - V_s)_{B=B_c} = V_s(B_c) \cdot \frac{\partial}{\partial p}\left(\frac{B_c^2}{2\mu_0}\right) = V_s(B_c) \cdot \frac{B_c}{\mu_0} \cdot \frac{\partial B_c}{\partial p} \tag{4-72}$$

Dies ist analog dem Ausdruck, den wir in Abschnitt 4.2 für die Entropiedifferenz angegeben haben. Wir sehen aus diesem Ausdruck, dass $V_n - V_s$ bei T_c verschwindet, weil B_c gleich Null wird. Weiter sehen wir, dass für $T < T_c$ gilt $V_s > V_n$, wenn – was der Regelfall ist – B_c mit p abnimmt, wenn also gilt: $\partial B_c/\partial p < 0$. Nochmalige Differenziation nach p bzw. T liefert die Differenz der Kompressibilitäten κ_s und κ_n bzw. der thermischen Ausdehnungskoeffizienten α_s und α_n im supra- und normalleitenden Zustand.

Mit äußerst empfindlichen Messmethoden sind die Volumenänderungen beim Übergang vom supra- zum normalleitenden Zustand direkt bestimmt worden. Dabei wurde primär die Längenänderung einer stab- oder streifenförmigen Probe bestimmt. Abb. 4.22 zeigt Ergebnisse für Zinn [37]. Wie erwartet, ist $l_s > l_n$ für alle Temperaturen $T > T_c$, wobei wir mit T_c die Übergangstemperatur ohne Magnetfeld bezeichnen.

Die Probe »bläht« sich beim Übergang in den Suprazustand auf. Dies ist im Einklang mit den Aussagen unserer Gibbs-Funktion, bei der wir – das sei nochmals ausdrücklich erwähnt – eine ideale Verdrängung des Magnetfeldes angenommen

---

31 Die Volumenänderung beim Übergang vom supra- zum normalleitenden Zustand erfolgt bei $B = B_c$ und wird auf der Koexistenzkurve durch eine differenzielle Änderung von p erreicht. Eine etwaige Abhängigkeit $\mathrm{d}V_s/\mathrm{d}p$ vernachlässigen wir hier.

haben. Es sei noch bemerkt, dass die Ausmessung dieser Längenänderung in der Nähe von T_c bei einem Stab von 10 cm Länge eine Empfindlichkeit der Längenmessung von ca. 10^{-8} cm erfordert.

Die Untersuchungen zur Druckabhängigkeit der Übergangstemperatur haben seit der Entwicklung einer mikroskopischen Theorie, der BCS-Theorie, sehr an Bedeutung gewonnen. Die Anwendung von allseitigem Druck gestattet es, die Gitterkonstante eines Stoffes kontinuierlich zu variieren. Die Gitterkonstante ist aber ein wichtiger Parameter für die Quantenzustände sowohl der Elektronen als auch der Gitterschwingungen, der Phononen. Da beide Größen für die Supraleitung entscheidende Bedeutung haben, kann man aus den Druckexperimenten neue Erkenntnisse für quantitative Verbesserungen der mikroskopischen Theorie gewinnen. Wir haben in Abschnitt 1.2 gesehen, dass unser Wissen über quantitative Zusammenhänge zwischen Metallparametern und der Supraleitung noch äußerst lückenhaft ist. Die BCS-Theorie liefert uns für die Übergangstemperatur konventioneller Supraleiter T_c die Beziehung[32] (s. Abschnitt 3.1.2, Gleichung 3-6):

$$T_c \propto \Theta_D \cdot \exp\left(-\frac{1}{N_n(E_F)V^*}\right) \tag{4-73}$$

Wir differenzieren nach p und erhalten:

$$\frac{\partial T_c}{\partial p} \propto \frac{\partial \Theta_D}{\partial p} \cdot \exp\left(-\frac{1}{N(E_F)V^*}\right) + \Theta_D \cdot \exp\left(-\frac{1}{N(E_F)V^*}\right) \cdot \left(\frac{1}{N(E_F)V^*}\right)^2 \cdot \frac{\partial(N(E_F)V^*)}{\partial p} \tag{4-74}$$

Um daraus die relative Änderung von T_c zu bestimmen, dividieren wir durch T_c:

$$\frac{1}{T_c}\frac{\partial T_c}{\partial p} = \frac{1}{\Theta_D}\frac{\partial \Theta_D}{\partial p} + \left(\frac{1}{N(E_F)V^*}\right)^2 \cdot \frac{\partial(N(E_F)V^*)}{\partial p} \tag{4-75}$$

Aus der Bestimmung der Druckabhängigkeit von T_c und der Debye Temperatur Θ_D kann man Aussagen über die Druckabhängigkeit der Größe $N(E_F) \cdot V^*$ (Zustandsdichte mal Wechselwirkungsparameter) erhalten [34].

Die Änderung der Übergangstemperatur unter allseitigem Druck kann auch zum Bau eines supraleitenden Manometers verwendet werden. Besonders geeignet ist Blei, weil es bis etwa 160 kbar keine Phasenumwandlung zeigt und außerdem unempfindlich ist gegen Gitterfehler. Man kann also in die Druckzelle ein Pb-Drähtchen legen und aus dessen Übergangstemperatur T_c den Druck in der Zelle bei tiefen Temperaturen bestimmen. Eine Eichung dieses Pb-Manometers bis ca. 160 kbar wurde von Eichler und Wittig [38] durchgeführt. Die Unempfindlichkeit von T_c gegen Gitterfehler ist deshalb so wichtig, weil bei den hohen Drücken – insbesondere, wenn man sie bei tiefen Temperaturen anlegt – stets eine gewisse plastische Verformung auftritt, die zur Erzeugung von Gitterfehlern führt.

Bisher haben wir den Einfluss von Druck innerhalb *einer* kristallinen Phase besprochen. Für viele Stoffe kann man unter Druck neue kristalline Phasen, neue Modifikationen, erhalten. Natürlich ist zu erwarten, dass sich bei einer solchen

---

32 Wir bezeichnen hier das Wechselwirkungspotenzial zwischen den Elektronen als V^*, um es vom Volumen des Supraleiters zu unterscheiden.

Phasenumwandlung auch die Supraleiteigenschaften ändern. Die Hochdruckmodifikation stellt einfach ein neues Material dar.

Interessant sind dabei die Stoffe, die in der bei Normaldruck stabilen Phase keine Supraleitung zeigen, aber supraleitende Hochdruckphasen besitzen. In den letzten Jahren ist eine ganze Reihe solcher supraleitender Hochdruckphasen bei den Halbleitern und im Übergangsgebiet zwischen den Metallen und Halbleitern gefunden worden (vgl. auch Tabelle 2.1 und Abb. 2.1).

Sehr frühzeitig wurden auch die neuen Oxide des Systems Ba-La-Cu-O unter hydrostatischem Druck untersucht [39]. Dabei wurde eine unerwartet große Erhöhung von T_c unter Druck beobachtet. Da allseitiger Druck die Gitterkonstante verkleinert, könnte eine »chemische« Verkleinerung der Gitterkonstanten, wie sie durch den Einbau kleiner Ionen erreicht werden kann, T_c ebenfalls erhöhen. So schlossen C. W. Chu und seine Mitarbeiter und ersetzten das Lanthan durch das kleinere Yttrium-Ion. Sie fanden auf diese Weise das System Y-Ba-Cu-O und Proben mit T_c Werten über 80 K [40][33].

Sorgfältige Untersuchungen der thermischen Ausdehnung und des Druckeffektes wurden an Einkristallen ohne Zwillingsgrenzen durchgeführt. Die thermische Ausdehnung des $YBa_2Cu_3O_{7-x}$, die mit einer Längenauflösung von 10^{-9} cm bestimmt wurde, zeigt auch in den Cu-O-Schichten eine deutliche Anisotropie [41]. Die Experimente mit uniaxialem Druck ergaben bei Druck längs der a-Achse (Abschnitt 2.4.1) eine Erniedrigung von T_c, längs der b-Achse dagegen eine Erhöhung [42]. Andere Kuprat-Verbindungen verhalten sich ähnlich [43]. Man deutet diesen Befund mit einer Änderung der Ladungsträgerkonzentration in den Cu-O-Schichten.

4.7
Typ-II-Supraleiter im Magnetfeld

Wie wir bereits mehrfach gesehen haben, befinden sich Typ-II-Supraleiter, wenn wir geometriebedingte Effekte vernachlässigen, unterhalb des unteren kritischen Magnetfeldes B_{c1} in der Meißner-Phase. Oberhalb von B_{c1} dringt jedoch das Magnetfeld in der Form quantisierter Flussschläuche in die Probe ein. Die Supraleitung verschwindet in Magnetfeldern oberhalb des oberen kritischen Magnetfeldes B_{c2}. Wir wollen uns nun diesen Eigenschaften unter thermodynamischen Gesichtspunkten genauer zuwenden[34].

Die Betrachtung einer Grenzschicht zwischen einem normal- und einem supraleitenden Bereich in Abschnitt 4.6.5 hat uns gezeigt, dass für den Fall $\lambda_L > \xi_{GL}$ der Aufbau der Grenzschicht mit einem Energiegewinn verbunden sein kann. Es muss dafür (näherungsweise) folgende Bedingung erfüllt sein:

---

33 Chinesische Wissenschaftler, die unabhängig ebenfalls das System Y-Ba-Cu-O gefunden hatten, gaben einem der Autoren (W. B.) in Peking auf seine Frage, wie sie zum Y gekommen seien, die einfache Antwort: »Nachdem der Ersatz des Ba durch Sr T_c erhöhte, lag es nahe für uns, auch das La durch Y zu ersetzen.«

34 Für eine detaillierte Darstellung der Eigenschaften von Flusswirbeln siehe Monographie [M17].

$$\xi_{GL} \cdot F \cdot \frac{1}{2\mu_0} \cdot B_{cth}^2 - \lambda_L \cdot F \cdot \frac{1}{2\mu_0} \cdot B^2 < 0 \qquad (4\text{-}76)$$

also

$$\xi_{GL} B_{cth}^2 < \lambda_L B^2 \qquad (4\text{-}77)$$

oder

$$\frac{B_{cth}^2}{B^2} < \frac{\lambda_L}{\xi_{GL}} \qquad (4\text{-}78)$$

Wir erwarten demnach, dass bei Supraleitern, für die λ_L größer ist als ξ_{GL}, schon bei Magnetfeldern B, die kleiner sind als B_{cth}, das Magnetfeld in den Supraleiter eindringen kann und dabei örtliche Variationen von B und der Cooper-Paardichte n_s auftreten, ähnlich wie wir sie an einer Grenzschicht vorliegen haben.

Aus den Beziehungen (4-41) und (4-42), die wir in Abschnitt 4.5 angegeben haben, ist zu ersehen, dass wir die Bedingung $\xi_{GL} < \lambda_L$ immer dadurch erreichen können, dass wir die freie Weglänge l^* genügend klein machen. Nach Gleichung (4-41) wächst λ_L mit abnehmenden l^* schwach an; dagegen nimmt nach Gleichung (4-42) ξ_{GL} mit $\sqrt{l^*}$ ab.

Eine Verkleinerung der freien Weglänge ist leicht dadurch zu erhalten, dass wir dem betrachteten Supraleiter eine geringe Menge Fremdmetall zulegieren. An den Fremdatomen werden die Elektronen gestreut und dadurch ihre freie Weglänge verkleinert. Legierungen sind in der Tat – wie wir sehen werden – im allgemeinen Supraleiter 2. Art.

Das besondere Verhalten von supraleitenden Legierungen ist schon in den 1930er Jahren experimentell erkannt worden. De Haas und Voogd [44] fanden, dass Blei-Wismut-Legierungen in Magnetfeldern bis zu ca. 2 T noch supraleitend bleiben, in Feldern also, die um mehr als den Faktor 20 größer sind als das kritische Feld von reinem Blei. Man versuchte, diese hohen kritischen Felder mit dem sog. Schwammmodell (sponge model) nach Mendelssohn [45] zu verstehen. Danach sollte ein Netzwerk von feinen Ausscheidungen etwa an Korngrenzen die hohen kritischen Felder bedingen. Wenn man diese Ausscheidungen wenigstens in einer Dimension klein annahm gegen die Eindringtiefe, so konnte man allein auf Grund dieser Geometrie die hohen kritischen Felder qualitativ verstehen (vgl. Abschnitt 4.6.3). Wir wissen heute, dass dieses Schwammmodell sicherlich bei vielen Legierungen seine Berechtigung hat, dass es aber auch homogene Supraleiter, eben die Supraleiter 2. Art gibt, die bis zu sehr großen Magnetfeldern noch supraleitend bleiben.

Qualitativ ist es sehr einfach zu verstehen, warum ein Supraleiter höhere Magnetfelder aushalten kann, wenn er das Feld zumindest partiell eindringen lässt. Die Verdrängungsenergie, die ja die freie Enthalpie des supraleitenden Zustandes im Magnetfeld erhöht, wird beim Eindringen des Feldes verkleinert. Man benötigt deshalb größere Außenfelder, um die freie Enthalpie des supraleitenden Zustandes gleich der des normalleitenden zu machen. Mit einer ganz ähnlichen Überlegung haben wir die Zunahme des effektiven kritischen Feldes bei dünnen Supraleitern, in die ja das Feld auch eindringen kann, verstanden.

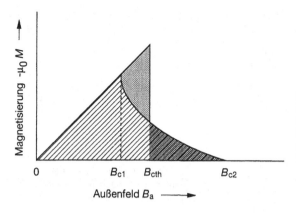

Abb. 4.23 Magnetisierungs-
kurve eines Supraleiters 2. Art.
Stabförmige Probe mit $N_M = 0$.
Die Definition von B_{cth}
erfordert, dass die punktierten
Flächen gleich groß sind.

Natürlich müssen wir nach Abschnitt 4.6.5 erwarten, dass mit dem Eindringen des Feldes auch die Kondensationsenergie verkleinert wird. Der Gewinn beim Abbau der Verdrängungsenergie kann aber für $\lambda_L \gg \xi_{GL}$ wesentlich größer sein als der Verlust an Kondensationsenergie.

Quantitativ können die Verhältnisse im Rahmen der Ginzburg-Landau-Theorie erfasst werden. Die Vorhersage des Vortex-Zustands durch Abrikosov [19] war, wie wir schon erwähnt haben, einer der großen Erfolge dieser Theorie.

4.7.1
Magnetisierungskurve und kritische Felder

Die Unterschiede zwischen den Supraleitern 1. und 2. Art werden in der Gestalt der Magnetisierungskurve besonders deutlich. In Abb. 4.23 ist die Magnetisierungskurve eines Supraleiters 2. Art schematisch dargestellt. Wieder betrachten wir eine stabförmige Probe, deren Entmagnetisierungsfaktor N_M praktisch Null ist. Beim unteren kritischen Feld B_{c1} wird der Gewinn an Verdrängungsenergie beim Eindringen des Feldes größer als der Verlust an Kondensationsenergie durch die dabei auftretende örtliche Variation der Cooper-Paardichte n_s. Dann dringt das Magnetfeld in Form quantisierter Flussschläuche in den Supraleiter ein.

Das Eindringen des Magnetfeldes führt dazu, dass die Magnetisierung des Supraleiters mit wachsendem Feld monoton abnimmt. Bei einem Wert B_{c2}, dem oberen kritischen Feld, wird die Magnetisierung Null, die Supraleitung ist durch das äußere Feld aufgehoben[35].

Nach den allgemeinen thermodynamischen Überlegungen (s. Abschnitt 4.1 und 4.6.1) ist die Differenz der freien Enthalpien bei konstanter Temperatur T und konstantem Druck p gegeben durch

$$G_n - G_s = -\int_0^{B_{c2}} M \cdot V \cdot dB \qquad (4\text{-}79)$$

---

35 Unter bestimmten Bedingungen kann in einer dünnen Oberflächenschicht noch für Felder $B_{c2} < B_a \leq 1{,}7\,B_{c2}$ Supraleitung erhalten bleiben. Diese Oberflächensupraleitung wollen wir hier vernachlässigen.

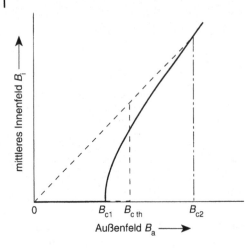

Abb. 4.24 Mittleres Magnetfeld im Inneren eines Supraleiters 2. Art als Funktion des Außenfeldes.

Vernachlässigen wir (wie in Abschnitt 4.6.1) die sehr kleinen Änderungen des Volumens V in Abhängigkeit vom Magnetfeld, so können wir V als Konstante vor das Integral ziehen. Das Integral ist proportional zu der Fläche unter der Magnetisierungskurve:

$$\int_0^{B_{c2}} M \, dB \propto \mu_0 F_M \tag{4-80}$$

F_M ist die Fläche unter der Magnetisierungskurve[36].

Nehmen wir zum Vergleich einen Supraleiter 1. Art, der die gleiche Differenz der freien Enthalpien besitzt, so wäre dessen Magnetisierungskurve durch die gestrichelte Linie gegeben. Die Flächen unter den beiden Magnetisierungskurven müssen gleich sein. Wir sehen nun deutlich den Unterschied zwischen einem Supraleiter 1. und 2. Art: Während der Supraleiter 1. Art das Feld bis zu dem thermodynamischen kritischen Wert B_{cth} vollständig verdrängt, also bis zu diesem Feld in der Meißner-Phase bleibt, geht der Supraleiter 2. Art beim unteren kritischen Feld B_{c1} in einen Zustand mit eingedrungenem Feld, die Shubnikov-Phase, über. In der Shubnikov-Phase nimmt die Magnetisierung mit wachsendem Feld monoton ab und verschwindet vollständig erst bei dem oberen kritischen Feld B_{c2}, das beträchtlich höher sein kann als das thermodynamische Feld des entsprechenden Supraleiters 1. Art.

In Abb. 4.24 ist dieser wichtige Sachverhalt noch einmal dargestellt. Hier ist das mittlere Magnetfeld im Inneren der stabförmigen Probe gegen das Außenfeld aufgetragen. Die Abb. 4.24 entspricht ganz der Abb. 4.11 in Abschnitt 4.6.1. Bei B_{c1} dringt Feld in den Supraleiter ein, aber erst bei B_{c2} ist das mittlere Innenfeld gleich dem Außenfeld oder, anders ausgedrückt, die Magnetisierung praktisch Null. Das

---

36 Wir haben in Abb. 4.23 (wie auch in Abb. 4.10) anstelle der Magnetisierung M die Größe $-\mu_0 M$ aufgetragen. Bei idealer Verdrängung ist $M = -B/\mu_0$ oder $-\mu_0 M = B$. Wir erhalten also in der hier gewählten Darstellung bei gleichen Einheiten für Abszisse und Ordinate eine Gerade unter 45 Grad.

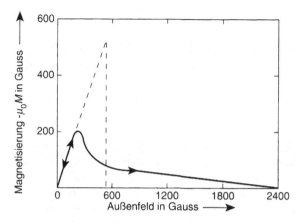

Abb. 4.25 Magnetisierungskurve von Blei mit 13,9 Atom-% Indium (durchgezogene Linie). Stabförmige Probe mit kleinem Entmagnetisierungsfaktor. Die gestrichelte Kurve zeigt den idealisierten Verlauf für reines Blei (nach [46]) (1 G = 10^{-4} T).

Verhalten eines entsprechenden Supraleiters 1. Art ist auch hier gestrichelt eingezeichnet. Unter einem »entsprechenden« Supraleiter 1. Art verstehen wir wieder einen, der die gleiche Differenz der freien Enthalpien G_n-G_s hat wie der Supraleiter 2. Art.

Wie wir schon erwähnt haben, erwarten wir, dass aus einem Supraleiter 1. Art durch eine ausreichende Verkürzung der freien Weglänge der Elektronen ein Supraleiter 2. Art wird. Diese Aussage der Ginzburg-Landau-Theorie hat sich in hervorragender Weise bestätigt. Alle Supraleiter 1. Art lassen sich durch Zulegieren von Fremdatomen, die die freie Weglänge verkürzen, in Supraleiter 2. Art überführen. Die Abb. 4.25 gibt ein Beispiel aus vielen. Hier sind die idealisierte Magnetisierungskurve von reinem Blei und die gemessene Kurve von einer Blei-Indium-Legierung mit 13,9 Atom-% Indium dargestellt [46]. Das reine Blei ist ein Supraleiter 1. Art. Die Legierung zeigt typisch das Verhalten eines Supraleiters 2. Art. Die Supraleitung der Legierung wird erst bei einem oberen kritischen Feld von ca. 0,24 T (2400 G) völlig aufgehoben, während bei der in diesem Experiment gewählten Temperatur von 4,2 K das thermodynamische Feld von Blei nur ca. 0,055 T (550 G) ist.

Nach diesen mehr qualitativen Betrachtungen müssen wir nun einige quantitative Beziehungen zwischen den Feldern B_{c1}, B_{c2} und B_{cth} kennenlernen. Alle diese Zusammenhänge werden von der Ginzburg-Landau-Theorie geliefert. Dabei sollte man stets im Auge behalten, dass diese Theorie nur in der Nähe von T_c gilt. Die entscheidende Größe ist der Ginzburg-Landau-Parameter κ, also das Verhältnis von Eindringtiefe λ_L zu Kohärenzlänge ξ_{GL}.

Mit dem Ginzburg-Landau-Parameter können wir alle quantitativen Zusammenhänge einfach formulieren. Das obere kritische Feld B_{c2} z. B. ist durch folgende einfache Beziehung gegeben:

$$B_{c2} = \sqrt{2} \cdot \kappa \cdot B_{cth} \tag{4-81}$$

Dabei ist B_{cth} für jeden Supraleiter 2. Art aus der Differenz der freien Enthalpien definiert (vgl. Gleichung 4-50):

$$G_n - G_s = \frac{1}{2\mu_0} \cdot V \cdot B_{cth}^2 \qquad (4\text{-}50)$$

Aus der Lösung der Ginzburg-Landau-Gleichungen findet man[37)] ebenfalls einen sehr einfachen Zusammenhang zwischen der Ginzburg-Landau-Kohärenzlänge ξ_{GL} und B_{c2}:

$$B_{c2} = \frac{\Phi_0}{2\pi\xi_{GL}^2} \qquad (4\text{-}82)$$

Diese Beziehung wird häufig verwendet, um ξ_{GL} aus der Messung des oberen kritischen Feldes zu bestimmen. Häufig ist B_{c2} allerdings zu groß, um im Grenzfall tiefer Temperaturen direkt gemessen zu werden. Man extrapoliert dann die Messdaten von Temperaturen nahe T_c in Richtung $T \to 0$. Die mikroskopische Theorie liefert für konventionelle Supraleiter hierzu den wichtigen Zusammenhang [47]:

$$B_{c2}(0) \approx 0.7 \cdot T_c \cdot \left.\frac{dB_{c2}}{dT}\right|_{T_c} \qquad (4\text{-}83)$$

Es sei außerdem angemerkt, dass die Gleichungen (4-82) und (4-83) für isotrope Supraleiter gelten. Falls, wie bei den Hochtemperatursupraleitern, die supraleitenden Eigenschaften stark von der Kristallrichtung abhängen, muss beispielsweise Gleichung (4-82) durch Ausdrücke wie $B_{c2}^a = \Phi_0/(2\pi\xi_b\xi_c)$ ersetzt werden. Hierbei ist das Magnetfeld entlang der kristallographischen a-Richtung angelegt, und ξ_b und ξ_c sind die Ginzburg-Landau-Kohärenzlängen in den dazu senkrechten Kristallrichtungen. Ganz analoge Ausdrücke erhält man für Feldorientierungen entlang der anderen Kristallachsen.

Auch das untere kritische Feld kann aus den Ginzburg-Landau-Gleichungen berechnet werden. Für den Grenzfall $\kappa \gg 1/\sqrt{2}$ erhält man nach Abrikosov [19]:

$$B_{c1} = \frac{1}{2\kappa}(\ln\kappa + 0{,}08) \cdot B_{cth} \qquad (4\text{-}84)$$

Der Zahlenwert 0,08 kommt dabei durch die Wechselwirkung zwischen den Flusswirbeln im Dreiecksgitter zustande. Wir sehen, dass mit wachsendem κ B_{c1} kleiner und B_{c2} größer wird.

Man kann das untere kritische Feld ebenfalls mit der Londonschen Eindringtiefe in Zusammenhang stellen:

$$B_{c1} = \frac{\Phi_0}{4\pi\lambda_L^2}(\ln\kappa + 0{,}08) \qquad (4\text{-}85)$$

Die Gleichungen (4-84) und (4-85) gelten für isotrope Supraleiter und können analog zu Gleichung (4-82) für anisotrope Supraleiter modifiziert werden. Die Gleichung (4-85) bietet ebenfalls eine einfache Möglichkeit, λ_L aus der Messung des unteren kritischen Feldes abzuschätzen.

Da bei Legierungen die freie Weglänge l^* mit wachsendem Gehalt an Fremdatomen monoton abnimmt, werden wir für jedes System einen bestimmten »kriti-

---

37 Die Details der Berechnung sind zu kompliziert, um sie hier darzustellen.

schen« Prozentsatz angeben können, bei dem das Wirtsmetall zum Supraleiter 2. Art wird. Der Übergang wird durch die Forderung festgelegt:

$$B_{c2} \geq B_{cth}$$

Nach Gleichung (4-81) ist diese Forderung gleichbedeutend mit

$$\kappa \geq 1/\sqrt{2}$$

Die Supraleiter 1. und 2. Art sind also einfach durch die Größe von κ zu unterscheiden:

Supraleiter 1. Art: $\kappa < 1/\sqrt{2}$ (4-86 a)

Supraleiter 2. Art: $\kappa \geq 1/\sqrt{2}$ (4-86 b)

Diese Unterscheidung gilt streng nur in der Nähe von T_c. Für $T < T_c$ gibt es bei κ-Werten, die wenig größer sind als $1/\sqrt{2}$, einen Übergang in einen Zustand, in dem Meißner- und Shubnikov-Phase nebeneinander vorliegen. Wir werden darauf in Abschnitt 4.7.2 näher eingehen.

In Tabelle 4.2 sind einige Werte von κ für In-Bi-Mischkristalle angegeben. Der Übergang zur Supraleitung 2. Art erfolgt in diesem System bei etwa 1,5 Atom-% Bi. Ähnliche Prozentsätze werden auch für andere Systeme gefunden. Man sieht daraus, wie leicht es ist, einen Supraleiter 2. Art zu erhalten. Die κ_1-Werte der Zeile 2 sind aus Messungen des oberen kritischen Feldes B_{c2} gewonnen. Die Werte der Zeile 3 dagegen sind nach einer Formel berechnet, die von Gor'kov und Goodman angegeben worden ist. In ihr wird der Zusammenhang von κ mit der freien Weglänge der Elektronen quantitativ gefasst. Es gilt [48]:

$$\kappa_2 \approx \kappa_0 + 7{,}5 \cdot 10^3 \rho \gamma^{1/2} \tag{4-87}$$

Dabei ist κ_0 der Ginzburg-Landau-Parameter des reinen Supraleiters, d.h. für den Grenzfall $l^* \to \infty$. γ ist der Sommerfeld-Koeffizient der spezifischen Wärme des Elektronensystems in erg/cm^{3}K^2, und ρ ist der spezifische Widerstand im normalleitenden Zustand in Ω cm. Die freie Weglänge wird in dieser Formel durch die Größen ρ und γ ausgedrückt.

Ein Vergleich der Zeilen 2 und 3 in Tabelle 4.2 zeigt, dass die ganz verschieden bestimmten κ-Werte sehr gut übereinstimmen.

Für die Anwendung der Gleichung (4-87) ist die Kenntnis der κ_0-Werte erforderlich. Diese κ_0-Werte kann man durch Extrapolation der κ-Werte von Legierungen auf die Konzentration Null der Fremdatome erhalten (Tabelle 4.3).

Man wird fragen, ob die Konstante κ_0 für Supraleiter 1. Art irgendeine physikalische Bedeutung hat. Aus der GLAG-Theorie ergibt sich in der Tat eine solche Bedeutung. Die Gleichung (4-81) definiert für diesen Fall ein Feld B_{c2}, das kleiner ist als B_{cth}. Dieses Feld gibt uns eine absolute untere Grenze für sog. »Unterkühlungsexperimente«.

Tabelle 4.2 κ-Werte von In-Bi-Mischkristallen (nach [49]).

Atom-% Bi	1,55	1,70	1,80	2,0	2,5	4,0
κ_1 bei T_c	0,76	0,88	0,91	1,10	1,25	1,46
κ_2 bei T_c	0,74	0,85	0,88	1,15	1,29	1,53

$\kappa_1 = \frac{B_{c2}}{\sqrt{2}B_{cth}}$; $\kappa_2 = \kappa_0 + 7,5 \cdot 10^3 \, \varrho\gamma^{1/2}$

Tabelle 4.3 κ_0-Werte supraleitender Elemente.

Element	Al	In	Pb	Sn	Ta	Tl	Nb	V
κ_0 bei T_c	0,03	0,06	0,4	0,1	0,35	0,3	0,8	0,85

Siehe auch: »Superconductivity Data«, herausgeg. von H. Behrens und G. Ebel, Fachinformationszentrum Energie, Physik, Mathematik, Karlsruhe 1982.

Die Umwandlung vom normalleitenden in den supraleitenden Zustand ist im Magnetfeld eine Umwandlung 1. Ordnung (s. Abschnitt 4.1). Bei solchen Umwandlungen können Unterkühlungs- bzw. Überhitzungseffekte auftreten. Wasser z. B. kann bei vorsichtiger Abkühlung auf einige Grad unter den Gefrierpunkt gebracht werden, ohne dass eine Eisbildung auftritt. Auf die Supraleitung übertragen bedeutet dies, dass man z. B. das Magnetfeld unter den kritischen Wert erniedrigen kann, ohne dass sofort der supraleitende Zustand auftritt. Die Größe dieses Effektes hängt von den Zufälligkeiten der Versuchsführung ab. Der normalleitende Zustand wird zwar für $B < B_{cth}$ thermodynamisch instabil, die neue Phase kann sich aber nicht bilden. Es muss erst ein Keim für diese Phase entstehen, der dann weiter wachsen kann. Die Aussage ist nun, dass man bei solchen Experimenten das Feld $B_{c2} = \sqrt{2} \cdot \kappa_0 \cdot B_{cth}$ nicht unterschreiten kann, ohne dass der Suprazustand sich bildet. Haben wir also einen Supraleiter, dessen κ_0 sehr nahe bei $1/\sqrt{2}$ liegt, so können praktisch keine Unterkühlungseffekte beobachtet werden. Für Supraleiter wie reines Al oder reines In dagegen sind die magnetischen Unterkühlungsbereiche sehr groß. Diese Aussage konnte experimentell bestätigt werden.

Schließlich sei hier noch eine weitere Möglichkeit zur Bestimmung von κ angegeben. Auch die Steigung der Magnetisierungskurve bei B_{c2} wird durch κ festgelegt. Es ist:

$$\mu_0 (\mathrm{d}M / \mathrm{d}B)_{B=B_{c2}} = -\frac{1}{1,16(2\kappa^2 - 1)} \qquad (4\text{-}88)$$

Wir haben nun vier Möglichkeiten zur Bestimmung von κ angegeben (Gleichungen 4-81, 4-84, 4-87, 4-88). In der Nähe von T_c liefern alle vier Bestimmungsarten recht gut die gleichen κ-Werte. Dagegen unterscheiden sich diese Werte für Temperaturen $T \ll T_c$. Dies hängt letzlich damit zusammen, dass die Ginzburg-Landau-Theorie strikt nur in der Nähe von T_c gilt. Auch ist κ außerhalb dieses Gültigkeitsbereichs temperaturabhängig.

Die beiden kritischen Felder B_{c1} und B_{c2} sind wegen ihres Zusammenhanges mit B_{cth} auch Funktionen der Temperatur. Unter Vernachlässigung aller Details sind in

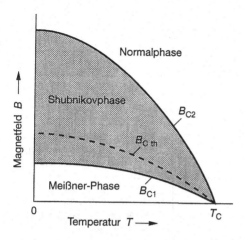

Abb. 4.26 Phasendiagramm des Supraleiters 2. Art (schematische Darstellung).

Abb. 4.26 die drei kritischen Felder eines Supraleiters 2. Art schematisch dargestellt. Hier können wir die Stabilitätsbereiche der verschiedenen Phasen sehr klar erkennen. Unterhalb von B_{c1}, ist die Meißner-Phase, die Phase mit vollständiger Verdrängung, stabil. Zwischen B_{c1} und B_{c2} ist der gemischte Zustand, die Shubnikov-Phase, stabil, und oberhalb von B_{c2} schließlich haben wir Normalleitung. Abb. 4.27 gibt dieses Diagramm für eine Indium-Wismut-Legierung (In + 4 At% Bi) wieder [49].

Das obere kritische Feld kann für einige Substanzen ganz beachtliche Werte annehmen (vgl. auch Kapitel 2). Man spricht dann auch oft von »Hochfeldsupraleitern«. Mit den Chevrel-Phasen [50] (ternäre Molybdänsulfide, vgl. Abschnitt 2.5) sind beispielsweise Materialien gefunden worden, die in extreme Magnetfelder

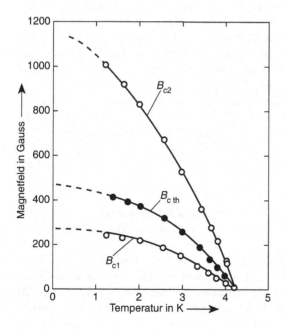

Abb. 4.27 Die kritischen Felder ($1\,G = 10^{-4}\,T$) einer Indium-Wismut-Legierung In + 4 Atom-% Bi (nach [49]).

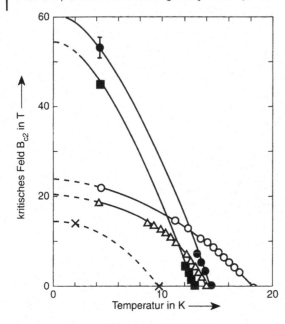

Abb. 4.28 Oberes kritisches Feld einiger Hochfeldsupraleiter. −O−O−O− Nb$_3$Sn, Drahtdurchmesser 0,5 mm [54]; −△−△−△− V$_3$Ga, Sinterprobe [54]; −x−x−x− Nb$_{50}$Ti$_{50}$ [55]; −■−■−■− PbMo$_{6.35}$S$_8$ [56]; −●−●−●− PbGd$_{0.3}$Mo$_6$S$_8$ [56]. (Siehe auch Ø. Fischer: Proceedings LT 14, Otaniemi 1975, Band 5. North-Holland Publ. Comp. 1975).

bis ca. 60 Tesla (600 kGauss) gebracht werden können, ohne die Supraleitung zu verlieren [51–53]. In Abb. 4.28 sind B_{c2}-Werte für einige Hochfeldsupraleiter als Funktion der Temperatur dargestellt. Die kritischen Felder dieser Substanzen können einige hundert Mal größer sein als diejenigen der Supraleiter 1. Art (Abb. 4.12).

Für die Hochtemperatursupraleiter werden sogar noch höhere Werte für B_{c2} erreicht. Hierbei spielt die Schichtstruktur des Materials eine besondere Rolle.

Um dies genauer zu verstehen, wollen wir zunächst einen Stapel aus dünnen supraleitenden Platten der Dicke d im Magnetfeld betrachten. Sie sollen die supraleitenden Lagen der Schichtstruktur repräsentieren, also die CuO$_2$-Ebenen im Fall der Hochtemperatursupraleiter.

Wenn das Magnetfeld *senkrecht* zu diesen Schichten angelegt ist, dann fließen die Supraströme vollständig innerhalb der Platten. Wir erwarten keinen besonderen Einfluss der Schichtstruktur. Man findet für das obere kritische Feld einen Wert

$$B_{c2\perp} = \frac{\Phi_0}{2\pi\xi_\parallel^2} \tag{4-89}$$

der im wesentlichen mit dem Ausdruck (4-82) für isotrope Supraleiter übereinstimmt. Wir haben lediglich die Ginzburg-Landau-Kohärenzlänge mit $\xi_\parallel$ bezeichnet, um anzudeuten, dass hier die Änderung von Ψ parallel zu den Ebenen relevant ist.

Liegt dagegen das Magnetfeld *parallel* zu den Schichten an, dann sind die Supraströme auf ein Gebiet der Plattendicke d beschränkt, falls wir keine Supraströme zwischen benachbarten Platten zulassen. Wenn die Plattendicke geringer als die Kohärenzlänge $\xi_\perp$ senkrecht zu den Schichten ist, dann könnten wir erwarten, dass dann in dem Ausdruck für das obere kritische Feld die Plattendicke anstelle von $\xi_\perp$ erscheint. Genau dieses Resultat wird gefunden. Man erhält [57]

$$B_{c2\parallel}^{DP} = \sqrt{6}\,\frac{\Phi_0}{\pi\xi_\parallel d} \tag{4-90}$$

Die Bezeichnung »DP« soll andeuten, dass es sich um das obere kritische Feld einer dünnen Platte handelt. Für $d \ll \xi_\parallel$ wird $B_{c2\parallel}^{DP}$ wesentlich größer als $B_{c2\perp}$.

Man kann für eine einzelne dünne Platte das obere kritische Feld auch für eine beliebige Feldorientierung bestimmen. Wenn man den Winkel zwischen Magnetfeld und der Plattenebene mit ϑ bezeichnet, so ergibt sich das obere kritische Feld der Platte aus der quadratischen Gleichung [57]

$$B_{c2}^{DP}(\theta)\left|\frac{\sin\theta}{B_{c2,\perp}}\right| + \left[B_{c2}^{DP}(\theta)\frac{\cos\theta}{B_{c2,\parallel}^{DP}}\right]^2 = 1 \tag{4-91}$$

Das hieraus bestimmte $B_{c2}^{DP}(\vartheta)$ hat bei $\vartheta = 0°$ eine scharfe Spitze und fällt dann monoton für wachsende Winkel ab. Das Minimum $B_{c2,\perp}$ wird für $\vartheta = 90°$ erreicht. Diese Kurve ist in Abb. 4.29 im Vergleich zu Messdaten für das obere kritische kritische Feld der beiden Hochtemperatursupraleiter YBa$_2$Cu$_3$O$_7$ und Bi$_2$Sr$_2$Ca-Cu$_2$O$_8$ gezeigt. Obwohl die Messungen nur wenige Kelvin unterhalb der Sprungtemperatur durchgeführt wurden, erreicht das obere kritische Feld parallel zu den Schichten bereits Werte von 10 T und darüber[38]. Man erkennt in der Abbildung, dass die Messdaten für Bi$_2$Sr$_2$CaCu$_2$O$_8$ recht gut der für eine dünne Platte (bzw. einen Stapel solcher Platten) erwarteten Winkelabhängigkeit folgen. Zwischen den CuO$_2$-Schichten fließen in dieser Verbindung zwar schwache Josephsonströme (vgl. Abschnitte 1.5.1 und 6.1.1), diese sind aber so schwach, dass wir in guter Näherung von einem Stapel unabhängiger Platten sprechen können.

Im Gegensatz zu Bi$_2$Sr$_2$CaCu$_2$O$_8$ folgen die Messdaten für YBa$_2$Cu$_3$O$_7$ für Feldorientierungen nahezu parallel zu den Schichten einer abgerundeten Kurve. In diesem Material ist die Kopplung zwischen den den CuO$_2$-Ebenen relativ stark. Man stellt sich diese Verbindung besser als einen räumlich (nahezu) homogenen Supraleiter vor. Die supraleitenden Eigenschaften sind aber richtungsabhängig. Insbesondere können innerhalb der CuO$_2$-Ebenen wesentlich höhere Supraströme fließen als senkrecht dazu. Man kann diese Richtungsabhängigkeit gut in der Ginzburg-Landau-Theorie wiedergeben, wenn man in dem Gradiententerm in der Gibbs-Funktion (4-26) unterschiedliche effektive Massen für die Gradienten parallel und senkrecht zu den Ebenen einführt. Man erhält in dieser »anisotropen Ginzburg-Landau-Theorie« für die Winkelabhängigkeit des oberen kritischen Feldes den Ausdruck

$$B_{c2}(\theta) = \frac{1}{\sqrt{(\sin\theta/B_{c2,\perp})^2 + (\cos\theta/B_{c2,\parallel})^2}} \tag{4-92}$$

---

[38] Tatsächlich wurde die Messung dadurch limitiert, dass die Flusswirbel im Material wie in einer Flüssigkeit frei beweglich wurden, vgl. auch Abschitt 4.7.2. Die wahren Werte von B$_{c2}$ liegen noch deutlich höher, siehe z.B. Y. Wang, S. Ono, Y. Onose, G. Gu, Y. Ando, Y. Tokura, S. Uchida, N. P. Ong: Science **299**, 86 (2003).

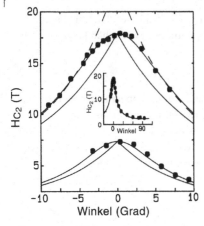

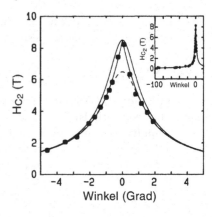

Abb. 4.29 Aus Widerstandsmessungen bestimmtes oberes kritisches Feld $B_{c2} = \mu_0 H_{c2}$ der beiden Hochtemperatursupraleiter $YBa_2Cu_3O_7$ ($T_c = 91.2$ K, linkes Bild) und $Bi_2Sr_2CaCu_2O_8$ ($T_c \approx 85$ K, rechtes Bild) in Abhängigkeit vom Winkel zwischen den CuO_2-Ebenen und dem angelegten Feld. Die Hauptgraphen zeigen den Winkelbereich nahe der parallelen Orientierung, die eingefügten Graphen den vollen Winkelbereich. Messtemperaturen: für $YBa_2Cu_3O_7$ 89 K (obere Kurve) und 84,5 K (untere Kurve); für $Bi_2Sr_2CaCu_2O_8$ 80,4 K. Die spitzen Kurven entsprechen der Gleichung (4-91) für die Winkelabhängigkeit des oberen kritischen Feldes einer dünnen Platte, die runden Kurven der Gleichung (4-92) für einen stark anisotropen, aber räumlich homogenen Supraleiter (nach [58]).

Hierbei ist $B_{c2,\perp}$ durch Gleichung (4-89) gegeben. Für $B_{c2,\parallel}$ erhält man:

$$B_{c2,\parallel} = \frac{\Phi_0}{2\pi\xi_\parallel \xi_\perp} \tag{4-93}$$

Zu tiefen Temperaturen hin erhält man für beide Materialien enorm hohe Werte für das obere kritische Feld, die nur für wenige Speziallaboratorien experimentell zugänglich sind. Für Feldorientierungen senkrecht zu den Schichten erhält man für $T \to 0$ für $Bi_2Sr_2CaCu_2O_8$ als Untergrenze für $B_{c2\perp}$ einen Wert von mindestens 60 T, für $YBa_2Cu_3O_7$ sogar Werte über 100 T, was Ginzburg-Landau-Kohärenzlängen $\xi_\parallel$ (hier auch als ξ_{ab} bezeichnet) von ca. 1,5 bis 3 nm entspricht. Für $YBa_2Cu_3O_7$ wurden für Feldorientierungen *parallel* zu den Schichten Messungen mit explosiven Flusskompressionstechniken durchgeführt [59]. Demnach bleibt dieses Material bis zu mindestens 240 T supraleitend. Solche Werte entsprechen Kohärenzlängen $\xi_\perp$ (hier auch als ξ_c bezeichnet) von etwa 0,3 nm. Für $Bi_2Sr_2CaCu_2O_8$ extrapoliert man aus den Messungen nahe T_c sogar kritische Felder im Bereich von 1000 T, entsprechend »Plattendicken« d um 0,4 nm oder, wenn wir Gleichung (4-93) benutzen, entsprechend einer Kohärenzlänge $\xi_c \approx 0,1$ nm. Diese atomar kleinen Werte zusammen mit der Winkelabhängigkeit des oberen kritischen Feldes zeigen klar, dass sich die Supraleitung in $Bi_2Sr_2CaCu_2O_8$ praktisch ausschließlich auf die CuO_2-Ebenen konzentriert.

Wir haben jetzt eine Reihe von Supraleitern mit sehr hohem oberen kritischen Feld kennengelernt. Aus der Gleichung (4-90) für $B_{c2\parallel}$ folgt sogar, dass das obere kritische Feld beliebig groß werden kann, wenn nur die Plattendicke d genügend klein wird. Dies ist physikalisch sicher nicht sinnvoll. Man muss daher nach weiteren Mechanismen fragen, die die Supraleitung in hohen Magnetfeldern begrenzen.

Für den Fall der Spin-Singulett-Cooper-Paarung wird diese Begrenzung durch die Energieaufspaltung (»Zeeman-Aufspaltung«) erreicht, die die beiden Elektronen des Paars im Magnetfeld erfahren. Im Magnetfeld wird die Energie eines der beiden Elektronen um den Wert $\vec{\mu}\vec{B}$ abgesenkt ($\vec{\mu}$ ist das magnetische Dipolmoment dieses Elektrons), während die Energie des anderen Elektrons um diesen Beitrag anwächst. Bei genügend hohem Feld wird diese Energieaufspaltung so groß, dass es günstiger ist, die Supraleitung aufzugeben und die Spins der beiden Elektronen parallel zum Feld einzustellen. Man kann aus diesen Überlegungen ein kritisches Feld B_p ableiten, das mit der Energielücke Δ_0 durch die Beziehung

$$B_p = \frac{\Delta_0}{\sqrt{2}\mu_B} \approx 1{,}84 [\text{T}/\text{K}] \cdot T_c \tag{4-94}$$

verknüpft ist [60, 61]. Hierbei ist μ_B das Bohrsche Magneton. Man nennt diese Begrenzung des supraleitenden Zustands auch den »Clogston-Chandrasekhar-Limes« oder den »paramagnetischen Limes«. Bei einer starken Kopplung des Elektronenspins und des Bahndrehimpulses kann dieser Wert noch stark vergrößert werden.

Für einen Supraleiter, dessen Sprungtemperatur bei 10 K liegt, erhält man aus Gleichung (4-94) einen Wert von 18,4 T, für einen Supraleiter mit $T_c = 100$ K dagegen bereits 184 T. Für die meisten Supraleiter ist B_p deutlich größer als B_{c2} nach Gleichung (4-82). Beispielsweise für die Chevrel-Phasen wird aber B_p auf Grund der Effekte der Spin-Bahn-Kopplung sogar stark überschritten. Ähnliches gilt für die Kuprate für $B_{c2\parallel}$.

Zum Abschluss dieser Ausführungen über die Magnetisierungskurve und die kritischen Felder von Supraleitern 2. Art wollen wir mit aller Deutlichkeit erklären, dass alle Betrachtungen dieses Abschnitts auf Magnetisierungskurven beschränkt sind, die reversibel durchlaufen werden können. (Im zunehmenden Außenfeld muss die gleiche Kurve durchlaufen werden wie im abnehmenden.) Dies ist nur dann der Fall, wenn sich zu jedem Außenfeld B_a der thermodynamische Gleichgewichtszustand einstellen kann. Wir werden im 5. Kapitel sehen, dass dies im allgemeinen nicht der Fall ist, dass vielmehr Inhomogenitäten aller Art die Gleichgewichtsverteilung des Feldes verhindern können. In solchen Fällen ist die Gestalt der Magnetisierungskurve von der Vorgeschichte des Supraleiters abhängig. Lediglich der Wert B_{c2}, bei dem die Supraleitung völlig unterdrückt wird, ist noch eindeutig festgelegt.

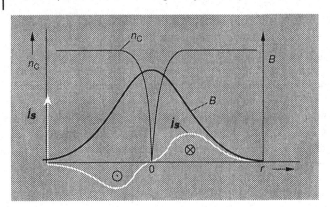

Abb. 4.30 Örtliche Variation von Cooper-Paardichte, Magnetfeld und Suprastromdichte für einen ebenen Schnitt durch einen Flusswirbel (schematisch).

4.7.2
Die Shubnikov-Phase

In der Shubnikov-Phase, die für einen Supraleiter 2. Art bei Außenfeldern B_a im Bereich zwischen B_{c1} und B_{c2} stabil ist, dringt magnetischer Fluss in Form von quantisierten Flussschläuchen in den Supraleiter ein. Die tiefste Enthalpie ergibt sich im Fall konventioneller Supraleiter für eine Anordnung der Flussschläuche in den Ecken gleichseitiger Dreiecke (vgl. Abschnitt 1.2).

In Abb. 4.30 sind die Cooper-Paardichte, die Feldverteilung und die Suprastromdichte für einen Flussschlauch schematisch dargestellt. Die Dichte der Cooper-Paare wird im Kern des Flussschlauches Null und nimmt etwa im Abstand ξ_{GL} den Gleichgewichtswert $n_s(T)$ an. Das Magnetfeld ist im Kern maximal und nimmt nach außen ab, wobei diese Abnahme von B durch die Eindringtiefe geregelt wird. Der Kern wird von supraleitenden Ringströmen umflossen, die gerade die Variation des Magnetfeldes bedingen.

Es bedarf einer längeren Rechnung, um zu zeigen, dass gerade ein Zustand mit einem Dreiecksgitter und je einem Flussquant pro Flussschlauch die tiefste Enthalpie hat und damit der stabile Zustand ist. Wir können aber leicht einsehen, dass nur eine Struktur mit Flussschläuchen, die gerade ganzzahlige Vielfache des elementaren Flussquants enthalten, auftreten kann. In Abschnitt 1.2 haben wir die Flussquantisierung bzw. etwas exakter die Fluxoidquantisierung durch die Forderung erhalten, dass die Wellenfunktion der Cooper-Paare bei einem Umlauf um den supraleitenden Ring gerade in sich selbst übergehen soll. Diese Forderung gilt natürlich auch für die Flussschläuche der Shubnikov-Phase. Daraus folgt, dass jeder Flussschlauch nur ganzzahlige Vielfache eines Flussquants Φ_0 enthalten kann. Wenn der Aufbau eines normalleitenden Kerns auf der Achse eines Flussschlauchs energetisch günstig ist, liegt es nahe, dass jeder Flussschlauch genau ein Φ_0 enthält, so dass möglichst viele Flussschläuche erzeugt werden können. Im Detail kann die Aussage, dass ein Gitter aus solchen Flussschläuchen den Zustand kleinster

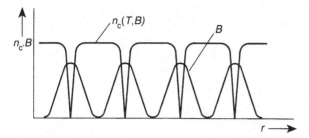

Abb. 4.31 Örtliche Variation von Cooper-Paardichte und Magnetfeld in der Shubnikov-Phase (schematisch). Zwischen den Flusswirbeln nimmt die Cooper-Paardichte den Gleichgewichtswert an, der zu vorgegebenem T und B gehört. Da $\lambda_L > \xi_{GL}$ ist, wird das magnetische Feld zwischen den Flussschläuchen mit wachsendem Feld nicht mehr vollständig verdrängt.

Enthalpie darstellt, aber nur duch die genaue Rechnung belegt werden. Die Abb. 4.31 gibt die örtliche Variation der Cooper-Paardichte und des Magnetfeldes in einer Richtung wieder. Mit wachsendem Außenfeld B_a wird der Abstand der Flussschläuche kleiner, gleichzeitig nimmt aber auch die mittlere Cooper-Paardichte n_s ab. Für Außenfelder, die nur wenig unter B_{c2} liegen, sind die Flussschläuche auf einen Abstand von ca. 2 ξ_{GL} aneinander gerückt. Man kann dann wegen der starken Überlappung der Stromsysteme nicht mehr sinnvoll von einzelnen Flusswirbeln sprechen. Gleichzeitig geht die Cooper-Paardichte bei Annäherung an B_{c2} stetig gegen Null. Diese Eigenschaft macht den Phasenübergang in den Normalzustand bei B_{c2} zu einem Übergang 2. Ordnung. Im Gegensatz dazu war ja bei Supraleitern erster Art der Phasenübergang im Magnetfeld von erster Ordnung (s. Abschnitt 4.6.2).

Die Raster-Tunnel-Mikroskopie erlaubt es heute, auch die Cooper-Paardichte in der Nähe des Flussschlauchs mit hoher räumlicher Auflösung zu untersuchen [62] (vgl. Abschnitt 1.2, Abb. 1.10 f). Mit dieser Methode kann beispielsweise ξ_{GL} direkt bestimmt werden und die Zustandsdichte der Einzelelektronen im Flussschlauch im Detail untersucht werden. Für Hochtemperatursupraleiter haben sich solche Untersuchungen als besonders interessant erwiesen. Hier ist ξ_{GL} (präziser: ξ_{ab}) derart klein, dass die Einzelelektronen nur wenige diskrete Energiezustände annehmen können im Gegensatz zu vielen anderen Supraleitern, wo diese Elektronen ein kontinuierliches Energiespektrum bilden.

Wir haben die Überlegungen zum Flussliniengitter bislang für Proben mit dem Entmagnetisierungsfaktor Null gemacht. Das Eindringen des magnetischen Flusses war *nicht* wie bei Zwischenzustandsexperimenten (s. Abschnitt 4.6.4) durch die Geometrie bestimmt. Es ergibt sich nun die Frage, ob auch für einen Supraleiter 2. Art ein Zwischenzustand existiert und welche Phasen in diesem Zwischenzustand koexistieren. Solange der Supraleiter 2. Art in der Meißner-Phase ist, verdrängt er das Feld ebenso wie ein Supraleiter l. Art. Wird aber an der Oberfläche der Probe das Feld B_{c1} erreicht, so muss in den Supraleiter 2. Art Fluss eindringen. Es stellt sich dann ein Zustand ein, bei dem nebeneinander makroskopische Be-

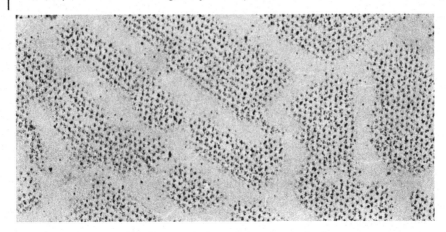

Abb. 4.32 Koexistenz von Meißner-Phase und Shubnikov-Phase in einem Supraleiter 2. Art mit κ nahe bei $1/\sqrt{2}$. Material: Pb + 1,89 Atom-% Tl, $\kappa = 0,73$, $T = 1,2$ K; Probenform: Scheibe 2 mm Ø, 1 mm dick; Außenfeld: $B_a = 365$ G, Vergrößerung 4800 fach. Dieser Zustand kann für Proben mit endlichem Entmagnetisierungsfaktor erzwungen werden.
(Wiedergabe mit freundlicher Genehmigung von Herrn Dr. Eßmann).

reiche von Meißner-Phase und Shubnikov-Phase vorliegen. Die Abb. 4.32 zeigt ein Beispiel für diesen neuen Zustand. Anstelle der Normalphase beim Supraleiter 1. Art haben wir hier für den Supraleiter 2. Art die Shubnikov-Phase.

Solche Strukturen werden nur für κ-Werte gefunden, die wenig größer sind als $1/\sqrt{2}$. Von Neumann und Tewordt [63] wurde die Ginzburg-Landau-Theorie auf Temperaturen unterhalb T_c erweitert. Aus dieser Erweiterung kann errechnet werden, dass eine enger κ-Bereich nahe $1/\sqrt{2}$ existiert, in dem die Wechselwirkung zwischen den Flusswirbeln *attraktiv* wird. Diese Anziehung führt zur Ausbildung flussfreier Domänen in Koexistenz mit Domänen, die Flusslinien enthalten. Weitere Details findet man in [M 17].

Wenden wir uns jetzt der Shubnikov-Phase in Hochtemperatursupraleitern zu. Mehrere Eigenschaften haben ganz wesentliche Auswirkungen auf die Shubnikov-Phase:

1. die atomar kleine Ginzburg-Landau-Kohärenzlänge,
2. die hohe Übergangstemperatur T_c,
3. die Schichtstruktur des supraleitenden Zustands zusammen mit der Josephson-Kopplung zwischen den supraleitenden CuO_2-Schichten in vielen Kupraten.

Als eine weitere Eigenschaft könnten wir die $d_{x^2-y^2}$-Symmetrie der Paarwellenfunktion auflisten. Diese hat aber auf die Besonderheiten der Flusswirbel, die wir nachfolgend besprechen wollen, nur wenig Einfluss.

Wir können das »Kohärenzvolumen« $V_c = \xi_{ab}^2 \cdot \xi_c$ als das Volumenelement[39] betrachten, in dem sich die Cooper-Paardichte nur wenig ändert, während auf größeren Skalen große Schwankungen auftreten können. Dieses Volumen ist bei den Kupraten um zwei bis vier Größenordnungen geringer als bei herkömmlichen Supraleitern. Die Kondensationsenergie des supraleitenden Zustands pro Volumeneinheit können wir als $E_c = B_{cth}^2/2\mu_0$ schreiben. Für die Kuprate kann B_{cth} von der Größenordnung 1 T sein.

Die in V_c gespeicherte Kondensationsenergie können wir nun mit der thermischen Energie $k_B T$ vergleichen. Hierbei verwenden wir die Sprungtemperatur T_c als eine Obergrenze für $k_B T$. Das Verhältnis $k_B T_c/(E_c V_c)$ ist offensichtlich ein charakteristisches Maß, das ausdrückt, wie anfällig ein Supraleiter gegenüber thermischen Fluktuationen ist. Man nennt das Verhältnis $(k_B T_c/E_c V_c)^2/2$ auch die Ginzburg-Zahl G_i. Sie hat für Materialien wie $YBa_2Cu_3O_7$ oder $Bi_2Sr_2CaCu_2O_8$ einen Wert von etwa 10^{-2}. Für konventionelle Supraleiter erhält man dagegen Werte, die um fünf oder mehr Größenordnungen geringer sind[40]. Dies zeigt, dass thermische Schwankungen bei den Kupraten eine drastisch größere Rolle spielen als bei konventionellen Supraleitern.

Bei diesen konventionellen Supraleitern bilden die Flusswirbel ein Dreiecksgitter aus. Durch thermische Schwankungen werden sich die Flusswirbel leicht um ihre Ruhelage bewegen, sie aber nicht verlassen. Die Flusswirbel bilden gleichsam einen Kristall, der bis zum oberen kritischen Feld existiert. Werden die Schwankungen um die Ruhelage aber vergleichbar mit dem Abstand zwischen den Flusswirbeln, dann werden sich die Wirbel von ihren Gitterplätzen entfernen und wir haben eine Flüssigkeit aus Flusswirbeln erzeugt.

Dieses »Schmelzen« des Flussliniengitters wurde bereits 1985 von Nelson und Mitarbeitern vorgeschlagen [64] und anschließend in einer Vielzahl theoretischer und experimenteller Arbeiten insbesondere für $YBa_2Cu_3O_7$ untersucht. Einen Überblick findet man beispielsweise in den Artikeln [65–67] und in der Monographie [M17]. In $YBa_2Cu_3O_7$ sind die Suprastöme zwischen den CuO_2-Ebenen relativ stark, so dass wir von einem sehr anisotropen, aber räumlich fast homogenen Supraleiter sprechen können[41].

Die Abb. 4.33 zeigt schematisch die Flusswirbelstruktur in der festen und flüssigen Phase sowie ein mögliches Phasendiagramm. In der flüssigen Phase kann unter Umständen noch eine gewisse Nahordnung der Flussschläuche vorliegen (»hexatische Vortex-Flüssigkeit«). Man erwartet außerdem für Magnetfelder knapp oberhalb von B_{c1} zunächst eine Vortex-Flüssigkeit, die erst mit sinkendem Abstand der Flusswirbel in ein Flussliniengitter übergeht. Bei sehr hohen Feldern bzw. sehr kleinem Abstand zwischen den Flusslinien schmilzt dieses Gitter wiederum und man erhält die Vortex-Flüssigkeit. Es zeigt sich interessanterweise, dass dieses Schmelzen ein Phasenübergang erster Ordnung ist im Gegensatz zu dem bei

---

39 Im Fall von Verbindungen wie $Bi_2Sr_2CaCu_2O_8$ sollten wir anstelle von ξ_c die Dicke d der supraleitenden Schichten benutzen.

40 Es sei hier angemerkt, dass G_i auch bei einigen anderen supraleitenden Schichtstrukturen wie den organischen Supraleitern immerhin Werte um 10^{-4} erreichen kann.

41 Man spricht manchmal von einem »schwach geschichteten« Supraleiter.

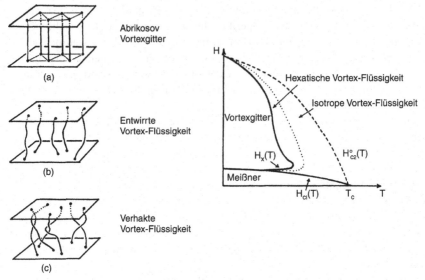

Abb. 4.33 Mögliche Aggregatzustände der Flusswirbel in einem räumlich homogenen Supraleiter, falls thermische Schwankungen eine große Rolle spielen (nach [68]). Die linke Abbildung zeigt schematisch verschiedene Anordnungen der Flusswirbel. (a) Flussliniengitter, (b) eine Flüssigphase mit voneinander getrennten Flussschläuchen und (c) eine Flüssigphase mit verhakten Flussschläuchen. Die rechte Abbildung zeigt ein schematisches Phasendiagramm (nach [69]). In der Flüssigphase kann unter Umständen noch eine gewisse Nahordnung vorliegen (»Hexatische Vortex-Flüssigkeit«). Man beachte außerdem, dass die Flüssigphase auch zwischen der Meißner-Phase und dem Flussliniengitter eingeschoben ist.

herkömmlichen Typ-II-Supraleitern beobachteten Phasenübergang zweiter Ordnung bei B_{c2}.

Die experimentellen Befunde – in frühen Messungen wurde oft die durch die Flusswirbelbewegung verursachte Dissipation untersucht [70] – für das Schmelzen des Flussliniengitters waren lange Zeit umstritten. Ein Grund hierfür ist, dass die untersuchten Materialien oft stark defektbehaftet sind. Man erhält dann anstelle des regelmäßigen Flussliniengitters einen glasartigen Zustand, und auch in der Flüssigphase können sich die Wirbel nicht völlig frei bewegen. Mit wachsender Kristallqualität konnte dann aber beispielsweise das Schmelzen des Flussliniengitters sehr schön in Messungen der Magnetisierung [71] und sogar der spezifischen Wärme nachgewiesen werden [72]. Die Abb. 4.34 zeigt ein jüngeres experimentelles Phasendiagramm, das aus solchen Messungen an $YBa_2Cu_3O_7$ gewonnen wurde [73]. Man beachte, dass die Unterschiede zu dem theoretischen Phasendiagramm der Abb. 4.33 doch recht groß sind. Insbesondere tritt eine Glasphase auf, die durch Kristalldefekte hervorgerufen wird.

Auch in anderen anisotropen Supraleitern wie $NbSe_2$ konnten flüssige Vortexphasen nachgewiesen werden [74]. Diese Verbindung ist eine relativ schwach

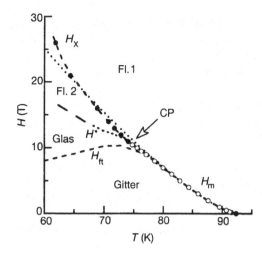

Abb. 4.34 Experimentelles Phasen-diagramm des Vortexzustands in $YBa_2Cu_3O_7$ in Magnetfeldern μ_0H senkrecht zu den CuO_2-Ebenen. Der Graph zeigt die Schmelzlinie H_m, die in einem kritischen Punkt »CP« en-det. Die Linie H_{ft} trennt das Vortex-gitter von einem glasartigen Vortexzu-stand, der durch Defekte im Kristall hervorgerufen wird. Oberhalb der Li-nie H^* sind die Magnetisierungskur-ven reversibel, unterhalb von H^* tre-ten Hysteresen auf. Die gestrichelte Linie entspricht einer theoretischen Kurve für das Schmelzen des Flussliniengitters (nach [73], © 2001 Nature).

anisotrope supraleitende Schichtstruktur, für die die Ginzburg-Zahl einen Wert von etwa 10^{-4} hat.

Wenden wir uns nun den supraleitenden Schichtverbindungen zu, bei denen die Schichten nur schwach über den Josephsoneffekt miteinander gekoppelt sind.

Wir betrachten zunächst den Fall $T = 0$ und und nehmen an, das Magnetfeld sei senkrecht zur Schichtstruktur orientiert. Auch hier treten oberhalb eines Feldes $B_{c1\perp}$ Flusswirbel auf, die jeweils ein Flussquant Φ_0 tragen. $B_{c1\perp}$ ist durch

$$B_{c1\perp} = \frac{\Phi_0}{4\pi\lambda_{ab}^2}(\ln\frac{\lambda_{ab}}{\xi_{ab}} + 0{,}08) \qquad (4\text{-}95)$$

gegeben, was ganz dem Ausdruck (4-85) entspricht. Hier ist lediglich die London-sche Eindringtiefe mit λ_{ab} bezeichnet, da die Abschirmströme innerhalb der supraleitenden Schichten in der kristallographischen a- bzw. b-Richtung fließen.

Die Supraströme um die Wirbelachse fließen jetzt aber ausschließlich in den voneinander getrennten supraleitenden Schichten (innerhalb der durch die kri-stallographischen a- bzw. b-Achsen aufgespannten Ebenen, die wir hier als äquiva-lent betrachten), sodass man eine Art Stapel von fast zweidimensionalen Wirbel-strömen erhält. Man kann sich den Wirbel in jeder der Schichten als eigenständiges Gebilde vorstellen; für diese Wirbel wurde von J. R. Clem die Bezeichnung »pan-cake vortex« – zu Deutsch etwa »Pfannkuchen-Wirbel« – eingeführt [75].

Der Fall einer einzelnen dünnen supraleitenden Schicht der Dicke d wurde bereits 1966 von J. Pearl untersucht [76]. Es zeigt sich, dass innerhalb der Schicht die Wirbelströme mit einer charakteristischen Länge $\lambda_{eff} = \lambda_L^2/d$ von der Achse weg abklingen. Für $d \ll \lambda_L$ kann λ_{eff} offensichtlich erheblich größer werden als λ_L. Auch in diesem zweidimensionalen Fall bilden aber die Flusswirbel innerhalb der Schicht ein Dreiecksgitter aus.

Hat man nun einen Stapel supraleitender Schichten, so werden die »pancakes« in den verschiedenen Ebenen miteinander wechselwirken. Dies passiert einerseits durch das Magnetfeld, das jeder dieser Wirbel erzeugt, und andererseits durch die

(Josephson-) Supraströme zwischen den Ebenen. Zwei Flusswirbel in benachbarten Schichten ziehen sich an, falls sie den gleichen Drehsinn haben. Als Konsequenz ordnen sich die »pancakes« im senkrechten Magnetfeld entlang gemeinsamer Achsen an, so dass man im wesentlichen wiederum ein Dreiecksgitter aus »Flussschläuchen« erhält, die die gesamte Probe durchdringen.

Es kostet jetzt aber relativ wenig Energie, die einzelnen »pancakes« etwas von ihrer gemeinsamen Achse zu verschieben. Bei endlichen Temperaturen sind jetzt eine ganze Reihe von Vortex-Phasen möglich [77]:

- der »kristalline« Zustand, in der die »pancakes« ein Dreiecksgitter aus Flussschläuchen aufbauen (Flussliniengitter),
- eine Flüssigkeit, bei der die »pancakes« noch Flussschläuche bilden, diese aber frei beweglich sind (Flusslinien-Flüssigkeit),
- eine Phase, bei der die »pancakes« innerhalb einer Ebene ein Dreiecksgitter bilden, sich die Gitter in verschiedenen Ebenen aber frei gegeneinander verschieben können (Quasi-2D-Vortexkristall),
- eine »Gasphase«, in der sich die »pancakes« in allen Ebenen frei bewegen (»Pancake«-Gas).

Die Abb. 4.35 zeigt Vortex-Phasendiagramme zweier $Bi_2Sr_2CaCu_2O_{8+x}$-Einkristalle verschiedenen Sauerstoffgehalts, die aus Messungen der Myon-Spin-Resonanz und der Magnetisierung bestimmt wurden [78]. Man erkennt die oben angesprochenen Phasen, sieht aber auch, dass die Details stark vom Dotierungsgrad der Proben abhängen. Auch spielt die Unordnung ebenso wie bei $YBa_2Cu_3O_7$ eine große Rolle, sodass die »kristallinen« Phasen eher glasartige Zustände darstellen. Vergleichbare Phasendiagramme wurden auch mit anderen Messmethoden bestimmt, etwa über das Eindringverhalten von Flusswirbeln in den Kristall [79] oder über die magnetische Permeabilität [80]. Diese Messungen differieren zwar oft in einer Reihe von Details, zeigen aber klar, dass in $Bi_2Sr_2CaCu_2O_8$ eine ganze Reihe unterschiedlicher Vortex-Zustände auftritt.

Es sei hier außerdem erwähnt, dass als Grundlage theoretischer Berechnungen meist eine Gibbs-Funktion dient, die ähnlich wie die Gleichung (4-27) der Ginzburg-Landau-Theorie aufgebaut ist. In diesem »Lawrence-Doniach-Modell« [81], das bereits 1970 entwickelt wurde, betrachtet man aber einen Stapel zweidimensionaler supraleitender Schichten, die untereinander über Josephsonströme gekoppelt sind. Die Berechnung der unterschiedlichen Vortex-Phasen ist allerdings äußerst schwierig und gelingt nur unter verschiedenen Näherungen.

Betrachten wir nun die supraleitende Schichtstruktur bei $T = 0$ in einem Magnetfeld parallel zu den Schichten.

Wenn das angelegte Feld sehr schwach ist, dann bildet sich wiederum die Meißner-Phase aus. Die Abschirmströme fließen dabei über die supraleitenden Schichten hinweg. Der Maximalwert dieses Stroms ist aber wesentlich geringer als im Fall eines senkrecht zu den Schichten angelegten Feldes, und als Konsequenz ist die Eindringtiefe λ_c des Magnetfelds parallel zu den Schichten erheblich größer als senkrecht dazu. λ_c kann Werte von 100 µm und mehr erreichen.

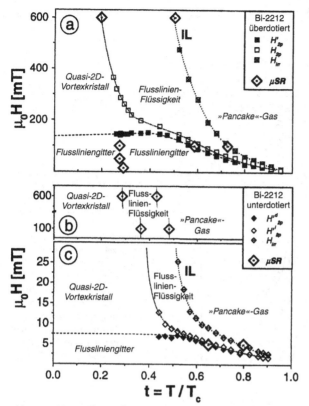

Abb. 4.35 Vortex-Phasendiagramme von $Bi_2Sr_2CaCu_2O_{8+x}$ Einkristallen verschiedener Dotierung. Die Diagramme wurden aus Messungen der Myon-Spin-Rotation (μSR) und der Magnetisierung gewonnen. (a) Überdotierter Kristall, T_c = 64 K; (b) und (c) unterdotierter Kristall, T_c = 77 K (nach [78]).

Auch bei paralleler Feldorientierung können sich Flusswirbel ausbilden, wenn das Magnetfeld ein unteres kritisches Feld $B_{c1,\parallel}$ überschreitet. Man findet im Lawrence-Doniach-Modell für $B_{c1,\parallel}$ den Ausdruck [82]:

$$B_{c1,\parallel} = \frac{\Phi_0}{4\pi\lambda_{ab}\lambda_c}(\ln\frac{\lambda_{ab}}{s}+1,12)$$

(4-96)

Hierbei ist s der Abstand der supraleitenden Schichten. $B_{c1,\parallel}$ ist wegen des großen Wertes von λ_c um etwa einen Faktor λ_c/λ_{ab} – er kann Werte von 1000 und mehr erreichen – geringer als das durch die Gleichung (4-95) gegebene Feld $B_{c1\perp}$ bei senkrechter Feldorientierung. Man beachte außerdem, dass in Gleichung (4-96) im Vergleich zu Gleichung (4-95) die Kohärenzlänge ξ_{ab} durch den Schichtabstand s ersetzt ist.

Die Flusswirbel haben entlang der Ebenen einen Durchmesser von etwa $2\lambda_c$ und senkrecht dazu einen Durchmesser von etwa $2\lambda_{ab}$. Sie sind also sehr abgeflachte

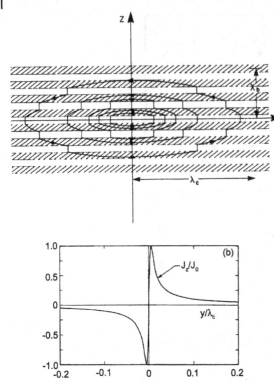

Abb. 4.36 (a) Schematische Darstellung der Ringströme um einen »Josephson-Flusswirbel« in einer supraleitenden Schichtstruktur. Die supraleitenden Schichten sind schraffiert gezeichnet und erstrecken sich in *(x,y)*-Richtung. Die Achse des Flusswirbels verläuft in *x*-Richtung. In (b) ist die Suprastromdichte in *z*-Richtung zwischen den beiden Schichten gezeichnet, zwischen denen die Achse des Wirbels verläuft (nach [84]).

Gebilde, die sich außerdem über viele supraleitende Ebenen erstrecken, da λ_{ab} im allgemeinen wesentlich größer ist als der Schichtabstand. Die Abb. 4.36a gibt die Stromverteilung eines dieser sogenannten »Josephson-Flusswirbel« schematisch wieder. Mittels der Raster-SQUID-Mikoskopie (vgl. Abschnitt 1.2) kann die Magnetfeldverteilung solcher Wirbel auch experimentell abgebildet werden [83].

Die Josephson-Flusswirbel unterscheiden sich in der Nähe der Wirbelachse erheblich von den Abrikosov-Flusswirbeln in homogenen Typ-II-Supraleitern, bzw. von »pancake«-Flusswirbeln in supraleitenden Schichtstrukturen: Bei den Abrikosov- bzw. »pancake«-Flusswirbeln fällt die Cooper-Paardichte zur Wirbelachse hin auf einer Längenskala ξ_{GL} auf Null ab (vgl. Abb. 4.30). Bei den Josephson-Flusswirbeln liegt die Achse dagegen in einer der nicht supraleitenden Lagen, so dass die Cooper-Paardichte nicht zusätzlich unterdrückt zu werden braucht.

Die Abb. 4.36b stellt die Stromdichte zwischen den beiden supraleitenden Ebenen, die die Wirbelachse enthalten, dar. Die Suprastromdichte steigt von der Wirbelachse her auf einer Länge λ_J – der Josephson-Eindringtiefe (vgl. Gleichung 1-69) – auf die maximale Stromdichte an und klingt dann allmählich ab. Auch ein Josephson-Flusswirbel hat also einen »Kern«, der senkrecht zu den Schichten durch die Dicke der isolierenden Barriere und parallel zu den Schichten durch λ_J gegeben ist.

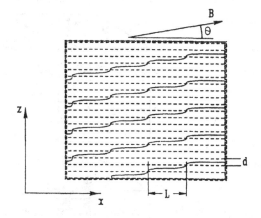

Abb. 4.37 Treppenartige Flussschläuche in einem Magnetfeld, das unter einem Winkel ϑ zu den supraleitenden Schichten angelegt wurde [87]. Die Flussschläuche durchdringen die Ebenen in Form von »pancake«-Flusswirbeln, die durch kurze Segmente (Länge L) von Josephson-Flusswirbeln miteinander verbunden sind.

Ein Josephson-Flusswirbel kann sich lediglich parallel zu den Schichten leicht bewegen[42]. Bei einer Verschiebung in z-Richtung muss die Wirbelachse eine supraleitende Schicht überschreiten, was nur dadurch möglich wird, dass die Cooper-Paardichte innerhalb dieser Schicht auf der Wirbelachse auf Null gedrückt wird. Dies kostet sehr viel Kondensationsenergie, und als Konsequenz bauen die supraleitenden Schichten eine Energiebarriere gegen die Verschiebung des Josephson-Flusswirbels in z-Richtung auf.

Auch die Josephson-Flusswirbel bilden in parallelen Magnetfeldern ein Dreiecksgitter [85].

Wenn das angelegte Magnetfeld leicht aus der parallelen Orientierung gekippt wird, dann können die Josephson-Flusswirbel zunächst die supraleitenden Schichten nicht überschreiten [86]. Man hat die für Supraleiter sehr ungewöhnliche Situation, dass die von den Wirbelströmen erzeugte Magnetisierung und das angelegte Feld *nicht* parallel sind. Dieser »Einrasteffekt«, der sich beispielsweise durch Messung des Drehmoments nachweisen lässt, mit dem sich die Probe in die Orientierung parallel zum Feld zurückstellen möchte, wird häufig dazu verwendet, festzustellen, ob ein Supraleiter eine innere geschichtete Struktur hat.

Erst wenn die Magnetfeldkomponente senkrecht zu den Schichten einen Wert erreicht, der in etwa dem unteren kritischen Feldes $B_{c1\perp}$ enspricht, kann das Magnetfeld auch die supraleitenden Ebenen durchdringen. Je nach der Stärke der maximalen Supraströme, die zwischen den Schichten fließen können, kann man die verschiedensten Wirbelstrukturen erhalten. So können sich nahezu voneinander unabhängige Untergitter aus Josephson- und pankake-Flusswirbeln bilden. Bei starker Kopplung zwischen den Schichten erhält man Flusswirbel, die sich treppenartig um die Richtung des angelegten Feldes ausbilden. Die letztgenannte Situation ist schematisch in Abb. 4.37 gezeigt. Die Flussschläuche schneiden die supraleitenden Ebenen in Form von »pancake«-Flusswirbeln. Dazwischen bilden sich kurze Stücke aus Josephson-Flusswirbeln aus.

---

42 Auf die sehr interessanten *dynamischen* Eigenschaften bewegter Josephson-Flusswirbel werden wir in Kapitel 6 genauer eingehen.

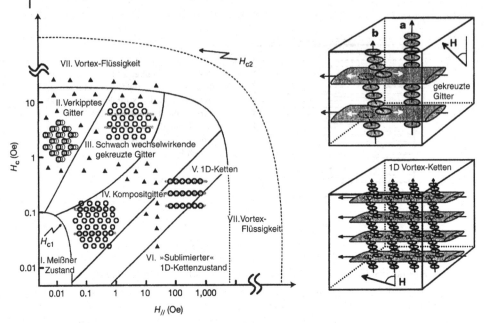

Abb. 4.38 Phasendiagramm eines $Bi_2Sr_2CaCu_2O_8$ Einkristalls als Funktion der Magnetfeldkomponenten H_c (= $H_\perp$) und $H_\parallel$. Die Vortexphasen wurden mit Hilfe der Hallsonden-Mikroskopie untersucht. Messtemperatur: 77–88 K. Die beiden rechten Abbildungen geben zwei der Vortexphasen schematisch wieder (aus [88], © 2001 Nature).

Die Situation wird, wie man sich vorstellen kann, bei endlichen Temperaturen noch reichhaltiger. Die Abb. 4.38 zeigt beispielhaft die Vortex-Phasen, die an einem $Bi_2Sr_2CaCu_2O_8$-Einkristall mittels der Hall-Magnetometrie im Temperaturbereich 77-88 K bestimmt wurden [88]. Das Diagramm stellt die verschiedenen Vortex-Phasen in einer $(H_\parallel, H_\perp)$-Ebene dar. Man erhält Vortex-Flüssigkeiten (VII. Vortex-Flüssigkeit), leicht verkippte Gitter aus »pancake«-Flusswirbeln (II. verkipptes Gitter), sich kreuzende Josephson- bzw. »pancake«-Untergitter (III. schwach wechselwirkende gekreuzte Gitter, IV. Kompositgitter) oder Anordnungen, bei denen sich die pancakes in Form von Kettenstrukturen über den Josephson-Flusswirbeln anordnen (V. 1D-Ketten bzw. VI. sublimierter 1D-Kettenzustand).

Wir wollen die verschiedenen Möglichkeiten hier nicht weiter ausführen. Wesentlich ist aber die Erkenntnis, dass die besonderen Eigenschaften der Hochtemperatursupraleiter zu einer ganzen Reihe neuartiger Phänomene geführt haben, die in der Supraleitung bis dahin noch nicht beobachtet worden waren.

Zum Abschluss dieses Abschnitts wollen wir noch kurz darauf eingehen, was passiert, wenn man anstelle einer supraleitenden Schichtstruktur lediglich eine einzige, sehr dünne supraleitende Ebene vorliegen hat. Wir hatten ja dünne Platten schon mehrfach im Zusammenhang mit der Ginzburg-Landau-Theorie bzw. im Zusammenhang mit den kritischen Magnetfeldern behandelt, allerdings den Einfluss thermischer Fluktuationen außer Acht gelassen.

Es stellt sich heraus, dass diese Fluktuationen für zweidimensionale oder eindimensionale Systeme derart groß werden, dass die makroskopische Wellenfunktion, die ja den supraleitenden Zustand auszeichnet, zerstört wird. Diese Aussage wurde von Hohenberg [89], sowie Mermin und Wagner [90] bereits in den 1960er Jahren abgeleitet. Wir können dies leicht dadurch erkennen, dass wir noch einmal das Kohärenzvolumen $V_c = \xi_{ab}^2 \cdot \xi_c$ betrachten. Machen wir unsere supraleitende Schicht sehr dünn, so müssen wir zunächst ξ_c durch die Schichtdicke d ersetzen. Mit $d \to 0$ geht aber V_c gegen Null und damit auch die in V_c gespeicherte Kondensationsenergie. Es kostet dann immer weniger Energie, einen Flusswirbel durch eine thermische Fluktuation zu erzeugen[43].

Ohne ein von außen angelegtes Feld werden dabei rechts- und linksdrehende Wirbel spontan in etwa gleicher Anzahl erscheinen, sodass die mittlere Magnetisierung der Probe verschwindet. Wenn sich diese Wirbel unabhängig voneinander bewegen können, erzeugen sie Dissipation und damit einen endlichen Widerstand. Der supraleitende Zustand ist zerstört. Es konnte aber von Berezinskii [91], sowie von Kosterlitz und Thouless [92] gezeigt werden, dass sich bei einer etwas tieferen Temperatur – der Berezinskii-Kosterlitz-Thouless-Übergangstemperatur T_{BKT} – Paare aus rechts- und linksdrehenden Wirbeln bilden. Diese stabilisieren wiederum einen supraleitenden Zustand, in dem die Cooper-Paare allerdings nicht mehr über beliebig große Distanzen miteinander korreliert sind.

Wenn man unterhalb T_{BKT} ein Magnetfeld senkrecht zur Schicht anlegt, entstehen freie Flusswirbel mit einer der Richtung des angelegten Feldes entsprechenden Drehrichtung. Bei tiefen Temperaturen bilden diese Wirbel wiederum ein Dreiecksgitter. Auch dieses ist aber sehr anfällig gegen thermische Schwankungen, so dass man wiederum Vortex-Flüssigkeiten erhalten kann, die unter Umständen noch eine gewisse hexatische Nahordnung aufweisen [93]. Wir erhalten damit auch für das zweidimensionale System ein Phasendiagramm, das eine Meißner-Phase, ein Vortex-Dreiecksgitter sowie flüssige Vortex-Phasen enthält.

4.8
Fluktuationen oberhalb der Sprungtemperatur

Wir haben vor allem im letzten Abschnitt, aber auch kurz in Abschnitt 1.4, den Einfluss thermischer Schwankungen auf den Vortexzustand unterhalb der Sprungtemperatur T_c betrachtet. Auch oberhalb von T_c existieren natürlich diese Fluktuationen um den Gleichgewichtszustand.

Im normalleitenden Zustand kann die Abweichung vom Gleichgewicht dazu führen, dass in bestimmten Bereichen der supraleitende Zustand vorübergehend eintritt, d.h. dass »Schwärme« von Cooper-Paaren entstehen. Natürlich ist diese Abweichung vom Gleichgewicht nicht stabil und wird mehr oder weniger rasch verschwinden. Das statistische Auftreten von Cooper-Paaren wird umso seltener

---

43 Eine genauere Rechnung, die auch den Energiebeitrag der Abschirmströme mit berücksichtigt, liefert eine Energie $(B_{cth}^2/2\mu_0) \cdot 4\pi\xi_{ab}^2\, d \cdot \ln(\lambda/\xi_{ab})$, die für diesen Prozess nötig ist. Hierbei ist $\lambda = \lambda_{ab}^2/d$ die Abklinglänge der Wirbelströme in nahezu zweidimensionalen Schichten.

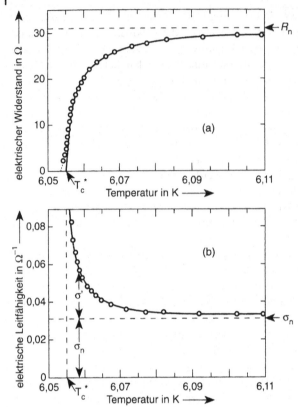

Abb. 4.39 Übergangskurve eines amorphen Wismutfilms Dicke 47 nm: (a) Widerstand, (b) Leitfähigkeit. Die durchgezogenen Kurven entsprechen den Gleichungen (4-97) und (4-98) (nach [94]).

geschehen, je höher die Temperatur ist, da mit steigender Temperatur der normalleitende Zustand gegenüber dem supraleitenden immer stabiler wird, und es deshalb mit steigender Temperatur immer größerer Abweichungen vom Gleichgewicht bedarf, um den supraleitenden Zustand entstehen zu lassen.

Wenn wir weiter in Betracht ziehen, dass die Schwärme der Cooper-Paare kleine perfektleitende Gebiete darstellen, so wird sofort klar, dass aufgrund der Schwankungen bereits oberhalb von T_c im normalleitenden Zustand durch die statistisch auftretenden Cooper-Paarschwärme eine zusätzliche Leitfähigkeit erzeugt wird, die mit Annäherung an T_c stark ansteigen muss.

Dieser Einfluss thermischer Schwankungen konnte für eine Reihe von Supraleitern eindeutig nachgewiesen werden. Die Abb. 4.39 a zeigt die Übergangskurve eines Wismutfilmes in der Nähe der Übergangstemperatur T_c [94]. Es ist deutlich zu sehen, dass der volle Normalwiderstand erst bei Temperaturen beträchtlich oberhalb von T_c erreicht wird. In Abb. 4.39b ist anstelle des Widerstandes die Leitfähigkeit aufgetragen. Hier wird die Zusatzleitfähigkeit σ' der statistisch entstehenden und wieder verschwindenden Cooper-Paarschwärme besonders klar sichtbar[44].

---

44 In den Abb. 4.39 und 4.40 ist der Widerstand bzw. die Leitfähigkeit auf quadratische Filmgeometrie (Länge l = Breite b) normiert.

Man beachte, dass hier und im Folgenden nicht die »spezifische« Leitfähigkeit σ^*, sondern die Leitfähigkeit $\sigma = \sigma^* \cdot d$ (d = Dicke) in der Einheit A/V = Ω^{-1} betrachtet wird.

Die Zusatzleitfähigkeit, die durch die Cooper-Paare verursacht wird, kann im Rahmen der Theorie der Fluktuationen mit den vorhandenen Theorien der Supraleitung berechnet werden. Für einen Film, der dünner ist als ξ_{GL}, erhält man [95]:

$$\sigma'(T) = \frac{e^2}{16\hbar} \cdot \frac{T_c^*}{T - T_c^*} \cdot \frac{b}{l} \tag{4-97}$$

(e = Elementarladung, $\hbar$ = Plancksches Wirkungsquantum/2π, T_c^* = Übergangstemperatur, die zu optimaler Anpassung von Gleichung (4-97) an die Messpunkte führt, b = Breite, l = Länge des Films)

Die Zusatzleitfähigkeit σ' muss demnach proportional zu $1/(T-T^*)$ sein. Diese Aussage der Theorie wird durch das Experiment gut bestätigt. Die in Abb. 4.39 gezeigten Kurven entsprechen dieser Temperaturabhängigkeit. Darüber hinaus sollte nach Gleichung (4-97) die Zusatzleitfähigkeit σ' unabhängig von allen Materialeigenschaften sein. Auch diese Aussage der Theorie wird durch das Experiment bestätigt. In Abb. 4.40 sind die Ergebnisse an sieben sehr unterschiedlichen Filmen aufgetragen [94]. Die Zusatzleitfähigkeit ist dabei auf quadratische Filmgeometrie (Breite b = Länge l) normiert. Alle Filme folgen der allgemeinen Gesetzmäßigkeit, die durch die ausgezogene Kurve wiedergegeben wird[45]. Die Übereinstimmung umfasst sogar die absolute Größe der Zusatzleitfähigkeit. Für quadratische Filmgeometrie wird aus Gleichung (4-97)

$$\sigma'(T) = \frac{e^2}{16\hbar} \cdot \frac{T_c^*}{T - T_c^*} \tag{4-98}$$

Die Konstante $e^2/16\hbar$ hat den Wert $1{,}52 \cdot 10^{-5}\,\Omega^{-1}$. Die Experimente ergeben einen Wert von $1{,}51 \cdot 10^{-5}\,\Omega^{-1}$. Damit ist sichergestellt, dass die experimentell beobachtete Zusatzleitfähigkeit für die hier wiedergegebenen Beispiele wirklich durch die Fluktuationen bedingt ist.

Diese sehr kritische Diskussion ist bei derartigen Experimenten deshalb erforderlich, weil auch Inhomogenitäten in der Probe, die zu Bereichen mit verschiedenen Übergangstemperaturen führen, ähnliche Übergangskurven liefern können. Wenn, wie z.B. im Falle des Zinns, die Übergangstemperatur durch den Einbau von Störungen um mehrere Grad verschoben werden kann, so ist ein Ausläufer der Übergangskurve zu höheren Temperaturen auch mit der Existenz solcher gestörter Bereiche zu erklären. Der Widerstand nimmt in diesem Fall dadurch allmählich ab, dass mehr und mehr Bereiche, entsprechend ihrer durch den Störgrad bedingten Übergangstemperatur, nacheinander supraleitend werden.

---

45 Auch die relativ dicken Filme von Bi (224 nm) und Ga (172 bzw. 102 nm) erfüllen die Bedingung $d < \xi_{GL}$ in dem betrachteten Temperaturbereich nahe T_c, da ξ_{GL} bei Annäherung an T_c gegen unendlich geht.

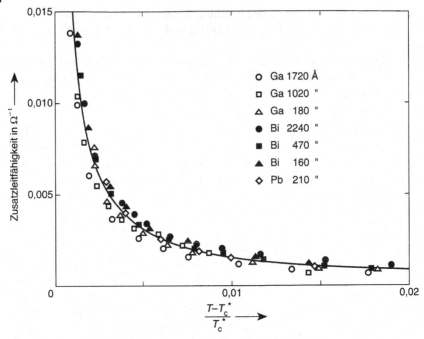

Abb. 4.40 Zusatzleitfähigkeit für sieben verschiedene Filme als Funktion der reduzierten Temperatur (nach [94]).

Die amorphen Filme, die von R. E. Glover für den Nachweis der Fluktuationseffekte verwendet worden sind, haben den entscheidenden Vorteil, dass sie aufgrund ihrer extremen Unordnung hinsichtlich der Übergangstemperatur sehr homogen sind[46]. Kristalline Filme können wegen ihrer Inhomogenität, z. B. durch verschiedene Verspannungen in den einzelnen Kristalliten, sehr große Abweichungen von den für die Schwankungen gültigen Zusammenhängen zeigen.

Wir haben in Gleichung (4-97) die Zusatzleitfähigkeit für zweidimensionale Proben angegeben. Für drei- bzw. eindimensionale Supraleiter erhält man die folgenden Abhängigkeiten der Zusatzleitfähigkeit von der Temperatur:

dreidimensional, l, b, und d groß gegen ξ_{GL}

$$\sigma'(T) = \frac{e^2}{16\hbar} \cdot \frac{1}{2\xi_{GL}(0)} \left(\frac{T_c^*}{T - T_c^*} \right)^{1/2} \cdot \frac{d \cdot b}{l} \tag{4-99}$$

eindimensional, l groß gegen ξ_{GL}, b und d klein gegen ξ_{GL}

$$\sigma'(T) = \frac{e^2}{16\hbar} \cdot \pi \xi_{GL}(0) \cdot \left(\frac{T_c^*}{T - T_c^*} \right)^{3/2} \cdot \frac{1}{l} \tag{4-100}$$

---

46 Ein weiterer großer Vorteil liegt in der extrem kleinen Restleitfähigkeit dieser amorphen Filme. Da die Zusatzleitfähigkeit unabhängig vom Material ist, kann sie um so besser bestimmt werden, je kleiner die Restleitfähigkeit ist.

(e = Elementarladung, $\hbar$ = Plancksche Konstante/2π, d = Dicke, b = Breite und l = Länge der Probe)

Neben der durch kurzlebige Cooper-Paare verursachten Zusatzleitfähigkeit gibt es noch weitere Beiträge zu σ' durch die ungepaarten Elektronen [96], die wir hier aber nicht weiter diskutieren wollen. Eine genaue Darstellung findet man beispielsweise in dem Übersichtsartikel [97] oder der Monographie [M3].

Man beachte außerdem, dass in den Gleichungen (4-99) und (4-100) die Ginzburg-Landau-Kohärenzlänge in relativ einfacher Weise eingeht. Die Messung von σ' erlaubt daher die Bestimmung dieser Größe.

Qualitativ ist leicht einzusehen, dass die Dimension der Probe einen Einfluss auf die Größe der Fluktuationen haben muss, da die Cooper-Paardichte nur über Längen der Größenordnung ξ_{GL} variieren kann. Steilere örtliche Variationen erfordern relativ hohe Energien und treten deshalb praktisch nicht auf. In einer Probe, die in allen drei Raumrichtungen groß ist, kann die Cooper-Paardichte in allen Richtungen räumlich variieren. Alle diese möglichen Konfigurationen müssen bei der Berechnung der Zusatzleitfähigkeit berücksichtigt werden. Für eine zweidimensionale Probe ist die Cooper-Paardichte längs der kleinen Ausdehnung örtlich immer konstant. Die Mittelung über mögliche räumliche Konfigurationen der Cooper-Paardichte in dieser Richtung entfällt. Bei der eindimensionalen Probe entfällt die Mittelung über beide Richtungen, in denen die Probe klein gegen ξ_{GL} ist. Damit wird durch die Probengeometrie die Statistik eingeschränkt, was sich in den unterschiedlichen Formeln für die Zusatzleitfähigkeit ausdrückt.

Erfahrungsgemäß sind die Übergangskurven von dreidimensionalen Proben, etwa von Drähten, deren Dicke sehr groß ist gegen ξ_{GL}, sehr scharf, d.h. die hier besprochenen Effekte können nicht beobachtet werden. Die Ursache hierfür ist nicht etwa das Fehlen der Fluktuationen, sondern vielmehr die vergleichsweise hohe Restleitfähigkeit der dreidimensionalen Probe. Ein reiner Zinndraht von 1 mm Dicke z.B. hat eine Restleitfähigkeit, die um mindestens 8 Zehnerpotenzen größer ist als die eines amorphen Wismutfilms mit 100 nm Dicke und 1 mm Breite bei gleicher Länge[47]. Um die Zusatzleitfähigkeit, wie sie aus Gleichung (4-99) folgt, gegenüber dieser hohen Restleitfähigkeit auf einen messbaren Anteil zu bringen, müsste man dem Faktor $T_c^*/(T - T_c^*)$ etwa die Größe 10^{15} geben. Das bedeutet aber nichts anderes, als dass solche Proben äußerst scharfe Übergangskurven haben können und der Einfluss der Schwankungen auf die Leitfähigkeit nicht zu beobachten ist.

Wir haben bisher nur betrachtet, wie die Schwankungen auf die elektrische Leitfähigkeit wirken. Wenn oberhalb von T_c in statistischer Weise Cooper-Paarschwärme auftreten, so muss sich das auch in anderen Eigenschaften äußern. Wir wissen, dass ein Supraleiter unterhalb von T_c kleine Magnetfelder aus seinem Inneren verdrängt, d.h. zu einem idealen Diamagneten wird. Es ist zu erwarten,

---

[47] Die Geometrie liefert etwa einen Faktor 10^4 über die Dicke. Außerdem ist die spezifische Leitfähigkeit des amorphen Materials um etwa 10^4 mal kleiner als die reiner Metalle im Bereich des Restwiderstandes.

dass aufgrund der Schwankungen, wie bei der Leitfähigkeit, etwas von dieser Eigenschaft auch oberhalb von T_c auftritt.

Die Cooper-Paarschwärme sollten dazu führen, dass das diamagnetische Verhalten des Supraleiters oberhalb von T_c in charakteristischer Weise temperaturabhängig wird. Der Zusatzdiamagnetismus ist einige hundertstel Grad von T_c entfernt schon sehr klein und entspricht nur der Verdrängung weniger Flussquanten. Dennoch ist es gelungen, auch diesen Effekt eindeutig auszumessen [98], und zwar unter Verwendung eines supraleitenden Quanteninterferometers (vgl. Abschnitt 1.5.2).

Schließlich sollten die Fluktuationen auch in der spezifischen Wärme c zu einem Anstieg schon oberhalb von T_c führen. Auch dieser Effekt konnte nachgewiesen werden [99].

Bei den Hochtemperatursupraleitern sind aus den im vorhergehenden Abschnitt genannten Gründen auch die Fluktuationseffekte oberhalb von T_c besonders stark ausgeprägt. Dabei ist allerdings eine präzise Auswertung etwa der Zusatzleitfähigkeit über einen weiten Temperaturbereich oft schwierig, da einerseits die Normalleitfähigkeit stark temperaturabhängig ist und andererseits auch Probeninhomogenitäten zu einem breiten supraleitenden Übergang führen können. Dennoch konnte der Einfluss thermischer Fluktuationen in einer Vielzahl sehr schöner Experimente beobachtet und analysiert werden [100].

4.9
Zustände außerhalb des thermodynamischen Gleichgewichts

Bei den in Abschnitt 4.8 behandelten Fluktuationen geht der Supraleiter aufgrund der ungeordneten Wärmebewegung spontan in Zustände außerhalb des thermodynamischen Gleichgewichts. Aus diesen Zuständen kehrt der Supraleiter dann über »Relaxationsprozesse« in das thermodynamische Gleichgewicht zurück.

Es ist aber auch möglich, einen Supraleiter durch den Einfluss äußerer Parameter in Zustände zu bringen, die mehr oder weniger weit vom Gleichgewichtszustand entfernt sind. Schaltet man den Einfluss eines solchen äußeren Parameters »momentan«[48] ab, so kehrt auch hier der Supraleiter über Relaxationsprozesse in den Gleichgewichtszustand zurück.

Die Erfahrung lehrt, dass sehr viele solcher Ausgleichsvorgänge zeitlich nach einem Exponentialgesetz ablaufen. Wenn mit x_0 der Gleichgewichtswert einer Größe x bezeichnet wird, so erfolgt das exponentielle Abklingen der Störung $(x(t) - x_0)$ nach[49]:

$$x(t) - x_0 = (x(0) - x_0) \cdot e^{-t/\tau} \tag{4-101}$$

---

48 Unter dem Wort »momentan« wollen wir hier Abschaltzeiten verstehen, die klein sind gegen die Zeiten, in denen sich das Gleichgewicht einstellen kann.

49 Ein solches Exponentialgesetz erhält man immer dann, wenn die Änderungsgeschwindigkeit einer Größe $a(t)$ proportional ist zum Momentanwert der Größe, wenn also gilt $da(t)/dt \propto a(t)$.

Derartige Relaxationsprozesse werden von einer Konstanten, der Abklingzeit τ, beschrieben. Um den Vorgang zu erfassen und zu verstehen, muss man diese Abklingzeit τ bestimmen.

In den Supraleitern gibt es eine ganze Reihe von derartigen Relaxationsprozessen. Man kann das Elektronensystem, d.h. die bei $T_c > T > 0$ vorhandenen ungepaarten Elektronen, in Nichtgleichgewichtszustände bringen, z.B. durch die Einstrahlung von Mikrowellen – in der Teilchensprache von Photonen geeigneter Energie. Auf diese Möglichkeit und die daraus resultierenden Phänomene werden wir noch näher eingehen.

Man kann auch die Dichte der Cooper-Paare durch Einstrahlen von Photonen mit Energien, die größer sind als die Energielücke (d.h. dass für die Frequenz f der Photonen $hf > 2\Delta_0$ gelten muss), verändern.

Auch die Phase des Systems der Cooper-Paare, die z.B. bei den Josephson-Effekten von entscheidender Bedeutung ist, kann aus dem Gleichgewichtswert gebracht werden und wird dann nach Abschalten des äußeren Parameters über einen Relaxationsprozess in das Gleichgewicht zurückkehren.

Zu allen diesen Prozessen gehören charakteristische Zeiten, z.B. τ_s für den Ausgleich im System der Einzelelektronen oder τ_r für die Rekombination von Einzelelektronen zu Cooper-Paaren. Diese Zeiten sind beispielsweise wichtig bei der Verwendung von supraleitenden Tunneldioden als Phononenquellen (siehe Abschnitt 7.6.3).

Schließlich kann auch das System der quantisierten Gitterschwingungen, der Phononen, aus dem Gleichgewicht gebracht werden, etwa indem man Phononen einer bestimmten Frequenz genügend intensiv einstrahlt oder indem man solche Phononen durch die Rekombination von Einzelelektronen zu Cooper-Paaren im Supraleiter erzeugt. Auch das Phononensystem wird dann nach Abschalten der »Störung« wieder zu dem Gleichgewichtswert zurückkehren. Je nach dem Prozess i, der dabei besonders wichtig ist, unterscheidet man charakteristische Zeiten τ_i. Die überschüssigen Phononen können z.B. einfach aus dem Supraleiter herauslaufen; die dafür charakteristische Zeit nennt man τ_{Ph}^{esc} (von to escape: entweichen). Für den Ausgleich durch innere Streuprozesse im Phononensystem ist die charakteristische Zeit τ_{Ph}^{s} entscheidend. Alle diese Zeiten kann man im Prinzip messen.

Mit dem fortschreitenden theoretischen Verständnis der Supraleitung ist auch das Interesse an einer quantitativen Behandlung der Nichtgleichgewichtserscheinungen stark angestiegen. Aus der Fülle der Ergebnisse [M18] wollen wir hier nur zwei recht einfache Fragestellungen herausgreifen. Einmal wollen wir Möglichkeiten zur Bestimmung der Rekombinationszeit von Einzelelektronen zu Cooper-Paaren beschreiben. Zum anderen wollen wir ein sehr erstaunliches Ergebnis, nämlich die »Verbesserung der Supraleitung« in einem Zustand außerhalb des Gleichgewichts, kennenlernen.

Für die Messung von Relaxationszeiten ist es zunächst erforderlich, eine wohldefinierte Abweichung der betrachteten Größe vom Gleichgewichtswert herzustellen und weiter diese Abweichung messen zu können. Dabei ist wegen der für Ausgleichsvorgänge im Elektronensystem zu erwartenden sehr kurzen Zeiten eine hohe Zeitauflösung erforderlich. Beides kann mit Tunnelanordnungen (s. Abschnitt

3.1.3.2) erreicht werden. Experimente dieser Art sind schon ziemlich frühzeitig nach der Entwicklung der BCS-Theorie durchgeführt worden [101]. Wir wollen hier nur eine Möglichkeit erwähnen [102]. Zwei Tunneldioden 1 und 2 von der Art Al-Al$_2$O$_3$-Al werden in einer Anordnung hergestellt, bei der die zentrale Al-Schicht beiden Dioden angehört (vgl. Abb. 1.22). An die Diode 1 wird nun eine Spannung $U_1 > 2\Delta_{Al}/e$ so angelegt, dass Einzelelektronen in den zentralen Al-Film tunneln. Dadurch wird die Konzentration der Einzelelektronen in diesem Film über die Gleichgewichtskonzentration erhöht. Die neue Konzentration, die sich einstellt, hängt von der Größe des Tunnelstromes ab, der die Elektronen in den zentralen Film bringt. Sie hängt aber auch von der Lebensdauer der Einzelelektronen in diesem Film ab. Je kürzer diese Lebensdauer ist, d.h. je rascher die überzähligen Einzelelektronen zu Cooper-Paaren rekombinieren, umso kleiner wird die resultierende Konzentration sein. Gelingt es, die Änderung der Konzentration beim Einschalten des Tunnelstromes durch die Diode 1 zu messen, so kann daraus auf die Lebensdauer der Einzelelektronen oder, anders gesagt, auf die Rekombinationszeit im zentralen Film geschlossen werden.

Die Konzentrationsänderungen der Einzelelektronen im zentralen Al-Film können mit Hilfe der zweiten Diode nachgewiesen werden. Dazu legt man an diese Diode eine Spannung $U_2 < 2\Delta_{Al}/e$. Es können dann nur die im zentralen Al-Film vorhandenen Einzelelektronen zum Tunnelstrom durch die Diode 2 beitragen. Bei genügend tiefen Temperaturen sind im Gleichgewicht nur sehr wenige Einzelelektronen vorhanden. Der Strom I_2 durch die Diode 2 ist entsprechend klein. Schaltet man den Tunnelstrom I_1 ein, so wird mit der Erhöhung der Einzelelektronenkonzentration im zentralen Film auch der Tunnelstrom I_2 anwachsen. Damit ist es möglich, die Konzentrationsänderungen messend zu verfolgen.

Neben dieser stationären Messung wurde auch eine Pulstechnik verwendet. Hier genügt es, eine einzelne Tunneldiode zu untersuchen [102]. Durch einen kurzen Spannungsimpuls mit $U > 2\Delta_{Al}/e$ wird eine vom Gleichgewicht abweichende Konzentration der Einzelelektronen erzeugt, deren Abbau nach Abschalten des Impulses mit Hilfe des Tunnelstromes bei einer Spannung $U < 2\Delta_{Al}/e$ direkt beobachtet werden kann.

Beide Methoden führten zu gleichen Ergebnissen. Abb. 4.41 zeigt diese Ergebnisse von Gray, Long und Adkins [102]. Die Lebensdauer der Einzelelektronen, d.h. die Rekombinationszeit τ_r zu Cooper-Paaren, nimmt mit sinkender Temperatur im wesentlichen proportional zu $\exp(\Delta_0(T)/k_B T)$ zu. Dabei variiert τ_r zwischen ca. 10^{-7} s bei Temperaturen etwas unterhalb von T_c bis ca. $5 \cdot 10^{-5}$ s bei 0,2 K. Diese Angaben können jedoch nur Richtwerte sein, da die Messung der Rekombinationszeit von einigen Parametern beeinflusst wird, die von Experiment zu Experiment verschieden sein können.

So ist es z.B. entscheidend wichtig, ob die Phononen, die bei der Rekombination entstehen, schnell »verschwinden«, d.h. aus dem Supraleiter herauslaufen oder zerfallen können. Diese Phononen sind nämlich in der Lage, ihrerseits Cooper-Paare aufzubrechen und damit wieder Einzelelektronen zu erzeugen. Damit wird die effektive Lebensdauer der Einzelelektronen unter Umständen sehr vergrößert. Für das »Verschwinden« der Phononen ist die Dicke des untersuchten Films und

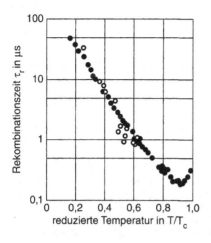

Abb. 4.41 Rekombinationszeit als Funktion der reduzierten Temperatur in Al-Filmen. Übergangstemperatur $T_c = 1,27$ K, $\Delta_0(0) = 0,195$ meV; Dicken: 102 nm, 76 nm und 64 nm.
● stationär gemessene Werte, ○ mit einer Pulstechnik gemessene Werte (nach [102]).

die Unterlage (letztere wegen ihrer akustischen Anpassung) von Bedeutung. Die effektiven Rekombinationszeiten können durch diese Effekte um eine Größenordnung und mehr verändert werden.

Im Gegensatz zu solchen recht komplexen Einflüssen ist die im wesentlichen exponentielle Zunahme von τ_r mit sinkender Temperatur leicht verständlich. Die Konzentration der Einzelelektronen nimmt mit sinkender Temperatur bei konventionellen Supraleitern exponentiell ab. Damit nimmt auch die Wahrscheinlichkeit ab, dass ein Einzelelektron einen geeigneten Partner für die Rekombination zu einem Cooper-Paar findet.

Schließlich sei hier nochmals erwähnt, dass die Änderung der Elektronenkonzentration auch durch Bestrahlen mit elektromagnetischen Wellen (Photonen) geeigneter Frequenz erfolgen kann und dass die geänderte Konzentration ebenfalls mit elektromagnetischen Wellen $hf < 2\Delta_0$, etwa über die Messung der Reflexion oder des Oberflächenwiderstandes, nachgewiesen werden kann [103]. Wir haben diese Möglichkeit schon in Abschnitt 3.1.3.2 kennengelernt.

Im zweiten Beispiel, nämlich der »Verbesserung« der Supraleitung in Nichtgleichgewichtszuständen, betrachten wir einen Fall, bei dem die Störung des Gleichgewichts durch die Einstrahlung geeigneter Photonen erfolgt. Der zunächst erstaunliche Befund ist, dass die Einstrahlung zu einer Erhöhung (!) der Übergangstemperatur und zu einer Vergrößerung der Energielücke führen kann.

Die Experimente begannen mit der Beobachtung, dass der Strom durch einen Bereich, über den zwei Supraleiter schwach gekoppelt sind – ein Josephson-Kontakt ist ein solcher Bereich –, durch die Einstrahlung von Photonen beeinflusst werden kann. Giaever [104] verwendete diesen Effekt zum Nachweis des Josephson-Wechselstromes. Unter günstigen Bedingungen konnte der kritische Strom beträchtlich erhöht werden [105]. Klapwijk und Mooij [106] gelang es schließlich, in einem sehr schönen Experiment zu zeigen, dass es sich bei diesen Phänomenen um eine allgemeine Eigenschaft des supraleitenden Zustandes und nicht um ein spezielles Verhalten eines schwach koppelnden Bereiches handelt. Wir wollen dieses sehr lehrreiche Experiment kurz beschreiben.

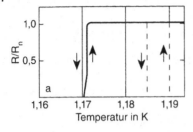

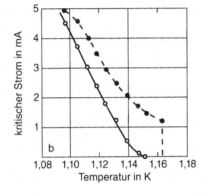

Abb. 4.42 Übergangskurven (a) und kritische Ströme (b) von Al-Filmen ohne und mit Hochfrequenzeinstrahlung ($f = 3 \cdot 10^9$ Hz). −O−O− ohne Hochfrequenz, −●−●− mit Hochfrequenz (nach [106]).

Abmessungen der Filme:

Länge l	Breite b	Dicke d
a: 2,90 mm	3,8 µm	0,4 µm
b: 2,92 mm	3,5 µm	1,0 µm

Die Untersuchungen wurden an dünnen, aufgedampften Al-Streifen (Länge ca. 3 mm, Breite ca. 3–5 µm und Dicke 0,2–1,0 µm) durchgeführt. Es wurde der kritische Strom I_c und die Übergangstemperatur T_c mit und ohne Einstrahlung von Hochfrequenzleistung (Frequenz f zwischen 10 MHz und 10 GHz) gemessen. Die charakteristischen Ergebnisse sind für die Frequenz 3 GHz in Abb. 4.42 dargestellt.

Die Abb. 4.42 a zeigt den Übergang in den supraleitenden Zustand, wie er durch eine einfache Widerstandsmessung verfolgt werden kann. Die Übergangstemperatur wird durch die Hochfrequenz deutlich erhöht. Auch der kritische Strom wird unter dem Einfluss der Hochfrequenzeinstrahlung größer (Abb. 4.42 b).

Dieses überraschende Ergebnis – man würde vermuten, dass die Energiezufuhr bei der Einstrahlung ungünstig für die Supraleitung ist – lässt sich, zumindest qualitativ, recht einfach verstehen und wurde schon 1961 von Parmenter [107] vermutet. Eine quantitative Beschreibung wurde von Eliashberg und anderen gegeben [108]. Die Grundidee ist die folgende: Die Cooper-Paare werden umso fester gebunden, je mehr Zustände ihnen zur Verfügung stehen, in die sie gestreut werden können. Haben wir Einzelelektronen in der Nähe der Fermi-Energie, so »verstopfen« diese wegen des Pauli-Prinzips Streuzustände für Cooper-Paare und erniedrigen so die Bindungsenergie der Paare. Anders ausgedrückt: Die Energielücke wird mit wachsender Zahl der Einzelelektronen kleiner.

Gelingt es nun, die Einzelelektronen aus den Zuständen am oberen Rand der Energielücke, wo sie die Cooper-Paare am empfindlichsten stören, zu entfernen, so sollte dies zu einer Vergrößerung der Energielücke führen, ganz ähnlich wie dies eine Erniedrigung der Temperatur tut, die ja auch eine Abnahme der Einzelelektronenkonzentration bedingt. Die Einstrahlung der Photonen hat gerade diesen Effekt. Die Einzelelektronen werden angeregt, d. h. zu höheren Energien und damit von dem oberen Rand der Energielücke weg verschoben. Als Folge werden zusätzliche Streuzustände für die Cooper-Paare freigemacht, was zu einer Vergrößerung der Energielücke führt. Die Erhöhung des kritischen Stromes wird damit unmittelbar verständlich. Auch die Erhöhung der Übergangstemperatur kann so erklärt werden [108]. Allerdings erfordert das quantitative Betrachtungen, da die eingestrahlten Photonen in der Nähe von T_c auch Cooper-Paare aufbrechen können.

Weitere Nichtgleichgewichtsvorgänge treten beim Erreichen des kritischen Stromes in einem dünnen Supraleiter (z. B. einem »Whisker«, einem sehr dünnen Einkristall von einigen µm Durchmesser) auf. Der Übergang zur Normalleitung erfolgt in diskreten Stufen [109], die mit dem Auftreten von »phase-slip centers« gedeutet werden [110]. Ein Phasenschlupfzentrum trennt zwei supraleitende Bereiche, wobei die Phase zwischen den beiden Cooper-Paarsystemen monoton anwächst. Diese Phasenänderung ist analog zur zweiten Josephson-Gleichung (1-28) mit einer elektrischen Spannung zwischen den beiden Bereichen verknüpft. Man kann ein Phasenschlupfzentrum auch als Grenzfall des durch die Bewegung von Flusslinien verursachten Widerstands (s. Abschnitt 5.3.2.3) bei entsprechend kleiner Abmessung des Supraleiters auffassen.

Auch wenn elektrischer Strom durch eine Trennfläche zwischen einem Normalleiter und einem Supraleiter, etwa zwischen Kupfer und Zinn, fließt, treten Nichtgleichgewichtsprozesse auf. Der Normalstrom muss an der Trennfläche in einen Suprastrom umgewandelt werden [111]. Eine Zusammenfassung solcher Nichtgleichgewichtsprozesse findet man in [112].

Nach diesen ersten Ausführungen über die thermodynamischen Eigenschaften des supraleitenden Zustands im Gleichgewicht und im Nichtgleichgewicht wollen wir uns nun dem Stromtransport in Supraleitern genauer zuwenden. Hierbei werden wir beispielsweise feststellen, dass bei Supraleitern zweiter Art erst durch das Einbringen von Defekten ein nennenswerter Suprastrom über die Probe geschickt werden kann.

Literatur

1 V. L. Ginzburg u. L. D. Landau: Zh. Eksp. Teor. Fiz. **20**, 1044 (1950).
2 W. H. Keesom: IV. Congr. Phys. Solvay (1924), Rapp et Disc, Seite 288.
3 L. D. Landau: Phys. Z. Sowjet. **11**, 545 (1937). L. D. Landau u. E. M. Lifshitz: »Course of Theoretical Physics« Vol. 5, 430, Pergamon Press 1959. Deutsche Übersetzung: Akademie Verlag, Berlin 1970.
4 W. H. Keesom u. P. H. van Laer: Physica **5**, 193 (1938).
5 M. A. Biondi, A. T. Forester, M. P. Garfunkel u. C. B. Satterthwaite: Rev. Mod. Phys. **30**, 1109 (1958).
6 J. G. Daunt u. K. Mendelssohn: Proc. R. Soc. London, Ser. A **185**, 225 (1946).
7 A. Junod: Physica **C 153**, 1078 (1988).
8 D. M. Ginsberg, S. E. Inderhees, M. B. Salamon, N. Goldenfeld, J. P. Rice u. B. G. Pazol: Physica **C 153**, 1082 (1988).

9 K. Kitazawa, H. Takagi, K. Kishio, T. Hasegawa, S. Uchida, S. Tajima, S. Tanaka u. K. Fueki: Physica **C 153**, 9 (1988).

10 J. W. Loram, K. A. Mirza, J. R. Cooper u. W. Y. Liang: Phys. Rev. Lett. **71**, 1740 (1993).

11 K. A. Moler, D. L. Sisson, J. S. Urbach, M. R. Beasley, A. Kapitulnik, D. J. Baar, R. Liang u. W. N. Hardy: Phys. Rev. B **55**, 3954 (1997).

12 D. A. Wright, J. P. Emerson, B. F. Woodfield, J. E. Gordon, R. A. Fisher u. N. E. Phillips: Phys. Rev. Lett. **82**, 1550 (1999).

13 J. P. Emerson, D. A. Wright, B. F. Woodfield, J. E. Gordon, R. A. Fisher u. N. E. Phillips: Phys. Rev. Lett. **82**, 1546 (1999).

14 J. K. Hulm: Proc. R. Soc. London, Ser. A **204**, 98 (1950).

15 K. Mendelssohn u. J. L. Olsen: Proc. Phys. Soc. London, Sect. A **63**, 1182 (1950).

16 M. Ausloos u. M. Houssa: Supercond. Sci. Technol. **12**, R103 (1999).

17 F. London u. H. London: Z. Phys. **96**, 359 (1935). F. London: »Une conception nouvelle de la supraconductivite«, Hermann u. Cie, Paris 1937.

18 L. P. Gor'kov: Sov. Phys: JETP **9**, 1364 (1960).

19 A. A. Abrikosov: Sov. Phys. JETP **5**, 1174 (1957).

20 D. Shoenberg: Nature (London) **143**, 434 (1939) u. Proc. R. Soc. London, Ser. A **175**, 49 (1940).

21 S. Kamal, R. Liang, A. Hosseini, D. A. Bonn u. W. N. Hardy: Phys. Rev. B. **58**, R8933 (1998).

22 A. B. Pippard: Proc. R. Soc. London, Ser. A **216**, 547 (1953) u. Proc. Camb. Phil. Soc. **47**, 617 (1951).

23 K. Mendelssohn u. J. R. Moore: Nature **133**, 413 (1934). K. Mendelssohn: »Cyrophysics«, Interscience Publisher Ltd. London 1960. K. Mendelssohn: Nature (London) **169**, 366 (1952).

24 A. J. Rutgers: Physica **3**, 999 (1936).

25 A. G. Meshkovsky u. A. I. Shalnikov: Zh. Eksp. Teor. Fiz. **17**, 851 (1947).

26 D. Shoenberg: »Superconductivity«, Cambridge, At The University Press (1952).

27 A. G. Meshkovsky: Zh. Eksp. Teor. Fiz. **19**, 1 (1949).

28 A. L. Schawlow, B. T. Matthias, H. W. Lewis u. G. E. Delvin: Phys. Rev. **95**, 1345 (1954).

29 F. Haenssler u. L. Rinderer: Helv. Phys. Acta **40**, 659 (1967).

30 H. Kirchner: Phys. Lett. **26** A 651 (1968) u. phys. stat. sol. (a) **4**, 531 (1971); P. B. Alers: Phys. Rev. **116**, 1483 (1959); W. DeSorbo: Phil. Mag. **11** 853 (1965).

31 G. J. Sizoo u. H. Kamerlingh-Onnes: Comm. Leiden **180 b** (1925).

32 L. D. Jennings u. C. A. Swenson: Phys. Rev. **112**, 31 (1958).

33 N. B. Brandt u. N. I. Ginzburg: Sov. Phys. USPEKHI **12**, 344 (1969).

34 R. I. Boughton, J. L. Olsen u. C. Palmy: Prog. Low. Temp. Phys. **6**, 163 (1970), ed. by C. J. Gorter, North Holland, Amsterdam.

35 N. E. Alekseevskii, Y. u. P. Gaidukov: Sov. Phys. JETP **2**, 762 (1956).

36 L. S. Kan, B. G. Lasarev u. A. I. Subortzov: Zh. Eksp. Teor. Fiz. **18**, 825 (1948).

37 J. L. Olsen u. H. Rohrer: Helv. Phys. Acta **30**, 49 (1957).

38 A. Eichler u. J. Wittig: Z. Angew. Physik **25**, 319 (1968).

39 C. W. Chu, P. H. Hor, R. L. Meng, L. Gao u. Z. J. Huang: Science **235**, 567 (1987).

40 M. K. Wu, J. R. Ashburn, C. J. Torng, P. H. Hor, R. L. Meng, L. Gao, Z. J. Huang u. C. W. Chu: Phys. Rev. Lett. **58**, 908 (1987).

41 C. Meingast, O. Kraut, T. Wolf, H. Wühl, A. Erb u. G. Müller-Vogt: Phys. Rev. Lett. **67**, 1634 (1991).

42 O. Kraut, C. Meingast, G. Bräuchle, H. Claus, A. Erb, G. Müller-Vogt u. H. Wühl: Physica C **205**, 139 (1993).

43 M. Kund, J. J. Neumeier, K. Andres, J. Markl u. G. Saemann-Ischenko: Physica C **296**, 173 (1998).

44 W. J. de Haas u. J. Voogd: Comm. Leiden **208b** (1930) u. **214b** (1931).

45 K. Mendelssohn: Proc. R. Soc. London, Ser. A **152**, 34 (1935).

46 J. D. Livingston: Phys. Rev. **129**, 1943 (1963).

47 E. Helfand u. N. R. Werthamer: Phys. Rev. **147**, 288 (1966).

48 L. P. Gor'kov: Sov. Phys. JETP **10**, 998 (1960).

49 T. Kinsel, E. A. Lynton u. B. Serin: Rev. Mod. Phys. **36**, 105 (1964).

50 R. Chevrel, M. Sergent u. J. Prigent: J. Sol. State Chem. **3**, 515 (1971).

51 R. Odermatt, Ø. Fischer, H. Jones u. G. Bongi: J. Phys. C **7**, L 13 (1974).

52 Ø. Fischer H. Jones G. Bongi, M. Sergent u. R. Chevrel: J. Phys. C **7**, L 450 (1974).

53 S. Foner, E. J. McNiff u. E. J. Alexander: Phys. Lett. **49 A**, 269 (1974).

54 G. Otto, E. Saur u. H. Witzgall: J. Low Temp. Physics **1**, 19 (1969).

55 W. DeSorbo: Phys. Rev. **140**, A914 (1965).

56 R. Odermatt, Ø. Fischer, H. Jones u. G. Bongi: J. Phys. C **7**, L 13 (1974).

57 M. Tinkham: Phys. Rev. **129**, 2413 (1963).

58 M. J. Naughton, R. C.Yu, P. K.Davies, J. E. Fischer, R. V. Chamberlin, Z. Z. Whang, T. W. Jing, N. P. Ong u. P. M. Chaikin: Phys. Rev. B **38**, 9280 (1988).

59 A. S. Dzurak, B. E. Kane, R. G. Clark, N. E. Lumpkin, J. O'Brien, G. R. Facer, R. P. Starrett, A. Skougarevsky, H. Nakagawa, N. Miura, Y. Enomoto, D. G. Rickel, J. D. Goettee, L. J. Campbell, C. M. Fowler, C. Mielke, J. C. King, W. D. Zerwekh, D. Clark, B. D. Bartram, A. I. Bykov, O. M. Tatsenko, V. V. Platonov, E. E. Mitchell, J. Herrmann u. H.-H. Müller: Phys. Rev. B **57**, 14084 (1998).

60 B. S. Chandrasekhar: Appl. Phys. Lett. **1**, 7 (1962); A. M. Clogston: Phys. Rev. Lett. **9**, 266 (1962).

61 N. R. Werthamer, E. Helfand u. P. C. Hohenberg: Phys. Rev. **147**, 295 (1966).

62 H. F. Hess, R. B. Robinson u. J. V. Waszczak: Phys. Rev. Lett. **64**, 2711 (1990); Ch. Renner, A. D. Kent, Ph. Niederman, Ø. Fischer u. F. Lévy: Phys. Rev. Lett. **67**, 1650 (1991); C. Renner, B. Revaz, K. Kadwaki, I. Maggio-Aprrile u. Ø. Fischer: Phys. Rev. Lett. **80**, 3606 (1998); S. H. Pan, E. W. Hudson, A. K. Gupta, K.-W. Ng, H. Eisaki, S. Uchida u. J. D. Davis: Phys. Rev. Lett. **85**, 1536 (2000); J. E. Hoffman, E. W. Hudson, K. M. Lang, V. Madhavan, H. Eisaki, S. Uchida u. J. C. Davis: Science **295**, 466 (2002).

63 L. Neumann u. L. Tewordt: Z. Phys. **191**, 73 (1966).

64 E. Brézin, D. R. Nelson u. A. Thiaville: Phys. Rev. B **31**, 7124 (1985).

65 G. Blatter, M. V. Feigel'man, V. B. Geshkenbein, A. I. Larkin u. V. M. Vinokur: Rev. Mod. Phys. **66**, 1125 (1994).

66 E. H. Brandt: Rep. Prog. Phys. **58**, 1465 (1995).

67 J. R. Clem: Supercond. Sci. Technol. **11**, 909 (1998).

68 D. R. Nelson u. H. S. Seung: Phys. Rev. B **39**, 9153 (1989).

69 M. C. Marchetti u. D. R. Nelson: Phys. Rev. B **41**, 1910 (1990).

70 P. L. Gammel, L. F. Schneemeyer, J. V. Waszczak u. D. J. Bishop: Phys.Rev. Lett. **61**, 1666 (1988); P. L. Gammel, L. F. Schneemeyer u. D. J. Bishop: Phys. Rev. Lett. **66**, 953 (1991); R. G. Beck, D. E. Farrell, J. P. Rice, D. M. Ginsberg u. V. G. Kogan: Phys. Rev. Lett. **68**, 1594 (1992).

71 U. Welp, J. A. Fendrich, W. K. Kwok, G. W. Crabtree u. B. W. Veal: Phys. Rev. Lett. **76**, 4809 (1996); R. Liang, D. A. Bonn u. W. N. Hardy: Phys. Rev. Lett. **76**, 835 (1996).

72 A. Schilling, R. A. Fisher, N. E. Philips, U. Welp, D. Dasgupta, W. K. Kwok u. G. W. Crabtree: Nature (London) **382**, 791 (1996); M. Roulin, A. Junod u. E. Walker: Science **273**, 1210 (1996).

73 F. Bouquet, C. Marcenat, E. Steep, R. Calemczuk, W. H. Kwok, U. Welp, G. W. Crabtree, R. A. Fisher, N. E. Phillips u. A. Schilling: Nature **411**, 448 (2001).

74 K. Ghosh, S. Ramakrishnan, A. K. Grover, G. I. Menon, G. Chandra, T. V. C. Rao, G. Ravikumar, P. K. Mishra, V. C. Sanhi, C. V. Tomy, G. Balakrishnan, D. McK. Paul u. S. Bhattacharaya: Phys. Rev. Lett. **76**, 4600 (1996); S. S. Banerjee, S. Saha, N. G. Patil, S. Ramakrishnan, A. K. Grover, S. Bhattacharya, G. Ravikumar, P. K. Mishra, T. V. C. Rao, V. C. Sahni, C. V. Tomy, G. Balakrishnan, D. McK. Paul u. M. J. Higgins: Physica C **308**, 25 (1998); M. Marchevsky, M. J. Higgins u. S. Bhattacharya: Nature **409**, 591 (2001); Y. Paltiel, E. Zeldov, Y. Myasoedov, M. L. Rappaport, G. Jung, S. Bhattacharya, M. J. Higgins, Z. L. Xiao, E. J. Andrei, P. L. Gammel u. D. J. Bishop: Phys. Rev. Lett. **85**, 3712 (2000).

75 J. R. Clem: Phys. Rev. B **43**, 7837 (1991).

76 J. Pearl: Appl. Phys. Lett. **5**, 65 (1964).

77 A. E. Koshelev: Phys. Rev. B **56**, 11201 (1997); A. E. Koshelev u. H. Nordborg: Phys. Rev. B **59**, 4358 (1999).

78 T. Blasius, Ch. Niedermayer, J. L. Tallon, D. M. Pooke, A. Golnik u. C. Bernhard: Phys. Rev. Lett. **82**, 4926 (1999).

79 D. T. Fuchs, E. Zeldov, T. Tamegai, S. Ooi, M. Rappaport u. H. Shtrikman: Phys. Rev. Lett. **80**, 4971 (1998).

80 M. F. Goffman, J. A. Herbsommer, F. de la Cruz, T. W. Li u. P. H. Kes: Phys. Rev. B **57**, 3663 (1998).

81 W. Lawrence u. S. Doniach: Proceedings of the 12th International Conference on Low Temperature Physics (LT-12), Kyoto, E. Kanda (Hrsg.), Keigagu, Tokyo, 1970, S. 361.

82 J. R. Clem, M. W. Coffey u. Z. Hao: Phys. Rev. B **44**, 2732 (1991).

83 K. A. Moler, J. R. Kirtley, D. G. Hinks, T. W. Li u. M. Xu: Science **279**, 1193 (1998).

84 J. R. Clem u. M. W. Coffey: Phys. Rev. B **42**, 6209 (1990).

85 L. N. Bulaevskii u. J. R. Clem: Phys. Rev. B **44**, 10234 (1991).

86 D. Feinberg u. C. Villard: Phys. Rev. Lett. **65**, 919 (1990); L. N. Bulaevskii: Phys. Rev. B. **44**, 910 (1991); S. S. Maslov u. V. L. Pokrovsky: Europhys. Lett. **14**, 591 (1991).

87 A. E. Koshelev: Phys. Rev. B **48**, 1180 (1993).

88 A. Grigorenko, S. Bending, T. Tamegai, S. Ooi u. M. Henini: Nature **414**, 728 (2001).

89 P. C. Hohenberg: Phys. Rev. **158**, 383 (1967).

90 N. D. Mermin u. H. Wagner: Phys. Rev. Lett. **17**,1133 (1966).

91 V. L. Berezinskii: Sov. Phys. JETP **32**, 493 (1970); Sov. Phys. JETP **34**, 610 (1971).

92 J. M. Kosterlitz u. D. J. Thouless: J. Phys. C **6**, 1181 (1973).

93 B. A. Huberman u. S. Doniach: Phys. Rev. Lett. **43**, 950 (1979).

94 R. E. Glover III: Prog. Low Temp. Phys. **6**, S. 291., ed. by. C. J. Gorter, North Holland Publishing Comp., Amsterdam. Phys. Lett. **25 A**, 542 (1967).

95 L. G. Aslamazov u. A. I. Larkin: Phys. Lett. **26 A**, 238 (1968); H. Schmidt: Z. Phys. **216**, 336 (1968). A. Schmid: Z. Phys. **215**, 210 (1968).

96 K. Maki: Prog. Theor. Phys. **39**, 897 (1968) u. Prog. Theor. Phys. **40**, 193 (1968); R. S. Thompson: Phys. Rev. B **1**, 327 (1970).

97 W. J. Skocpol u. M. Tinkham: Rep. Prog. Phys. **38**, 1049 (1975).

98 J. P Gollub, M. R. Beasley, R. S. Newbower u. M. Tinkham: Phys. Rev. Lett. **22**, 1288 (1969).

99 G. D. Zally u. J. M. Mochel: Phys. Rev. Lett. **27**, 1710 (1971).

100 A. Kapitulnik: Physica C **153**, 520 (1988); P. P. Freitas, C. C. Tsuei u. T. S. Plaskett: Phys. Rev. **B 36**, 833 (1987); S. E. Inderhees, M. B. Salamon, J. P. Rice u. D. M. Ginsberg: Phys. Rev. Lett. **66**, 232 (1991). E. Braun, W Schnelle, H. Broiche, J. Harnischmacher, D. Wohlleben, C. Allgeier, W Reith, J. S. Schilling, J. Bock, E. Preisler u. G. J. Vogt: Z. Physik **B 84**, 333 (1991); L. B. Ioffe, A. I. Larkin, A. A. Varlamov u. L. Yu: Phys. Rev. B **47**, 8936 (1993); V. V. Dorin, R. A. Klemm, A. A. Varlamov, A. I. Buzdin u. D. V. Livanov: Phys. Rev. B **48**, 12951 (1993); A. S. Nygmatulin, A. A. Varlamov, D. V. Livanov, G. Balestrino u. E. Milnani: Phys. Rev. B **53**, 3557 (1996).

101 D. M. Ginsberg: Phys. Rev. Lett. **8** 204 (1962).

102 K. F. Gray, A. R. Long u. C. J. Adkins: Phil. Mag. **20**, 273 (1969); K. F Gray: J. Phys. F **1**, 290 (1971).

103 G. A. Sai-Halasz, C. C. Chi, A. Denenstein u. D. N. Langenberg: Phys. Rev. Lett. **33**, 215 (1974).

104 I. Giaever: Phys. Rev. Lett. **14**, 904 (1965).

105 Yu. I. Latyshev u. F Ya. Nad': JETP Lett. **19**, 380 (1974); A. F. G. Wyatt, V. M. Dmitriev, W. S. Moore u. F. W. Sheard: Phys. Rev. Lett. **16**, 1166 (1966); A. H. Dayem u. J. Wiegand: Phys. Rev. **155**, 419 (1967).

106 T. M. Klapwijk u. J. E. Moij: Physica **81 B**, 132 (1976).

107 R. H. Parmenter: Phys. Rev. Lett. **7**, 274 (1961).

108 G. M. Eliashberg: JETP Lett. **11**, 114 (1970); B. I. Ivlev, S. G. Lisistsyn u. G. M. Eliashberg: J. Low Temp. Phys. **10**, 449 (1973).

109 J. Meyer u. G. v. Minnigerode: Phys. Lett. **38 A,** 529 (1972); J. D. Meyer: Appl. Phys. **2,** 303 (1973); R. Tidecks: Springer Tracts in Mod. Phys. **121,** 1990 »Current Induced Nonequilibrium Phenomena in Quasi-One-Dimensional Superconductors«.

110 W. J. Skocpol, M. R. Beasley u. M. Tinkham: J. Low Temp. Phys. **16,** 145 (1974).

111 G. J. Dolan u. L. D. Jackel: Phys. Rev. Lett. **39,** 1628 (1977).

112 M. Tinkham: Festkörperprobleme **XIX,** 363 (1979).

5
Kritische Ströme in Supraleitern 1. und 2. Art

Wir haben bereits mehrfach gesehen, dass die Strombelastbarkeit eines Supraleiters begrenzt ist. Als erstes Beispiel hatten wir hierfür in Abschnitt 1.5.1 den kritischen Strom eines Josephsonkontakts kennengelernt. Aber auch bei homogenen Supraleitern führt die starke Korrelation der Cooper-Paare zur Existenz einer kritischen Geschwindigkeit und damit einer kritischen Stromdichte j_c. Beim Überschreiten dieses kritischen Wertes werden Cooper-Paare aufgebrochen.

Wir wollen jetzt einige Zusammenhänge erläutern, die sich aus der Existenz einer kritischen Stromdichte für die Strombelastbarkeit eines Supraleiters ergeben. Dabei werden wir uns auf einfache geometrische Verhältnisse beschränken.

Diese Überlegungen zum kritischen Strom sind von entscheidender Bedeutung für die technischen Anwendungen der Supraleitung. In den Supraleitern 2. Art haben wir zwar Materialien, die auch bei technisch interessanten Magnetfeldern noch supraleitend bleiben können. Für die Anwendung ist es aber daneben ebenso wichtig, dass diese Supraleiter auch in den hohen magnetischen Feldern noch genügend große Ströme widerstandsfrei transportieren können. Hier liegt, wie wir sehen werden, ein weiteres Problem, das erst mit den harten Supraleitern gelöst werden konnte.

Bevor wir uns im Detail den speziellen Gegebenheiten in Supraleitern erster und zweiter Art zuwenden, wollen wir untersuchen, wie groß die kritische Suprastromdichte im Idealfall eines dünnen und homogenen supraleitenden Drahtes ist.

5.1
Die Begrenzung des Suprastroms durch Paarbrechung

Um die maximale Suprastromdichte zu bestimmen, die im besten Fall erreicht werden kann, betrachten wir einen sich in x-Richtung erstreckenden homogenen supraleitenden Draht, dessen Durchmesser geringer ist als die London-Eindringtiefe λ_L und die Ginzburg-Landau-Kohärenzlänge ξ_{GL}. Wir können dann die Cooper-Paardichte über den Drahtquerschnitt als konstant annehmen und die Ginzburg-Landau-Gleichungen (4-28) und (4-29) für dieses Problem lösen.

Wir benutzen dabei einige Vereinfachungen, um den Rechengang nicht unnötig kompliziert zu gestalten und um möglichst direkt die Physik zu erkennen, die zum maximalen Suprastrom unseres Drahtes führt.

Supraleitung: Grundlagen und Anwendungen, 6. Auflage
Werner Buckel, Reinhold Kleiner
Copyright © 2004 Wiley-VCH Verlag GmbH & Co. KGaA, Weinheim
ISBN: 978-3-527-40348-6

Wir machen für die Wellenfunktion Ψ des Supraleiters den Ansatz

$$\Psi = \Psi_0 e^{ikx} \tag{5-1}$$

Hierbei soll die Amplitude Ψ_0 nicht vom Ort abhängen. Dies bedeutet, dass wir eine räumlich homogene Cooper-Paardichte $n_s = |\Psi|^2$ annehmen. Die Exponentialfunktion ist so angesetzt, dass wir eine Welle mit Wellenzahl k erhalten, die entlang des Drahtes läuft.

Um zu sehen, wie Ψ mit dem Suprastrom bzw. der Suprastromdichte entlang des Drahtes zusammenhängt, setzen wir Gleichung (5-1) in die zweite Ginzburg-Landau-Gleichung

$$j_s = \frac{q\hbar}{2mi}(\Psi^* \vec{\nabla} \Psi - \Psi \vec{\nabla} \Psi^*) - \frac{q^2}{m}|\Psi|^2 \vec{A} \tag{4-29}$$

ein und erhalten für die x-Komponente der Stromdichte:

$$j_{s,x} = \frac{q\hbar k}{m}\Psi_0^2 - \frac{q^2}{m}\Psi_0^2 A_x = q\Psi_0^2 \frac{\hbar k - qA_x}{m} \tag{5-2a}$$

Der Quotient auf der rechten Seite ist nach den Gleichungen (1-5) und (1-6) gerade die Geschwindigkeit der Cooper-Paare. Wir haben damit

$$j_{s,x} = q\Psi_0^2 v_x \tag{5-2b}$$

was genau der Beziehung $j = qnv$ für die Stromdichte geladener Teilchen entspricht.

Betrachten wir nun die erste Ginzburg-Landau-Gleichung (4-28)

$$\frac{1}{2m}\left(\frac{\hbar}{i}\vec{\nabla} - q\vec{A}\right)^2 \Psi + \alpha\Psi + \beta|\Psi|^2 \Psi = 0 \tag{4-28}$$

Wenn wir hier Gleichung (5-1) einsetzen und das Vektorpotenzial ebenfalls als unabhängig von x annehmen[1], so erhalten wir:

$$\frac{(\hbar k - qA_x)^2}{2m}\Psi + \alpha\Psi + \beta\Psi_0^2\Psi = 0 \tag{5-3}$$

oder, wenn wir die Geschwindigkeit v_x einführen und durch Ψ dividieren:

$$\frac{1}{2}mv_x^2 + \alpha + \beta\Psi_0^2 = 0 \tag{5-4}$$

Hieraus ergibt sich mit $\alpha < 0$:

$$\Psi_0^2 = -\frac{\alpha}{\beta}\cdot\left(1 - \frac{mv_x^2}{2|\alpha|}\right) = \Psi_\infty^2 \cdot\left(1 - \frac{mv_x^2}{2|\alpha|}\right) \tag{5-5}$$

Hierbei haben den Zusammenhang (Gleichung 4-23) $-\alpha/\beta = \Psi_\infty^2$ benutzt und die Wellenfunktion Ψ_∞ des homogenen Systems ohne Suprastromfluss eingeführt.

---

1 Man kann die Rechnung auch mit ortsabhängigem A_x durchführen, was die Rechenschritte aber verkomplizieren würde.

Wir sehen, dass die Cooper-Paardichte Ψ_0^2 mit wachsender kinetischer Energie $mv_x^2/2$ absinkt. Sie wird Null, wenn diese Energie gleich $|\alpha|$ wird.

Diese Abhängigkeit der Cooper-Paardichte von der Geschwindigkeit müssen wir auch in dem Ausdruck (5-2b) für die Suprastromdichte berücksichtigen. Wäre die Cooper-Paardichte konstant, würde $j_{s,x}$ einfach linear mit der Geschwindigkeit der Ladungsträger anwachsen. Genau dies passiert für kleine Geschwindigkeiten. Je größer v_x aber wird, desto mehr nimmt die Dichte der Cooper-Paare ab; j_x verschwindet, sobald Ψ_0^2 Null wird. Zwischen $v_x = 0$ und diesem Grenzwert hat j_x in Abhängigkeit von v_x ein Maximum, das wir jetzt bestimmen wollen.

Wir müssen hierzu die Ableitung $dj_{s,x}/dv_x$ berechnen, gleich Null setzen und hieraus v_x berechnen. Man erhält

$$v_{x,p} = \sqrt{\frac{2\,|\alpha|}{3m}} \tag{5-6}$$

als die Geschwindigkeit, für die die Suprastromdichte maximal wird.

Die Cooper-Paardichte hat nach Gleichung (5-5) bei dieser Geschwindigkeit den Wert $2/3\,\Psi_\infty^2$, und Gleichung (5-2b) liefert:

$$j_{c,p} = q \cdot \frac{2}{3}\sqrt{\frac{2\,|\alpha|}{3m}} \cdot \Psi_\infty^2 \tag{5-7a}$$

Man bezeichnet diese Stromdichte auch als die kritische Paarbrechungs-Stromdichte. Wir können sie mit dem Ausdruck (4-25a), der α mit B_{cth} verknüpft, und mittels des Ausdrucks (1-10) für die Londonsche Eindringtiefe auch als

$$j_{c,p} = \frac{2}{3}\sqrt{\frac{2}{3}}B_{cth} \cdot \frac{1}{\mu_0 \lambda_L} \tag{5-7b}$$

schreiben[2].

Diese kritische Stromdichte kann sehr groß werden. Nehmen wir für B_{cth} einen Wert von 1 T und für λ_L einen Wert von 100 nm, so erhalten wir für $j_{c,p}$ einen Wert von etwa $4{,}3 \cdot 10^8$ A/cm^2.

Wir werden in den folgenden Abschnitten sehen, in welchem Ausmaß sich diese hohe kritische Stromdichte auf reale Supraleiter übertragen lässt.

5.2
Typ-I-Supraleiter

Als geometrisch einfachstes Beispiel betrachten wir einen Draht mit kreisförmigem Querschnitt, der von einem Strom I durchflossen wird. Der Draht sei wesentlich dicker als die Londonsche Eindringtiefe.

---

2 Da wir Gleichung (5-7b) aus einer Analyse der Ginzburg-Landau-Gleichungen erhalten haben, gilt dieser Ausdruck zunächst nur nahe T_c. Im Rahmen der mikroskopischen BCS-Theorie findet man, dass $j_{c,p}$ proportional wird zur Energielücke Δ_0. Drückt man die auftretenden Größen durch $B_{c,th}$ und λ_L aus, so erhält man allerdings wiederum $j_{c,p} \approx B_{c,th}/\mu_0\lambda_L$.

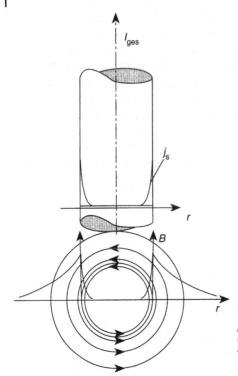

Abb. 5.1 Stromdichte- und Magnetfeldverteilung in einem supraleitenden Draht mit Transportstrom. Die Oberflächenschicht hat nur die Dicke der Eindringtiefe λ_L.

Bei genügend kleinen Strömen befindet sich der supraleitende Draht in der Meißner-Phase. In dieser Phase kann im Inneren des Supraleiters kein Magnetfeld sein. Das bedeutet aber auch, dass im Inneren kein Strom fließen kann, da sonst das Magnetfeld des Stromes vorhanden wäre. Daraus folgt, dass auch der Strom durch einen Supraleiter auf die dünne Oberflächenschicht beschränkt ist, in die das Magnetfeld in der Meißner-Phase eindringen kann. Wir nennen Ströme, die durch einen Supraleiter fließen, Transportströme, im Gegensatz zu den Abschirmströmen, die als Ringströme im Supraleiter auftreten.

In Abb. 5.1 ist die räumliche Verteilung eines Transportstromes in einem kreisrunden Draht durch die Angabe der Stromdichte als Funktion des Radius schematisch dargestellt.

Der Gesamtstrom ergibt sich aus dem Integral der Stromdichte über die gesamte Querschnittsfläche:

$$I = \int_F \vec{j_s}\,d\vec{f} \tag{5-8}$$

Das Magnetfeld dieses Stromes ist in Abb. 5.1 ebenfalls eingezeichnet.

Schon 1916 wurde von F. B. Silsbee [1] die Hypothese aufgestellt, dass für »dicke« Supraleiter, d.h. für Supraleiter mit voll ausgebildeter Abschirmschicht, die kritische Stromstärke gerade dann erreicht wird, wenn das Feld des Stromes an der

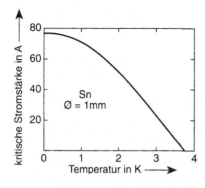

Abb. 5.2 Kritische Stromstärke für einen Zinndraht mit einem Durchmesser $\emptyset = 1$ mm.

Oberfläche den Wert B_{cth} bekommt. Diese Hypothese wurde hervorragend bestätigt. Etwas anders ausgedrückt besagt sie folgendes: Magnetfeld und Stromdichte an einer Oberfläche mit wohlausgebildeter Abschirmschicht sind streng korreliert (Gleichung 4-60). Der kritische Wert der Stromdichte gehört zu einem bestimmten kritischen Feld, eben B_{cth}, wobei es völlig gleichgültig ist, ob die Stromdichte zu Abschirmströmen oder zu einem Transportstrom gehört.

Die Gültigkeit der Silsbee-Hypothese macht es sehr einfach, aus den kritischen Feldern, z. B. der Abb. 4.12, die zugehörigen kritischen Stromstärken von Drähten mit kreisförmigem Querschnitt auszurechnen. Das Magnetfeld an der Oberfläche eines solchen Drahtes, der vom Strom I durchflossen wird, ist gegeben durch:

$$B_0 = \mu_0 \frac{I}{2\pi R} \tag{5-9}$$

(B_0 = Feld an der Oberfläche, I = Gesamtstrom, R = Radius des Drahtes, $\mu_0 = 4\pi \cdot 10^{-7}$ Vs/Am)

Dabei ist lediglich Zylindersymmetrie der Stromverteilung gefordert. Die radiale Abhängigkeit der Stromdichte ist völlig frei.

Aus Gleichung (5-9) folgt unmittelbar, dass der kritische Strom die gleiche Temperaturabhängigkeit wie das kritische Magnetfeld besitzt (bei I_c wird das Feld B_c erreicht). Die Abb. 5.2 gibt als Beispiel die Temperaturabhängigkeit des kritischen Stromes für einen Zinndraht mit einem Durchmesser von 1 mm wieder. Dem kritischen Feld von ca. 300 G bei 0 K entspricht nach Gleichung (5-9) eine kritische Stromstärke $I_{c0} = 75$ A. Diese kritische Stromstärke wächst nur proportional mit dem Radius des Drahtes, weil der gesamte Strom in der dünnen Abschirmschicht fließt.

Wir können auch eine mittlere kritische *Stromdichte* an der Oberfläche erhalten. Dabei ersetzen wir die exponentiell abfallende Stromdichte (Abb. 5.1) durch eine Verteilung, bei der die volle Stromdichte an der Oberfläche bis zu einer Tiefe λ_L, der Eindringtiefe, konstant ist und dann unstetig auf Null abfällt[3]. Wir bekommen

---

3 Da die Eindringtiefe nur einige 10^{-6} cm beträgt, gilt für makroskopische Drähte stets R >> λ_L. Damit können wir auch die Oberfläche solcher Drähte im Hinblick auf die hier interessierenden Fragen als eben ansehen.

dann mit dieser Überlegung z. B. für den Zinndraht eine kritische Stromdichte bei 0 K:

$$j_{c0} = \frac{I_{c0}}{2\pi R \lambda_L(0)} = 7,9 \cdot 10^7 \text{ A/cm}^2 \tag{5-10}$$

$(R = 0,5 \text{ mm}, \lambda_L(0) = 3 \cdot 10^{-6} \text{ cm}, I_{c0} = 75 \text{ A})$

Diese kritischen Stromdichte ist vergleichbar hoch wie die in Abschnitt 5.1 für einen dünnen Draht behandelte kritische Paarbrechungs-Stromdichte und würde beachtliche Transportströme erlauben, wenn es gelänge, die Abschirmung, die auch zu der Verdrängung des Stromes in eine dünne Oberflächenschicht führt, zu umgehen. Mit den harten Supraleitern sind solche Substanzen entwickelt worden.

Mit der Silsbeeschen Hypothese können wir auch die kritischen Ströme für Supraleiter in einem äußeren Magnetfeld berechnen. Wir müssen dazu nur das äußere Feld und das Feld des Transportstromes an der Oberfläche vektoriell addieren. Die kritische Stromdichte ist erreicht, wenn dieses resultierende Feld den kritischen Wert hat. Für einen Draht mit dem Radius R folgt im Außenfeld B_a senkrecht zur Drahtachse[4]:

$$B_{ges} = 2B_a + \mu_0 \frac{I}{2\pi R} \tag{5-11}$$

In Abb. 5.3 a und b sind die Magnetfeldverteilung und die kritische Stromstärke als Funktion des Außenfeldes für eine feste Temperatur, d.h. für ein festes B_{cth}, dargestellt.

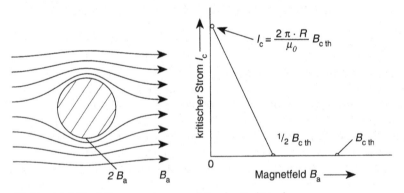

Abb. 5.3 (a) Feldverteilung um einen supraleitenden Draht in der Meißner-Phase ohne Belastungsstrom. (b) Kritischer Strom für einen Draht mit kreisförmigem Querschnitt im Außenfeld B_a senkrecht zur Drahtachse (nach Gleichung 5-11).

---

4 Der Entmagnetisierungsfaktor N_M für einen Draht im Querfeld ist 1/2. Deshalb erhalten wir an den Mantellinien höchster Feldstärke den Wert $B_{eff} = 2B_a$.

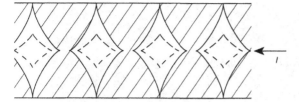

Abb. 5.4 Zwischenzustandsstruktur eines Drahtes mit kreisförmigem Querschnitt beim kritischen Strom. Schraffierte Bereiche sind normalleitend. Die Struktur ist rotationssymmetrisch um die Zylinderachse. Bei einem Belastungsstrom $I > I_c$ schrumpfen die supraleitenden Bereiche (gestrichelte Linien) (nach [2]).

Wir wollen nun die Frage behandeln, wie der Supraleiter bei Erreichen der kritischen Stromstärke in den Normalzustand übergeht. Dazu betrachten wir wieder einen Draht mit kreisförmigem Querschnitt. Beim Überschreiten der kritischen Stromstärke muss die Meißner-Phase mit völliger Verdrängung instabil werden. Man könnte erwarten, dass der Supraleiter vollständig normalleitend wird. Dann würde sich aber der Belastungsstrom auf den ganzen Querschnitt verteilen. Die Feldstärke an der Oberfläche würde von dieser Umverteilung überhaupt nicht beeinflusst. Wir hätten dann aber überall im Supraleiter eine Stromdichte, die kleiner ist als die kritische. Da wir die kritische Stromdichte als die entscheidende Größe für die Stabilität des supraleitenden Zustandes ansehen, werden wir erwarten, dass der Übergang nicht in einer Weise erfolgen kann, bei der die Stromdichte überall unterkritisch wird.

Das Experiment bestätigt diese Vermutung. Der Supraleiter geht beim Überschreiten der kritischen Stromstärke in den Zwischenzustand über, d. h. es treten normalleitende Bereiche auf.

Es sind mehrere Modelle für diesen Zwischenzustand angegeben worden. Dabei werden Anordnungen der normal- bzw. supraleitenden Bereiche so gesucht, dass möglichst an den gesamten Grenzflächen die kritische Feldstärke B_{cth} herrscht. Bei makroskopischer Struktur des Zwischenzustandes bedingt diese kritische Feldstärke wegen der voll ausgebildeten Abschirmung gerade auch die kritische Stromdichte. Die Abb. 5.4 gibt ein Modell dieser Art wieder [2]. Da das Magnetfeld des Belastungsstromes aus kreisförmigen Feldlinien besteht, müssen auch die Phasengrenzen senkrecht zur Drahtachse verlaufen. Aus der Forderung, dass die Feldstärke bei jedem Radius gleich B_{cth} sein soll, ergibt sich, dass die Stromdichte zur Drahtachse hin anwachsen muss. Dies wird dadurch erreicht, dass die Dicke der supraleitenden Lamellen zur Drahtachse hin ebenfalls zunimmt.

Die Gestalt im einzelnen kann nur eine Rechnung liefern, bei der überdies gewisse Zusatzannahmen gemacht werden müssen. Verschiedene Modelle dieses stromstabilisierten Zwischenzustandes unterscheiden sich in diesen Zusatzannahmen.

Die Lamellenstruktur dieses Zwischenzustandes wurde mit Hilfe der Pulverdekoration (siehe Abschnitt 4.6.4) sehr schön gezeigt. Abb. 5.5 gibt ein Beispiel dieser Struktur [3]. Der supraleitende Draht springt beim Überschreiten der kriti-

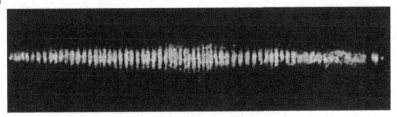

Abb. 5.5 Zwischenzustandsstruktur eines stromdurchflossenen
In-Zylinders. Die hellen Streifen entsprechen normalleitenden
Bereichen. Länge 38 mm, Ø 6 mm, Strombelastung 30 A, äußeres Feld
B_a senkrecht zur Zylinderachse 0,01 T, $T = 2,1$ K (T_c des In ist 3,42 K),
Übergang N → S. (Wiedergabe mit freundlicher Genehmigung der
Autoren von [3]).

schen Stromdichte in einen Zustand, bei dem die supraleitenden Lamellen noch bis
zur Oberfläche reichen. Bei weiterer Steigerung des Stromes entsteht ein normalleitender Ringmantel, der einen Kern im Zwischenzustand umhüllt und dessen Dicke
mit wachsender Stromstärke zunimmt.

In Abb. 5.6 ist der elektrische Widerstand des Drahtes als Funktion der Be-
lastungsstromstärke aufgetragen [2]. Bei I_c erscheint sprunghaft Widerstand, jedoch
nicht der volle Normalwiderstand. Dieser wird erst bei weiterer Steigerung von I
erhalten. Solche Messungen sind recht schwierig, weil im stromstabilisierten
Zwischenzustand mit endlichem Widerstand leicht die Joulesche Wärme zu einem
Temperaturanstieg und damit zu Instabilitäten führen kann[5].

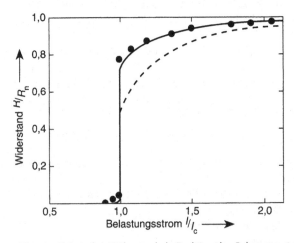

Abb. 5.6 Elektrischer Widerstand als Funktion des Belastungsstromes.
Durchgezogene Kurve: Modellrechnung nach [2], gestrichelte Kurve:
Modell von F. London [4]; Messpunkte: [5] (siehe auch [6]).

---

5 Bei genügend kleinem Widerstand im Außenkreis kann die Kennlinie stabil durchlaufen werden.
Dabei führt allerdings die Joulesche Wärme zu einem Anstieg der mittleren Temperatur.

Hinsichtlich der Stabilisierbarkeit des Zwischenzustandes entspricht der »dicke« Draht mit Strombelastung einer Probe mit einem von Null verschiedenen Entmagnetisierungsfaktor im äußeren Feld (siehe Abschnitt 4.6.4). In beiden Fällen kann der Supraleiter mit dem Übergang in den Zwischenzustand dem »Zwang« der äußeren Variablen (Strom bzw. Magnetfeld) dadurch ausweichen, dass er in normal- und supraleitende Bereiche aufspaltet. Auf diese Weise kann die kritische Größe über einen Bereich der äußeren Variablen konstant gehalten werden.

Bisher haben wir statische Modelle für den Zwischenzustand behandelt. Die supra- bzw. normalleitenden Gebiete sollen bei einem gegebenen Zustand, abgesehen von thermischen Schwankungen in der Probe festliegen. Von Gorter [7] wurde ein dynamisches Modell vorgeschlagen, nach dem bei Strombelastung ein Wandern der Bereiche auftritt, das zu einem Widerstand führt. Dabei liegen die Grenzflächen in diesem Modell parallel zur Richtung des Transportstromes. In dem oben angesprochenen statischen Modell (Abb. 5.4) lagen sie senkrecht zur Stromrichtung. Dekorationsexperimente mit Nb-Pulver haben gezeigt, dass bei genügend großem Belastungsstrom tatsächlich Bereiche quer zum Strom durch den Supraleiter wandern [8].

Sehr komplizierte Zwischenzustandsstrukturen erhält man für Drähte, die in einem longitudinalen Magnetfeld mit großen Transportströmen belastet werden. Hier überlagert sich das longitudinale Außenfeld mit dem zirkularen Feld des Stromes so, dass die Phasengrenzen, die ja stets parallel zum Feld liegen müssen, schraubenförmig verlaufen. Das hat zur Folge, dass auch der Belastungsstrom schraubenförmig aufgewunden wird. Dann ergeben sich unerwartete Effekte, z. B. eine Feldverstärkung im Inneren der Probe, die jedoch aus der Struktur des Zwischenzustandes verstanden werden können und damit in besonders überzeugender Weise das allgemeine Gesetz (siehe Abschnitt 4.6.4) demonstrieren, dass die Phasengrenzen immer parallel zum Magnetfeld verlaufen müssen [9].

5.3
Typ-II-Supraleiter

Wenden wir uns nun den Typ-II-Supraleitern zu, die sich in einem wichtigen Punkt grundsätzlich von den Typ-I-Supraleitern unterscheiden. Für kleine Magnetfelder und – nach dem oben gesagten – also auch für kleine Belastungsströme befinden sich auch die Typ-II-Supraleiter in der Meißner-Phase. Sie verhalten sich in dieser Phase wie Typ-I-Supraleiter, d. h. sie verdrängen das Magnetfeld und den Strom in eine dünne Oberflächenschicht.

Ein Unterschied zu den Typ-I-Supraleitern wird erst auftreten, wenn das Magnetfeld an der Oberfläche den Wert B_{c1} überschreitet. Der Typ-II-Supraleiter muss dann in die Shubnikov-Phase übergehen, d. h. es müssen Flussschläuche in den Supraleiter eindringen.

Es zeigt sich, dass der ideale[6] Typ-II-Supraleiter in der Shubnikov-Phase schon bei sehr kleinen Belastungsströmen einen endlichen elektrischen Widerstand hat [10]. Wir werden dies im nachfolgenden Abschnitt im Detail behandeln. Dagegen kann man einen mitunter sehr hohen Suprastrom zurückhalten, wenn man defektbehaftete Typ-II-Supraleiter betrachtet. Diese »harten Supraleiter« besprechen wir in Abschnitt 5.3.2.

5.3.1
Ideale Typ-II-Supraleiter

Wir betrachten zunächst eine rechteckige Platte, die von einem Strom parallel zur Plattenebene durchflossen und von einem zur Plattenebene senkrechten Magnetfeld $B_a > B_{c1}$, in der Shubnikov-Phase gehalten wird (Abb. 5.7).

Als erstes wichtiges Ergebnis stellt man bei einem solchen Experiment fest, dass unter diesen Bedingungen auch der Belastungsstrom I über den ganzen Querschnitt der Platte verteilt ist, d.h. nicht mehr völlig auf eine dünne Oberflächenschicht beschränkt wird. Mit dem Eindringen von magnetischem Fluss in die supraleitende Probe kann auch der Belastungsstrom im Inneren des Supraleiters fließen. Hierbei tritt eine sehr entscheidende Wechselwirkung zwischen dem Belastungsstrom und den Flussschläuchen auf. Der Belastungsstrom, etwa in der x-Richtung angenommen, durchfließt auch die Flussschläuche, d.h. Gebiete, in denen ein Magnetfeld B vorhanden ist[7]. Zwischen jedem Strom und einem Magnetfeld wirkt die Lorentz-Kraft. Für einen Strom I längs eines Drahtes der Länge L senkrecht zu einem Magnetfeld B_a wird diese Kraft dem Betrage nach gleich

$$F = I \cdot L \cdot B \tag{5-12}$$

Ihre Richtung steht senkrecht zu B und zum Strom (hier vorgegeben durch die Drahtachse). Diese Lorentz-Kraft treibt unsere Elektromotoren. In der Shubnikov-Phase mit Transportstrom I wirkt sie zwischen den Flussschläuchen und dem Strom. Da der Transportstrom durch die Begrenzung der Platte festgehalten wird, müssen die Flussschläuche unter dem Einfluss der Lorentz-Kraft senkrecht zur Stromrichtung und senkrecht zum Magnetfeld, also zu ihrer eigenen Achse wandern [11]. Diese Wanderung sollte für ideale Typ-II-Supraleiter, für die ja eine freie

---

6 Ein idealer Typ-II-Supraleiter wurde in Abschnitt 4.7.1 dadurch definiert, dass seine Magnetisierungskurve im zu- und abnehmenden Außenfeld reversibel durchlaufen werden kann. Dazu ist eine beliebig leichte Einstellung der jeweiligen Gleichgewichtskonzentration der Flussschläuche erforderlich, d.h. also eine beliebig leichte Verschiebung. Anders ausgedrückt: Der ideale Typ-II-Supraleiter sollte völlig homogen sein hinsichtlich der Lage der Flussschläuche.

7 Bei der Darstellung der Shubnikov-Phase zeichnet man der Einfachheit halber zylindrische Flussschläuche (siehe z.B. Abb. 1.8 und 5.7). Diese Darstellung könnte zu der irrigen Annahme führen, dass der Transportstrom die Flussschläuche einfach umfließen kann und somit gar nicht durch Gebiete mit Magnetfeld geht. Man muss aber bedenken, dass auf Grund der Flussschlauchbewegung komplizierte Effekte außerhalb des thermodynamischen Gleichgewichtes auftreten. Diese bewirken, dass der Transportstrom auch in Bereichen fließt, in denen ein Magnetfeld vorhanden ist. Für Details, siehe [M17].

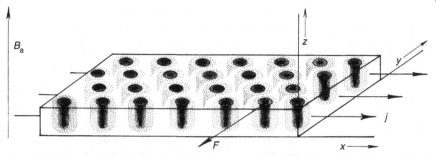

Abb. 5.7 Shubnikov-Phase mit Transportstromdichte j. Auf die Fluss-schläuche wirkt eine Kraft F, die sie hier in der $-y$-Richtung verschiebt. Die Magnetfeldverteilung im Flussschlauch ist durch die Schraffur angedeutet.

Verschiebung der Flusswirbel möglich ist, schon bei beliebig kleinen Kräften und damit bei beliebig kleinen Belastungsströmen auftreten.

Die Wanderung der Flussschläuche durch den Supraleiter bedingt aber das Auftreten von Verlusten, d. h. es wird elektrische Energie in Wärme umgewandelt. Diese Energie kann nur dem Belastungsstrom entnommen werden, indem eine elektrische Spannung an der Probe auftritt. Damit hat die Probe einen elektrischen Widerstand bekommen.

Die Umwandlung elektrischer Energie in Wärme bei der Wanderung eines Flussschlauches kann durch zwei grundsätzlich verschiedene Prozesse erfolgen. Der erste Verlustmechanismus hängt mit dem Auftreten lokaler elektrischer Felder zusammen, die die sich bewegenden Flussschläuche auf Grund des Induktionsgesetzes erzeugen. Dieses Feld beschleunigt auch die ungepaarten Elektronen. Sie können ihre vom elektrischen Feld aufgenommene Energie an das Gitter abgeben und damit Wärme erzeugen.

Neben diesem sehr durchsichtigen Prozess der Energiedissipation, der mit der räumlichen Variation des Magnetfeldes in einem Flussschlauch zusammenhängt, haben wir eine zweite Möglichkeit, die durch die räumliche Variation der Cooper-Paardichte im Flussschlauch bedingt ist. Wenn ein Flussschlauch über den Ort P wandert, so tritt an diesem Ort auch eine zeitliche Änderung der Cooper-Paardichte n_s auf, da n_s vom Wert Null im Kern des Flussschlauches nach außen hin zunimmt. Nun muss man damit rechnen, dass die Einstellung des Gleichgewichtswertes von n_s nach einer Abweichung von diesem Gleichgewicht eine endliche Zeit τ (die Relaxationszeit, vgl. Abschnitt 4.9) benötigt. Erfolgt die Änderung von n_s sehr langsam, d. h. in Zeiten, die groß gegen τ sind, so durchläuft das System lauter Gleichgewichtszustände. Dann wird die beim Aufbrechen der Cooper-Paare an der Vorderfront des Flussschlauches verbrauchte Energie an der Rückseite bei der Bildung der Paare gerade wieder frei, insgesamt also in diesem Prozess praktisch keine Wärme erzeugt. Wandert der Flussschlauch dagegen so schnell, dass die Cooper-Paardichte nicht über lauter Gleichgewichtszustände folgen kann, so wird bei der zeitlichen Änderung von n_s Energie dissipiert, d. h. Wärme erzeugt.

Wir können uns dies etwa in folgender Weise klar machen: Das große Magnetfeld des Flussschlauchkernes wandert so schnell, dass die zu jedem Feldwert gehörende Gleichgewichtskonzentration der Cooper-Paare nicht eingestellt werden kann. Die Cooper-Paare werden dann an der Vorderfront in einem zu großen Magnetfeld aufgebrochen. Umgekehrt bilden sich die Cooper-Paare an der Rückseite wieder in einem Feld, das für die betreffende Konzentration schon zu klein ist. Da die Reaktionswärme beim Aufbrechen eines Cooper-Paares mit wachsendem Magnetfeld abnimmt[8], wird beim Aufbrechen weniger Wärme aufgewendet, als beim Wiedervereinigen frei wird. Auf diese Weise entsteht Wärme, wenn man die zeitliche Variation von n_s so schnell macht, dass Abweichungen vom Gleichgewicht zwischen allen Parametern auftreten.

Was hier am Beispiel der Cooper-Paardichte beschrieben wurde, ist nichts anderes als der Mechanismus jedes Relaxationsvorganges bei Änderungen der äußeren Parameter in Zeiten, die vergleichbar sind mit der Relaxationszeit. Bekannte andere Beispiele sind die Verluste bei der Polarisation eines Dielektrikums im elektrischen Wechselfeld oder bei der Magnetisierung eines ferromagnetischen Stoffes im magnetischen Wechselfeld.

Wir stellen also nochmal fest: Sobald in der Shubnikov-Phase bei Strombelastung Flussschläuche zu wandern anfangen, haben wir Verlustmechanismen und damit einen elektrischen Widerstand. Da im idealen Typ-II-Supraleiter schon beliebig kleine Belastungsströme zu einem Wandern der Flussschläuche führen, ist der kritische Strom eines solchen Supraleiters in der Shubnikov-Phase gleich Null [10]. Damit scheiden diese Supraleiter trotz ihres hohen kritischen Feldes B_{c2} für technische Anwendungen, etwa im Magnetbau, aus. Endliche kritische Ströme können in der Shubnikov-Phase nur dann vorliegen, wenn die Flussschläuche irgendwie an ihre Positionen gebunden sind. Dieses Verankern (pinning) der Flussschläuche ist in der Tat möglich. Typ-II-Supraleiter mit Haftstellen (pinning centers) nennt man harte Supraleiter. Wir werden deren Eigenschaften im nächsten Abschnitt behandeln.

Bei den bisherigen Betrachtungen zum kritischen Strom in Typ-II-Supraleitern haben wir die Shubnikov-Phase durch ein äußeres Magnetfeld stabilisiert. Wir kommen nun zurück zu der Frage des kritischen Stromes *ohne* äußeres Magnetfeld, von der wir ausgegangen sind. Nehmen wir wieder einen Draht mit kreisförmigem Querschnitt, der vom Strom I durchflossen wird. Beim Überschreiten eines Wertes $I_c = B_{c1} \cdot 2\pi R/\mu_0$, der an der Oberfläche gerade das Feld B_{c1}, erzeugt, geht der Supraleiter in die Shubnikov-Phase. Da das Magnetfeld des Belastungsstromes kreisförmig um die Drahtachse verläuft, bilden sich bei dieser Geometrie auch kreisförmig geschlossene Flussschläuche. Unter dem Einfluss der Lorentz-Kraft wandern sie zur Achse des Drahtes, indem sie immer kürzer werden, und verschwinden dort. Wir erwarten also für einen idealen Typ-II-Supraleiter in dieser Geometrie einen kritischen Strom I_c, der sich aus B_{c1} bestimmt, ebenso wie er für den Typ-I-Supraleiter durch B_{cth} festgelegt wird (siehe Abschnitt 5.2). Da B_{c1} kleiner

---

8 Mit wachsendem Magnetfeld wird in der Shubnikov-Phase die Dichte der Cooper-Paare und damit die Bindungsenergie erniedrigt.

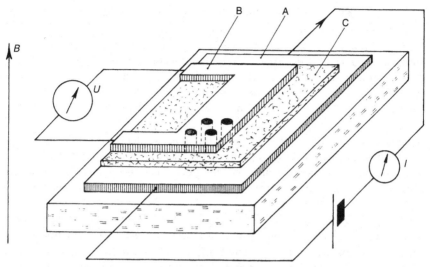

Abb. 5.8 Zur Entstehung einer elektrischen Spannung U beim Wandern von Flussschläuchen. A und B sind Supraleiter, C ist eine Isolierschicht. Alle Schichtdicken sind stark vergrößert (nach [12]).

als B_{cth} ist, wird dieser kritische Strom in idealen Typ-II-Supraleitern stets kleiner sein als in entsprechenden Typ-I-Supraleitern[9].

Die Bedeutung der Flussschlauchbewegung für die Entstehung einer elektrischen Spannung ist längere Zeit lebhaft diskutiert worden. Eine ganze Reihe von Experimenten sind in diesem Zusammenhang erdacht und durchgeführt worden. Wir wollen hier nur ein Beispiel behandeln.

Von I. Giaever [12] wurde 1966 ein Experiment durchgeführt, dessen Idee anhand der in Abb. 5.8 dargestellten Anordnung erläutert werden soll. Ein dünner Film eines Supraleiters A wird durch ein äußeres Magnetfeld in die Shubnikov-Phase gebracht und mit einem Transportstrom belastet. Es sollte nun die Wanderung von Flussschläuchen auftreten. Um diese Wanderung nachzuweisen, brachte Giaever auf den Film A einen zweiten dünnen Supraleiter B, der aber vom Film A durch eine möglichst dünne Isolierschicht elektrisch vollständig getrennt war. Die magnetischen Flussschläuche durch die beiden Filme sind jedoch gekoppelt[10]. Wandern die Flussschläuche im Supraleiter A unter dem Einfluss des Belastungsstroms, so werden die Flussschläuche in B durch die Kopplung mitgenommen. Wenn – so sagte sich Giaever – mit der Wanderung von Flussschläuchen eine elektrische Spannung an den Enden des Supraleiters auftritt, so muss auch an dem vom

---

9 »Entsprechend« bedeutet hier, dass die Supraleiter gleiche Geometrie und gleiches B_{cth} haben sollen.

10 Die Magnetfeldverteilung des Flussschlauchsystems im Supraleiter A greift durch die dünne Isolierschicht hindurch und erzwingt eine ähnliche Verteilung der Flussschläuche im Supraleiter B.

Primärkreis völlig getrennten Film B diese Spannung messbar sein. Die Anordnung stellt daher eine Art »Flusstransformator« dar.

Giaever führte das Experiment ohne äußeres Magnetfeld aus. Auch in dieser Variante dringt das Feld des Transportstromes, mit dem der Film A belastet wird, in der Form von Flussschläuchen durch beide Filme. Diese Flussschläuche – sie haben auf der linken bzw. rechten Seite des Films umgekehrtes Vorzeichen – wandern von beiden Seiten des Filmes A zur Mitte, wo sie sich gegenseitig aufheben. Die Wanderung dieser Flussschläuche ergab die erwartete Spannung an dem elektrisch völlig getrennten Film B. Waren beide Filme normalleitend, so wurde an Film B unter sonst gleichen Bedingungen keinerlei elektrische Spannung beobachtet. Durch dieses Experiment ist die Bedeutung der Flussschlauchbewegung für das Auftreten einer elektrischen Spannung an der Shubnikov-Phase klar gezeigt worden[11].

In jüngerer Zeit wurde die Geometrie des Flusstransformators wieder aufgegriffen, um zu untersuchen, ob sich die Flusswirbel in Hochtemperatursupraleitern in Form von »pancakes« (vgl. Abschnitt 4.7.2) unabhängig voneinander bewegen können [13]. Dazu wird auf einer Seite beispielsweise eines $Bi_2Sr_2CaCu_2O_8$-Einkristalls ein Transportstrom parallel zur Schichtstruktur eingespeist und der Spannungsabfall gemessen, der sich durch die Flussquantenbewegung ergibt. Wenn sich die Flusswirbel als kompakte Schläuche durch den Kristall ziehen, dann wird auf der gegenüberliegenden Kristalloberfläche ein gleich große Spannung induziert. Wenn sich die »pancakes« aber unabhängig voneinander bewegen, ist diese Sekundärspannung geringer als die Primärspannung. Auf diese Weise konnte die Existenz von »pancake«-Flusswirbeln in $Bi_2Sr_2CaCu_2O_8$ sehr schön gezeigt werden. Dagegen zeigte sich, dass die Flusswirbel in $YBa_2Cu_3O_7$ eher kompakte Flussschläuche darstellen.

5.3.2
Harte Supraleiter

In Abschnitt 4.7.1 haben wir die Magnetisierungskurven von Typ-II-Supraleitern (Abb. 4.23) kennengelernt. Dabei sind wir von ideal homogenen Substanzen ausgegangen, d. h. Substanzen, in denen die Flussschläuche der Shubnikov-Phase frei verschiebbar sind, also keine energetisch bevorzugten Lagen haben. Diese Betrachtung stellt einen Grenzfall dar, der von realen Proben nur mehr oder weniger gut approximiert werden kann.

---

11 Da wir das Magnetfeld der Flussschläuche durch Feldlinien darstellen (z. B. in Abb. 1.8), taucht im Zusammenhang mit dem Wandern der Flussschläuche durch einen Supraleiter häufig die Frage auf, was mit den vielen Magnetfeldlinien geschieht, die bei einem solchen Experiment durch den Supraleiter hindurch geschoben werden. Die Antwort ist sehr einfach: Ein Flussschlauch besteht aus einem System von Ringströmen (Abb. 1.8 und 4.30), die gerade das zusätzliche Feld des Flussschlauches erzeugen. Diese Ringströme entstehen an der einen Seite des Supraleiters, wenn ein Flussschlauch auftaucht, und verschwinden an der anderen Seite, nachdem sie den Supraleiter durchlaufen haben.

In diesem Abschnitt wollen wir solche Supraleiter behandeln, bei denen die Flussschläuche in der Shubnikov-Phase sehr stark an energetisch bevorzugte Plätze gebunden sind. Diese Supraleiter, die wir harte Supraleiter nennen, stellen die technisch brauchbaren Substanzen dar.

5.3.2.1 Die Verankerung von Flussschläuchen

Wir wollen zunächst besprechen, wie Flussschläuche in Typ-II-Supraleiter verankert werden können. Dabei werden wir eine ganze Reihe verschiedener Typen von Haftzentren kennenlernen.

Am einfachsten ist ein qualitatives Verständnis der Wirkung von Haftzentren über eine Energiebetrachtung zu erhalten. Die Bildung eines Flussschlauches erfordert eine bestimmte Energie. Diese Energie wird etwa in den Ringströmen sichtbar, die um den Kern jedes Flussschlauches fließen müssen. Es wird hier unmittelbar klar, dass einem Flussschlauch unter gegebenen Bedingungen eine bestimmte Energie pro Länge zuzuordnen ist, d. h. je länger der Flussschlauch ist, umso größer ist auch die Energie, die aufgebracht werden muss, um ihn zu erzeugen.

Eine Abschätzung für diese Energie pro Länge, wir nennen sie ε^*, erhält man über das untere kritische Feld B_{c1}, ab dem in einen Typ-II-Supraleiter magnetischer Fluss eindringt. Der dabei auftretende Gewinn an Verdrängungsenergie reicht aus, um die Flussschläuche im Inneren zu erzeugen. Betrachten wir der Einfachheit halber wieder einen »langen« Zylinder im achsenparallelen Feld, d. h. eine Geometrie, für die der Entmagnetisierungsfaktor gleich Null ist. Wir erzeugen bei B_{c1} durch das Eindringen des magnetischen Flusses n Flussschläuche pro Fläche. Jeder Flussschlauch trage gerade ein Flussquant Φ_0. Dann benötigen wir dazu die Energie:

$$\Delta E_F = n \cdot \varepsilon^* \cdot L \cdot F \tag{5-13}$$

(n = Anzahl der Flussschläuche pro Fläche, ε^* = Energie des Flussschlauches pro Länge, L = Probenlänge, F = Probenquerschnitt)

Der Gewinn an magnetischer Verdrängungsenergie beträgt:

$$\Delta E_M = B_{c1} \cdot \Delta M \cdot V \tag{5-14}$$

(ΔM = Änderung der Magnetisierung der Probe, V = Probenvolumen, $V = L \cdot F$)

ΔM können wir ausdrücken durch die eingedrungenen Flussquanten. Es ist:

$$\Delta M = n \cdot \Phi_0 / \mu_0 \tag{5-15}$$

Damit erhalten wir für den Gewinn an Verdrängungsenergie:

$$\Delta E_M = \frac{1}{\mu_0} B_{c1} \cdot n \cdot \Phi_0 \cdot L \cdot F \tag{5-16}$$

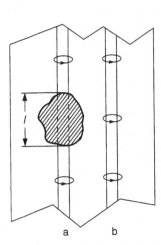 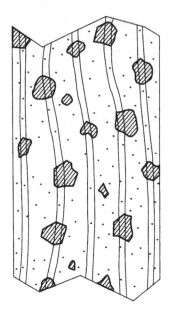

      a   b

Abb. 5.9 Zur Haftwirkung normalleitender Ausscheidungen. In Position (a) hat der Flussschlauch seine effektive Länge gegenüber Position (b) verkürzt, da im normalleitenden Bereich keine Ringströme vorliegen.

Abb. 5.10 Anordnung der Flussschläuche in einem harten Supraleiter. Die schraffierten Bereiche sind Haftzentren. Die Punkte stellen atomare Störungen dar.

Setzen wir die beiden Energieänderungen gleich, gemäß der Definition von B_{c1}, so erhalten wir aus $\Delta E_F = \Delta E_M$

$$n \cdot \varepsilon^* \cdot L \cdot F = \frac{1}{\mu_0} \cdot B_{c1} \cdot n \cdot \Phi_0 \cdot L \cdot F \qquad (5\text{-}17)$$

und damit[12]

$$\varepsilon^* = \frac{1}{\mu_0} \cdot B_{c1} \cdot \Phi_0 \qquad (5\text{-}18)$$

Die Haftwirkung von normalleitenden Ausscheidungen ist mit der Kenntnis der Flussschlauchenergie ε^* leicht verständlich. Kann ein Flussschlauch durch eine normalleitende Ausscheidung gehen, so reduziert das seine Länge in der supraleitenden Phase und damit seine Energie. In Abb. 5.9 ist dies schematisch dargestellt.

---

12 Die Energie pro Länge ε^* kann auch durch eine Integration über die Ringströme erhalten werden (siehe z. B. [M8], Kap. 3, Seite 57 f.). Man erhält dann einen Ausdruck:

$$\varepsilon^* = \frac{1}{\mu_0} (\Phi/\lambda_L)^2 \cdot \ln(\lambda_L/\xi_{GL})$$

Hier wird deutlich, dass die Energie ε^* quadratisch mit dem magnetischen Fluss Φ in einem Schlauch steigt. Flussschläuche mit mehr als einem Flussquant Φ_0 sind deshalb energetisch ungünstig und können im Typ-II-Supraleiter bzw. in harten Supraleitern nur entstehen, wenn andere Bedingungen, z. B. Inhomogenitäten im Material dies begünstigen.

Der schraffierte Bereich stellt eine normalleitende Ausscheidung dar. Ein Fluss-schlauch in Position a hat gegenüber einem in Position b eine um den Betrag $\varepsilon^* \cdot l$ kleinere Energie. Das heißt aber, man muss einem Flussschlauch diese Energie $\varepsilon^* \cdot l$ zuführen, um ihn von a nach b zu bewegen. Es muss auf dem Weg von a nach b eine Kraft wirken, um diese Lageänderung zu bewirken.

Wenn viele derartige Haftzentren vorhanden sind, so werden die Flussschläuche die energetisch günstigsten Plätze einzunehmen versuchen. Dabei werden sie auch, wie in Abb. 5.10 dargestellt, Verbiegungen erfahren, sofern nur die Gesamtenergie den günstigsten Wert hat. Die Verlängerung durch die Verbiegung muss durch die damit erreichte Verkürzung in den normalleitenden Bereichen überkompensiert werden. Bei einem Gitter von Flussschläuchen, wie es in der Shubnikov-Phase vorliegt, ist für die Gesamtbilanz auch zu berücksichtigen, dass zwischen den Flusslinien abstoßende Kräfte wirken.

Im Prinzip können auch andere Haftzentren, etwa Gitterstörungen, in gleicher Weise verstanden werden[13]. Jede Inhomogenität des Materials, die weniger günstig für die Supraleitung ist – der völlig normalleitende Bereich stellt einen Grenzfall dar –, wirkt als Haftstelle. Wenn z.B. Ausscheidungen zwar selbst noch supraleitend werden, aber eine tiefere Übergangstemperatur haben, so wirken sie im allgemeinen als Haftzentren.

Wenn die Supraleitung in einem bestimmten Material mit einer Aufweitung des Kristallgitters verknüpft ist (siehe Abschnitt 4.6.6), so werden Bereiche mit kontrahiertem Gitter für die Supraleitung ungünstiger sein und damit als Haftzentrum wirken. In Korngrenzen und Versetzungsanordnungen, wie sie bei der plastischen Verformung erzeugt werden, kann dies der Fall sein.

Ein besonderes Problem bezüglich der Haftkräfte stellen atomare Fehler im Kristallgitter dar. Der normalleitende Kern eines Flussschlauches hat einen Durchmesser von der Größenordnung der Kohärenzlänge ξ_{GL}, die bei vielen Supraleitern viele Gitterkonstanten beträgt. Man könnte daher erwarten, dass atomare Fehler keine wirksamen Haftzentren sind. Es konnte aber gezeigt werden, dass die Streuung der Elektronen an atomaren Fehlstellen doch zu einer beachtlichen Haftwirkung führt [14]. Da jedoch jeder Flussschlauch in der Regel viele atomare Fehler überdeckt, tritt bei homogener Verteilung der atomaren Störungen keine effektive Haftkraft auf. Es ist keine Position im Material ausgezeichnet. Dies ist nur der Fall, wenn die Dichte der atomaren Fehler örtlich variiert.

Bei den Kupraten haben wir wegen der extrem kleinen Kohärenzlänge allerdings eine völlig andere Situation. Gerade räumlich sehr kleine Defekte können in verschiedenster Weise als Haftzentren wirken.

Hierzu gehört im Extremfall sogar die Kristallstruktur selbst. Wir hatten bereits im Abschnitt 4.7.2 erwähnt, dass sich in Magnetfeldern parallel zu den supraleitenden CuO_2-Ebenen Josephson-Flusswirbel ausbilden, deren Achse in den nicht-supraleitenden oder schwach supraleitenden Zwischenebenen liegt. Für diese Wir-

---

[13] Es sei hier allerdings betont, dass Details oft schwierig sind und ein vollständiges Erfassen der Wirkung aller Haftzentren oft nicht möglich ist.

bel stellen diese Zwischenschichten sehr effektive Haftzentren gegenüber einer Bewegung senkrecht zu den Ebenen dar. Man spricht von »intrinsischem Pinning« [15]. Allerdings können sich die Wirbel nach wie vor sehr leicht parallel zur Schichtstruktur bewegen.

In ganz ähnlicher Weise wirken Korngrenzen oder Zwillingsgrenzen zwischen einkristallinen Bereichen als Defekte, die die Flussquantenbewegung senkrecht zu diesen Defekten behindern[14].

Auch linienhafte Defekte oder Punktdefekte sind bei den Kupraten wichtig. Hierzu gehören beispielsweise Versetzungslinien. Man hat Linien- oder Punktdefekte auch künstlich durch die Bestrahlung von Hochtemperatursupraleitern mit hochenergetischen Schwerionen oder auch Protonen erzeugt [16]. Bei der Bestrahlung mit Schwerionen entsteht dabei entlang der »Schussbahn« ein geradliniger gestörter Bereich durch den Kristall, der auch als »kolumnarer Defekt« bezeichnet wird. Die Bestrahlung mit Protonen ergibt dagegen Anhäufungen punktartiger Defekte.

Bei dünnen Filmen aus metallischen Supraleitern, aber auch den Kupraten, kann man »Defekte« auch sehr kontrolliert in Form von Mikrolöchern in das Material strukturieren. Man spricht in diesem Zusammenhang auch häufig von »Antidots« [17]. Auch das Gegenstück zu den Antidots – magnetische Partikel auf der Filmoberfläche (»magnetische Dots«) – wurden untersucht [18].

Ein weiterer »Defekt«, der hier erwähnt werden muss, ist die Oberfläche des Supraleiters selbst. Wenn das äußere Magnetfeld erhöht (erniedrigt) wird, werden Flusswirbel vom Rand her in die Probe eindringen (austreten). Dieser Prozess wird durch dort bereits fließende Abschirmströme behindert, die Flusswirbel müssen eine Oberflächenbarriere überwinden. Man nennt diesen Effekt auch die »Bean-Livingston-Barriere« [19].

Die Wirkung der Haftzentren können wir auch etwas abstrakter in einer Energiedarstellung formulieren. Das Haftzentrum entspricht dabei einer Potenzialmulde der Tiefe E_p. Der Flussschlauch liegt in seiner günstigsten Position, ganz ähnlich wie eine Kugel an der tiefsten Stelle einer Schale. Verrückt man die Kugel von dieser Stelle, so ist dafür eine Kraft nötig, um den Zuwachs an potenzieller Energie aufzubringen. Ein Losreißen von der günstigen Position erfordert das Aufbringen der Energie, die nötig ist, um die Kugel aus der Mulde heraus zu heben. Im Material gibt es meist viele Haftzentren, die im allgemeinen unregelmäßig verteilt sein werden und unterschiedliche Energietiefen E_p haben. Wenn wir den Supraleiter im Magnetfeld durch T_c kühlen, dann werden die Flusswirbel sich schnell auf die Potenzialmulden aufteilen, anstatt ein regelmäßiges Dreiecksgitter zu bilden. Wir haben also bestenfalls ein gestörtes Gitter vorliegen, im Extremfall sogar einen glasartigen Zustand [20].

---

14 Es soll hier allerdings nicht der Eindruck entstehen, dass Korngrenzen »gute« Haftzentren darstellen. Die Korngrenzen wirken in den Hochtemperatursupraleitern bei nicht allzu kleiner Verkippung der beiden Körner als Josephsonkontakte, die bereits ohne äußeres Magnetfeld nur einen kleinen Suprastrom tragen können. Im Magnetfeld wird dieser Strom rasch weiter reduziert.

Wie weit dabei ein Flusswirbel von der idealen Position des Dreiecksgitters entfernt ist, hängt von der Tiefe der Potenzialmulden ab, aber auch von der Anordnung aller anderen Flusswirbel, da diese untereinander eine abstoßende Wechselwirkung haben.

Eine energetisch allzu ungünstige Anordnung der Flusswirbel wird sich auf Grund der thermischen Schankungen schnell umordnen. Diese Schwankungen können mit einer Wahrscheinlichkeit $w = \exp(-\Delta E/k_B T)$ die Energiedifferenz ΔE zur Verfügung stellen, die notwendig ist, die Potenzialmulde zu verlassen. Dabei können die thermodynamischen Schwankungen sowohl die Potenzialmulde verkleinern als auch dem Flussschlauch die fehlende Energie zuführen. Für tiefe Temperaturen und hohe Werte von ΔE kann diese Wahrscheinlichkeit sehr klein sein, sodass der Zustand geringster Energie nicht mehr eingenommen wird. Darüber hinaus kann ΔE durch die Wechselwirkung der Flusswirbel untereinander gegen unendlich gehen. Man hat dann den Zustand des Vortex-Glases vorliegen, das sich in endlichen Zeiten nicht mehr verändert.

Ein besonderer Effekt tritt auf, wenn sich zwei Haftzentren sehr nahe kommen. Ein Flusswirbel kann dann durch die thermischen Fluktuationen leicht zwischen den beiden Potenzialmulden hin- und herspringen. Dieser Effekt ist besonders bedeutsam im Zusammenhang mit supraleitenden Quanteninterferometern (SQUIDs) aus Hochtemperatursupraleitern. Das Magnetfeld eines sich im supraleitenden Material des SQUIDs befindenden Flussquants wird vom SQUID als Messsignal registriert. Wenn sich dieses Flussquant bewegt, dann ändert sich dieses – ungewollte – Signal und erniedrigt damit die Empfindlichkeit des SQUIDs für echte Messignale[15]. Es ist daher enorm wichtig, solche Haftzentren genau zu untersuchen und möglichst effektive und tiefe Haftzentren zu entwickeln.

Wie wirken sich die Haftzentren aus, wenn im supraleitenden Zustand das Magnetfeld geändert wird oder wenn ein Transportstrom über den Supraleiter geschickt wird? Diese Fragen wollen wir in den beiden folgenden Abschnitten diskutieren. Wir betrachten hierzu zunächst die Magnetisierungskurven harter Supraleiter.

5.3.2.2 Die Magnetisierungskurve von harten Supraleitern

Wenn die Flussschläuche in der Shubnikov-Phase an bestimmte Plätze im Material gebunden sind, so kann sich die zum thermodynamischen Gleichgewicht gehörende Magnetisierung im Außenfeld nicht einstellen. Dazu ist ja die freie Verschiebbarkeit der Flussschläuche Voraussetzung. Wir werden also ganz andere Magnetisierungskurven zu erwarten haben. Wir behandeln zunächst die Eigenschaften massiver metallischer Supraleiter und gehen anschließend auf die Eigenschaften der Hochtemperatursupraleiter sowie auf spezielle Dünnfilmstrukturen ein, bei denen Haftzentren für Flusswirbel künstlich erzeugt wurden.

---

15 Man vergleiche diesen Effekt auch mit der Abb. 1.11 e. Hier wurde die Verschiebung von Flussquanten mit Hilfe eines Elektronenstrahls bewusst ausgenutzt, um eine Abbildung des Wirbels zu erzeugen.

Die Abb. 5.11 gibt als Beispiel das Verhalten einer Nb-Ta-Legierung wieder [21]. Niob und Tantal sind in jedem Verhältnis mischbar. Sorgfältiges Tempern liefert sehr homogene Mischkristalle. An ihnen kann eine nahezu reversible Magnetisierungskurve beobachtet werden (Kurve a). Verformt man einen solchen Mischkristall, wie das etwa beim Herstellen der Drähte durch den Ziehvorgang geschieht, so werden viele Störungen im Gitteraufbau erzeugt, die als Haftstellen für Flussschläuche wirken können. Man erhält dann eine Magnetisierungskurve mit völlig anderer Gestalt (Kurve b). Zunächst fällt auf, dass eine wesentlich höhere Magnetisierung erreicht wird. Das bedeutet, dass die gestörte Probe auch in Außenfeldern, die größer als B_{c1} sind, noch nahezu ideal diamagnetische Abschirmung haben kann. Weiterhin ist jede Spur von Reversibilität verschwunden. Bei abnehmender Feldstärke bleibt magnetischer Fluss in der Probe auch bei $B_a = 0$ »gefangen«. Der eingefangene Fluss ist dabei parallel zum vorher angelegten Außenfeld gerichtet.

Unverändert ist lediglich das obere kritische Feld B_{c2} geblieben. Das ist verständlich, wenn man bedenkt, dass ein Mischkristall der Legierung Nb$_{55}$Ta$_{45}$ schon eine sehr kleine freie Weglänge l^* besitzt. Die zusätzliche Störung kann κ und damit auch B_{c2} (s. Abschnitt 4.7.1) nicht wesentlich verändern.

Wenn wir davon ausgehen, dass die Flussschläuche in dem gestörten Material mehr oder weniger fest gebunden sind, so können wir diese Magnetisierungskurve qualitativ leicht verstehen. Verfolgen wir vom Feld Null ausgehend ihren Verlauf. Bis zum Außenfeld B_{c1} ist kein Unterschied vorhanden; die Probe ist in der Meißner-Phase, die von Störungen kaum beeinflusst wird[16].

Beim Überschreiten von B_{c1}, dringen Flussschläuche von der Oberfläche her in die Probe ein. Diese Flussschläuche sind an ihre Plätze, zunächst dicht unter der Oberfläche, fixiert und können sich nicht wie im homogenen Material gleichmäßig über das Volumen verteilen. In der Oberflächenschicht aber, in der Flussschläuche vorhanden sind, können auch Abschirmströme fließen. Dadurch kann der totale Abschirmstrom, der das diamagnetische Verhalten bestimmt, größer werden als in der Meißner-Phase, in der nur innerhalb einer Schicht von der Dicke der Londonschen Eindringtiefe Supraströme fließen können. Man kann diesen Sachverhalt noch etwas anders ausdrücken: Das Eindringen von Flussschläuchen in die Oberfläche der Probe vergrößert die effektive Dicke der Abschirmschicht und damit den totalen Abschirmstrom.

Bei B_{c2} wird die Cooper-Paardichte Null und damit die Supraleitung aufgehoben[17]. Das Magnetfeld durchdringt den Supraleiter homogen. Bei Verkleinerung des Außenfeldes unter B_{c2} geht die Probe wieder in die Shubnikov-Phase. Der magnetische Fluss ist wieder in Vielfache des Flussquants Φ_0 aufgeteilt, und die Flussschläuche sind an die Gitterstörungen mehr oder weniger fest gebunden. Sie können deshalb mit abnehmendem Außenfeld nur sehr gehemmt aus dem Material austreten. Das Feld in der Probe wird größer als das Außenfeld, die Magnetisie-

---

16 Der geringe Einfluss der Störung auf die Eindringtiefe λ_L kann hier vernachlässigt werden.

17 Von der Oberflächensupraleitung, die für parallele Felder in einer dünnen Schicht dicht unter der Oberfläche bis zu Feldern $B_a = 1{,}7\ B_{c2}$ bestehen kann, sehen wir hier ab.

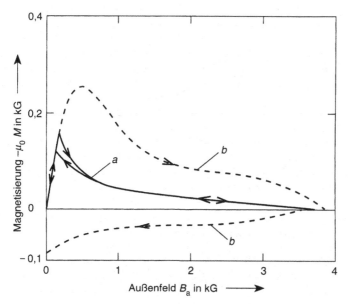

Abb. 5.11 Magnetisierungskurven einer $Nb_{55}Ta_{45}$-Legierung: (a) sehr gut getempert, (b) mit vielen Gitterstörungen (1 kG = 0,1 T) (nach [21]).

rung der Probe wird positiv. Es bleibt selbst bei $B_a = 0$ ein magnetischer Fluss in Feldrichtung eingefroren[18].

Als ein zweites Beispiel zeigt die Abb. 5.12 die Magnetisierungskurve einer Blei-Wismut-Legierung mit 53 Atom-% Bi [22]. Die bei kleinen Feldern zu sehenden sprunghaften Änderungen der Magnetisierung sind sog. Flusssprüngen zuzuschreiben. Hier lösen sich offenbar ganze Flussquantenbündel oder ganze Gebiete eines Flussquantengitters von den Haftstellen und gestatten damit eine sprunghafte Änderung der Magnetisierung in Richtung auf das thermodynamische Gleichgewicht. Solche Flusssprünge sind bei supraleitenden Magnetspulen sehr gefährlich, weil die entwickelte Wärme dazu führen kann, dass der Supraleiter über den ganzen Querschnitt normalleitend wird (s. Abschnitt 7.1.2) und das Magnetfeld zusammenbricht.

Bei den Hochtemperatursupraleitern werden die Verhältnisse nochmals komplexer, da, wie in Abschnitt 4.7.2 beschrieben, selbst ohne Haftzentren schon eine ganze Reihe von Vortex-Phasen vorliegt (siehe Abb. 4.33 bis 4.38). Die Haftzentren wirken auf unterschiedliche Weise in den verschiedenen Phasen; es können ver-

---

18 Es sei hier angemerkt, dass dieses irreversible Verhalten bereits in sehr frühen Experimenten mit metallischen Legierungen erkannt wurde [J. N. Rjabinin, u. L. V. Shubnikov: Phys. Z. Sowjetunion 7, 122 (1935)]. Zu dieser Zeit war die Existenz von Flussschläuchen noch unbekannt. Ein erster Zugang zur Erklärung hysteretischer Magnetisierungskurven war daher die Vorstellung einer schwammartigen supraleitenden Struktur [K. Mendelssohn: Proc. R. Soc. London, Ser. A **152**, 34 (1935)]. Hierbei kann, ganz wie beim supraleitenden Hohlzylinder der Abb.1.11, magnetischer Fluss in den Löchern des Schwamms eingefroren werden, selbst wenn es sich um einen Typ-I-Supraleiter handelt.

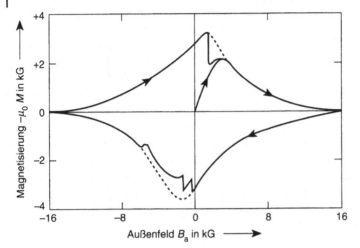

Abb. 5.12 Vollständiger Magnetisierungszyklus einer Pb-Bi-Legierung (53 Atom-% Bi). Die gestrichelte Kurve sollte durchlaufen werden, wenn keine Flusssprünge auftreten (1 kG = 0,1 T) (nach [22]).

schiedenartige Glaszustände entstehen wie etwa das amorphe »Vortex-Glas« [23] oder das »Bragg-Glas« [24], bei dem die Flusswirbel bei geringen Abständen ungeordnet sind, die Wechselwirkungen zwischen den Flusswirbeln auf großen Abständen aber wieder zu einem Flussliniengitter führen. Ein weiteres Beispiel ist

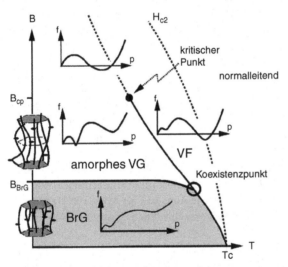

Abb. 5.13 Glasartige Vortex-Phasen in den Kupraten bei Anwesenheit von Haftzentren (nach [26]). BrG = »Bragg-Glas«, VG = »Vortex-Glas«, VF = »Vortex-Flüssigkeit«. Die kleinen Graphen zeigen, wie sich die Gibbssche Energie in den jeweiligen Phasen in Abhängigkeit von der Dichte der Versetzungen des Vortexgitters verändert.

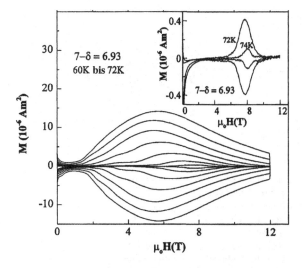

Abb. 5.14 Magnetisierungskurve eines YBa$_2$Cu$_3$O$_{7-\delta}$-Einkristalls für Temperaturen zwischen 60 K und 72 K. Man erkennt ein Maximum bei Feldern oberhalb 4 T, den »second peak« [27].

das »Bose-Glas«, das sich bei Anwesenheit der in einer bestimmten Richtung wirkenden kolumnaren Defekte einstellt [25]. Die Abb. 5.13 illustriert dies an Hand eines Phasendiagramms, wie es für Kuprate in Magnetfeldern senkrecht zur Schichtstruktur berechnet wurde [26]. Hierbei wurden die Flusswirbel als kontinuierliche Schläuche betrachtet, d.h. zusätzliche Freiheitsgrade durch die »pancake«-Flusswirbel sind nicht enthalten.

In der Magnetisierungskurve zeigt sich der Übergang zwischen zwei Vortex-Phasen manchmal als ein Maximum, das auch als »second peak« oder als »fishtail« bezeichnet wird. Die Abb. 5.14 zeigt dies an Hand einer Messung an einem YBa$_2$Cu$_3$O$_{7-\delta}$-Einkristall [27]. Auch für Bi$_2$Sr$_2$CaCu$_2$O$_8$ kann dieser Effekt gut beobachtet werden [28]. Beim hier beobachteten Übergang zwischen dem »Bragg-Glas« und dem »Vortex-Glas« verringern sich die elastischen Konstanten des Flusslinienensembles, sodass sich diese besser an die Haftzentren im Material anpassen können.

Als ein letztes Beispiel, wie Haftzentren mit Flusslinien wechselwirken, zeigt Abb. 5.15 die Magnetisierungskurve eines Pb-Ge-Films, in den im Abstand von 1 µm Mikrolöcher (Antidots) strukturiert wurden [29]. Legt man an diesen Film ein Magnetfeld an, so existieren ganz bestimmte Feldwerte, für die die Zahl der Flussquanten im Film ein ganzzahliges Vielfaches der Antidots ist. Die Flusswirbel verteilen sich bei diesen »matching«-Feldern – sie sind im linken Diagramm der Abbildung durch vertikale Linien angedeutet – sehr regelmäßig auf die Antidots, wobei auch mehrere Flussquanten in einem Antidot eingefangen sein können. Das Flussliniengitter ist insgesamt bei den »matching«-Feldern sehr stark verankert[19]. Die Abbildung zeigt zum Vergleich auch die Magnetisierungskurve eines Pb-

---

19 Ein ähnlicher Effekt, allerdings schwächer ausgeprägt, tritt auch für gebrochenzahlige Verhältnisse (Zahl der Antidots)/(Zahl der Flusswirbel) auf.

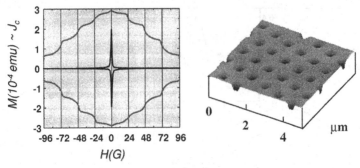

Abb. 5.15 Magnetisierungskurve eines Pb-Ge-Films (linkes Diagramm), in den ein regelmäßiges Gitter aus Mikrolöchern strukturiert wurde (rechte Abbildung). Die Magnetisierung – sie ist proportional zur kritischen Stromdichte im Film – zeigt eine sehr große Hysterese, wobei Maxima bei den Magnetfeldwerten auftreten, bei denen die Zahl der Vortices ein Vielfaches der Zahl der Mikrolöcher beträgt. Zum Vergleich ist auch die Magnetisierungskurve eines Pb-Ge-Films ohne Antidot-Gitter eingezeichnet, die bereits bei kleinen Feldern sehr stark abfällt. Messtemperatur: 6 K (Nachdruck aus [29] mit Genehmigung von Elsevier).

Ge-Films ohne Antidots. Hier fällt die Magnetisierungskurve bereits bei kleinen Feldern sehr stark ab.

Die Möglichkeit, Haftzentren in einen Dünnfilm zu strukturieren, erlaubt, Modelle für die Wechselwirkung zwischen Flusswirbeln und Haftzentren ganz gezielt zu untersuchen. Dies ist für die Grundlagenphysik, aber auch für Anwendungen sehr interessant, da beispielsweise Antidots in SQUID-Magnetometern strategisch so positioniert werden können, dass die durch die Flusswirbelbewegung hervorgerufenen Störsignale minimiert werden [30].

Wir wollen nun das Zustandekommen der Hysterese in der Magnetisierungskurve etwas quantitativer betrachten und einen Zusammenhang herstellen zwischen der Magnetisierung und dem maximalen Suprastrom, der in der Probe fließen kann. Oft ist die direkte Messung des maximalen Suprastroms sehr problematisch, da Ströme von 100 A und mehr gemessen werden müssen. Daher ist es gut, ein elektrodenloses Messverfahren für den kritischen Strom zu haben. Von entscheidender Bedeutung wird dieses Verfahren beim Studium von gesintertem Material, das meist nicht in Draht- oder Blechform vorliegt und deshalb mit den üblichen Methoden nicht untersucht werden kann.

Hierzu ist von C. P. Bean [31] ein Modell vorgeschlagen worden, das wir im Folgenden in etwas vereinfachter Form beschreiben wollen.

Wir betrachten eine einfache Geometrie, nämlich einen langen Hohlzylinder (Länge L, Durchmesser $2R$, Wandstärke $d \ll 2R$). Fließt in diesem Zylinder ein Ringstrom I, so erzeugt dieser im Innern ein Magnetfeld $B_i = \mu_0 \cdot I/L$, was wir mittels der mittleren Stromdichte $j = I/(L \cdot d)$ auch als $B_i = \mu_0 j \cdot d$ schreiben können.

Betrachten wir den Zylinder in einem achsenparallelen Magnetfeld B_a (Abb. 5.16). Beim Anlegen des Feldes B_a wird in dem supraleitenden Zylinder auf der Außenseite ein Ringstrom angeworfen, der das Zylinderinnere abschirmt.

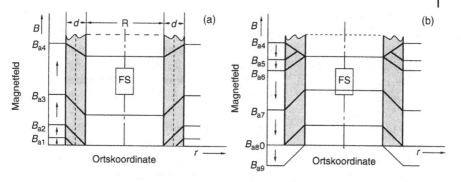

Abb. 5.16 Magnetfeldverlauf im Hohlzylinder für einen harten Supraleiter. Für B_{a4} ist die Abnahme von j_c mit wachsendem B durch einen
flacheren Feldverlauf angedeutet [32]. FS = Feldsonde.

Solange der harte Supraleiter in der Meißner-Phase ist, fließt der Abschirmstrom
nur innerhalb der Eindringtiefe unter der äußeren Mantelfläche des Proben-
zylinders. Überschreitet B_a den Wert B_{c1}, den wir hier sehr klein annehmen
können, so muss der Supraleiter magnetischen Fluss in Form von Flussschläuchen
eindringen lassen. Die Flussschläuche werden zunächst von den Haftzentren unter
der Oberfläche eingefangen. Hier macht das Beansche Modell die einfache Annahme, dass der Bereich des Supraleiters, in den Flussschläuche eingedrungen
sind, einen kritischen Belastungsstrom mit der homogenen kritischen Stromdichte
j_c trägt. Die Stromdichte ist dabei in der einfachsten Näherung als konstant, d.h.
unabhängig vom Magnetfeld im Supraleiter angenommen. Diesen Zustand mit
kritischer Stromdichte nennt man den »kritischen Zustand«.

Bei einer weiteren Steigerung von B_a über den Wert B_{c1} wird eine immer dickere
Schicht unter der Zylinderoberfläche mit Flussschläuchen angefüllt. Der gesamte
Abschirmstrom wächst proportional zur Dicke dieser Schicht, die ja nach unserer
Grundannahme mit konstanter Stromdichte j_c belastet ist[20]. Der kritische Zustand
wächst in den Supraleiter hinein. Der Abschirmstrom bedingt auch, dass das
Magnetfeld im Supraleiter zur Achse hin abnimmt. Wenn der Radius R groß ist
gegen die Dicke d der Zylinderwand, dürfen wir diese in guter Näherung als ebene
Schicht behandeln. Das Magnetfeld nimmt dann zur Achse hin linear ab[21]. In
Abb. 5.16a ist dieser Feldverlauf für verschiedene Außenfelder dargestellt. Für B_{a1}
ist nur ein Teil des Mantels mit Flussschläuchen angefüllt (gestrichelte Linien,
Abb. 5.16a). Bei B_{a2} hat der Abschirmstrom den maximalen Wert angenommen,
weil jetzt die gesamte Zylinderwand homogen von der Stromdichte j_c durchflossen
wird. Noch ist aber das Feld B_i im Inneren des Zylinders Null. Erst bei einer

---

20 Wenn die Dicke der Zylinderwand sehr klein ist gegen den Radius R, können wir die Variation von
r über die Zylinderdicke vernachlässigen.
21 Im Supraleiter haben wir wegen der Flussschlauchstruktur eine örtliche Variation des Magnetfeldes.
Bei der Diskussion des Modells ist mit dem Feld im Supraleiter das mittlere Magnetfeld gemeint.
Wenn dieses mittlere Feld abnimmt, so heißt das, dass die Flussschlauchdichte abnimmt.

weiteren Steigerung von B_a tritt auch im Inneren ein Magnetfeld auf. Dieses Feld B_i sollte in unserem einfachen Modell gleich $B_a - B_{a2}$ (für $B_a > B_{a2}$) sein.

Für große Felder kann natürlich unsere Annahme j_c = const. nicht mehr gelten, da j_c gegen Null gehen muss, wenn B_a gegen B_{c2} geht. Wir müssen also unser Modell dadurch verbessern, dass wir eine Abnahme von j_c mit wachsendem B_a verlangen. Dann wird aber mit wachsendem Feld B_a die Differenz $B_a - B_i$ allmählich gegen Null gehen.

In Abb. 5.17 ist das Feld B_i im Zylinderinneren gegen das äußere Feld B_a für eine $V_3(Ga_{0,54} Al_{0,46})$-Probe (Hochfeldsupraleiter) aufgetragen. Bis zum Wert B_{a2} ist B_i gleich 0. Dann würde für j_c = const. stets $B_i = B_a - B_{a2}$ gelten (gestrichelte Kurve). Da aber j_c mit wachsendem Feld abnimmt, nähert sich die Kurve $B_i(B_a)$ immer mehr der Geraden $B_i = B_a$. Aus dem Verlauf von $B_i(B_a)$ – bzw. aus der Magnetisierungskurve $M(B_a) = (B_i - B_a)/\mu_0$ – kann man im Rahmen des hier skizzierten Modells, also unter der Annahme der Existenz eines kritischen Zustandes, die kritische Stromdichte des untersuchten Materials bestimmen. Diese elegante Methode wird beim Studium neuer Supraleiter häufig verwendet. Man erhält für den langen Hohlzylinder:

$$|M(B_a)| = j_c(B_a) \cdot d \qquad (5\text{-}19)$$

(*d*: Wandstärke des Hohlzylinders)

Ganz analog erhält man für einen Vollzylinder mit Durchmesser $2R$ eine Magnetisierung $|M| = j_c R/3$ [M4].

Wir wollen hier noch den Fall betrachten, dass wir etwa von B_{a4} aus das Außenfeld erniedrigen. Dann wird durch die nun negative Feldänderung ($\Delta B < 0$) ein Induktionsvorgang auftreten, der den bestehenden Abschirmstrom an der Außenseite des Zylinders abbremst und einen kritischen Strom in umgekehrter Richtung anwirft. In Abb. 5.16 b ist der Verlauf des Magnetfeldes für einige aufeinander folgende Werte B_{a5} bis B_{a7}, dargestellt. Wir haben wieder im ganzen Zylinder den kritischen Zustand, wobei aber jetzt die Flussschlauchdichte vom Rand her zunimmt. Man könnte etwas bildlich sagen, dass die Flussschläuche nun aus der Zylinderwand herauslaufen.

Bis zum Wert B_{a6} bleibt B_i konstant. Danach nimmt B_i ab. Für $B_a = 0$ haben wir einen bestimmten Magnetfluss und damit ein Feld B_i eingefroren. In Abb. 5.17 sind die entsprechenden Punkte eingezeichnet.

Lassen wir nun das Außenfeld in der umgekehrten Richtung anwachsen, so müssen wir bei $-B_{a9} = B_{a2}$ gerade das Feld $B_i = 0$ erhalten. Das wird aus Abb. 5.16 b unmittelbar ersichtlich. In Abb. 5.17 ist die zugehörige Variation von B_i zusammen mit der gesamten Hystereseschleife, die in einem solchen Experiment durchlaufen werden kann, dargestellt. Für viele harte Supraleiter entspricht diese Abhängigkeit recht gut der Annahme [32]

$$j_c = \frac{\alpha_c}{B + B_0} \qquad (5\text{-}20)$$

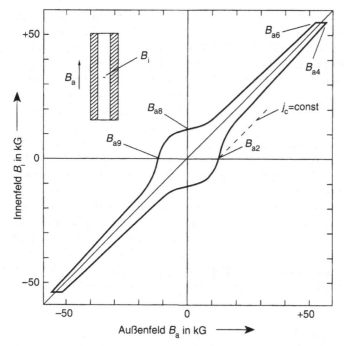

Abb. 5.17 Magnetische Abschirmung eines Hohlzylinders aus
$V_3(Ga_{0,54}\,Al_{0,46})$. Registrierung des Innenfeldes B_i als Funktion des Außenfeldes B_a (1 kG = 0,1 T). Messtemperatur: 4,2 K, Übergangstemperatur:
12,2 K. (Wiedergabe mit freundlicher Genehmigung von Dr. H. Voigt,
Forschungslabor der Fa. Siemens, Erlangen.)

wobei die Konstanten α_c und B_0 für das betreffende Material charakteristisch
sind.

Bei komplizierter geformten Proben – z.B. Dünnfilmen oder unregelmäßig
geformten Kristallen, aber auch bei Materialien mit inhomogener Struktur – kann
das Eindringen magnetischen Flusses in z.T. recht komplizierter Weise erfolgen.
Auch hier bieten aber Verfahren wie die Magnetooptik die Möglichkeit, die Magnetisierung ortsaufgelöst zu messen und daraus auf die Suprastromdichte im
Material rückzuschließen. Wir wollen hier auf die Darstellung der Details verzichten und statt dessen auf die Übersichtsartikel [33, 34] verweisen.

Wenn, wie bei der Messung einer Magnetisierungskurve, das Magnetfeld B_a
geändert wird, dann baut sich innerhalb eines harten Supraleiters eine inhomogene
Verteilung aus Flusslinien auf, die keineswegs dem thermodynamischen Gleichgewicht entspricht. Wir wollen nun untersuchen, was passiert, wenn das Magnetfeld zunächst auf einen bestimmten Wert gebracht wird und dieser Wert dann
beibehalten wird. Hierbei werden wir das Phänomen des Flusskriechens kennenlernen.

Im kritischen Zustand fließt an allen Stellen, an denen magnetischer Fluss in die
Proben eingedrungen ist, die kritische Stromdichte j_c, die ihrerseits eine Lorentz-

Kraft auf die Flussschläuche ausübt. Hält man das angelegte Feld auf dem Wert B_a, so wird diese Lorentzkraft zunächst durch die von den Haftzentren ausgehenden Haftkräfte kompensiert. Ohne thermische Schwankungen würde sich die Verteilung der Flusswirbel daher nicht ändern. Durch thermische Schwankungen kann aber einem Flussschlauch die Energie zur Verfügung gestellt werden, ein Haftzentrum zu überwinden. Der Flussschlauch wird dann unter dem Einfluss der Lorentzkraft ein Stück wandern, bis er von einem anderen Haftzentrum wiederum »eingefangen« wird. Im Lauf der Zeit werden sich daher alle Flussschläuche so bewegen, dass sich die Magnetisierung allmählich abbaut und somit ein Zustand geringerer Energie erreicht wird. Die Suprastromdichte sinkt dabei schnell unter den kritischen Wert. Diese thermisch aktivierte Wanderung der Flussschläuche wird als Flusskriechen bezeichnet.

Wenn die Suprastromdichte nicht allzu nahe an der kritischen Stromdichte liegt, wird die Geschwindigkeit, mit der die Flusswirbel wandern, proportional zu $\exp(-\Delta E / k_B T)$ sein. Die Höhe ΔE der Energiebarriere hängt aber ihrerseits von der Suprastromdichte ab. Sie muss beim Erreichen des kritischen Stromes verschwinden, da die Flusswirbel dann von den Haftzentren losgerissen werden. Für einen Zustand nahe des kritischen Zustands können wir diesen Sachverhalt durch die Beziehung

$$\Delta E(j \to j_c) \approx E_c (1 - j/j_c)^\alpha \tag{5-21}$$

ausdrücken mit einem bestimmten Exponenten α. Für $\alpha = 1$ führt dies gerade zu einer anfänglichen logarithmischen Abnahme der Suprastromdichte bzw. der Magnetisierung:

$$|M(t)| \propto j(t) \approx j_c \left[1 - \frac{k_B T}{E_c} \ln(1 + t/t_0) \right] \tag{5-22}$$

Hierbei ist t_0 eine von den Materialparametern abhängige charakteristische Zeitkonstante.

Die Abb. 5.18 zeigt das zeitliche Abklingen der Magnetisierung einiger Supraleiter [35]. Dieses Abklingen erfolgt über das Flusskriechen. Beim NbTi, einem klassischen Supraleiter, wird bei ca. 4,2 K, d. h. bei ca. $T_c/2$, über 10^5 Sekunden, d. h. über etwas mehr als einem Tag, kaum eine Änderung beobachtet. Dagegen nehmen die supraleitenden Ströme in YBa$_2$Cu$_3$O$_7$ deutlich ab, insbesondere bei der einkristallinen Probe. Die hier gezeigten Daten stammen aus dem Jahr 1990, also aus der Anfangszeit der Hochtemperatursupraleitung. Mittlerweile können auch YBa$_2$Cu$_3$O$_7$-Proben so hergestellt werden, dass in ihnen Magnetfelder deutlich oberhalb von 15 Tesla auch langfristig gut »eingefroren« werden können. Wir werden dies in Abschnitt 7.2 näher erläutern.

In Bezug auf die Hochtemperatursupraleiter ist zu beachten, dass sich die unterschiedlichen Vortex-Phasen stark unterschiedlich verhalten können. Insbesondere erhält man im Bereich der Vortex-Flüssigkeit keine oder allenfalls eine schwache Haftkraft. Hier sind die Magnetisierungskurven reversibel. Man nennt

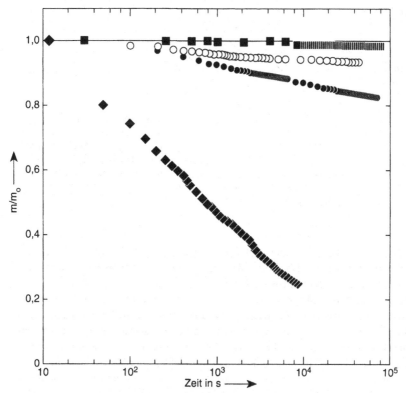

Abb. 5.18 Zeitliches Abklingen der Magnetisierung von verschiedenen Supraleitern. Die Magnetisierung ist auf die Magnetisierung m_0 bezogen, die 10 Sekunden nach dem Anwerfen der Supraströme vorliegt [35]. ■ NbTi bei 4,2 K; ○, ● YBa$_2$Cu$_3$O$_7$ mit orientiertem Kornwachstum bei 77 K; ◆ YBa$_2$Cu$_3$O$_7$-Einkristall bei 60 K.

daher die Phasengrenzlinie beim Übergang zwischen der Vortex-Flüssigkeit und den kristallinen bzw. glasartigen Vortex-Phasen auch die Irreversibilitätslinie.

5.3.2.3 Kritische Ströme und Strom-Spannungs-Kennlinien

Wir wollen nun diskutieren, wie sich die Haftzentren beim Stromtransport durch supraleitende Drähte oder Filme bemerkbar machen.

In Abschnitt 5.3.1 hatten wir gesehen, dass ein idealer Typ-II-Supraleiter in der Shubnikov-Phase keinen dissipationsfreien Strom quer zur Richtung des Magnetfeldes tragen kann, da die Flussschläuche unter dem Einfluss der Lorentz-Kraft in Bewegung geraten und dabei dissipative Prozesse auftreten. Nun sind aber die Flussschläuche in einem *realen* Supraleiter niemals völlig frei verschiebbar. Es ist immer eine, wenn auch vielleicht sehr kleine, Kraft nötig, um die Flussschläuche von praktisch immer vorhandenen Haftstellen loszureissen. Dabei wird die Stärke der Haftkräfte für die einzelnen Flussschläuche eine gewisse Verteilung um einen

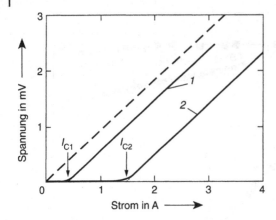

Abb. 5.19 Strom-Spannungs-Charakteristiken einer Nb$_{50}$Ta$_{50}$-Legierung in der Shubnikov-Phase. $T = 3,0$ K, Außenfeld $B_a = 0,2$ T, T_c im Feld Null ist 6,25 K (nach [36]).

Mittelwert F_H aufweisen. Auch werden sich kollektive Effekte durch das gesamte Flussliniengitter auf die Haftkräfte auswirken. Der Einfachheit halber werden wir aber nur von einer Haftkraft F_H sprechen.

Solange die Lorentz-Kraft F_L kleiner ist als die Haftkraft F_H, können die Flussschläuche nicht wandern. Wir werden also auch in jedem realen Supraleiter 2. Art in der Shubnikov-Phase widerstandsfreie Ströme beobachten können. Überschreitet der Belastungsstrom die kritische Größe, bei der $F_L = F_H$ wird, so setzt die Bewegung der Flussschläuche ein, es tritt ein elektrischer Widerstand auf[22]. Der kritische Strom ist demnach ein Maß für die Kraft F_H, mit der die Flussschläuche an energetisch bevorzugten Stellen »festgebunden« sind.

Die Abb. 5.19 zeigt die Strom-Spannungs-Charakteristiken für zwei Proben einer Nb$_{50}$Ta$_{50}$-Legierung mit verschieden großer innerer Unordnung [36]. Beide Proben befinden sich bei der Messung in der Shubnikov-Phase. An der stärker gestörten Probe 2 wird bis zu einem Belastungsstrom I_{c2} von ca. 1,2 A keine elektrische Spannung beobachtet[23], während für die weniger gestörte Probe 1 bereits bei ca. 0,2 A eine Spannung und damit ein Widerstand auftritt. Wir nennen die Ströme I_{c1} und I_{c2} die kritischen Ströme der beiden Proben. Eine »ideale« Probe des gleichen Materials, also eine völlig homogene Probe, würde bei gleichen Bedingungen eine Strom-Spannungs-Charakteristik haben, die durch die gestrichelte Linie angedeutet ist.

Es geht nun bei den harten Supraleitern darum, die Haftkräfte besonders groß zu machen, um damit auch möglichst große, widerstandsfreie Belastungsströme zu

---

22 Wenn die Haftkräfte auf die einzelnen Flussschläuche verschieden stark sind, werden sich zunächst nur die am schwächsten verankerten Flussschläuche losreisen und zunächst einen relativ kleinen Widerstand verursachen. Mit wachsendem Strom wird deren Zahl und damit der Widerstand der Probe rasch gegen einen gewissen Grenzwert anwachsen.

23 Die Aussage »keine Spannung« enthält natürlich eine starke Vereinfachung. Da auch bei Strömen $I < I_c$ gewöhnlich schon eine, wenn auch sehr schwache, Dissipation auftreten kann, werden wir auch hier kleine Spannungen beobachten können. Die Charakteristiken in Abb. 5.19 deuten dies an, indem sie allmählich in den linearen Teil übergehen.

erhalten. Bevor wir einige Beispiele von harten Supraleitern behandeln, soll noch kurz auf den linearen Teil der Charakteristiken in Abb. 5.19 eingegangen werden.

In diesem Teil der Charakteristik wird die Spannung U am Supraleiter ebenfalls durch die Bewegung der Flussschläuche erzeugt. Der so entstehende differenzielle Widerstand $dU/dI = R_{fl}$, der »flow resistance«, ist offenbar für beide Proben gleich groß, hängt also nicht von den Haftzentren für die Flussschläuche ab.

Dieser Befund ist mit folgender Annahme verständlich: Sind die Flussschläuche erst einmal von ihren Haftzentren gelöst, so bewegen sie sich unter dem Einfluss der Differenzkraft $\vec{F}^* = \vec{F}_L - \vec{F}_H$ durch das Material. Aufgrund der nun einsetzenden dissipativen Prozesse, die zu einer Art »Reibung« des Flussschlauches im Supraleiter führen, stellt sich eine Wanderungsgeschwindigkeit v ein, die proportional zu F^* ist. Es gilt:

$$v \propto F^* \propto (I - I_c) \tag{5-23}$$

Andererseits ist die elektrische Spannung U proportional zu v, d. h. es gilt:

$$U \propto v \propto I - I_c \tag{5-24}$$

Damit wird:

$$dU/dI = \text{const.} \tag{5-25}$$

Die Gleichheit von dU/dI für verschieden stark gestörte Proben (Abb. 5.19) besagt, dass die Haftzentren offenbar keinen Einfluss auf den Zusammenhang zwischen F^* und v haben. Zu gleichem F^* gehört unabhängig von der Natur der Haftzentren die gleiche Geschwindigkeit v und damit die gleiche Spannung U. Die Charakteristiken sind dann nur in Richtung der I-Achse parallel verschoben.

Wir haben nach diesen Befunden zwei Anteile der Energiedissipation $U \cdot I$, nämlich einmal $U \cdot I_c$ und zum anderen $U \cdot (I - I_c)$.

Betrachten wir zunächst den Anteil $U \cdot I_c$. Werden die Flussschläuche unter dem Einfluss der Lorentz-Kraft, die durch einen Transportstrom verursacht wird, durch das Material bewegt, so bedeutet das, dass eine Reihe von Potenzialmulden durchlaufen wird. Es kostet Energie, einen Flussschlauch aus einer Mulde zu heben. Man könnte sich nun vorstellen, dass diese Energie zurückerhalten wird, wenn der Flussschlauch in die nächste (gleich tiefe) Mulde fällt. Wäre dies der Fall, so würde das Durchlaufen der Potenzialmulden keine Dissipation von Energie mit sich bringen. Entscheidend ist, dass die Flussschläuche bei ihrer Wanderung durch die Haftzentren ständig elastisch deformiert werden [37, M17]. Diese Deformationen führen zu den Energieverlusten, die der Anteil $U \cdot I_c$ beschreibt.

Wir kommen jetzt zum Anteil $U \cdot (I - I_c)$ der dissipierten Leistung, der nach Gleichung (5-23) die Wanderungsgeschwindigkeit bestimmt. Die wesentlichen Energieverluste bei der Wanderung von Flussschläuchen sind durch das Auftreten lokaler elektrischer Felder bedingt, die an den ungepaarten Elektronen angreifen. Damit wird verständlich, dass der »flow resistance« vom Normalwiderstand des

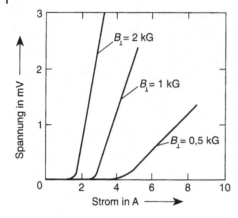

Abb. 5.20 Strom-Spannungs-Charakteristiken einer Pb-In-Legierung in der Shubnikov-Phase. Material: Pb + 17 Atom-% In, T = 2,0 K, Übergangstemperatur im Feld Null: ca. 7,1 K (nach [36]).

Materials abhängt. Es zeigt sich, dass R_{fl} proportional ist zu R_n[24]. Außerdem treten an jedem Flussschlauch die gleichen dissipativen Effekte auf. Deshalb wird der dynamische Widerstand (flow resistance) auch proportional zur Dichte (Anzahl pro Fläche) der Flussschläuche sein. Diese Dichte nimmt mit wachsendem Außenfeld B_a zu. Die U-I-Charakteristiken werden mit wachsendem Magnetfeld steiler. Die Abb. 5.20 zeigt die Abhängigkeit des dynamischen Widerstandes vom Außenfeld für eine Blei-Indium-Legierung (Pb + 17 Atom-% In) [36].

Mit wachsendem Feld nimmt hier auch der kritische Strom I_c ab. Diese Abnahme kann verschiedene Ursachen haben. Einmal werden bei steigender Flussschlauchdichte nicht alle Flusswirbel gleich fest gebunden sein können. Damit nimmt die mittlere Haftkraft ab. Zum anderen nimmt die Haftkraft aber für ein und dasselbe Zentrum mit wachsendem Außenfeld ab und geht für $B_a \rightarrow B_{c2}$ gegen Null. Wir werden das Verhalten des kritischen Stromes mit wachsendem Außenfeld besonders deutlich in einer Darstellung der Feldabhängigkeit von I_c sehen (Abb. 5.21 und 5.22)[25].

Wir haben schon bei der Diskussion der Abb. 5.19 festgestellt, dass der kritische Strom I_c vom Grad der inneren Unordnung einer Probe abhängt. Diese innere Unordnung kann unter anderem durch plastische Verformung erzeugt werden.

---

24 Mit wachsendem R_n wird unter sonst gleichen Bedingungen die Geschwindigkeit v der Flussschläuche unter dem Einflus der vorgegebenen Kraft $F^* = F_L - F_H$ (d.h. unter einem vorgegebenen Strom $I = I_c + I'$) größer. Dies kann eine einfache aber instruktive Betrachtung der umgesetzten Leistung zeigen: Wenn ein Flussschlauch durch die Kraft F^* mit der Geschwindigkeit v durch das Material bewegt wird, so entwickelt dabei die Kraft F^* die Leistung $P_{F^*} = F^* \cdot v$. Diese Leistung muss durch die lokalen elektrischen Felder E in Wärme verwandelt werden. Bei einem spezifischen Widerstand ρ_n des Materials im Normalzustand ist die elektrische Leistung P_{el} proportional zu E^2/ρ_n. Andererseits ist, wie wir schon gesehen haben, E proportional zu v. Damit ergibt die Forderung $P_{F^*} = P_{el}$: $E^2/\rho_n \propto F^* \cdot v \propto v^2/\rho_n$, und damit: $F^* \propto v/\rho_n$. Bei vorgegebenem F^* wird v mit wachsendem ρ_n größer.

25 Es sei hier erwähnt, dass in die Gestalt der Strom-Spannungs-Kennlinien im äußeren Magnetfeld auch die Geometrie der Probe eingeht. So werden für das gleiche Material an einem Band andere Kennlinien beobachtet als an einer Kreisscheibe mit dem Strom vom Zentrum zum Rand, einer »Corbinoscheibe«.

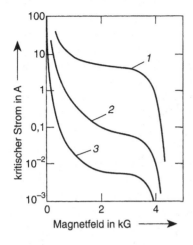

Abb. 5.21 Kritischer Strom einer $Nb_{55}Ta_{45}$-Legierung im äußeren Magnetfeld (1 kG = 0,1 T) senkrecht zum Strom. Drahtdurchmesser: 0,38 mm, Messtemperatur: 4,2 K. 1: unmittelbar nach Kaltverformung, 2: nach 24 Stunden bei 1800 K, 3: nach 48 Stunden bei 1800 K (nach [21]).

Zieht man etwa einen Metalldraht (z. B. Cu) bei Zimmertemperatur durch eine Düse, wobei der Querschnitt verkleinert wird, so entstehen bei diesem Vorgang in dem Draht viele innere Störungen, d. h. Bereiche, in denen der periodische Aufbau des Metallgitters stark gestört ist. Solche Bereiche sind z. B. die Korngrenzen, also die Übergangsbereiche zwischen einzelnen Kristallkörnern. Erwärmt man dann das Metall, so können diese fehlgeordneten Bereiche allmählich »ausheilen«, d. h. mehr und mehr in geordnete Bereiche übergehen.

Wirken die fehlgeordneten Bereiche als Haftstellen für die Flussschläuche, so sollte ein plastisch verformter Typ-II-Supraleiter unmittelbar nach der Verformung einen besonders hohen kritischen Strom haben. Beim Erwärmen müsste mit der allmählichen Beseitigung der fehlgeordneten Bereiche auch der kritische Strom abnehmen.

Die Abb. 5.21 zeigt diesen Effekt sehr deutlich [21]. Hier ist der kritische Strom für eine $Nb_{55}Ta_{45}$-Legierung als Funktion eines äußeren Magnetfeldes senkrecht zum Strom für verschiedene Störgrade dargestellt. Unmittelbar nach dem mechanischen Ziehvorgang, also in einem Zustand mit sehr vielen Störungen, ist der kritische Strom in der Shubnikov-Phase groß[26]. Mit dem Abbau der Störungen durch Tempern verschwinden die Haftstellen für die Flussschläuche mehr und mehr. Der kritische Strom nimmt wie erwartet stark ab. In Abb. 5.11 sind entsprechende Magnetisierungskurven für die gleiche Legierung dargestellt. Dort führen die Haftstellen zu starken Irreversibilitäten der Magnetisierungskurve.

Die kritischen Stromwerte von Drähten einiger metallischer Hochfeldsupraleiter sind in Abb. 5.22 wiedergegeben[27]. Da der kritische Strom wegen der vorher besprochenen Abhängigkeit vom Störgrad sehr stark durch die Vorgeschichte des Materials beeinflusst wird, können die Daten der Abb. 5.22 nur als Richtwerte aufgefasst werden. Die Beispiele sind willkürlich aus einer großen Zahl von Daten

---

26 Der steile Abfall des kritischen Stromes bei sehr kleinen Magnetfeldern erfolgt in der Meißner-Phase, in der sich der Supraleiter für Felder $B_a < B_{c1}$ befindet (vgl. Abb. 5.3 b).

27 Insbesondere NbTi und Nb_3Sn werden zur Herstellung supraleitender Magnete verwendet.

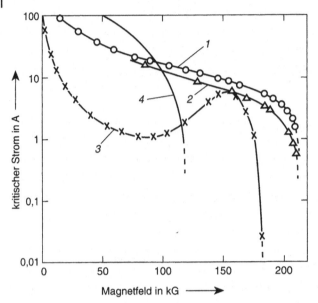

Abb. 5.22 Kritische Ströme von dünnen Drähten metallischer Hochfeldsupraleiter (1 kG = 0,1 T). Messtemperatur: 4,2 K; Kurve 1: V_3Si;
Kurve 2: Nb_3Sn; Kurve 3: V_3Ga; Drahtstärke dieser Proben einheitlich
0,5 mm. Die Verbindung liegt jeweils nur in einer Oberflächenschicht
vor, die durch Diffusion der zweiten Komponente in das Grund-
material Nb bzw. V entstanden ist. Kurve 4: Nb-Ti, Drahtstärke
0,15 mm (nach [38, 39]).

ausgewählt. Sie zeigen aber, dass man durch geeignet präparierte harte Supraleiter
bei einer Drahtstärke von nur 0,5 mm und bei Außenfeldern von über 10 T noch
dissipationsfreie Supraströme von mehr als 10 A bis hinauf zu 100 A fließen lassen
kann. Leiter mit vielen dünnen Drähten, sog. Multifilamentdrähte, können noch
erheblich höhere Ströme tragen. Solche Supraleiter sind natürlich von großer
Bedeutung für den Bau supraleitender Magnete (vgl. Abschnitt 7.1).

In Abb. 5.22 ist auch eine Kurve (V_3Ga) wiedergegeben, die ein Maximum des
kritischen Stromes in der Nähe von B_{c2}, den sog. »peak effect«, zeigt (vgl. auch
Abb. 5.14). Offenbar können mit wachsendem Außenfeld Bedingungen entstehen,
die zu einer effektiveren Wirkung der Haftstellen führen. Hierbei sind die elastischen Eigenschaften des Gitters wesentlich [M17]. Das Gitter wird elastischer, die
Wirbel können sich besser an die Haftzentren anbinden. Auch können in der Nähe
von B_{c2} bereits normalleitende Bereiche auftreten, die dann als zusätzliche Haftzentren wirksam werden und damit zu einer Erhöhung des kritischen Stromes
führen.

Durch ein systematisches Studium der harten Supraleiter ist es weitgehend
empirisch gelungen, recht brauchbare Materialien zu entwickeln. Die genauen
Abhängigkeiten des kritischen Stromes von den Defektstrukturen sind aber keineswegs vollständig geklärt.

Dies gilt in noch größerem Umfang für die Hochtemperatursupraleiter [40]. Hier ergaben erste Messungen der kritischen Ströme an polykristallinen Sinterproben enttäuschend kleine Werte für die kritische Stromdichte, die bei 77 K (Siedepunkt des flüssigen Stickstoffs) selbst ohne angelegtes Magnetfeld oft unterhalb von 10^3 A/cm^2 lag. Es wurde aber bald klar, dass der kritische Strom weitgehend durch die Korngrenzen limitiert wurde. Dabei sinkt die Stromtragfähigkeit einer Korngrenze stark mit einer wachsenden relativen Verkippung der Kristallachsen. Dies konnte durch Transportmessungen an YBa$_2$Cu$_3$O$_7$-Dünnfilmen gezeigt werden, die auf SrTiO$_3$-Bikristallsubstraten aufgewachsen waren[28] [41]. Auch aus Sintermaterialien konnten einzelne Korngrenzen herauspräpariert und auf ihre Stromtragfähigkeit untersucht werden [42]. Die Ursachen der Strombegrenzung durch Korngrenzen sind allerdings nur ansatzweise geklärt. Für Details sei auf die Überblicksartikel [43, 44] verwiesen.

Eine weitere Limitierung des kritischen Stroms ergibt sich durch die Schichtstruktur der Kuprate. Während man entlang der CuO$_2$-Ebenen eine hohe Stromtragfähigkeit erhalten kann, ist diese senkrecht dazu sehr klein und z. T. ebenfalls durch den Josephsoneffekt begrenzt (vgl. Abb. 1.21 f). Die Abb. 5.23 zeigt diesen Effekt am Beispiel eines YBa$_2$Cu$_3$O$_7$-Dünnfilms [45]. Der Film wurde mittels der so genannten Laser-Ablation hergestellt. Hierbei wurden in einer Sauerstoffatmosphäre von 0,4 mbar hochintensive Laserpulse auf ein »Target« aus massivem YBa$_2$Cu$_3$O$_7$ gerichtet. Das dort abgetragene Material kondensiert dann auf einem einkristallinen SrTiO$_3$-Substrat so, dass die CuO$_2$-Ebenen des Kuprats parallel zur Substratoberfläche orientiert sind. In Abb. 5.23 ist die kritische Suprastromdichte für Stromfluss entlang der CuO$_2$-Ebenen für verschiedene Temperaturen in Abhängigkeit vom angelegten Magnetfeld aufgetragen. Das Feld war dabei entweder senkrecht zu den CuO$_2$-Ebenen (d. h. in der kristallographischen c-Richtung) oder senkrecht dazu orientiert. Abb. 5.23 zeigt, dass bei 4,2 K kritische Stromdichten von einigen 10^7 A/cm^2 erreicht werden, bei 77 K immerhin noch Werte von einigen 10^6 A/cm^2. Solange das Magnetfeld parallel zu den Ebenen angelegt ist, bleiben diese Werte auch noch in hohen Feldern – tatsächlich bis zu Feldern weit oberhalb von 20 T – erhalten [46]. Dieser Sachverhalt ist insbesondere für den Bau von Magneten sehr wichtig.

Für die Erzielung einer hohen Suprastromdichte ist es generell nötig, dass Korngrenzen vermieden werden und dass die Transportströme möglichst parallel zur Schichtstruktur fließen. Im Bereich der Dünnfilmtechnik kann ein entspre-

---

28 Kondensiert man YBa$_2$Cu$_3$O$_7$ unter mäßigem Sauerstoffdruck (ca. 0,1 mbar) auf ein einkristallines SrTiO$_3$-Substrat, so übernimmt der Dünnfilm weitgehend die Kristallorientierung des Substrats. Hierbei sind die Substrate meist so hergestellt, dass die CuO$_2$-Ebenen des Films parallel zur Substratoberfläche aufwachsen. Mit dieser Technik wurden bereits früh YBa$_2$Cu$_3$O$_7$-Dünnfilme relativ hoher Qualität hergestellt [P. Chaudhari, R. H. Koch, R. B. Laibowitz, T. R. McGuire, R. J. Gambino: Phys. Rev. Lett. **58**, 2684 (1987)]. Bei einem *Bikristall*-Substrat sind zwei einkristalline Substrateile gegeneinander verdreht. Die Korngrenze des Substrats überträgt sich dabei in den aufgebrachten Dünnfilm und kann damit systematisch auf ihre Stromtragfähigkeit untersucht werden. Wir haben solche Korngrenzen bereits in Abschnitt 1.5 im Zusammenhang mit Josephsonkontakten angesprochen. (vgl. Abb. 1.21 e).

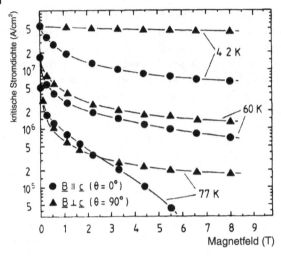

Abb. 5.23 Kritische Stromdichte eines $YBa_2Cu_3O_7$-Dünnfilms für drei Messtemperaturen in Abhängigkeit vom angelegten Magnetfeld. Das Feld wurde entweder senkrecht zur Schichtstruktur (d. h. parallel zur kristallographischen c-Achse) oder parallel dazu angelegt (nach [45]).

chendes epitaktisches Wachstum relativ leicht erreicht werden, solange man sich auf nicht allzu große Substrate beschränkt [47]. Will man aber hochstromtragende Drähte oder Bänder auf der Basis der Kuprate betreiben, muss das Material offensichtlich auf großen Längen eine gute Stromtragfähigkeit aufweisen. Das Herstellungsverfahren sollte außerdem möglichst wenig aufwändig und nicht zu teuer sein. Hier ist in den letzten Jahren eine Reihe von Verfahren entwickelt worden, die wir in Abschnitt 7.1.2 ansprechen werden. Auch auf dem Gebiet der Massivmaterialien, die man beispielsweise zur berührungsfreien Levitation oder zur Magnetfeldspeicherung verwenden will, sind enorme Forschritte erzielt worden (s. Abschnitt 7.2). Diese Entwicklungen sind noch lange nicht abgeschlossen.

Wir wollen unsere Ausführungen über kritische Ströme in Supraleitern mit einigen allgemeinen Anmerkungen abschließen. Wir haben gesehen, dass durch den Mechanismus der Paarbrechung eine intrinsische maximale Suprastromdichte gegeben ist. In den technisch relevanten Fällen ist dagegen die maximale Stromtragfähigkeit eines Supraleiters durch *extrinsische* Eigenschaften bestimmt, die einerseits in Form von Haftzentren in der Shubnikov-Phase erst einen endlichen Suprastrom ermöglichen, andererseits aber – beispielsweise in Form von Korngrenzen in Hochtemperatursupraleitern – als Schwachstellen im Material den maximalen Suprastrom wiederum erheblich herabsetzen können. Die Frage, ob ein neues Material – wie etwa MgB_2 – technischen Einsatz finden wird, hängt von den konkreten Problemstellungen ab und kann oft erst nach einer langen Entwicklungszeit beantwortet werden. In Kapitel 7 werden wir einige Beispiele näher kennenlernen.

Literatur

1 F. B. Silsbee: J. Wash. Acad. Sci. **6**, 597 (1916).
2 B. K. Mukherjee u. J. F. Allen: Proc. LT 11, St. Andrews 1968, S. 827, B. K. Mukherjee u. D. C. Baird: Phys. Rev. Lett. **21**, 996 (1968).
3 F. Haenssler u. L. Rinderer: Helv. Phys. Acta **40**, 659 (1967).
4 D. Shoenberg: »Superconductivity«, Cambridge, At The University Press 1952.
5 B. R. Scott: J. Res. Nat. Bur. Stand. **47**, 581 (1948)
6 L. Rinderer: Helv. Phys. Acta **29**, 339 (1956).
7 C. J. Gorter: Physica **23** 45 (1957); C. J. Gorter u. M. L. Potters: Physica **24** 169 (1958); B. S. Chandrasekhar I. J. Dinewitz u. D. E. Farrell: Phys. Lett. **20**, 321 (1966).
8 G. J. van Gurp: Phys. Lett. **24** A, 528 (1967); P. R. Solomon: Phys. Rev. **179**, 475 (1969).
9 H. Meissner: Phys. Rev. **97**, 1627 (1955); J. Stark, K. Steiner u. H. Schoeneck: Phys. Z. **38**, 887 (1937).
10 W. Klose: Phys. Lett. **8**, 12 (1964).
11 C. J. Gorter: Phys. Lett. **1**, 69 (1962).
12 I. Giaever: Phys. Rev. Lett. **15**, 825 (1966).
13 R. Busch, G. Ries, H. Werthner, G. Kreiselmeyer u. G. Saemann-Ischenko: Phys. Rev. Lett. **69**, 522 (1992); H. Safar, P. L. Gammel, D. A. Huse, S. N. Majumdar, L. F. Schneemeyer, D. J. Bishop, D. López, G. Nieva u. F. de la Cruz: Phys. Rev. Lett. **72**, 1272 (1994); D. López, E. F. Righi, G. Nieva u. F. de la Cruz: Phys. Rev. Lett. **76**, 4034 (1996); B. Khaykovich, D. T. Fuchs, K. Teitelbaum, Y. Myasoedov, E. Zeldov, T. Tamegai, S. Ooi, M. Konczykowski, R. A. Doyle u. S. F. W. R. Rycroft: Physica B **284**, 685 (2000).
14 E. V. Thuneberg, J. Kurkijärvi u. D. Rainer: Phys. Rev. **B 29**, 3913 (1984).
15 M. Tachiki u. S. Takahashi: Solid State Comm. **70**, 291 (1989).
16 L. Civale, A. D. Marwick, T. K. Worthington, M. A. Kirk, J. R. Thompson, L. Krusin-Elbaum, Y. Sun, J. R. Clem u. F. Holtzberg: Phys. Rev. Lett. **67**, 648 (1991); M. Konczykowski, F. Rullier-Albenque, E. R. Yacoby, A. Shaulov, Y. Yeshurun u. P. Lejay: Phys. Rev. B **44**, 7167 (1991); W. Gerhäuser, G. Ries, H. W. Neumüller, W. Schmidt, O. Eibl, G. Saemann-Ischenko u. S. Klaumünzer: Phys. Rev. Lett. **68**, 879 (1992).
17 V. V. Moshchalkov, V. Bruyndoncx, L. Van Look, M. J. Van Bael, Y. Bruynseraede u. A. Tonomura, in: »Handbook of Nanostructured Materials and Nanotechnology Vol. 3«, H. S. Nalwa (Hrsg.), Academic Press, San Diego, S. 451 (1999).
18 G. Teniers, M. Lange, V. V. Moshchalkov: Physica C **369**, 268 (2002).
19 C. Bean u. J. Livingson: Phys. Rev. Lett. **12**, 14 (1964).
20 G. Blatter, M. V. Feigel'man, V. B. Geshkenbein, A. I. Larkin u. V. M. Vinokur: Rev. Mod. Phys. **66**, 1125 (1994).
21 J. W. Heaton u. A. C. Rose-Innes: Cryogenics (G. B.) **4**, 85 (1965).
22 A. Campbell, J. E. Evetts u. D. Dew Hughes: Phil. Mag. **10**, 333 (1964); J. E. Evetts, A. M. Campbell u. D. Dew-Hughes: Phil. Mag. **10**, 339 (1964).
23 M. P. A. Fisher: Phys. Rev. Lett. **62**, 1415 (1989); A. T.Dorsey, M. Huang u. M. P. A. Fisher: Phys. Rev. B **45**, 523 (1992).
24 T. Nattermann: Phys. Rev. Lett. **64**, 2454 (1990); T. Nattermann u. S. Scheidl: Adv. Phys. **49**, 607 (2000); S. E. Korshunov: Phys. Rev. B **48**, 3969 (1993); T. Giamarchi u. P. Le Doussal: Phys. Rev. Lett. **72**, 1530 (1994) u. Phys. Rev. B **55**, 6577 (1997).
25 D. R. Nelson u. V. M. Vinokur: Phys. Rev. Lett. **68**, 2398 (1992) u. Phys. Rev. B **48**, 13060 (1993); U. Täuber u. D. R. Nelson: Phys. Rep. **289**, 157 (1997).
26 J. Kierfeld u. V. M. Vinokur: Phys. Rev. B **61**, R14928 (2000).
27 K. Deligannis, P. A. J. de Groot, M. Oussena, S. Pinfold, R. Langan, R. Gagnon u. L. Taillefer: Phys. Rev. Lett. **79**, 2121 (1997).
28 K. Kadowaki u. T. Mochiku: Physica C **195**, 127 (1992); N. Chikumoto, M. Konczykowski, N. Motohira u. A. P. Malozemov: Phys. Rev. Lett. **69**, 1260 (1992); E. Zeldov, D. Majer, M. Konczykowski, A. I. Larkin, V. M. Vinokur, V. B. Geshkenbein, N. Chikumoto u.

H. Shtrikman: Europhys. Lett. **30**, 367 (1995); S. Ooi, T. Shibauchi, K. Itaka, N. Okuda u. T. Tamegai: Phys. Rev. B. **63**, 020501 (2000).

29 V. V. Moshchalkov: Physica C **332**, ix (2000); V. V. Moshchalkov, M. Baert, V. V. Metlushko, E. Rosseel, M. J. Van Bael, K. Temst, R. Jonckheere u. Y. Bruynseraede: Phys. Rev. B **54**, 7385 (1996).

30 R. Wördenweber u. P. Selders: Physica C **366**, 135 (2002)

31 C. P. Bean: Phys. Rev. Lett. **8**, 250 (1962) u. Rev. Mod. Phys. **36**, 31 (1964).

32 Y. B. Kim, C. F. Hempstead u. A. R. Strnad: Phys. Rev. **129**, 528 (1963).

33 E. H. Brandt: Rep. Prog. Phys. **58**, 1465 (1995).

34 Ch. Joos, J. Albrecht, H. Kuhn, S. Leonhardt u. H. Kronmüller: Rep. Prog. Phys. **65**, 651 (2002).

35 C. Keller, H. Küpfer, R. Meier-Hirmer, U. Wiech, V. Selvamanickam u. K. Salama: Cryogenics **30**, 410 (1990).

36 A. R. Strnad, C. F. Hempstead u. Y. B. Kim: Phys. Rev. Lett. **13**, 794 (1964).

37 K. Yamafuji u. R. Irie: Phys. Lett. **25 A**, 387 (1967).

38 G. Otto, E. Saur u. H. Wizgall: J. Low Temp. Physics **1**, 19 (1969).

39 G. Bogner: Elektrotech. Z **89**, 321 (1968).

40 R. Wördenweber: Rep. Prog. Phys. **62**, 187 (1999); T. Matsushita: Supercond. Sci. Technol. **13**, 730 (2000).

41 D. Dimos, P. Chaudari u. J. Mannhart: Phys. Rev. B **41**, 4038 (1990); R. Gross, P. Chaudari, M.Kawasaki u. A. Gupta: Phys. Rev. B **42**, 10735 (1990).

42 G. Schindler, B. Seebacher, R. Kleiner, P. Müller u. K. Andres: Physica C **196**, 1 (1992).

43 H. Hilgenkamp u. J. Mannhart: Rev. Mod. Phys. **74** (2002).

44 R. Gross, in » Interfaces in High-T_c Superconducting Systems«, S. L. Shinde u. D. A. Rudman (Hrsg.), Springer, New York (1994), S. 176.

45 B. Roas, L. Schultz u. G. Saemann-Ischenko: Phys. Rev. Lett. **64**, 479 (1990).

46 J. E. Evetts u. P. H. Kes, Concise Encyclopedia of Magnetic and Superconducting Materials, J. Evetts (Hrsg.), Oxford, Pergamon, S. 88 (1992).

47 Für einen Überblick, siehe D. G. Schlom u. J. Mannhart: Encyclopedia of Materials: Science and Technology, K. H. J. Buschow, R. W. Cahn, M. C. Flemings, B. Ilschner, E. J. Kramer u. S. Mahajan (Hrsg.), Elsevier Science, Amsterdam, 3806 (2002), sowie: R. Wördenweber: Supercond. Sci. Technol. **12**, R86 (1999).

6
Josephsonkontakte und ihre Eigenschaften

Im vorangegangenen Kapitel hatten wir mit der Stromtragfähigkeit eine Eigenschaft von Supraleitern kennengelernt, die sehr stark von der Detailstruktur der Materialien abhing. Ganz anders stellt sich uns die Physik der Josephsonkontakte dar. Hier spielen Details der Materialeigenschaften oft eine nur untergeordnete Rolle, sodass sich viele Aussagen sehr allgemein treffen lassen. Beispiele hierfür hatten wir ja schon in Kapitel 1 bei der Herleitung der Josephsongleichungen oder bei der Diskussion der Magnetfeldabhängigkeit des maximalen Suprastroms über den Josephsonkontakt kennengelernt. Hierbei waren (fast) nur die fundamentalen Eigenschaften einer kohärenten Materiewelle eingegangen.

Im Folgenden wollen wir die Eigenschaften von Josephsonkontakten etwas detaillierter betrachten. Wir werden inbesondere die Dynamik von Josephsonkontakten genauer diskutieren.

Zunächst wollen wir aber nochmals einen genaueren Blick auf Grenzflächen zwischen Supraleitern und Normalleitern bzw. Isolatoren werfen und dabei unser in den vorangegangenen Abschnitten erworbenes Wissen über den supraleitenden Zustand einfließen lassen.

6.1
Stromtransport über Grenzflächen im Supraleiter

6.1.1
Supraleiter-Isolator-Grenzflächen

Betrachten wir zunächst zwei elektrische Leiter, die durch eine isolierende Zwischenschicht (oder gar ein Vakuum) voneinander getrennt sind. Wir denken uns die Zwischenschicht zunächst als sehr dick, sodass kein Ladungsaustausch zwischen den beiden Leitern stattfinden kann. Sieht man davon ab, dass an der Oberfläche der Supraleiter eventuell andere elektrische Eigenschaften als in deren Inneren vorliegen [1], so wird die Cooper-Paardichte und damit die Wellenfunktion bis an den geometrischen Rand der beiden Supraleiter dieselbe sein wie im Inneren.

Nähert man die beiden Supraleiter bis auf wenige Nanometer an, so können Elektronen von einem Leiter zum anderen tunneln, vorausgesetzt im zweiten

Supraleitung: Grundlagen und Anwendungen, 6. Auflage
Werner Buckel, Reinhold Kleiner
Copyright © 2004 Wiley-VCH Verlag GmbH & Co. KGaA, Weinheim
ISBN: 978-3-527-40348-6

Supraleiter sind energetisch »passende« freie Zustände vorhanden (vgl. Abschnitt 3.1.3.2).

Hierbei müssen wir eine Reihe unterschiedlicher Tunnelprozesse betrachten.

Im einfachsten Fall findet dabei der Tunnelprozess direkt von einem Leiter zum anderen statt (»direktes Tunneln«). Die Wahrscheinlichkeit, dass ein Elektron tunnelt, hängt dabei gemäß den allgemeinen Gesetzen der Quantenmechanik in exponentieller Form von der Höhe und der Dicke der Energiebarriere zwischen den beiden Supraleitern ab.

Oft besteht aber auch die Möglichkeit, dass sich die Elektronen innerhalb der Barriere aufhalten können. Sie sind dort aber nicht frei beweglich, sondern beispielsweise an ein Fremdatom gebunden. In allgemeiner Form spricht man von »lokalisierten Zuständen«. Legt man eine Potenzialdifferenz eU zwischen den beiden Leitern an, so besteht, sofern der Prozess energetisch günstig ist, die Möglichkeit, dass die Elektronen zunächst in einen dieser Zustände tunneln und von hier aus zum anderen Leiter gelangen. Eine besonders günstige Situation ergibt sich, wenn der lokalisierte Zustand in der Mitte der Barriere liegt und seine Energie mit der des tunnelnden Elektrons übereinstimmt. Dann kann die Wahrscheinlichkeit, dass der Tunnelprozess stattfindet, beinahe 1 werden (»resonantes Tunneln«) [2].

Eine weitere wichtige Eigenschaft betrifft den Impuls bzw. den Wellenvektor des tunnelnden Elektrons. Im einfachsten Fall kommt das Elektron mit genau dem Wellenvektor im zweiten Metall an, mit dem es das erste Metall verlassen hat. Dies entspricht einem »kohärenten« Prozess. Im Gegensatz dazu besteht beim Tunneln über die Zwischenzustände die Möglichkeit, dass der Impuls des im zweiten Leiter ankommenden Elektrons nichts mit dem Impuls zu tun hat, mit dem es den ersten Leiter verlassen hat. Dies entspricht einem komplett »inkohärenten« Tunnelprozess.

Für *periodische* Schichtstrukturen müssen wir zudem etwas genauer die Komponente des Wellenvektors senkrecht zu den Schichten betrachten. Falls diese Komponente beim Stromtransport über die Schichten erhalten bleibt, haben wir eine senkrecht zu den Schichten propagierende Welle, genauer gesagt einen Bloch-Zustand, vorliegen. Das Material stellt trotz seiner nichtleitenden Zwischenschichten ein Metall dar, dessen Leitfähigkeit senkrecht zu den Schichten allerdings erheblich geringer sein wird als parallel dazu. Falls der Wellenvektor senkrecht zu den Schichten nicht erhalten bleibt, das Elektron beim Tunneln zwischen benachbarten Schichten aber seinen Impuls parallel zu den Schichten behält, spricht man häufig von »kohärentem Tunneln« oder von »schwach inkohärentem« Tunneln im Gegensatz zum eingangs erwähnten vollständig inkohärenten Tunnelprozess.

Diskutieren wir nun, wie sich diese verschiedenen Prozesse beim Stromtransport zwischen zwei Supraleitern äußern, die durch einen Isolator voneinander getrennt sind.

Wir müssen zwei unterschiedliche Ladungsträger betrachten, nämlich die Cooper-Paare und die ungepaarten Elektronen (Quasiteilchen). Das Tunneln der Quasiteilchen hatten wir bereits in Abschnitt 3.1.3.2 diskutiert, wobei wir stillschweigend einen direkten Tunnelprozess zwischen den beiden Supraleitern unterstellt hatten.

Das Tunneln der Cooper-Paare wollen wir nun etwas genauer darstellen. Wir sollten dabei die Cooper-Paare nicht als eine Art Molekül aus zwei Elektronen ansehen, das als Einheit über die Barriere tunnelt. Vielmehr stellt sich der Suprastrom über die Barriere aus der mikroskopischen Theorie heraus so dar, dass zunächst ein Cooper-Paar im ersten Supraleiter aufgebrochen wird, die beiden Elektronen nacheinander die Barriere überqueren und dann anschließend wieder ein Paar bilden. Die Wechselwirkungen zwischen den Cooper-Paaren machen diesen doppelten Prozess allerdings ungefähr gleich wahrscheinlich wie das Tunneln einzelner Quasiteilchen.

Die Rate von Teilchen, die über die Barriere fließen können, ist proportional zur Wahrscheinlichkeit, dass ein Tunnelprozess stattfinden kann. In Abschnitt 3.1.3.2 haben wir diese Wahrscheinlichkeit in die Durchlässigkeit D der Barrierenschicht absorbiert, siehe z. B. Gleichungen (3-10) bis (3-13). Damit wird auch der maximale Suprastrom I_c über die Barrierenschicht umso größer werden, je größer diese Durchlässigkeit wird. Auf der anderen Seite wächst im Normalzustand für die ungepaarten Elektronen der Widerstand R_n mit fallender Durchlässigkeit der Barriere. Das Produkt aus I_c und R_n kann damit unabhängig von D werden, vorausgesetzt, ungepaarte und gepaarte Elektronen tunneln auf die gleiche Weise.

Im Fall des direkten Tunnelns erhält man, falls die beiden Supraleiter identisch sind und die Paarwellenfunktion s-Symmetrie hat [3]:

$$I_c R_n = \frac{\pi}{2e} \Delta_0(T) \cdot \tanh\left(\frac{\Delta_0(T)}{2k_B T}\right) \tag{6-1}$$

(Δ_0: Energielücke des Supraleiters, e: Elementarladung, k_B: Boltzmann-Konstante)

Dies ist die »Ambegaokar-Baratoff-Relation«, nach der das Produkt aus I_c und R_n ausschließlich von der Energielücke Δ_0 abhängt. Deren Temperaturabhängigkeit hatten wir bereits in Abschnitt 3.1.3.2 diskutiert (vgl. Abb. 3.19).

Für Temperaturen weit unterhalb von T_c ist Δ_0 nahezu konstant. Das Argument des tanh in Gleichung (6-1) geht für $T \rightarrow 0$ gegen unendlich. Damit ist $\tanh(\Delta_0/2k_B T) \approx 1$ und

$$I_c R_n (T \rightarrow 0) = \frac{\pi}{2e} \Delta_0(0) \tag{6-2}$$

Nahe T_c geht Δ_0 proportional zu $(1\text{-}T/T_c)^{1/2}$ gegen Null. Wir können dann die tanh-Funktion durch ihr Argument nähern und finden, dass $I_c R_n$ proportional zu $(1\text{-}T/T_c)$, also linear, gegen Null geht.

Da der Widerstand R_n den Tunnelwiderstand bezeichnet, den die Elektronen ohne Paar-Wechselwirkung haben, stellt sich die Frage, wie sich diese Größe bei tiefen Temperaturen bestimmen lässt. Falls der Supraleiter ein einigermaßen niedriges (oberes) kritisches Feld hat, könnte man beispielsweise ein überkritisches Feld an den Tunnelkontakt anlegen und dann R_n messen. Unterstellt man, dass sich R_n im Nullfeld nicht stark von dem im Magnetfeld bestimmten Wert unterscheidet, hat man R_n gefunden. In analoger Weise kann man für Supraleiter mit nicht allzu

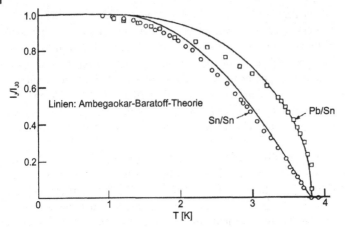

Abb. 6.1 Temperaturabhängigkeit des kritischen Stroms eines
Sn/SnO$_x$/Sn Tunnelkontakts und eines Pb/PbO$_x$/Sn Tunnelkontakts [4].

hohem T_c den Normalwiderstand oberhalb der Sprungtemperatur messen und daraus R_n bei tiefen Temperaturen extrapolieren[1]. Die dritte und meistgenutzte Möglichkeit besteht darin, die Strom-Spannungs-Charakteristik des Tunnelkontakts bis zu Spannungen deutlich oberhalb von $2\Delta_0$ zu messen. Bei diesen Spannungen ist die Kennlinie fast linear (vgl. Abb. 3.18). Die Steigung dU/dI ist praktisch dieselbe, die auch für Elektronen ohne Paarwechselwirkung gemessen würde und erlaubt damit die Bestimmung von R_n.

Die kritische Stromdichte des Tunnelkontakts lässt sich oft relativ gut durch die Dicke der Barrierenschicht einstellen. Typische Werte liegen zwischen 10^2 A/cm^2 und einigen 10^3 A/cm^2. Für einen Tunnelkontakt mit $j_c = 10^3$ A/cm^2 und einer Kontaktfläche von $A = 10$ μm^2 erhält man damit einen kritischen Strom von 100 μA. Für $T \to 0$ beträgt der Normalwiderstand dieses Kontakts $R_n = \pi\Delta_0(0)/(2eI_c)$. Benutzen wir $\Delta_0(0) = 2$ meV als einen typischen Wert, so finden wir $R_n \approx 30$ Ω. Der Flächenwiderstand $R_n A$ beträgt in unserem Beispiel $3 \cdot 10^{-6}$ Ωcm^2.

Die Abb. 6.1 zeigt die Temperaturabhängigkeit des kritischen Stroms eines Sn/SnO$_x$/Sn-Tunnelkontakts und eines Pb/PbO$_x$/Sn-Tunnelkontakts [4]. Der Verlauf des kritischen Stroms des Sn/SnO$_x$/Sn-Kontakts wurde nach Gleichung (6-1) berechnet, der des Pb/PbO$_x$/Sn-Kontakts nach einer allgemeineren Formel, die Tunnelkontakte zwischen ungleichen Supraleitern beschreibt (Details sind z. B. in den Monographien [M15, M16] dargestellt).

Wie sieht die Strom-Spannungs-Charakteristik eines Josephson-Tunnelkontakts aus? Hätten wir keinen Suprastrom über die Barrierenschicht, so würde der Quasiteilchenstrom zu einer Kennlinie ähnlich der Kurve 1 in Abb. 1.23 führen. Auf der anderen Seite können Ströme unterhalb von I_c ohne Spannungsabfall fließen. Wenn wir dem Kontakt einen Gleichstrom I aufprägen und diesen langsam von

---

1 Man beachte, dass Gleichung (6-1) bei temperaturunabhängigem R_n schlicht den Temperaturverlauf des kritischen Stroms angibt.

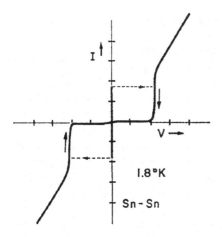

I

V →

I.8°K

Sn - Sn

Abb. 6.2 Strom-Spannungs-Charakteristik eines Sn-SnO$_x$-Sn-Tunnelkontakts. Messtemperatur: 1,8 K. Stromskala: 0,5 mA/Teilstrich; Spannungsskala: 1 mV/Teilstrich (nach [5]).

Null aus erhöhen, so können wir erwarten, dass wir für $I \leq I_c$ den spannungslosen Zustand $U = 0$ erhalten. Für $I > I_c$ muss der Strom durch die Quasiteilchen getragen werden. Gemäß Abb. 1.23 erfolgt bei tiefen Temperaturen der Übergang in den linearen Teil der Quasiteilchen-Kennlinie bei einer Spannung von $2\Delta_0/e$, was einem Strom vom $2\Delta_0/eR_n$ entspricht. Dieser Wert liegt nach Gleichung (6-2) einen Faktor $4/\pi$ oberhalb von I_c. Die Spannung U sollte also sprunghaft auf einen Wert von etwa $2\Delta_0/e$ anwachsen, was auch beobachtet wird (vgl. Abb. 6.2). Erstaunlicherweise kann man in diesem »resistiven Zustand« den Strom auch unterhalb I_c erniedrigen, ohne dass der Tunnelkontakt in den spannungslosen Zustand zurückkehrt. Dies geschieht erst bei einem wesentlich kleineren Strom, den man oft als »Rücksprungstrom« I_r bezeichnet.

Für Ströme zwischen I_r und I_c kann man also zwei mögliche Spannungswerte, $U = 0$ und $U \approx 2\Delta_0/e$ realisieren. Diese Eigenschaft hat zu der Idee geführt, Josephson-Tunnelkontakte als Schalter für den Aufbau logischer Schaltungen einzusetzen. Diese Idee hat sich aber letztlich nicht als praktikabel herausgestellt. Heute basieren supraleitende binäre Schaltungen auf der Manipulation von Flussquanten. Wir werden darauf in Abschnitt 7.7.2 genauer eingehen.

Wir haben nun den einfachsten Fall des direkten Tunnelns zwischen zwei s-Wellen-Supraleitern dargestellt. Wenn zudem indirektes Tunneln über in der Barriere lokalisierte Zwischenzustände eine Rolle spielt, kann die Tunnelwahrscheinlichkeit stark von der Potenzialdifferenz eU zwischen den beiden Supraleitern abhängen. Das Produkt I_cR_n ist dann nicht mehr unabhängig von den Details der Barrierenschicht. Insbesondere kann der Normalwiderstand oberhalb des kritischen Stroms stark gegenüber Gleichung (6-1) reduziert sein.

Betrachten wir nun Tunnelkontakte zwischen Supraleitern mit unkonventioneller Symmetrie der Paarwellenfunktion Ψ_0. Für das Tunneln der Quasiteilchen spielt das Vorzeichen von Ψ_0 keine Rolle. Allerdings wird die Größe Δ_0, die ja proportional zu $|\Psi_0|$ ist, abhängig von der Richtung, in der die Quasiteilchen tunneln. Wir haben dies in Abschnitt 3.2 ausführlich diskutiert. Die Josephsonströme hängen nun aber sowohl von der Amplitude als auch vom Vorzeichen der Paarwellenfunktionen der beiden Supraleiter sowie dem genauen Tunnelmechanismus ab.

Wir illustrieren diese Situation am Beispiel intrinsischer Tunnelkontakte zwischen benachbarten CuO_2-Ebenen in Hochtemperatursupraleitern (vgl. Abb. 1.21 f). Bei vollständig *inkohärentem* Tunneln verlieren die Elektronen beim Tunnelprozess jede »Erinnerung« an das Vorzeichen der Paarwellenfunktion. Man muss in diesem Fall über die Wellenfunktionen in den beiden supraleitenden Elektroden (d. h. den CuO_2-Ebenen) separat mitteln, was bei einer reinen $d_{x^2-y^2}$-Symmetrie der Paarwellenfunktion exakt Null ergibt. Dieser Josephson-Tunnelkontakt hat einen endlich großen Normalwiderstand, kann aber keinen Suprastrom senkrecht zu den Schichten tragen. Im Fall des kohärenten Tunnelns zwischen den CuO_2-Schichten bleibt der Impuls des Elektrons parallel zur Schicht erhalten. Dann müssen wir bei der Berechnung des maximalen Josephsonstroms über Produkte der Form $\Psi_0^{(1)}(\vec{k}) \cdot \Psi_0^{(2)}(\vec{k})$ integrieren. Die oberen Indizes stehen dabei für die beiden supraleitenden Elektroden 1 und 2. Dann wird der Josephsonstrom auch bei reiner $d_{x^2-y^2}$-Symmetrie endlich, da das Produkt positiv wird, solange $\Psi_0^{(1)}(\vec{k})$ und $\Psi_0^{(2)}(\vec{k})$ das gleiche Vorzeichen haben. Unter bestimmten Näherungen erhält man für tiefe Temperaturen den Zusammenhang [6]

$$I_c R_n = \frac{1}{e} \Delta_{0,max}(0) \tag{6-3}$$

was sich von Gleichung (6-2) um einen Faktor $\pi/2$ unterscheidet. Im allgemeinen Fall ist allerdings die Berechnung des (kohärenten) Tunnelvorgangs kompliziert [7] und soll hier nicht näher dargestellt werden. Es gilt aber festzuhalten, dass I_c gegenüber Gleichung (6-2) in jedem Fall stark reduziert ist und weit unterhalb des Übergangs der Quasiteilchen-Kennlinie in den linearen Bereich liegt.

Die Abb. 6.3 zeigt die bei 4,2 K aufgenommene Strom-Spannungs-Charakteristik eines intrinsischen Josephsonkontakts zwischen zwei supraleitenden Schichten eines $Bi_2Sr_2Ca_2Cu_3O_{10}$-Dünnfilms [8]. Die CuO_2-Ebenen sind dabei parallel zum Substrat orientiert. Auf der Oberfläche des Films wurde ein quadratisches Türmchen (ein »Mesa«) mit einer Kantenlänge von 2 µm und einer Dicke von etwa 1,5 nm strukturiert und anschließend kontaktiert. Die Dicke des Mesas wurde so gewählt, dass es lediglich eine supraleitende Schicht (bestehend aus den drei nahe benachbarten CuO_2-Ebenen der Kristallstruktur) enthielt. Ein von der Oberseite des Mesas in den Film eingespeister Strom fließt dann über genau einen intrinsischen Josephsonkontakt. Der kritische Strom dieses Kontakts ist $I_c \approx 160$ µA. Bei Überschreiten von I_c schaltet der Kontakt ganz analog zu dem in Abb. 6.2 gezeigten Kontakt in den resistiven Zustand. Hier zeigt die Strom-Spannungs-Charakteristik zunächst eine positive Krümmung und wird für Spannungen oberhalb von 75 mV linear[2]. Der Widerstand in diesem Bereich beträgt $R_n \approx 32$ Ω. Man hat daher ein

---

2 Man beachte, dass im Gegensatz zu dem in Abb. 6.2 gezeigten Tunnelkontakt die Leitfähigkeit dI/dU auch bei kleinen Spannungen relativ groß ist. Dies zeigt, dass auch bei kleinen Energien Quasiteilchen-Zustände existieren, wie dies ja für einen Supraleiter mit d-Wellen-Symmetrie der Paarwellenfunktion zu erwarten ist.

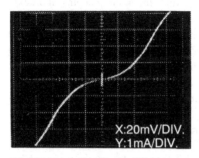

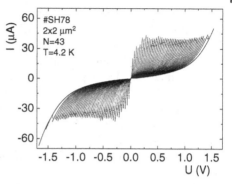

Abb. 6.3 Strom-Spannungs-Charakteristik eines intrinsischen Josephsonkontakts zwischen den CuO_2-Ebenen eines $Bi_2Sr_2Ca_2Cu_3O_{10}$-Dünnfilms. Kontaktfläche: $2\times2\ \mu m^2$; Messtemperatur: 4,2 K (nach [8], © 1999 IEEE).

Abb. 6.4 Strom-Spannungs-Charakteristik einer $2\times2\ \mu m^2$ breiten und 65 nm dicken Mesastruktur auf einem $Bi_2Sr_2CaCu_2O_8$-Einkristall. Die Mesadicke entspricht einer Abfolge von 43 intrinsischen Josephsonkontakten. Zu höheren Strömen setzt sich der äußerste Ast der Kennlinie ähnlich wie die in Abb. 6.3 gezeigte Strom-Spannungs-Charakteristik fort (nach [11]).

Produkt I_cR_n von etwa 5,1 mV. Der Übergang in den linearen Teil der Strom-Spannungs-Charakteristik bei 75 mV entspricht der doppelten maximalen Energielücke $2\Delta_{0,max}/e$ von $Bi_2Sr_2Ca_2Cu_3O_{10}$. Es ergibt sich also $I_cR_n \approx 0,14 \cdot \Delta_{0,max}/e$. Ähnliche Werte wurden auch für $Bi_2Sr_2CaCu_2O_8$ und $Tl_2Ba_2Ca_2Cu_3O_{10}$ gefunden [9, 10].

Die Abb. 6.4 zeigt die Strom-Spannungs-Charakteristik einer $2\times2\ \mu m^2$ breiten Mesastruktur auf einem $Bi_2Sr_2CaCu_2O_8$-Einkristall, die etwa 65 nm dick war [11]. Dieser Wert entspricht einer Abfolge von 43 CuO_2-Doppelebenen mit dazwischenliegender Barrierenschicht.

Die Kennlinie sieht auf den ersten Blick sehr komplex aus, ist aber relativ leicht zu verstehen, wenn man annimmt, dass sich das Mesa wie ein Stapel von $N = 43$ weitgehend voneinander unabhängigen Josephson-Tunnelkontakten verhält. Zunächst muss beachtet werden, dass in der Messung der *gesamte* Spannungsabfall U_{ges} über dem Mesa bestimmt wird. Sind alle Kontakte supraleitend, so ist dieser Spannungsabfall gleich Null. Sind alle Kontakte, deren elektrische Eigenschaften wir als gleich annehmen wollen, im resistiven Zustand, so beträgt U_{ges} das N-fache des Spannungsabfalls des einzelnen Kontakts, da wir die Spannungsabfälle über die einzelnen Kontakte addieren.

Für Ströme zwischen I_c und I_r ist ein einzelner Josephson-Tunnelkontakt bistabil und kann entweder im spannungslosen ($U = 0$) oder im resistiven Zustand ($U \neq 0$) sein. Hätte man zwei Kontakte in Serie, die sich unabhängig voneinander in diesen beiden Zuständen befinden können, so erhalten wir drei mögliche Zustände: beide Kontakte im Zustand $U = 0$; ein Kontakt im Zustand $U = 0$, der andere im Zustand $U \neq 0$; beide Kontakte im Zustand $U \neq 0$. Die Strom-Spannungs-Charakteristik besteht dann aus drei Ästen, die sich durch die Zahl der resistiven Josephsonkontakte unterscheiden.

Ganz analog erhält man aus einem Stapel aus N Kontakten $N + 1$ unterschiedliche Äste (44 im Fall der Abb. 6.4). Falls sich die einzelnen Josephsonkontakte leicht voneinander unterscheiden, kann zudem der Ast, der M resistiven Kontakten entspricht, bei leicht unterschiedlichen Spannungen liegen, je nachdem, *welche* Kontakte innerhalb des Stapels im resistiven Zustand sind.

Die Struktur der in Abb. 6.4 gezeigten Strom-Spannungs-Charakteristik folgt dieser einfachen Vorstellung nahezu[3] voneinander unabhängiger Josephson-Tunnelkontakte. Dies zeigt sofort, dass der Ladungstransport über die CuO_2-Ebenen zumindest »schwach inkohärent« sein muss, d. h. sich keine Bloch-Wellen senkrecht zu den Schichten bilden, die sich dann über den gesamten Kristall ausbreiten.

Mit Hochtemperatursupraleitern werden Josephsonkontakte oft an Korngrenzen (vgl. Abb. 1.21 e) hergestellt [12]. Die Strom-Spannungs-Charakteristiken dieser Kontakte unterscheiden sich stark von den in den Abb. 6.2 und 6.3 gezeigten. Wir werden auf diese Kontakte im Verlauf der beiden nächsten Abschnitte näher eingehen.

6.1.2
Supraleiter-Normalleiter-Grenzflächen

Bei der Betrachtung von Supraleiter-Isolator-Grenzflächen hatten wir angenommen, dass die Grenzfläche keinen spezifischen Einfluss auf die Cooper-Paardichte n_s ausübt, sondern dass sich vielmehr das Verhalten von n_s im Inneren bis zur geometrischen Grenze des Supraleiters fortsetzt. Dies war sicher nur eine Näherung, weil jede Grenzfläche oder Oberfläche zweifellos eine Änderung charakteristischer Parameter wie etwa des Atomabstandes und der Bindungsverhältnisse bedingt. Wenn diese Änderungen aber nur auf einige wenige Atomlagen beschränkt sind, so sind die Einflüsse auf die Supraleitung entsprechend klein oder werden erst bei extrem dünnen Schichten wesentlich.

Die Annahme einer konstanten Cooper-Paardichte verliert aber ihre Berechtigung vollständig, wenn wir die Grenzfläche eines Supraleiters gegen einen Normalleiter, etwa die Grenzfläche Pb gegen Cu, betrachten. Hier können elektrische Ladungen über die Grenzfläche diffundieren und damit praktisch frei austauschen.

Betrachten wir zunächst eine einzelne Supraleiter-Normalleiter-Grenzfläche. Durch den Ladungsaustausch wird im Supraleiter an der Grenzfläche die Cooper-Paardichte etwas herabgesetzt, wobei die Paar-Wellenfunktion Ψ_0 auf der Längenskala der Ginzburg-Landau-Kohärenzlänge wieder auf ihren vollen Wert ansteigt.

---

3 Wir werden im Verlauf dieses Kapitels sehen, dass durchaus Wechselwirkungen zwischen den Kontakten existieren, sobald sich beispielsweise Flusswirbel im Stapel befinden. Eine weitere Wechselwirkung kommt durch kurzfristige Aufladungen (Ladungsfluktuationen) der CuO_2-Ebenen zustande [T. Koyama, M. Tachiki: Phys. Rev. B **54**, 16 183 (1996); S. N. Artemenko, A. G. Kobel'kov: Phys. Rev. Lett. **78**, 3551 (1997); Ch. Preis, Ch. Helm, J. Keller, A. Sergeev, R. Kleiner: Proc. SPIE **3480**, 236 (1998); D. A. Ryndyk, J. Keller, C. Helm: J. Phys.: Condens. Matter **14**, 815 (2002).]. Diese Wechselwirkung wirkt sich aber praktisch nicht auf die Strom-Spannungs-Charakteristik aus.

Wir hatten diese Variation bereits in Kapitel 4 im Rahmen der Ginzburg-Landau-Gleichungen behandelt (vgl. Abb. 4.6). Hierbei hatten wir allerdings unterstellt, dass Ψ_0 an der Grenzfläche verschwindet. Tatsächlich stellt sich aber im Rahmen der mikroskopischen Theorie heraus, dass auch auf der Seite des Normalleiters eine endliche Cooper-Paardichte induziert wird, die auf einer charakteristischen Skala ξ_N von der Grenzfläche weg abfällt[4] [13, M8]. Diese Kohärenzlänge ist näherungsweise durch

$$\xi_N(T) \approx \frac{\hbar v_F}{2\pi k_B T} \tag{6-4a}$$

(v_F: Fermi-Geschwindigkeit; k_B: Boltzmann-Konstante; $\hbar$: Plancksches Wirkungsquantum/2π)

gegeben, wenn die mittlere freie Weglänge l^* der Elektronen groß ist gegenüber der Ausdehnung ξ_0 eines Cooper-Paars. Im entgegengesetzten Grenzfall ergibt sich:

$$\xi_N(T) \approx \left(\frac{\hbar v_F l^*}{6\pi k_B T}\right)^{1/2} \tag{6-4b}$$

Die Größe $v_F l^*/3$ ergibt gerade die Diffusionskonstante D der Elektronen im Normalleiter, sodass sich die rechte Seite von Gleichung (6-4b) auch als $[\hbar D/(2\pi k_B T)]^{1/2}$ schreiben lässt. Man beachte, dass $\xi_N(T)$ in beiden Grenzfällen für $T \rightarrow 0$ divergiert. An der Grenzfläche kann sich Ψ_0 außerdem sprunghaft um einen von der Durchlässigkeit der Grenzfläche abhängigen Wert ändern.

Sehr vereinfachend könnte man die obige Situation, die man auch als »proximity-effect« bezeichnet, folgendermaßen beschreiben: In der Nähe der Grenzfläche wird der Normalleiter zum Supraleiter, der Supraleiter dagegen etwas weniger günstig für die Paarkorrelation[5]. Wenn wir einen der beiden Leiter genügend dünn machen, so werden diese Einflüsse der Grenzflächen das Verhalten der ganzen dünnen Schicht spürbar verändern.

Die ersten Beobachtungen zum Einfluss eines Normalleiters auf einen Supraleiter wurden schon in den 1930er Jahren an Pb-Schichten gemacht, die elektrolytisch auf einen (normalleitenden) Konstantandraht (55% Cu + 45% Ni) abgeschieden waren [14]. Die Übergangstemperatur dieser Pb-Schichten fiel mit abnehmender Dicke steil ab und wurde für eine Dicke von etwa 350 nm unmessbar klein. Ende der 50er Jahre wurde dieser Effekt von H. Meissner systematisch untersucht [15].

Um quantitative Ergebnisse zu erhalten, müssen eine Reihe von Bedingungen erfüllt sein, die experimentell nicht einfach zu realisieren sind. So muss der Kontakt zwischen beiden Substanzen wirklich ein metallischer sein und darf nicht durch

---

4 Man kann diesen Effekt auch in die Ginzburg-Landau-Gleichungen einbauen. Hierfür extrapoliert man den Abfall von Ψ_0 im Supraleiter linear in den Normalleiter und benutzt diese Extrapolationslänge als zusätzlichen Parameter für die Randbedingung der Ginzburg-Landau-Gleichungen.

5 Ganz entsprechend steigt die Übergangstemperatur eines Supraleiters mit niedrigem T_c, wenn er sich im Kontakt mit einem Supraleiter befindet, dessen Sprungtemperatur höher ist.

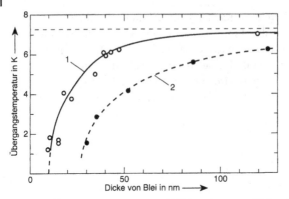

Abb. 6.5 Übergangstemperatur von Schichtpaketen aus Blei und Kupfer. Kondensationstemperatur: 10 K, Dicke der Cu-Schichten $d_{Cu} \gg \xi_N$; freie Weglänge: in Pb ca. 5,5 nm, in Cu 4,5 nm (Kurve 1) und 80 nm (Kurve 2) (nach [16]).

irgendwelche, wenn auch nur dünne, Oxidschichten behindert werden. Auf der anderen Seite muss vermieden werden, dass die beiden Metalle ineinander diffundieren und damit an der Grenzfläche eine Legierung entsteht. Diese Bedingungen konnten mit Aufdampfschichten gut erfüllt werden. Als Beispiel diskutieren wir das Verhalten von Doppelschichten aus Pb und Cu. Dabei müssen wir den Einfluss mehrerer Parameter studieren. So müssen z. B. die Dicke d_{Pb} und die Dicke d_{Cu} variiert werden. Außerdem ist, wie die Gleichungen (6-4) zeigen, die freie Weglänge der Elektronen in den Schichten wichtig.

In Abb. 6.5 ist die Übergangstemperatur als Funktion der Dicke d_{Pb} des Bleis aufgetragen [16]. Die Cu-Schicht ist dabei dick gegen die Kohärenzlänge ξ_N. Für $d_{Pb} <$ ca. 50 nm fällt die Übergangstemperatur stark ab. Man kann eine kritische Dicke von ca. 10 nm extrapolieren, für die T_c gegen Null geht. Diese kritische Dicke ist wesentlich kleiner als die in früheren Experimenten beobachtete (350 nm). Zur Deutung dieses Unterschiedes muss man berücksichtigen, dass die Ergebnisse von Abb. 6.5 an einem Schichtpaket erhalten wurden, das bei einer Unterlagentemperatur von 10 K kondensiert worden ist. Die beiden Metalle haben dann einen hohen Störgrad und damit eine kurze freie Weglänge von ca. 5,5 nm in Pb[6] und ca. 4,5 nm in Cu. Damit wird auch die Länge, auf der die Cooper-Paardichte örtlich variiert, sehr verkürzt. Der Einfluss der freien Weglänge im Normalleiter wird durch die gestrichelte Kurve in Abb. 6.5 dargestellt. Diese Übergangstemperaturen werden an Schichtpaketen beobachtet, bei denen die Cu-Schicht vor der Bedampfung mit Pb getempert worden ist. Dadurch konnte die freie Weglänge von ursprünglich 4,0 nm auf ca. 80 nm erhöht werden. Die Pb-Schicht dagegen wurde wieder bei 10 K, also mit annähernd gleichem Störgrad, aufgedampft. Es ist deutlich zu sehen, dass damit die Wirktiefe des Proximity-Effektes vergrößert worden ist. Die gleiche Absenkung von T_c beobachtet man für dickere Pb-Schichten. Ganz ähnlich wirkt

---

6 Die Störung hat einen (wenn auch sehr kleinen) Einfluss auf die Übergangstemperatur des Pb, indem sie diese etwas erniedrigt. Deshalb wird als Grenzwert für $d_{Pb} \to \infty$ ein T_c von 7 K erreicht.

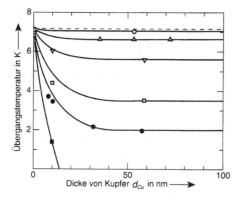

Abb. 6.6 Übergangstemperatur von Schichtpaketen aus Blei und Kupfer. Kondensationstemperatur: 10 K; Dicke der Pb-Schichten: ○ 100 nm, △ 50 nm, ▽ 30 nm, □ 15 nm, ● 10 nm, ■ 7 nm (nach [16]).

auch eine Veränderung der freien Weglänge im Supraleiter. Je kürzer die freie Weglänge ist, umso kleiner ist auch die Wirktiefe des Proximity-Effektes, da mit der freien Weglänge auch die Ginzburg-Landau Kohärenzlänge abnimmt (Gleichung 4-42).

Der Einfluss der Dicke des Normalleiters wird in Abb. 6.6 dargestellt [16]. Hier ist die Übergangstemperatur für verschieden dicke Pb-Schichten als Funktion der Dicke d_{Cu} wiedergegeben. Dabei sind alle diese Schichtpakete bei 10 K auf der Unterlage kondensiert. Wie zu erwarten, wird für große Dicken des Normalleiters ein Grenzwert der Übergangstemperatur angenommen. Dieser Grenzwert ist in Abb. 6.5 aufgetragen.

Hier sei ebenfalls kurz erwähnt, dass Grenzflächen zu Materialien mit starken paramagnetischen Momenten (z. B. Fe oder Mn) einen besonders großen Einfluss auf die Supraleitung haben. Diese Momente können, wie wir in Abschnitt 3.1.4.2 gesehen haben, Cooper-Paare aufbrechen. Das bedeutet, dass die Cooper-Paardichte an solchen Grenzflächen sehr rasch gegen Null geht.

Die gegenseitige Beeinflussung von Materialien mit unterschiedlichem T_c bzw. unterschiedlicher Stärke der Elektron-Elektron-Wechselwirkung ist von besonderer Bedeutung bei heterogenen Legierungen. Wenn die Ausscheidungen, etwa eines Supraleiters in einem Normalleiter, sehr klein sind (Durchmesser vergleichbar mit der Kohärenzlänge), so kann die Supraleitung unterdrückt werden. Eine supraleitende Matrix kann durch normalleitende Ausscheidungen in ihren Supraleiteigenschaften stark beeinflusst werden. Man muss aber bei der Deutung irgendwelcher Ergebnisse mit Hilfe der Grenzflächeneffekte alle Parameter, insbesondere die freie Weglänge, in die Betrachtungen einbeziehen, um damit die richtige Größenordnung der Effekte abschätzen zu können.

Betrachten wir den Stromtransport über die Grenzfläche zwischen einem Normalleiter und einem Supraleiter etwas genauer. Mit der Paar-Wellenfunktion Ψ fällt auch die Energielücke Δ_0 von ihrem Maximalwert $\Delta_0(x = \infty)$ auf einer Längenskala ξ_{GL} im Supraleiter und einer Längenskala ξ_N im Normalleiter ab.

Wenn ein Elektron mit Energie $E < \Delta_0(x = \infty)$ aus dem Normalleiter an der Grenzfläche ankommt, so kann es nicht sehr tief in den Supraleiter eindringen, da die Energielücke $\Delta_0(x)$ schnell auf Werte größer als E ansteigt und damit dem

Elektron keine Zustände mehr zur Verfügung stehen. Wenn das Elektron häufig inelastisch streut, so wird es aber schnell mit den »lokalen« Bedingungen ins thermische Gleichgewicht kommen und in den Verband der Cooper-Paare aufgenommen werden.

Was passiert aber, wenn das Elektron seine Energie beibehält, d. h. sich außerhalb des lokalen thermischen Gleichgewichts bewegt?

Zum einen kann es an der Grenzfläche reflektiert werden, trägt dann aber nicht mehr zum Strom über die Grenzfläche bei.

Es existiert aber noch ein zweiter interessanter Prozess: Wenn $\Delta_0(x)$ langsam gegen die Wellenlänge des einfallenden Elektrons (ungefähr gleich der Fermi-Wellenlänge) ansteigt, dann kann das Elektron mit einem zweiten Elektron im Supraleiter ein Cooper-Paar bilden. Das zweite freie Elektron muss aber im Supraleiter erst aus einem Energiezustand unterhalb der Fermi-Energie erzeugt werden. Es hinterlässt ein Loch, das sich seinerseits wieder in Richtung des Normalleiters bewegt. Der Impuls des auslaufenden Lochs ist entgegengesetzt gleich dem des einfallenden Elektrons. Insgesamt haben wir also folgende Situation: Ein Elektron mit Wellenvektor $\vec{k}$ läuft an die Grenzfläche, ein Cooper-Paar bewegt sich im Supraleiter weiter und ein Loch mit Wellenvektor $-\vec{k}$ läuft im Normalleiter zurück. Insgesamt haben wir also eine Ladung $2e$ über die Barriere bewegt. Das einlaufende Elektron ist dabei gewissermaßen als Loch reflektiert worden. Dieser Prozess wird nach seinem Entdecker »Andreev-Reflexion« genannt [17]. Man beachte, dass dabei das Loch *in Richtung* des Elektrons reflektiert wird, also nicht einfach ein Elektron an der Grenzfläche gespiegelt wird.

Als Folge dieser Andreev-Reflexion kann ein Strom aus einer dünnen normalleitenden Spitze in einen Supraleiter fließen[7], der auf Grund des auslaufenden Lochs bei Spannungen unterhalb von $\Delta_0(x = \infty)/e$ ungefähr doppelt so groß ist, wie man erwarten würde, wenn das Elektron einfach in den Supraleiter eindringt. Erst bei Spannungen oberhalb von $\Delta_0(x = \infty)/e$ können die Elektronen ohne weitere Einschränkung in den Supraleiter gelangen und dort irgendwo durch inelastische Streuung ins thermische Gleichgewicht kommen. Dann verschwindet der zurücklaufende Strom der Löcher und der Widerstand des Kontakts steigt auf etwa den Wert an, den er auch im Normalzustand oberhalb von T_c hat.

Betrachten wir jetzt eine dünne Schicht eines Normalleiters zwischen zwei Supraleitern, von denen wir der Einfachheit halber annehmen wollen, dass sie aus dem gleichen Material bestehen. Durch den Proximity-Effekt kann schon bei relativ großen Dicken von etlichen Nanometern ein Suprastrom über den Kontakt fließen. Solange die im Normalleiter induzierte Cooper-Paardichte klein ist gegen die Paardichte im Inneren der beiden supraleitenden Elektroden, gehorcht dieser Strom den Josephson-Gleichungen (1-25) und (1-28). Nahe T_c findet man für das Produkt aus kritischem Strom I_c und Normalwiderstand R_n [M4, M8]

---

7 Man bezeichnet diese Anordnung auch als »Sharvin-Kontakt«.

$$I_c R_n = \frac{3\pi}{2e} \frac{\Delta_0^2(x=0)}{k_B T_c} \frac{d/\xi_N}{\sinh(d/\xi_N)} \qquad (6\text{-}5)$$

Hierbei ist d die Dicke des Normalleiters und $\Delta_0(x=0)$ der Wert der Energielücke im Supraleiter nahe der Grenzfläche, der gegenüber seinem Wert im Innern des Supraleiters reduziert sein wird. Nahe T_c ist $\Delta_0(x=0)$ proportional zu $\Delta_0(x=\infty)/$ ξ_{GL}, was mit $\Delta_0(x=\infty) \propto (1-T/T_c)^{1/2}$ und $\xi_{GL} \propto (1-T/T_c)^{-1/2}$ eine lineare Temperaturabhängigkeit von $\Delta_0(x=0)$ und eine quadratische Temperaturabhängigkeit von $I_c R_n$ ergibt:

$$I_c R_n \propto (1 - T/T_c)^2 \quad \text{nahe } T_c \qquad (6\text{-}6)$$

Man beachte außerdem, dass in Gleichung (6-5) im Gegensatz zur Ambegaokar-Baratoff-Relation (6-1) für Josephson-Tunnelkontakte die Eigenschaften der Barrierenschicht (d, ξ_N) explizit eingehen. Einerseits hat man über den sinh-Faktor eine exponentielle Abhängigkeit von der Dicke der Normalleiterschicht, andererseits führt die Temperaturabhängigkeit von ξ_N zu einem starken Anwachsen von $I_c R_n$ zu tiefen Temperaturen hin.

Die Strom-Spannungs-Kennlinien von Supraleiter-Normalmetall-Supraleiter-Kontakten (kurz: SNS-Kontakten) unterscheiden sich erheblich von den im vorangegangenen Abschnitt diskutierten Kennlinien der Josephson-Tunnelkontakte: Erhöht man den aufgeprägten Strom über den maximalen Suprastrom, so steigt die Spannung meist *kontinuierlich* an. Für große Spannungen wird die Kennlinie wie beim Tunnelkontakt linear mit einer Steigung $\mathrm{d}U/\mathrm{d}I \approx R_n$. Die Abb. 6.7 illustriert dieses Verhalten am Beispiel eines Pb/(CuAl)/Pb-Kontaktes [18]. Der Kontakt wurde 1971 von John Clarke zwischen zwei sich kreuzenden Pb-Streifen von ca. 200 µm Breite hergestellt und hatte mit $4 \cdot 10^4$ µm^2 eine für heutige Verhältnisse enorm große Kontaktfläche. Entsprechend war der Widerstand des Kontakts mit etwa 1 µΩ enorm klein. Auch die CuAl-Schicht war mit ca. 0,5 µm sehr dick, und damit waren die kritische Stromdichte des Kontakts (< 1 A/cm^2) und das Produkt $I_c R_n$ (< 300 nV) äußerst gering. Es bedurfte einer speziellen, auf supraleitenden Quanteninterferenzen beruhenden Messtechnik, um den sehr kleinen Spannungsabfall über dem Kontakt auszulesen.

In der Abbildung sind die experimentellen Daten mit theoretischen Kurven verglichen. Wir werden das entsprechende Modell, das von einem parallel zum Josephsonstrom fließenden Strom durch einen Ohmschen Widerstand ausgeht, im nächsten Abschnitt genauer beschreiben.

An dieser Stelle sei nur gesagt, dass das Modell zu einer Strom-Spannungs-Kennlinie der Form

$$U = R_n \sqrt{I^2 - I_c^2} \qquad (|I| > I_c) \qquad (6\text{-}7\,a)$$

$$U = 0 \qquad (|I| < I_c) \qquad (6\text{-}7\,b)$$

führt. Die entsprechenden Kurven sind in Abb. 6.7 eingetragen.

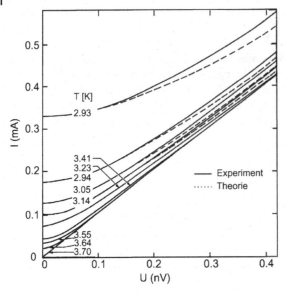

Abb. 6.7 Strom-Spannungs-Kennlinien eines Pb/(CuAl)/Pb-Kontaktes für verschiedene Temperaturen. Kontaktfläche: $4 \cdot 10^4 \, \mu m^2$; Dicke der (CuAl)-Schicht: ca. 0,5 μm (nach [18]).

Für SNS-Kontakte mit wesentlich dünnerer Barriere findet man häufig die folgenden Eigenschaften:

1. Zu tiefen Temperaturen hin treten ähnlich wie bei Tunnelkontakten Hysteresen auf. Die Spannung springt beim Überschreiten des kritischen Stroms auf einen endlichen Wert. Bei Erniedrigung des Stroms unter I_c bleibt der Spannungsabfall über dem Kontakt zunächst endlich. Erst unterhalb des Rücksprungstroms kehrt der Kontakt in den spannungslosen Zustand zurück.

2. Die lineare Extrapolation des Verlaufs der Kennlinie bei hohen Spannungen zurück zu $U = 0$ schneidet die Stromachse oft bei einem endlichen positiven Wert, dem »Exzess-Strom« I_{ex}.[8] Er kann bis zur Hälfte des maximalen Suprastroms ausmachen.

3. Der differentielle Widerstand dU/dI zeigt bei sehr reinen Barrierenschichten oft Maxima bei Spannungswerten $U_n = 2\Delta_0/(n \cdot e)$, mit $n = 1,2,3...$ Man spricht von »subharmonischen« Strukturen unterhalb der Energielücke.

Die Eigenschaft (1) werden wir im nächsten Abschnitt genauer betrachten. Wir werden sehen, dass die Hysteresen sehr einfach verstanden können, wenn man die

---

8 Solche Exzess-Ströme wurden zuerst an *Tunnel*kontakten mit dünner Barrierenschicht beobachtet [B. N. Taylor, E. Burstein: Phys. Rev. Lett. **10**, 14 (1963)]. Hierbei waren aber in der Barrierenschicht sehr wahrscheinlich metallische Kurzschlüsse [J. M. Rowell, W. L. Feldmann, Phys. Rev. **172**, 393 (1968)], so dass im Grunde ein SNS-Kontakt vorlag.

Kapazität des Josephsonkontakts und die resultierenden Verschiebungsströme mit berücksichtigt.

Beim Zustandekommen des Exzess-Stroms (Eigenschaft 2) spielt wiederum die Andreev-Reflexion eine besondere Rolle [19]. Ein vom ersten Supraleiter ausgehendes Elektron wird als Loch am zweiten Supraleiter reflektiert, dieses wiederum am ersten Supraleiter als Elektron, usw. Netto bedeutet dies einen zusätzlichen Strom von Cooper-Paaren über die Barriere. Auch die subharmonischen Strukturen (3) kommen durch Andreev-Reflexionen zustande [20]. Bei einer Spannung U gewinnt das Elektron bzw. Loch eine Energie eU bei jedem Reflexionsprozess. Bei n Reflexionen hat das Elektron bzw. das Loch die Spannung U insgesamt $(n + 1)$ mal durchlaufen. Wenn die angelegte Spannung den Wert $2\Delta_0/(n \cdot e)$ hat, so reichen $n - 1$ Reflexionen gerade aus, dass das Elektron (bzw. das Loch) einen erlaubten Energiezustand in der gegenüberliegenden Elektrode erreicht[9]. Bei einer etwas geringeren Spannung wären noch n Reflexionen nötig gewesen. Bei Spannungen $U_n = 2\Delta_0/(n \cdot e)$ ändert sich daher der differenzielle Widerstand des Kontakts.

Neben den obigen Strukturen existieren eine Reihe weiterer Erscheinungen, die mit Andreev-Reflexionen zu tun haben [21]. Als ein Beispiel wollen wir das Zustandekommen eines »gebundenen Zustands« aus Elektron und rückreflektiertem Loch betrachten. Hierzu müssen wir die Phase der Wellenfunktion des Elektrons bzw. des Andreev-reflektierten Lochs etwas genauer betrachten. Es zeigt sich, dass bei der Andreev-Reflexion ein Phasensprung um $\pi/2$ auftritt. Bei nochmaliger Reflexion hat man eine Phasenverschiebung um π und damit zunächst destruktive Interferenz. Wenn aber eine *zusätzliche* Phasenverschiebung um π erreicht werden kann, so interferieren die Wellenfunktionen des Elektrons und des Lochs konstruktiv. Als Konsequenz kann sich ein an der Grenzfläche gebundener Zustand aus Elektron und rückreflektiertem Loch bilden, der sich dann beispielsweise auf die elektrische Leitfähigkeit über die Barrierenschicht, aber auch auf die Temperaturabhängigkeit des kritischen Stroms und die Strom-Phasen-Beziehung auswirkt [6].

Solche Zustände wurden zunächst im Zusammenhang mit Supraleiter/Normalleiter-Doppelschichten diskutiert [22]. Sie spielen eine besondere Rolle bei Josephsonkontakten, die mindestens einen unkonventionellen Supraleiter enthalten, also beispielsweise bei einem Kontakt zwischen einem konventionellen Supraleiter wie Pb oder Nb und einem Hochtemperatursupraleiter wie $YBa_2Cu_3O_7$, oder auch bei einem Korngrenzenkontakt[10] zwischen zwei gegeneinander verdrehten einkristallinen Schichten eines Hochtemperatursupraleiters [6]. Unter geeigneten Bedingungen kann die Reflexion so stattfinden, dass die Paarwellenfunktionen an den

---

9 Wir nehmen hier an, dass das nicht schon vorher ein inelastischer Streuprozess stattfindet.
10 Die Mechanismen des Stromtransports über diese Korngrenzen sind noch nicht völlig geklärt. Die gestörte Kristallstruktur an der Korngrenze ist sicher sehr wichtig, aber auch Aufladungseffekte ähnlich wie an Halbleiter-Grenzflächen verschiedener Dotierung. Für eine detaillierte Diskussion, siehe H. Hilgenkamp, J. Mannhart: Rev. Mod. Phys. **74**, 485 (2002). Beachtenswert ist auch, dass für solche Kontakte für verschiedene Orientierungswinkel der Korngrenze das Produkt I_cR_n proportional zur kritischen Stromdichte $j_c^{0,6}$ ist. Man hat also für eine gegebene Temperatur ungefähr $I_c^2R_n$ = const. anstelle der Beziehungen (6-1) und (6-5), wo I_cR konstant war [R. Gross, P. Chaudari, M. Kawasaki, A. Gupta, Phys. Rev. B **42**, 10735 (1990)].

beiden Reflexionspunkten unterschiedliches Vorzeichen haben. Dies führt genau zur benötigten zusätzlichen Phasenverschiebung um π. Die Beobachtung einer erhöhten Leitfähigkeit bei kleinen Spannnungen (»zero bias anomaly«) spielt daher eine große Rolle bei der Untersuchung der Symmetrie der Paarwellenfunktion etwa in Hochtemperatursupraleitern [23]. Einen detaillierten Überblick geben [24, 25].

6.2
Das RCSJ-Modell

Nach den eher mikrosopischen Ausführungen der beiden letzten Abschnitte wollen wir nun ein sehr einfaches Modell einführen, mit dem sich die Strom-Spannungs-Kennlinien, aber auch die Dynamik von Josephsonkontakten in vielen Details sehr gut beschreiben lassen. Das Modell geht auf W. C. Stewart [26] und D. E. McCumber [27] zurück.

Wir nehmen hierzu an, dem Josephsonkontakt werde ein Strom aufgeprägt, der evtl. auch von der Zeit abhängen kann. Ströme kleiner als der kritische Strom I_c können als Supraströme über den Kontakt fließen, die wir über die Josephson-gleichungen (1-25) und (1-28) beschreiben wollen:

$$I_J = I_c \cdot \sin \gamma \tag{1-25}$$

$$\dot{\gamma} = \frac{2\pi}{\Phi_0} U(t) \tag{1-28}$$

Hierbei ist $\Phi_0 = h/2e$ das Flussquant und γ die eichinvariante Phasendifferenz (Gleichung 1-26). Wenn γ von der Zeit abhängt, wird nach Gleichung (1-28) automatisch die Spannung $U(t)$ ungleich Null. Umgekehrt wird für von Null verschiedene Spannungen die Phase γ zeitabhängig und damit nach Gleichung (1-25) auch der Josephsonstrom I_J.

Bei endlichen Spannungen werden aber auch Quasiteilchen über den Josephson-kontakt fließen. Außerdem sollten wir nicht vergessen, dass ein Josephsonkontakt eine endliche Kapazität C hat. Dies ist besonders deutlich bei Tunnelkontakten, die eine ähnliche Geometrie wie ein Plattenkondensator haben.

Ein einfacher Ansatz ist nun, sich den Gesamtstrom I über den Kontakt als die Summe aus Josephsonstrom I_J, Quasiteilchenstrom I_q und Verschiebungsstrom I_v vorzustellen[11]. Der Quasiteilchenstrom I_q hängt im allgemeinen in komplizierter Form von der Spannung U ab, wie wir bei der Diskussion der Tunnelkontakte gesehen haben. Für nicht zu große Spannungen wollen wir dennoch $I_q(U)$ als eine lineare Funktion auffassen:

$$I_q = U/R \tag{6-8}$$

---

11 Tatsächlich gibt es auch noch einen Beitrag, der durch Interferenz der Cooper-Paare und der Quasiteilchen entsteht und proportional zu $\cos\gamma$ ist. Dieser Anteil kann aber insbesondere für Spannungen unterhalb von $2\Delta_0/e$ ignoriert werden.

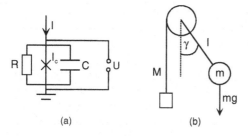

Abb. 6.8 (a) Ersatzschaltbild eines durch einen aufgeprägten Strom *I* versorgten Josephsonkontakts. (b) Das physikalische Pendel als ein Analogmodell, das der selben Bewegungsgleichung gehorcht. Das auslenkende Drehmoment *M* ist in der Abbildung durch ein abrollendes Gewicht symbolisiert.

Das heißt letztlich, das wir I_q wie einen Ohmschen Widerstand R behandeln. Wir haben dann:

$$I = I_J + I_q + I_v = I_c \sin\gamma + \frac{U}{R} + C\dot{U} \qquad (6\text{-}9)$$

Hierbei haben wir die Beziehung $I_v = C\dot{U}$ für den Verschiebungsstrom durch einen Kondensator C benutzt. Wir können diesen Ansatz auch graphisch durch eine Parallelschaltung eines Ohmschen Widerstands, eines Kondensators und eines (nichtklassischen) Bauelements, das den Josephsonstrom symbolisiert, darstellen. Dieses Schaltbild ist in Abb. 6.8a gezeigt. Wir haben dabei den Josephsonstrom durch ein Kreuz symbolisiert. Entsprechend diesem Schaltbild nennt man das Modell auch das »RCSJ-Modell«[12]. Vernachlässigt man die Kapazität, spricht man auch von »RSJ-Modell«.

Es sei hier angemerkt, dass der Ohmsche Ansatz für den Quasiteilchenstrom oft sehr gut ist. Für Anwendungen von Josephson-Tunnelkontakten im Bereich der supraleitenden Quanteninterferometrie werden die Josephsonkontakte oft mit einem künstlichen Parallelwiderstand versehen, der deutlich kleiner ist als der Quasiteilchen-Widerstand des Kontakts unterhalb der Energielücke. Der Widerstand R im RCSJ-Modell ist dann durch diesen Parallelwiderstand gegeben. Bei SNS-Kontakten, aber auch vielen anderen Kontakttypen wie Korngrenzenkontakten aus Hochtemperatursupraleitern stellt sich heraus, dass für nicht zu große Spannungen R in guter Näherung linear ist. Falls nötig, kann man Gleichung (6-9) auch dahingehend erweitern, dass man für $I_q(U)$ einen nichtlinearen Zusammenhang benutzt (»nichtlineares RCSJ-Modell«).

In Gleichung (6-9) haben wir die Spannungsabfälle über dem Josephsonstrom, dem Widerstand und dem Kondensator gleich gesetzt. Genau dies folgt aus der Kirchhoffschen Maschenregel für den Schaltkreis der Abb. 6.8a. Wir können nun die zweite Josephsongleichung benutzen, um entweder γ oder U aus Gleichung (6-9) zu eliminieren. Wählen wir die zweite Möglichkeit, so erhalten wir:

$$I = I_c \sin\gamma + \frac{\Phi_0}{2\pi R}\dot{\gamma} + \frac{C\Phi_0}{2\pi}\ddot{\gamma} \qquad (6\text{-}10)$$

Wir haben damit eine Differenzialgleichung für γ erhalten, die von zweiter Ordnung in der Zeit und auf Grund des sin-Terms nichtlinear ist. Diese Gleichung sieht

---

12 »Resistively and Capacitively Shunted Junction«.

zunächst alles andere als einfach aus und kann in der Tat nur im Grenzfall $C = 0$ analytisch gelöst werden. Auf der anderen Seite zeigt sich, dass es wohlbekannte Analogsysteme gibt, deren Dynamik ebenfalls durch eine Gleichung der Form (6-10) beschrieben wird.

Ein solches Analogsystem ist das physikalische Pendel (s. Abb. 6.8 b), dessen Bewegungsgleichung in den Standard-Lehrbüchern über Mechanik diskutiert wird[13]. Das Pendel sei um einen Winkel γ von der Vertikalen ausgelenkt. Die Masse der Pendelscheibe sei m. Auf das Pendel wirke ein äußeres Drehmoment M, das parallel zur Drehachse gerichtet ist und das Pendel auslenkt. Das rückstellende Moment ist dann durch die Länge des Pendelarms l mal der Gravitationskraft $m \cdot g \cdot \sin\gamma$ gegeben. Die Bewegungsgleichung des Pendels ist dann:

$$M = mgl \sin\gamma + \Gamma\dot{\gamma} + \Theta\ddot{\gamma} \qquad (6\text{-}11)$$

Hierbei ist Θ das Trägheitsmoment des Pendels ($\Theta = ml^2$, falls alle Massen außer der Pendelscheibe vernachlässigt werden können). Der Term $\Gamma\dot{\gamma}$ beschreibt die Dämpfung des Pendels, mit der Dämpfungskonstanten Γ. Die Gleichung (6-11) hat offensichtlich die gleiche Form wie Gleichung (6-10), mit den Zuordnungen $I \leftrightarrow M$, $mgl \leftrightarrow I_c$, $\Gamma \leftrightarrow \Phi_0/2\pi R$, $\Theta \leftrightarrow C\Phi_0/2\pi$. Der Auslenkungswinkel γ des Pendels entspricht genau der eichinvarianten Phasendifferenz γ des Josephsonkontakts.

Wir können uns also anstelle des Josephsonkontakts schlicht ein Pendel vorstellen und uns dessen Schwing- oder Drehbewegungen ansehen. Die zeitliche Änderung des Auslenkwinkels des Pendels – die Winkelgeschwindigkeit – entspricht dann gemäß der zweiten Josephsongleichung der Spannung U am Josephsonkontakt.

Wir können in diesem Bild sofort sagen, was passiert, wenn wir den Strom I durch den Josephsonkontakt langsam von Null an erhöhen. Im Pendelbild bedeutet dies, dass wir allmählich ein Drehmoment M auf das Pendel einwirken lassen. Für nicht zu große Werte von M ist das Pendel auf einen gewissen Winkel γ_0 ausgelenkt, bleibt aber, bis auf eventuelle kleine Schwingungen um diesen Wert, in Ruhe. Die über die Zeit gemittelte Winkelgeschwindigkeit $\langle\dot{\gamma}\rangle$ ist Null, was im Bild des Josephsonkontakts bedeutet, dass die zeitlich gemittelte Spannung $\langle U \rangle$ gleich Null ist[14]. Wenn der Auslenkwinkel des Pendels aber 90° erreicht – im Bild des Josephsonkontakts ist dann $I = I_c$ – wird jede weitere Erhöhung des Drehmoments

---

13 Ein weiteres Analogsystem, das häufig betrachtet wird, besteht aus einer Masse, die eine gewellte schiefe Ebene (»Waschbrett-Potenzial«) hinuntergleitet. Solange man annimmt, dass die Masse mit der Ebene in Berührung bleibt, führt auch dies auf eine Bewegungsgleichung der Form (6-10), wobei die Ortskoordinate x die Rolle von γ übernimmt.

14 Man beachte, dass wir zugelassen haben, dass das Pendel leicht um die Ruhelage γ_0 schwingen kann. Diese »Bewegung« existiert auch beim Josephsonkontakt und wird dort als Josephson-Plasmaoszillation bezeichnet. Schwingt das Pendel um $\gamma_0 = 0$, so ist die Frequenz dieser Schwingung $\omega_{pl} = (mgl/\Theta)^{1/2} = (g/l)^{1/2}$, beim Josephsonkontakt erhalten wir $\omega_{pl} = (2\pi I_c/\Phi_0 C)^{1/2}$. Wenn mit wachsendem Drehmoment (bzw. Strom I) das Pendel um $\gamma_0 \neq 0$ schwingt, nimmt diese Frequenz ab und wird bei $\gamma_0 = 90°$ gleich Null.

das Pendel rotieren lassen. Dann wird auch die mittlere Winkelgeschwindigkeit $<\dot{\gamma}>$ – bzw. die mittlere Spannung des Josephsonkontakts – ungleich Null.

Die genaue Art, wie das Pendel rotiert, hängt von der Masse und der Dämpfung des Pendels ab. Wenn die Dämpfung hoch ist, wird das Pendel für leicht überkritische Werte von M sehr ungleichförmig rotieren. Es wird zunächst relativ schnell »nach unten« fallen und dann etwas langsamer wieder Richtung $\gamma = 90°$ ansteigen. Diese Bewegung wird umso schneller und gleichförmiger, je größer das Drehmoment ist. Damit wird aber $<\dot{\gamma}>$ kontinuierlich von Null aus anwachsen und für hohe Werte des Drehmoments proportional zu M werden[15].

Diese Situation führt genau zu einer Strom-Spannungs-Kennlinie (M gegen $<\dot{\gamma}>$ im Bild des Pendels), wie sie in Abb. 6.7 gezeigt ist. Man spricht an dieser Stelle auf Grund der Analogie auch von einem »überdämpften« Josephsonkontakt.

Für den Grenzfall sehr hoher Dämpfung ($m/\Gamma \to 0$ beim Pendel, $RC \to 0$ beim Josephsonkontakt) lässt sich dann der Mittelwert der Spannung bzw. der mittleren Winkelgeschwindigkeit exakt lösen mit dem Ergebnis (6-7).

Wenn das Pendel aber schwach gedämpft ist, wird es beim Überschreiten des kritischen Drehmoments sofort sehr gleichförmig und schnell rotieren. Erniedrigt man M im rotierenden Zustand unter den kritischen Wert, so wird es auf Grund seiner Trägheit weiter rotieren. Erst bei Unterschreiten eines gewissen Werts für M wird das Pendel zur Ruhe kommen.

Wir haben also eine bistabile Kennlinie erreicht, bei der das Pendel in einem gewissen Intervall von M sowohl rotieren als auch in Ruhe sein kann. Dies erklärt das Zustandekommen hysteretischer Kennlinien, wie etwa der eines Tunnelkontakts. Man spricht in diesem Fall auch von »unterdämpften« Josephsonkontakten.

Das RCSJ-Modell wird bei der Beschreibung von Josephsonkontakten sehr häufig eingesetzt. Es gibt insbesondere die Dynamik von Josephsonkontakten gut wieder, ohne dass mikroskopische Details des Stromtransports über die Barriere benötigt werden. Auch stellt man sich anstelle von Josephsonkontakten gerne getriebene Pendel oder ganze Systeme gekoppelter getriebener Pendel vor, um ein »Bild« der Dynamik von Josephsonkontakten oder ganzer Schaltkreise mit Josephsonkontakten zu bekommen.

Bevor wir etwas näher auf die Dynamik der Josephsonkontakte eingehen, wollen wir zunächst Gleichung (6-10) in eine dimensionslose Form bringen, mit der wir insbesondere die Begriffe »unterdämpft« und »überdämpft« genauer fassen können. Dazu messen wir die Ströme in Einheiten von I_c, Spannungen in Einheiten $V_c = I_c R$ und Zeiten in Einheiten $\tau_c = \Phi_0/(2\pi I_c R)$. Man nennt V_c auch die charakteristische Spannung und $f_c = 1/(2\pi\tau_c)$ die charakteristische Frequenz des Josephsonkontakts. In diesen Einheiten reduziert sich Gleichung (6-10) zu

$$i = \sin\gamma + \dot{\gamma} + \beta_c \ddot{\gamma} \qquad\qquad (6\text{-}12)$$

---

15 Wenn das Pendel nahezu harmonisch rotiert, ist der zeitliche Mittelwert des sin-Terms, aber auch des Trägheitsterms sehr klein und kann vernachlässigt werden. Damit reduziert sich Gleichung (6-11) im zeitlichen Mittel auf $M = \Gamma <\dot{\gamma}>$ bzw. (6-10) zu $I = \frac{\Phi_0}{2\pi R}<\dot{\gamma}> = \frac{<U>}{R}$.

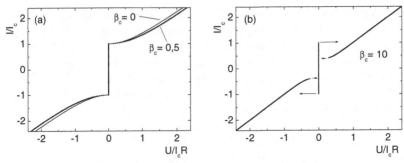

Abb. 6.9 Nach dem RCSJ-Modell berechnete Strom-Spannungs-Kennlinien von Josephsonkontakten.

Diese Gleichung enthält nur noch einen materialabhängigen Parameter, den dimensionslosen Stewart-McCumber-Parameter

$$\beta_c = \frac{2\pi I_c R^2 C}{\Phi_0} \tag{6-13}$$

Er bestimmt offensichtlich das Verhalten des Josephsonkontakts[16]. Für $\beta_c > 1$ spricht man von unterdämpften, für $\beta_c < 1$ von überdämpften Josephsonkontakten.

Die Abb. 6.9 zeigt zwei nach Gleichung (6-12) nummerisch berechnete Strom-Spannungs-Kennlinien. Man beachte, dass dabei »Spannung« als der zeitliche Mittelwert der Spannung über dem Kontakt zu verstehen ist. Die sehr schnellen Oszillationen des Josephsonstroms werden ja auch bei der Aufnahme einer Kennlinie nicht mitgemessen.

Die Abb. 6.9 a zeigt die Kennlinie für $\beta_c = 0.5$. Die Kennlinie ist nichthysteretisch und weicht nicht stark von der Beziehung (6-7) ab, die man für $\beta_c = 0$ erhält und die in der Abbildung als dünne Linie eingezeichnet ist. In Abb. 6.9 b ist $\beta_c = 10$. Die Kennlinie ist stark hysteretisch, mit einem Rückkehrstrom I_r von etwa $0.4\ I_c$[17].

Die Abb. 6.10 a zeigt im Vergleich Kennlinien von 24°-YBa$_2$Cu$_3$O$_7$-Korngrenzenkontakten (*a*-Achsen der beiden Substrathälften um 24° gegeneinander verdreht) bei 4,2 K. Während diese Kontakte bei 4,2 K typischerweise eine kleine Hysterese zeigen, sind sie bei einer Temperatur von 77 K nichthysteretisch (vgl. Abb. 6.10 b).

Zum Abschluss dieses Abschnitts wollen wir kurz betrachten, wie sich endliche Temperaturen auf die Strom-Spannungs-Kennlinien von Josephsonkontakten auswirken.

Mit wachsender Temperatur sinkt sowohl I_c als auch das Produkt $I_c R$, während C ungefähr konstant bleiben wird. Damit sinkt auch β_c mit wachsender Temperatur. War die Kennlinie bei tiefen Temperaturen hysteretisch, so wird sie nahe T_c nichthysteretisch werden. Mit steigender Temperatur wachsen aber auch die ther-

---

16 Bei Pendeln oder (nichtlinearen) elektrischen Schwingkreisen würde man an dieser Stelle eher den Gütefaktor Q einführen, der proportional zu $\beta_c^{1/2}$ ist.
17 Man kann zeigen, dass I_r für große Werte von β_c ungefähr $4 I_c / (\pi \beta_c^{1/2})$ ist [M16].

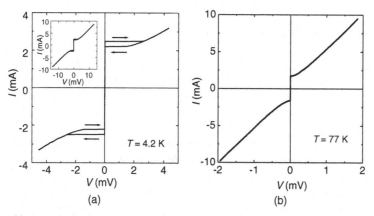

Abb. 6.10 Strom-Spannungs-Charakteristiken von 24°-YBa$_2$Cu$_3$O$_7$-Korngrenzenkontakten: (a) bei 4,2 K [28] und (b) bei 77 K. Kontaktbreite: 2,3 μm, Filmdicke: 120 nm. (Wiedergabe mit freundlicher Genehmigung durch J. Mannhart und C. Schneider, Universität Augsburg).

mischen Schwankungen, die insbesondere von den durch den Widerstand R symbolisierten Quasiteilchenströmen herrühren[18]. Sind diese Schwankungen nicht allzu groß, wird das Pendel nur leicht um seine Ruhelage γ_0 zittern. Hin und wieder wird aber eine sehr große Schwankung das Pendel weit ausschlagen lassen. Bei Vorliegen einer hysteretischen Kennlinie wie in Abb. 6.9 b reicht ein einziger Stoß dieser Art, um in der Nähe von I_c das Pendel in den rotierenden Zustand zu versetzen bzw. in der Nähe von I_r das Pendel wieder in den »spannungslosen« Zustand zu bringen. Der hysteretische Bereich der Kennlinie wird also verringert werden. Diese Verringerung wird umso ausgeprägter, je länger man auf eine große Schwankung wartet, hängt also von der Geschwindigkeit ab, mit der die Kennlinie aufgenommen wird. Auch bei überdämpften Kontakten wird die Wahrscheinlichkeit, dass das Pendel überschlägt, umso größer, je weiter sich γ_0 90° annähert. Das Pendel kommt aber nach dem Überschlag wieder zur Ruhe. Eine Kennlinie wie die in Abb. 6.9 a gezeigte wird daher in der Nähe von I_c verrundet, wir erhalten auch unterhalb I_c eine endliche mittlere Spannung.

Wenn auf der anderen Seite die zufälligen Schwankungen sehr groß sind, wird das Pendel wild hin- und zurückschwingen, und die Kennlinie wird sich immer mehr einer Ohmschen Geraden ohne erkennbaren Josephsonstrom annähern.

Im nächsten Abschnitt wollen wir das Pendelmodell einsetzen, um zu verstehen, wie sich Josephsonkontakte unter Mikrowelleneinstrahlung verhalten.

---

18 Das »weiße Rauschen« eines Widerstands R wird durch die Nyquist-Formel angegeben. Nach ihr ist im Frequenzraum die spektrale Leistung des Spannungsrauschens S_v pro Frequenzintervall df für alle Frequenzen f gleich $4k_BTR$.

6.3
Josephsonkontakte unter Mikrowelleneinstrahlung

Wenn wir einen Josephsonkontakt mit Mikrowellen der Frequenz f_{ac} bestrahlen, führt dieses Mikrowellenfeld zu einem Wechselstrom über den Kontakt, den wir im RCSJ-Modell als einen zusätzlich aufgeprägten Strom $I_{ac}\cos(2\pi f_{ac}t)$ beschreiben können. Wir haben also die Situation des getriebenen physikalischen Pendels vorliegen.

Ein harmonischer Oszillator würde schlicht mit einer sehr hohen Amplitude schwingen, wenn f_{ac} gleich der Eigenfrequenz des Oszillators ist. Im Fall eines nichtlinearen Oszillators wie des physikalischen Pendels oder des Josephsonkontakts verringert sich aber dessen Eigenfrequenz mit wachsender Amplitude. Der Oszillator kann also in gewissen Grenzen seine Eigenfrequenz der des Antriebs anpassen.

Besonders interessant wird dies im Fall des rotierenden Pendels. Im einfachsten Fall wird das Pendel über ein gewisses Intervall von Drehmomenten M mit genau der Antriebsfrequenz f_{ac} rotieren. Wir erhalten dann auf der Kennlinie einen Bereich konstanter mittlerer Winkelgeschwindigkeit $<\dot\gamma>$. Übertragen auf die Kennlinie des Josephsonkontakts heißt dies, dass wir ein gewisses Stromintervall haben, in dem die mittlere Spannung konstant ist. Gemäß der zweiten Josephsongleichung gilt auf dieser »Stufe« konstanter Spannung $<\dot\gamma> = 2\pi f = 2\pi f_{ac} = 2\pi <U>/\Phi_0$ oder $<U> = f_{ac} \cdot \Phi_0$. In ähnlicher Weise kann sich das Pendel auch auf die Frequenz des Antriebs synchronisieren, wenn seine Rotationsfrequenz in der Nähe eines ganzzahligen Vielfachen n der antreibenden Frequenz liegt. Wir erhalten dann Stufen konstanter Spannung bei den Werten:

$$U_n = n \cdot f_{ac} \cdot \Phi_0 \qquad\qquad (6\text{-}14)$$

Man nennt diese Stufen konstanter Spannung nach ihrem Entdecker auch »Shapirostufen« [29]. Bereits Josephson hatte in seiner Originalarbeit den Effekt vorhergesagt, wobei er annahm, dass dem Kontakt eine Wechsel*spannung* aufgeprägt war[19] [30]. Für diesen Fall lassen sich die Josephsongleichungen analytisch lösen.

Wie sehen die Strom-Spannungs-Kennlinien von Josephsonkontakten unter Mikrowelleneinstrahlung im Detail aus?

Es zeigt sich, dass eine Reihe von Faktoren wichtig ist. Hierzu gehört die Dämpfung des Kontakts, ausgedrückt durch den Stewart-McCumber-Parameter β_c, die Amplitude I_{ac} des aufgeprägten Wechselstroms und seine Frequenz insbesondere relativ zur Eigenfrequenz $\omega_{pl} = 2\pi f_{pl}$ des Pendels (der Josephson-Plasmafrequenz).

Betrachten wir dies zunächst für einen überdämpften Kontakt. Die Abb. 6.11 a zeigt Kennlinien, wie sie nach Gleichung (6-12) numerisch berechnet wurden.

---

19 Dieser Fall ist in der Praxis allerdings schwer zu realisieren, da Josephsonkontakte im allgemeinen sehr niederohmig sind und beispielsweise die Widerstände der Zuleitungen auch eine ideale Spannungsquelle wie eine Stromquelle wirken lassen.

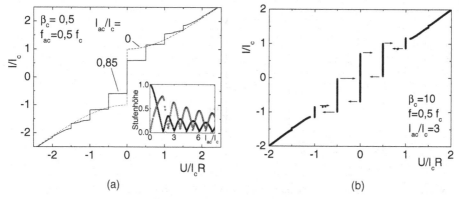

Abb. 6.11 Nach dem RCSJ-Modell berechnete Strom-Spannungs-Kennlinien von Josephsonkontakten unter Mikrowelleneinstrahlung. (a) $\beta_c = 0{,}5$; (b) $\beta_c = 10$. Die kleine Figur in (a) zeigt den kritischen Strom (●) und die Höhe der ersten Shapirostufe (○) als Funktion der Wechselstromamplitude. Alle Ströme sind dabei in Einheiten des kritischen Stroms I_c ohne Mikrowelleneinstrahlung angegeben.

Hierbei wurde wie in Abb. 6.9a $\beta_c = 0{,}5$, sowie $f_{ac} = 0{,}5 f_c = 0{,}5\ I_c R/\Phi_0$ verwendet. Der aufgeprägte Strom bestand dabei aus einem Gleichstrom- und einem Wechselstromanteil. Mit wachsendem Wechselstrom wird der kritische Strom unterdrückt und die Shapirostufen bilden sich aus. Dabei steigen die »Stufenhöhen«, also die Stromintervalle, in denen die Spannungen bei Werten $n \cdot f_{ac} \cdot \Phi_0$ liegen, zunächst an. In der Abb. 6.11a ist die entsprechende Kennlinie für $I_{ac}/I_c = 0{,}85$ gezeigt. Steigert man I_{ac} weiter, so findet man, dass sowohl I_c als auch die Höhe der Shapirostufen oszilliert[20]. Dies ist im Einschub der Abb. 6.11a gezeigt, wobei I_c und die Höhe der ersten Stufe ($n = 1$) als Funktion von I_{ac}/I_c aufgetragen ist.

Die Abb. 6.11b zeigt eine analoge Rechnung für einen Kontakt mit $\beta_c = 10$. Auf der Strom-Spannungs-Kennlinie sind die Shapiro-Stufen $n = 1$, 2 und 3 klar zu erkennen. Im Gegensatz zur Abb. 6.11a sind die Stufen jetzt hysteretisch und können nur durch mehrfaches Erhöhen und Erniedrigen des aufgeprägten Stroms vollständig durchfahren werden (vgl. Pfeile in Abb. 6.11b). Für hohe Werte von β_c lässt sich sogar erreichen, dass eine Reihe von Stufen die $I = 0$-Achse schneidet (man spricht dann von »Nullstromstufen«). Dieser Fall ist für die Verwendung von Josephsonkontakten als Spannungsnormal sehr wichtig, wie wir in Abschnitt 7.7.1 näher erläutern werden.

---

20 Für Frequenzen, die vergleichbar oder größer sind als die charakteristische Frequenz f_c findet man, dass die Höhe I_n der n-ten Stufe ungefähr durch $2I_c \cdot |J_n(x)|$ gegeben ist, wobei $J_n(x)$ die n-te Besselfunktion ist ($n = 0$ beschreibt den kritischen Strom selbst). Das Argument x ist proportional zum Verhältnis I_{ac}/I_c. Für Frequenzen deutlich unterhalb von f_c beträgt die Stufenhöhe dagegen nur $I_c \cdot f_{ac}/f_c$, geht also für niedrige Frequenzen gegen Null. Für weitere Details siehe z. B. die Monographien [M15, M16].

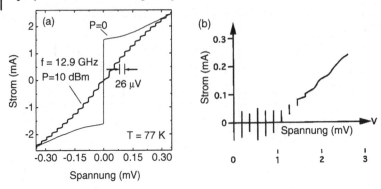

Abb. 6.12 Gemessene Strom-Spannungs-Kennlinien von Josephson-kontakten unter Mikrowelleneinstrahlung: (a) überdämpfter $YBa_2Cu_3O_7$-Korngrenzenkontakt, (b) unterdämpfter Nb-Tunnelkontakt [31, 32]. Mikrowellenfrequenz in (b): 94 GHz. (Wiedergabe von (a) mit freundlicher Genehmigung durch C. Schneider und J. Mannhart, Universität Augsburg; (b) nach [32], © 2000 Rev. Sci. Instr.).

Mit wachsender Wechselstromamplitude oszillieren auch hier der maximale Suprastrom und die Höhen der Shapirostufen. Die Höhe der n-ten Shapirostufe ist dabei proportional zum Betrag der n-ten Besselfunktion[21]. Die Abb. 6.12 zeigt zum Vergleich gemessene Strom-Spannungs-Kennlinien eines über- und eines unterdämpften Kontaktes.

Es sei hier kurz erwähnt, dass für ungünstig gewählte Mikrowellenfrequenzen und Mikrowellenleistungen anstelle stabiler Shapirostufen chaotisches Verhalten beobachtet werden kann. Insbesondere passiert dies bei unterdämpften Kontakten für Mikrowellenfrequenzen unterhalb der Josephson-Plasmafrequenz, die wir im RCSJ-Modell auch als $f_{pl} = f_c/\sqrt{\beta_c}$ schreiben können. Das Auftreten von Chaos ist eine wohlbekannte Erscheinung getriebener nichtlinearer Oszillatoren wie eben des Josephsonkontakts oder des physikalischen Pendels. Für eine detaillierte Darstellung chaotischer Phänomene in Josephsonkontakten siehe Referenz [33].

Abschließend wollen wir darauf eingehen, bis zu welchen Maximalfrequenzen Shapirostufen beobachtet werden können.

Im Rahmen des RCSJ-Models kommt eine natürliche Begrenzung dadurch zustande, dass für hohe Frequenzen größere und größere Wechselstromamplituden benötigt werden, um Shapiro-Stufen zu erzielen. Der Grund liegt in der Kapazität des Kontakts, der für hohe Frequenzen schlicht einen Kurzschluss des Josephsonkontakts darstellt.

Für reale Josephsonkontakte ist eine weitere natürliche Grenze durch die Energielücke des verwendeten Supraleiters gegeben. Im RCSJ-Modell hatten wir still-

---

21 Die gleiche Abhängigkeit ergibt sich, wenn wir anstelle von aufgeprägten Gleich- und Wechselströmen von aufgeprägten Spannungen ausgehen, $U(t) = U_0 + U_{ac}\cos(\omega_{ac}t)$. Die zweite Josephsongleichung kann dann leicht analytisch gelöst werden. Der resultierende Josephson-Wechselstrom lässt sich durch eine Reihe von Besselfunktionen darstellen und liefert schließlich die Stufen konstanter Spannung bei Spannungswerten $U_n = nf_{ac}\Phi_0$.

schweigend angenommen, dass die Amplitude I_c in der 1. Josephsongleichung $I_J = I_c \sin\gamma$ unabhängig von der Frequenz war, mit der die Josephsonströme oszillieren. Die mikroskopische Theorie zeigt dagegen, dass I_c für Frequenzen oberhalb von $\Delta_0/\hbar$ stark abfällt. Entsprechend geht die Amplitude der Shapirostufen für Mikrowellenfrequenzen oberhalb dieses Wertes schnell gegen Null. Für konventionelle Supraleiter bedeutet dies eine Beschränkung auf Frequenzen unterhalb 1–2 THz. Für Hochtemperatursupraleiter – hier ist die maximale Energielücke $\Delta_{0,max}$ ausschlaggebend – sollten dagegen Shapirostufen zumindest grundsätzlich bis in den Frequenzbereich 10–20 THz beobachtbar sein. Indirekte Hinweise auf Josephson-Wechselströme bei so hohen Frequenzen ergaben sich aus der Beobachtung von Resonanzen zwischen den Josephsonoszillationen und den Gitterschwingungen des Systems [10, 34, 35]. Shapirostufen wurden bislang bis zu etwa 2,5 THz direkt beobachtet[22] [36].

6.4
Flusswirbel in ausgedehnten Josephsonkontakten

Wir haben in den beiden vorangegangenen Abschnitten stillschweigend angenommen, dass alle Ströme räumlich homogen über die Barriere des Josephsonkontakts fließen. Dies hatte uns zur Analogie des physikalischen Pendels geführt. In diesem Abschnitt wollen wir einen Schritt weitergehen und die räumliche Ausdehnung des Josephsonkontakts explizit berücksichtigen. Wir werden sehen, dass wir auch hier eine Analogie zu physikalischen Pendeln herstellen können, in diesem Fall aber zu einer ganzen Kette von Pendeln, die an einem verdrehbaren (Gummi-)Band aufgehängt sind. Betrachten wir hierzu zunächst den in Abb. 6.13 schematisch dargestellten Josephsonkontakt. Die Länge des Kontakts in x-Richtung sei L. In y-Richtung liege ein Magnetfeld B_a an. Wir wollen außerdem annehmen, dass der Stromfluss in z-Richtung gleichmäßig entlang der y-Richtung sei, d.h. wir lassen nur eine Ortsabhängigkeit der Josephsonströme in x-Richtung zu.

Wir beschreiben weiterhin *lokal* die Strom*dichte* über den Kontakt mittels des RCSJ-Modells:

$$j_z(x) = j_c \sin\gamma + \frac{\Phi_0}{2\pi\rho \cdot t_b}\,\dot{\gamma} + \frac{\varepsilon\varepsilon_0\Phi_0}{2\pi t_b}\,\ddot{\gamma} \tag{6-15}$$

Hierbei haben wir im Vergleich zu Gleichung (6-10) den Widerstand R durch den Widerstand $\rho \cdot t_b$ (ρ: spezifischer Widerstand; t_b: Dicke der Barriereschicht) pro Fläche ersetzt und für C die Beziehung $C = \varepsilon\varepsilon_0 A/t_b$ (A: Kontaktfläche, ε: Dielektrizitätskonstante) verwendet. Mit j_c ist hier die über den Kontakt gemittelte kritische Stromdichte bezeichnet.

Wir müssen jetzt beachten, dass durch Ströme, die parallel zur Barriereschicht in x-Richtung fließen, Magnetfelder erzeugt werden, die sich ihrerseits zusammen

---

22 Die Schwierigkeit bei Messungen im THz-Bereich besteht darin, genügend hohe Wechselströme im Josephsonkontakt zu induzieren.

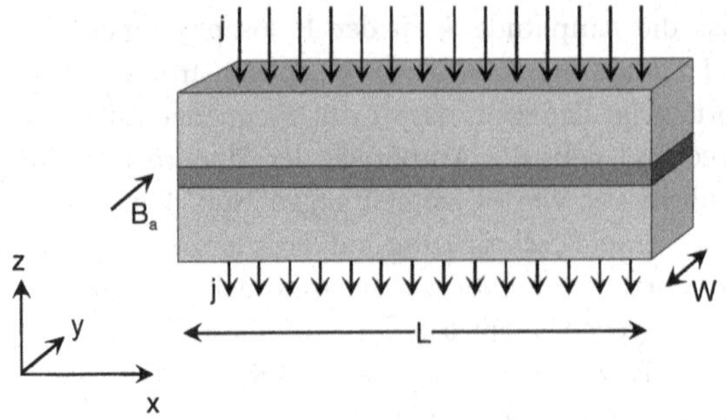

Abb. 6.13 Schematische Darstellung eines in x-Richtung ausgedehnten Josephson-kontaktes.

mit den von außen angelegten Feldern auf die räumliche Variation von $\gamma(x)$ auswirken (vgl. Abschnitt 1.5.2, Gleichung 1-68). Nach kurzer Rechnung erhält man unter Zuhilfenahme der Maxwell-Gleichungen (zunächst ohne aufgeprägten Strom):

$$\lambda_J^2 \frac{d^2\gamma}{dx^2} = \frac{j_z(x)}{j_c} \tag{6-16}$$

mit der Josephson-Eindringtiefe

$$\lambda_J = \sqrt{\frac{\Phi_0}{2\pi\mu_0 j_c l_{eff}}} \tag{1-69}$$

Hierbei hängt l_{eff} mit der Dicke d der supraleitenden Elektroden und den Londonschen Eindringtiefen λ_L in die beiden (hier als identisch angenommenen) Supraleiter zusammen. Es ist: $l_{eff} = t_{eff} + d_{eff}$ mit $d_{eff} = \lambda_L/\sinh(d/2\lambda_L)$ und $t_{eff} = t_b + 2\lambda_L \tanh(d/2\lambda_L)$. Für $d \gg \lambda_L$ reduziert sich dies zu $d_{eff} \approx 0$, $t_{eff} \approx 2\lambda_L + t_b$ und $l_{eff} \approx t_{eff}$. Im entgegengesetzten Grenzfall $d \ll \lambda_L$ hat man $d_{eff} \approx 2\lambda_L^2/d$, $t_{eff} \approx t_b + d$ und $l_{eff} \approx d_{eff}$.

Diese Gleichung ist durch geeignete Randbedingungen für das angelegte Magnetfeld B_a und die aufgeprägte Stromdichte j zu ergänzen. Wir wollen annehmen, dass der Strom in z-Richtung in die obere Elektrode eingespeist und aus der unteren Elektrode abgeführt wird. Außerdem sei B_a in y-Richtung angelegt und räumlich homogen. Unter diesen Bedingungen erhält man:

$$\lambda_J^2 \frac{d^2\gamma}{dx^2} = \frac{j_z(x) - j}{j_c} \tag{6-17}$$

$$\frac{d\gamma}{dx}\bigg|_{x=0} = \frac{d\gamma}{dx}\bigg|_{x=L} = \frac{2\pi}{\Phi_0} B_y(0) \cdot t_{eff} \approx \frac{2\pi}{\Phi_0} B_a(0) \cdot t_{eff} \tag{6-18}$$

Auf der rechten Seite der Gleichung (6-18) wurde ferner das Magnetfeld am Rand des Kontakts durch das angelegte Feld genähert. Setzen wir Gleichung (6-15) in Gleichung (6-17) ein, so erhalten wir:

$$\lambda_J^2 \frac{d^2\gamma}{dx^2} - \omega_{pl}^{-2} \frac{d^2\gamma}{dt^2} = \sin\gamma + \tau_c \frac{d\gamma}{dt} - \frac{j}{j_c} \tag{6-19}$$

Hierbei haben wir die Abkürzungen $\tau_c = \Phi_0/(2\pi j_c \varrho t_b)$ und $\omega_{pl}^{-2} = \varepsilon\varepsilon_0\Phi_0/(2\pi j_c t_b)$ eingeführt. Man kann sich leicht klarmachen, dass ω_{pl} nichts anderes ist als die auf die spezifischen Größen ε und j_c umgeschriebene Josephson-Plasmafrequenz, die wir schon bei punktförmigen Kontakten kennengelernt haben. Die Größe τ_c ist ganz analog mit der charakteristischen Frequenz f_c in Beziehung ($\tau_c = 1/(2\pi/f_c)$) und war bei punktförmigen Kontakten die Konstante, auf die wir die Zeit normiert hatten.

Für eine homogene Stromdichte $j_z(x)$ ist der Term $d^2\gamma/dx^2$ in Gleichung (6-19) gleich Null, und wir erhalten die RCSJ-Gleichung (6-10) zurück, wenngleich umgeschrieben auf die Stromdichte. Im Pendelmodell heißt dies, dass wir anstelle *eines* Pendels eine Kette aus sehr vielen Pendeln betrachten, die starr miteinander verbunden sind. Schlägt eines dieser Pendel um einen Winkel γ aus, dann auch alle anderen Pendel. Die Anordnung verhält sich wie ein einziges Pendel.

Auch der Term $\lambda_L^2 d^2\gamma/dx^2$ kann in einem Pendelmodell interpretiert werden. Stellen wir uns vor, dass die Drehachse der Pendel ein verdrillbares Gummiband ist, so entspricht er dem rückstellenden Moment, das auf das Pendel am Ort x durch die beiden benachbarten Pendel ausgeübt wird, wenn die Pendel gegeneinander verdreht werden[23].

Gleichung (6-19) wird für $j = 0$ und bei verschwindender Dämpfung auch Sinus-Gordon-Gleichung genannt. Mit den Zusatztermen[24] j/j_c und $\tau_c \cdot d\gamma/dt$ erhält man die »gestörte Sinus-Gordon-Gleichung«.

Wir haben Gleichung (6-19) in einer Form geschrieben, die erkennen lässt, dass es sich bei der Sinus-Gordon-Gleichung um eine Wellengleichung handelt, die allerdings auf Grund des Terms $\sin\gamma$ nichtlinear ist. Diese Gleichung wurde sowohl in der Mathematik als auch in der Physik sehr intensiv untersucht.

Einige Anregungen, die Gleichung (6-19) zulässt, können wir sofort am Pendelmodell erkennen:

- Wir können eines der Pendel leicht auslenken und dann loslassen. Dann wird die Auslenkung wellenartig durch die Kette wandern. Diese wellenartigen Anregungen werden beim Josephsonkontakt Josephson-Plasmawellen genannt. Sie entsprechen letztlich elektromagnetischen Wellen, die in x-Richtung entlang der Barrierenschicht laufen und auf Grund des Dämpfungsterms allmählich abklingen. An einem vorgegebenen Ort x beobachtet man, dass $\gamma(x)$ um eine Ruhelage γ_0 oszilliert. Für $j = 0$ können wir in Gleichung (6-19) $\sin\gamma \approx \gamma$ setzen und mit dem Ansatz $\gamma(x) \propto e^{i(kx-\omega t)}$ einen Zusammenhang zwischen Wellenvektor k und Frequenz ω finden. Man erhält bei vernachlässigbarer Dämpfung:

$$-\lambda_j^2 k^2 + \omega^2/\omega_{pl}^2 = 1 \qquad (6\text{-}20\,a)$$

oder

$$\omega = \sqrt{\omega_{pl}^2 + \overline{c}^2 k^2} \qquad (6\text{-}20\,b)$$

---

23 Beim Pendelmodell hat man allerdings ein diskretes Sytem, bei dem die zweite Ableitung $d^2\gamma/dx^2$ durch den Ausdruck $(\gamma_{n+1} + \gamma_{n-1} - 2\gamma_n)/\Delta x^2$ zu ersetzen ist. Hierbei nummeriert der Index n die Pendel und Δx ist der Abstand benachbarter Pendel.

24 Man kann bei Berücksichtigung von Dämpfungseffekten in den supraleitenden Schichten noch einen weiteren (kleinen) Term finden, der proportional zu $d^3\gamma/(dx^2 dt)$ ist. Wir wollen diesen Term hier ignorieren.

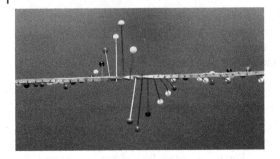

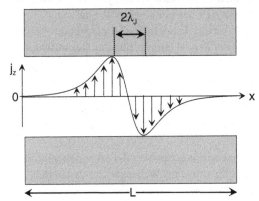

Abb. 6.14 Ein »Wirbel« in einer Pendelkette (oben) bzw. einem Josephsonkontakt (unten). Die Pendelkette ist durch in ein Gummiband gesteckte Stecknadeln realisiert. Die Lösung der Sinus-Gordon-Gleichung für einen ruhenden Wirbel (Wirbelzentrum bei x_0) ist $\gamma(x) = 4 \cdot \arctan\{\exp[-(x-x_0)/\lambda_J]\}$.

mit der »Swihart-Geschwindigkeit« $\bar{c} = \omega_{pl}\lambda_J$. Für $k = 0$ ist $\omega = \omega_{pl}$, und für große Werte von k erhalten wir $\omega \propto \bar{c}k$. Vergleichen wir dies mit dem Ausdruck $\omega = ck$, mit dem sich elektromagnetische Wellen in Vakuum ausbreiten, so sehen wir, dass $\bar{c}$ eine Rolle ganz analog zur Lichtgeschwindigkeit c spielt. Allerdings beträgt $\bar{c}$ typischerweise nur 10^{-2} bis 10^{-4} dieses Wertes.

Man kann eine ähnliche Betrachtung auch für $j \neq 0$ durchführen und findet dann einen zu Gleichung (6-20b) analogen Ausdruck, in dem allerdings ω_{pl} durch $\omega_{pl} \cdot [1-(j/j_c)^2]^{1/4}$ zu ersetzen ist. Für $j \rightarrow j_c$ geht also die minimale Plasmafrequenz gegen Null.

- Wir können zweitens ein Ende der Pendelkette festhalten und das andere Ende einmal um 360° drehen. Eines der Pendel hat sich dann vollständig überschlagen. Wenn wir von diesem Pendel anfangend die Pendelkette entlangwandern, werden wir die Pendel spiralartig angeordnet sehen wie in Abb. 6.14 abgebildet. Wenn die Pendelkette lang genug ist, können wir die Verdrillung an der Kette entlangschieben, ohne dass sich deren Form ändert. Diese Verdrillung kann aber offensichtlich nur an den Enden aus der Kette entweichen. Die verdrehten Pendel scheinen sich kollektiv wie eine Art Teilchen zu verhalten, das an der Pendelkette entlangwandert, in ihrem Innern aber nicht zerstört werden kann.

Was bedeutet diese Form der Anregung für den Josephsonkontakt? Offensichtlich ändert sich $\gamma(x)$ um 2π, wenn man sich über die Verdrillung hinwegbewegt. Die

Änderung von γ ist aber immer äquivalent zur Änderung des magnetischen Flusses durch den Kontakt. Speziell bedeutet eine Änderung um $\pm 2\pi$, dass der Fluss um ein Flussquant Φ_0 zu- oder abgenommen hat. Die Verdrillung scheint also einen Flusswirbel zu beschreiben. Wir können dies noch deutlicher erkennen, wenn wir die Suprastromdichte $j_c \sin \gamma(x)$ betrachten. Wenn $\gamma(x)$ von 0 auf 2π wächst, so ist der Strom zunächst Null, fließt dann in positive Richtung, ist bei $\gamma = \pi$ wieder Null und wächst danach in negativer Richtung, um für $\gamma \rightarrow 2\pi$ wieder zu verschwinden. Die für $\gamma(x) < \pi$ »nach oben« über die Barriere fließenden Ströme fließen auf Grund der Stromerhaltung in der oberen Elektrode weiter, um dann für $\gamma(x) > \pi$ wieder »nach unten« zu fließen. Die Supraströme in der unteren Elektrode schließen den Ringstrom, und wir haben damit die Stromverteilung um ein Wirbelzentrum bei $\gamma(x) = \pi$ beobachtet. Der entsprechende Wirbel ist ein »Josephson-Flusswirbel« oder »Fluxon«. Etwas allgemeiner spricht man auch von »Soliton«.

Beim Josephsonkontakt kann man das Fluxon offensichtlich durch einen aufgeprägten Strom bewegen, da dann eine Lorentz-Kraft auf das Fluxon ausgeübt wird. Bei der Pendelkette gelingt dies ganz ähnlich dadurch, dass man auf das gesamte Gummiband ein konstantes Drehmoment ausübt.

Es stellt sich heraus, dass sich das Fluxon sehr ähnlich wie ein Teilchen in der speziellen Relativitätstheorie verhält und zum Beispiel eine Längenkontraktion erfährt. Dabei spielt die Swihart-Geschwindigkeit die Rolle der Lichtgeschwindigkeit. Sie ist die maximale Geschwindigkeit, die die Fluxonen im Josephsonkontakt erreichen können[25]. Setzt sich ein Fluxon mit einer Geschwindigkeit v in x-Richtung in Bewegung, passiert zweierlei: Es wird in x-Richtung proportional zu $1/\sqrt{1 - v^2/\bar{c}^2}$ schmaler. Dies entspricht gerade der Lorentz-Kontraktion. Zweitens ist mit der sich zeitlich ändernden Phasendifferenz γ (bzw. mit dem sich zeitlich ändernden magnetischen Fluss) eine Spannungsänderung über den Kontakt verbunden. Das sich bewegende Flussquant entspricht in elektrischer Hinsicht also einem Spannungspuls, wobei das Zeitintegral über diesen Puls genau ein Φ_0 ergibt. Auch dieser Spannungspuls wird natürlich mit wachsender Geschwindigkeit schärfer.

Wir haben nun zwei elementare Anregungsformen des räumlich ausgedehnten Josephsonkontakts – Josephson-Plasmawellen und Fluxonen – kennengelernt. Man kann sich vorstellen, dass diese beiden Anregungen zu einer reichhaltigen Dynamik des Kontakts führen, die sich auch in der Strom-Spannungs-Kennlinie widerspiegelt.

Betrachten wir zunächst die Josephson-Plasmawellen. Um sie effektiv anzuregen, sollte der Antrieb eine Frequenz, aber auch eine Wellenlänge haben, die zu den Plasmawellen passt. Im einfachsten Fall ist dies eine unendlich große Wellenlänge. Man kehrt dann zu den Plasmaschwingungen des homogenen Kontakts zurück. Sie können beispielsweise durch eine von außen aufgeprägte Mikrowelle angeregt und über die vom Kontakt emittierte Hochfrequenzstrahlung beobachtet werden [37].

Die Josephson-Plasmaoszillationen können aber auch durch die Josephson-Wechselströme selbst bzw. durch die durch sie hervorgerufenen elektrischen Wechselfel-

---

25 Dies gilt, solange man in Gleichung (6-19) keine weiteren Zusatzterme berücksichtigt.

der angeregt werden. Wie bei jedem angetriebenen Oszillator durchläuft man bei Änderung der Frequenz des Josephson-Wechselstroms letztlich eine Resonanz-kurve, wobei die Breite und Höhe der Resonanz von der Dämpfung, genauer von der Güte, des Oszillators abhängt. Bei nichtlinearen Oszillatoren muss allerdings berücksichtigt werden, dass bei hohen Amplituden der Resonanz Instabilitäten auftreten, die zum Zusammenbrechen der Resonanz führen. Beim unterdämpften punktförmigen Josephsonkontakt führt dies schlicht dazu, dass der Kontakt in den spannungslosen Zustand zurückschaltet.

Nun lässt sich der Josephsonstrom durch ein angelegtes Magnetfeld räumlich modulieren, wie wir bereits in Abschnitt 1.5.2 bei der Diskussion der Magnetfeldab-hängigkeit des maximalen Suprastroms des »kurzen« Josephsonkontakts gesehen haben. Damit können Plasmawellen endlicher Wellenlänge angeregt werden. Wir müssen jetzt noch berücksichtigen, dass der Kontakt eine endliche Ausdehnung hat. Es werden dadurch bevorzugt Stehwellen angeregt, wobei die größte erlaubte Wellenlänge entlang der Barriere einer »Halbwelle« im Kontakt entspricht, die der Bedingung[26] $L = \lambda/2 = \pi/k$ genügt. Die weiteren Resonanzen entsprechen n Halbwellen entlang der Barriere, genügen also der Bedingung $L = n \cdot \lambda/2 = n \cdot \pi/k$. Die »Wellenlänge« des Josephsonstroms in x-Richtung ist bei kurzen Kontakten proportional zum angelegten Magnetfeld bzw. zum magnetischen Fluss durch den Kontakt. Die Bedingung $L = n \cdot \lambda/2$ bedeutet, dass der magnetische Fluss $n\Phi_0/2$ betragen sollte, also den Magnetfeldern entspricht, bei denen der kritische Supra-strom über den Kontakt minimal wird. Wenn die Josephson-Wechselströme eine der Stehwellen angeregt haben, so bleiben sie bei nicht allzu großen Änderungen des aufgeprägten Stromes auf die Stehwelle »eingerastet«.

Ganz analog zu den Shapiro-Stufen bei Mikrowelleneinstrahlung erhält man dadurch »Fiske-Stufen« auf der Strom-Spannungs-Kennlinie, auf denen sich die Spannung nur wenig ändert[27] [38]. Die kleine Änderung der Spannung ergibt sich durch die endliche Breite der entsprechenden Resonanzkurven. Eine genaue Ana-lyse dieser Resonanzen wurde von Kulik gegeben [39]. Für eine vertiefende Diskus-sion siehe auch [M15]. Die Abb. 6.15 a zeigt die entsprechenden Strukturen auf der Strom-Spannungs-Kennlinie eines Sn-SnO-Sn-Kontakts [38].

Hierbei war ein Feld von 5,2 G parallel zur Barrierenschicht angelegt. Der Nullpunkt befindet sich in der linken unteren Ecke des Bildes. Man erkennt in diesem speziellen Feld eine Reihe vertikaler Stücke, bevor (auf der rechten Bildseite) die Energielücke $2\Delta_{Sn}/e$ erreicht wird. Bei anderen Feldwerten treten diese ver-tikalen Stücke mit anderer Amplitude und evtl. anderer Spannungslage auf. Über-lagert man sehr viele Kennlinien für verschiedene Felder, so erhält man ein Bild wie das der Abb. 6.15 b. Hier wurde das Magnetfeld zwischen 0 und 8 G variiert. Man erkennt klar eine Serie äquidistanter und nahezu senkrechter Äste, die Fiske-Resonanzen.

---

26 Wir betrachten der Einfachheit halber hier nur Stehwellen in x-Richtung. Ganz analog treten natürlich auch Stehwellen in y-Richtung auf.

27 Die Spannungswerte liegen bei $U_n = \Phi_0 \omega_n/2\pi = \Phi_0 \cdot \bar{c}n/2L$, mit ganzzahligem n und $\omega_n = \bar{c}k = \bar{c} \cdot n\pi/L$.

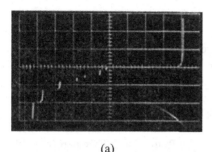 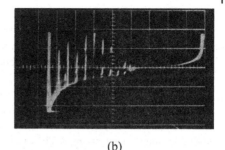

(a)   (b)

Abb. 6.15 (a) Strom-Spannungs-Kennlinie eines Sn-SnO-Sn-Kontakts in einem Magnetfeld von 5,2 G parallel zur Barrierenschicht. (b) Überlagerung von Strom-Spannungs-Kenlinien für Magnetfelder zwischen 0 und 8 G. Vertikale Skala: 200 µA/cm; Horizontale Skala: 100 µV/cm. Messtemperatur: 1,93 K [38].

Betrachten wir nun die zweite Anregungsform, die Fluxonen.

Die Ausdehnung eines ruhenden Fluxons beträgt etwa $2\lambda_J$ (vgl. Abb. 6.14). Um daher Phänomene der »Fluxondynamik« zu beobachten, benötigt man einen Josephsonkontakt, dessen Länge L wesentlich größer ist als λ_J. Die Josephson-Eindringtiefe liegt typischerweise im Bereich einiger µm, so dass dies leicht zu erzielen ist. Umgekehrt bedarf es z. T. aufwändiger Strukturierungstechniken, um einen kurzen Josephsonkontakt mit Abmessungen vergleichbar oder kleiner als λ_J zu erhalten. (Im letztgenannten Fall kehren wir zu der Physik von Josephsonkontakten zurück, die wir schon in Abschnitt 1.5.2 beschrieben haben).

Wenn zwei Fluxonen mit entgegengesetztem Drehsinn (ein »Fluxon« und ein »Antifluxon«) aufeinander zulaufen, so können sie sich entweder gegenseitig vernichten oder, wenn ihre Geschwindigkeit hoch genug war, sich schlichtweg durcheinander durchbewegen. Erreichen die Fluxonen den Rand des Josephsonkontakts (bzw. der Pendelkette), so können sie entweder den Kontakt verlassen oder, wiederum bei genügend hoher Geschwindigkeit, reflektiert werden und mit entgegengesetztem Drehsinn zurücklaufen. Vernichtet sich ein Fluxon/Antifluxon-Paar, so entstehen dabei Josephson-Plasmawellen. Ebenso passiert dies, wenn ein Fluxon den Kontakt verlässt. Dann werden insbesondere auch elektromagnetische Wellen in den Außenraum abgegeben, der Kontakt emittiert Mikrowellen.

Wir müssen uns nun die Frage stellen, auf welche Weise die Fluxonen bzw. Antifluxonen in den Josephsonkontakt gelangen.

Interessanterweise gelingt dies auch ohne das Anlegen eines äußeren Magnetfeldes. Gerade dann treten Phänomene wie die Reflexion schnell laufender Fluxonen an den Rändern des Kontaktes auf. Wenn der Strom über einen zunächst Fluxonfreien Josephson-Tunnelkontakt von Null aus erhöht wird, wird dieser nach Überschreiten des kritischen Stroms den resistiven Zustand annehmen, in dem die Ströme mehr oder weniger räumlich homogen über die Barriere fließen. Sie enthalten dabei eine Wechselstrom- bzw. Wechselspannungskomponente, deren Frequenz durch die Josephson-Relationen bestimmt ist: $\omega_J = 2\pi f_J = 2\pi <U>/\Phi_0$.

Erniedrigt man aus diesem Zustand den aufgeprägten Strom und damit die (mittlere) Spannung <U> über den Kontakt, so wird die Frequenz ω_J irgendwann mit der Frequenz der Josephson-Plasmawellen (Gleichung 6-20) in der Weise übereinstimmen, dass sich eine stehende Welle mit einem ganz bestimmten Wellenzahl k ausbilden kann. Die Suprasströme erfahren dann eine räumliche Modulation. Da bei Tunnelkontakten die Dämpfung unterhalb der Energielücke sehr gering ist, wird die Stehwelle evtl. eine sehr hohe Amplitude erreichen. Wird diese Amplitude vergleichbar mit j_c, so kann die Stehwelle nicht stabil bleiben. Vielmehr bilden sich spontan Fluxon-Antifluxon-Paare. Diese Fluxonen bewegen sich durch die vom aufgeprägten Strom ausgeübte Lorentzkraft durch den Kontakt und werden an den Rändern reflektiert.

In diesem neuen Zustand ändert sich die mittlere Spannung über den Kontakt. Nehmen wir an es seien n Fluxonen im Kontakt. Diese Fluxonen laufen mit einer gewissen Geschwindigkeit v. Ein gegebenes Fluxon benötigt die Zeit $T = 2L/v$, um einmal hin- und herreflektiert zu werden. Würde man an einem festen Ort die Phasendifferenz $\gamma(t)$ bestimmen, so stellte man fest, dass sich γ bei jedem der beiden Durchläufe des Fluxons um $\Delta\gamma = 2\pi$ geändert hat. Wir haben also $\Delta\gamma/T = 4\pi/T = 4\pi/(2L/v) = 2\pi v/L = 2\pi<U>/\Phi_0$, oder $<U> = \Phi_0 v/L$. Von der Warte des Induktionsgesetzes bedeutet dies, dass sich in der Zeit T der Fluss um $2\Phi_0$ geändert hat, was richtig ist, da ein Flussquant in eine Richtung und ein weiteres in die andere Richtung lief.

Haben wir n Fluxonen im Kontakt, so ergibt dies eine mittlere Spannung $<U_n> = n \cdot \Phi_0 v/L$. Die Geschwindigkeit der Fluxonen ergibt sich aus dem Gleichgewicht von Lorentz-Kraft und Reibungskraft. Nun müssen wir uns aber in Erinnerung rufen, dass sich Fluxonen wie relativistische Teilchen verhalten, deren Geschwindigkeit $\bar{c}$ nicht überschreiten kann. Wir erhalten eine maximale Spannung

$$<U_{n,ZFS}> = n \cdot \Phi_0 \bar{c}/L \tag{6-21}$$

Wir können nun, nachdem die Vortex/Antivortex-Paare bei einem bestimmten aufgeprägten Strom spontan entstanden sind und sich mit einer Geschwindigkeit $v < \bar{c}$ bewegen, den Strom erniedrigen, sodass v und damit auch die Spannung abnimmt. Unterhalb einer gewissen Grenzgeschwindigkeit werden sich allerdings die Paare vernichten oder am Rand nicht mehr reflektiert werden. Man erhält einen weiteren Zustand, der entweder aus einer geringeren Anzahl von Fluxonen besteht, oder man kehrt in den spannungslosen Zustand zurück. Wenn wir umgekehrt von unserem Startpunkt den Strom erhöhen, so wird sich v der Grenzgeschwindigkeit $\bar{c}$ annähern und damit die mittlere Spannung auf den Grenzwert (6-21) zulaufen. Oberhalb eines Maximalstroms, der kleiner ist als I_c, schaltet der Kontakt zurück auf die Quasiteilchen-Kennlinie.

Man erhält damit auf der Strom-Spannungs-Kennlinie eine ganze Serie von Ästen, den »Nullfeldstufen« (»zero field steps«), die sich durch die Zahl der Fluxonen unterscheiden, die im Kontakt hin- und herlaufen [40]. Man beachte dabei, dass sich benachbarte »Äste« im relativistischen Bereich um $\Delta U = \Phi_0 \bar{c}/L$ unterscheiden, was genau das Doppelte des Spannungsabstands zwischen

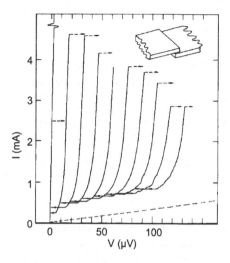

Abb. 6.16 Durch hin- und herreflektierte Fluxonen verursachte Nullfeldstufen in einem Nb/Pb-Tunnelkontakt. Länge des Kontakts: 1 mm, Breite: 15 µm. Josephson-Eindringtiefe: ca 29 µm. Messtemperatur: 4,2 K. Benachbarte Äste enstprechen je einem zusätzlichen Fluxon [41].

benachbarten Fiske-Resonanzen ist. Die Abb. 6.16 zeigt eine entsprechende Messung [41].

Besonders schön kann man die Bewegung von Fluxonen beobachten, wenn man die beiden Enden des Josephsonkontakts miteinander verbindet, d. h. ringförmige Kontakte betrachtet. Hat man es erreicht, Fluxonen *einer* Polarität in diesen Kontakt einzubringen, so können sich diese weder gegenseitig vernichten noch aus dem Kontakt entweichen, solange die Elektroden supraleitend bleiben. Im Pendelmodell entspricht dies der Situation, dass man zunächst die offene Pendelkette um n Umdrehungen verdrillt und dann die Enden der Kette miteinander verbindet. Die Verdrillungen der Pendelkette können dann offensichtlich nicht mehr rückgängig gemacht werden, solange das Gummiband intakt ist.

Es ist eine Reihe von Methoden entwickelt worden, um Fluxonen in einem Ring einzufangen. Die einfachste besteht darin, den Kontakt evtl. unter Anlegen eines kleinen Magnetfeldgradienten durch T_c zu kühlen und zu hoffen, dass Fluxonen entstanden sind. Wesentlich reproduzierbarer ist es, die Fluxonen unterhalb von T_c zu erzeugen. Man könnte sich im Pendelmodell vorstellen, dass man das Gummiband an einer Stelle kurz aufschneidet, um 360° verdreht und wieder zusammenfügt. Genau dies kann durch einen Elektronen- oder Laserstrahl erreicht werden, der unter einem kleinen Magnetfeld radial von außen nach innen über eine der beiden supraleitenden Elektroden fährt und diese dabei lokal über T_c erwärmt [42].

Eine dritte, erst vor kurzem vorgestellte, sehr elegante und reproduzierbare Methode besteht, übertragen auf das Pendelmodell, darin, zwei benachbarte Pendel um 360° zu verdrehen und dann zusammenzubinden. Bei dieser Verdrehung entsteht gleichzeitig eine entgegengesetzte Verdrillung – ein Antifluxon – die sich im Gegensatz zu der Verdrillung zwischen den beiden zusammengebundenen Pendeln frei bewegen kann. Beim Josephsonkontakt wird das »Verdrehen und Zusammenbinden« durch einen Steuerstrom erreicht, der an einer Stelle des Kontakts einen Fluss Φ_0 in der Barriere erzeugt [43].

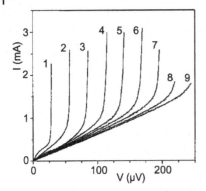

Abb. 6.17 Überlagerte Strom-Spannungs-Kenn-linien eines ringförmigen Nb/Pb-Josephson-Tunnelkontakts, in den nacheinander 9 Fluxonen mittels eines Elektronenstrahls eingeschrieben wurden. Die Zahlen geben an, wie viele Fluxonen jeweils im Ring waren. Innendurchmesser des Rings: 100 μm, Außendurchmesser: 150 μm [42].

Die Abb. 6.17 zeigt die Überlagerung von Strom-Spannungs-Kennlinien eines ringförmigen Nb/Pb-Tunnelkontakts, in dessen Barrierenschicht nacheinander insgesamt 9 Fluxonen mittels eines Elektronenstrahls »eingeschrieben« wurden [42]. Man erkennt die insgesamt 9 Äste, die bei kleinen Spannungen (Fluxongeschwindigkeiten) linear beginnen und sich dann zu einer Grenzspannung hin aufsteilen, die proportional zur Zahl der Fluxonen im Ring ist.

Wenn ein ringförmiger Josephsonkontakt (entsprechend auch ein Kontakt anderer Geometrie) mit einem schwachen Elektronenstrahl lokal erwärmt wird, ändern sich an dieser Stelle die elektrischen Eigenschaften des Kontakts. So werden beispielsweise sich bewegende Fluxonen etwas verlangsamt, wodurch sich der Spannungsabfall über der Probe etwas verringert. Besonders große Spannungsänderungen werden beobachtet, wenn eine Stelle erwärmt wird, an der ein Fluxon mit einem anderen Objekt – z. B. einem ruhenden Fluxon [44] oder einem sich in Gegenrichtung bewegenden Antifluxon – kollidiert. Diese Eigenschaft kann genutzt werden, um etwa ortsaufgelöste Abbildungen dieser Kollisionspunkte zu gewinnen. Die Abb. 6.18 zeigt dies am Beispiel eines ringförmigen Pb/Nb-Tunnelkontakts, in dem sich zwei Fluxon/Antifluxon-Paare befanden [45]. Abb. 6.18a zeigt die Geometrie. Unter dem aufgeprägten Strom bewegen sich die Fluxonen bzw. Antifluxonen in entgegengesetzte Richtung, sodass pro Durchlauf jedes Fluxon mit den beiden Antifluxonen kollidiert. Die Kollisionen finden dabei bei unterschiedlichen Durchläufen immer am selben Ort statt, sodass sich eine relativ große Änderung des Spannungsabfalls über der Probe ergibt, sobald der Elektronenstrahl die Kollisionszone erwärmt. Die Abb. 6.18b und c zeigen die durch den Elektronenstrahl induzierte Spannungsänderung als Funktion der Position des Strahls. Man erkennt in beiden Messungen die Kollisionszonen als helle Gebiete. Bei der Abb. 6.18b war der aufgeprägte Strom niedrig, so dass sich die Fluxonen nichtrelativistisch bewegten. Die Kollisionzonen sind hier sehr breit. Bei der in Abb. 6.18c dargestellten Messung bewegten sich die Fluxon/Antifluxon-Paare dagegen nahezu mit $\bar{c}$, sodass sie stark relativistisch verkürzt sind (Lorentz-Kontraktion). Entsprechend sind die Kollisionspunkte jetzt sehr viel schärfer.

Kehren wir nun zu den offenen, langen Josephsonkontakten zurück. Wir haben diese Kontakte bisher ohne die Anwesenheit eines äußeren Magnetfeldes be-

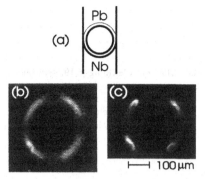

Abb. 6.18 Darstellung von Fluxonen in einem ringörmigen Josephson-Tunnelkontakt mit Hilfe der Tieftemperatur-Rasterelektronenmikroskopie. (a) Geometrie des Rings (Innendurchmesser 100 μm, Außendurchmesser: 120 μm, Ringumfang in Einheiten von λ_J: 5,8). Die Messtemperatur ist 5 K. Es befinden sich 2 sich bewegende Fluxon-/Antifluxon-Paare im Ring. Ein (helles) Signal entsteht an den Stellen, an denen Kollisionen zwischen Fluxonen und Antifluxonen stattfinden. Aufnahme (b) zeigt die Kollisionspunkte bei kleinem Biasstrom und niedrigen Fluxongeschwindigkeiten; Aufnahme (c) ist für Fluxongeschwindigkeiten nahe $\bar{c}$ [45].

trachtet. Wenn nun, zunächst ohne aufgeprägten Strom, das äußere Feld langsam von Null erhöht wird, bildet der Josephsonkontakt zunächst einen diamagnetischen Abschirmstrom aus, verhält sich also ähnlich wie ein homogener Supraleiter im Meißner-Zustand[28]. Allerdings fallen diese Josephson-Abschirmströme auf einer Länge λ_J vom Rand her ab, also wesentlich langsamer als die Abschirmströme im homogenen Supraleiter, die auf der Skala λ_L abklingen. Mathematisch erkennt man dies, wenn man in Gleichung (6-19) zunächst alle zeitabhängigen Terme sowie den aufgeprägten Strom gleich Null und dann $\sin\gamma \approx \gamma$ setzt. Man erhält dann $\lambda_J^2 \cdot d^2\gamma/dx^2 = \gamma$, woraus zusammen mit der Randbedingung (6-18) das exponentielle Abklingen von $\gamma(x)$ und damit auch des Josephsonstroms folgt. Wird das Feld immer weiter erhöht, so dringen irgendwann Fluxonen von den beiden Enden her in den Kontakt ein. Wird jetzt zusätzlich ein Strom aufgeprägt, setzen sich diese Fluxonen in Bewegung, sobald die Haftkräfte überwunden sind. Sie wandern dann in einer Richtung durch den Kontakt, wobei an einem Ende ständig neue Wirbel nachgeliefert werden. Haben die Flusswirbel einen Abstand l und bewegen sich mit einer Geschwindigkeit v, so kommen offensichtlich Wirbel mit einer Frequenz $f = v/l$ am Rand des Kontakts an. Jeder Wirbel, der an einer Stelle x_0 vorbeiläuft, erhöht dort die Phasendifferenz γ um 2π. Wir haben damit gemäß der zweiten Josephsongleichung auch eine mittlere Spannung von $\Phi_0 f = \Phi_0 v/l$.

---

28 Auch im Pendelmodell lässt sich der Effekt eines angelegten Feldes leicht nachvollziehen. Die Randbedingung (6-18) bedeutet nämlich nichts anderes als ein Verdrehen der Enden der Pendelkette, wobei der Winkel, mit dem die Enden der Kette gegeneinander verdreht sind, proportional zum angelegten Feld wächst.

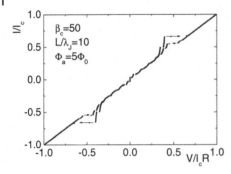

Abb. 6.19 Mit Gleichung (6-19) berechnete Strom-Spannungs-Kennlinie eines langen Josephsonkontakts im externen Magnetfeld (angelegter magnetischer Fluss: $5\Phi_0$). Kontaktlänge: $10\ \lambda_J$. Dämpfungsparameter $\beta_c = (f_c/f_{pl})^{1/2} = 50$.

Nun können wir noch den Abstand l durch das angelegte Feld B_a und die effektive Dicke t_{eff} des Kontakts ausdrücken. Der magnetische Fluss durch den Kontakt beträgt $B_a \cdot t_{eff} \cdot L$. Entspricht dieser gerade n Flussquanten, so gilt $n\Phi_0 = B_a \cdot t_{eff} \cdot L$ oder $\Phi_0 = B_a \cdot t_{eff} \cdot L/n$. Wir haben also gerade ein Flussquant auf der Länge $l = L/n$ und können die Spannung über den Kontakt ausdrücken durch $U_{FF} = B_a \cdot t_{eff} \cdot v$. Auch hier ist $\bar{c}$ die Grenzgeschwindigkeit für die Fluxonbewegung. Wir erhalten also eine Grenzspannung $U_{FFS} = B_a \cdot t_{eff} \cdot \bar{c}$, der sich die Spannung über dem Kontakt mit wachsendem Transportstrom langsam annähert.

Diese Struktur der Strom-Spannungs-Kennlinie wird »Flux-Flow-Stufe« genannt. Die Abb. 6.19 zeigt dies an Hand einer numerischen Simulation, bei der die Sinus-Gordon-Gleichung (6-19) verwendet wurde. Man erkennt das Aufsteilen der Kennlinie bis zu Strömen von etwa 0,65 des maximalen Suprastroms im Nullfeld. Für höhere Ströme schaltet der Kontakt in den »resistiven Zustand«, der dem Quasiteilchenast eines Tunnelkontakts entspricht. Man beachte, dass dieser Grobstruktur eine Feinstruktur überlagert ist. Dies sind die Fiske-Resonanzen, die auch in langen Josephsonkontakten angeregt werden können.

Wir haben jetzt in diesem und im letzten Abschnitt eine ganze Reihe dynamischer Eigenschaften von Josephsonkontakten kennengelernt, die sich auf der Strom-Spannungs-Kennlinie etwa als Shapiro-Stufen, Fiske-Resonanzen, Nullfeld- oder Flux-Flow-Stufen äußern. Wir haben diese Eigenschaften in einiger Ausführlichkeit dargestellt, weil sie nicht nur von der Warte der nichtlinearen Dynamik interessant sind, sondern die Basis für die Anwendung von Josephsonkontakten im Hochfrequenzbereich etwa als Spannungsstandards oder als Flux-Flow-Oszillatoren bilden. Wir werden darauf in Kapitel 7 zurückkommen.

Selbst bei einzelnen Josephsonkontakten tritt eine Vielzahl weiterer Phänomene auf, deren Darstellung den Rahmen dieses Buchs sprengen würde. Entsprechend reichhaltiger verhalten sich Anordnungen gekoppelter Josephsonkontakte wie etwa vertikal gestapelte Kontakte oder planare Netzwerke. Für genauere Darstellungen sei auf die Monographien [M3, M15, M16] und die Artikel [46] verwiesen.

Als ein Beispiel soll lediglich kurz erwähnt werden, dass sich in gestapelten Kontakten, aber unter speziellen Bedingungen auch in Einzelkontakten, Fluxonen oder Fluxongitter schneller bewegen können als die Josephson-Plasmawellen [47]. Damit sind diese Fluxonen »schneller als das Licht«. Eine ähnliche Situation kennt man von sehr energiereichen geladenen Teilchen, die sich mit nahezu Vakuum-

Lichtgeschwindigkeit durch ein Medium bewegen. Sind die Teilchen schneller als die Lichtgeschwindigkeit in diesem Medium, so strahlen sie elektromagnetische Wellen – die Cherenkov-Strahlung – ab, die man beispielsweise in Reaktorbecken als intensiv blaues Leuchten beobachten kann. Ganz analog »strahlen« die schnellen Fluxonen intensive Josephson-Plasmawellen ab (»Vortex-Cherenkov-Strahlung«), was ein für die Verwendung von Josephsonkontakten als Fluxonoszillatoren interessanter Effekt ist.

6.5
Quanteneigenschaften von supraleitenden Tunnelkontakten

Bislang hatten wir Josephsonkontakte als Objekte beschrieben, bei denen durch die Kopplung der makroskopischen Wellenfunktionen der beiden supraleitenden Elektroden ein schwacher Cooper-Paarstrom über den Kontakt fließt, dessen Eigenschaften durch die beiden Josephson-Gleichungen bestimmt waren. Die weitere Behandlung war völlig klassisch und hatte uns zur Analogie von Josephsonkontakten mit physikalischen Pendeln geführt. Eine weitere Analogie waren Massenpunkte, die eine gewellte Fläche (»Waschbrett-Potenzial«) herabgleiten.

Wir wollen jetzt die Quanteneigenschaften von Josephsonkontakten genauer betrachten und dabei insbesondere der Kapazität des Kontakts eine größere Aufmerksamkeit schenken.

6.5.1
Coulomb-Blockade und Tunneln einzelner Ladungen

Betrachten wir zunächst einen Kondensator, auf dessen (normalleitenden) Elektroden sich die Ladungen $\pm Q$ befinden. Der Kondensator habe die Kapazität $C = \varepsilon\varepsilon_0 A/t_B$, mit der Kondensatorfläche A, dem Plattenabstand t_B und der Dielektrizitätskonstanten ε. Zwischen den Platten liegt dann die Spannung $U = Q/C$ an. Die Energie des Kondensators ist $E_{c,1} = Q^2/2C$. Nun lassen wir ein Elektron (Ladung $-e$) zwischen den Platten tunneln, sodass sich die Ladung der beiden Elektroden auf $+Q-e$ bzw. $-Q+e$ verringert. Die elektrostatische Energie des Kontakts nach dem Tunnelprozess ist $E_{c,2} = (Q-e)^2/2C$. Wir sollten verlangen, dass $E_{c,2}$ kleiner als $E_{c,1}$ ist, damit der Prozess ablaufen kann. Dies ergibt die Bedingung[29] $|Q| > e/2$ bzw. $|U| > e/2C$ als Voraussetzung dafür, dass ein Elektron zur anderen Platte tunneln kann. Das ist der Effekt der »Coulomb-Blockade« [48].

Bei endlichen Temperaturen werden aber thermische Schwankungen dazu führen, dass die Elektronen vor und zurücktunneln, solange die thermische Energie $k_B T$ vergleichbar oder größer ist als E_c. Um ein Gefühl dafür zu bekommen, wie groß dieser Einfluss ist, vergleichen wir die Coulomb-Energie $E_c = e^2/2C$ des

---

29 Wir sehen hier die (Influenz-)Ladung Q als kontinuierlich an. Dies widerspricht nicht der Quantisierung der Elementarladung in Einheiten von e, da sich durch Verschieben der Elektronen gegen den positiven Ladungshintergrund der Ionen jeder beliebige Wert von Q einstellen lässt.

Kondensators, der durch ein Elektron aufgeladen ist, mit $k_B T$. Die Kapazität sollte dann kleiner sein als $e^2/2k_B T$. Setzen wir hier $T = 1\,\text{K}$ ein, so erhalten wir $C < 0.9 \cdot 10^{-15}\,\text{F}$. Nehmen wir weiter $\varepsilon = 5$ und $t_B = 1\,\text{nm}$ an, so entspricht dies einer Kondensatorfläche von etwa $0,02\,\mu\text{m}^2$, entsprechend einer Kantenlänge der Größenordnung $0,15\,\mu\text{m}$. Man muss also zu sehr kleinen Bauelementen und Temperaturen gehen, damit der eben beschriebene Effekt nicht vollständig durch thermische Fluktuationen überdeckt wird.

Außerdem sollten auch Quantenfluktuationen gering sein. Wir können deren Einfluss durch die Unschärferelation $\Delta E \cdot \Delta t > \hbar/2$ abschätzen, die die Energieunschärfe ΔE mit der Zeitunschärfe Δt verbindet. ΔE sollte kleiner sein als E_c. Der Tunnelkontakt wird eine Ladungsschwankung mit einer charakteristischen Zeitkonstanten $\Delta t = RC$ abbauen. Setzen wir dies in die Unschärferelation ein, so erhalten wir $e^2 RC/2C > \hbar/2$ oder $R > \hbar/e^2 = R_Q/2\pi$. Hierbei haben wir mit $R_Q = h/e^2 \approx 24,6\,\text{k}\Omega$ den »Quantenwiderstand« eingeführt. Für einen Tunnelkontakt mit $0,1\,\mu\text{m}$ Kantenlänge bedeutet dies, dass dessen Flächenwiderstand oberhalb von einigen $\mu\Omega\,\text{cm}^2$ liegen sollte, was in der Regel gewährleistet ist.

Die Coulomb-Blockade wird also bei Tunnelkontakten mit Kantenlängen weit unterhalb von $1\,\mu\text{m}$ bei Temperaturen weit unterhalb $1\,\text{K}$ wesentlich sein. Man kann allerdings nicht einfach an unseren bislang als isoliert betrachteten Kondensator bzw. Tunnelkontakt eine Strom- oder Spannungsquelle anschließen, da dann die erheblich größere Kapazität der Zuleitungen, die parallel zum Tunnelkontakt auftritt, den Effekt wieder zerstören würde. Dies ist nicht mehr der Fall, wenn zwei Tunnelkontakte in Reihe geschaltet sind. Die beiden Tunnelkontakten gemeinsame mittlere Elektrode bildet dann eine kleine Insel, die durch die Tunnelbarrieren mit der Außenwelt (d.h. einer Strom- oder Spannungsquelle) verbunden ist.

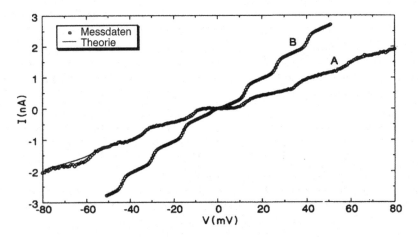

Abb. 6.20 Coulomb-Blockade und Coulomb-Treppe am Beispiel einer Strom-Spannungs-Charakteristik eines Tunnelkontakts extrem kleiner Kapazität zwischen einer Pt-Ir-Spitze und der Oberfläche eines granularen Au-Films. Messtemperatur: 4,2 K. Kurve A: große Entfernung Spitze-Oberfläche, Kurve B: sehr geringe Entfernung Spitze-Oberfläche [49].

Man kann die Influenzladung auf der Insel überdies durch eine weitere Kapazität – ein »Gate« – steuern und hat dann eine transistorähnliche Anordnung, bei der man – zunächst ohne Gatespannung – die Coulomb-Blockade beobachten kann. Unterhalb einer Grenzspannung $U_c = e/2C_\Sigma$ (C_Σ: gesamte Kapazität der Insel zur Außenwelt) fließt praktisch kein Strom. Für etwas höhere Spannungen tunnelt zunächst jeweils ein Elektron auf die Insel und lädt diese auf. Das nächste Elektron kann erst tunneln, wenn das erste die Insel verlassen hat. Man hat also einen kontrollierten Fluss einzelner Elektronen, die mit einer Frequenz f_e über die Insel tunneln. Der Stromfluss ist

$$I = dQ/dt = ef_e \qquad (6\text{-}22)$$

und verbindet also Strom und Elementarladung über die Frequenz f_e.

Erst bei höheren Grenzspannungen können sich 2, 3 usw. zusätzliche Elektronen auf der Insel aufhalten. Entsprechend diesen Grenzspannungen bilden sich stufenartige Strukturen auf der Strom-Spannungs-Charakteristik aus, die auch als »Coulomb-Treppe« bezeichnet werden [48]. Der Stromfluss ist hier[30] $I_n = nef_e$ ($n = 1,2,3...$).

Die Spannung U_c lässt sich durch die Gate-Elektrode zwischen 0 und ihrem Maximalwert variieren. Man erhält damit ganz analog zum klassischen Transistor eine Anordnung, die den Fluss einzelner Elektronen steuert – einen Einzelelektronentransistor. Umgekehrt kann die Anordnung auch dazu dienen, Ladungen auf der Insel genau zu messen. Man hat dann ein Elektrometer, ganz in Analogie zum supraleitenden Magnetometer. Insbesondere variiert auch beim Einzelelektronen-Elektrometer die Spannung U_c periodisch mit der Gate-Spannung U_g, wobei die Periode eine Elementarladung ist.

Die Abb. 6.20 zeigt eine frühe Messung der Coulomb-Blockade und der Coulomb-Treppe. Hierbei wurde der Stromfluss zwischen der Pt-Ir Spitze eines Tunnelmikroskops und einem granularen Au-Film gemessen [49]. Eines der Au-Körner bildete dabei die »Insel«. Die Ladung auf der Insel wurde dabei noch nicht über eine Gate*spannung* kontrolliert, sondern es wurde die *Kapazität* der Anordnung über den Abstand Spitze-Goldoberfläche geändert. Dies hat einen sehr ähnlichen Effekt und führt ebenfalls zur Modulation von U_c.

Bislang haben wir einen *normalleitenden* Tunnelkontakt betrachtet. Wenn wir zu Supraleitern übergehen, so werden ebenfalls Ladungseffekte eine Rolle spielen. Im einfachsten Fall ist lediglich anstelle von e die Ladung $2e$ zu verwenden[31]. Beispielsweise variiert die Spannung U_c periodisch mit $2e$ anstelle mit e, wie experimentell gezeigt wurde [50].

---

30 Man beachte, dass diese Beziehung ganz ähnlich aufgebaut ist wie die Beziehung $U_n = n\Phi_0 \cdot f$, die die Spannungswerte von Shapirostufen auf der Kennlinie eines Josephsonkontaks unter Mikrowelleneinstrahlung beschreibt. Man hat also eine Entsprechung $I \leftrightarrow U$ und $e \leftrightarrow \Phi_0$. Diese »Dualität« zwischen dem Coulomb-Effekt und dem Josephsoneffekt lässt sich sehr weit führen. Man hat beispielsweise auch die Entsprechungen Leitfähigkeit $\leftrightarrow$ Widerstand, Kapazität $\leftrightarrow$ Induktivität.

31 Die Rolle der ungepaarten Quasiteilchen und ihre Wechselwirkungen mit dem Paarzustand wollen wir hier unterschlagen. Für Details siehe z. B. die Monographie [M3].

Wir müssen jetzt genauer diskutieren, was dieses Resultat bedeutet. Beim Josephson-Tunnelkontakt hatten wir einen Strom von Cooper-Paaren ohne äußere Spannung. Im Wellenbild war die Paarwellenfunktion des Supraleiters über beide Elektroden ausgebreitet. Auf Grund des Coulomb-Effektes wird genau dieser Stromfluss unterbrochen. Wir können auch sagen, die supraleitende Wellenfunktion bleibt auf die beiden Elektroden lokalisiert. Im Gegensatz zum Josephson-Fall ist jetzt die Zahl der Ladungsträger auf jeder Elektrode fest, die feste Phasenbeziehung zwischen den Wellenfunktionen in den beiden Elektroden aber zerstört.

Dies hat in der Tat tiefe Ursachen. Man kann zeigen, dass es eine Unschärferelation zwischen der Anzahl N der Cooper-Paare und der Phase φ der Paarwellenfunktion gibt. Es gilt nämlich:

$$\Delta N \cdot \Delta \varphi > 1 \tag{6-23}$$

Ist die Phase φ wohldefiniert, so ist die Teilchenzahl undefiniert und umgekehrt. Angewandt auf den Josephsonkontakt bedeutet dies, dass man entweder eine wohldefinierte Phasendifferenz γ haben kann (wobei dann die Cooper-Paare über beide Elektroden delokalisiert sind), oder man hat eine wohldefinierte Teilchenzahl in der Elektrode, verliert dann aber den Josephsoneffekt.

Um zu entscheiden, welches Regime vorliegt, müssen wir die Coulomb-Energie $E_{c,p} = (2e)^2/2C$ mit der Energie vergleichen, die mit der Josephson-Kopplung zwischen den beiden Supraleitern verbunden ist. Diese ist, ganz in Analogie zur potenziellen Energie des physikalischen Pendels, $-E_J\cos\gamma$ mit $E_J = \Phi_0 I_c/2\pi$. Für $\gamma = 0$ ist diese Energie gerade gleich $-E_J$. Ist nun $E_J \gg E_c$, so wird sich der Josephsoneffekt durchsetzen, für $E_J \ll E_{c,p}$ der Coulomb-Effekt. Für vergleichbare Energien wird dagegen ein sehr komplexes Verhalten beobachtet (siehe z. B. [51]). Das Verhältnis $E_J/E_{c,p}$ nimmt wegen $E_J/E_{c,p} \propto I_cC \propto A^2$ quadratisch mit der Fläche des Tunnelkontakts zu; der Übergang zwischen den beiden Grenzfällen erfolgt für typische Zahlenwerte von j_c, ε etc. bei Strukturgrößen im tiefen sub-μm-Bereich.

Eine Anwendung der Coulomb-Blockade bei Supraleitern ist die »Cooper-Paar-Box« (s. Abb. 6.21) [52]. Hier ist eine kleine supraleitende Insel über einen supraleitenden Tunnelkontakt ganz in Analogie zum Einzelelektronentransistor an ein supraleitendes Reservoir angekoppelt. Die Zahl der Elektronen ist über die Coulomb-Blockade fixiert und kann über eine Gate-Elektrode kontrolliert werden.

Wir bezeichnen die Paarwellenfunktion für $U_g = 0$ mit $|0\rangle$. Hat man die Ladung auf der Insel um $n \cdot 2e$ geändert, so erhält man eine neue Paar-Wellenfunktion $|n\rangle$, die n zusätzliche Cooper-Paare enthält. Wären die Cooper-Paare unabhängige Teilchen, so hätte die elektrostatische Energie der Insel die Form $(Q-n\cdot 2e)^2/2C_\Sigma$, was als Funktion von Q einer Serie von Parabeln mit Scheiteln bei $n \cdot 2e$ entspricht. Diese sind in Abb. 6.21b als dünne Linien gezeichnet. Nun wird sich aber in der Nähe der »Kreuzungspunkte« der Parabeln, d.h. etwa bei den Ladungen $Q = (n + 1/2) \cdot 2e$, nach den Gesetzen der Quantenmechanik eine Wellenfunktion einstellen, die eine kohärente Superposition $a \cdot |n+1\rangle + b \cdot |n\rangle$ der beiden Zustände $|n+1\rangle$ und $|n\rangle$ ist, wobei a und b komplexe Zahlen sind. Als Konsequenz spaltet die

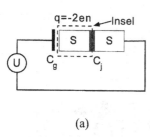 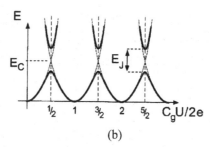

(a)   (b)

Abb. 6.21 Prinzip der »Cooper-Paar-Box«: (a) Eine supraleitende Insel ist über einen Tunnelkontakt (Kapazität: C_j) mit einer ebenfalls supraleitenden Gegenelektrode verbunden. Mit einer Gate-Elektrode (Kapazität C_g) kann die Zahl der Elektronen auf der Insel gesteuert werden. (b) Ladungsenergie der Insel als Funktion der durch die Gate-Elektrode induzierten Ladung $C_g U$. (Nachdruck aus [52] mit Erlaubnis von Physica Scripta).

Ladungsenergie in den Kreuzungspunkten auf (dicke Linien in Abb. 6.21 b). Die Rechnung zeigt, dass die Aufspaltung gerade E_J beträgt.

Die Ladung auf der Cooper-Paar-Box kann mit Hilfe eines Einzelelektronen-Elektrometers ausgelesen werden. Abb. 6.22 zeigt ein entsprechendes Messresultat. Man findet in der Tat einen treppenartigen Anstieg der über thermische Fluktuationen gemittelten Ladung $<n>$ auf der Insel, wobei $<n>$ in Einheiten von *2e* anwächst. Wesentlich ist, dass aber die Messkurve auch zwischen den ganzzahligen Werten von $<n>$ kontinuierlich ist und sehr gut den quantenmechanischen Erwartungen entspricht.

Der Effekt der quantenmechanischen Superposition wurde von Nakamura, Pashkin und Tsai in einem sehr eleganten Experiment demonstriert [53]. Die Forscher brachten die Cooper-Paar-Box durch eine gepulste Gate-Spannung für eine kurze Zeit Δt von einem ganzzahligen Wert $n = 0$ in den überlagerten Zustand. Nach den Gesetzen der Quantenmechanik oszilliert dort die Wellenfunktion mit einer Frequenz $f = E_J/h$ zwischen den Zuständen $|0\rangle$ und $|1\rangle$. Schaltet man die Gate-

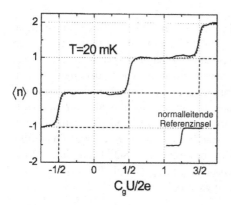

Abb. 6.22 Messung der durch die Gate-Elektrode in Abb. 6.21 im zeitlichen Mittel induzierten Ladung $<n>$ als Funktion der Gate-Spannung. Der verwendete Supraleiter ist Al. Die gestrichelte Linie gibt den Verlauf von $<n>$ ohne die quantenmechanische Wechselwirkung zwischen benachbarten Zuständen $|n\rangle$ und $|n+1\rangle$ an. Ebenfalls gezeigt ist der Verlauf von $<n>$ einer normalleitenden Referenz-Insel, bei der sich die Ladung in Einheiten von e ändert. (Nachdruck aus [52] mit Erlaubnis von Physica Scripta).

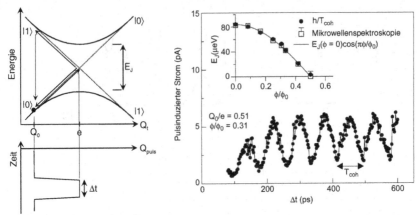

Abb. 6.23 Beobachtung von Rabi-Oszillationen mittels einer Cooper-Paar-Box. Verwendeter Supraleiter: Al, Messtemperatur: 30 mK. Die beiden Zustände, die sich um ein Cooper-Paar unterscheiden, sind mit $|0\rangle$ und $|1\rangle$ bezeichnet. Im linken oberen Diagramm sind zunächst als gestrichelte, sich überkreuzende Linien die elektrostatischen Energien dieser Zustände als Funktion der durch die Gate-Spannung auf der Insel induzierten Ladung Q_t eingezeichnet. Der Kreuzungspunkt liegt bei $Q_t = e$. Die quantenmechanische Kopplung durch den Josephsoneffekt spaltet die energetische Entartung dieser Zustände auf, wobei die Aufspaltung bei $Q_t = e$ den Wert E_J (Josephson-Kopplungsenergie) annimmt (durchgezogene parabolische Linien). Das System befindet sich zunächst bei $Q_t = Q_0$ im Zustand $|0\rangle$. Durch einen kurzen Puls (s. auch unteres Teilbild) wird die Gate-Spannung und damit Q_t innerhalb weniger Pikosekunden auf den Wert e erhöht. Das System oszilliert nun mit einer Frequenz $f = E_J/h = 1/T_{coh}$ für eine Zeit Δt zwischen $|0\rangle$ und $|1\rangle$. Anschließend wird Q_t wieder sehr rasch auf seinen Ausgangswert reduziert. Die Cooper-Paar-Box befindet sich je nach Pulslänge Δt mit einer gewissen Wahrscheinlichkeit entweder im Zustand $|0\rangle$ oder im Zustand $|1\rangle$. Der energetisch höherliegende Zustand $|1\rangle$ ist instabil. Die überschüssige Ladung $2e$ fließt in Form zweier Quasiteilchen über den Tunnelkontakt ab. Variiert man Δt, so oszilliert dieser Tunnelstrom als Funktion von Δt, wobei die Periode gerade T_{coh} ist. Das rechte Teilbild zeigt das Messergebnis. Im Experiment konnte die Josephson-Kopplungsenergie E_J durch ein Magnetfeld bzw. einen Fluss Φ gesteuert werden. Das inset zeigt den aus $T_{coh} = h/E_J$ bestimmten Wert von E_J für verschiedene Werte von Φ und vergleicht diese mit Messungen aus unabhängigen Vergleichsuntersuchungen (»Mikrowellenspektroskopie«) (nach [53], © 1999 Nature).

Spannung wieder ab, so befindet sich das System mit einer gewissen Wahrscheinlichkeit $|w|^2$ im Zustand $|1\rangle$, der von der Pulsdauer abhängt und periodisch zwischen $|w|^2 = 0$ und $|w|^2 = 1$ variiert (»Rabi-Oszillationen«). Das überschüssige Cooper-Paar im Zustand $|1\rangle$ kann in Form zweier Quasiteilchen über einen zweiten Tunnelkontakt abfließen, so dass der Strom über diesen Tunnelkontakt als Funktion der Pulsdauer direkt die Wahrscheinlichkeit $|w|^2$ wiedergibt. Die Abb. 6.23 zeigt das Energieschema des Vorgangs und das Messergebnis, das eindeutig demonstriert, dass eine kohärente Superposition von Zuständen $|0\rangle$ und $|1\rangle$ erzielt werden konnte. Im Experiment war der supraleitende Tunnelkontakt als SQUID-ähnliche Ringstruktur ausgelegt, was erlaubt, die Josephson-Kopplungsenergie E_j durch ein relativ kleines Magnetfeld bzw. einen Fluss Φ_a zu steuern.

Man hofft, eines Tages mit quantenmechanischen Superpositionen zweier Zustände $|0\rangle$ und $|1\rangle$ eine neue Art logischer Bauelemente zur realisieren, die Anstelle von klassischen Bits 0 und 1 die quantenmechanisch superponierten »Qubits« manipulieren. Man beachte dabei, dass die quantenmechanische Wahrscheinlichkeit w eine *komplexe* Zahl ist, deren Phase eine zusätzliche Eigenschaft ist, die die klassische Logik nicht kennt. Die Möglichkeit solcher Quantenrechner wird zur Zeit von vielen Forschern (Physiker verschiedenster Richtungen, aber auch Mathematiker und Informatiker) theoretisch wie experimentell untersucht. Einen Überblick geben die Referenzen [54]. Speziell mit supraleitenden Qubits befasst sich der Übersichtsartikel von Makhlin, Schön und Shnirman [55]. Diese Quantenrechner könnten eine Reihe von Problemen lösen, für die klassische Computer eine extrem lange Zeit benötigen würden. Wir können zur Zeit natürlich nicht wissen, ob ein solcher Rechner jemals hergestellt wird und welche Art von Hardware dann verwendet wird. In jedem Fall wird uns aber der *Weg* zu diesem hoch gegriffenen Ziel eine Vielzahl von Erkenntnissen über quantenmechanische Systeme liefern und nicht zuletzt auch zu Messtechniken oder kleineren Anwendungen führen, wie wir sie heute noch nicht kennen.

Mit dem Thema »Quanteneigenschaften« befasst sich deshalb auch der abschließende Abschnitt dieses Kapitels, in dem wir sehen werden, dass sich auch Flussquanten oder die Phasendifferenzen über Josephsonkontakte als Qubits verwenden lassen.

6.5.2
Flussquanten und makroskopische Quantenkohärenz

Im letzten Abschnitt hatten wir gesehen, dass man Cooper-Paarzustände unterschiedlicher Anzahlen n von Cooperpaaren in einen quantenmechanisch überlagerten Zustand bringen kann. Man kann sich fragen, ob ähnliches auch für Flussquanten möglich ist. Noch allgemeiner können wir fragen, ob in etwa der über das »Waschbrett« rollende Massenpunkt, der ein Analogsystem für die Beschreibung des Josephsonkontakts im RCSJ-Modell war (s. Abschnitt 6.2), den Gesetzen der Quantenmechanik unterliegt [56].

Die Antwort auf beide Fragen ist »ja«. Betrachten wir hierzu nochmals die RSCJ-Gleichung (6-10)

$$ C \cdot \left(\frac{\Phi_0}{2\pi}\right)^2 \ddot{\gamma} = \frac{\Phi_0}{2\pi} I - \frac{\Phi_0 I_c}{2\pi} sin\,\gamma - \frac{\Phi_0^2}{(2\pi)^2 R} \dot{\gamma} \qquad (6\text{-}10) $$

die wir hier zusätzlich mit $\Phi_0/2\pi$ multipliziert sowie nach dem »Trägheitsterm« aufgelöst haben. Im Folgenden wollen wir annehmen, dass die Dämpfung sehr klein ist. Wir vernachlässigen dann den »Reibungsterm« ($\propto \dot{\gamma}$). Fassen wir jetzt γ als eine Art Ortskoordinate auf, so können wir die rechte Seite von Gleichung (6-10) als Kraft auffassen, die wir aus einem Potenzial

$$ U(\gamma) = -\frac{\Phi_0 I_c}{2\pi} cos\,\gamma - \frac{\Phi_0 I}{2\pi}\gamma \qquad (6\text{-}24) $$

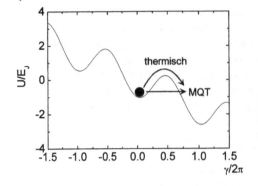

Abb. 6.24 Makroskopisches Quanten-tunneln (MQT) im Josephsonkontakt. Das auf E_J normierte Potenzial (Gleichung 6-24) ist für $I/I_c = 1/4$ gezeichnet.

via $F = -dU/d\gamma$ herleiten können. Dies ist das Waschbrettpotenzial, in dem sich der Massenpunkt bewegt. Es wird offensichtlich durch den Strom I aus der Horizontalen gekippt. Klassisch setzt sich der Massenpunkt in Bewegung, wenn das Potenzial entweder so stark gekippt ist, dass U keine Minima mehr aufweist, oder wenn, bei geringerer Verkippung, thermische Fluktuationen den Massenpunkt über die Maxima hinwegheben.

Quantenmechanisch gesehen sollte es aber möglich sein, dass der Massenpunkt die Potenzialbarriere durchtunnelt (Abb. 6.24). Dieser Prozess wird allerdings erst beobachtbar werden, wenn die thermisch bedingten Schwankungen klein sind, also bei sehr tiefen Temperaturen. Eine genauere Rechnung ergibt die Bedingung

$$k_B T < \frac{\hbar \omega_{pl}(I)}{2\pi}, \text{ mit der Josephson-Plasmafrequenz } \omega_{pl}(I) = (2\pi I_c / \Phi_0 C)^{1/2} \cdot [1 - (I/I_c)^2]^{1/4}.$$

Offensichtlich muss also $\omega_{pl}(I)$ möglichst groß und damit C möglichst klein sein. Für $I = 0$ und $\omega_{pl}(0) = 10^{11}/s$ erhält man $T < 0,1$ K, was nicht allzu schwer realisierbar ist.

Wenn der Massenpunkt durch die Potenzialbarriere getunnelt ist, wird er auf Grund der geringen Dämpfung das Waschbrett herunterrollen. Übertragen auf den Josephsonkontakt heißt dies, dass der Kontakt vom spannungslosen in den resistiven Zustand geschaltet hat. Das makroskopische Quantentunneln kann dadurch experimentell untersucht werden, dass man die Verteilung der Stromwerte aufträgt, bei denen der Kontakt in den resistiven Zustand schaltet. Dies gibt letztlich die Wahrscheinlichkeit wieder, mit der die Potenzialbarriere überwunden werden kann. Entsprechende Untersuchungen wurden in den 1980er Jahren durchgeführt und bestätigten klar den Prozess des makroskopischen Quantentunnelns [57]. Vor Kurzem wurde gezeigt, dass in ähnlicher Weise auch Josephson-Fluxonen einen Potenzialwall durchtunneln können [58].

Besonders interessant wird die Situation, wenn man ein Potenzial $U(\gamma)$ hat, das die Form einer Doppelmulde hat, wie in Abb. 6.25a angedeutet. Die Quantenmechanik verlangt, dass die Energiezustände in diesem Potenzial diskrete Werte E_n annehmen, von denen einige in Abb. 6.25 schematisch durch waagrechte Linien angedeutet sind. Im symmetrischen Fall der Abb. 6.25a sind die Zustände in der rechten und linken Mulde gleichwertig. Insbesondere existieren zwei Grundzu-

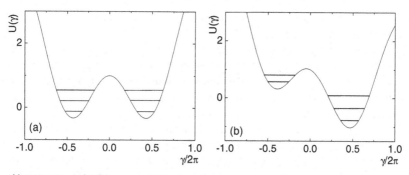

Abb. 6.25 Doppelmuldenpotenzial zur Erzeugung quantenmechanisch superponierter Zustände: (a) symmetrisches Potenzial mit energetisch entarteten Energieniveaus (waagrechte Linien; nur einige Niveaus sind schematisch gezeichnet); (b) verkipptes Pozenzial mit eindeutigem Grundzustand.

stände, die sich in der Abbildung durch das Vorzeichen von γ unterscheiden. Gelingt es, das Potenzial zu kippen (Abb. 6.25 b), so wird diese Entartung aufgehoben.

Potenzialformen dieser Art lassen sich mit Josephsonkontakten erzielen. Ein Beispiel ist ein Josephsonkontakt, der in einen supraleitenden Ring integriert ist[32] [59]. Der magnetische Fluss durch den Ring betrage $\Phi = \Phi_a + LJ$, wobei Φ_a der von außen angelegte Fluss und LJ der vom Ringstrom J erzeugte Fluss ist, der zur Ringinduktivität L proportional ist. Der Strom J fließt auch durch den Josephsonkontakt, sodass gilt: $J = I_c \sin\gamma$. Die Phasendifferenz γ ist ihrerseits proportional zu Φ (vgl. Abschnitt 1.5): $\gamma = 2\pi\Phi/\Phi_0$. Die Energie des Rings setzt sich zusammen aus der magnetischen Energie $LJ^2/2 = (\Phi-\Phi_a)^2/2L$ und der Energie des Josephsonkontakts. Wir haben also:

$$U(\Phi) = \frac{(\Phi - \Phi_a)^2}{2L} - \frac{I_c \Phi_0}{2\pi} \cos\frac{2\pi\Phi}{\Phi_0} \qquad (6\text{-}25)$$

Dieses Potenzial hat die in Abb. 6.25 dargestellte Form, wobei der symmetrische Fall (modulo Φ_0) für $\Phi_a = \Phi_0/2$ und der asymmetrische für $\Phi_a \neq \Phi_0/2$ erreicht wird. Man kann nun das System durch ein angelegtes Magnetfeld so »präparieren«, dass der Grundzustand nahe $\Phi = + \Phi_0/2$ liegt. Der Ringstrom J fließe dabei gegen den Uhrzeigersinn. Wir bezeichnen diesen Zustand mit $|+\rangle$. Entsprechend würden wir den Zustand mit Stromfluss gegen den Uhrzeigersinn mit $|-\rangle$ bezeichnen. Reduziert man das Feld auf $\Phi_0/2$, so nimmt das System eine Superposition der beiden entarteten Zustände $|+\rangle$ und $|-\rangle$ an. Der Ringstrom fließt dann gleichzeitig im Uhrzeigersinn und gegen den Uhrzeigersinn. Geht man wieder zum ursprünglichen Fluss zurück, so befindet sich das System ganz analog zur im Abschnitt 6.5.1 besprochenen Cooper-Paar-Box mit einer gewissen Wahrscheinlichkeit im Zustand

---

32 Wir werden diese Anordnung in Abschnitt 7.6.4.1 nochmals als »rf-SQUID« kennenlernen.

|−⟩, wobei diese Wahrscheinlichkeit proportional zu der Zeitdauer oszilliert, für die der Ring im entarteten Zustand war[33].

Experimentelle Evidenz für diese quantenmechanische Superposition wurde 2000 von Forschern in Stony Brook gegeben [60], obgleich die Rabi-Oszillationen noch nicht direkt nachgewiesen werden konnten. Ein ähnliches Design mit drei in einen Ring integrierten Josephsonkontakten wurde 1999 und 2000 in Delft und Cambridge, Massachusetts untersucht [61]. Auch hier ergaben sich zunächst indirekte Anzeichen für die Superposition zweier Flusszustände. Die direkte Detektion der Rabi-Oszillationen gelang der Delfter Gruppe schließlich 2003 [62]. Im Jahr zuvor konnten Rabi-Oszillationen zudem auch an einzelnen Josephsonkontakten[34] [63] sowie einer trickreichen Kombination einer Cooper-Paar-Box und eines SQUID-Rings [64] beobachtet werden.

Zur Zeit schreitet die Entwicklung stürmisch voran. Es wird eine Vielzahl von Designs untersucht [55]. Vielleicht wird man daher in nicht allzu ferner Zukunft diesen Abschnitt unter der Überschrift »Anwendungen der Supraleitung« präsentieren können.

Literatur

1 D. G. Naugle u. R. E. Glover: Phys. Lett. **28** A, 611 (1969). W. Kessel u. W. Rühl: PTB-Mitteilungen **79**, 258 (1969).

2 D. Bohm, *Quantum Theory*, Prentice Hall, New York (1951).

3 V. Ambegaokar u. A. Baratoff: Phys. Rev. Lett. **10**, 486 (1963)); Errata: Phys. Rev. Lett. **11**, 104 (1963).

4 M. D. Fiske: Rev. Mod. Phys. **36**, 221 (1964).

5 R. C. Jaklevic, J. Lambe, J. E. Mercereau u. A. H. Silver: Phys. Rev. **140** A, 1628 (1965).

6 Y. Tanaka u. S. Kashiwaya: Phys. Rev. B **56**, 892 (1997).

7 G. B. Arnold u. R. A. Klemm: Phys. Rev. B **62**, 661 (2000).

8 A. Odagawa, M. Sakai, H. Adachi u. K. Setsune: IEEE Trans. Appl. Supercond. **9**, 3012 (1999).

9 K. Tanabe, Y. Hidaka, S. Karimoto u. M. Suzuki: Phys. Rev. B **53**, 9348 (1996); M. Itoh, S.-I. Karimoto, K. Namekawa u. M. Suzuki: Phys. Rev. B **55**, R12001 (1997).

10 K. Schlenga, R. Kleiner, G. Hechtfischer, M. Mößle, S. Schmitt, P. Müller, Ch. Helm, Ch. Preis, F. Forsthofer, J. Keller, H. L. Johnson, M. Veith u. E. Steinbeiß: Phys. Rev. B **57**, 14518 (1998).

11 S. Heim: Dissertation, Universität Tübingen (2002).

12 K. A. Delin u. A. W. Kleinsasser: Supercond. Sci. Technol. **9**, 227 (1996).

13 P. de Gennes: Rev. Mod. Phys. **36**, 225 (1964).

14 A. D. Misener, H. Grayson Smith u. J. O. Wilhelm: Trans. Roy. Soc. Canada **29**, (III) 13 (1935).

---

33 Man beachte, dass jetzt aber magnetische Flüsse bzw. Ringströme überlagert sind im Gegensatz zur Superposition von Ladungen bei der Cooper-Paar-Box.

34 Hier werden Zustände mit verschiedenen Phasendifferenzen γ superponiert, man spricht von Phasen-Qubits.

15 H. Meissner: Phys Rev. **109**, 686 (1958), Phys. Rev. Lett **2**, 458 (1959) u. Phys. Rev. **117**, 672 (1960).

16 P. Hilsch, R. Hilsch u. G. v. Minnigerode: Proc 8th Int. Conf. Low Temp. Phys. (LT 8), S. 381, London 1963, Butterworth; P. Hilsch: Z. Phys. **167**, 511 (1962).

17 A. F. Andreev: Sov. Phys. JETP **19**, 1228 (1964); für einen Überblick, siehe auch B. Pannetier u. H. Courtois: J. Low Temp. Phys. **118**, 599 (2000).

18 J. Clarke: Phys. Rev. B **4**, 2963 (1971).

19 G. E. Blonder, M. Tinkham u. T. M. Klapwijk: Phys. Rev. B **25**, 4515 (1982).

20 T. M. Klapwijk, G. E. Blonder u. M. Tinkham: Physica B **109**, 1657 (1982).

21 W. J. Tomasch: Phys. Rev. Lett. **15**, 672 (1965); J. M. Rowell u. W. L. McMillan: Phys. Rev. Lett. **16**, 453 (1966); W. L. McMillan u. P. W. Anderson: Phys. Rev. Lett. **16**, 85 (1966).

22 P. de Gennes u. D. Saint James: Phys. Lett. **4**, 151 (1963).

23 L. Alff, H. Takashima, S. Kashiwaya, N. Terada, H. Ihara, Y. Tanaka, M. Koyanagi u. K. Kajimura: Phys. Rev. B **55**, R 14757 (1997); M. Covington, M. Aprili, E. Paraoanu, L. H. Greene, F. Xu, J. Zhu u. C. A. Mirkin: Phys. Rev. Lett. **79**, 277 (1997); H. Aubin, L. H. Greene, S. Jian u. D. G. Hinks: Phys. Rev. Lett. **89**, 177001 (2002).

24 T. Löfwander, V. S. Shumeiko u. G. Wendin: Supercond. Sci. Technol. **14**, R53 (2001).

25 S. Kashiwaya u. Y. Tanaka: Rep. Prog. Phys. **63**, 1641 (2000).

26 W. C. Stewart: Appl. Phys. Lett. **12**, 277 (1968).

27 D. E. McCumber, J. Appl. Phys. **39**, 3113 (1968)

28 H. Hilgenkamp u. J. Mannhart: Rev. Mod. Phys. **74** (2002).

29 S. Shapiro: Phys. Rev. Lett. **11**, 80 (1963).

30 B. D. Josephson: Phys. Lett. **1**, 251 (1962).

31 S. B. Kaplan: Superconductor Industry/Spring 1995, 25.

32 C. A. Hamilton, Rev. Sci. Instr. **71**, 3611 (2000).

33 R. L. Kautz u. R. Monaco: J. Appl.Phys. **57**, 875 (1985).

34 Ch. Helm, Ch. Preis, F. Forsthofer, J. Keller, K. Schlenga, R. Kleiner u. P. Müller: Phys. Rev. Lett. **79**, 737 (1997).

35 P. Seidel, A. Pfuch, U. Hübner, F. Schmidl, H. Schneidewind u. J. Scherbel: Physica C **293**, 49 (1997).

36 S. Rother, Y. Koval, P. Müller, R. Kleiner, Y. Kasai, K. Nakajima u. M. Darula: IEEE Trans. Appl. Supercond. **11**, 1191 (2001); H. B. Wang, P. H. Wu u. T. Yamashita: Phys. Rev. Lett. **87**, 107002 (2001).

37 A. J. Dahm, A. Denenstein, T. F. Finnegan, D. N. Langenberg u. D. J. Scalapino: Phys. Rev. Lett. **20**, 859 (1968); N. F. Pedersen, T. F. Finnegan u. D. N. Langenberg: Phys. Rev. B **6**, 4151 (1972); A. J. Dahm u. D. N. Langenberg: J. Low Temp. Phys. **19**, 145 (1975).

38 D. D. Coon u. M. D. Fiske, Phys. Rev **138**, A744 (1965).

39 I. O. Kulik: Sov. Tech. Phys. **12**, 111 (1967).

40 T. A. Fulton u. R. C. Dynes: Solid State Commun. **12**, 57 (1973).

41 N. F. Pedersen u. D. Welner: Phys. Rev. B **29**, 2551 (1984).

42 A. V. Ustinov, T. Doderer, R. P. Huebener, N. F. Pedersen, B. Mayer u. V. A. Obozov: Phys. Rev. Lett. **69**, 1815 (1992); siehe auch Th. Doderer: Int. J. Mod. Phys. B **11**, 1979 (1997).

43 A. V. Ustinov: Appl. Phys. Lett. **80**, 3153; B. A. Malomed u. A. V. Ustinov (Vorabdruck, 2002).

44 S. Keil, I. V. Vernik, T. Doderer, A. Laub, H. Preßler, R. P. Huebener, N. Thyssen, A. V. Ustinov u. H. Kohlstedt: Phys. Rev. B **54**, 14948 (1996); S. G. Lachenmann, T. Doderer, R. P. Huebener, D. Quenter, J. Niemeyer u. R. Pöpel, Phys. Rev. B **48**, 3295 (1993).

45 A. Laub, T. Doderer, S. G. Lachenmann, R. P. Huebener u. V. A. Obozov: Phys. Rev. Lett. **75**, 1372 (1995).

46 Eine Übersicht über eine Vielfalt von Josephson-Netzwerken geben: J. Bindslev Hansen u. P. E. Lindelof: Rev. Mod. Phys. **56**, 431 (1981); M. Darula, T. Doderer u. S. Beuven: Supercond. Sci. Technol. **12**, R1 (1999). Übersichtsarbeiten, die sich u. a. mit gestapelten Josephsonkontakten befassen, sind: N. F. Pedersen u. A. V. Ustinov: Supercond. Sci. Technol. **8**, 389 (1995); A. V. Ustinov: Physica D **123**, 315 (1998).

47 R. G. Mints u. I. B. Snapiro: Phys. Rev. B **52**, 9691 (1995); V. V. Kurin, A. V. Yulin, I. A. Shereshevskii u. N. K. Vdovicheva: Phys. Rev. Lett. **80**, 3372 (1998); E. Goldobin, A. Wallraff, N. Thyssen u A. V. Ustinov: Phys. Rev. B **57**, 130 (1998); G. Hechtfischer, R. Kleiner, A. V. Ustinov u. P. Müller: Phys. Rev. Lett. **79**, 1365 (1997); V. M. Krasnov u. D. Winkler: Phys. Rev. B **60**, 13179 (1999); J. Zitzmann, A. V. Ustinov, M. Levichev u. S. Sakai: Phys. Rev. B **66** 064527 (2001); R. Kleiner, T. Gaber u. G. Hechtfischer: Phys. Rev. B **62**, 4086 (2000) und Physica C **362**, 29 (2001); A. Wallraff u. A. V. Ustinov, Physik in unserer Zeit, 33. Jahrgang, Nr. 4, 184 (2002).

48 D. V. Averin u. K. K. Likharev: J. Low Temp. Phys. **62**, 345 (1986); T. A. Fulton u. G. J. Dolan: Phys. Rev. Lett. **59**, 109 (1987); D. V. Averin u. K. K. Likharev: *Mesoscopic Phenomena in Solids*, B. L. Altshuler, P. A. Lee u. R. A. Webb (Hrsg.), Elsevier, Amsterdam, S. 173 (1991); speziell mit Netzwerken ultrakleiner Josephson-Tunnelkontakte befasst sich P. Delsing, C. D. Chen, D. B. Haviland, T. Bergsten u. T. Claeson: AIP Conf. Proc. **427**, 313 (1997).

49 A. E. Hanna u. M. Tinkham: Phys. Rev. B **44**, 5919 (1991).

50 M. T. Tuominen, J. M. Hergenrother, T. S. Tighe u. M. Tinkham: Phys. Rev. Lett **69**, 1997 (1992) u. Phys. Rev. B **47**, 11599 (1993).

51 P. Joyez, P. Lafarge, A. Filipe, D. Esteve u. M. H. Devoret: Phys. Rev. Lett. **72**, 2458 (1994).

52 V. Bouchiat, D. Vion, P. Joyez, D. Esteve u. M. H. Devoret: Phys. Scripta T **76**, 165 (1998).

53 Y. Nakamura, Yu. A. Pashkin u. J. S. Tsai: Nature **398**, 786 (1999), siehe auch Physica B **280**, 405 (2000), Physica C **357**, 1 (2001), Phys. Rev. Lett. **87**, 246601 (2001), Physica C **367**, 191 (2002).

54 speziell mit dem Thema »Quantenrechnen« befasst sich Physics World, März 1998; siehe ausserdem C. Bennet, Physics Today **48**, 24 (1995); A. Steane, Rep. Prog. Phys. **61**, 117 (1998).

55 Yu. Makhlin, G. Schön u. A. Shnirman: Rev. Mod. Phys. **73**, 357 (2001).

56 A. O. Caldeira u. A. J. Leggett: Ann. Phys. (New York) **149**, 374 (1983); A. J. Leggett u. A. Garg: Phys. Rev. Lett. **54**, 857 (1985).

57 R. F. Voss u. R. A. Webb: Phys. Rev. Lett. **47**, 265 (1981); J. M. Martinis, M. H. Devoret u. J. Clarke: Phys. Rev. B **35**, 4682 (1987); J. Clarke, A. N. Cleland, M. H. Devoret, D. Esteve u. J. M. Martnis: Science **239**, 992 (1988).

58 A. Kemp, A. Wallraff u. A. V. Ustinov: Phys. Stat. Sol. **233**, 472 (2002); A. Wallraff, J. Lisenfeld, A. Lukashenko, A. Kemp, M. Fistul, Y. Koval u. A. V. Ustinov: Nature **425**, 155 (2003).

59 R. Rouse, S. Han u. J. E. Lukens: Phys. Rev. Lett. **75**, 1614 (1995).

60 J. R. Friedman, V. Patel, W. Chen, S. K. Tolpygo u. J. E. Lukens: Nature **406**, 43 (2000).

61 J. E. Mooji, T. P. Orlando, L. Levitov, L. Tian, C. H. van der Wal u. S. Lloyd: Science **285**, 1036 (1999); C. H. van der Wal, A. C. J. ter Haar, F. K. Wilhelm, R. N. Schouten, C. J. P. M. Harmans, T. P. Orlando, S. Lloyd u. J. E. Mooji: Science **290**, 773 (2000).

62 I. Chiorescu, Y. Nakamura, C. J. P. M. Harmans u. J. E. Mooji: Science **299**, 1869 (2003), siehe auch: John Clarke: Science **299**, 1850 (2003).

63 Y. Yu, S. Han, X. Chu, S.-I. Chu u. Z. Wang: Science **296**, 889 (2002).

64 D. Vion, A. Aassime, A. Cottet, P. Joyez, H. Pothier, C. Urbina, D. Esteve u. M. H. Devoret: Science **296**, 886 (2002).

7
Anwendungen der Supraleitung

So alt wie die Supraleitung selbst sind auch die Überlegungen zur technischen Anwendung dieser faszinierenden Erscheinung. Schon Kamerlingh-Onnes hoffte, dass es mit elektrischen Leitern ohne Widerstand möglich sein müsste, sehr hohe Magnetfelder auf sehr ökonomische Weise herzustellen. Der Einsatz supraleitender Magnete ist heute in verschiedensten Bereichen der wissenschaftlichen Forschung Standard, aber auch in der Medizintechnik, etwa bei der Kernspintomographie. Nicht weniger revolutionierend sind die Anwendungen der Supraleitung in der Messtechnik, wo sie uns die Möglichkeit eröffnet, die Empfindlichkeit für viele Beobachtungen um Größenordnungen gegenüber dem zu steigern, was mit normalleitenden Stromkreisen erreicht werden konnte.

Es muss hier aber in aller Deutlichkeit gesagt werden, dass die Forderung, dass ein Supraleiter eine gegebene Aufgabe zuverlässig erfüllen kann, eine notwendige, aber keineswegs hinreichende Bedingung ist. Mindestens genauso wichtig ist es, dass der Supraleiter diese Aufgabe ökonomisch erfüllt und keine alternativen Verfahren existieren, die einfacher und günstiger einzusetzen sind. Auch werden Supraleiter etablierte Techniken kaum ersetzen können, solange nicht *erhebliche* Vorteile aus der neuen Technik entstehen.

Zwei Beispiele seien zur Illustration genannt.

Im Bereich der Energieversorgung könnte man daran denken, die ganze Strecke vom Kraftwerk bis zu den Haushalten mit supraleitenden Kabeln auszustatten. Man hätte dann weniger Verlustleistungen im Kabelnetz[1]. Auf der anderen Seite sind supraleitende Kabel teuer[2] und die Kühltechnik ist oft aufwändig. Selbst wenn man aber trotzdem überall supraleitende Kabel installierte, so müsste man jetzt die Vorteile des Supraleiters mit Kupferkabeln vergleichen, die auf die *gleiche* Tem-

---

1 In Japan wurde abgeschätzt, dass dort durch die konsequente Anwendung supraleitender Technologie projektiert auf das Jahr 2010 bis zu 100 Terawattstunden jährlich an Energie eingespart und gleichzeitig der CO_2-Ausstoß um 100 Millionen Tonnen verringert werden könnte. Interessanterweise ergäbe sich die größte Energieeinsparung bei der Verwendung von Supraleitern im Computerbereich [S. Morozumi: Physica C **357**, 20 (2001)].

2 NbTi-Kabel kosten etwa 1 $ pro kA und Meter, Nb_3Sn-Kabel 8 $. Der Preis für Kabel aus Hochtemperatursupraleitern liegt noch weit oberhalb von 10 $ [P. M. Grant, T. P. Sheahen: cond-mat/0202386]

Supraleitung: Grundlagen und Anwendungen, 6. Auflage
Werner Buckel, Reinhold Kleiner
Copyright © 2004 Wiley-VCH Verlag GmbH & Co. KGaA, Weinheim
ISBN: 978-3-527-40348-6

peratur abgekühlt wurden und dann natürlich einen erheblich geringeren Widerstand haben als bei Raumtemperatur.

Umgekehrt kann sich aber die Installation eines supraleitenden Kabels durchaus lohnen, wenn immer größere Ströme durch einen vorgegebenen Querschnitt transportiert werden müssen, etwa durch bereits vorhandene Kabelschächte vom Kraftwerk zur Großstadt. Hier kann es günstiger sein, ein supraleitendes Kabel zu installieren, anstatt neue Kabelschächte für konventionelle Kabel zu graben.

Ein zweites Beispiel ist der Einsatz von supraleitenden Bauelementen in der Digitalelektronik. Man kann sich mit Supraleitern große Schaltungen vorstellen, die mit Taktraten von 100 GHz und darüber arbeiten und gleichzeitig einen sehr geringen Leistungsverbrauch haben. Gerade der letzte Aspekt ist sehr problematisch beim Einsatz von Halbleitern. Umgekehrt entwickelt sich aber die konventionelle Techologie stetig fort. Man muss daher letztlich eine supraleitende Schaltung, die man in einem Jahrzehnt haben kann, mit der Halbleitertechnologie vergleichen, die man ebenfalls in 10 Jahren voraussichtlich haben wird. Beispielsweise wurden in den 1980er Jahren supraleitende Schaltkreise diskutiert, die bei Taktraten um 1 GHz gearbeitet hätten, was damals revolutionär hoch war. Heute haben wir vergleichbare Geschwindigkeiten in jedem konventionellen PC.

Auch im Bereich der Digitalschaltungen wird es aber lohnend sein, Supraleiter evtl. in Kombination mit Halbleitern für Aufgaben einzusetzen, die mit der konventionellen Technik nicht oder nur mit hohem Aufwand erfüllbar sind.

Man muss also jeweils Gesamtsysteme sowie das schon existierende Umfeld betrachten, um zu sehen, wann und wo eine supraleitende Technik Vorteile bietet.

Offensichtlich werden die Vorteile von Supraleitern, falls Anwendungen realisiert werden können, die mit konventioneller Technik nicht möglich sind. Hierzu gehört die schon erwähnte Erzeugung hoher Magnetfelder in großen Volumina, die Detektion von Magnetfeldern bis in den Bereich unter 10^{-15} Tesla oder die berührungsfreie und stabile Lagerung von Gegenständen durch Levitation. Eine Reihe weiterer Beispiele werden wir kennenlernen.

Wir wollen im Rahmen dieses Buches versuchen, einen ersten Eindruck von den Anwendungen der Supraleitung und den dabei auftretenden Problemen zu vermitteln[3]. Vieles muss dabei unerwähnt bleiben (für einen breiten Überblick sei auf die Artikel [1–4] und die Monographien [M19–M31] verwiesen). Dennoch soll dieser Abschnitt an exemplarischen Beispielen zeigen, dass die Supraleitung bereits heute aus unserer Technologie nicht mehr wegzudenken ist und für die Zukunft eine Vielzahl von Möglichkeiten verspricht.

---

3 Dabei werden wir in der Regel nicht intensiv zwischen industriellen und labortechnischen Anwendungen unterscheiden. Auch werden wir aus Platzgründen nur in wenigen Fällen die konventionellen Alternativverfahren ansprechen.

7.1
Supraleitende Magnetspulen

7.1.1
Allgemeine Aspekte

Die Erzeugung hoher Magnetfelder ist in sehr vielen Bereichen von Forschung und Technik unabdingbar. Wir haben in den vorangegangenen Abschnitten gesehen, wie wichtig hohe Felder für die Untersuchung der Supraleitung selbst waren. Als weiteres Beispiel aus dem Bereich der Festkörperphysik sei der Quanten-Hall-Effekt genannt [5], der unter anderem zur Definition der Einheit Ohm dient. Hierbei werden Halbleiterstrukturen bei tiefen Temperaturen Magnetfeldern von 10 T und darüber ausgesetzt. Diese Untersuchungen können in kleinen Volumina von einigen cm^3 ausgeführt werden. Dagegen benötigt man im Bereich der Hoch-energiephysik oder der Fusionsforschung Magnetfelder von 5–10 Tesla in oft enorm großen Volumina von etlichen Kubikmetern. Zwischen diesen beiden Extrema liegen die Anforderungen der Kernspintomographie. Hier werden Patienten Magnetfeldern von 1–3 T ausgesetzt. Die Bohrung des Magneten muss aber groß genug sein, um einen Patienten darin unterzubringen.

Als letztes Beispiel sei die Kernspinresonanz-Spektroskopie genannt, die heute bei der Strukturuntersuchung von Proteinen unabdingbar ist. Hier können die Magnetfelder gar nicht hoch genug sein. Zwar sind die Probenvolumina in der Regel klein (im Bereich cm^3), es werden aber enorme Anforderungen an die Feldhomogenität gestellt, die nur dadurch erfüllt werden können, dass wiederum große Magnete gebaut werden.

Selbst im Bereich kleinerer Forschungsmagnete kann man sich leicht davon überzeugen, dass der Einsatz von Supraleitern vorteilhaft ist. Nehmen wir an, wir wollen ein Feld von 10 T in einer Kupferspule (Bittermagnet) mit einem lichten Durchmesser von 4 cm und einer Länge von 10 cm erzeugen. Um dieses Feld aufrecht zu erhalten, benötigt man mindestens 5000 kW elektrische Leistung, die vollständig durch Kühlwasser abgeführt werden muss. Dazu muss mindestens 1 m^3 Kühlwasser pro Minute durch den Magneten gepumpt und anschließend durch einen Kühlturm geleitet werden. Demgegenüber benötigt ein supraleitender Magnet im Prinzip[4] keine elektrische Leistung mehr, sobald das Magnetfeld erst einmal aufgebaut ist. Es ist lediglich die Kühlleistung erforderlich, um den Magneten auf tiefe Temperaturen abzukühlen bzw. ihn dort zu halten. Diese ist aber im Vergleich zum Leistungsverbrauch des Bittermagneten vernachlässigbar klein[5].

---

4 Wir vernachlässigen hier den Leistungsverbrauch an den normalleitenden Zuleitungen zum Magneten oder eventuelle normalleitende Verbindungsstücke. Man kann aber auch die beiden Spulenenden zu einem geschlossenen supraleitenden Kreis verbinden und so das Feld völlig ohne äußere Stromzufuhr beibehalten (»Dauerstrombetrieb« bzw. »persistent mode«).

5 Besonders gilt dies natürlich, wenn die Kühlung mit flüssigem Stickstoff erfolgt, was mindestens um den Faktor 50 billiger ist als diejenige mit flüssigem Helium. Zudem werden die Kryostaten einfacher und damit billiger. Dies macht Spulen auf der Basis von Hochtemperatursupraleitern interessant.

7.1.2
Supraleitende Kabel und Bänder

Der nächste Aspekt, den wir ansprechen müssen, ist die Auslegung der supraleitenden Kabel oder Bänder, die den Spulenstrom tragen sollen.

Offensichtlich muss der supraleitende Draht sehr dünn sein, da die Supraströme auf der Skala der Londonschen Eindringtiefe ins Innere des Drahtes abfallen. Es genügt aber keinesfalls, einen einfachen dünnen Draht, z. B. aus Nb oder Pb zu einer Spule aufzuwickeln. Im Fall von Pb würde die Supraleitung beim kritischen Feld von 800 G zusammenbrechen, bei Nb bei ca. 0,2 T. Man benötigt also Hochfeldsupraleiter mit geeignet hohem oberem kritischen Feld. Auch wenn es gelingt, aus diesen Materialien Drähte herzustellen, müssen eine Reihe von Kriterien beachtet werden.

So muss die maximale Stromdichte beim beabsichtigten maximalen Magnetfeld noch vernünftig hoch sein, um Strombelastbarkeiten von 100 A und darüber zu gewährleisten (harte Supraleiter, s. Abschnitt 5.3.2). Es sollten auf jeden Fall Stromdichten oberhalb von 10^4 A/cm^2 erzielt werden. Diese Stromdichten müssen auf den gesamten Leiterquerschnitt bezogen werden, inklusive aller nichtsupraleitenden Bestandteile wie Isolierschichten und der, wie wir gleich sehen werden, unabdingbaren normalleitenden Matrix, in die der Supraleiter eingebettet ist.

Beim Bau supraleitender Spulen machte man die unangenehme Erfahrung, dass die an kurzen Drahtproben gewonnenen Werte bei weitem nicht erreicht werden konnten. Man nannte diese Erscheinung den Degradationseffekt. Es treten bereits bei Belastungsströmen, die um den Faktor 2 und mehr kleiner sind als der erwartete kritische Strom, Instabilitäten auf, die zur völligen Normalleitung der Spule führen können. Besonders bei großen Spulen bestand die Gefahr der Zerstörung, wenn die im Feld gespeicherte Energie nicht auf geeignete Weise abgeführt wurde. Da man bei großen Spulen unter allen Umständen auf einen sicheren Betrieb achten muss, blieb zunächst nur übrig, die Belastungsströme genügend klein zu halten und zur Erzielung der gewünschten Felder eben mehr supraleitendes Material zu verwenden. Der Degradationseffekt stellte für die Anfänge der Entwicklung supraleitender Magnete ein großes Handicap dar, besonders bei Magneten für hohe Felder.

Erst 1965 konnten diese Schwierigkeiten durch die Verwendung von »stabilisierten« Drähten weitgehend behoben werden [6]. Man hatte erkannt, dass die Instabilitäten durch Flusssprünge im supraleitenden Material hervorgerufen werden. Es reißen sich dabei, beeinflusst durch Vorgänge wie etwa Temperaturschwankungen oder Erschütterungen, ganze Flussbündel von ihren Verankerungen los und wandern unter dem Einfluss der Lorentz-Kraft gleichsam sprunghaft durch das Material[6]. Durch diese rasche Bewegung ganzer Flussbündel wird viel Wärme erzeugt. Wenn diese Wärme nicht genügend rasch abgeführt werden kann, tritt eine

---

6 Beim Durchlaufen der in Abb. 5.12 (s. Abschnitt 5.3) dargestellten Magnetisierungskurve sind offenbar einige solche Flusssprünge (»flux jumps«) aufgetreten und haben sich in unstetigen Änderungen der Magnetisierung bemerkbar gemacht.

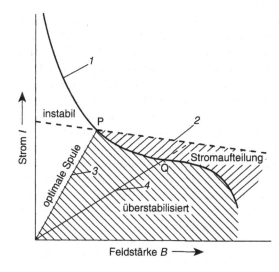

Abb. 7.1 Schematische Darstellung des Stabilitätsverhaltens von supraleitenden Magnetspulen.
Kurve 1: Kritischer Strom; Kurve 2: Normalmetall-begrenzter Strom; P: Arbeitspunkt bei Optimierung der Spulengeometrie und voller Stabilität, Q: Arbeitspunkt bei Überstabilisation.

Temperaturerhöhung ein, die den Supraleiter bereichsweise normalleitend werden lassen kann. Der dabei auftretende Normalwiderstand bedingt eine weitere Aufheizung, die zu einer Ausbreitung der normalleitenden Zone führt. So wird die ganze Spule instabil und geht – möglicherweise sehr rasch – in die Normalleitung über (»Quench«)[7].

Die Stabilisierung erreicht man dadurch, dass man den Supraleiter mit einem möglichst niederohmigen Normalleiter, z. B. Kupfer oder Aluminium umgibt. Ist der elektrische Kontakt zu dieser normalleitenden Schicht gut – darauf kommt es entscheidend an –, so findet der Strom in der Spule für den Fall, dass bereichsweise Normalleitung auftritt, in der umgebenden Schicht einen niederohmigen Kurzschluss. Die Erwärmung als Folge der aufgetretenen Normalleitung wird klein gehalten. Damit besteht eine Chance für solche kombinierten Leiter, nach einem Flusssprung wieder abzukühlen und supraleitend zu werden. Für genügend große Dicken des Normalleiters können auf diese Weise »vollstabilisierte« Leiter erhalten werden. Allerdings muss man eine Vergrößerung der Spule durch die normalleitenden Deckschichten in Kauf nehmen.

In Abb. 7.1 sind diese Verhältnisse schematisch dargestellt [7]. Die durchgezogene Kurve 1 entspricht der idealen kritischen Stromdichte, wie sie für kurze Probenstücke gemessen wird. Die gestrichelte Linie gibt die Stromdichte wieder, die aufgrund des Degradationseffektes für nichtstabilisierte Leiter nicht überschritten werden kann, ohne Instabilitäten zu erhalten.

Für einen mit Normalleiter bedeckten Draht wird volle Stabilität dann erhalten, wenn der gesamte Strom im Normalleiter fließen kann und die dabei entwickelte Wärme so gut an das Bad abgeführt wird, dass keine zu großen Temperaturen im

---

7 Man kann einen Magneten durch wiederholtes quenchen »trainieren«. Im Verlauf mehrerer Quenches ordnen sich die supraleitenden Drähte in etwas stabileren Positionen an, so dass schließlich höhere Maximalfelder erreicht werden.

Spulenmaterial entstehen. In diesem Falle wird der Supraleiter auch nach einem sehr großen Flusssprung wieder supraleitend. Der durch diese Bedingung festgelegte maximale Strom hängt natürlich von dem Widerstand R des durch den Normalleiter bedingten Kurzschlusses und von der Wärmeableitung zum Heliumbad ab. Die Gerade 2 stellt diesen unter der Bedingung voller Stabilisierung maximalen Strom I_r dar. Er nimmt mit wachsendem Feld ab, weil im allgemeinen der Widerstand des Normalleiters mit steigendem Feld zunimmt. Entscheidend für diesen Maximalstrom I_r – man nennt ihn auch »normalmetallbegrenzten« oder »minimum propagating« Strom – ist die Güte des elektrischen Kontaktes zwischen dem Supraleiter und dem Normalmetall. Nach der Möglichkeit, solche kombinierten Leiter guter Qualität herzustellen, sind die verschiedenen Hochfeldsupraleiter technisch zu beurteilen. Darauf werden wir gleich zurückkommen.

Eine optimale Spulenkonstruktion, für die gerade volle Stabilisierung gewährleistet sein und der gesamte Strom im ungestörten Fall durch den Supraleiter fließen soll, wird durch die Gerade 3 repräsentiert. Das Magnetfeld ist zum Strom proportional $(B = \mu_0 nI/l)$. Der maximale Strom wird durch den Schnittpunkt der Kurven 1 und 2 gegeben. In diesem Arbeitspunkt P fließt für den ungestörten Fall aller Strom durch den Supraleiter, gerade mit der kritischen Größe I_c. Andererseits kann im Falle einer Störung der ganze Strom stabil durch den Normalleiter fließen.

Für sehr große Spulen möchte man gerne noch eine größere Sicherheit haben. Es könnte z. B. sein, dass durch eine Bewegung der nicht ideal fixierten Leiter im Magnetfeld der Kontakt zwischen dem Supraleiter und dem Normalleiter etwas verschlechtert wird. Damit würde auch I_r kleiner. Um auch für solche Fälle noch einige Sicherheit zu haben, werden sehr große Magnete mit einer Spulencharakteristik ausgelegt, die etwa der Kurve 4 in Abb. 7.1 entspricht. Betreibt man die Spule mit dem kritischen Strom, Punkt Q, so wird die volle Stabilisierung auch noch bei einer Verringerung von I_r aufrecht erhalten. Diese Spulen nennt man »überstabilisiert«. Sie können auch mit Strömen betrieben werden, die im Bereich zwischen 1 und 2 liegen. In diesem Falle hat man eine Aufteilung des Stromes auf den Supra- und Normalleiter. Es tritt dann Spannung an der Spule auf, d. h. es muss eine elektrische Leistung zum Betrieb des Magneten aufgebracht werden. Insbesondere für die vorübergehende Erzeugung von Spitzenfeldern ist dieser Betrieb durchaus sinnvoll.

Die Anforderungen an die Stabilität ergeben ganz neue Kriterien für die technische Brauchbarkeit von supraleitenden Materialien. In der Frühzeit der Entwicklung supraleitender Magnete wurden fast ausschließlich Niob-Zirkon-Legierungen mit einer Übergangstemperatur um 10 K verwendet. Diese Legierungen wurden dann von Niob-Titan-Legierungen mit einer ungefähren Zusammensetzung Nb + 50 Atom-% Ti[8] abgelöst (vgl. Abb. 5.22). Dieses Material, das auch heute noch oft zum Spulenbau verwendet wird, hatte außer dem etwas höheren kritischen Feld

---

8 Eine geringfügige Variation der Zusammensetzung ergibt Unterschiede im kritischen Strom in der Weise, dass Ti-reichere Legierungen bei kleineren Feldern höhere, bei großen Feldern ($B > 5$ T) aber kleinere kritische Ströme haben [G. Bogner: Elektrotech. Z **89**, 321 (1968)].

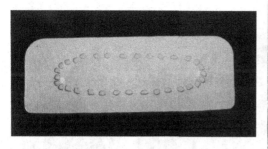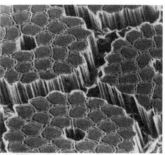

Abb. 7.2   (a) Stark überstabilisierter Nb-Ti-Leiter in Cu-Matrix. 7 solche
Bänder, an der Flachkante elektronenverschweisst, wurden als Leiter-
material für den Blasenkammermagneten bei CERN verwendet
(vgl. Abb. 7.4). I_c bei 5 T beträgt 110 A. (b) Filamentleiter aus Nb-Ti,
Aufnahme mit dem Rasterelektronenmikroskop. Das supraleitende
Material ist in eine Matrix aus Cu und CuNi eingebettet. Das Cu
wurde für die Aufnahme durch Tiefätzen herausgelöst.
(Aufnahme: Dr. Hillmann, Vacuumschmelze GmbH & Co. KG, vgl.
auch Ullmanns Encyklopädie der technischen Chemie, 4. Aufl.,
Bd. 22, S. 349, Verlag Chemie, Weinheim 1982).

von ca. 13 T entscheidende metallurgische Vorteile [8]. Der Verbundleiter kann
dadurch hergestellt werden, dass ein dicker Nb-Ti-Stab in einen Kupferklotz geeigneter Dimension eingebracht und das ganze Stück auf Drahtstärke herabgezogen
wird. Auf diese Weise entsteht ein hervorragender Kontakt zwischen dem Supraleiter und dem Kupfer. Es werden Querschnittsverhältnisse von 1,3:1 bis 10:1
zwischen Kupfer und NbTi verwendet. Die Abb. 7.2 zeigt einige Leitertypen im
Querschnitt.

Mit NbTi können bei sinnvoller Strombelastung immerhin schon Spulen für
Magnetfelder bis etwa 10 T realisiert werden. In Abb. 7.3 sind einige kleinere
Forschungsmagnete abgebildet, wie sie vor allem in der Festkörperphysik zum
Einsatz kommen.

Eines der ersten großen Systeme war der Blasenkammermagnet[9] am CERN mit
einem Durchmesser von ca. 4 m. Er wurde mitte der 1970er Jahre in Betrieb
genommen und war ca. 15 Jahre ohne größere Störungen in Betrieb. Der Magnet
bestand aus zwei Spulen, die ihrerseits aus je 20 Pfannkuchenspulen zusammenge-
setzt waren. Die Abb. 7.4 zeigt eine dieser Spulen während des Aufbaus. Das

---

9 In einer Blasenkammer wird die Spur eines hochenergetischen Teilchens dadurch sichtbar gemacht,
   dass sich in einer Flüssigkeit längs der Bahn infolge der lokalen Aufheizung durch die Ionisations-
   prozesse Bläschen bilden. Ein angelegtes Magnetfeld krümmt die Bahn der geladenen Teilchen
   infolge der Lorentz-Kraft. Aus der Krümmung kann sowohl das Vorzeichen der Ladung als auch bei
   bekannter Ladung der Impuls des Teilchens bestimmt werden. Bei den sehr großen Impulsen
   hochenergetischer Teilchen müssen große Magnetfelder verwendet werden, um ausmessbare Bahn-
   krümmungen zu erhalten. Heute verwendet man zwar keine Blasenkammern mehr zur Teilchen-
   detektion, aber auch in modernen Detektorsystemen sorgen riesige supraleitende Magnete für die
   Krümmung der Teilchenbahnen.

Abb. 7.3 Labormagnete mit supraleitenden Wicklungen. Die Durchmesser der Spulen liegen im Bereich einiger cm bis dm. (Wiedergabe mit freundlicher Genehmigung der Firma Siemens, Forschungslaboratorium, Erlangen).

Abb. 7.4 Pfannkuchenspule der supraleitenden Blasenkammermagneten des Europäischen Kernforschungszentrums CERN in Genf.

magnetische Feld betrug 3,5 T. Die Kraft, die dabei zwischen den Spulen auftrat, erreichte 9000 Tonnen. Das Gewicht des überstabilisierten Leiters mit einer Länge von 60 km betrug 100 Tonnen. Betrieben wurden die Spulen mit einem Strom von 5700 A.

Das heute für Hochfeldspulen verwendete Material ist Nb_3Sn. Mit diesem Supraleiter können Magnetfelder von über 20 T realisiert werden[10] [9]. Nb_3Sn ist sehr spröde. Dennoch ist es gelungen, Drähte zu entwickeln, die bei einem Drahtdurchmesser von ca. 1 mm mehrere Tausend feine Nb_3Sn-Fäden (Filamente) in einer Metallmatrix eingebettet enthalten. Dabei steckt man Niobstäbe in eine Zinnbronze (Cu + Sn) und zieht gleich ein ganzes Bündel auf den gewünschten Durchmesser. In einem anschließenden Tempervorgang (Erhitzen auf eine Temperatur zwischen 700 und 800 °C) wird das Nb_3Sn erzeugt, indem das Sn aus der Bronze mit dem Nb reagiert. Querschnittsbilder dieser »Vielkernleiter« bzw. »Multifilamentleiter« gleichen sehr dem in Abb. 7.2 b von einem NbTi-Leiter wiedergegebenen.

Vielkernleiter, sei es aus Nb_3Sn oder aus NbTi, besitzen eine relativ große Stabilität gegen Flusssprünge. Systematische Untersuchungen haben gezeigt, dass die Neigung zu Flusssprüngen mit abnehmendem Durchmesser der supraleitenden Drähte abnimmt. Deshalb haben Bündeldrähte, bei denen ja jeder einzelne Supraleiter sehr dünn ist, diese innere Stabilität, die sie besonders günstig für Magnete mit zeitlicher Variation des Feldes erscheinen lässt. Durch eine schwache Verdrillung der Bündeldrähte können die Eigenschaften bei veränderlichem Feld weiter verbessert werden.

Will man extrem große Ströme durch die Spule schicken, so kann man Vielkernleiter weiter bündeln und so ganze Stränge erhalten, die in einer geeigneten Verrohrung sowohl elektrisch von den Nachbarsträngen isoliert als auch durch kaltes Heliumgas innengekühlt werden (»cable in conduit«). Die Abb. 7.5 zeigt beispielhaft einen Kabelstrang, wie er für den geplanten Fusionsreaktor ITER FEAT (s. Abschnitt 7.3.4) getestet wird [10]. Durch diesen Leiter können Ströme von mehr als 60 000 A in Feldern von über 10 T fließen.

Im Bereich metallischer Supraleiter wird zur Zeit auch Nb_3Al [11] intensiv auf Eignung für den Magnetenbau untersucht. Dieses Material hat ein etwas höheres oberes kritisches Feld als Nb_3Sn. Eine Übersicht über verschiedene Verfahren und Materialen findet man in [12].

Besonders interessant für die Erzeugung hoher Magnetfelder könnten sich aber auf Grund ihrer extrem hohen oberen kritischen Felder die Hochtemperatursupraleiter erweisen [13–15]. Noch oberhalb von 30 T sind die kritischen Suprastromdichten hoch genug, um den Bau von Magneten zumindest grundsätzlich zuzulassen (vgl. Abb. 7.6).

---

10 In speziellen Hochfeldlaboratorien werden heute Hybridmagnete eingesetzt. Der äußere Magnet ist dabei aus NbTi, gefolgt von einer Nb_3Sn-Spule. Im Innern befindet sich dann zusätzlich ein konventioneller Bittermagnet. Mit solchen Magneten lassen sich derzeit 45 T im Dauerbetrieb erzeugen [Reports of the National High Magnetic Field Laboratory, Florida/Los Alamos, Vol. 7 (2000)]. Felder bis ca. 100 T können durch normalleitende Magnete im Pulsbetrieb erzeugt werden. Für noch höhere Felder müssen explosive Methoden verwendet werden.

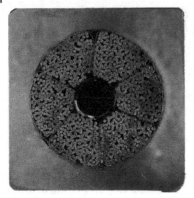
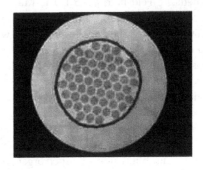

Abb. 7.5 »Cable in conduit« im Querschnitt. Links: Gesamtes Kabel. Die einzelnen Adern sind um eine zentrale Öffnung von 1 cm Durchmesser gruppiert. Rechts: Einzelne Ader (Durchmesser: 0,81 mm) aus Nb_3Sn-Filamenten in einer Cu-Matrix. (Nachdruck aus [10] mit Erlaubnis von IOP).

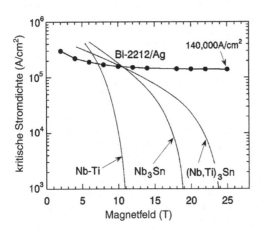

Abb. 7.6 Kritische Stromdichten bei 4,2 K von Nb-Ti, Nb_3Sn und $Bi_2Sr_2CaCu_2O_8$-Bandleitern im Vergleich. (Nachdruck aus [14] mit Erlaubnis von IOP).

Es ist für die Kuprate noch schwieriger, gute Leiter herzustellen, als für Nb_3Sn [16, M22]. Dennoch sind auch hier die Fortschritte rapide. Ein vielverwendetes Verfahren ist die »Pulver-im-Rohr« Methode, mit der Bänder aus $Bi_2Sr_2CaCu_2O_8$ oder $Bi_2Sr_2Ca_2Cu_3O_{10}$ hergestellt werden. Auch das System Tl-Ba-Ca-Cu-O wird intensiv untersucht [17]. Hierzu werden geeignete Ausgangsmaterialien (»Prekursoren«) in Silberrohre gefüllt und diese dann in einer komplexen Abfolge von Zieh-, Walz- und Glühschritten in die Endform und Endkomposition gebracht. Die Abb. 7.7 a zeigt einen Querschnitt durch solch einen Leiter. Es gelang bereits, kleinere Spulen zu fertigen, die, im Inneren von Nb-Ti und Nb_3Sn betrieben, zusätzlich bis zu 3 T zum Feld der äußeren Spulen addierten [14].

Ein zweiter wesentlicher Aspekt im Zusammenhang mit Hochtemperatursupraleitern ist die Möglichkeit, Magnetspulen bei Temperaturen weit oberhalb von 4,2 K

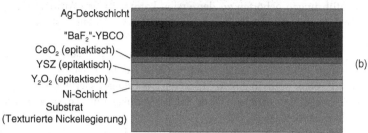

Ag-Deckschicht

"BaF$_2$"-YBCO

CeO$_2$ (epitaktisch)

YSZ (epitaktisch)

Y$_2$O$_2$ (epitaktisch)

Ni-Schicht

Substrat
(Texturierte Nickellegierung)

(b)

Abb. 7.7 (a) Querschnitt durch einen (Bi,Pb)$_2$Sr$_2$Ca$_2$Cu$_3$O$_{10}$ Bandleiter. (Wiedergabe mit freundlicher Genehmigung durch O. Eibl, Universität Tübingen). (b) Schematische Darstellung eines im RABiTS/MOD-Prozess hergestellen YBa$_2$Cu$_3$O$_7$-Films auf einem Substrat aus einer Nickellegierung (nach [18]).

zu betreiben, sei es mit flüssigem Stickstoff (bei 77 K) oder mit Kryokühlern, die sich parallel zur Supraleitertechnik stetig weiterentwickeln [15].

Zur Zeit werden von allen Industrienationen enorme Anstrengungen aufgebracht, geeignete Leiter zu entwickeln. Neben dem bereits angesprochenen Pulverim-Rohr-Verfahren werden insbesondere Methoden erarbeitet, Bänder etwa aus Ni oder Ni-Cu mit YBa$_2$Cu$_3$O$_7$ so zu beschichten, dass einerseits der Supraleiter mit möglichst perfekter kristalliner Orientierung aufwächst und andererseits das Verfahren auch für große Bandlängen noch praktikabel und billig bleibt[11]. Zur Zeit vieluntersuchte Methoden sind »RABiTS« (»Rolling Assisted Biaxially Textured Substrate« [19] und »IBAD« (»Ion Beam Assisted Deposition«) [20]. Bei RABiTS wird auf ein durch den Rollprozess in zwei Kristallrichtungen gut ausgerichtetes (d. h. biaxial texturiertes) Ni-Substrat in einem relativ schlechten Vakuum zunächst zur Anpassung der Gitterstruktur eine Reihe von Pufferschichten und schließlich YBa$_2$Cu$_3$O$_7$ in nahezu einkristalliner Form aufgedampft, vgl. Abb. 7.7 b. In einer neueren Methode wird YBa$_2$Cu$_3$O$_7$ auch aus organischen Lösungen heraus abgeschieden [20a] (MOD, »Metal Organic Deposition«). Bei IBAD wird beim Dünnschichtprozess – üblicherweise wird dabei das relativ aufwändige Verfahren der Laserdeposition angewendet – beim Aufwachsen von Pufferschichten auf z. B. Nickel zusätzlich ein Ionenstrahl eingesetzt, der diese Pufferschichten teilweise wieder wegätzt und so das Wachstum »falsch« ausgerichteter Kristallite unterdrückt. Dabei kann der kritische Strom der übrigbleibenden Korngrenzen durch Überdeckung mit einer Ca-dotierten (Y,Ca)Ba$_2$Cu$_3$O$_7$-Schicht, weiter erhöht werden [21]. Diese Schicht kompensiert Aufladungseffekte an der Korngrenze.

---

11 YBa$_2$Cu$_3$O$_7$-Dünnfilme sehr hoher Qualität können beispielsweise im Ultrahochvakuuum auf 1×1 cm^2 großen SrTiO$_3$-Substraten hergestellt werden (vgl. Abschnitt 5.3.2.3). Dieses Verfahren ist aber ungeeignet für die (Massen)produktion von Bändern großer Länge.

Leiter aus Hochtemperatursupraleitern sind ebenfalls sehr interessant als Stromzuführungen bei Temperaturen um 77 K zu den bei 4 K betriebenen NbTi- oder Nb$_3$Sn-Magneten. Diese Zuleitungen tragen einen hohen Strom, sind aber schlecht wärmeleitend. Man reduziert damit den Wärmeeintrag in den Kryostaten erheblich. Solche Stromzuführungen gehörten zu den ersten kommerziellen Anwendungen von Hochtemperatursupraleitern im Bereich supraleitender Magnetsysteme [1, 2, 22].

Ein letzter allgemeiner Gesichtspunkt, den wir im Zusammenhang mit supraleitenden Leitermaterialien kurz ansprechen wollen, ist die Frage von Verlustleistungen, die auftreten, wenn in einem Magneten das Feld geändert wird oder ein Kabel unter Wechselstrom betrieben wird. Solche Verluste müssen so weit wie möglich minimiert werden.

Ein Verlustmechanismus, der weitgehend unabhängig ist von der Rate, mit der sich das Feld ändert, besteht darin, dass sich bei sich ändernden Magnetfeldern die Flusslinien im Supraleiter irreversibel umverteilen. Ändert sich das Feld periodisch um $\pm B_{ac}$ um einen Mittelwert B_0 herum, so erhält man eine Hystereseschleife in der Magnetisierungskurve $M(B)$. Die von dieser Schleife eingeschlossene Fläche ergibt den Energieverlust pro Umlauf. Dieser Effekt kann dadurch minimiert werden, dass man die Leiterfilamente sehr dünn macht.

Der zweite und wichtigere Verlust tritt dadurch auf, dass zeitlich variable Magnetfelder gemäß der Maxwellgleichung $\mathrm{rot}\,\vec{E} = -\dot{\vec{B}}$ zu elektrischen Feldern und damit zu verlustbehafteten Wirbelströmen auch in der normalleitenden Matrix führen. Dieser Verlust ist umso größer, je schneller sich das Magnetfeld ändert. Vereinfacht gesagt kann man die Wirbelstromverluste aber dadurch minimieren, dass man die Leiter verdrillt wie in Abb. 7.8 gezeigt. In diesen Anordnungen kompensieren sich die induzierten Felder bzw. Ströme größtenteils. Die genaue Behandlung der Wirbelstromverluste ist relativ kompliziert, da neben dem äußeren Feld auch alle Leiterelemente auf ein gegebenes Leiterstück einwirken. Für Details sei auf [23] verwiesen.

Wir wollen nun zu den supraleitenden Magneten selbst zurückkehren und uns mit der Frage des Spulenschutzes beschäftigen.

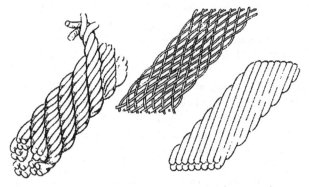

Abb. 7.8 Schema verdrillter supraleitender Kabel für Anwendungen mit zeitlich variablen Strömen und Feldern ([32], © 1997 IEEE).

7.1.3
Spulenschutz

Selbst bei Verwendung voll stabilisierten Materials und fehlerfreier Konstruktion der Spule können Umstände eintreten (z. B. bei einem Gaseinbruch in das Kryostatenvakuum), die dazu führen, dass die Spule normalleitend wird. Dabei bricht das Magnetfeld zusammen, und die gesamte im Magnetfeld gespeicherte Energie wird in Wärme umgesetzt. Bei großen Spulen ist diese Energie beachtlich. Ein Magnetfeld von 5 T in einem Raum von 1 m^3 enthält eine gespeicherte Feldenergie von 10 MJ (ca. 2,8 kWh). Wenn diese Energie beim Eintritt der Normalleitung unkontrolliert in Wärme umgewandelt wird, kann dies zur völligen Zerstörung des Magneten führen.

Dabei können verschiedene Prozesse ablaufen. Einmal kann die momentane Erwärmung zu einem lokalen Aufschmelzen des Spulenmaterials führen, weil durch den Induktionsvorgang beim Zusammenbruch des Feldes sehr starke Ströme entstehen. Am Rande sei hier erwähnt, dass Induktionsvorgänge auch den gesamten Kryostaten gefährden können. Wenn nämlich in den Metallwänden des Kryostaten hohe Wirbelströme angeworfen werden, so treten dabei große Kräfte auf, die möglicherweise die zulässige mechanische Belastung überschreiten. Auf alle diese Probleme muss bei der Konstruktion supraleitender Magnete sorgfältig geachtet werden.

Ist der elektrische Widerstand der Spule im normalleitenden Zustand groß, so werden zwar die auftretenden Ströme klein bleiben, sodass eine Zerstörung durch Stromheizung vermieden wird. In diesem Fall werden aber während des Feldzerfalls sehr große Spannungen auftreten, die zu Überschlägen zwischen den Windungen der Spule führen können.

Um solche katastrophalen Folgen eines unbeabsichtigten Übergangs der Spule in die Normalleitung zu vermeiden, müssen besonders bei großen Spulen Schutzvorrichtungen eingebaut werden, die geeignet sind, die gespeicherte Energie möglichst rasch aus der Magnetspule auszukoppeln. Dies kann im Prinzip auf mehrerlei Weise geschehen. In Abb. 7.9 sind drei Möglichkeiten durch die entsprechenden Ersatzschaltbilder dargestellt [24].

Eine naheliegende Möglichkeit gibt Abb. 7.9 a. Die Magnetspule wird dabei mit einem Außenwiderstand R verbunden. Ist dieser Widerstand R groß gegen den Innenwiderstand r der Spule, so wird beim Feldzerfall der überwiegende Teil der gespeicherten Energie E, nämlich der Anteil $E \cdot R/(R + r)$, im äußeren Widerstand, in Wärme verwandelt. Dieses Verfahren hat den Vorteil, dass nur wenig flüssiges Helium im Kryostaten verdampft. Der Nachteil dieser Lösung liegt in den hohen elektrischen Spannungen, die während des Feldzerfalls auftreten, weil R groß gegen r sein muss. Spulen, die mit diesem System abgesichert werden, müssen besonders sorgfältig gegen innere Überschläge isoliert sein.

Eine verbesserte Variante dieses Verfahrens ist in Abb. 7.9 b dargestellt. Hier wird die Spule in einzelne Bereiche unterteilt, die jeweils mit ihrem eigenen Schutzwiderstand verbunden sind. Dadurch wird die auftretende Spannung ebenfalls unterteilt. Extreme Spannungsspitzen werden vermieden.

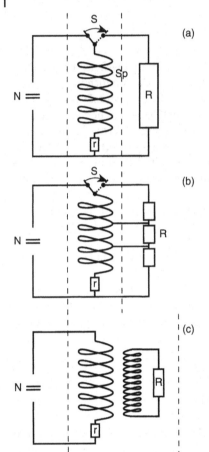

(a)

(b)

(c)

Abb. 7.9 Beispiele für elektrischen Spulenschutz. N = Stromversorgung, r = Innenwiderstand der Spule, R = Schutzwiderstand, S = Schalter, der bei der Störung automatisch umgelegt wird. Die gestrichelten Linien fassen die im He-Bad befindlichen Teile ein.

In besonderen Fällen kann es auch günstig sein, alle gespeicherte Energie induktiv aus der Magnetspule auszukoppeln (Abb. 7.9 c). Dazu muss man die Spule mit einem geschlossenen Leiter kleiner Selbstinduktion umgeben. Während des Feldzerfalls wird dann in diesem Leiter, etwa einem Kupferzylinder, die wesentliche Energieumwandlung erfolgen. Um die Induktionsankopplung gut zu machen, muss dieser Leiter allerdings sehr dicht auf der Spule, d.h. im Heliumbad, angebracht werden. Der Nachteil ist, dass die gesamte Energie an das He-Bad abgegeben wird und damit zu einer sehr starken Verdampfung führt. Pro kWs werden etwa 250 Liter Heliumgas bei Normalbedingungen anfallen, was einer Verdampfung von ca. 0,35 Liter Flüssigkeit entspricht. Bei großen Spulen mit einigen MJ gespeicherter Energie wird man diese Induktionsauskopplung nicht verwenden. Der Vorteil dieser Methode liegt darin, dass keine hohen Spannungen an den Wicklungen auftreten.

Wir wollen uns auf diese wenigen Beispiele beschränken, da es hier nur darum gehen kann, die prinzipiellen Fragestellungen aufzuzeigen. Jede große Spule muss in ihrer gesamten Konzeption einschließlich des Kryostaten individuell optimiert werden.

Ein beachtliches Konstruktionsproblem stellen weiter die großen Kräfte dar, die an den Spulen für hohe Magnetfelder auftreten. Dies erfordert oft massive Stützkonstruktionen, die ihrerseits so ausgelegt sein müssen, dass sie auch beim Feldzusammenbruch keine überkritischen Kräfte etwa durch Wirbelströme erfahren. Auch die Kraft, die bei Zylinderspulen an den Windungen radial nach außen angreift, ist für große Magnetfelder sehr stark. Der magnetische Druck eines in der Spule gespeicherten Feldes B beträgt $p \approx B^2/2\mu_0$, was bereits bei 1 T ca. 4 bar ergibt. Bei 20 T erreicht der Druck 1,6 kbar, was ausreicht, um etwa Kupfer plastisch zu deformieren. Die Spulenkonstruktion muss diese Kräfte aufnehmen können und darf ihrerseits das Magnetfeld nicht beeinflussen. Solange die mechanischen Stützelemente ganz im Kryostaten angeordnet sein können, sind die Lösungen konstruktiv nicht allzu schwierig. Beachtliche Probleme ergeben sich, wenn der Verwendungszweck des Magneten es erforderlich macht, die Stützelemente aus dem Kryostaten herauszuführen. Die wegen der großen Kräfte sehr massiven Konstruktionen bedingen eine große Wärmezufuhr in den Kryostaten. Man wird versuchen, alle Halterungskonstruktionen so zu gestalten, dass die Materialien vorwiegend auf Zug beansprucht sind, um auf diese Weise mit den Querschnitten möglichst klein werden zu können.

Diese wenigen Beispiele sollten nur einen Eindruck davon vermitteln, welche konstruktiven Aufgaben beim Bau eines sicher arbeitenden, supraleitenden Magneten für hohe Feldstärken auftreten und gelöst werden müssen.

7.2
Supraleitende Permanentmagnete

Bislang hatten wir die Erzeugung magnetischer Felder mittels Spulenanordnungen diskutiert, durch die möglichst hohe Ströme flossen. »Harte Supraleiter«, d. h. Supraleiter mit starken Haftzentren (s. Abschnitt 5.3.2), bieten aber auch die Möglichkeit, Magnetfelder permanent[12] zu speichern. Das Prinzip lässt sich beispielsweise aus Abb. 5.12 entnehmen. Nachdem das äußere Magnetfeld auf einen hohen Wert gefahren und dann wieder auf null reduziert wurde, bleibt im Innern des Supraleiters ein remanentes Feld, das im Fall der in Abb. 5.12 gezeigten Pb-Bi-Legierung ca. 0,35 T beträgt. Genauso hätte man natürlich den Supraleiter auch im angelegten Feld abkühlen können. Nach Abschalten des äußeren Feldes wäre der Supraleiter magnetisiert gewesen[13].

Ganz im Gegensatz zu einem normalen Permanentmagneten, aber auch im Gegensatz zu einem idealen Supraleiter erster oder zweiter Art versucht der harte

---

12 »Permanent« bedeutet hier, solange die Sprungtemperatur T_c nicht überschritten wird.
13 Ein ähnliches Verhalten lässt sich auch mit supraleitenden Hohlzylindern erzielen. Sobald der Zylinder unter T_c gekühlt wird, hält er den magnetischen Fluss durch sein Inneres konstant. Dieses Prinzip wendet man an, um experimentelle Aufbauten gegen zeitlich veränderliche Magnetfelder zu stabilisieren.

Abb. 7.10 Hängender Spielzeug-Schwebezug [26] (Institut für Festkörper- und Werkstoffforschung, Dresden).

Supraleiter, das Feld in seinem Inneren auf dem Wert zu halten, in dem er abgekühlt wurde. Einmal verankert, werden sich die Flussschläuche nicht bewegen, solange die maximale Haftkraft der Haftzentren nicht überschritten wird. Kühlt man einen harten Supraleiter in einem gewissen Abstand über einem Permanent-magneten ab, so wirkt eine *anziehende* Kraft, wenn man den Supraleiter vom Magneten entfernen will. Genauso wirkt eine *abstoßende* Kraft, wenn man den Supraleiter näher an den Permanentmagneten drückt. Das gleiche gilt für beliebige Bewegungsrichtungen. Sobald sich das äußere Feld ändert, wird der harte Supralei-ter Abschirmströme so anwerfen, dass sich das Feld (bzw. Flussliniengitter) in seinem Inneren nicht ändert. Damit kann ein harter Supraleiter – und mit ihm eine Traglast – nicht nur auf einem Magneten schweben (vgl. Abb. 1.3, 1.4 und 1.7), sondern auch unter einem Magneten frei hängen oder auch beliebig schief gelagert sein[14] [25]. Der Effekt ist in Abb. 7.10 demonstriert [26]. Hier wurden geeignet hergestellte Klötzchen aus $YBa_2Cu_3O_7$ in einen Spielzeugzug montiert und diese Klötzchen in einem gewissen Arbeitsabstand von den Magneten, die die »Bahn-trasse« bilden, abgekühlt. Entlang der Trasse kann sich der Zug praktisch reibungs-frei bewegen, da in dieser Richtung das Magnetfeld seinen Wert beibehält.

Mit diesem Spielzeugzug wurde auch ein besonderer Trick demonstriert, der den hängenden Zug davor bewahrt, nach Erwärmung über T_c nach unten zu fallen: Im Zug wurden Permanentmagnete so installiert, dass der Zug ohne Anwesenheit des Supraleiters an die Schiene gezogen würde. Genau dies passiert auch, wenn sich der Supraleiter erwärmt. Im supraleitenden Zustand wird aber der Zug – entgegen der Anziehung durch die Permanentmagneten – von der Schiene weggehalten und kann frei an ihr entlanggleiten.

Der Spielzeugzug demonstriert das Potenzial supraleitender Magnete. Man kann sich supraleitende Lagerungen, Gyroskope[15], Schwungräder zur Energiespeiche-rung, Motoren und vieles mehr vorstellen [25, M23]. Allerdings muss hier wie-derum die Frage des Verhältnisses von Aufwand zu Nutzen gestellt werden.

---

14 Auch Normalleiter können in einer geeigneten Feldkonfiguration schwebend gehalten werden. Dabei müssen allerdings hochfrequente Felder verwendet werden. Die durch diese Felder angewor-fenen Wirbelströme verdrängen als Induktionsströme nach der Lenzschen Regel das äußere Hochfrequenzfeld, bedingen also diamagnetisches Verhalten. Dieses Schwebeverfahren wird beim tiegelfreien Schmelzen von Metallen verwendet.

15 In rotationssymmetrischen Feldern kann der Supraleiter sehr schnell relativ zum Feld rotieren.

Die Hochtemperatursupraleiter haben auch hier wieder den Vorteil einer weniger aufwändigen Kühlung. Man kann mit diesen Materialien bei Kühlung auf 77 K immerhin bereits Felder um 1 T »einfrieren«. Bei einer Temperatur von 24 K sind 2002 bereits ca. 16 T in solchen Materialien gespeichert worden, was die stärksten Normalmagnete (Legierungen aus Nd, Fe und B) um einen Faktor 10 übertrifft [26, 27]. Vor kurzem wurde sogar die Speicherung von über 17 T bei einer Temperaur von 29 K berichtet [28]. Die Begrenzung ist dabei nicht durch die Haftzentren gegeben, sondern vielmehr durch die Materialfestigkeit. Die nach außen wirkenden magnetischen Kräfte werden bei diesen Feldern so groß, dass sie die Hochtemperatursupraleiter schlicht zerreißen. Selbst bei den derzeit erzielten Feldwerten müssen die Supraleiter bereits mit speziellen Stahlmanschetten ummantelt werden, um den magnetischen Druck zumindest teilweise zu kompensieren.

Die obigen Ergebnisse wurden mit »schmelztexturiertem« $YBa_2Cu_3O_7$ gewonnen [29].

Bei diesem Verfahren werden zunächst polykristalline $YBa_2Cu_3O_7$-Presslinge von einigen Zentimetern Durchmesser hergestellt. In dieser Phase sind die Körner im Pressling zufällig orientiert. Das Material könnte jetzt nur relativ kleine Supraströme tragen. Der Hauptgrund liegt darin, dass die Korngrenzen zwischen stark gegeneinander verdrehten Körnern, selbst wenn man diese sehr gut zusammengesintert hat, als Josephsonkontakte wirken. Der kritische Strom dieser Kontakte ist bereits ohne ein angelegtes Magnetfeld klein und geht im externen Feld rasch gegen null. Will man ein Massivmaterial erhalten, das eine große Stromtragfähigkeit hat, so muss man deshalb die Körner möglichst gut ausrichten, sodass die CuO_2-Ebenen möglichst in die gleiche Richtung zeigen. Große Supraströme können dann parallel zu diesen Ebenen fließen. Gleichzeitig müssen möglichst gute Haftzentren für Flussschläuche in das Material eingebracht werden.

Diese beiden Bedingungen erfüllt die Schmelztexturierung. Vereinfacht dargestellt werden die polykristallinen Presslinge zunächst auf über 1000 °C erhitzt, so dass sie aufschmelzen. Auf die Presslinge werden z.T. zusätzlich Saatkristalle mit höherem Schmelzpunkt (wie MgO, $SrTiO_3$ oder $SmBa_2Cu_3O_7$) aufgebracht, die beim anschließenden Abkühlvorgang zu einer nahezu eindomänigen Rekristallisation des Supraleiters führen.

Man gibt den Presslingen außerdem Zusätze wie z. B. Y_2O_3 bei, das im Verlauf des Temperprozesses zu nichtsupraleitendem Y_2BaCuO_5 reagiert. Y_2BaCuO_5 ist fein im rekristallisierten Pressling verteilt und bildet sehr effektive Haftzentren für Flusslinien. Man hat damit schließlich ein Material, das – parallel zu den CuO_2-Ebenen – sehr hohe Supraströme tragen kann.

Die eben beschriebene Vorgehensweise ist eine von mehreren Möglichkeiten, Massivmaterialien aus Hochtemperatursupraleitern zu texturieren. Einen Überblick über die verschiedenen Methoden gibt [30].

7.3

Anwendungen für supraleitende Magnetspulen

Wir zeigen nun an einigen Beispielen – die Liste ist bei weitem nicht vollständig –, wie supraleitende Magnetspulen in Forschung und Technik eingesetzt werden.

7.3.1
Kernspinresonanz

Ein wichtiges Hilfsmittel für die Aufklärung der Struktur von organischen Molekülen ist die Kernspinresonanz (Nuclear Magnetic Resonance bzw. NMR). Man bringt dabei den zu untersuchenden Stoff in ein Magnetfeld. Im Feld können die Wasserstoffkerne auf Grund der Richtungsquantelung nur zwei Einstellungen ihres magnetischen Momentes zum Magnetfeld, nämlich entweder parallel oder antiparallel, einnehmen. Diese beiden Einstellungen unterscheiden sich in ihrer potenziellen Energie. Die Parallelstellung hat die kleinere potenzielle Energie, d.h. man muss Arbeit aufwenden, um die Momente aus der Parallelstellung herauszudrehen. Der Energieunterschied der beiden Einstellungen ist proportional zum Magnetfeld, von dem wir annehmen, es sei in z-Richtung angelegt: $\Delta E = 2\,\mu_z B_z$. Hierbei ist μ_z das magnetische Moment in z-Richtung.

Über diese Zustände sind die Wasserstoffkerne eines organischen Moleküls verteilt. Dabei ist das energetisch günstigere Niveau etwas stärker besetzt. Abb. 7.11 a zeigt diese Verteilung schematisch. Strahlt man in dieses System eine elektromagnetische Welle mit der Quantenenergie $h \cdot f = \Delta E$ ein, so werden durch diese Strahlung Übergänge zwischen den Niveaus bei E_1 und E_2 angeregt. Da das untere Niveau stärker besetzt ist, werden mehr Übergänge pro Zeit von unten nach oben als umgekehrt erfolgen, d.h. die Strahlung wird absorbiert. Wenn man bei festgehaltenem Magnetfeld die Frequenz f der Strahlung variiert, erhält man ein typisches Absorptionssignal bei der Resonanzfrequenz $f_r = \Delta E/h$ (Abb. 7.11 b).

Entscheidend ist nun, dass die Wasserstoffkerne nicht nur das äußere Feld B_z, sondern auch ihre Umgebung spüren. Das führt dazu, dass die Resonanzfrequenzen für Wasserstoffkerne in verschiedener Umgebung, z.B. in CH_3- oder CH_3O-Gruppen eines organischen Moleküls, etwas verschieden sind. Man nennt

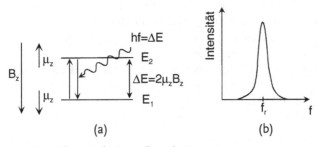

(a)   (b)

Abb. 7.11 Schematische Darstellung der Kernspinresonanz.
(a) Termschema, (b) Absorptionssignal

diese Frequenzverschiebung »chemische Verschiebung« (»chemical shift«). Mit der Kernresonanzmethode ist es also möglich, die Umgebung eines Wasserstoffkerns zu identifizieren. Diese Möglichkeit ist von großer Bedeutung für die Aufklärung der Struktur organischer Moleküle.

Nun ist die Auflösung der einzelnen Linien dann schwierig oder unmöglich, wenn die Breite der Linien größer ist als ihr gegenseitiger Abstand auf der Frequenzachse. Man beobachtet dann nur ein großes unaufgelöstes Signal. Die Breite der Einzellinie wird außer von den Apparatekonstanten (z. B. der Homogenität des Magnetfeldes) durch die Wechselwirkung des betrachteten Kerns mit weiter entfernten Gruppen des Moleküls bestimmt. Diese Wechselwirkung führt dazu, dass die Absorptionslinie einer bestimmten Protonengruppe wieder aus einer ganzen Anzahl von feineren Linien besteht und damit eine bestimmte Halbwertbreite hat.

Hier können große Magnetfelder eine wesentliche Verbesserung der Auflösung bringen. Die chemische Verschiebung ist proportional zum äußeren Magnetfeld, d. h. die Linien von verschiedenen Protonengruppen rücken mit steigendem Feld weiter auseinander. Dagegen ist die Aufspaltung durch die Wechselwirkung mit benachbarten Gruppen vom Außenfeld B_z unabhängig, d. h. die durch diese Wechselwirkung bedingte Halbwertsbreite bleibt auch in hohen Feldern konstant. Damit wird es möglich, in hohen Feldern auch solche Linien der verschiedenen Gruppen zu trennen, die sich bei kleineren Feldern noch gegenseitig überlagern, und die chemische Verschiebung sowie die Kopplung zwischen den Kernspins präzise zu vermessen. Dies ist in Abb. 7.12 exemplarisch durch den Vergleich der in Feldern von 9,4 T (400 MHz), 14,1 T (600 MHz) und 21,1 T (900 MHz) durchgeführten NMR-Messungen dargestellt.

Die hohen und zeitlich stabilen Felder supraleitender Magnete bieten damit einen wesentlichen Fortschritt. Allerdings ist es notwendig, für diese hochauflösenden Resonanzspektrometer extrem homogene Felder am Ort der Probe zu haben. Jede Feldinhomogenität vergrößert die Halbwertsbreite der Linien.

Anfang der 1970er Jahre hatte man Systeme, die bei 7,5 T betrieben wurden und im Probenvolumen (Kugel von 1 cm Durchmesser) eine Feldhomogenität (relative Feldabweichung) von besser als $2 \cdot 10^{-7}$ hatten [31]. Es war möglich, Kernresonanzlinien aufzulösen, die sich in ihrer Frequenz nur um $f = 0{,}05$ Hz unterscheiden, wobei die Messfrequenz 270 MHz betrug.

Heutzutage reicht die Feldstärke supraleitender NMR-Magnete von 4,7 T (entsprechend einer Protonenspin-Resonanzfrequenz von 300 MHz) bis 21,1 T (900 MHz) mit einer typischen Raumtemperaturbohrung von 54 mm. Die Feldhomogenität[16] beträgt bis zu 10^{-10} in einem Probenvolumen von $5 \times 5 \times 20$ mm³. Die Frequenzauflösung solcher Systeme beträgt bereits standardmäßig 0,2 Hz.

Das Foto in Abb. 7.13a zeigt ein modernes 900-MHz-NMR-Spektrometer mit seinem ca. 4 m hohen supraleitenden Magnetsystem, was hinsichtlich Feldstärke

---

16 Hierbei müssen bis zu 40 zum Teil supraleitende Korrekturspulen (»Shims«) mit optimierten Feldprofilen und Strömen zur Homogenisierung des supraleitenden Hauptmagneten eingesetzt werden. Zusätzlich rotiert die Probe zur räumlichen Mittelung der lokalen Felder.

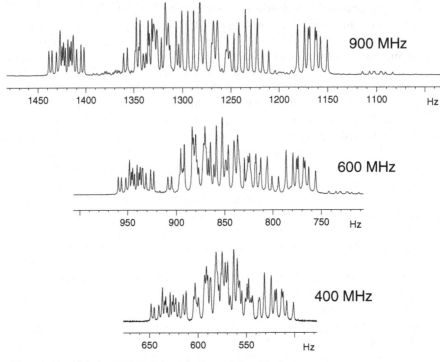

Abb. 7.12 Vergleich der NMR-Spektren von Oestradiol-acetate in
Feldern von 9,4 T (unten), 14,1 T (Mitte) und 21,1 T (oben).
(Wiedergabe mit freundlicher Genehmigung der Fa. Bruker BioSpin,
Rheinstetten).

derzeit die Grenze des für NMR-Anforderungen technisch Machbaren darstellt. Der
prinzipielle Aufbau eines derartigen Magnetsystems ist in Abb. 7.13 b skizziert.

Der supraleitende Magnet ist üblicherweise schalenförmig aufgebaut. Im Bereich
höchster Feldstärke nahe der zentralen Bohrung des Magneten werden Nb_3Sn-
Leiter aufgrund des im Vergleich zu NbTi höheren kritischen Feldes eingesetzt. In
den äußeren Abschnitten mit reduzierter Feldstärke wird aufgrund der dort besseren Eigenschaften und aus Kostengründen das günstigere NbTi eingesetzt. Die
einzelnen Leiterabschnitte müssen supraleitend verbunden werden (»Joints«).
Außen um den Hauptmagneten herum werden die zur weiteren Feldhomogenisie-
rung genutzten supraleitenden Korrekturspulen angebracht.

Die supraleitenden Drähte sind von superfluidem Helium umgeben. Dazu
werden permanent etwa 250 ml/h flüssiges Helium durch eine Joule-Thomson-
Unterkühleinheit abgepumpt. Alle zwei Monate muss der Heliumvorrat wieder
aufgefüllt werden. Um den Heliumtank herum dient ein weiterer Tank mit flüssigem Stickstoff als Strahlungsschild, welcher etwa alle drei Wochen wieder aufgefüllt
werden muss.

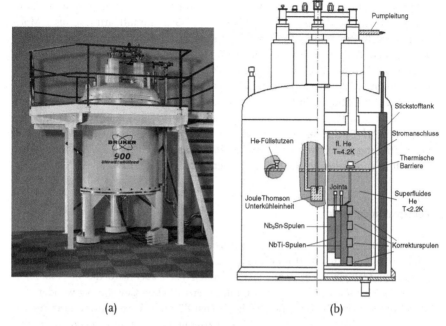

Pumpleitung

Stickstofftank

Stromanschluss

He-Füllstutzen

fl. He
T=4.2K

Thermische
Barriere

Joints

Superfluides
He
T<2.2K

Joule Thomson
Unterkühleinheit

Nb₃Sn-Spulen

NbTi-Spulen

Korrekturspulen

(a)   (b)

Abb. 7.13   NMR-Spektrometer: (a) Modernes 900 MHz NMR-Spektrometer mit hochhomogenem 21,1 T Magnetfeld, (b) prinzipieller Aufbau
eines mit superfluidem Helium gekühlten NMR-Magnetsystems.
(Wiedergabe mit freundlicher Genehmigung der Fa. Bruker BioSpin,
Karlsruhe).

Ein Höchstfeld-NMR-Magnet, wie er beispielsweise in Abb. 7.13 abgebildet ist,
wird schrittweise bis auf sein volles Feld geladen und speichert dann eine magnetische Feldenergie von über 10 MJ. Danach wird der Magnet durch Schließen eines
supraleitenden Schalters in den Dauerstrombetrieb kurzgeschlossen. Zur Mini-
mierung des Wärmeeintrags werden dann die massiv ausgeführten Stromver-
bindungen zum Magneten entfernt.

Im kurzgeschlossenen Zustand ändert sich das Magnetfeld durch die vom Flux-
Flow bedingten, extrem kleinen resistiven Verluste in den supraleitenden Drähten
oder Verbindungen (Joints) nur noch um weniger als 10 ppm pro Jahr, sodass der
Magnet viele Jahre ohne weitere Eingriffe von außen stabil betrieben werden
kann.

Wie schon in Abschnitt 7.1.1.1 kurz angedeutet, wird im Bereich der Höchstfeld-
NMR der Einsatz von Hochtemperatursupraleitern essenziell werden. Für NMR-
Frequenzen von 1 GHz benötigt man ein statisches Feld von 23,5 T, das mit
Magneten aus Nb₃Sn allein nicht mehr realisierbar ist. Bei den derzeit laufenden
Entwicklungen zum Bau von 1-GHz-NMR-Magneten ist daher beabsichtigt, für die
innersten Abschnitte des schalenförmig aufgebauten Magneten, wo die Feldstärke
am höchsten ist, Leiter z. B. aus $Bi_2Sr_2CaCu_2O_8$ oder $Bi_2Sr_2Ca_2Cu_3O_{10}$ einzusetzen,
die das Magnetfeld am Probenort auf den erforderlichen Wert anheben können.

Die Bedeutung der NMR-Spektroskopie erfuhr in den letzten Jahren insbesondere durch die damit erzielten Beiträge zur Strukturaufklärung großer Moleküle, wie z. B. Proteine und Prionen, einen enormen Aufschwung. Um dem stark wachsenden Bedarf an Höchstfeld-NMR-Messungen nachkommen zu können, werden in Europa, USA und Japan große Anstrengungen unternommen, leistungsfähige NMR-Laboratorien aufzubauen. Hervorzuheben sind die diesbezüglich getätigten Investitionen in Japan. Dort sollen allein im »Genomic Sciences Center« des »Institute of Physical and Chemical Research« (RIKEN) in Yokohama letztendlich 200 NMR-Spektrometer verschiedener Leistungsklassen für die Wissenschaft zur Verfügung gestellt werden[17]. Weltweit werden derzeit etwa 250 Millionen Euro jährlich in supraleitende NMR-Spektrometer investiert.

7.3.2
Kernspintomographie

Die magnetische Kernresonanz hat mit der Kernspintomographie (Magnetic Resonance Imaging bzw. MRI) eine medizinische Anwendung gefunden, die aus der modernen Medizin nicht mehr wegzudenken ist. Dabei wird die in Abb. 7.11 a erläuterte Methode zur Untersuchung des menschlichen Gewebes verwendet.

Während in der Strukturchemie die hochauflösende Kernspinresonanz im wesentlichen die Verschiebung der Resonanzfrequenz von Protonen (auch anderer Kerne) aufgrund ihrer unterschiedlichen chemischen Umgebung (chemische Verschiebung), sowie die Kopplung zwischen den Kernspins ausnützt, wird in der Kernspintomographie die Stärke des Resonanzsignals als Maß für die Protonendichte verwendet. Insbesondere werden aber auch die Relaxationszeiten der Kernspins als Messgröße gewählt. Man unterscheidet zwei Relaxationszeiten T_1 und T_2. T_1 ist ein Maß für die Zeit, die ein System von Kernmomenten benötigt, um in einem Magnetfeld die Gleichgewichtsausrichtung anzunehmen. T_2 ist mit der Phasenlage der präzedierenden Kernmomente verknüpft. Beide Relaxationszeiten können diagnostisch verwendet werden.

Für die Erzeugung der benötigten Magnetfelder werden in den größeren Systemen supraleitende NbTi-Spulen verwendet. Seit den 1980 Jahren werden Geräte gebaut, in denen der ganze Körper eines Patienten untersucht werden kann. Die Felder betragen für Routineanwendungen bis zu 3 T, für wissenschaftliche Forschungszwecke werden Felder bis 8 T eingesetzt. Besondere Bedeutung kommt diesem Verfahren bei der Untersuchung funktionaler Abläufe (fMRI) im menschlichen Gehirn zu. Die Abb. 7.14 zeigt einen der zur Zeit modernsten Ganzkörper-Kernspintomographen, der ein statisches Feld von 3 T erzeugt Das System beinhaltet einen aktiven Kühler und muss nur einmal im Jahr mit He nachgefüllt werden.

Um die Kernspinsignale örtlich festzulegen, d. h. eine Karte der Signalhöhe oder der Relaxationszeiten zu erhalten, überlagert man dem magnetischen Gleichfeld B_z ein örtlich variierendes Magnetfeld, z. B. ein in der x-Richtung linear ansteigendes

---

17 Nature **410**, 724, 5. April 2001.

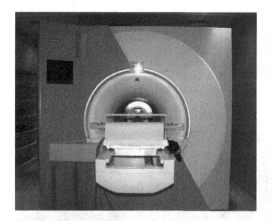

Abb. 7.14 Blick in den an der Radiologischen Klinik der Universität Tübingen installierten 3T-Ganzkörper-Kernspintomographen mit supraleitendem Magneten (Siemens Magnetom Trio). Im Vordergrund ist der Behandlungstisch zu sehen, der in die Röhre des Tomographen eingeschoben wird. (Wiedergabe mit freundlicher Genehmigung der Radiologischen Klinik der Universität Tübingen).

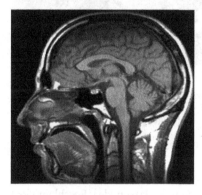

Abb. 7.15 Kernspintomogramm eines Gehirns. (Wiedergabe mit freundlicher Genehmigung der Radiologischen Klinik der Universität Tübingen).

Feld mit der Steigung dB_z/dx. Je nach der Resonanzfrequenz kann man den Ort der detektierten Kerne auf der x-Achse festlegen. Innerhalb dieser Schicht selektiert man durch kurzfristig angelegte Gradientenfelder die Signale nach Frequenz und Phase und kann dadurch eine im k-Raum räumlich aufgelöste Darstellung der Schicht erhalten. Hieraus wird dann die Ortsdarstellung errechnet. Abb. 7.15 zeigt die so gewonnene Aufnahme eines menschlichen Gehirns.

7.3.3
Teilchenbeschleuniger

Ein weiteres großes Anwendungsgebiet für supraleitende Magnete, insbesondere auch für sehr große Magnete, liegt im Bereich der Hochenergiephysik [32, 33]. Es werden heute Teilchen auf Energien bis in den TeV-Bereich (1 TeV = 10^{12} eV) beschleunigt [34]. Diese hochenergetischen Teilchen, z.B. Protonen oder Elektronen, müssen mit Hilfe von geeigneten Magnetfeldern auf ihren Bahnen gehalten werden. Dies ist etwas vereinfachend ausgedrückt umso leichter, je stärker die verfügbaren Magnetfelder sind. Insbesondere können bei konstanter Energie mit steigendem Magnetfeld die Durchmesser von Kreisbeschleunigern kleiner gemacht werden. Umgekehrt können bei gleichem Durchmesser mit steigendem Magnet-

Abb. 7.16 Supraleitender Dipolmagnet des HERA-Protonen-Rings. Nennstrom: 5027 A; Nennfeld: 4,68 T; Spulenlänge: 9 m; Strahlrohrdurchmesser: 75 mm. (Wiedergabe mit freundlicher Genehmigung von Dr. S. Wolff, DESY).

feld höhere Teilchenenergien erreicht werden. Supraleitende Magnete können auch für die Führung der Teilchenstrahlen nach dem Verlassen des Beschleunigers verwendet werden.

Wurden frühe Generationen von Teilchenbeschleunigern noch mit konventionellen Magneten ausgestattet, so sind supraleitende Magnete (überwiegend aus NbTi) heute aus diesen Anlagen nicht mehr wegzudenken. Zur Zeit sind zwei sehr große Beschleuniger, Tevatron am Fermilab in Chicago und HERA bei DESY in Hamburg, in Betrieb. Zwei weitere, der Relativistic Heavy Ion Collider (RHIC) am Brookhaven National Laboratory und der Large Hadron Collider (LHC) am CERN sind nahezu fertiggestellt. Der LHC wird 1232 große Dipolmagnete enthalten. Zusätzlich kommen über 7000 weitere Magnete für die Strahlkorrektur, Strahlablenkung usw. in Einsatz sowie Magnete für die riesigen Detektorsysteme ATLAS und CMS [35]. Der geplante, aber letztlich doch nicht verwirklichte gigantische Superconducting Supercollider (SSC) hätte fast 4000 große Dipolmagnete enthalten.

Bei HERA sind immerhin über 422 große Dipolmagnete in dem 6,33 km langen Protonenring zusammen mit 224 supraleitenden Quadrupolmagneten zur Führung des Protonenstrahls installiert. Abb. 7.16 zeigt einen dieser Magnete. Ein Suprastrom von etwa 5000 A erzeugt ein Magnetfeld von ca 4,7 T. Abb. 7.17 zeigt einen Bereich des Ringtunnels. Diese Bilder vermitteln einen Eindruck von dem beträchtlichen technischen Umfang, den die Anwendung der Supraleitung hier erreicht hat [36].

Abb. 7.17 Blick in den HERA-Ringtunnel bei DESY. Unten: Strahlführung für 30 GeV Elektronen. Oben: Strahlführung für 820 GeV Protonen. (Wiedergabe mit freundlicher Genehmigung von Dr. S. Wolff, DESY).

Neben diesen Großanlagen sollte aber nicht vergessen werden, dass auch kleinere Systeme sehr wichtig sind [32]. So werden Elektron-Speicherringe für die Strukturierung von Halbleiterbauelementen wichtig. Um Strukturen im tiefen Submikrometer-Bereich herzustellen, müssen die Wafers mit weicher Röntgenstrahlung »belichtet« werden, die in hoher Intensität als Synchrotronstrahlung an Speicherringen entsteht. Durch die Verwendung supraleitender Magnete können solche Anlagen vergleichsweise kompakt gebaut werden. Zur Zeit (2002) sind sechs solcher Systeme im Einsatz.

Auch in der Medizin werden Zyklotrons verwendet, etwa um kurzlebige Radioisotope für die Positronen-Emissions-Tomographie (PET) zu erzeugen. Hier wurde von Oxford ein kompaktes System auf den Markt gebracht, das supraleitende Magnete verwendet [32].

Es sei schließlich angemerkt, dass eine weitere wichtige Komponente in der Beschleunigerphysik supraleitende Hohlraumresonatoren sind. Wir werden darauf in Abschnitt 7.5.2 eingehen.

7.3.4
Kernfusion

Es werden große Anstrengungen unternommen, um die Kernfusion, d. h. die Verschmelzung von zwei Wasserstoffkernen zu einem Heliumkern, die in der »Wasserstoffbombe« spontan stattfindet, kontrolliert ablaufen zu lassen. Die Ener-

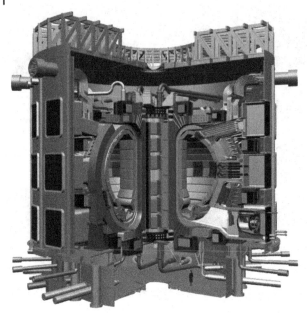

Abb. 7.18 Schemazeichnung des geplanten Fusionsreaktors ITER FEAT. Die toroidale Plasmakammer (nierenförmig im Querschnitt) wird von 18 Feldspulen (je 14 m hoch, 8 m breit) eingeschlossen. Auf der Torusachse (Bildmitte) ist vertikal die Zentralspule (12 m hoch, 4 m Duchmesser) angebracht. Der Torus ist von weiteren 6 poloidalen Spulen sowie kleineren Korrekturspulen umgeben. (Nachdruck aus [10] mit Erlaubnis von IOP).

gietönung dieses Prozesses ist sehr groß. Da Wasserstoff auf der Erde nahezu unbegrenzt vorhanden ist, könnte dieser thermonukleare Prozess eine Energiequelle der Zukunft werden. Gegenwärtig befinden sich die Arbeiten zur Fusion noch immer im Stadium der Grundlagenforschung. Die Schwierigkeiten, die auf dem Weg zu einer kontrollierten Fusion überwunden werden müssen, sind sehr groß. Um die energieliefernden Prozesse einzuleiten, muss man Wasserstoffgas auf Temperaturen von mindestens einigen 10 Millionen Grad erhitzen. Dieses heiße Plasma, das praktisch nur noch aus Wasserstoffkernen[18] und Elektronen besteht, kann man natürlich nicht in materiellen Gefäßen zusammenhalten. Da es sich aber um geladene Teilchen handelt, können die Bahnen durch ein Magnetfeld gekrümmt werden. Deshalb ist es möglich, durch genügend hohe Magnetfelder mit geeigneter Geometrie die geladenen Teilchen trotz ihrer hohen Geschwindigkeit in einem Reaktionsraum zusammenzuhalten. Die erforderlichen Magnetfelder sind so groß, dass sie wirtschaftlich nur mit supraleitenden Magneten erzeugt werden können.

In den letzten Jahren konzentrierten sich die Forschungen auf zwei Reaktortypen, den »Stellarator« und den »Tokamak« [37]. In Deutschland wird der Stellarator

---

18 Man verwendet das Isotop Tritium, dessen Kerne aus einem Proton und zwei Neutronen bestehen.

»Wendelstein« konstruiert [38], in Japan das Large Helical Device (LHD) [39, 40]. Wir wollen hier kurz das Projekt »ITER« (International Thermonuclear Experimental Reactor) beschreiben, einem geplanten Reaktor vom Tokamak-Typ. ITER ist eine Zusammenarbeit der Europäischen Union, Japans, Russlands und der USA. Derzeit läuft das Projekt auch unter der Bezeichnung »ITER FEAT« (Fusion Energy Amplifier Tokamak). Ziel ist, einen 400 MW Fusionsreaktor zu erhalten bei einer Energieverstärkung von 10.

Die Abb. 7.18 zeigt eine Schemazeichnung des geplanten Reaktors [10]. Im Reaktor befindet sich eine Reihe unterschiedlicher Spulen, die beispielsweise für den magnetischen Einschluss des toroidalen Fusionsplasmas oder für die Erzeugung eines Heizstroms im Plasma verantwortlich sind. Man beachte die Person unten im Vordergrund, die die gewaltigen Dimensionen des Systems anzeigt. Im Innern des Fusionsbereichs werden dabei von dem Magneten Felder von ca. 12 T generiert.

Zur Zeit (2002) werden die Komponenten des Projekts getestet, wie auch die supraleitenden Kabel, die wir in Abb. 7.5 bereits gezeigt haben. Bereits die Entwicklung dieser Kabel führte dazu, dass die Weltproduktion an Nb_3Sn von ca. 1 t/Jahr auf über 40 t/Jahr anwuchs.

Fragen, ob ITER FEAT realisiert wird oder ob die Kernfusion tatsächlich die Energiequelle der Zukunft sein wird, können hier nicht weiter diskutiert werden. Der Abschnitt sollte aber zeigen, dass Projekte dieser Größenordnung ohne den Einsatz von Supraleitern undenkbar sind.

7.3.5
Energiespeicher

Ein weiterer Bereich, in dem supraleitende Magnete in der Zukunft sehr wichtig werden könnten, ist die Energiespeicherung. Waren in frühen Jahren Projekte angedacht worden, die in extrem großen Spulenanordnungen Energie in Form magnetischer Felder speichern[19], so gehen heutige Planungen bzw. experimentelle Realisierungen in Richtung mittelgroßer oder kleinerer Systeme [41], die Energien in der Größenordnung 1 MJ bis 100 MJ sehr effektiv speichern und insbesondere auch schnell, bei Leistungen im Bereich einiger MVA[20], freigeben können. Der Sinn dieser Energiespeicherung besteht im wesentlichen darin, die Stromversorgung in Zeiten des Spitzenverbrauchs zu stabilisieren.

Die magnetische Energiedichte $B^2/2\mu_0$ beträgt für $B = 1$ T 0,4 MJ/m³. Will man bei 5 T 10 MJ speichern, so benötigt man dieses (mittlere) Feld in einem Volumen von ca. 1 m³, was keine allzu extreme Anforderung ist. Es ist außerdem sinnvoll, das Magnetfeld in einem möglichst abgeschlossenen Bereich zu halten. Das Streufeld sollte einerseits aus Gründen der Umweltbelastung klein sein, andererseits auch deshalb, weil ansonsten Wirbelstromverluste im Bereich der Streufelder die

---

19 Man bezeichnet diese Energiespeicherung oft als SMES (supraleitende magnetische Energiespeicherung).

20 Leistungen werden hier üblicherweise in VA (Volt-Ampere) anstelle von Watt angegeben.
1 VA = 1 W.

Abb. 7.19 Magnetischer Energiespeicher aus 10 NbTi-Spulen
(Durchmesser jeder Spule:
36 cm). Es können bis zu 420 kJ
gespeichert werden (Abbildung
mit freundlicher Genehmigung
von Herrn K.-P. Jüngst,
Forschungszentrum Karlsruhe).

Effektivität der Speicherung vermindern würden. Aus diesem Grund werden oft toroidale Feldkonfigurationen bevorzugt. Die größere Schwierigkeit liegt darin, dass diese Energien sehr schnell zur Verfügung gestellt werden sollten. Dadurch treten hohe Induktionsspannungen auf, die beispielsweise bei einem für den Fusionsreaktor ITER geplanten SMES-System beinahe 5 kV betragen soll (hier soll 1 GJ gespeichert werden, bei einer maximalen Leistungsabgabe von 150 MVA). Auf Grund dieser hohen Anforderungen werden zur Zeit größere Systeme auf der Basis konventioneller Supraleiter entwickelt. Es sind aber auch bereits kleine Energiespeicher aus Hochtemperatursupraleitern realisiert worden [42]. Hier liegt der Reiz vor allem in der Möglichkeit, durch Kryokühler einen sehr einfachen Betrieb bei Temperaturen um 25 K zu erreichen.

Abb. 7.19 zeigt zur Demonstration ein vergleichsweise kleines 80 kVA-System, das 200 kJ bei einem Strom von 300 A speichert [43]. Hier bilden 10 NbTi-Magnetspulen (Durchmesser: 36 cm) eine Torusanordnung mit einer Induktivität von 4,37 H. Kurzfristig können die Ströme auf 430 A erhöht und damit ca. 420 kJ gespeichert werden.

Die zweite, insbesondere für den Einsatz von Hochtemperatursupraleitern interessante Art der Energiespeicherung bzw. Netzstabilisierung sind schnell drehende Schwungräder. Typische Energien, die hier gespeichert sind, liegen im Bereich von kJ bis MJ. Für ein homogenes scheibenförmiges Schwungrad ist die Rotationsenergie gleich $mr^2\omega^2/4$, wächst also quadratisch mit der Kreisfrequenz ω und linear mit der Masse der Scheibe. Eine rotierende Scheibe mit einem Durchmesser von 0,5 m, einer Masse von 1 kg und einer Kreisfrequenz $\omega = 1000$ Hz (ca. 10 000 Umdrehungen pro Minute) hat dann bereits eine Energie von über 15 kJ.

Viele kommerzielle Schwungräder sind aus Stahl, auf Luftkissen gelagert und rotieren mit relativ geringen Drehzahlen. Alternativ werden mittels glasfaserverstärkten Kunststoffen hohe Drehzahlen im Bereich von 50 000 Umdrehungen pro Minute und mehr verwendet. Die gespeicherte Energie pro kg aktiver Masse ist hier um mehr als eine Größenordnung höher als bei SMES oder in Schwungrädern aus Stahl [44]. Typische Leistungen, die von Schwungrädern aufgebracht werden müssen, liegen im Bereich von kVA bis MVA, wobei diese Energien über mehrere Stunden hinweg speicherbar sein sollten.

Mit z. B. schmelztexturiertem $YBa_2Cu_3O_7$ (s. Abschnitt 7.2) lassen sich normale Permanentmagnete stabil levitieren. Die Magnete können dabei auch rotieren und Lasten – z. B. ein Schwungrad – tragen. Damit bietet sich die Möglichkeit, durch supraleitende Lagerung sehr stabile und verlustarme Schwungräder zu konstruieren. Speicherzeiten von 100 Stunden und mehr sollten erreichbar sein [45]. Zur Zeit werden zahlreiche Designs untersucht. Die Schwungräder sollten Energien von einigen kWh bis einigen 100 kWh speichern. Man erforscht z. B. relativ leichte und kleine Schwungscheiben (einige kg Masse, Durchmesser um 50 cm), die bei Drehzahlen von 30 000 U/min und mehr arbeiten [46], aber auch tonnenschwere Einheiten, die sich mit Drehzahlen von einigen 1000 U/min drehen [47]. Zur Zeit muss noch eine Reihe von Problemen gelöst werden wie etwa die Vermeidung von Flusssprüngen im Supraleiter, die das Schwungrad mit der Zeit absinken lassen.

7.3.6
Motoren und Generatoren

Elektrische Motoren wie Generatoren basieren auf dem Faradayschen Induktionsgesetz, nach dem ein sich ändernder magnetischer Fluss eine Spannung in einem Leiter induziert. Beim Generator werden Permanentmagnete oder Magnetspulen mechanisch rotiert und die in Induktionsspulen erzeugte Wechselspannung genutzt, beim Motor versetzen Wechselfelder den Rotor in Bewegung.

In konventionellen Elektromotoren und Generatoren werden zur Erzeugung der notwendigen Magnetfelder Spulen mit Eisenkernen verwendet. Dadurch wird die sinnvoll nutzbare Feldstärke festgelegt. Die Größe des magnetischen Feldes bestimmt ihrerseits bei vorgegebener Leistung das Volumen der Maschine.

Supraleitende Magnete gestatten es, sehr viel größere Magnetfelder zu erzeugen. Damit werden die supraleitenden Maschinen bei gleicher Leistung sehr viel kleiner. Für spezielle Anwendungen kann darin ein entscheidender Vorteil liegen. Vielleicht noch wichtiger ist es, dass Verluste in den Spulen durch Ohmsche Widerstände vermieden werden. Der kältetechnische Aufwand für supraleitende Maschinen muss natürlich bei jeder Abschätzung der Wirtschaftlichkeit berücksichtigt werden. Insbesondere die höheren Anforderungen in der Wartung (Umgang mit flüssigem He) sind bei Verwendung konventioneller Supraleiter wie NbTi problematisch. Bei Verwendung von Hochtemperatursupraleitern sollte aber die Wettbewerbsfähigkeit nicht mehr gravierend beschränkt werden.

Ein Elektromotor – eine Unipolarmaschine [48], bei der die felderzeugenden supraleitenden Spulen aus NbTi mit Gleichstrom versorgt wurden – mit einer Leistung von ca. 2500 kW (3250 PS) wurde bereits 1969 fertiggestellt, getestet und für den Antrieb einer Kühlwasserpumpe der Fawley Power Station, England, verwendet [31]. In den 1970er Jahren wurden schließlich Designs realisiert, bei denen die supraleitende Feldspule rotiert [49].

Auch heute noch werden große Anstrengungen unternommen, mit NbTi großskalige Generatoren im 100 MW-Bereich und darüber zu realisieren [2].

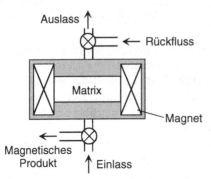

Abb. 7.20 Schematischer Aufbau eines magnetischen Separators [51].

Besonders intensiv sind die Entwicklungsarbeiten im Bereich der Hochtemperatursupraleitung. Es wird erwartet, dass supraleitende Motoren inklusive Kühltechnik die Hälfte der Verluste konventioneller Motoren gleicher Größe haben werden. Beispielsweise wurde 2001 in den USA ein bei ca. 30 K betriebener 5000-PS-Motor mit einer Drehzahl von 1800 U/min entwickelt, der eine Effizienz von 97,7 % hat [50]. Auf dem Rotor sind dabei 4 Spulen aus $Bi_2Sr_2Ca_2Cu_3O_{10}$ – Bändern angebracht.

7.3.7
Magnetische Separation

Eine weitere Möglichkeit für die Anwendung supraleitender Magnete, die kurz erwähnt werden soll, ist die magnetische Separation [51]. Diese Technik wird auf der Basis konventioneller Magnete seit langem eingesetzt. Die Selektion von ferromagnetischem Material aus Erzen mit Hilfe starker Magnetfelder ist ein wohlbekanntes Verfahren. Der Aufbau für die Abtrennung magnetischer Partikel aus Flüssigkeiten ist in Abb. 7.20 skizziert. Die Flüssigkeit durchströmt einen Elektromagneten, in dem sich eine Matrix z. B. aus Stahlwolle befindet. Nahe der Oberfläche der Stahlwolle erhält man starke Feldgradienten, die die magnetischen Partikel abseparieren.

Supraleitende Magnete erlauben sehr viel höhere Feldstärken und sehr große Feldgradienten. Damit wird es möglich, Materialien wirkungsvoll zu separieren, die sich in ihren magnetischen Eigenschaften nur wenig unterscheiden. Wichtig ist dies etwa bei der Wasserentsalzung oder um Blutzellen zu separieren. Für Felder bis 8.5 T nutzt die Industrie NbTi-Magneten. Speziell für kleinere Systeme ist die Nutzung von Hochtemperatursupraleitern, in Form von Magnetspulen oder auch Permanentmagneten wie in Abschnitt 7.2 beschrieben, sehr attraktiv und wird sicher in naher Zukunft industriell genutzt werden.

7.3.8
Schwebezüge

Wir hatten bereits mehrfach die berührungsfreie Lagerung mit Hilfe von Supraleitern kennen gelernt (z. B. Abb. 7.10). Hierbei war die Lagerung auch statisch, d. h.

Abb. 7.21 Magnetischer Schwebezug Maglev MLX 01 auf der
Teststrecke bei Tokyo. (Abbildung mit freundlicher Genehmigung
des Railway Technical Research Institute, Japan).

auch ohne eine Relativbewegung zwischen Magnet und Supraleiter, stabil. Ein
etwas anderes Konzept wird bei magnetischen Schwebezügen (MAGLEV, ma-
gnetically levitated train) angewandt. Hier sind im Zug starke Magnete angebracht,
die ein nach unten gerichtetes, genügend starkes Magnetfeld erzeugen. Die Gleitbahn des Zuges besteht aus aufgereihten Schleifen eines guten Leiters, z. B. aus Al-
Draht. In Ruhe treten keinerlei abstoßende Kräfte zwischen den Magneten im Zug
und der Gleitbahn auf.

Der Zug muss erst in konventioneller Weise auf eine bestimmte Geschwindigkeit
gebracht werden. Bei der Bewegung treten zwischen den Magneten im Zug und
den Leiterschleifen der Gleitbahn abstoßende Kräfte auf. Es werden in den Leiterschleifen Wirbelströme induziert, die nach der Lenzschen Regel ein Magnetfeld
erzeugen, das dem primären Feld – hier der Magnete im Zug – entgegengesetzt
gerichtet ist. Dieses Feld ergibt eine abstoßende Kraft und lässt das Fahrzeug beim
Erreichen der erforderlichen Geschwindigkeit über der Trasse schweben. Der
Vortrieb wird durch ein in der Gleitbahn aktiv betriebenes Spulensystem erreicht.

Die Magnete im Zug können dabei durchaus konventionell sein wie beim
Transrapid, der vor kurzem in Shanghai in Betrieb genommen wurde. Aber auch
hier werden supraleitende Magnetspulen erprobt. Frühe Studien wurden besonders
in Japan und Deutschland durchgeführt [52]. Während man in Deutschland auf die
konventionelle Technologie zurückging, setzt man in Japan auf das Konzept supraleitender Spulen. Auf zwei Teststrecken werden zur Zeit Schwebezüge erprobt. Die
in den Zügen angebrachten supraleitenden Magnetspulen erzeugen Feldstärken
um 5 Tesla. Der schnellste Testzug erreichte 1999 eine Geschwindigkeiten von ca.
550 km/h. Es ist geplant, mit dem MAGLEV Osaka und Tokyo zu verbinden.

Die Abb. 7.21 zeigt eine Fotografie des Maglev MLX 01. Hinter den grauschattier-
ten Bereichen an der Seite des Zuges befinden sich die supraleitenden Spulen mit
der He-Verflüssigungsanlage.

7.4
Supraleiter für die Leistungsübertragung: Kabel, Transformatoren und Strombegrenzer

Wichtige Komponenten in der Energieverteilung von Kraftwerk zum Verbraucher sind Kabel, Transformatoren und Strombegrenzer. Im Kraftwerk werden elektrische Leistungen im Gigawatt-Bereich bei hohen Betriebsspannungen erzeugt und über unterirdische Kabel oder Freilandleitungen zum Verbraucher transportiert. Dabei wird die Spannung stufenweise durch Transformatoren von den Ausgangswerten bei 380 kV auf die in den Haushalten üblichen Werte reduziert. Strombegrenzer sichern die Anlagen gegen Kurzschlüsse ab.

Unter geeigneten Bedingungen kann der Einsatz von Supraleitern bei der Leistungsübertragung sehr vorteilhaft sein. Supraleitende Kabel, Transformatoren und Strombegrenzer wurden bereits seit den 1960er Jahren untersucht. Die aufwändige Kühltechnik setzt den konventionellen Supraleitern allerdings harte Randbedingungen. Mit den Hochtemperatursupraleitern sind die Kriterien der Wirtschaftlichkeit deutlich entschärft worden. Zur Zeit werden an staatlichen wie industriellen Forschungslaboratorien Testsysteme entwickelt, die z. T. bereits in »Feldversuchen« zum Einsatz kommen.

7.4.1
Supraleitende Kabel

Besonders naheliegend scheint der Einsatz supraleitender Kabel, da hier die elektrischen Verluste klein sind. Allerdings müssen Fragen der Wirschaftlichkeit, aber auch der Betriebssicherheit und Wartungsfreundlichkeit sehr genau betrachtet werden. Im Bereich des Flächennetzes wäre die Stromversorgung mit supraleitenden Kabeln zu aufwändig. Auf der anderen Seite existieren etwa hin zu Großstädten Übertragungswege, auf denen bei relativ kurzen Wegstrecken große Leistungen transportiert werden müssen. Sind vorhandene Kabelschächte ausgelastet, so müssen bei wachsendem Energieverbrauch neue Schächte gelegt werden, was hohe Kosten verursachen kann. Durch den Ersatz der normalleitenden Kabel durch Supraleiter lässt sich die Kapazität der vorhandenen Schächte steigern, der Einsatz von Supraleitern wird interessant. Für den Fall eines Lecks haben solche Kabel auch den Vorteil, dass lediglich (beim Einsatz von Hochtemperatursupraleitern) Stickstoff ausströmt anstelle umweltverschmutzender Öle, die zur Kühlung normalleitender Hochleistungskabel verwendet werden.

Der wohl erste publizierte Vorschlag für ein supraleitendes Kabel wurde 1962 von McFee [53] gemacht. Er diskutierte ein Einphasen-Wechselstromkabel für eine Leistung von 750 MVA bei 200 kV. Als Leiter wurde Blei vorgeschlagen. Durch die Unterteilung des Leiters in viele parallele Stränge, die innerhalb eines heliumgekühlten Rohres verlaufen, hätte die Stromstärke so erhöht werden sollen, dass bei gleicher Leistung die Spannung bis auf die Generatorspannung erniedrigt worden wäre. Damit wäre die Transformation auf eine höhere Spannung für die Leistungsübertragung entfallen.

Es gilt hier zu beachten, dass bei einem Wechselstromkabel Restverluste in Kauf genommen werden müssen, die durch das Kühlmittel abgeführt werden müssen. Im elektrischen Wechselfeld werden auch Normalelektronen bewegt, ebenso induzieren die sich zeitlich ändernden magnetischen Flüsse Wirbelströme und Verluste, die allerdings durch geeignete Verdrillung der Leiter gering gehalten werden können (vgl. Abschnitt 7.1.2).

Bei der Verwendung von Gleichstrom kann dagegen die Übertragung praktisch verlustfrei erfolgen. Sehr kleine Verluste treten lediglich bei Lastschwankungen und durch eine eventuell noch vorhandene Restwelligkeit auf. 1962 wurde ein Kabel angegeben, das aus zwei getrennten Strängen bestand und bei ± 75 kV mit einer Stromstärke von 67 kA je Strang eine Leistung von 104 MVA über 1600 km übertragen sollte [54]. Der Aufbau dieses Kabels war sehr einfach. Es bestand aus konzentrischen Rohren. Der Niob-Leiter war auf einem von flüssigem He durchströmten Trägerrohr aufgebracht, das seinerseits vakuumisoliert von einem von Stickstoff durchströmten Hohlrohr umschlossen wurde.

Supraleitende Gleichstrom- und Wechselstromkabel auf der Basis der herkömmlichen Supraleiter wurden von den 1960er bis 1980er Jahren weltweit intensiv untersucht [55, 56]. Sie kamen allerdings nie zum kommerziellen Einsatz, was einerseits an der anspruchsvollen Kühltechnik mit flüssigem Helium lag, andererseits aber auch daran, dass sich im Zuge der Energiekrisen der Leistungsbedarf deutlich in Grenzen hielt.

Nach 1986 konzentrierten sich die Entwicklungsarbeiten auf die Hochtemperatursupraleiter. Auf industrieller Seite sind oder waren Firmen wie Pirelli, Southwire, BICC, Sumitomo oder Siemens erheblich engagiert. Stickstoffgekühlte Kabel sind kommerziell wesentlich interessanter als heliumgekühlte. Letztere wären bei Leistungen oberhalb von 5–10 GVA konkurrenzfähig geworden. Bei stickstoffgekühlten Kabeln liegt dieser Schwellwert im Bereich von 300–500 MVA.

Die zur Zeit laufenden Projekte konzentrieren sich auf Wechselstromkabel, da mit diesen vorhandene Kabelanlagen leicht ersetzbar sind. Aber auch supraleitende Gleichstromkabel könnten in der Zukunft für längere Übertragungswege, etwa vom Kraftwerk in ein weiter entferntes Ballungszentrum, interessant werden [41].

Im Bereich der Wechselstromkabel werden verschiedene Designs untersucht. Im einfachsten Fall ist nur der Innenleiter supraleitend, während der Rückleiter normalleitend ist. In diesem Fall ist nur der Innenleiter von flüssigem Stickstoff gekühlt. Der »Kryostat« – bestehend aus konzentrischen, evakuierten und flexiblen Wellschläuchen – befindet sich dann direkt über dem Leiter. Der äußere Wellschlauch ist von einem warmen Dielektrikum und dieses vom Rückleiter und der Außenisolierung umgeben. Die Abb. 7.22 zeigt ein Foto eines solchen Kabels. Das 120 m lange Kabelsystem soll im »Detroit Edison Project« dazu verwendet werden, die Niederspannungsseite eines (60/100 MVA, 120–24 kV)-Transformators mit einem 24-kV-Bus in der »Frisbie-Station« der Fa. Edison in Detroit zu versorgen [57]. Es ersetzt dort vorher installierte normalleitende Kabel. Das supraleitende Kabel liefert bei 24 kV eine Leistung von 100 MVA. Der unter Gleichstrom gemessene kritische Strom des Kabels liegt bei 6000 A. In dem Pilotprojekt soll vor allem auch der Umgang mit der supraleitenden Kabeltechnik detailliert untersucht werden.

Abb. 7.22 Supraleitendes Kabel des Detroit-Edison-Projekts. Durchmesser: 10 cm. Um das hervorstehende Innenstück sind spiralig $Bi_2Sr_2Ca_2Cu_3O_{10}$-Bandleiter angebracht. (Nachdruck aus [57] mit Erlaubnis von Elsevier).

Komplexer sind Designs, bei denen auch der Rückleiter supraleitend ist. Bei diesen Kabeln – man fasst dann auch drei Kabel im vom Stickstoff durchflossenen Wellschlauch zu einem Dreiphasenkabel zusammen – ist auch das zwischen Innen- und Außenleiter liegende Dielektrikum bei tiefen Temperaturen. Die etablierten Dielektrika (z. B. ölimprägnierte laminierte Papierisolierungen) lassen sich dann nicht mehr verwenden. Zur Zeit ist vor allem die Frage der Langzeitstabilität kalter Dielektrika noch offen [1].

7.4.2
Transformatoren

Auch bei Transformatoren lohnt sich der Einsatz von Supraleitern [1, 2, 58]. Die relativen Verluste in einem Transformator betragen zwar nur ca. 1 %, jedoch summieren sich diese Verluste über alle Transformatoren zu nicht unbeträchtlichen Werten. Etwa ein Viertel der Gesamtverluste von 5–10 % bei der Stromverteilung geht auf Kosten der Transformatoren. In einem Transformator mit supraleitenden Wicklungen können zudem erheblich höhere Stromdichten fließen als in einem konventionellen Transformator. Bei gleicher Leistung kann daher der supraleitende Transformator kompakter und leichter gebaut werden. Dieser Aspekt mag bei stationären Transformatoren nur von begrenztem Vorteil sein, ist aber ganz wesentlich bei mobilen Systemen wie etwa elektrisch betriebenen Eisenbahnen [59]. Auch sind stickstoffgekühlte supraleitende Transformatoren im Schadensfall wesentlich umweltfreundlicher als ihre ölgekühlten normalleitenden Gegenstücke.

Einer der wesentlichen Vorteile supraleitender Transformatoren besteht aber darin, dass sie im Extremfall über Stunden hinweg bei der doppelten Normalleistung betrieben werden können. Normalleitende Transformatoren können das nicht und müssen deshalb deutlich überdimensioniert werden.

Transformatoren mit supraleitenden Wicklungen werden seit den 1960er Jahren erforscht. In den 1980er Jahren wurden eine Reihe von Anlagen mit Leistungen im 100 MVA-Bereich erfolgreich getestet. Die Leiter waren aus NbTi-Multifilamentdrähten. Heute werden weltweit in den Forschungslaboratorien vieler Firmen Transformatoren auf der Basis von $Bi_2Sr_2CaCu_2O_8$-Bandleitern entwickelt. Derzeitige Systeme haben Leistungen um 1 MVA [59, 60]. Transformatoren für Leistungen im Bereich von 50 MW sind geplant.

7.4.3
Strombegrenzer

Im Fall von Kurzschlüssen im Transformatorbereich muss bei hohen Leistungen der Strom schnell und zuverlässig begrenzt werden. Die absichernden Strombegrenzer sollten dabei vielfach verwendbar sein. Genau dies können Supraleiter vorteilhaft leisten [2, 2b].

Dabei können verschiedene Techniken zum Einsatz kommen. So kann man einen supraleitenden Draht oder Dünnfilm direkt in den Stromkreis einbauen [61]. Im Normalbetrieb beeinflusst der Supraleiter den Stromkreis nicht. Steigt aber im Kurzschlussfall der Strom stark an, wird der kritische Strom des Supraleiters überschritten und der Strom wird durch den Widerstand der jetzt resistiven Leitung begrenzt (»resistiver Strombegrenzer«). Vorteilhaft ist hier insbesondere die schnelle Schaltzeit, wodurch der Kurzschlussstrom weniger stark ansteigen kann, ehe der Schalter begrenzend eingreift. Dadurch können auch alle anderen Elemente im Stromkreis für geringere Stromüberhöhungen ausgelegt werden. Um den Supraleiter durch die dort beim Kurzschluss dissipierte Leistung nicht zu zerstören, schaltet ein Leistungsschalter den Strom durch den Supraleiter nach kurzer Zeit ab. Nach Abkühlung des Strombegrenzers im Stickstoffbad kehrt dieser in den supraleitenden Zustand zurück und ist nach Beseitigung der Störung erneut einsetzbar.

Beim induktiven Strombegrenzer [62, 63] bringt man in den Stromkreis eine Spule ein, die wie beim Transformator einen Eisenkern umschließt. Diese Induktivität lässt den Strom zeitlich nur langsam anwachsen. Man muss jetzt verhindern, dass diese Induktivität im Normalbetrieb auftritt. Hierzu wickelt man die Spule auf einen supraleitenden Hohlzylinder (er entspricht der Sekundärwicklung eines Transformators), durch den der Eisenkern läuft. Bei nicht zu großen Strömen hält der Zylinder den magnetischen Fluss in seinem Inneren konstant und schirmt damit den Eisenkern gegen die vom Stromkreis erzeugten Magnetfelder ab. Wird im Kurzschlussfall das vom Stromkreis erzeugte Feld zu groß, wird der Zylinder normalleitend, das Magnetfeld koppelt an den Eisenkern an und die Induktivität des Strombegrenzers wird sprunghaft erhöht.

Strombegrenzer auf der Basis von Hochtemperatursupraleitern müssen eine Leistung von 20 MW oder mehr aufnehmen können, um wirtschaftlich konkurrenzfähig zu sein, eröffnen dann aber einen sehr großen potenziellen Markt für die Supraleitung [1]. Zur Zeit sind induktive wie resistive Strombegrenzer für Leistungen im Bereich um 1 MVA erfolgreich getestet worden [62]. Induktive Strombegrenzer wurden bereits für Leistungen von ca. 6 MVA getestet [63]. Man nähert sich dem wirtschaftlich interessanten Leistungsbereich an.

7.5
Supraleitende Resonatoren und Filter

In den Abschnitten 7.1 bis 7.4 hatten wir mit den Magneten und Kabeln für die Leistungsübertragung Anwendungen der Supraleitung kennengelernt, die sehr großskalig waren. Wir werden nun diskutieren, welche Einsatzmöglichkeiten für Supraleiter bei Mikrowellenfrequenzen von einigen 10 MHz bis oberhalb 100 GHz bestehen. Mit den Hohlraumresonatoren für Teilchenbeschleuniger werden wir eine weitere großskalige Anwendung kennenlernen. Dagegen nähern wir uns in Abschnitt 7.5.3 mit den Resonator- oder Filterstrukturen für die Telekommunikation deutlich kleineren Systemen an. Diese »passiven« Mikrowellen-Bauelemente stellen gewissermaßen auch den Übergang dar zu den Sensoren und aktiven Baulementen der nachfolgenden Abschnitte 7.6 und 7.7, bei denen typische Dimensionen Mikrometer bis Millimeter sind.

Bevor wir einige ausgewählte passive Mikrowellen-Bauelemente im Detail vorstellen werden, wollen wir in Abschnitt 7.5.1 einige Grundlagen zum Hochfrequenzverhalten von Supraleitern einführen. Bei solchen Frequenzen haben Supraleiter einen endlichen Widerstand. Für nicht allzu große Frequenzen ist der Widerstand aber immer noch deutlich geringer als der von Normalleitern wie Kupfer. Dies erlaubt sehr kompakte Bauelemente, die auch in ihrer Qualität deutlich besser sein können als ihre normalleitenden Gegenstücke.

7.5.1
Das Hochfrequenzverhalten von Supraleitern

Wenn eine elektromagnetische Welle auf einen Supraleiter fällt, so dringt diese eine gewisse Distanz in den Supraleiter ein und »schüttelt« dort sowohl Cooper-Paare als auch die ungepaarten Quasiteilchen. Als Folge wird der Widerstand des Supraleiters endlich.

Um uns der Problemstellung anzunähern und um eine Reihe für das Hochfrequenzverhalten wichtiger Begriffe einzuführen [64] betrachten wir zunächst ein *normalleitendes* Metall, auf das eine ebene elektromagnetische Welle in z-Richtung auftrifft[21]. Das Metall soll sehr dick sein. Wenn die Wellenlänge der einfallenden Strahlung groß ist gegen die mittlere freie Weglänge der Elektronen, so kann man das Ohmsche Gesetz benutzen, um den Zusammenhang zwischen der Stromdichte $\vec{j}_n$ im Metall und der elektrischen Feldstärke $\vec{E}$ der einfallenden Strahlung herzustellen, $\vec{j}_n = \sigma_n \vec{E}$. Hierbei ist σ_n die Leitfähigkeit[22]. Den Index n haben wir angefügt, um die normalleitenden Ströme von den Supraströmen zu unterscheiden, die wir weiter unten diskutieren werden. Löst man die Maxwell-Gleichungen, so stellt man fest, dass die Welle wie $\exp(-z/\delta)$ abfällt, wobei

---

21 Man beschreibt die Welle meist durch einen komplexwertigen Ausruck, der proportional zu $\exp[i(kz-\omega t)]$ ist. Wenn die Amplitude der Welle mit wachsendem z abklingt, ist dabei k selbst eine komplexe Zahl.

22 Falls auch Verschiebungsströme eine Rolle spielen, kann man statt σ_n eine komplexwertige Funktion $\sigma = \sigma_1 + i\sigma_2$ betrachten.

$$\delta = \sqrt{\frac{2}{\omega \mu_0 \, \sigma_n}} \qquad\qquad\qquad (7\text{-}1)$$

die so genannte Skintiefe ist. Sie beträgt beispielsweise für Kupfer bei Zimmertemperatur bei einer Frequenz $f = \omega/2\pi$ von 10 GHz etwa 0,66 µm.

Wählt man viel höhere Frequenzen bzw. höhere Leitfähigkeiten, so wird δ irgendwann vergleichbar bzw. kleiner als die mittlere freie Weglänge l^* der Elektronen. Dann sind Stromdichte und elektrisches Feld nicht mehr durch eine *lokale* Relation wie dem Ohmschen Gesetz verknüpft, sondern durch ein kompliziertes Integral, das das elektrische Feld über ca. eine freie Weglänge mittelt. Für $l^* \gg \delta$ findet man, dass δ ungefähr proportional zu $(\sigma_n \omega)^{-1/3}$ ist (»anomaler Skineffekt«). Für Details siehe z. B. [M4, M24].

Eine wichtige Größe in der Mikrowellentechnik ist die Oberflächenimpedanz Z_S, die als das Verhältnis zwischen elektrischer und magnetischer Feldstärke definiert ist. Sie ist im allgemeinen eine komplexe Zahl, die als

$$Z_S = R_S + iX_S = \sqrt{\frac{i\omega \mu_0}{\sigma_n}} = \frac{1}{\delta \cdot \sigma_n} \, (1+i) \qquad\qquad (7\text{-}2)$$

geschrieben werden kann. R_S ist der Oberflächenwiderstand[23] und X_S die Oberflächenreaktanz. Im hier betrachteten Fall gilt $R_S = X_S$. Die beiden Größen sind im Bereich des normalen Skineffekts proportional zu $f^{1/2}$. Für eine Frequenz $f = 10$ GHz findet man für Cu bei Zimmertemperatur einen Wert $R_S = 26$ mΩ.

Geht man vom Normalleiter zum Supraleiter über, so wird die Situation recht kompliziert, da man eine ganze Reihe unterschiedlicher Längenskalen hat, z. B. die Ausdehnung ξ_0 der Cooper-Paare (d. h. die BCS-Kohärenzlänge), die Londonsche Eindringtiefe λ_L, die Skintiefe δ oder die freie Weglänge l^* der Elektronen. Insbesondere muss, wenn δ kleiner als die »elektromagnetische Kohärenzlänge« $\xi_{em} = [\xi_0^{-1} + (l^*)^{-1}]^{-1}$ wird, eine komplizierte nichtlokale Gleichung gelöst werden [65, 66].

Die Abb. 7.23 zeigt beispielhaft den Oberflächenwiderstand von Al als Funktion der Temperatur für verschiedene Mikrowellenfrequenzen zwischen 15,7 GHz und 94,5 GHz [67]. Alle Kurven sind normiert auf ihren Wert bei T_c. Bei festgehaltener Frequenz fällt R_S mit sinkender Temperatur. Bei fester Temperatur wächst R_S mit der Mikrowellenfrequenz an.

Beide Effekte sind qualitativ leicht zu verstehen. Da die Konzentration der ungepaarten Elektronen mit sinkender Temperatur abnimmt, muss der Widerstand bei festgehaltener Frequenz mit sinkender Temperatur abnehmen. Bei einer festen Temperatur nimmt wiederum mit wachsender Frequenz der Beitrag der ungepaarten Elektronen zum Wechselstrom gegenüber dem der Cooper-Paare zu und man erhält eine Zunahme von R_S.

---

23 Die in einem Hochfrequenzresonator dissipierte Leistung P_d ist proportional zu R_S. Der Gütefaktor Q, definiert als $Q = \omega U/P_d$, wobei U die im Resonator gespeicherte Energie ist, ist umgehrt proportional zu R_S. Offensichtlich ist es das Ziel, R_S möglichst gering zu halten. Genau dies kann mit Supraleitern erreicht werden.

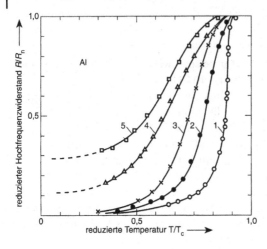

Abb. 7.23 Hochfrequenzwiderstand von Aluminium (nach [67]).
1: $f = 15{,}7$ GHz ; $hf = 0{,}64\, k_B T_c$
2: $f = 60$ GHz; $hf = 2{,}46\, k_B T_c$
3: $f = 76$ GHz; $hf = 3{,}08\, k_B T_c$
4: $f = 89$ GHz ; $hf = 3{,}63\, k_B T_c$
5: $f = 94{,}5$ GHz; $hf = 3{,}91\, k_B T_c$

Bei Frequenzen $f > 10$ GHz wird der Widerstand unterhalb T_c beachtlich. Für Frequenzen, die größer sind als die Energielücke, nähert sich das Verhalten mehr und mehr dem des Normalleiters an. Wenn die Energielücke $2\Delta_0$ klein ist gegen die Energie der elektromagnetischen Quanten $E = hf$, wird sie die Anregungsprozesse, die zum Energieaustausch führen, nur wenig beeinflussen. Für merklich höhere Frequenzen, wie sie etwa im sichtbaren Bereich ($f \approx 10^{15}$ Hz) vorliegen, wird praktisch kein Unterschied zwischen dem supra- und dem normalleitenden Zustand beobachtet. Die Quantenenergien betragen hier einige eV und sind damit sehr groß gegen die Breite der Energielücke (einige 10^{-3} eV).

Kurven wie die der Abb. 7.23 können detailliert aus der mikroskopischen Theorie verstanden werden [M4]. Näherungsweise findet man für konventionelle Supraleiter bei Temperaturen unterhalb von ca. 0,5 T_c die Abhängigkeit [68]

$$R_S \propto \frac{\omega^2}{T} e^{-\Delta_0/k_B T} + R_{rest} \tag{7-3}$$

Eine einfache Beschreibung des Hochfrequenzeigenschaften von Supraleitern lässt sich im lokalen Grenzfall geben, in dem die mittlere freie Weglänge l^* der Elektronen wesentlich kleiner ist als die BCS-Kohärenzlänge ξ_0 und diese wesentlich kleiner als die Londonsche Eindringtiefe λ_L. Unter diesen Bedingungen – sie sind für Al allerdings nicht erfüllt – kann man die Supraströme durch die Londonschen Gleichungen (1-14) und (1-24) ausdrücken:

$$\vec{B} = -\mu_0 \lambda_L^2 \, \text{rot} \, \vec{j}_s \tag{1-14}$$

$$\vec{E} = \mu_0 \lambda_L^2 \, \dot{\vec{j}}_s \tag{1-24}$$

Für die ungepaarten Elektronen gelte das Ohmsche Gesetz, $\vec{j}_n = \sigma_n \cdot \vec{E}$, und es sei die gesamte Stromdichte $\vec{j}$ durch die Summe aus Quasiteilchen- und Cooper-Paarstrom gegeben: $\vec{j} = \vec{j}_n + \vec{j}_s$.

Mit $\vec{E} \propto \exp(-i\omega t)$, $\vec{j} \propto \exp(-i\omega t)$ können wir schreiben: $\vec{j} = \sigma\vec{E}$. Hierbei ist σ komplexwertig:

$$\sigma = \sigma_1 - i\sigma_2 = \sigma_n - i\frac{1}{\omega\mu_0\lambda_L^2} \tag{7-4}$$

Bei typischen Mikrowellenfrequenzen ist $\sigma_1 \ll \sigma_2$. Dann erhält man:

$$R_S = \frac{1}{2}\omega^2\mu_0^2\sigma_n\lambda_L^3 \tag{7-5}$$

$$X_S = \omega\mu_0\lambda_L^2 \tag{7-6}$$

Man beachte, dass R_S quadratisch mit der Frequenz zunimmt. Außerdem sind R_S und X_S via σ_n und λ_L temperaturabhängig.

Für $T \to T_c$ divergiert λ_L und damit divergieren auch die Ausdrücke (7-5) und (7-6). Diese Divergenz ist allerdings ein Artefakt der Näherungen. Tatsächlich gehen die beiden Größen gegen die entsprechenden Ausdrücke (7-2) des Normalleiters. Weiterhin ist anzumerken, dass die Skintiefe δ beim Supraleiter schlicht durch die Londonsche Eindringtiefe λ_L begrenzt wird. Für nicht allzu hohe Frequenzen gilt daher $\delta \approx \lambda_L$.

Die Abb. 7.24a zeigt den Oberflächenwiderstand von $YBa_2Cu_3O_7$ im Vergleich zum Oberflächenwiderstand von Cu für $T = 77$ K als Funktion der Mikrowellenfrequenz [64]. Für $YBa_2Cu_3O_7$ wie auch für die meisten anderen Hochtemperatursupraleiter ist der lokale Grenzfall gegeben. Man beachte, dass der Supraleiter oberhalb von gut 150 GHz keine Vorteile gegenüber Cu bietet, ja sogar schlechter wird.

Die Abb. 7.24b zeigt den Oberflächenwiderstand für Nb für Frequenzen zwischen 10 MHz und 100 GHz für $T = 1{,}8$ K sowie für $T = 4{,}16$ K [69]. Bei 1,8 K ist R_S um mehr als zwei Größenordnungen besser als R_S von $YBa_2Cu_3O_7$ (für dieses Material ist R_S zu tiefen Temperaturen nicht wesentlich geringer als bei 77 K). In Abb. 7.24b ist ebenfalls der zu sehr tiefen Temperaturen erreichte Restwiderstand eingetragen, der im betrachteten Frequenzintervall weitgehend konstant ist. Er hängt allerdings in der Regel stark von der Oberflächenqualität des Materials ab.

Bislang hatten wir stillschweigend angenommen, dass die Hochfrequenzfelder schwach genug sind, dass die induzierten Ströme auch vom Supraleiter getragen werden können. Zusätzlich hatten wir unterstellt, dass – im Fall von Typ-II-Supraleitern – keine Flusswirbel vorhanden sind. Bei einigen Anwendungen wie den im nächsten Abschnitt vorgestellten Hohlraumresonatoren für Teilchenbeschleuniger erreichen die Hochfrequenzfelder allerdings beachtliche Amplituden [70]. Die Magnetfeldkomponente kann dabei im Fall von Typ-I-Supraleitern wie hochreinem Nb – dem zur Zeit besten Material für Hochfrequenzanwendungen bei hohen Leistungen – das kritische Feld B_c erreichen. Allerdings kann bei den hohen Frequenzen der supraleitende Zustand etwas »überhitzt« werden, sodass B_c sogar um einige Prozent überschritten werden kann, bevor die Supraleitung zusammenbricht. Der Effekt ist in Abb. 7.25 gezeigt. Hier ist das kritische Hochfrequenzfeld,

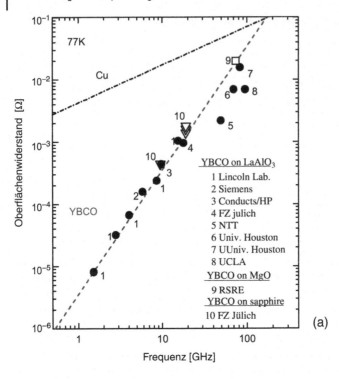

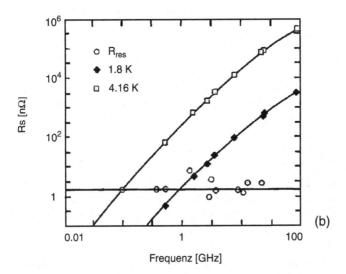

Abb. 7.24 Oberflächenwiderstand von (a) YBa$_2$Cu$_3$O$_7$ im Vergleich zu Cu bei 77 K [64] und (b) Nb bei 1,8 K und 4,16 K. Ebenfalls eingetragen ist der Restwiderstand bei tiefen Temperaturen. (Nachdruck aus [64] und [70] mit Erlaubnis von IOP).

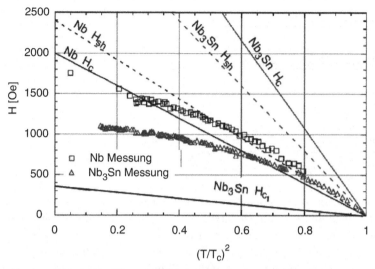

Abb. 7.25 Kritische Hochfrequenzfelder $H = B/\mu_0$ für die Supraleiter Nb und Nb₃Sn als Funktion der Temperatur. Oberhalb dieses Feldes nimmt der Oberflächenwiderstand stark zu. Ebenfalls eingetragen sind die thermodynamisch kritischen Felder H_c, sowie die Überhitzungsfelder H_{sh}. Für Nb₃Sn ist ebenfalls H_{c1} eingetragen. (Nachdruck aus [70] mit Erlaubnis von IOP).

oberhalb dem der Oberflächenwiderstand stark zunimmt, gegen die reduzierte Temperatur aufgetragen.

Im Fall der Typ-II-Supraleiter ist B_{c1} die bestimmende Größe. Allerdings kann auch hier die Meißner-Phase »überhitzt« werden, wie in Abb. 7.25 für Nb₃Sn gezeigt. Sobald aber Flusslinien in das Material eingedrungen sind, oszillieren diese im Wechselfeld, was zu einem stark anwachsendem Oberflächenwiderstand führt. Hochfrequenz-Bauelemente aus Typ-II-Supraleitern sollten daher gut gegen äußere Felder abgeschirmt werden, um zu vermeiden, dass etwa beim Abkühlen zu viele Flussquanten eingefroren werden.

7.5.2
Resonatoren für Teilchenbeschleuniger

Eines der wesentlichen Elemente in Linearbeschleunigern oder auch Speicherringen sind hintereinander gereihte Hohlraumresonatoren, die die geladenen Teilchen mit nahezu Lichtgeschwindigkeit durchlaufen [70, 71]. Die Resonatoren – Hohlräume mit elektrisch leitenden Wänden – oszillieren dabei mit Frequenzen zwischen 50 MHz und 3 GHz. Dabei können unterschiedliche Schwingungsmoden (Stehwellen) angeregt werden, die sich in ihrer Resonanzfrequenz, der Zahl der Knoten und Bäuche sowie der Richtung des elektrischen und magnetischen Feldes unterscheiden.

Das Prinzip der Beschleunigung lässt sich am einfachsten an Hand eines zylindrischen Resonators erklären, entlang dessen Achse (z-Richtung) die Teilchen

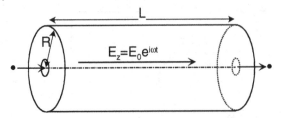

Abb. 7.26 Prinzip der Beschleunigung geladener Teilchen in einem zylindrischen Hohlraumresonator. Der Resonator ist in der »TM$_{010}$-Mode« angeregt, bei der das elektrische Feld parallel zur z-Achse ist und das magnetische Feld in azimutaler Richtung verläuft.

laufen (Abb. 7.26). Der Resonator sei in der »TM$_{010}$-Mode« angeregt[24]. Das elektrische Wechselfeld im Resonator ist parallel zur z-Achse und damit zur Teilchenbahn. Es ist entlang z konstant und fällt in radialer Richtung bis zur Wand des Resonators auf null ab. Die magnetische Feldkomponente verläuft in azimutaler Richtung und hat sein Maximum an der Zylinderwand.

Das Teilchen sollte im Idealfall zu Beginn einer Halbwelle in den Resonator eintreten und ihn am Ende der Halbwelle wieder verlassen. Es hat dann immer eine Beschleunigung in die gleiche Richtung gespürt. Für einen Resonator der Länge L beträgt die Durchlaufzeit des Elektrons unter der Annahme, dass dessen Geschwindigkeit praktisch die Lichtgeschwindigkeit ist, $t = L/c$, was der halben Resonatorperiode entsprechen muss. Man hat also $f = c/2L$. Für eine Frequenz von 1,5 GHz entspricht dies einer Resonatorlänge von 10 cm. Die Beschleunigungsspannung, die die Elektronen beim Durchlauf eines Resonators erfahren, beträgt in etwa $V = (2/\pi)LE_0$, wobei E_0 das Maximalfeld im Resonator entlang der Zylinderachse ist [70].

Die Frequenz, mit der die TM$_{010}$-Mode oszilliert, ist durch $2{,}405c/(2\pi R)$ gegeben, wobei R der Radius des Zylinders ist. R muss für 1,5 GHz ca. 7,7 cm betragen.

Die magnetische Feldkomponente verläuft in der TM$_{010}$-Mode in azimutaler Richtung und hat ihr Maximum an der Zylinderwand. Sie beträgt dort maximal $B_0 \approx 0{,}58 \cdot \sqrt{\mu_0\varepsilon_0} \cdot E_0$, was zu einem Verhältnis B_0/E_0 von ca. 19 G/(MVm^{-1}) führt. Für eine elektrische Feldstärke E_0 von 20 MV/m beträgt B_0 immerhin ca. 380 G.

Der Gütefaktor des zylindrischen Resonators in der TM$_{010}$-Mode ist $Q = 257\,\Omega/R_S$. Hier erkennt man den Vorteil eines supraleitenden Resonators. Bei 1,5 GHz erreicht man für Cu Oberflächenwiderstände R_S im Bereich mΩ, für Nb dagegen im Bereich von 20 nΩ. Damit sind Gütefaktoren von über 10^{10} möglich. Bei einer typischen, für die obigen Zahlenwerte im Resonator gespeicherten Energie von ca. 0,85 J ergibt dies eine Verlustleistung von lediglich ca. 0,6 W.

---

24 Man klassifiziert die elektromagnetischen Stehwellen im Resonator mit den Bezeichnungen »TM$_{hkl}$« bzw. »TE$_{hkl}$«. Bei den transversal-magnetischen Moden (»TM«) hat das Magnetfeld keine Komponente in z-Richtung. Mit den ganzen Zahlen h,k,l werden die Knoten des elektrischen Feldes im Resonator in azimutaler *(h)*, radialer *(k)* und z-Richtung *(l)* gezählt. Bei den transversal-elektrischen Moden (»TE«) sind im wesentlichen elektrisches und magnetisches Feld vertauscht.

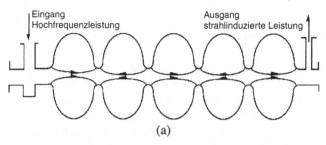

Eingang
Hochfrequenzleistung

Ausgang
strahlinduzierte Leistung

(a)

(b)

Abb. 7.27 Resonatorstruktur für die Beschleunigung von Elektronen am CEBAF (Jefferson-Laboratorium, Cornell, USA). Oben: Schnittzeichnung, unten: reale Ausführung. Die Struktur besteht aus fünf seriellen, mit Nb beschichteten Resonatoren und hat eine aktive Länge von 50 cm. Die Resonanzfrequenz beträgt 1,5 GHz. Im Verlauf einer Halbwelle durchläuft der Elektronenstrahl den Resonator, während er im Verlauf der zweiten Halbwelle den Spalt zwischen den Resonatoren durchläuft. Dadurch sehen die Elektronen in den Resonatoren stets ein elektrisches Feld, das sie in Vorwärtsrichtung beschleunigt. (Nachdruck aus [70] mit Erlaubnis von IOP).

Die Abb. 7.27 zeigt ein reales Resonatorelement, wie es am CEBAF am Jefferson-Laboratorium eingesetzt wird [70]. Am CEBAF werden Elektronen auf Energien bis zu 5 GeV beschleunigt. Die effektiven Beschleunigungsfelder pro Resonator betragen dabei etwa 5–7 MV/m. Ähnliche Beschleunigungsfelder werden auch bei LEP-II am CERN verwendet. Hier finden Elektron-Positron-Kollisionen bei Energien von bis zu 200 GeV statt.

Eines der größten Projekte, das zur Zeit geplant wird, ist der TeV-Superconducting Linear Accelerator (TESLA) [72]. Hier soll mit 20 000 Nb-Resonatorelementen aus je 9 Einzelresonatoren eine gesamte Beschleunigungsstrecke von 33 km erreicht werden. Die einzelnen Resonatoren sollen bei Beschleunigungsfeldstärken um 25 MV/m arbeiten.

7.5.3
Resonatoren und Filter für die Kommunikationstechnik

Die moderne Kommunikationstechnik basiert auf der Datenübertragung bei Frequenzen von einigen GHz. Vereinfacht dargestellt wird das Signal eines Handys, das eine bestimmte Bandbreite um eine Trägerfrequenz herum hat, von der Basisstation aufgenommen, verstärkt, an eine andere irdische Station oder einen Satelliten übertragen, verstärkt und evtl. über weitere Zwischenstation an den Empfänger gefunkt.

Gäbe es ideale Verstärker, so wäre die Übertragungsproblematik damit im wesentlichen dargestellt. Verstärker arbeiten allerdings nicht perfekt linear. Als Resultat entstehen bei der Verstärkung eines Signals, das sich um Δf von der Trägerfrequenz f unterscheidet, auch Signale bei Frequenzen $f \pm 2\Delta f$ usw.

Heutzutage ist das für die Nachrichtenübertragung verfügbare Frequenzspektrum sehr dicht mit Sendern besetzt. Wenn daher ein Signal abseits des »erlaubten« Frequenzbandes entsteht, dann ist die Wahrscheinlichkeit groß, dass dort ein anderer Sender arbeitet und dieses Störsignal weiterverarbeitet. Um diesen Effekt zu vermeiden ist es notwendig, Bandpassfilter sowohl am Eingang als auch am Ausgang eines Verstärkers einzusetzen. Am Eingang sollte das noch breitbandige Signal in eine größere Zahl gut getrennter Frequenzintervalle aufgeteilt werden, die dann separat verstärkt werden und schließlich auf der Absendefrequenz wieder abgestrahlt werden. Auch hier sollten Filter ungewollte Seitenbänder wegschneiden.

Ein ideales Bandpassfilter lässt in einem wohldefinierten Frequenzintervall Signale ungeschwächt durchtreten, während es undurchlässig für alle anderen Frequenzen ist (»Rechteckfilter«). Um sich diesem Ideal anzunähern, werden oft sehr trickreiche Anordnungen verwendet.

Der grundlegende Baustein eines Filters ist ein Resonator. Er hat genau die Eigenschaft, um seine Resonanzfrequenz herum mit hoher Amplitude zu schwingen. Die Breite der Resonanz wird durch seinen Gütefaktor bestimmt. Man unterscheidet zunächst den Gütefaktor Q_0 ohne Last, d.h. ohne den Anschluss des Resonators an weitere Bauelemente, sowie den Gütefaktor Q_L mit Last. Es gilt:

$$Q_L^{-1} = Q_0^{-1} + Q_{ext1}^{-1} + Q_{ext2}^{-1} \tag{7-7}$$

Hierbei bezeichnen Q_{ext1} und Q_{ext2} die Gütefaktoren des Eingangs- bzw. Ausgangsbauelements. Der Gütefaktor Q_L hängt unmittelbar mit dem Frequenzintervall Δf_{3dB} um die Resonanzfrequenz f_0 herum zusammen, bei dem die Resonatoramplitude um 3 dB (d.h. auf die Hälfte) abgefallen ist[25]:

$$f_{3dB} = f_0 / Q_L \tag{7-8}$$

---

25 Ein dB (Dezibel) ist definiert als $10 \cdot \log(A/A_0)$ wobei A/A_0 die Amplitude des Signals bezogen auf die Amplitude A_0 ist. Ein Abfall von 3 dB entspricht also einer Abschwächung um einen Faktor $10^{0,3} \approx 2$.

Je höher der Gütefaktor ist, desto schärfer ist die Resonanzkurve.

Allerdings ist die Resonanzkurve eines einzelnen Resonators noch fernab von der idealen Rechteckform. Man verwendet daher Anordnungen mit einer ganzen Reihe resonierender Elemente (Multipolfilter) [73]. Das einfachste Beispiel ist ein »Tschebyshev-Filter«, der aus einer Kette von N Resonatoren besteht, wobei jeweils benachbarte Resonatoren miteinander gekoppelt sind. Der erste bzw. N-te Resonator sind an den Ein- bzw. Ausgang gekoppelt. Ein zweites Beispiel sind »elliptische Filter«. Hier sind alle Resonatoren miteinander verkoppelt.

Die Transmissionskurven dieser Multipolfilter können für große Werte von N (z. B. 10–20) sehr steile Anstiegsflanken haben und der Rechteckform sehr nahe kommen. Typisch für die Filter ist auch, das die Durchlasskurven als Funktion der Frequenz sowohl im Durchlassbereich als auch außerhalb leicht oszillieren. Je mehr Resonatorelemente verwendet werden und je besser deren Gütefaktor ist, desto besser ist aber die Qualität der Filter.

Genau hier liegt der Vorteil der Supraleiter. Mit normalleitenden Metallen lässt sich der Q-Faktor dadurch erhöhen, dass man eine dreidimensionale Resonatorstruktur mit einem großen Verhältnis von Volumen zu Oberfläche verwendet. Die gespeicherte Energie des Resonators ist proportional zu dessen Volumen, die Verluste proportional zu dessen Oberfläche, da dort die Verlustströme fließen.

Mit Supraleitern lassen sich aber auch insbesondere Dünnfilm-Resonatorstrukturen hoher Güte realisieren. Bei einer gegebenen Zahl von Resonatoren und einer vorgegebenen Güte kann daher das supraleitende Bauelement wesentlich kleiner sein als sein normalleitendes Gegenstück. Dies ist insbesondere für Satellitenanwendungen interessant, sofern das Gesamtsystem – Filter plus Kühler – kleiner und leichter ist als das normalleitende System. Der zweite und wahrscheinlich wichtigere Vorteil der Supraleiter liegt darin, dass mehr Resonatoren mit höherer Güte miteinander gekoppelt werden können als im normalleitenden Fall. Damit sind schlichtweg *bessere* Filter möglich.

Allerdings müssen auch hier die Vorteile des Supraleiters zusammen mit den Nachteilen der Kühlung betrachtet werden. Zumindest zur Zeit ist deshalb der Einsatz konventioneller Supraleiter nicht interessant. Bei Hochtemperatursupraleitern – hier ist im Wesentlichen $YBa_2Cu_3O_7$ von Bedeutung – können allerdings kleine und einfach zu handhabende Kryokühler[26] eingesetzt werden, die die Filter in Basisstationen auf 60–70 K kühlen [64, 74, 75]. Bei Satellitensystemen ist eine Betriebstemperatur um 77 K beabsichtigt [76].

Bereits jetzt sind beispielsweise in den USA in über 1000 Basisstationen supraleitende Filter eingebaut [77], und es ist wahrscheinlich, dass diese Zahl rapide wachsen wird. Satellitensysteme sind in der Erprobungsphase [78].

Die Abb. 7.28 zeigt unterschiedliche Designs planarer Resonatoren [64]. Diese Designs werden meist aus $YBa_2Cu_3O_7$ auf einem Substrat realisiert, das möglichst

---

26 Der Gebrauch von flüssigem Stickstoff würde viel zu viel Wartungsarbeiten nach sich ziehen und ist daher nicht praktikabel.

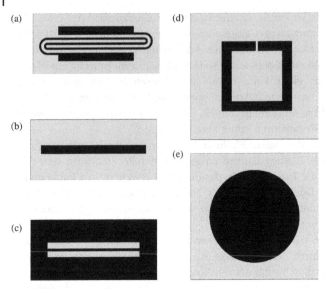

Abb. 7.28 Verschiedene Designs planarer Resonatorstrukturen:
(a) *LC*-Schwingkreis, (b) Mikrostreifen, (c) koplanarer Wellenleiter,
(d) gefalteter Mikrostreifen mit integrierter Kapazität,
(e) Ringresonator. (Nachdruck aus [64] mit Erlaubnis von IOP).

geringe Verluste[27)] hat [79]. Hier kommen z. B. MgO oder LaAlO$_3$ in Frage. Neben YBa$_2$Cu$_3$O$_7$ werden auch Dünnfilme aus Tl$_2$Ba$_2$CaCu$_2$O$_8$ für den Einsatz als passive Mikrowellen-Bauelemente untersucht [80].

In der Struktur der Abb. 7.28 a wirken die beiden dicken Streifen als Kondensator, während der dazwischen mäandernde Streifen die Induktivität eines *LC*-Schwing-kreises darstellt. Das sehr einfache Design der Abb. 7.28 b nennt man »Mikro-streifen-Resonator«. Parallel zum Streifen anliegende elektrische Wechselfelder bringen diesen zum Schwingen, wobei Resonanzen auftreten, wenn die Strei-fenlänge ein Vielfaches der halben Wellenlänge der eingestrahlten Mikrowelle ist. Die Struktur in Abb. 7.28 c ist ein koplanarer Wellenleiter. Der Resonator (Abb. 7.28 d) ist letztlich eine gebogene Mikrostreifenleitung mit integrierter Kapa-zität (Spalt am oberen Ende der Struktur). Die Anordnung in Abb. 7.28 e schließlich wird Ringresonator genannt.

Bei diesen Anordnungen bauen sich elektrische Felder zu einer »ground plane« auf, die eine zweite supraleitende Schicht auf der Substratrückseite ist. Auch ohne auf Details einzugehen ist es offensichtlich, dass es eine hohe Kunst ist, mit einem komplexen Material wie YBa$_2$Cu$_3$O$_7$ doppelseitig Dünnfilme höchster Qualität herzustellen. Die entsprechenden Techniken [81] werden aber mehr und mehr beherrscht.

---

27 Man drückt diese Verluste, die den Gütefaktor des Resonators mit bestimmen, oft durch den »Verlustwinkel« δ aus. Es ist tanδ gleich dem Verhältnis von Imaginärteil zu Realteil der komplexen Dielektrizitätskonstanten $\varepsilon(\omega)$.

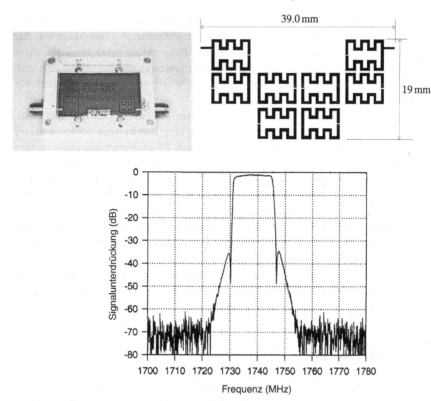

Abb. 7.29 Achtpoliges elliptisches Bandpassfilter aus mäanderförmigen YBa$_2$Cu$_3$O$_7$-Resonatoren auf einem MgO-Substrat zusammen mit der Durchlasskurve [82] (© 1999 IEEE).

Die Abb. 7.29 zeigt beispielhaft ein 8-Pol-quasielliptisches Filter aus YBa$_2$Cu$_3$O$_7$ zusammen mit der gemessenen Durchlasskurve [82]. Dieses Design ist nur eines von vielen Realisierungsmöglichkeiten. Der Grundbaustein ist ein mäandernder Resonator, der der Struktur aus Abb. 7.28d äquivalent ist. Acht solcher Resonatoren sind als Dünnfilm auf einem MgO-Substrat aufgebracht und in ein Hochfrequenzgehäuse eingebaut. Das Filter lässt Signale bei Frequenzen zwischen 1,73 und 1,745 GHz nahezu unabgeschwächt passieren und schwächt diese außerhalb dieses Bandes um 40 dB und mehr ab. Das Filter ist Bestandteil eines größeren Systems, das auch einen Kryokühler für Endtemperaturen um 60 K, sowie weitere supraleitende und normalleitende Mikrowellenkomponenten enthält. Das Modul ist für den Einsatz in mobilen Empfangsstationen vorgesehen, wie sie beim Universal Mobile Telecommunications System (UMTS) eingesetzt werden sollen.

Das genaue Design eines Filters oder auch einer anderen supraleitenden Mikrowellenkomponente hängt – neben dem Ideenreichtum seiner Erfinder – von seiner zu erfüllenden Funktion (z. B. Bandpassfilter, Bandstoppfilter), dem Frequenzbereich sowie ganz erheblich von der Mikrowellenleistung ab, bei dem das Filter eingesetzt werden soll. Bei hohen Leistungen, wie sie etwa bei Ausgangsfiltern auftreten, fließen große Ströme im Supraleiter. Spätestens beim Erreichen des kritischen Stroms wird die Antwort des Filters nichtlinear (d.h. sie hängt von der Amplitude der Mikrowellenfelder ab), und das Filter erfüllt seine Funktion nicht mehr. Hier sind Designs auf der Basis der Ringresonatoren der Abb. 7.27 e entwickelt worden, bei denen die Ströme bzw. Magnetfeldkomponenten im Supraleiter relativ gering gehalten werden [78].

Wie wollen nicht zu tief in die Details passiver Mikrowellenkomponenten eindringen. Es soll aber gesagt werden, dass neben Filtern eine Reihe weiterer Komponenten existieren, für die der Einsatz von (Hochtemperatur-)Supraleitern vorteilhaft ist [64]. So können beispielsweise Antennen sehr kompakt und leistungsfähig ausgelegt werden. Dies ist einerseits von Vorteil für Radarsysteme [83], andererseits aber auch für die Kernspinresonanz und die Kernspintomographie (vgl. Abschnitte 7.3.1 und 7.3.2) interessant [84]. Je besser die Antennen (hier: meist planare Induktionsspulen) sind, die die Signale der im Körper präzedierenden Spins auffangen, desto schneller können die Messungen durchgeführt werden und desto kontrastreicher werden die Bilder.

Antennen sind das erste Beispiel für eine *messtechnische* Anwendung der Supraleitung. Solche Anwendungen werden den Inhalt des nächsten Abschnitts bilden.

7.6
Supraleiter als Detektoren

Supraleiter werden zur Detektion einer großen Vielfalt von Messgrößen eingesetzt. Man sollte hierbei unterscheiden, auf welche physikalische Größe der Detektor primär empfindlich ist und welche physikalische Eigenschaft daraus abgeleitet wird.

Bei Bolometern wird primär die Erwärmung des Sensors ausgenutzt, die durch die Bestrahlung mit elektromagnetischen Wellen oder durch den Beschuss mit hochenergetischen Teilchen hervorgerufen wird. Diese Erwärmung wird dann im allgemeinen in eine elektrische Spannung umgesetzt und detektiert. Supraleitende Quanteninterferometer (SQUIDs) sind primär auf Änderungen des magnetischen Flusses empfindlich, der das Interferometer durchdringt. Die interessierende Messgröße – im einfachsten Fall ein äußeres Magnetfeld – muss zu einer Änderung dieses Flusses führen, der dann ebenfalls in eine Spannungsänderung übersetzt wird. Bei Josephsonkontakten interagieren Josephson-Wechselströme mit äußeren Wechselfeldern, wodurch leicht nachweisbare Strukturen (Shapiro-Stufen) auf der Strom-Spannungs-Charakteristik entstehen. Bei Tunneldioden schließlich werden primär durch Absorption von Quanten (z.B. Photonen) Quasiteilchen über die Energielücke angeregt. Die Leitfähigkeit des Tunnelkontakts unterhalb der Energielücke erhöht sich und kann detektiert werden.

Die nachzuweisende Messgröße kann entweder statisch oder – was häufiger der Fall ist – in einem ganz bestimmten Frequenzintervall detektiert werden. Entsprechend ist eine wichtige den Detektor charakterisierende Größe seine Empfindlichkeit bei einer gegebenen Frequenz.

Wir werden im Verlauf dieses Kapitels sehen, dass supraleitende Detektoren zu den empfindlichsten Messgeräten überhaupt zählen und zum Teil die durch die Quantenmechanik vorgegebene ultimate Nachweisempfindlichkeit erreichen. Hierin liegt die besondere Bedeutung dieser Bauelemente.

7.6.1
Empfindlichkeit, thermisches Rauschen und Störeinflüsse

Auch ohne ein äußeres Signal wird die von dem Sensor aufgenommene Messgröße (z. B. eine elektrische Spannung U) um einen Mittelwert herum zittern. Man kann dieses Rauschen dadurch genauer beschreiben, dass man $U(t)$ über eine gewisse Zeit t aufzeichnet und dann über eine Fouriertransformation im Frequenzraum darstellt. Man erhält dann die spektrale Verteilung der Amplitude $U(\omega)$ oder auch der Intensität bzw. Leistung $S_\omega = \mathrm{d}\,U^2(\omega)/\mathrm{d}\omega$. Die Dimension von S_ω ist [(Volt)^2/Hz]. Die interessierende Messgröße (z. B. ein Magnetfeld) ist im Allgemeinen proportional zu U. Man kann entsprechend S_ω umrechnen in eine Rauschleistung S_B in [T^2/Hz] bzw. in eine Rauschamplitude $S_B^{1/2}$ (in [T/Hz$^{1/2}$]).

Im einfachsten Fall ist S_ω unabhängig von der Frequenz. Man spricht dann von »weißem Rauschen«, das mit der thermischen Zufallsbewegung der Atome und Atombausteine zusammenhängt[28]. Weiterhin beobachtet man meist, dass S_ω zu tiefen Frequenzen hin ungefähr wie $1/\omega$ bzw. wie $1/f$ anwächst. Zu diesem $1/f$-Rauschen trägt oft eine Reihe unterschiedlicher stochastischer Prozesse bei.

Man kann grundsätzlich eine Messkurve $U(t)$ dadurch glätten, dass man die Messwerte über eine gewisse Zeitdauer Δt mittelt. Im Fall des weißen Rauschens ist dabei die Amplitude, mit der $U(t)$ um seinen Mittelwert schwankt, umgekehrt proportional zur Wurzel aus der Mittelungsdauer. Man muss also die Integrationszeit vervierfachen, um die Schwankungen zu halbieren.

Oft hat man Signale, die periodisch sind, z. B. elektromagnetische Strahlung, die bei einer festen Frequenz f_s mit einer gewissen Bandbreite Δf_s eintrifft, oder auch Signale, die mit einer gewissen Wiederholfrequenz erzeugt werden können. Man kann dann durch geeignete Modulationstechniken aus dem Detektorsignal $U(t)$ die Beiträge herausfiltern, die abseits dieser Frequenz liegen. Vom Frequenzraum her gesehen misst man dann in einem gewissen Frequenzintervall Δf_m um die Frequenz $f_m \approx f_s$ herum. In diesem Fall sind auch nur die Rauschbeiträge in der Nähe von f_m relevant, und man charakterisiert den Detektor durch seine Rauschleistung bei eben dieser Frequenz.

Weiterhin kann die Signalform $U_s(t)$ sehr charakteristisch sein (z. B. der zeitliche Verlauf des elektrischen oder magnetischen Feldes, das ein schlagendes Herz erzeugt). Auch wenn die Signale in unperiodischer Reihenfolge eintreffen, zeigt dann das Frequenzspektrum ganz charakteristische Strukturen, die der Fourierzerlegung des Signals entsprechen. Auch hier lohnt es sich also, nur ausgewählte Frequenzintervalle zu detektieren.

---

28 Im Fall eines elektrischen Widerstands R wird dieses Rauschen durch die thermische Zufallsbewegung der Elektronen im Metall hervorgerufen (»Nyquist-Rauschen«).

Um ein Signal zu messen, muss dieses offensichtlich aus dem Rauschuntergrund hervortreten. Dabei sollte die Spannungsänderung durch das Messsignal mindestens so groß sein wie die Rauschamplitude. Eine Größe, die man oft zur Charakterisierung von Detektoren verwendet, ist die rauschäquivalente Leistung *NEP* (»noise equivalent power«, in W/Hz$^{1/2}$). Sie gibt an, welche Leistung ein in einer Bandbreite Δf von 1 Hz zu empfangendes Signal haben muss, um dieselbe Leistung im Detektor zu generieren wie der Rauschbeitrag. Ein Signal dieser Leistung führt zu einem Signal-zu-Rausch-Verhältnis von 1. Dividiert man die *NEP*, gemessen in einer Bandbreite von 1 Hz, durch k_B, so erhält man die Rauschtemperatur T_N. Manchmal verwendet man auch die Detektivität $D = (NEP)^{-1}$ oder die spezifische Dektivität $D^* = D/(\text{Detektorfläche})^{1/2}$, um den Detektor zu charakterisieren.

Eine weitere Größe, die gerne benutzt wird, um verschiedene Detektoren zu vergleichen, ist die Energieauflösung (in J/Hz). Sie gibt an, welche Energie mit dem Detektorrauschen in einer Bandbreite von 1 Hz verbunden ist.

Im Idealfall sind die Rauschtemperatur wie die Energieauflösung durch Quantenfluktuationen des Strahlungsfeldes begrenzt. Wenn man über eine Zeitdauer $\Delta t = 1/\Delta f$ misst, muss die Energieunschärfe $\Delta E/\Delta f$ mindestens $\hbar/2$ betragen. Detektiert man ein Strahlungsfeld der Frequenz ω in dieser Bandbreite, so entspricht dies einer minimalen Rauschenergie von $\hbar\omega/2$ bzw. einer minimalen Rauschtemperatur von $T_q = hf/2k_B$ (Quanten-Limes). Die minimale Energieauflösung ist dann $\hbar/2$.

Unsere bisherigen Betrachtungen haben sich nur auf die Rauscheigenschaften des Detektors bezogen. Zusätzlich müssen natürlich einerseits die Rauschbeiträge des gesamten Messsystems betrachtet werden, anderseits aber auch Beiträge durch »ungewollte« Signale (Störungen). Es ist oft eine hohe Kunst, diese Störungen von realen Signalen zu unterscheiden. Hier ist oft mehr Aufwand notwendig als bei der Optimierung des Detektors selbst. In den folgenden Abschnitten werden wir eine Reihe von Beispielen kennenlernen.

7.6.2
Inkohärente Strahlungs- und Teilchendetektion: Bolometer und Kalorimeter

Bolometer oder Kalorimeter sind relativ einfach aufgebaute Detektoren, die durch eine zu detektierende Strahlungsquelle erwärmt werden. Die Strahlungart können schwere Teilchen sein, aber auch Photonen vom Ferninfrarot bis zum Röntgen- oder gar Gammabereich [85–87].

Die Temperaturerhöhung im Sensor wird in der Regel in eine elektrische Größe übersetzt. Wenn die Antwortzeit des Detektors kurz ist gegen die Rate, mit der die Teilchen auf den Detektor treffen, spricht man von einem Kalorimeter, andernfalls von einem Bolometer. Ein Bolometer ist damit empfindlich auf den Energiefluss der einfallenden Strahlung. Das Kalorimeter erlaubt, durch zeitliche Integration des Wärmepulses die Energie des einzelnen Quants zu bestimmen.

Die drei zentralen Bestandteile des Detektors sind der sich aufheizende Absorber, ein Thermometer sowie die thermische Ankopplung an das Wärmebad. Der

Absorber sollte eine möglichst kleine Wärmekapazität haben, damit die hier deponierte Energie zu einer möglichst großen Temperaturerhöhung führt. Er sollte über eine möglichst geringe thermische Verbindung (Aufhängung) an ein Bad angekoppelt sein. Beide Bedingungen verlangen eine niedrige Betriebstemperatur, da bei tiefen Temperaturen die spezifische Wärme und die thermische Leitfähigkeit gering sind. Das Thermometer schließlich muss die Temperaturerhöhung im Absorber möglichst schnell und empfindlich nachweisen.

Die Strahlungsdetektion durch Supraleiter wurde bereits sehr früh diskutiert [88]. Man kann die Supraleiter dabei auf verschiedene Arten als Thermometer verwenden. So kann der große Widerstandsanstieg bei der Sprungtemperatur ausgenutzt werden. Der Supraleiter wird dann in Form eines dünnen Streifens auf den Absorber aufgebracht. Dieses Thermometer ist Teil eines Schaltkreises mit einer Stromversorgung und einem parallelgeschalteten kleinen Widerstand. Bei einer Temperaturänderung führt die Widerstandsänderung im Thermometer zu einer Änderung des Stromflusses durch den Parallelwiderstand, der dann über ein SQUID (s. Abschnitt 7.6.4) ausgelesen wird.

Besonders empfindliche Experimente werden bei sehr tiefen Temperaturen unter 100 mK betrieben. Man muss entsprechend einen Supraleiter auswählen, dessen Übergangstemperatur genau bei der Betriebstemperatur liegt. Hier werden Materialien wie Al, W, Ir oder Ta benutzt, wobei die Übergangstemperatur zusätzlich durch den Kontakt des Supraleiters mit einer normalleitenden Schicht eingestellt werden kann (vgl. Abschnitt 6.1.2). Bei Übergangsthermometern muss außerdem die Betriebstemperatur sehr genau auf ihrem optimalen Wert gehalten werden.

Ein Beipiel für ein Kalorimeter-Experiment für die Grundlagenforschung ist CRESST (Cryogenic Rare Event Search with Superconducting Thermometers), ein im Untergrundlabor Grand Sasso aufgebauter Detektor [89]. Hier wird nach »weakly interacting massive particles« (WIMPs) gesucht [86]. Man weiß aus astronomischen Beobachtungen, dass die sichtbare Materie des Universums nur einen kleinen Teil der Gesamtmasse ausmacht. Die fehlende Masse kann zum Teil von Neutrinos herrühren. Für einen Großteil wird aber eine uns noch unbekannte Art von »schweren« Elementarteilchen vermutet, für die »WIMP« der Sammelname ist. Der Hauptaufbau von CRESST besteht aus einem mehrere Meter hohen Kryostaten, in dessen gut abgeschirmtem Zentrum bei 15 mK ein ca. 250 g schwerer Saphir-Absorber aufgehängt ist. Als Thermometer dient ein Wolfram-Übergangs-Thermometer, das über ein SQUID ausgelesen wird. Der Detektor hat eine Totzeit von ca. 25 ms. Tests mit Röntgenstrahlen ergaben eine Nachweisempfindlichkeit von 133 eV für 1,5-keV-Röntgenstrahlen. Bisherige Experimente ergaben bei Annahme einer spinabhängigen Wechselwirkung eine Obergrenze für den Wirkungsquerschnitt zwischen einem WIMP und einem Proton in der Größenordnung einiger 10 Pikobarn. Das Experiment ist für WIMP-Massen unterhalb einiger GeV sensitiver als konkurrierende Experimente.

Speziell für die Detektion von Röntgenstrahlung ausgerichtet sind Mikrokalorimeter, bei denen besonders für die Röntgenabsorption geeignete Dünnfilme (z. B. Bi oder Si) mit Flächen von 0.1–1 mm^2 als Absorber verwendet werden. Absorber und Thermometer (in der Regel Übergangsthermometer) sind über lithographisch

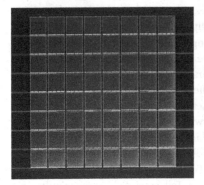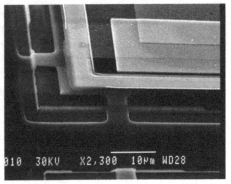

Abb. 7.30 Raster-Elektronenmikroskopaufnahme eines 8×8-Mikro-kalorimeter-Arrays zusammen mit einer Detailvergrößerung der Si₃N₄-Membranen, die jedes Kalorimeter freitragend aufhängen. In der Vergrößerung ist auch ein Teil des Thermometers sichtbar ([92], © 2003 IEEE).

hergestellte dünne Si-, SiO$_x$- oder Si$_3$N$_4$-Membranen thermisch an die Außenwelt angekoppelt. Solche und ähnliche Detektoren können Energien um 2 eV für Röntgenstrahlen mit 1–2 keV bei Zählraten von bis zu 500/s auflösen [90]. Die Auflösung sinkt mit steigender Energie leicht ab und erreicht Werte um 120 eV bei 60 keV [91]. Neben einzelnen Detektoren werden auch bereits planare Arrays entwickelt, um die Detektorfläche zu erhöhen.

Die Abb. 7.30 zeigt eine Raster-Elektronenmikroskopaufnahme eines am National Bureau of Standards and Technology in Boulder hergestellten 8×8-Mikrokalorimeter-Arrays zusammen mit einer Detailvergrößerung der Aufhängung aus Si$_3$N$_4$ [92]. Die einzelnen Kalorimeter sind 0,4×0,4 mm^2 groß und nutzten eine Mo/Cu-Doppelschicht als Übergangsthermometer bei 175 mK sowie eine Bi-Schicht als Absorber.

Die Detektion von Röntgenstrahlung hat neben dem Einsatz etwa in Röntgensatelliten durchaus auch eine »irdische« Motivation. So wird in Raster-Elektronenmikroskopen die von den auf die Probe auftreffenden Elektronen freigesetzte Röntgenstrahlung genutzt, um eine ortsaufgelöste Elementanalyse durchzuführen. Die supraleitenden Bolometer haben bei kurzen Reaktionszeiten mittlerweile Energieauflösungen erreicht, die nur noch von wellenlängendispersiven Spektrometern (»WDX«) übertroffen werden (Auflösung: 2–20 eV bei Energien unter 10 keV). Die üblicherweise eingesetzte energiedispersive Röntgenanalyse (»EDX-Spektrometer«) ist bei einer Auflösung von 100–140 eV deutlich schlechter [1].

Auch andere Eigenschaften von Supraleitern können zur Thermometrie genutzt werden, wie z. B. die Temperaturabhängigkeit des kritischen Josephsonstroms durch Supraleiter-Normalleiter-Supraleiter-Kontakte [85] (vgl. Abschnitt 6.1.2) oder die stark temperaturabhängige Quasiteilchen-Leitfähigkeit von Supraleiter-Isolator-Normalleiter-Kontakten (vgl. Abschnitt 3.1.3.2) [93].

Insbesondere mit Supraleiter-Isolator-Supraleiter-Tunnelkontakten (SIS-Kontakte) können Detektoren oder Dektektor-Arrays für Röntgenquanten oder auch für niederenergetischere Photonen hergestellt werden, die in ihrer Energieauflösung den Übergangskalorimetern nahekommen. Hierbei ist eine der beiden Elektroden als Absorberschicht ausgelegt. Photonen mit Energien weit oberhalb der Energielücke dieses Supraleiters brechen dort Cooper-Paare auf. Die resultierenden Quasiteilchen diffundieren zu der/den Gegenelektrode(n) und werden dort als zusätzlicher Quasiteilchenstrom detektiert [94, 95]. Der Vorteil dieser Detektoren ist die gegenüber Übergangsthermometern weitaus höhere Stabilität gegen thermisches Driften, da die hohe Empfindlichkeit der SIS-Kontakte nicht nur auf einen sehr kleinen Temperaturbereich beschränkt ist. SIS-Detektoren sind sehr schnell und können Zählraten von 10^4/s erreichen [96].

Bei SIS-Detektoren für Röntgenquanten spielen Nichtgleichgewichtseffekte im Supraleiter (Erzeugung »heißer« Elektronen) eine wichtige Rolle. Solche Nichtgleichgewichtseffekte werden in den »Heiße-Elektronen-Bolometern« (HEB-Bolometer) systematisch ausgenutzt [97]. Man nützt aus, dass man das System der Elektronen sehr schnell erhitzen kann. Die typischen Antwortzeiten können dabei im Bereich weniger Pikosekunden liegen. Erst auf deutlich längeren Zeitskalen kommen dann die Elektronen ins Gleichgewicht mit den Phononen und damit dem Kristallgitter. In einem Normalmetall würde dieser schnelle Effekt zu keinen sehr großen Widerstandsänderungen führen. Er ist dagegen in Supraleitern auf Grund des Wechselspiels zwischen Quasiteilchen und Cooper-Paaren deutlich auflösbar. Mit ultradünnen Nb-Detektoren konnten bereits in den 1980er Jahren Zeitauflösungen um 5 ns erzielt werden [98]. Mit Niob-Nitrid-Bolometern wurden später Antwortzeiten im Bereich von 30 ps erreicht [97].

Heiße-Elektronen-Effekte werden sowohl für Bolometer als auch für Kalorimeter ausgenutzt. Man kann ultradünne supraleitende Filme, SNS-Kontakte oder SIS-Kontakte zur Detektion verwenden. Im Bolometerbetrieb wurden rauschäquivalente Leistungen (*NEP*'s) besser als 10^{-16} W/Hz$^{1/2}$ erzielt, wobei Werte bis herab zu 10^{-20} W/Hz$^{1/2}$ möglich sein sollten.

Wir haben bislang zwei Aspekte etwas ausgespart, nämlich die (elektromagnetische) Strahlungsdetektion bei Mikrowellen bis Infrarotfrequenzen sowie die möglichen Einsatzgebiete von Hochtemperatursupraleitern.

Im nahen und mittleren Infrarot[29] beruht die Strahlungsdetektion noch auf der Erwärmung eines Absorbers mit der anschließenden thermometrischen Detektion des Signals wie oben beschrieben. Hier existiert eine Reihe hervorragender konventioneller Methoden zum Strahlungsnachweis. Golay-Zellen – sie nützen die Ausdehnung eines Gasvolumens – gehören immer noch zu den empfindlichsten bei Zimmertemperatur betriebenen Detektoren. Mit Halbleiterdetektoren wie HgCdTe sind bei 77 K Detektivitäten D^* um 10^{11} cmHz$^{1/2}$/W Stand der Technik, wobei Rekordwerte noch wesentlich höher sind. Bolometer aus Hochtemperatursupraleitern erreichen diese Werte, sind aber zumindest zur Zeit nicht erheblich besser [99].

---

29 Als nahes Infrarot wird der Wellenlängenbereich zwischen 0,8 und 3 µm bezeichnet, als mittleres Infrarot der Wellenlängenbereich zwischen 0,8 und 20 µm.

Im Gegensatz dazu sind im Ferninfraroten[30] supraleitende Detektoren deutlich besser als andere Detektoren. So wurden beispielsweise für Wellenlängen um 400 µm Bolometer konstruiert, bei denen ein Al-Streifen auf einem Saphirsubstrat als Übergangsthermometer bei 1,25 K sowie eine auf der Gegenseite aufgebrachte Bi-Schicht als Absorber diente [100]. Hiermit wurde eine Nachweisempfindlichkeit D^* um 10^{14} cmHz$^{1/2}$/W sowie eine Rauschleistung NEP um $2 \cdot 10^{-15}$ W/Hz$^{1/2}$ erzielt. Im Ferninfrarotbereich werden auch Bolometer aus Hochtemperatursupraleitern interessant, etwa zur satellitengestützten Detektion der 84,43-µm-Emission von OH-Molekülen in der Atmosphäre. Man konnte mit GdBa$_2$Cu$_3$O$_{7-x}$-Übergangsthermometern bei 85 K für Wellenlängen zwischen 70 und 200 µm ein D^* von $3 \cdot 10^{10}$ cmHz$^{1/2}$/W (NEP: 3 pW/Hz$^{1/2}$) erreichen, was für solche Beobachtungen ausreicht [101].

Bei noch größeren Wellenlängen werden die Abmessungen der Detektoren vergleichbar oder kleiner als die Wellenlänge. Man kann dann über geeignete Antennen in den Detektoren hochfrequente Ströme induzieren und die Strahlung direkt im Frequenzraum bzw. durch Herabmischen auf niedrigere Frequenzen beobachten. Wir werden hierauf im nächsten Abschnitt näher eingehen.

7.6.3
Kohärente Strahlungsdetektion und -erzeugung: Mischer, Lokaloszillatoren und integrierte Empfänger

Die im Abschnitt 7.6.2 behandelten Strahlungsdetektoren basierten auf der Energiedeposition der eintreffenden Strahlung in einem Absorber und seiner anschließenden Erwärmung.

Elektromagnetische Strahlung mit Wellenlängen oberhalb einiger 100 µm kann dagegen durch die im Detektor induzierten Wechselspannungen bzw. -ströme detektiert werden.

Die direkteste Form der Detektion wäre, das eintreffende Signal in seiner Zeitabhängigkeit aufzunehmen und dann in irgendeiner Form weiterzuverarbeiten. Bei Frequenzen oberhalb einiger GHz ist dieser Weg allerdings nicht sehr praktikabel.

Das entgegengesetzte Extrem besteht darin, dass die einfallende Strahlung weitgehend unabhängig von ihrer Frequenz (inkohärent) ein quasi-statisches Signal erzeugt, das detektiert werden kann. Im Grunde arbeiten die Bolometer und Kalorimeter nach diesem Prinzip. Dort erzeugt die einfallende Strahlung zunächst Gitterschwingungen oder heiße Elektronen, die dann ein Thermometer erwärmen.

Auch ein Bauelement mit nichtlinearer Strom-Spannungs-Charakteristik wie eine Diode kann ein eintreffendes Wechselfeld gleichrichten. Eine um $U = 0$ harmonisch oszillierende Wechselspannung erzeugt nur in Durchlassrichtung einen Stromfluss durch die Diode. Der zeitlich gemittelte Strom ist damit ver-

---

30 Der Ferninfrarotbereich umfasst Wellenlängen zwischen 20 µm und 1 mm bzw. Frequenzen zwischen 300 GHz und 15 THz.

schieden von null. Eine Abhängigkeit von der Frequenz der einfallenden Strahlung tritt insofern auf, dass einerseits die Amplitude der über eine Antenne in die Diode eingekoppelte Wechselspannung frequenzabhängig ist und andererseits die dynamischen Eigenschaften der Diode von der Frequenz abhängen.

Der nächste Schritt besteht in einer frequenzselektiven Detektion der eintreffenden Strahlung. Dies kann dadurch geschehen, dass das mit einer Frequenz f_S eintreffende Signal im Detektor phasensynchron mit einer Frequenz f_D abgetastet bzw. multipliziert wird. Der Detektor liefert dann ein Signal, das proportional zum zeitlichen Mittelwert des Produkts $cos(2\pi f_S t)cos(2\pi f_D t)$ ist. Für $f_S = f_D$ liefert diese Mittelung den Wert 1/2, andernfalls null.

Nach diesem Prinzip »arbeiten« auch Josephsonkontakte, wenngleich die Details einer Analyse der nichtlinearen Dynamik im Kontakt bedürfen (vgl. Abschnitt 6.3). Die in den Kontakt eingestrahlte Hochfrequenz interagiert mit den Josephson-Wechselströmen und erzeugt auf der Strom-Spannungs-Charakteristik Stufen konstanter Spannung bei Gleichspannungen $U_n = n \cdot h f_S/2e$ ($n = 0,1,2...$). Das Stromintervall ΔI, in dem eine gegebene Stufe stabil ist (die Stufenhöhe) hängt dabei von der Mikrowellenamplitude ab. Für $n \neq 0$ können diese Shapiro-Stufen damit benutzt werden, um sowohl die Frequenz als auch die Leistung der einfallenden Hochfrequenzstrahlung zu analysieren[31].

Die mikrowellen- bzw. ferninfrarotinduzierte Veränderung der Strom-Spannungs-Charakteristik wird beim »Hilbert-Spektrometer« ausnutzt, um ein Spektrum der eintreffenden Strahlung zu erstellen. Es wurden mit Kryokühlern betriebene Prototypen entwickelt, die Korngrenzen-Josephsonkontakte aus $YBa_2Cu_3O_7$ inklusive integrierter Hochfrequenzantenne als Detektoren verwenden [102]. Man konnte bei Frequenzen zwischen 1 und 4 THz eine relative Frequenzauflösung um 10^{-3} erreichen. Solche Spektrometer sollen beispielsweise am geplanten Linearbeschleuniger TESLA zur Analyse der von den beschleunigten Elektronen freigesetzten Übergangsstrahlung verwendet werden.

Die eben beschriebenen Detektoren stehen für »homodyne« Empfänger, die das Signal bei der Frequenz verarbeiten, bei der es eintrifft. Weitaus häufiger werden »heterodyne« Empfänger verwendet. Hier wird das Signal zunächst in ein Signal niedrigerer Frequenz (Zwischenfrequenz $\omega_{ZF} = 2\pi f_{ZF}$) umgesetzt und dann weiterverarbeitet. Auf diese Weise arbeiten beispielsweise Satellitenempfänger für Rundfunk- und Fernsehprogramme.

Die Umsetzung der Signalfrequenz auf die Zwischenfrequenz erfolgt durch »Mischer«. Diese Mischer sind Bauelemente mit einer nichtlinearen Strom-Spannungs-Charakteristik $U(I)$ bzw. $I(U)$. Nehmen wir an, im Bauelement werde ein zeitabhängiger Strom $I(t)$ induziert. Die Spannung $U(t)$ können wir dann für nicht allzu große Stromamplituden durch eine Potenzreihe (Taylorreihe) darstellen:

$$U(t) = U_0 + aI + bI^2 + cI^3 + ... \tag{7-9}$$

---

[31] Der maximale Suprastrom durch den Kontakt (d.h. $n = 0$) variiert weitgehend frequenzunspezifisch.

Wenn $I(t)$ von der Form $I_{ac} \cdot \cos(\omega_S t)$ ist, so ist das lineare Glied proportional zu $\cos(\omega_S t)$, das quadratische zu $\cos^2(\omega_S t) = [1-\cos(2\omega_S t)]/2$. Das quadratische Glied liefert also einen *statischen* Beitrag zu U, sowie einen Beitrag bei der Frequenz $2\omega_S$. Der kubische Term liefert Beiträge bei ω_S und bei $3\omega_S$ usw. Die nichtlinearen Terme liefern also höhere Harmonische der eintreffenden Strahlung.

Wir geben nun zwei Frequenzen ω_S und ω_{LO} auf den Mischer, die sich nicht allzu sehr voneinander unterscheiden sollen. Hierbei wird ω_{LO} durch einen »Lokaloszillator« erzeugt, der sich im allgemeinen in der Nähe des Mischers befindet. In der Reihenentwicklung (Gleichung 7-9) führt das quadratische Glied zu einem Beitrag der Form $\cos(\omega_S t) \cdot \cos(\omega_{LO} t) = [\cos(\omega_S - \omega_{LO}) \cdot t + \cos(\omega_S + \omega_{LO}) \cdot t]/2$, enthält also Frequenzbeiträge bei $\omega_{LO} \pm \omega_S$. Für $\omega_{LO} \approx \omega_S$ ist die Differenzfrequenz $\omega_{ZF} = |\omega_{LO} - \omega_S|$ deutlich kleiner als ω_{LO} und ω_S, das Signal wurde herabgemischt. Analog liefern die höheren Glieder (7-9) Frequenzanteile bei $|2\omega_{LO} - \omega_S|$, $|\omega_{LO} - 2\omega_S|$, $|3\omega_{LO} - \omega_S|$ usw.

Es geht nun darum, das Signal bei $f_S = \omega_S/2\pi$ möglichst effektiv und rauscharm zur Zwischenfrequenz f_{ZF} zu konvertieren. Dabei kann die Signalfrequenz $f_S = f_{LO} - f_{ZF}$, sowie ihre »Spiegelfrequenz« $f_S = f_{LO} + f_{ZF}$ beitragen. Je nachdem, ob beide Frequenzen zugelassen werden oder eine der beiden weggefiltert wird, spricht man von »single side band« (SSB) oder »double side band« (DSB) und gibt diese Notation bei den den Mischer charakterisierenden Größen an. Zu diesen Größen gehört der »Konversionsgewinn« α = (Leistung bei f_{ZF})/(Leistung bei f_S) oder die Rauschtemperatur entweder des Mischers allein oder auch des gesamten Detektorsystems.

Die Signalkonversion ist umso größer, je »nichtlinearer« die Strom-Spannungs-Charakteristik des Mischers ist. Ideal ist eine nahezu sprunghafte Änderung der Leitfähigkeit. Einer der besten konventionellen Mischer ist die Schottky-Diode, die bei Zimmertemperatur betrieben bei 500 GHz eine DSB-Rauschtemperatur von ca. 1000 K hat. Bei 500 GHz beträgt die durch Strahlungsfluktuationen auf Grund der Unschärferelation gegebene minimale Rauschtemperatur $T_q = hf/2k_B$ ca. 11 K; die Schottky-Mischer liegen also noch deutlich über diesem Wert.

Mit Josephsonkontakten und insbesondere mit Supraleiter-Isolator-Supraleiter-Tunnelkontakten als Mischer kann man sich dem Quantenlimes deutlich weiter annähern. Der Lokaloszillator benötigt außerdem nur sehr kleine Leistungen im Bereich von 1 μW und weniger, während beispielsweise Schottky-Mischer mit einigen Milliwatt versorgt werden müssen.

Die Theorie der Josephson- und SIS-Mischer ist im Detail relativ kompliziert und soll hier nur grob umrissen werden. Für Einzelheiten sei auf den Übersichtsartikel [103] verwiesen.

Der Josephson-Mischer basiert auf einem überdämpften Josephsonkontakt mit nicht-hysteretischer Strom-Spannungs-Charakteristik (vgl. Abschnitt 6.3). Grob gesprochen erzeugt ein Lokaloszillator zunächst auf der Strom-Spannungs-Charakteristik Shapiro-Stufen. Überlagert man das Signal, das eine von f_{LO} nicht allzu verschiedene Frequenz hat, so ergibt sich letztlich eine Schwebung, die Gesamtamplitude« und damit die gesamte Mikrowellenleistung »pumpen« mit der Differenzfrequenz f_{ZF}. Hierdurch ändert sich sowohl die Höhe der Shapirostufen als auch die zwischen den Stufen kontinuierlich durchfahrbare Spannung periodisch mit der Zwischenfrequenz f_{ZF}. Zwischen den Stufen ist der differenzielle Widerstand der Kennlinie maximal (vgl. Abb. 6.11a). Hier ergibt das »Pumpen« der Kennlinie bei festem Strom die maximale Wechselspannungsamplitude, die sogar größer sein kann als die Signalamplitude. Der Konversionsgewinn α kann Werte größer als 1 erreichen. Durch die nichtlinearen Oszillationen im Josephsonkontakt werden allerdings auch Rauschbeiträge aus einem großen Frequenzbereich zur Zwischenfrequenz herabgemischt. Man erreicht deshalb trotz des großen Konversiongewinns nur Rauschtemperaturen von etwa dem 40- bis 50-fachen des Quantenlimes.

Mit SIS-Tunnelkontakten lässt sich der Quantenlimes dagegen nahezu erreichen[32]. Man nutzt hier grundsätzlich die extreme Nichtlinearität der Quasiteilchen-kennlinie[33] bei der Energielückenspannung $2\Delta_0/e$ aus[34], muss allerdings noch berücksichtigen, dass die Quasiteilchenkennlinie bei Mikrowelleneinstrahlung nochmals modifiziert wird (vgl. Abb. 1.23). Die Quasiteilchen können aus dem Strahlungsfeld Energie in Vielfachen von $\hbar\omega$ aufnehmen und dadurch bereits bei Spannungen unterhalb von $2\Delta_0/e$ zur Gegenelektrode tunneln. Es entstehen Maxima in der differenziellen Leitfähigkeit bei Spannungswerten $(2\Delta_0\text{-}n\hbar\omega)/e$ (mit $n = 1,2...$). Ähnlich wie beim Josephson-Mischer pumpt auch beim SIS-Mischer die Kennlinie mit der Zwischenfrequenz zwischen zwei Extrema hin und her. Wäre beispielsweise die Signalamplitude gleich der Amplitude des Lokaloszillators, so wären diese Extrema in Abb. 1.23 gerade durch die beiden Kurven 1 und 2 gegeben.

Voraussetzung für eine hohe Empfindlichkeit der SIS-Mischer ist ein möglichst scharfes Ansteigen der Quasiteilchen-Leitfähigkeit bei der Energielücke. Dies verlangt Tunnelkontakte mit möglichst perfekter Tunnelbarriere sowie möglichst tiefe Betriebstemperaturen.

Heutige SIS-Mischer, wie sie routinemäßig in Radioteleskopen eingesetzt werden, basieren auf Nb/Al-AlO$_x$/Nb-Tunnelkontakten [104]. Man kann diese Kontakte bis zu etwa 700 GHz hervorragend betreiben. Höhere Frequenzen bzw. Energien $\hbar\omega$ überschreiten die Energielücke Δ_0 von Nb. Dann setzt im gesamten, ebenfalls aus Nb hergestellten, supraleitenden Schaltkreis starke Dämpfung ein, der Mischer wird unbrauchbar[35]. Als Alternativmaterial für höhere Frequenzen kommt z. B. NbN in Frage, das bis zu einer Maximalfrequenz von 1,2 THz verwendbar ist. Zur Zeit ist man allerdings noch nicht in der Lage, für dieses Material ausreichend gute Tunnelbarrieren herzustellen. Vielversprechende Ergebnisse werden derzeit mit SIS-Kontakten der Zusammensetzung NbTiN/MgO/NbTiN oder Nb/Al-AlN$_x$/

---

32 Die Rauschtemperatur des *gesamten* Empfängers liegt bei gut dem zehnfachen Wert.

33 Eventuelle Josephsonströme über den Kontakt werden durch Anlegen eines Magnetfelds unterdrückt.

34 Wir nehmen hier der Einfachheit halber an, die beiden Supraleiter seien identisch. Andernfalls muss $2\Delta_0/e$ durch $(\Delta_I + \Delta_{II})/e$ ersetzt werden.

35 Der Mischer selbst kann im Prinzip bis zu $2\Delta_0$ arbeiten, im Fall von Nb also bis ca. 1,4 THz. Man versucht deshalb auch, in der Peripherie anstelle von Nb ein Normalmetall wie Al zu verwenden, das bei diesen Frequenzen einen noch relativ akzeptablen Oberflächenwiderstand hat.

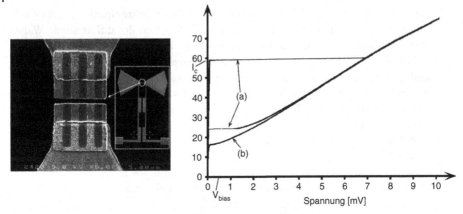

Abb. 7.31 HEB-Mischer aus NbN: Rasterelektronenmikrokop-Aufnahme dreier in eine Dipolantenne integrierter Mikrobrücken (links; die Brücken sind als sehr feine Linien im Schlitz zwischen den breiten Kontaktierungen gerade noch erkennbar) zusammen mit der Strom-Spanngs-Charakteristik einer Brücke (a) ohne und (b) mit Hochfrequenzeinstrahlung durch einen Lokaloszillator. Die Brücken sind 0,4 μm lang und 0,8 μm breit [104, 105]. (Nachdruck aus [104] mit Erlaubnis von IOP).

NbTiN erreicht. Diese Kontakte wären bis Maximalfrequenzen von ca. 1 THz einsetzbar. Hier liegt auch ein mögliches Einsatzgebiet für den neuentdeckten Supraleiter MgB$_2$. Vorraussetzung ist allerdings, dass es gelingt, sehr gute Tunnelbarrieren herzustellen.

Die Hochtemperatursupraleiter sind dagegen vermutlich nicht als SIS-Mischer einsetzbar. Hier hat man auf Grund der $d_{x^2-y^2}$-Symmetrie der Paarwellenfunktion (vgl. Abschnitt 3.2.2) sehr »verrundete« Tunnelkennlinien (siehe z. B. Abb. 6.3). Allerdings könnten sich die Hochtemperatursupraleiter als Josephson-Mischer eignen, die bis zu Frequenzen von einigen THz einsetzbar sein sollten.

Ein völlig anderes Mischprinzip wird beim HEB-Mischer angewendet, der bis zu Frequenzen von mehreren THz einsetzbar ist. Das Grundprinzip der Heiße-Elektronen-Bolometer (HEB) haben wir bereits in Abschnitt 7.6.2 besprochen. Um diese Bauelemente als Mischer einzusetzen, werden sehr dünne Nb- oder NbN-Mikrobrücken in eine Antennenstruktur integriert und an ein Wärmebad angekoppelt. Die Abb. 7.31 zeigt eine typische Struktur zusammen mit der Strom-Spannungs-Charakteristik des Mischers. Man arbeitet typischerweise bei einer Badtemperatur von 4,2 K. Bei Überschreiten des kritischen Stroms bildet sich in der Brücke ein »hot spot«, in dem die Temperatur knapp oberhalb T_c liegt. Bestrahlt man die Brücke, so vergrößert sich der erwärmte Bereich. Zwar kann die Brücke nicht unmittelbar auf die hochfrequente Lokaloszillator- oder Signalamplitude reagieren. Die Größe des hot spots und damit der Bolometerwiderstand bzw. die Strom-Spannungs-Charakteristik kann aber mit der Zwischenfrequenz modulieren. Man prägt nun der Brücke eine kleine Gleichspannung auf, die in Abb. 7.31 bei ca. 0,5 mV liegt. Bei Bestrahlung durch den Lokaloszillator und das Signal entsteht dann eine Wechselspannung um diesen Arbeitspunkt.

Der mit dem Mischer aus Abb. 7.31 betriebene Empfänger hatte immerhin bei 800 GHz eine DSB-Rauschtemperatur von ca. 900 K. Andere HEB-Mischer wurden bereits bei einigen THz betrieben. Ein Nachteil der HEB-Bolometer ist allerdings zumindest bislang deren relativ geringe Bandbreite. Zwischenfrequenzen oberhalb von ca. 4 GHz können nur noch ungenügend verarbeitet werden.

Wir haben uns bislang nur mit dem Mischer, aber nicht mit der Peripherie beschäftigt. Der Mischer muss zunächst in eine Struktur integriert werden, die seine Impedanz an die der Antenne anpasst. Die Antenne selbst kann entweder wie in Abb. 7.31 planar oder als 3D-Struktur aufgebaut sein. Hierbei kommen mehr oder weniger standardisierte Hochfrequenz-Designs (Hohlleiter, Mischerblöcke, Hornantenen) zum Einsatz, die wir hier nicht detailliert besprechen können. Auch der Lokaloszillator ist im allgemeinen ein konventioneller Gunn-Oszillator.

Besonders erwähnenswert ist aber ein integrierter supraleitender Empfänger, der von V. P. Koshelets und S. V. Shitov entwickelt wurde [106]. Er enthält als Lokaloszillator einen langen Josephson-Tunnelkontakt aus $Nb/Al-AlO_x/Nb$, der die Bewegung von Josephson-Fluxonen entlang der Tunnelbarriere zur Hochfrequenzerzeugung ausnutzt (Fluxonoszillator, vgl. auch Abschnitt 6.4). Als SIS-Mischer dient ebenfalls ein $Nb/Al-AlO_x/Nb$-Tunnelkontakt. Die Abb. 7.32 zeigt eine Fotografie des zentralen Teils des Chips, der die supraleitenden Komponenten enthält. Bei tiefen Temperaturen befinden sich zusätzlich unter anderem noch ein High Electron Mobility Transistor (HEMT)-Verstärker für die Zwischenfrequenz bei 400 MHz, ein Rückkoppelkreis, der den Fluxonoszillator extrem schmalbandig abstrahlen lässt, sowie eine Si-Linse, die die einfallende Strahlung auf den Mischer bzw. die integrierte H-Antenne fokussiert. Der Empfänger erreicht bei 500 GHz seine minimale Rauschtemperatur von unter 100 K und kann im Frequenzbereich 400–600 GHz eingesetzt werden.

Der Fluxonoszillator des integrierten Empfängers ist ein erstes Beispiel für die *Generation* hochfrequenter Strahlung mit Supraleitern. Mit diesem Oszillator lassen sich stabil Leistungen um 1 µW erzeugen. Eine zweite und vieluntersuchte Methode besteht darin, Arrays gekoppelter Josephsonkontakte zu verwenden, deren Abmessungen kleiner als die Ausdehnung eines Fluxons sind. Die Idee ist, diese Kontakte durch geeignete Wechselwirkungen phasensynchron oszillieren zu lassen und so eine relativ hohe Abstrahlintensität zu erreichen. Man kann dazu serielle Anordnungen von Josephsonkontakten in Mikrowellenresonatoren oder Streifenleitungen so einbauen, dass das von den Kontakten erzeugte Strahlungsfeld synchronisierend auf diese zurückwirkt. Mit solchen Arrays konnte man immerhin in auf dem Chip integrierte Detektor-Josephsonkontakte Leistungen von ca. 0,4 mW bei 410 GHz einkoppeln [107]. Dabei waren 498 überdämpfte $Nb-Al/AlO_x-Nb$-Kontakte (Abmessungen: 2×80 µm^2) in Gruppen zu je 6 Kontakten in eine mäanderförmige Streifenleitung integriert. Mit einem etwas kleineren Array konnte über eine mit der Streifenleitung verbundene, planare Antenne immerhin ca. 0,5 µW »off-chip« registriert werden [107].

Auch mit zweidimensionalen Arrays wurden vielversprechende Resultate erzielt [108]. Einen umfassenden Überblick über die verschiedenen Arten der Strahlungsgeneration gibt Referenz [109].

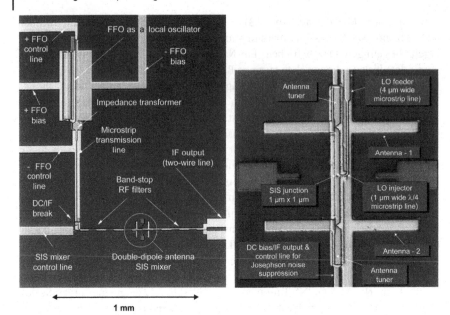

1 mm

Abb. 7.32 Integrierter supraleitender Empfänger für Frequenzen bis 600 GHz. Links: Fotografie des zentralen Teils des insgesamt 4×4 mm² großen Chips. Rechts: Teilvergrößerung des SIS-Mischer-Bereichs. Der Bildausschnitt ist ca. 100×150 µm² groß und um 90° gegenüber der linken Abbildung rotiert. (Nachdruck aus [106] mit Erlaubnis von IOP).

Die Synchronisation vieler Josephsonkontakte ist allerdings insgesamt sehr schwierig, sodass noch erhebliche Forschungsarbeit geleistet werden muss, um stabile und möglichst durchstimmbare Quellen mit Leistungen oberhalb einiger Mikrowatt für Frequenzen bis in den THz-Bereich zu erhalten.

Eine völlig andere Art von Strahlungsgeneration, nämlich die von Phononen (d. h. Ultraschall), hat sich insbesondere für Grundlagenuntersuchungen als sehr ertragreich erwiesen. Man erzeugt die Phononen mittels supraleitender Tunneldioden, die dann gleichzeitig als Phonon-Detektoren eingesetzt werden können. Gegenüber anderen Ultraschallquellen zeichnen sich SIS-Tunnelkontakte dadurch aus, dass sie es gestatten, extrem hochfrequente Phononen zu erzeugen [110].

Der Effekt lässt sich an Hand der Abb. 3.21b erläutern. Man legt an den Tunnelkontakt eine Spannung deutlich oberhalb der Energielücke an. Es fließt dann ein beachtlicher Tunnelstrom, der die Konzentration der ungepaarten Elektronen in der Gegenelektrode über den Gleichgewichtswert erhöht. Diese Elektronen fallen zunächst durch die Abgabe von Energie an das Gitter (d. h. durch Erzeugung von Phononen) von der Energie $E = eU - \Delta_0$ an die untere Kante des Anregungsspektrums, also auf die Energie $E' = \Delta_0$. Dieser Vorgang läuft relativ rasch, nämlich in ca. 10^{-9} s ab. Dabei tritt ein kontinuierliches Phononenspektrum auf, das allerdings eine recht scharfe Kante bei der Energie $hf = eU - 2\Delta_0$ besitzt. Diese scharfe Kante kommt dadurch zustande, dass wegen der sehr hohen Zustandsdichte am unteren

Rand der Anregungen die Zahl der Übergänge besonders groß ist, die in *einem* Schritt von $E = eU–\Delta_0$ auf $E' = \Delta_0$ führen. Dabei wird die Energie $eU–2\Delta_0$ als Phonon abgegeben.

Der nächste Schritt, der bei tiefen Temperaturen mit sehr viel größeren Zeitkonstanten $\tau > 10^{-7}$ s abläuft, ist die Rekombination der ungepaarten Elektronen zu Cooper-Paaren. Dabei werden Phononen mit der Energie $2\Delta_0$ erzeugt. Nehmen wir die Energielücke von Sn mit $2\Delta_{Sn} = 1{,}1 \cdot 10^{-3}$ eV an, so erhalten wir für diese Rekombinationsphononen eine Frequenz $f = 2\Delta_{Sn}/h$ von 280 GHz.

Auch der Nachweis solcher hochfrequenten Phononen gelingt mit supraleitenden Tunneldioden. Dazu wählt man für die Nachweisdiode einen Arbeitspunkt $U < 2\Delta_0$. Der Tunnelstrom ist sehr klein, da er nur von den bei der gewählten Temperatur vorhandenen ungepaarten Elektronen getragen werden kann. Trifft aber die Phononenstrahlung mit der Energie $2\Delta_0$ ein, so können diese Phononen Cooper-Paare aufbrechen. Damit steigt der Tunnelstrom an. Die Zunahme des Stromes ist proportional zum Phononenstrom, d.h. zur Zahl der pro Sekunde in dem Tunnelkontakt absorbierten Phononen.

Neben den monochromatischen Phononen mit $hf = 2\Delta_0$ kann im Prinzip auch das kontinuierliche Spektrum wegen der recht scharfen Kante bei $hf = eU–2\Delta_0$ gut für spektroskopische Zwecke verwendet werden [111]. Man kann diese Kante durch Variation der Spannung U am Tunnelkontakt verschieben. Überstreicht man dabei eine Anregungsenergie, so wird eine besonders hohe Absorption der Phononen in einem engen Bereich der Spannung U auftreten.

Eine weitere, sehr effiziente Quelle für hochfrequente monochromatische Phononen bietet der Josephson-Wechselstrom durch SIS-Kontakte [112]. Durch ihn werden neben Photonen auch monochromatische Phononen der Frequenz $f = 2eU/h$ generiert, die dann für spektroskopische Zwecke genutzt werden können.

Schließlich soll noch erwähnt werden, dass supraleitende Tunnelkontakte auch zu Untersuchungen des Festkörpers mit polarisierten Elektronen extrem kleiner Energie verwendet werden können. Bringt man einen Tunnelkontakt – wir betrachten hier das Tunneln von Einzelelektronen – in ein zur Kontaktfläche paralleles Magnetfeld, so werden die Zustände für Einzelelektronen mit zum Magnetfeld parallelem bzw. antiparallelem magnetischen Moment energetisch getrennt. Legt man an einen solchen Kontakt zwischen einem Normalleiter und einem Supraleiter im Magnetfeld eine Spannung, so werden zunächst die Elektronen einer Einstellung des magnetischen Moments, einer Spinrichtung, tunneln können. Man kann damit z. B. die Richtung der Elektronenmomente in Ferromagneten sehr direkt studieren [113].

7.6.4

Quanteninterferometer als Magnetfeldsensoren

Bei supraleitenden Quanteninterferometern kommt die Wellennatur des supraleitenden Zustands besonders schön zum Vorschein. In Abschnitt 1.5.2 hatten wir dies ausführlich dargestellt. Dabei hatten wir gesehen, dass der maximale Suprastrom über eine Ringstruktur, in die zwei Josephsonkontakte integriert sind, periodisch mit dem Fluss durch den Ring moduliert. Die Periode war das Flussquant $\Phi_0 = h/2e$. Auf dieser Geometrie basiert das »dc-SQUID« (direct current Superconducting Quantum Interference Device). Wir werden in diesem Abschnitt auch einen weiteren Interferometertyp, das »rf-SQUID« (rf = radio frequency), kennenlernen, das nur einen Josephsonkontakt im Ring enthält.

Um aus SQUIDs hochempfindliche Messinstrumente herzustellen, müssen noch einige Optimierungen durchgeführt werden, die wir in den beiden folgenden Abschnitten ansprechen werden.

7.6.4.1 SQUID-Magnetometer: Grundlegende Konzepte

Beginnen wir mit den dc-SQUIDs. Wenn man diese als Magnetometer betreiben will, liegt es nahe, die Ringfläche A möglichst groß zu manchen, sodass eine kleine Änderung ΔB_a des angelegten Magnetfelds zu einer möglichst großen Flussänderung $\Delta \Phi_a = A \cdot \Delta B_a$ führt. Auf der anderen Seite zeigt sich, dass die Modulationstiefe des maximalen Suprastroms mit wachsender Ringinduktivität L abnimmt. Die entscheidende Größe ist hierbei der dimensionslose Induktivitätsparameter (vgl. Abschnitt 1.5.3)

$$\beta_L = \frac{2LI_c}{\Phi_0} \tag{1-54}$$

Hierbei ist I_c der kritische Strom eines der beiden als identisch angenommenen Josephsonkontakte im Ring. Man kann β_L bis auf einen Faktor $\pi/2$ als das Verhältnis aus der in einem Josephsonkontakt gespeicherten »Kopplungsenergie« $I_c\Phi_0/2\pi$ zu der im Ring gespeicherten magnetischen Energie $\Phi^2/2L$ mit $\Phi = \Phi_0/2$ auffassen.

Genauere Analysen der durch thermische Fluktuationen verursachten Rauscheigenschaften von SQUIDs zeigen, dass β_L ungefähr 1 sein sollte [114] (Verhältnis Kopplungs-Energie eines Josephsonkontakts zur maximalen magnetischen Energie im Ring ungefähr $2/\pi$). Eine zweite wesentliche Größe, die bei der Rauschanalyse auftritt, ist der Rauschparameter

$$\Gamma = \frac{2\pi k_B T}{I_c \Phi_0} \tag{7.10}$$

der das Verhältnis der thermischen Energie $k_B T$ zur Josephson-Kopplungsenergie kennzeichnet. Dieser Parameter sollte möglichst klein sein und ebenfalls einen Wert der Größenordnung 1 nicht überschreiten. Man hat damit bei vorgegebener Temperatur eine Zwangsbedingung für den kritischen Strom der Josephsonkontakte. Er sollte den Wert $2\pi k_B T/\Phi_0$ nicht wesentlich unterschreiten. Bei 4,2 K ergibt sich hieraus ein Minimalwert von ca. 0,17 µA, bei 77 K ein Wert von 3,2 µA.

Auch das Produkt $\Gamma\beta_L = (4\pi k_B T/\Phi_0^2) \cdot L \equiv L/L_{th}$ sollte offensichtlich nicht wesentlich größer als 1 sein. Demnach sollte bei 4,2 K die Induktivität einen Wert von ca. 6 nH nicht wesentlich überschreiten, bei 77 K entsprechend einen Wert von 320 pH[36].

---

36 Dies sind Richtwerte. Auch bis $L/L_{th} \approx 2\pi$ kann ein SQUID grundsätzlich noch funktionieren.

Typ A   Typ B   Typ C   Typ A/C

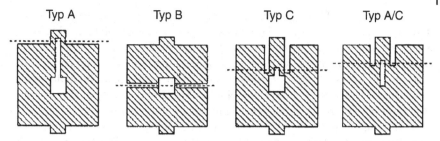

Abb. 7.33   Realisierungsformen planarer dc-SQUIDs aus Hochtemperatursupraleitern (v. a. YBa$_2$Cu$_3$O$_7$). Die Josephsonkontakte bilden sich an der durch die gestrichelte Linie angedeuteten Korngrenze im Substrat (oft aus SrTiO$_3$). Die Stromzufuhr erfolgt an den als Ausbuchtungen angedeuteten Ober- bzw. Unterkanten der Strukturen [114].

Da die Induktivität eines Rings proportional zu dessen Umfang wächst, hat man offensichtlich eine Konfliktsituation, da man gleichzeitig die Ringfläche groß, aber dessen Induktivität klein halten möchte. Hieraus ergibt sich letztlich eine Vielzahl unterschiedlicher Konzepte für das Design eines SQUIDs. Vor allem in den 1970er bis 1980er Jahren wurden oft dreidimensionale Zylinderformen gewählt, bei denen z. B. ein Zylinder einschließlich der Josephsonkontakte auf einen Quarzfaden aufgedampft wurde. Alternativ konnte man zwei aus Massivmaterial gefertigte Halbzylinder voneinander isoliert zusammenfügen und die Josephsonkontakte durch Schraubverbindungen realisieren. Die gleiche Technik wurde insbesondere auch bei den rf-SQUIDs angewandt, die nur einen Josephsonkontakt enthalten [115].

Moderne SQUIDs werden in Dünnfilmtechnologie hergestellt. Um hier eine kleine Induktivität bei gleichzeitig großer SQUID-Fläche zu erreichen, kann man das diamagnetische Verhalten von Supraleitern ausnutzen und anstelle einer dünnen Ringstruktur einen großflächigen Supraleiter wie in Abb. 7.33 skizziert verwenden. Diese großflächigen Strukturen werden auch als »Washer«-SQUID oder, nach deren Erfinder, als Ketchen-SQUID [116] bezeichnet. Die in Abb. 7.33 dargestellten Strukturen werden für dc-SQUIDs aus Hochtemperatursupraleitern verwendet, bei denen die Josephsonkontakte als Korngrenzenkontakte (vgl. Abb. 1.21 e) ausgeführt sind.

Die »Ringströme« zirkulieren um die innere Öffnung (Loch oder Schlitz), die deshalb die Induktivität des SQUIDs bestimmt. Ein typischer Lochdurchmesser für bei 77 K betriebene SQUIDs liegt im Bereich um 10 µm. Legt man ein Magnetfeld senkrecht zur Filmebene an, fließen im supraleitenden Film (im »washer«) Abschirmströme, die das Feld in die innere Öffnung fokussieren. Man kann zeigen, dass sich für eine quadratische Struktur mit Außendurchmesser D und Lochdurchmesser d die effektive Fläche des SQUIDs zu $A_{eff} = Dd$ ergibt, also proportional mit der Außenabmessung des Washers wächst. Man kann D allerdings nicht beliebig groß machen, da sonst bei Abkühlung selbst in Kryostaten, in denen durch geeignete Abschirmungen das Erdmagnetfeld stark unterdrückt ist, Flusswirbel im Supraleiter eingefangen werden[37].

---

[37] Wenn sich diese Flusswirbel bewegen, erzeugen sie Störsignale, die wiederum die Empfindlichkeit des SQUIDs beeinträchtigen.

Um die effektive Fläche des SQUIDs weiter zu steigern verwendet man »Fluss-transformatoren«. Ein solcher Flusstransformator besteht aus einer geschlossenen supraleitenden Schleife, deren »Empfängerseite« als Spule mit N_1 Windungen[38] ausgestattet ist. In einer geschlossenen supraleitenden Schleife bleibt der gesamte magnetische Fluss konstant. Wenn sich das äußere Feld durch die Spule ändert, wird daher in der gesamten Schleife ein Abschirmstrom J_T angeworfen, der den durch die Feldänderung erzeugten magnetischen Fluss kompensiert. Man führt den »Sekundärteil« des Flusstransformators (die Einkoppelspule) in Form einiger supraleitender Windungen (Windungszahl N_2) um das SQUID-Loch. Der Abschirmstrom J_T erzeugt dadurch ein Magnetfeld am Ort des SQUIDs, das bei geeigneter Dimensionierung des Transformators die Feldempfindlichkeit des SQUID nochmals erheblich steigern kann[39].

Die gesamte Induktivität L_T des Transformators ist durch die Summe der Induktivitäten L_1 der Empfangsspule, der Induktivität L_2 der Spule über dem SQUID und der Restinduktivität L_3 der Verbindungsstücke zwischen den beiden Spulen gegeben. Nehmen wir an, das zu detektierende Feld B_a trete nur durch die Empfängerspule. Dann ist die hierdurch hervorgerufene Flussänderung durch den Transformator gegeben durch:

$$\Delta\Phi = N_1 A_1 B_a + L_{ges} J_T \tag{7-11}$$

Hierbei sei A_1 die Querschnittsfläche der Empfängerspule. Auf Grund der Flusskonstanz muss $\Delta\Phi = 0$ sein, woraus $J_T = -N_1 A_1 B_a / L_{ges}$ folgt. Dieser Strom erzeugt über die Empfängerspule im SQUID einen magnetischen Fluss $M J_T$, wobei M die Gegeninduktivität zwischen SQUID und Sekundärspule ist. Man kann M durch die Induktivität dieser Spule und der Induktivität L_s des SQUIDs ausdrücken: $M = \alpha\sqrt{L_2 L_s}$, mit der Kopplungskonstanten α, die bei guter Ankoppelung Werte von nahezu 1 erreichen kann.

In das SQUID wird schließlich das Magnetfeld $B_s = M J_T / A_{eff,s}$ eingekoppelt, wobei $A_{eff,s}$ die effektive SQUID-Fläche ohne Transformator ist. Es ergibt sich:

$$B_s = -B_a N_1 \frac{A_1}{A_{eff,s}} \cdot \alpha \cdot \frac{\sqrt{L_s L_2}}{L_1 + L_2 + L_3} \tag{7-12}$$

Die Induktivität L_1 ist ihrerseits proportional zu $N_1^2 A_1^{1/2}$. Vernachlässigt man die parasitäre Induktivität L_3, dann wird B_s proportional zu $\sqrt{L_1 L_2}/(L_1 + L_2)$. Dieser Ausdruck wird maximal für $L_1 = L_2$. Man erhält unter dieser Bedingung

$$B_s = -B_a N_1 \frac{A_1}{A_{eff,s}} \cdot \alpha \cdot \sqrt{\frac{L_s}{4L_1}} \propto A_1^{3/4} \tag{7-13}$$

---

38 Oft ist $N_1 = 1$, d.h. die Empfängerspule besteht aus einer einzigen Schleife (»pickup loop«).

39 Die Sensorspule kann unter Umständen relativ weit vom SQUID entfernt sein, was besonders vorteilhaft ist, wenn in hohen äußeren Feldern gemessen werden soll.

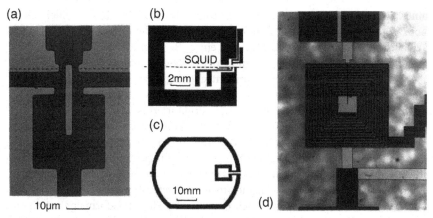

Abb. 7.34 Verschiedene $YBa_2Cu_3O_7$-SQUID-Magnetometer-Designs zusammen mit einem Flusstransformator. (a) und (b) zeigen ein direkt-gekoppeltes Magnetometer, bei dem eine große Empfangs-schleife (b) innerhalb einer einzigen supraleitenden Lage mit dem SQUID (a) verbunden ist. In (c) ist ein auf einem separaten Substrat gefertigter Einlagen-Flusstransformator gezeigt, der in »flip-chip«-Technologie an das SQUID angedrückt wird. (d) zeigt ein Magneto-meter, bei dem in einer Zweilagen-Technologie Transformator und SQUID auf einem Chip integriert wurden. Die Einkoppelspule des Transformators besteht aus 12 Windungen, das darunterliegende Washer-SQUID hat eine Kantenlänge von 0,5 mm [114].

Die Empfindlichkeit des Magnetometers lässt sich also letztlich dadurch steigern, dass man A_1 groß wählt, wobei aber zu berücksichtigen ist, dass dann ein räumlich stark variierendes Signal über diese Fläche gemittelt wird. Falls möglich, umgibt man den SQUID mit 10–20 Windungen des Transformers und wählt A_1 in der Größenordnung 1 cm^2. Man kann damit die Magnetfeldempfindlichkeit des SQUIDs um gut 2 Größenordnungen steigern und erhält schließlich eine effektive SQUID-Fläche (inkl. Transformer) im Bereich einiger mm^2. Optimierte SQUID-Magnetometer vermögen Flüsse von ca. 10^{-6} Φ_0 in einer Bandbreite von 1 Hz aufzulösen. Dies ergibt dann eine Magnetfeldempfindlichkeit um 10^{-15} T/Hz$^{1/2}$, was um Größenordnungen besser ist als die Empfindlichkeit konventioneller Magnetometer.

Betreibt man das SQUID bei 4,2 K und darunter, lassen sich die Flusstransformer sehr bequem aus Nb-Draht wickeln. Die Nb-Dünnschichttechnologie erlaubt eben-falls die Herstellung supraleitender Multilagen, die durch isolierende Schichten voneinander getrennt sind. Man kann dann die Einkoppelspule als planare Spirale direkt über dem SQUID-Washer ausführen und den aus Draht gefertigten Teil des Transformators an diese Spirale bonden.

Es existiert dagegen bislang kein biegsamer oder gar bondbarer Draht aus Hochtemperatursupraleitern. Hier muss deshalb vollständig mit planaren Struk-turen gearbeitet werden. Aber auch die Herstellung supraleitender Vielfach-schichten ist nicht einfach. Im einfachsten Fall ist daher der Transformer direkt innerhalb einer einzigen supraleitenden Lage mit dem SQUID verbunden, siehe Abb. 7.34 a (dies entspricht in Abb. 7.33 einer zusätzlichen großen supraleitenden Schleife, die die untere SQUID-Hälfte zu einer »8« vergrößert).

Man hat dann $N_1 = N_2 = 1$, was zu keiner besonders guten Ankoppelung führt, aber den Vorteil einer einfachen Dünnfilmtechnologie hat. Alternativ stellt man den Flusstransformator auf einem separaten Substrat her und koppelt dieses mechanisch an das Substrat, auf dem das SQUID strukturiert ist (Abb. 7.34 c). Verwendet man zwei supraleitende Schichten, kann die Einkoppelspule des Transformers mehrere Windungen haben. Man muss dann das innere Ende der Spirale durch eine isolierte Verbindung nach außen legen, was durch ein kurzes Verbindungsstück in der zweiten supraleitenden Lage erreicht wird. Grundsätzlich können in einer Zweilagentechnik auch Magnetometer hergestellt werden, bei denen das SQUID und ein mehrere Windungen enthaltender Flusstransformator auf einem Chip integriert sind (Abb. 7.34 d). Hier ist allerdings mit Hochtemperatursupraleitern die Ausbeute an gut funktionierenden Magnetometern gering.

Ein völlig anderes Konzept liegt dem von Zimmerman in den frühen 1970er Jahren eingeführten Vielschleifen-SQUID-Magnetometer zugrunde [117]. Dessen Prinzip ist in Abb. 7.35 a dargestellt. Das Magnetometer besteht aus N parallelgeschalteten Schleifen, die über ein allen Schleifen gemeinsames Paar von Josephsonkontakten geschlossen wird. Die effektive Fläche des Magnetometers ist im wesentlichen durch die Fläche einer Teilschleife (d.h. $1/N$ der Gesamtfläche) gegeben, während die Induktivität durch die Wechselwirkung der Schleifen untereinander im wesentlichen um den Faktor $1/N^2$ gegenüber der Induktivität einer Ringschleife mit dem Duchmesser des Magnetometers reduziert wird. Es lassen sich in dieser Geometrie effektive Flächen im Bereich einiger mm² realisieren, ohne auf zusätzliche Flusstransformatoren zurückzugreifen.

Heute findet das Vielschleifen-Magnetometer vor allem in Nb-Ausführung mehr und mehr Verwendung, z. B. zur Untersuchung biomagnetischer Signale bei der Physikalisch-Technischen Bundesanstalt (PTB) in Berlin [119] (s. Abb. 7.35 c). Auch aus $YBa_2Cu_3O_7$ wurden solche Magnetometer hergestellt (s. Abb. 7.35 b).

Nun müssen wir die Auslesetechnik der dc-SQUID-Magnetometer ansprechen. Man benötigt zunächst überdämpfte Josephsonkontakte mit einer eindeutigen Strom-Spannungs-Kennlinie[40] (vgl. Abb. 6.9). Auch die Kennlinie des SQUIDs, d.h. die Parallelschaltung der beiden Kontakte, ist dann nichthysteretisch. Sobald eine von Null verschiedene Spannung an den Josephsonkontakten anliegt, fließen dort die Ströme als Wechselstrom. Diese Ströme sind für nicht allzu große Spannungen sehr unharmonisch[41], sodass der zeitliche Mittelwert der Josephson-Wechselströme endlich ist und ebenso wie der statische Josephsonstrom periodisch mit dem Fluss durch den Ring moduliert. Damit variiert die gesamte Strom-Spannungs-Kennlinie des SQUIDs mit dem angelegten Fluss, wie in Abb. 7.36 b

---

40 $YBa_2Cu_3O_7$-Korngrenzenkontakte erfüllen bei 77 K intrinsisch diese Anforderung. Nb-Tunnelkontakte müssen dagegen mit Parallelwiderständen versehen werden.

41 Sie bestehen aus einer Folge kurzer Pulse, die bei den beiden Josephsonkontakten phasenverschoben auftreten; die Phasenverschiebung ändert sich periodisch mit dem Fluss durch den Ring.

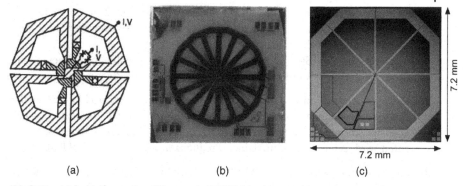

(a)   (b)   (c)

Abb. 7.35 »Vielschleifen-« oder »Wagenrad«-SQUID-Magnetometer:
(a) schematische Darstellung; (b) 16-Schleifen-Magnetometer aus
$YBa_2Cu_3O_7$ auf einem $1 \times 1\ cm^2$ großen Bikristall-Substrat [114, 118]
und (c) 8-Schleifen-Magnetometer aus Nb [120]. Die beiden unterschiedlich schraffierten Bereiche in (a) kennzeichnen zwei unterschiedliche supraleitende Lagen. Die beiden Josephsonkontakte, die den
Stromkreis jeder Schleife schließen, sind durch Kreuze gekennzeichnet.
(Nachdruck von (c) mit Erlaubnis von Elsevier).

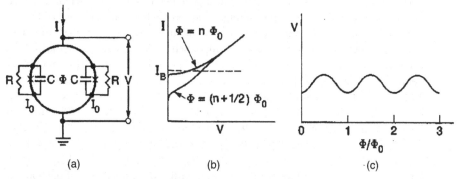

(a)   (b)   (c)

Abb. 7.36 Zum Ausleseprinzip des dc SQUIDs: (a) Ersatzschaltbild
des SQUIDs, (b) schematische Strom-Spannungs-Kennlinie,
(c) Spannungsmodulation bei festem aufgeprägtem Strom [114].

angedeutet. Prägt man dem SQUID einen leicht überkritischen festen Strom I_B
(Biasstrom) auf, so moduliert auch die zeitlich gemittelte Spannung periodisch mit
dem angelegten Fluss bzw. Magnetfeld (s. Abb. 7.36 c). Diese Spannungsmodulation wird letzlich ausgelesen. Das dc-SQUID transformiert damit den angelegten
Fluss in eine Spannung.

Aus Abb. 7.36 b ist erkenntlich, dass die Amplitude der Spannungsmodulation
nicht für alle aufgeprägten Ströme gleich groß ist. Weit oberhalb des kritischen
Stroms ist der gleichgerichtete Anteil des Josephsonstroms und damit auch die
Spannungsmodulation sehr klein. Für leicht unterkritische Ströme führen thermische Schwankungen immer wieder zu einem kurzen Strom- bzw. Spannungspuls

und damit zu einer kleinen Spannung.[42] Die Kennlinie wird dadurch bei kleinen Spannungen verrundet. Es existiert daher ein optimaler Stromwert, der dem SQUID aufgeprägt wird.

Auch jetzt hat das SQUID-Signal $V(\Phi_a)$ noch eine Reihe unschöner Eigenschaften, die korrigiert werden müssen:

(1) $V(\Phi_a)$ ändert sich durch Fluktuationen insbesondere der kritischen Ströme der beiden Josephsonkontakte. Eine Frequenzanalyse dieses Rauschens, das beispielsweise durch Ladungsumverteilungen in der Barrierenschicht hervorgerufen wird, zeigt, dass es zu kleinen Frequenzen hin anwächst ($1/f$-Rauschen).

(2) Die Spannungsänderungen $\Delta V(\Phi_a)$ sind relativ klein (im Bereich einiger 10 bis 100 µV) und die Impedanz des SQUIDs liegt lediglich im Bereich weniger Ω. Eine Spannungsauslese mit Halbleiter-Bauelementen benötigt dagegen hohe Impedanzen und Spannungshübe.

(3) Die Kurve $V(\Phi_a)$ variiert periodisch mit dem Flussquant Φ_0. Ein guter Detektor sollte dagegen ein Signal liefern, das sich möglichst linear mit der Messgröße ändert. Auf jeden Fall sollte die Detektorantwort aber eindeutig sein.

Für alle drei Probleme sind Lösungen gefunden worden.

Die Fluktuationen (1) lassen sich mittels geeigneter Modulationstechniken weitgehend eliminieren. Die Schwankungen der kritischen Ströme der beiden Josephsonkontakte sind zwar voneinander unabhängig, lassen sich aber immer in einen symmetrischen Anteil (gleichsinnige Schwankung der beiden kritischen Ströme) und einen antisymmetrischen Anteil (entgegengesetzte Schwankung der beiden kritischen Ströme) zerlegen. Der symmetrische Anteil führt dazu, dass sich $V(\Phi_a)$ entlang der Spannungsachse verschiebt, der Mittelwert V_0 der Kurve $V(\Phi_a)$ also zeitlich schwankt. Man moduliert nun den Fluss durch das SQUID durch ein kleines Wechselfeld (Amplitude $\approx \Phi_0/2$). Die Modulationsfrequenz f_m liegt dabei in der Größenordnung einiger 100 kHz bis MHz. Dadurch moduliert auch $V(\Phi_a)$ mit dieser Frequenz. Dieses Signal gibt man über einen normalleitenden, aber gekühlten Schwingkreis (Transformator), der überdies die Impedanz auf die von der Ausleseelektronik benötigten Werte anhebt. Das bei f_m detektierte Signal ist unabhängig vom Mittelwert V_0, sodass die Schwankung dieser Größe eliminiert ist. Der antisymmetrische Anteil der Fluktuationen des kritischen Stromes stellt effektiv einen Ringstrom um das SQUID-Loch herum dar. Der durch diese Schwankungen erzeugte magnetische Fluss führt zu einer Verschiebung von $V(\Phi_a)$ entlang der Φ_a-Achse. Polt man jetzt den aufgeprägten Strom schnell um, so erhält man eine Verschiebung von $V(\Phi_a)$ in die entgegengesetzte Richtung. Mittelt man die Beträge der bei beiden Polaritäten wiederholt gemessenen Spannungen (man polt typisch mit Frequenzen von einigen kHz um), hat man auch die antisymmetrische Schwankung eliminiert.

---

42 Im Pendelmodell (vgl. Abschnitt 6.2) bedeutet dies, dass immer wieder eines der vorgespannten Pendel zufällig überschlägt. Die Winkelgeschwindigkeit der Pendel bekommt einen endlichen Wert.

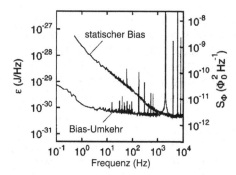

Abb. 7.37 Flussrauschen und Energie-auflösung eines bei 77 K betriebenen YBa$_2$Cu$_3$O$_7$-SQUIDs bei Anwendung allein der Flussmodulationstechnik (»static bias«) und der Doppelmodulationstechnik (»bias reversal«). Die oberhalb von 1 kHz sichtbaren Spitzen werden durch die Stromumkehrtechnik selbst hervorgerufen. Bei niedrigeren Frequenzen sind Stör-signale durch das Wechselstromnetz (bei Harmonischen von 60 Hz) sowie anderer Störquellen zu erkennen [114].

Die Anwendung der beiden Techniken Flussmodulation und Bias-Umkehr wird auch Doppelmodulation genannt. Sie löst zusammen mit der Transformatortechnik die Probleme (1) und (2) für Schwankungen, die langsamer sind als die Frequenz der entsprechenden Modulationen.

Die Abb. 7.37 zeigt das Ergebnis der beiden Modulationstechniken am Beispiel eines dc-SQUIDs aus YBa$_2$Cu$_3$O$_7$, das bei 77 K betrieben wurde. Hierbei wurde zunächst das zeitabhängige Signal $V(t)$ bei festem äußerem Fluss aufgenommen und dann Fourier-transformiert und geeignet kalibriert. Auf der rechten Achse der Figur ist die Intensität des Flussrauschens in Einheiten Φ_0^2/Hz aufgetragen, auf der linken Achse die Energieauflösung (s. Abschnitt 7.6.1) in J/Hz. Moduliert man lediglich den magnetischen Fluss, so steigt für SQUIDs aus Hochtemperatur-supraleitern das Rauschen bei Frequenzen unterhalb von 1 kHz oft stark an. Zusammen mit der Stromumkehr erreicht man aber Empfindlichkeiten von eini-gen 10^{-12} Φ_0^2/Hz bzw. 10^{-30} J/Hz bis herab zu Frequenzen um 1 Hz.

Zu der eben beschriebenen Technik existieren eine Reihe von Alternativen wie das »additional positive feedback« (APF)-Verfahren, bei dem ein Teil des aufge-prägten Stroms dazu verwendet wird, eine sehr steile Flanke in $V(\Phi_a)$ zu erzeugen, die dann direkt durch konventionelle Elektroniken verstärkt und ausgelesen werden kann. Für Details siehe [120, 121].

Mit den jetzt besprochenen Techniken können eine Reihe von Rauschquellen eliminiert werden. Übrig bleibt das thermische weiße Rauschen, das durch ge-schickte Wahl von Parametern wie β_L oder Γ minimiert, aber nicht eliminiert werden kann. Übrig bleiben ebenfalls das Rauschen, das durch die Zufallsbewe-gung von im SQUID-washer eingefangenen Flussquanten verursacht wird, sowie der Einfluss äußerer Störungen. Diese Quellen sind für das Magnetometer Signale und können daher nicht ohne weiteres durch geschickte Auslesetechniken elimi-niert werden.

Eingefangene Flusswirbel müssen daher entweder vermieden werden oder durch geeignete Haftzentren im Film so stark verankert werden, dass sie sich möglichst nicht bewegen. Für SQUIDs aus metallischen Supraleitern wie Nb[43)] ist das

---

43 Hochreines Nb ist ein Typ-I Supraleiter (vgl. Abschnitt 2.2). Dünnfilme enthalten dagegen genügend atomare Defekte, um Nb zum Typ-II Supraleiter zu machen.

Einfangen von Flussquanten beim Abkühlvorgang nicht sehr problematisch und kann meist durch vorsichtiges Abkühlen in einer magnetisch abgeschirmten Umgebung vermieden werden. Dies gilt auch für $YBa_2Cu_3O_7$-SQUIDs, solange man in einer magnetisch abgeschirmten Umgebung arbeiten kann oder will. Bei einigen Anwendungen sollen diese SQUIDs aber auf »freiem Feld« betrieben werden. In diesem Fall kann man Löcher oder Schlitze in den SQUID-washer einbringen. Der magnetische Fluss wird dann zumindest zum Teil in diese Löcher gedrängt, anstatt Flussquanten im supraleitenden Material auszubilden [122, 123].

Ein weiterer Trick besteht darin, in den Flusstransformator einen Josephsonkontakt zu integrieren (»Flussdamm«) [124]. Er vermeidet, dass etwa bei Bewegungen des Magnetometers die Ströme im Transformator zu groß werden und zusätzliches Rauschen erzeugen.

Der Beitrag äußerer Störquellen lässt sich zum Teil durch geeignete Abschirmungen mimimieren. Falls das eigentliche Signal eine andere räumliche oder zeitliche Beschaffenheit hat als die Störungen, können diese auch durch spezielle Gradiometertechniken unterdrückt werden. Hiermit wird sich der Abschnitt 7.6.4.2 befassen.

Jetzt bleibt noch Problem (3) zu lösen, d.h. die Frage zu klären, wie aus der periodischen Spannungsantwort $V(\Phi_a)$ des dc-SQUIDs ein eindeutiges Signal erzeugt werden kann. Hier bedient man sich der Methode der Fluss-Rückkopplung (»flux-locked mode«). Man begibt sich zunächst auf die steilste Stelle der Kurve $V(\Phi_a)$ und versorgt dann mit dem detektierten und verstärkten Spannungssignal eine Rückkoppelspule. Wenn sich $V(\Phi_a)$ durch ein zu detektierendes Signal Φ_s vom Arbeitspunkt wegbewegt, wird durch die Rückkoppelspule ein zusätzlicher Fluss erzeugt, der Φ_s gerade kompensiert. Man misst dann ein zum Strom durch die Rückkoppelspule proportionales Spannungssignal V_F, das dann direkt proportional zum Signalfluss Φ_s ist.

Sehr *große* Flussänderungen Φ_s können unter Umständen nicht nachgeregelt werden. Hier bietet die periodische Kurve $V(\Phi_a)$ aber die Möglichkeit, einige Perioden zu »überspringen« und diese Perioden evtl. sogar mitzuzählen. Das SQUID bekommt dadurch einen sehr großen »dynamischen Bereich«, über den es Signale messen kann.

Auch sehr *schnelle* Flussänderungen können die Rückkopplung zerstören. Diese müssen vermieden werden, da sonst nicht klar ist, um welchen Feldwert herum das Magnetometer nach Wiederherstellung der Rückkopplung misst. Die maximale Nachführrate muss unter Umständen sehr hoch sein. Nehmen wir an, man hat eine Feldänderung von 1 G in 10 ms, was etwa bei einem Gewitter leicht erreicht wird. Bei einer Magnetometerfläche von 2 mm^2 entspricht dies einer Änderung um 10^5 Flussquanten; die Elektronik muss also $10^7\ \Phi_0$/s nachregeln können. Solche Werte sind aber mit guten Elektroniken erreichbar.

Wir verlassen nun den Bereich der dc-SQUIDs und wenden uns dem Funktionsprinzip der rf-SQUIDs zu. Dieses SQUID wurde in den frühen 1970er Jahren entwicklet [125] und wird auch heute noch vielfach eingesetzt.

Wie bereits erwähnt, besteht ein rf-SQUID grundsätzlich aus einem supraleitenden Ring, in den ein einziger Josephsonkontakt integriert ist. Dieser Ring wird

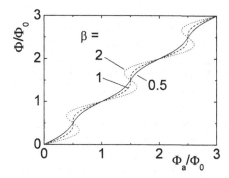

Abb. 7.38 Zum Funktionsprinzip des rf-SQUID: Gesamtfluss durch den Ring in Abhängigkeit vom äußeren Fluss.

dann induktiv an einen in der Nähe seiner Resonanz angetriebenen Schwingkreis angekoppelt. Die Antriebsfrequenzen f_{rf} liegen bei einigen 100 MHz bis einigen GHz. Als Auslesegröße dient beispielsweise die über dem LC-Kreis auftretende Wechselspannung.

Um die Eigenschaften des rf-SQUIDs zu verstehen, betrachtet man am besten den Gesamtfluss Φ durch den Ring in Abhängigkeit vom angelegten Fluss Φ_a. Zunächst gilt: $\Phi = \Phi_a + LJ$, wobei L die Ringinduktivität und J der Ringstrom ist. Dieser Strom fließt durch den Josephsonkontakt, es gilt also entsprechend der ersten Josephsongleichung (1-25) weiter: $J = I_c \sin\gamma$. Ganz analog zur Gleichung (1-58), die für das dc-SQUID den Zusammenhang zwischen den Phasendifferenzen der beiden Josephsonkontakte und dem magnetischen Fluss im Ring beschreibt, findet man für das rf-SQUID: $\gamma = -2\pi\Phi/\Phi_0$. Damit gilt:

$$\Phi = \Phi_a - LI_c \sin(2\pi\Phi/\Phi_0) \qquad (7\text{-}14\,\text{a})$$

Teilt man noch beide Seiten durch das Flussquant und schreibt $\Phi/\Phi_0 = \varphi$, so ergibt sich:

$$\varphi = \varphi_a - \frac{\beta}{2\pi} \cdot \sin 2\pi\varphi \qquad (7\text{-}14\,\text{b})$$

mit $\beta = 2\pi LI_c/\Phi_0$. Bis auf einem Faktor π entspricht β dem Induktivitätsparameter β_L, den wir beim dc-SQUID kennengelernt haben.

Die Abb. 7.38 zeigt die nach Gleichung (7-14b) berechnete Kurve $\Phi(\Phi_a)$ für drei Werte von β. Für $\beta < 1$ ist $\Phi(\Phi_a)$ eineindeutig, während sie für $\beta > 1$ für bestimmte Werte von Φ_a Hysteresen aufweist. Beide Kurvenformen können für die Magnetometrie verwendet werden.

Im Fall $\beta < 1$ entspricht das rf-SQUID letztlich einer nichtlinearen Induktivität, die die Resonanzfrequenz $1/(L_{eff}C)^{1/2}$ des Schwingkreises periodisch mit dem angelegten Fluss moduliert. Wenn der Schwingkreis bei einer festen Frequenz nahe der Resonanz angetrieben wird, verursacht diese Resonanzänderung eine starke Änderung der Wechselstromamplitude, mit der der LC-Kreis schwingt.

Für $\beta > 1$ springt $\Phi(\Phi_a)$, sobald der externe Fluss, der sich aus einem statischen Anteil Φ_{St} plus einem durch den Schwingkreis verursachten Wechselfeldanteil

$\Phi_{rf}\sin(2\pi f_{ac}t)$ zusammensetzt, einen der kritischen Punkte mit unendlicher Steigung $d\Phi/d\Phi_a$ erreicht. Hierdurch wird der Schwingkreis gedämpft, sein Gütefaktor erniedrigt sich. Diese Dämpfung ist mimimal (maximal), wenn Φ_{St} bei einem ganzzahligen (halbzahligen) Wert von Φ_0 liegt.

Genau wie das dc-SQUID hat also auch das rf-SQUID eine mit der Periode Φ_0 oszillierende Antwortfunktion. Beim rf-SQUID sollte analog zum dc-SQUID die Größe β von der Größenordnung 1 sein und der Parameter Γ den Wert 1 nicht wesentlich überschreiten. Dies führt zu vergleichbaren Anforderungen im Design und der Auslesetechnik, sodass auch hier washer-Geometrien oder Rückkoppeltechniken eingesetzt werden.

Der Vorteil des rf-SQUIDs besteht darin, dass im Gegensatz zum dc-SQUID kein Transportstrom über den Josephsonkontakt aufgeprägt werden muss und daher der Betrieb wesentlich sicherer ist. Bond-Drähte können brechen und ungewollte Stromspitzen können die Josephsonkontakte zerstören. Dagegen ist die Auslesetechnik beim dc-SQUID zumindest beim Betrieb bei 4,2 K wesentlich rauschärmer. Gute Aufbauten sind im Gegensatz zum rf-SQUID durch die Rauscheigenschaften des SQUIDs und nicht durch die Messelektronik begrenzt. Beim Betrieb bei 77 K sind die Rauscheigenschaften von dc-SQUID und rf-SQUID allerdings nicht mehr allzu unterschiedlich, so dass viele Messaufgaben auch von rf-SQUIDs übernommen werden können.

Auch Interferometeranordnungen mit mehr als zwei Josephsonkontakten wurden bzw. werden untersucht. Im Prinzip kann man sich in Analogie zum optischen Gitter vorstellen, dass eine Parallelschaltung vieler Josephsonkontakte eine sehr hohe Empfindlichkeit hat. Problematisch ist allerdings die Herstellung vieler identischer Josephsonkontakte. Wenn in einer Parallelschaltung vieler Josephsonkontakte die Kontaktparameter oder auch die Fläche der Schlaufen zwischen den Kontakten variieren, ist das Interferenzmuster sehr unregelmäßig und letzlich wertlos. In jüngerer Zeit wurden allerdings relativ homogene Anordnungen demonstriert [126].

Als besonders erfolgreich scheint sich ein alternativer Ansatz herauszustellen, bei dem bewusst stark variierende Schlaufengrößen und Kontaktparameter verwendet werden. Der kritische Suprastrom über das Vielkontaktinterferometer ist im Nullfeld maximal und fällt dann rasch auf einen sehr kleinen Wert ab. Die Idee ist, die (eindeutige) Spitze im maximalen Suprastrom als empfindlichen Feldsensor zu verwenden. Die Abb. 7.39 zeigt den schematischen Aufbau eines solchen Interferometers (SQIF, superconducting quantum interference filter) zusammen mit der gemessenen $V(\Phi_a)$-Charakteristik [127]. Das Interferometer bestand aus 30 parallelgeschalteten Nb-Kontakten. Ähnliche Anordnungen werden auch mit $YBa_2Cu_3O_7$ untersucht [128]. Im Vergleich zeigt die Abbildung auch das Signal eines gleich großen dc-SQUIDs, das einen erheblich geringeren Spannungshub aufweist. Neben unregelmäßigen Parallel-Arrays werden zur Zeit auch serielle Anordnungen unregelmäßig ausgeführter dc-SQUIDs oder auch zweidimensionale Schlaufenanordnungen untersucht [129].

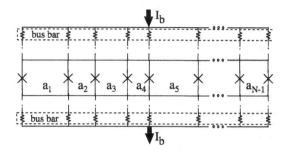

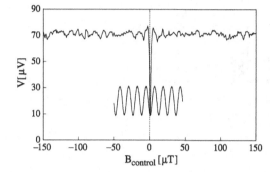

Abb. 7.39 Supraleitendes Quanten-interferenzfilter (SQIF).
Oben: Ersatzschaltbild. Unten: Span-nungsantwort eines 30-Kontakt-Inter-ferometers im Vergleich zu einem dc-SQUID gleicher Größe. (Nach-druck aus [127] mit Erlaubnis von Elsevier).

7.6.4.2 Störsignale, Gradiometer und Abschirmungen

Durch die extreme Sensitivität der SQUID-Magnetometer ist auch ein Punkt erreicht, an dem nahezu jedes beliebige Signal aus der Außenwelt größer sein kann als die zu messende Größe. Eine Vorstellung von der Größenordnung »inter-essanter« Signale im Vergleich zu Störsignalen vermittelt Abb. 7.40 [130].

So erzeugt ein Schraubenzieher in 5 m Abstand ein deutlich höheres Feld als das menschliche Herz. Hirnsignale sind von der gleichen Größenordnung wie die Magnetfelder, die ein in 2 km Entfernung vorbeifahrendes Auto erzeugt.

Ein erster Schritt zur Unterdrückung solcher Störungen besteht in der Verwen-dung magnetischer Abschirmungen. So kann eine weichmagnetische Abschirmung um einen Kryostaten statische oder niederfrequente Magnetfelder bereits um drei bis vier Größenordungen unterdrücken. Zusätzlich kann man das SQUID und die zu untersuchende Probe in einen supraleitenden Hohlraum einbringen. Dieser schwächt das Magnetfeld zwar nicht ab, hält aber den Fluss in seinem Inneren konstant, so dass sich äußere Magnetfeld*änderungen* auf das Feld im Inneren der Abschirmung kaum auswirken[44]. Auf größerem Maßstab umgibt man ganze Kammern mit magnetischen Abschirmungen. Die derzeit beste magnetisch abge-schirmte Kammer ist bei der PTB in Berlin aufgestellt [131]. Die 2,9 m durch-messende Kammer ist mit 7 Lagen aus μ-Metall, sowie einer dicken Schicht aus

---

44 Aufgrund der Quantenbedingung für den magnetischen Fluss in einem supraleitenden Zylinder ist es im Prinzip auch möglich, einen völlig feldfreien Raum zu erzeugen. In der Praxis ist immerhin eine Feldreduktion auf 10^{-11} T gelungen [W. O. Hamilton: Rev. Phys. Appl. **5**, 41 (1970)].

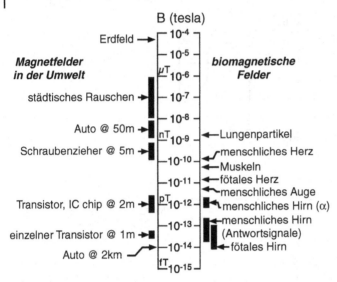

Abb. 7.40 Vergleich von Störsignalen und interessanter biomagnetischer Felder (nach [130]).

Aluminium für die Abschirmung hochfrequenter elektromagnetischer Felder umgeben. Zusätzlich zu dieser passiven Abschirmung werden Kompensationsspulen für eine aktive Feldunterdrückung eingesetzt. Zusammen mit der aktiven Abschirmung erreicht die Kammer bei 0,01 Hz Feldunterdrückungen von bis zu $2 \cdot 10^6$ sowie über $2 \cdot 10^8$ bei einer Frequenz von 5 Hz.

Will man in weniger gut abgeschirmten oder gar unabgeschirmten Umgebungen messen, sind weitere Techniken zur Störfeldunterdrückung notwendig. Das gleiche gilt in einer Abschirmkammer, wenn man sich beispielsweise für das Signal des Gehirns interessiert, das vom tausendfach stärkeren Signal des schlagenden Herzens überlagert ist.

Störquellen sind aber oft deutlich weiter vom SQUID entfernt als die zu messende Quelle. Als Konsequenz ist das Störsignal *räumlich* in der Nähe des Interferometers weitgehend konstant, während das zu detektierende Signal oft stark abfällt. Der *Gradient* des Magnetfelds enthält daher mehr Anteile des Signals als von der Störung.

Ganz analog zu Flusstransformatoren lassen sich auch Gradiometer zur Bestimmung solcher räumlichen Variationen konstruieren. Das einfachste Beispiel ist eine planare Anordnung in Form einer »8«. Die beiden Schleifen dieser »8« haben entgegengesetzten Orientierungssinn, sodass eine homogene Feldänderung den Gesamtfluss durch die beiden Schleifen nicht ändert und daher auch kein Abschirmstrom erzeugt wird. Wird dagegen in den beiden Schleifen ein unterschiedlicher Fluss erzeugt, so wird ein Abschirmstrom proportional zur Flussdifferenz in den beiden Schleifen erzeugt, der in das SQUID eingekoppelt wird. Die Anordnung misst, wenn die vertikale Achse der »8« in y-Richtung orientiert war

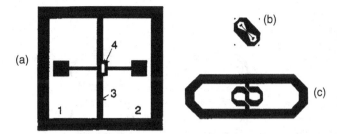

Abb. 7.41 Realisierungen einlagiger planarer Gradiometer, die den Gradienten dB_z/dy messen [114]. In (a) erzeugt der Feldgradient einen Strom im Streifen 3, der an das SQUID 4 gekoppelt ist [132]. Das in (b) gezeigte, an das sich im Zentrum befindende SQUID gekoppelte 1×1 cm² große Gradiometer wird seinerseits an das größere Gradiometer (c) gekoppelt [133].

und die Flächennormalen der Schleifen in z-Richtung zeigen, die über die Schleifenflächen gemittelte Differenz $\Delta B_z/\Delta y$, im folgenden als Gradient dB_z/dy bezeichnet. Die Abb. 7.41 zeigt Realisierungen eines solchen Gradiometers.

Auf entsprechende Weise lassen sich Gradiometer für alle Arten von Gradienten dB_x/dz, dB_z/dx usw. erzeugen[45]. Man kann ebenfalls auf verschiedenste Weise Gradiometer konstruieren, die zweite Ableitungen d^2B_z/dx^2 usw. oder auch höhere Ableitungen messen (»Gradiometer n-ter Ordnung«). Abb. 7.42 zeigt einige Beispiele in Drahtausführung [134]. Solche Gradiometer werden vor allem in der Magnetoenzephalographie, d.h. bei der Untersuchung des Hirnmagnetismus eingesetzt. Hierbei werden z.T. einige hundert SQUIDs kombiniert.

Neben diesen »Hardware-Gradiometern« setzen sich ebenfalls mehr und mehr Anwendungen durch, die eine Reihe von Magnetometern bzw. Gradiometern relativ niedriger Ordnung per Computer verschalten und dadurch eine Vielzahl von Gradiometern hoher Ordnung realisieren [134].

Neben diesen Gradiententechniken kommen oft ausgefeilte Signalanalysen zum Einsatz, die sich spezielle Zeitabhängigkeiten des Signals zunutze machen und so Signal und Störung separieren können.

7.6.4.3 Anwendungen von SQUIDs

Der hohen Sensitivitivität von SQUIDs entsprechend sind die Anwendungsmöglichkeiten sehr vielseitig.

Besonders einfache Systeme sind SQUID-Suszeptometer, die in vielen Labors routinemäßig eingesetzt werden. Sie werden von einer Reihe von Firmen kommerziell angeboten. Die interessierende Größe ist die magnetische Suszeptibilität χ der Probe in einem statischen Feld, das bis zu einigen Tesla groß sein kann. Man legt

---

45 Für die Gradienten dB_z/d_z, dB_y/d_y und dB_x/d_x benötigt man dreidimensionale Anordnungen wie die der Abb. 7.42a. Die anderen Gradienten lassen sich bereits durch eine geeignete Orientierung planarer Anordnungen erreichen.

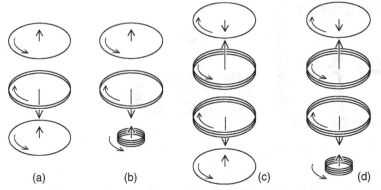

Abb. 7.42 Verschiedene Gradiometer in Drahtausführung.
Die Verbindungsdrähte zwischen den Wicklungen sind nicht gezeichnet.
(a, b) symmetrisches bzw. asymmetrisches Gradiometer zweiter
Ordnung für d^2B_z/dz^2; (c, d) Symmetrisches bzw. asymmetrisches
Gradiometer dritter Ordnung für d^3B_z/dz^3. Die gebogenen Pfeile geben
die Richtung der Ströme im Gradiometer, die geraden Pfeile die
Richtung der dadurch erzeugten Magnetfelder an. (Nachdruck aus
[134] mit Erlaubnis von IOP).

das Feld an die Probe, sowie an die entgegengesetzt gewickelte Kompensationsspule des Gradiometers an. Der im Transformator fließende Strom ist proportional zur Flussdifferenz durch die beiden Spulen, die ihrerseits proportional zur Magetisierung der Probe und damit zu χ ist. Das SQUID – oft ein Niob-rf-SQUID – befindet sich in einiger Distanz vom Probenvolumen, um zu große Felder am Ort des SQUIDs zu vermeiden. Die Probe ist thermisch isoliert vom Transformator, so dass deren Temperatur zwischen Raumtemperatur und wenigen Kelvin variiert werden kann.

Am anderen Ende der Komplexitätsskala stehen SQUID-Vielkanalsysteme für die Magneto-Enzephalographie (MEG). Moderne, bei 4,2 K betriebene Geräte umfassen mehrere hundert SQUID-Magnetometer oder Gradiometer. Die Abb. 7.43 zeigt ein System der Firma CTF.

Mit solchen Vielkanalsystemen lassen sich die vom Hirn produzierten Magnetfelder knapp oberhalb der Schädeldecke mit hoher Auflösung messen. Die Signale kommen überwiegend von den »grauen Zellen« der Großhirnrinde. Dabei wäre das Feld eines einzelnen aktiven Neurons mit unter 0,1 fT allerdings zu schwach, um direkt nachgewiesen zu werden. Statt dessen misst man das Signal von einigen 10 000 simultan »feuernden« Neuronen.

Eine ausführliche Darstellung der zur Zeit verfügbaren Vielkanalsysteme oder gar der medizinisch relevanten Fragestellungen würde den Rahmen dieses Buches sprengen. Hier sei auf die Übersichtsartikel [134, 135] verwiesen. Einige Gesichtspunkte sollen allerdings kurz angesprochen werden.

Zunächst stellt sich die Frage der Auswertung der Magnetfeldsignale. Die eigentlich interessierende Größe ist die Verteilung der Ströme im Gehirn, die dieses Feld

 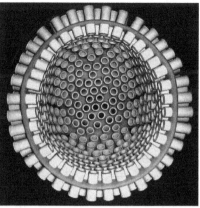

Abb. 7.43 SQUID-Vielkanalsystem für die Magnetoenzephalographie.
Links: Gesamtsystem mit einer Versuchperson in einer magnetisch
abgeschirmten Kammer (CTF-MEG-System, installiert in Riken, Japan).
Rechts: Blick in die helmartige SQUID-Anordnung mit 275 Sensoren
in Form radialer Gradiometer. (Nachdruck aus [130] mit Erlaubnis von IOP).
Linke Abbildung mit freundlicher Genehmigung der Firma CTF Systems Inc.

produzieren. Nun lässt sich zeigen, dass, selbst wenn das Feld dieser Ströme noch
so genau gemessen würde, die Rückrechnung auf den Strom nicht eindeutig
möglich ist (»inverses Problem«). Man muss daher Zusatzannahmen verwenden,
die allerdings meist aus medizinischen Vorkenntnissen heraus rechtzufertigen
sind. Oft stammt ein Signal aus wenigen gut lokalisierten Regionen im Gehirn.
Man modelliert den Stromfluss dann durch einige kurze Leitersegmente (»Strom-
dipole«), deren Ort und Orientierung dann aus dem Magnetfeldsignal berechnet
werden. Man erhält die Koordinaten der Hirnregionen, die beispielsweise bei einem
epileptischen Anfall aktiv werden. Diese aktiven Regionen können einem mittels
der Kernspintomographie erstellten Bild des Hirns überlagert werden.

Der zweite Aspekt, der hier angesprochen werden sollte, ist die Frage des Nutzens
der Magnetoenzephalographie. Das Verfahren ist relativ aufwändig. Es ergänzt aber
die vorhandenen Verfahren wie Kernspintomographie, Computertomographie oder
die Positronen-Emissions-Tomographie (PET) in sehr sinnvoller Weise. Bei diesen
Verfahren werden letzlich Stoffwechselvorgänge im Gehirn abgebildet; MEG dagegen »sieht« die wesentlich schnelleren elektromagnetischen Vorgänge im Gehirn.
Es ist oft komplementär zu der Elektroenzephalographie (EEG) und wird daher
zusammen mit der Messung von EEG-Signalen eingesetzt. Die Maxwell-Gleichungen sind bezüglich der elektrischen und magnetischen Signale nicht symmetrisch. Es gibt Stromverteilungen, die entweder nur im EEG oder nur im MEG
sichtbar sind. Selbst wenn die Information die gleiche ist, hat aber MEG den Vorteil,
absolut nicht-invasiv zu sein (man misst lediglich mit helmartigen Anordnungen in
der Nähe der Schädeldecke). Elektrische Signale sind außerdem oft nur schwer mit
guter räumlicher Ausfösung zu erhalten, da über dem Hirn mehrere nahezu
isolierende oder auch besser leitende Schichten (Schädelknochen, Kopfhaut etc.)

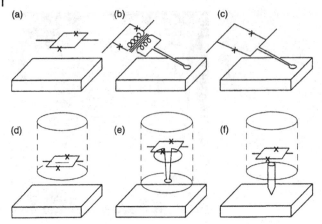

Abb. 7.44 Verschiedene Typen von SQUID-Mikroskopen:
(a–c) SQUID inkl. Flusstransformator rastern über die gekühlte Probe.
(d–f) SQUID und Probe sind thermisch voneinander isoliert, wobei
sich die Probe evtl. bei Raumtemperatur an Luft befinden kann. In
(f) wird das Magnetfeldsignal über eine ferromagnetische Spitze in das
SQUID eingekoppelt. (Nachdruck aus [139] mit Erlaubnis von Elsevier).

liegen, die die elektrischen Potenziale verzerren[46]. Magnetische Signale dringen dagegen ungehindert in den Außenraum vor und können dort schnell und mit hoher räumlicher Genauigkeit analysiert werden.

Herzsignale sind mit ca. 10^{-10} T wesentlich größer als Hirnsignale (s. Abb. 7.40). Allerdings sind Feinstrukturen mit Amplituden von wenigen pT klinisch besonders relevant. Zwei Aspekte sind besonders wichtig. Zum einen möchte man die Quellen eines (krankhaften) Signals möglichst genau in drei Raumdimensionen lokalisieren, was durch die Messung des Magnetfelds in allen drei Raumrichtungen an Brust und Rücken sowie durch ausgefeilte Rekonstruktionstechniken erreicht werden kann [136]. Andererseits sind schnelle Untersuchungen mit eher einfachen SQUID-Systemen interessant, um krankhafte Veränderungen, etwa im Hinblick auf Herzinfarkte, schnell zu erkennen. Hier bietet sich der Einsatz von (evtl. mobilen) Hoch-T_c-Systemen an, die in unabgeschirmten Umgebungen betrieben werden können [137]. Zu diesen, aber auch zahlreichen weiteren Themenstellungen werden derzeit klinische Studien durchgeführt.

Bei den eben beschriebenen Systemen werden Magnetfelder durch SQUIDs aufgenommen, die relativ zu dem zu untersuchenden Objekt in Ruhe sind. Eine alternative Methode besteht darin, das SQUID mit hoher Ortsauflösung relativ zur Probe zu bewegen [138, 139]. Diese »SQUID-Mikroskope« können Ortsauflösungen im µm-Bereich erreichen. Eine Reihe verschiedener Techniken wurden eingesetzt, von denen einige in Abb. 7.44 schematisch dargestellt sind.

---

46 Ganz besonders gilt dies, wenn man sich für die Hirnsignale von Föten im Mutterleib interessiert (vgl. Abb. 7.40).

Abb. 7.45 Mit dem SQUID-Mikroskop abgebildeter Ausschnitt aus dem Porträt von George Washington auf einer 1 $-Note [144]. (Nachdruck mit freundlicher Genehmigung der Autoren R. C. Black, Y. Gim, A. Mathai und F. C. Wellstood).

Es wurden sowohl Geräte auf der Basis metallischer Supraleiter als auch auf der Basis von Hochtemperatursupraleitern konstruiert. Die Einsatzgebiete dieser SQUID-Mikroskope reichen von Untersuchungen etwa der Flusswirbelstruktur von Supraleitern (vgl. Abb. 3.44) über die Analyse von Chips oder Wafern für die Mikroelektronik [140, 141] bis zur Detektion biologischer Signale von Zellgeweben [142] oder magnetisch aktiven Bakterien [143]. Als ein Demonstrationsbeispiel zeigt Abb. 7.45 einen Ausschnitt aus dem Porträt von George Washington auf einer 1 $-Note [144]. Die Druckfarben sind schwach magnetisch und können vom SQUID gut detektiert werden.

Ebenfalls über die Oberfläche einer Probe gerastert werden SQUIDs bei der »zerstörungsfreien Werkstoffprüfung« (NDE, non-destructive evaluation). Unter diesem Begriff werden Verfahren zusammengefasst, die die Detektion von verdeckten Materialfehlern wie Rissen in verschiedensten Bauteilen zum Ziel haben. Beispiele sind die Untersuchung der Bolzenverbindungen in der Hülle von Flugzeugen [145] oder des Stahlskeletts von Stahlbetonbrücken [146].

Bei diesen Messungen werden durch Induktionsspulen Wirbelströme im zu untersuchenden Bauteil angeworfen. Defekte im Material verändern den Stromfluss im Bauteil und damit das von diesen Strömen erzeugte Magnetfeld. Bei konventionellen Detektoren werden diese Wechselfelder von weiteren Induktionsspulen aufgefangen. Durch den Skineffekt, (Gleichung 7-1), dringen die Wechselfelder aber um so weniger weit in das Bauteil ein, desto höher deren Leitfähigkeit ist und desto höher die Induktionsfrequenz ist. Hier liegt der Vorteil von SQUIDs, da gegenüber konventionellen Detektoren erheblich kleinere Frequenzen verwendet werden können und damit Defekte auch in großer Tiefe nachweisbar sind. Je nach zu prüfendem Objekt reichen die Anregungsfrequenzen von einigen Hz bis hin zu einigen kHz.

Für NDE-Verfahren ist insbesondere der Einsatz von Hoch-T_c-SQUIDs interessant, da die Prüfungen meist vor Ort mit leicht transportablen Systemen durchgeführt werden müssen. In speziellen Fällen wie bei der Prüfung der Oberfläche supraleitender Nb-Hohlraumresonatoren auf Defekte [147] kann aber auch der Einsatz von Tief-T_c-SQUIDs interessant sein.

Die Werkstoffprüfung muss in der Regel in einer sehr verrauschten und magnetisch unabgeschirmten Umgebung (z. B. einer Flugzeughalle) durchgeführt werden, wobei der Sensor zusätzlich im Magnetfeld bewegt werden muss. Daher bestehen insbesondere hohe Anforderungen an die Unterdrückung von Störsignalen sowie an die Geschwindigkeit, mit der die Rückkoppelelektronik auf Signaländerungen reagieren kann. In den letzten Jahren wurde die entsprechende Technik entwickelt, sodass die SQUID-Systeme zuverlässig Fehler detektieren können, die mit konventionellen Wirbelstromverfahren nicht oder nur erheblich schlechter nachweisbar sind[47].

Neben den bisher in diesem Abschnitt erwähnten Beispielen für die Anwendung von SQUIDs existieren eine Vielzahl weiterer Einsatzgebiete, auf die wir nicht im Detail eingehen können. In Abschnitt 7.6 hatten wir beispielsweise erwähnt, dass SQUIDs zur Auslese der Thermometer bei der Kalorimetrie herangezogen werden. SQUIDs werden verwendet, um etwa die Gleichheit von schwerer und träger Masse in Fallversuchen zu untersuchen [148]. SQUIDs können ebenfalls als extrem empfindliche Hochfrequenzverstärker bis in den GHz-Bereich ausgelegt werden [149], um etwa neue Elementarteilchen zu detektieren [150]. Auch die Einsetzbarkeit von SQUIDs für Kernspinresonanzmessungen wurde demonstriert [151]. Hierbei können Signale bei sehr kleinen Frequenzen (200 Hz bis 100 kHz) empfangen und aufgelöst werden. Entsprechend werden nur sehr schwache Magnetfelder benötigt, in denen die Kernspins präzedieren. SQUIDs werden ebenfalls erprobt, um aus Flugzeugen heraus nach Mineralvorkommen oder auch nach Minen zu suchen [152].

Mit diesen Beispielen, die noch einmal die vielseitige Einsetzbarkeit von SQUIDs demonstrieren sollten, wollen wir unsere Ausführungen über Quanteninterferometer abschließen. Viele weitere Aspekte findet man in den Stoffsammlungen [M26, M27].

7.7
Supraleiter in der Mikroelektronik

Wir wollen jetzt zu Anwendungen von Supraleitern bei hohen Frequenzen zurückkehren. Hierbei wird der Josephson-Wechselstrom im Vordergrund stehen. Wir werden zunächst Spannungsstandards diskutieren, die sich die Josephson-Frequenz-Spannungs-Beziehung (1-27), $f_J = U/\Phi_0$, zunutze machen. Anschließend werden wir sehen, wie sich auf der Basis von Josephsonkontakten schnelle und leistungsarme Digitalschaltungen realisieren lassen.

---

47 Bei Flugzeugen werden deshalb die Bolzen derzeit bei Wartungsarbeiten herausgenommen, geprüft und wieder eingesetzt, was ungeheuer zeitaufwändig ist.

7.7.1
Spannungsstandards

Wir hatten in Abschnitt 6.3 gesehen, dass sich auf der Strom-Spannungs-Kennlinie eines Josephsonkontakts unter Mikrowelleneinstrahlung (Frequenz: f_{ac}) Stufen konstanter Spannung (Shapirostufen) bei Spannungswerten $U_n = n \cdot f_{ac} \cdot \Phi_0$ mit $n =$ 0, ± 1 usw. ausbilden. Bei überdämpften (nichthysteretischen) Josephsonkontakten können auch die Spannungswerte zwischen den Stufen kontinuierlich durchfahren werden, während bei stark unterdämpften (hysteretischen) Kontakten auch die Shapirostufen hysteretisch sind. Selbst ohne aufgeprägten Strom können eine Reihe diskreter Spannungswerte erhalten werden (Nullstromstufen, vgl. Abb. 6.11 und 6.12).

Diese Shapirostufen sind ideal geeignet für die Realisierung eines Spannungs-standards, da sie die Spannung über die Naturkonstante Φ_0 mit der eingestrahlten Frequenz verbindet. Mikrowellenfrequenzen können einerseits enorm genau gemessen werden und andererseits durch Rückkoppelschaltungen hochstabil gehalten werden. Herkömmliche Spannungsstandards (»Weston-Zellen«, d.h. Cd(Hg)/CdSO$_4$(aq),Hg$_2$S$_4$/Hg-Batterien, die eine Spannung von 1,0183 V produzieren), auf denen die Definition des Volts bis in die 1970er Jahre basierte, zeigen dagegen relative Abweichungen um 10^{-6}, was für heutige Anforderungen zuviel ist [153, 154]. Mit Josephsonkontakten können dagegen heute Genauigkeiten von einigen 10^{-10} erreicht werden.

Die Größe $K_J = 1/\Phi_0$ (Josephsonkonstante) wurde 1990 international auf den Wert 483,5979 GHz/mV festgelegt (K$_{J-90}$) und definiert damit das Volt. In den Jahren zuvor waren von verschiedenen Laboratorien leicht unterschiedliche Werte für K_J verwendet worden.

Bei einer Einstrahlfrequenz von z.B. 75 GHz erhält man Shapirostufen bei Vielfachen von ca. 155 μV. Will man einen Standard für 1 V realisieren, so benötigt man bei dieser Einstrahlfrequenz ca. 6500 in Reihe geschalteter Josephsonkontakte, die auf der ersten Shapirostufe ($n = 1$) betrieben werden. Wählt man $n = 5$, sind dies immer noch ca. 1300 Kontakte.

Die Schwierigkeit besteht nun einerseits darin, so viele Kontakte mit weitgehend identischen Eigenschaften herzustellen, und andererseits darin, die eingestrahlte Mikrowellenleistung gleichmäßig auf diese Kontakte zu verteilen. Die Probleme, die auftreten, wenn diese Bedingungen nicht erfüllt sind, werden im Fall hysterese-freier Kontakte besonders offensichtlich. Wenn allen Kontakten der gleiche Strom aufgeprägt ist, werden auf einigen Kontakten, deren Parameter zu weit vom Mittelwert abweichen oder die die »falsche« Mikrowellenleistung empfangen, Spannungswerte *zwischen* den Shapirostufen auftreten. Die Gesamtspan-nung ist dann kein Vielfaches von $f_{ac} \cdot \Phi_0$, der Spannungsstandard funktioniert nicht.

Das Problem der homogenen Mikrowelleneinkopplung lässt sich dadurch lösen, dass man die Kette von Josephsonkontakten mäanderförmig anordnet und die Mikrowelle auf die parallel liegenden Windungen des Mäanders einstrahlt (Abb. 7.46). Hierbei befindet sich am Ende jeder Windung ein geeignet dimensio-

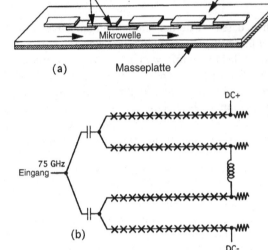

Abb. 7.46 Schema der Anordnung von Josephsonkontakten und der Mikrowelleneinkopplung in einem Spannungsstandard ([153], © 2000 Rev. Sci. Instr.).

nierter resistiver Abschluss, um die Reflexion der Mikrowelle an den Enden zu vermeiden.

Das zweite Problem – die reproduzierbare Herstellung der einzelnen Kontakte – konnte zunächst mit stark unterdämpften Kontakten gelöst werden [155]. Da die Shapirostufen hier als Nullstromstufen auftreten können, lassen sich die quantisierten Spannungen auch ohne aufgeprägten Strom messen. Etwaige zusätzliche Widerstände in der Kette von Josephsonkontakten tragen nicht zur Gesamtspannung bei. Allerdings müssen auch bei diesen Josephsonkontakten Größen wie etwa die Kontaktabmessung, die Josephson-Plasmafrequenz oder der Stewart-McCumber-Parameter (Gleichung 6-13) sehr genau gewählt werden, um etwa chaotisches Verhalten oder die Anregung elektromagnetischer Stehwellen im Kontakt zu vermeiden [156].

In den 1980er Jahren wurden in einer Zusammenarbeit der Physikalisch-Technischen Bundesanstalt in Braunschweig und des National Institute of Standards and Technology in Boulder immer größere Reihenschaltungen entwickelt. Ende der 1980er Jahre hatte man Chips mit ca. 15 000 Kontakten, die unter Mikrowelleneinstrahlung insgesamt über 150 000 Shapirostufen bei Spannungen zwischen −10 V und 10 V erzeugten [153]. Die Abb. 7.47 zeigt die Realisierung eines noch etwas größeren 10 V-Standards. Er besteht aus 20 208 Nb-Tunnelkontakten. In den 16 Mäandern befinden sich jeweils 1263 Kontakte.

Will man in einer solchen Reihenschaltung bei einer Mikrowelleneinstrahlung von 75 GHz z. B. einen Spannungswert von 10,0 V realisieren, muss die Shapirostufe Nr. 64480 eingestellt werden, wobei sich dann bei einigen Kontakten die Spannung $3f_{ac}\Phi_0$, bei anderen die Spannung $4f_{ac}\Phi_0$ auftritt. Diese Einstellung bereitet einige Mühe, da sich durch den endlichen Widerstand der Zuleitungen zum Chip eine vorgegebene Batteriespannung entlang einer Arbeitsgeraden

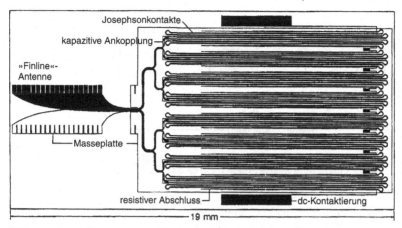

Abb. 7.47 10-Volt-Spannungsstandard aus 20208 Josephson-Tunnelkontakten. Die Kontakte werden seriell mit Gleichstrom versorgt.
Die Mikrowelle (75 GHz) wird über eine Finline-Antenne auf
den Chip eingekoppelt und dort auf die Mäander-Arme verteilt
(nach [153], © 2000 Rev. Sci. Instr.).

(»Ladelinie«) auf verschiedene Arten auf die Zuleitungen und die Josephsonkontakte verteilen kann, wie in Abb. 7.48 illustriert ist.

Wenn schließlich die gewünschte Stufe eingestellt ist, kann deren Spannungswert mit der zu eichenden Spannungsanzeige verglichen werden[48].

Mit heutigen (Niob-)Dünnfilmtechnologien lassen sich auch nichthysteretische
Josephsonkontakte reproduzierbar herstellen. Man verwendet dazu Supraleiter-
Isolator-Supraleiter-Kontakte (SIS-Kontakte), die mit einem geeignet dimensio-
nierten Parallelwiderstand versehen sind, oder alternativ SNS- bzw. SINIS-Kontakte.
Hier enthält die Barrierenschicht eine zusätzliche normalleitende Lage. Auch
$YBa_2Cu_3O_7$-Korngrenzenkontakte sind grundsätzlich verwendbar [157]. Hier ist
allerdings zur Zeit die Parameterstreuung noch zu groß, um Reihenschaltungen
aus sehr vielen Kontakten zu realisieren.

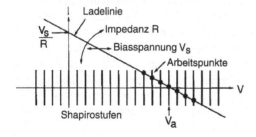

Abb. 7.48 Einstellung eines quantisierten Spannungswertes auf der
Kennlinie eines Spannungsstandards.
Eine vorgegebene Spannung V_s kann
sich entlang der Ladelinie V_s/R auf
verschiedene Arten auf die Josephsonkontakte und die vorgeschalteten
Widerstände R im Stromkreis verteilen
(nach [153], © 2000 Rev. Sci. Instr.).

---

48 Hierbei muss der Spannungswert zunächst genau genug mittels eines gut geeichten Voltmeters
gemessen werden, um benachbarte Quantenzahlen $n \pm 1$ unterscheiden zu können.

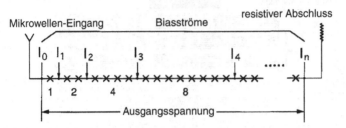

Abb. 7.49 Stromanschlüsse beim »programmierbaren Spannungsnormal« aus nichthysteretischen Josephsonkontakten (nach [153], © 2000 Rev. Sci. Instr.).

Bei Reihenschaltungen nichthysteretischer Josephsonkontakte ist die Strom-Spannungs-Kennlinie auch unter Mikrowelleneinstrahlung eindeutig. Jeder der N Kontakte befindet sich bei bestem Strom auf der gleichen Shapirostufe n, so dass die Gesamtspannung $Nnf_{ac}\Phi_0$ beträgt. Um von dieser Reihenschaltung einen beliebigen Spannungswert abzugreifen, werden Stromzuführungen in Abständen von 2^k Kontakten angebracht wie in Abb. 7.49 dargestellt. Diese Anordnung wird auch als programmierbares Spannungsnormal bezeichnet. Mit Nb/PdAu/Nb-Kontakten wurden bereits 1V-Standards aus $32\,768 = 2^{15}$ Kontakten hergestellt [158].

Auch Spannungsnormale für Wechselspannungen werden zur Zeit entwickelt [153]. Hierbei werden von den Josephsonkontakten erzeugte Spannungspulse digital verarbeitet. Den Grundprinzipien solcher Digitalschaltungen widmet sich der nächste Abschnitt, mit dem wir unsere Ausführungen über die Anwendungen der Supraleitung abschließen wollen.

7.7.2
Digitalelektronik mit Josephsonkontakten

In digitalen Schaltkreisen werden Signale in binärer Form verarbeitet und gespeichert. Die Verarbeitung erfolgt durch viele einfache Schaltkreise (Gatter), die elementare logische Operationen auf eine Abfolge von Nullen und Einsen anwenden. Die Verarbeitung sollte möglichst schnell, leistungsarm und fehlerfrei möglich sein. Ebenso sollten die Daten möglichst rasch und stabil in einen Speicher eingeschrieben und wieder ausgelesen werden können. Die nötigen Bauelemente müssen dabei vor allem in großer Zahl auf einem Chip unterzubringen sein.

Einer der großen Vorteile eines supraleitenden Schaltkreises besteht darin, dass bei einem Schaltvorgang sehr wenig Leistung verbraucht wird[49]. Ebenso können Supraleiter sehr schnell Signale verarbeiten. Taktfrequenzen weit oberhalb von 100 GHz sind möglich [159]. Für die Speicherung der binären Information bieten sich supraleitende Ringe an, in denen benachbarte quantisierte Flusszustände (0 oder $1\Phi_0$) die Information tragen können.

---

49 Die Wärmeentwicklung ist bei Halbleiterschaltkreisen insbesondere bei großen Computern sehr problematisch.

Bereits in den 1950er Jahren wurden erste Designs entwickelt, um mit Supraleitern aktive digitale Schaltungen oder auch Speicherelemente aufzubauen [160]. Hierbei sollte der Supraleiter durch Anlegen eines Magnetfelds zwischen dem supraleitenden und dem normalleitenden Zustand hin- und hergeschaltet werden.

Seit Mitte der 1960er Jahre werden Schaltungen auf der Basis von Josephsonkontakten untersucht [161]. Der erste Ansatz bestand darin, unterdämpfte Josephson-Tunnelkontakte zu verwenden und deren hysteretische Kennlinie als binären Schalter zwischen dem Suprazustand und dem resistiven Zustand auszunutzen. Insbesondere bei IBM wurden bis Anfang der 1980er Jahre größte Anstrengungen unternommen, einen »Josephson-Computer« mit Taktfrequenzen bis in den GHz-Bereich zu einwickeln [162]. Die hierbei zunächst verwendeten Pb-Tunnelkontakte erwiesen sich allerdings als nicht sehr zuverlässig. Ein weiteres gravierendes Problem bestand darin, dass der Schaltprozess bei hohen Taktfrequenzen nicht stabil ist. Im Suprazustand ist dem Kontakt ein Strom unterhalb des kritischen Stroms aufgeprägt. Ein ankommendes Signal macht den Kontakt überkritisch, sodass er in den resistiven Zustand schaltet. Um aber in den Suprazustand zurückzukehren, muss der aufgeprägte Strom zunächst abgeschaltet werden[50], was grundsätzlich durch ein Takten im GHz-Bereich geschehen kann. Dann bilden sich aber auf der Strom-Spannungs-Kennlinie die beim Spannungsnormal so wichtigen Nullstromstufen aus, und die Spannung über dem Kontakt kann ebensogut auf einen negativen Spannungswert wie auf die Null wechseln. Dieses Durchschalten verhindert, dass Josephsonkontakte in dieser Form bei Frequenzen oberhalb weniger GHz einsetzbar sind.

In späteren Jahren wurde allerdings vor allem in Japan die Technologie der Josephsonkontakte massiv verbessert, sodass Schaltkreise mit über 20 000 Josephsonkontakten bei Taktfrequenzen bis über 3 GHz hergestellt werden konnten [3, 163]. Auch transistorähnliche Bauelemente zur Signalverstärkung wurden sowohl mit metallischen als auch mit oxidischen Supraleitern entwickelt [164].

Einen völlig anderen Ansatz verwendet die Rapid Single Flux Quantum Logic (RSFQ). Hier geht man von überdämpften Josephsonkontakten aus. Wenn einem überdämpften Kontakt ein leicht überkritischer Strom aufgeprägt ist, fließen die Josephson-Wechselströme in Form kurzer Pulse über den Kontakt. Die Pulsdauer ist dabei von der Größenordnung[51] $\Phi_0/(I_c R)$, wobei I_c der kritische Strom des Kontakts und R sein Normalwiderstand ist. Für $I_c R = 1$ mV ergibt sich eine Pulsdauer von etwa 2 ps.

Während eines Pulses ändert sich die Phasendifferenz γ um 2π. Gemäß der 2. Josephsongleichung, $\gamma = \frac{2\pi}{\Phi_0} U$, führt diese Änderung zu einem Spannungspuls. Die über die Zeit integrierte »Fläche« unter einem Puls beträgt gerade Φ_0. Die Abb. 7.50 zeigt eine solche Pulsfolge, wie sie mittels des RCSJ-Modells (Gleichung 6-12) berechnet wurde.

---

50 Man nennt deshalb diese Art von Schaltkreisen auch »latching logic«.
51 Man beachte, dass sich die Einheit des Flusses bzw. des Flussquants sowohl als Tm^2 als auch als Vs schreiben lässt.

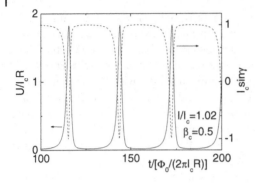

Abb. 7.50 Folge von Spannungs- bzw. Strompulsen durch einen Josephson-kontakt. Numerische Rechnung nach Gleichung (6-12), RCSJ-Modell.

Die Idee ist nun, einzelne Spannungspulse als Recheneinheiten zu verwenden[52] [195]. Das Grundprinzip ist in Abb. 7.51 dargestellt. In einer als Kasten angedeuteten elementaren Rechenzelle treffen n Signalkanäle S_1, S_2,...S_n ein, die in m Signalkanäle S'_1, S'_2, ... S'_m verarbeitet werden. Eine Uhr T steuert die Zelle. Trifft innerhalb eines durch die Uhr gegebenen Taktes ein Puls ein, so entspricht dies der »1«; trifft kein Puls ein, entspricht dies der »0«. Der nächste Puls der Uhr liest das Resultat der logischen Operation aus. Das in Abb. 7.51b dargestellte Schema könnte einer »oder«-Schaltung entsprechen, bei der ein Ausgangspuls ausgelöst wird, wenn entweder in S_1 oder in S_2 innerhalb eines Taktes ein Puls eintrifft.

Alle notwendigen logischen Komponenten können durch trickreiche Verschaltungen von Josephsonkontakten dargestellt werden. Viele grundlegende Konzepte sind in [159] dargestellt[53]. Die Übertragung, Verstärkung und auch Vervielfachung der Pulse zwischen den Zellen kann durch aktive, Josephsonkontakte enthaltende Leitungen übernommen werden. Die Speicherung erfolgt durch SQUID-ähnliche Ringe, in die ein Puls als Flussquant eingeschrieben, gespeichert und ausgelesen werden kann. Die Abb. 7.52 zeigt beispielhaft zwei Strukturen (Puls-Splitter und Set-Reset flip-flop). Der Puls-Splitter verwendet drei Josephsonkontakte J_1 bis J_3,

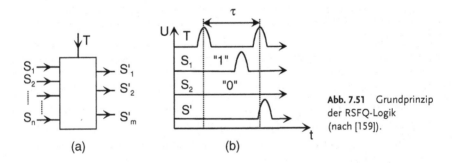

(a) (b)

Abb. 7.51 Grundprinzip der RSFQ-Logik (nach [159]).

---

52 Übertragen auf das Pendelbild (s. Abschnitt 6.2) bedeutet dies, einzelne Überschläge des Pendels zu verarbeiten.

53 Mittlerweile existieren auch umfassende Datenbanken für das Layout verschiedenster Zellen. Spezielle Rechenprogramme erlauben die Simulation auch sehr komplizierter Schaltkreise.

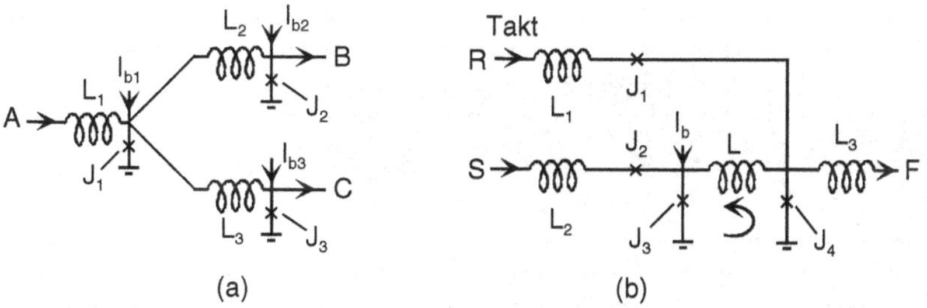

(a) (b)

Abb. 7.52 Grundschaltungen aus der RSFQ-Logik: Puls-Splitter (a) und Set-Reset flip-flop (b) (nach [159]).

denen ein unterkritischer Strom aufgeprägt ist. Ein von links über die Leitung A eintreffender Puls erzeugt im Kontakt J_1 kurzfristig einen überkritischen Strom, der dazu führt, dass dieser Kontakt einen Spannungspuls erzeugt. Als Konsequenz propagieren Spannungspulse über beide Leitungen B und C, die dort wiederum die Kontakte J_2 und J_3 kurzfristig resistiv machen. Nach dem »Feuern« dieser Kontakte hat sich offensichtlich der Eingangspuls verdoppelt.

Beim Set-Reset flip-flop befinden sich die Kontakte J_3 und J_4 in einem SQUID-Ring, der gerade ein Flussquant speichern kann. Der Strom I_b ist so gewählt, dass die beiden Flusszustände einem *im* bzw. *gegen* den Uhrzeigersinn fließenden Ringstrom entsprechen. Fließt der Strom gegen den Uhrzeigersinn (»0«), so belastet er den Kontakt J_3. Ein über S ankommender Puls schaltet dann gerade diesen Kontakt. Die Phasenänderung um 2π wird als Flussquant in den SQUID-Ring eingeschrieben, der Ringstrom ändert sein Vorzeichen (»1«). Der Ringstrom fließt jetzt im Uhrzeigersinn und belastet den Kontakt J_4. Ein anschließend über die Reset-Leitung R einlaufender Taktpuls bringt den Kontakt J_4 in den überkritischen Zustand, sodass einerseits der SQUID-Ring in den Zustand »0« zurückgesetzt wird und andererseits ein Puls in die Leitung F weitergegeben wird. Kommt umgekehrt ein Puls über S an, während sich das SQUID im »1«- Zustand befindet, so wird J_3 nicht überkritisch. Der Puls schaltet dann den entsprechend ausgelegten Kontakt J_2 und »entweicht« aus der Schaltung. Analog schaltet ein Puls über R während des »0«-Zustands den Kontakt J_1. Der Puls entweicht wiederum, und es wird kein Signal an F weitergegeben.

Puls-Splitter und Set-Reset flip-flop sollten das Grundprinzip der Verarbeitung von RSFQ-Pulsen demonstrieren. Tatächliche Schaltungen sind noch etwas trickreicher aufgebaut, um insbesondere große Fehlertoleranzen im Herstellungsprozess zu ermöglichen. Mittlerweile wurde eine große Vielfalt digitaler Schaltkreise realisiert [165]. Eine der schnellsten demonstrierten Schaltungen ist ein in Nb-Technologie aufgebautes so genanntes T-flip-flop, das bis zu einer Taktfrequenz von 770 GHz arbeitete[54] [166]. Die Abb. 7.53 zeigt einen in Stony Brook zusammen mit TRW entwickelten Mikroprozessor, der ca. 65 000 Josephsonkontakte enthält und

---

54 Josephsonkontakte aus Hochtemperatursupraleitern könnten die Schaltgeschwindigkeiten nochmals um eine Größenordnng steigern. Zur Zeit können diese Kontakte allerdings noch nicht reproduzierbar genug hergestellt werden.

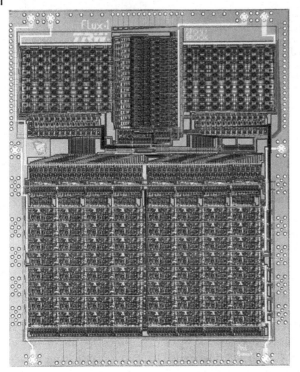

Abb. 7.53   20 GHz Mikroprozessor mit ca. 65 000 Nb-Josephsonkontakten ([167] © 2002 IEEE).

bei einer Taktfrequenz von 20 GHz arbeitet. Der Leistungsverbrauch liegt bei wenigen mW [167]. Verglichen mit Halbleiterprozessoren ist die Zahl der auf dem Chip integrierten aktiven Elemente noch nicht sehr beeindruckend. Die Herstellungstechnologie schreitet aber rapide fort, so dass man bald deutlich größere Schaltkreise erwarten kann. Tatsächlich ist der in Abb. 7.53 gezeigte Prozessor ein Seitenprodukt aus einem sehr ambitionierten Großprojekt, das die Entwicklung eines Petaflops-Computers[55] zum Ziel hat [168].

Problematisch ist allerdings die Datenspeicherung mit SQUIDs, da man diese Elemente nicht beliebig klein machen kann. Hier werden zur Zeit auch Konzepte entwickelt, die die etablierte CMOS-Technologie mit der Josephson-Elektronik kombinieren [169, 170].

Trotz dieser beeindruckenden Entwicklungen ist es allerdings schwierig zu prognostizieren, ob und in welchem Umfang die Josephson-Elektronik in die Alltagswelt einziehen wird. Auch die Halbleitertechnologie schreitet rapide fort. Heute sind in guten PCs Prozessoren mit Taktgeschwindigkeiten installiert, die in den 1980er Jahren noch Utopie waren. Ein wesentlicher Gesichtspunkt ist allerdings der Leistungsverbrauch, der bei supraleitenden Schaltkreisen erheblich gerin-

---

55 1 Petaflops = 10^{15} Gleitkommaoperationen pro Sekunde.

ger ist als bei Halbleiter-Chips. Man kann daher vermuten, dass supraleitende Technologien dort zum Einsatz kommen werden, wo der Kühlaufwand bei konventioneller Technologie zu massiv wird. Denkbar sind auch Anwendungen in einem Umfeld, in dem ohnehin bereits tiefe Temperaturen eingesetzt werden, wie etwa bei der digitalen Auslese eines Spannungsstandards.

Auf jeden Fall sind weitere spannende Entwicklung auf diesem Gebiet wie auch bei den Anwendungen der Supraleitung insgesamt zu erwarten.

Literatur

1 R. Hott u. H. Rietschel: Applied Superconductivity Status Report, Forschungszentrum Karlsruhe (1998).

2 WTEC Panel Report on Power Applications of Superconductivity in Japan and Germany, International Technology Research Institute, Maryland (1997).

2b M. Noe, M. Steurer, Supercond. Sci. Technol. **20**, R15 (2007).

3 WTEC Panel Report on Electronic Applications of Superconductivity in Japan, International Technology Research Institute, Maryland (1998).

4 L. J. Masur, J. Kellers, F. Li, S. Fleshler u. E. R. Podtburg: IEEE Trans. Appl. Supercond. **12**, 1145 (2002).

5 K. von Klitzing: Rev. Mod. Phys. **58**, 519 (1986); H. L. Stormer: Rev. Mod. Phys. **71**, 875 (1999); R. B. Laughlin: Rev. Mod. Phys. **71**, 863 (1999).

6 A. R. Kantrowitz u. Z. J. Stekly: Appl. Phys. Lett. **6**, 56 (1965); D. B. Montgomery u. L. Rinderer: Cryogenics **8**, August 1968, S. 221.

7 G. Bogner: Elektrotech. Z **89**, 321 (1968).

8 L. D. Cooley u. L. R. Motowidlo: Supercond. Sci. Technol. **12**, R135 (1999).

9 S. W. Van Sciver und K. R. Marken, Physics Today, August 2002, S. 37.

10 J.-L. Duchateau, M. Spadoni, E. Salpietro, D. Ciazynski, M. Ricci, P. Libeyre u. A. della Corte: Supercond. Sci. Technol. **15**, R17 (2002).

11 T. Takeuchi: Supercond. Sci. Technol. **13**, R101 (2000).

12 R. Flükiger: Supercond. Sci. Technol. **10**, 872 (1997).

13 D. W. Hazelton, X. Yuan, H. W. Weijers u. S. W. Van Sciver: IEEE Trans. Appl. Supercond. **9**, 956 (1999).

14 H. Kumakura: Supercond. Sci. Technol. **13**, 34 (2000).

15 T. Matsushita: Supercond. Sci. Technol. **13**, 51 (2000).

16 P. Vase, R. Flükiger, M. Leghissa u. B. Glowacki: Supercond. Sci. Technol. **13**, R71 (2000).

17 M. Jergel, A. Conde Gallardo, C. Falcony Gujardo u. V. Strbik: Supercond. Sci. Technol. **9**, 427 (1996).

18 M. W. Rupich, U. Schoop, D. T. Verebelyi, C. Thieme, W. Zhang, X. Li, T. Kodenkandath, N. Nguyen, E. Siegal, D. Buczek, J. Lynch, M. Jowett, E. Thompson, J.-S. Wang, J. Scudiere, A. P. Malozemoff, Q. Li, S. Annavarapu, S. Cui, L. Fritzemeier, B. Aldrich, C. Craven, F. Niu, A. Goyal u. M. Paranthaman: In: IEEE Trans Appl. Supercond. **13**, 2458 (2003).

19 A. Goyal, D. P. Norton, J. D. Budai, M. Paranthaman, E. D. Specht, D. M. Kroeger, D. K. Christen, Q. He, B. Saffian, F. A. List, D. F. Lee, P. M. Martin, C. E. Klabunde, E. Hartfield u. V. K. Sikka: Appl. Phys. Lett. **69**, 1795 (1996).

20 Y. Iijima u. K. Matsumoto: Supercond. Sci. Technol. **13**, 68 (2000); K. Kim, M. Paranthaman, D. P. Norton, T. Aytug, C. Cantoni, A. A. Gapud, A. Goyal, D. K. Christen, Supercond. Sci. Technol. **19**, R23 (2006).

20a M. S. Bhuiyan, M. Paranthaman, K. Salama, Supercond. Sci. Technol. **19**, R1 (2006).

21 A. Weber, G. Hammerl, A. Schmehl, C. W. Schneider, J. Mannhart, B. Schey, M. Kuhn, R. Nies, B. Utz u. H.-W. Neumüller: Appl. Phys. Lett.**82**, 772 (2003); G. Hammerl, A. Schmehl, R. R. Schulz, B.Goetz, H.Bielefeldt, C. W. Schneider, H. Hilgenkamp u. J. Mannhart: Nature **407**, 162 (2000).

22 P. F. Herrmann, E. Beghin, G. Bottini, C. Cottevielle, A. Leriche, T. Verhaege u. J. Bock: Cryogenics **34**, 543 (1994).

23 S. Takács: Supercond. Sci. Technol. **10**, 733 (1997).

24 P. F. Smith: »The Technology of Large Magnets« in »A Guide to Superconductivity«, ed. by D. Fishlock, McDonnald & Co. Ltd. 1969.

25 J. R. Hull: Supercond. Sci. Technol. **13**, R1 (2000).

26 L. Schultz, G. Krabbes, G. Fuchs, W. Pfeiffer u. K.-H. Müller: Z. Metallkd. **93**, 1057 (2002)

27 G. Krabbes, G. Fuchs, P. Verges, P. Diko, G. Stöver u. S. Gruss: Physica C **378**, 636 (2002); G. Fuchs, P. Schätzle, G. Krabbes, S. Gruß, P. Verges, K.-H. Müller, J. Fink u. L. Schulz: Appl. Phys. Lett. **76**, 2107 (2000); H. Ikuta, T. Hosokawa, M. Yoshikawa u. U. Mizutani: Supercond. Sci. Technol. **13**, 1559 (2000).

28 M. Tomita u. M. Murakami: Nature **421**, 517 (2003).

29 M. Murakami, M. Morita, K. Doi u. K. Miyamoto: Jpn. J. Appl. Phys. **28**, 1189 (1989); R. L. Meng, L. Gao, P. Gautier-Picard, D. Ramirez, Y. Y. Sun u. C. W. Chu: Physica C **232**, 337 (1994); M. Morita, M. Sawamura, S. Takebayashi, K. Kimura, H. Teshima, M. Tanaka, K. Miyamoto u. M. Hashimoto: Physica C **235**, 209 (1994); G. Krabbes, P. Schätzle, W. Bieger, U. Wiesner, G. Stöver, M. Wu, T. Strasser, A. Köhler, D. Litzkendorf, K. Fischer u. P. Görnert, Physica C **244**, 145 (1995).

30 G. Desgardin, I. Monot u. B. Raveau: Supercond. Sci. Technol. **12**, R115 (1999).

31 Cryophysics newsletter **8**, Januar 1970.

32 M. N. Wilson: IEEE Trans. Appl. Supercond. **7**, 727 (1997).

33 P. Schmüser: Rep. Prog. Phys. **54**, 683 (1991).

34 W. K. H. Panofsky u. M. Breidenbach: Rev. Mod. Phys. **71**, S121 (1999).

35 N. Siegel für das LHC Magnet Team: IEEE Trans. Appl. Supercond. **7**, 252 (1997); F. Kircher, B. Levesy, Y. Pabot, D. Campi, B. Curé, A. Hervé, I. L. Horvath, P. Fabbricatore u. R. Musenich: IEEE Trans.Appl. Supercond. **9**, 837 (1999); H. H. J. ten Kate für die ATLAS Collaboration: IEEE Trans.Appl. Supercond. **9**, 841 (1999).

36 DESY Journal 3-90, November 1990.

37 P. Bruzzone: Supercond. Sci. Technol. **10**, 919 (1997).

38 R. Heller, W. Maurer und das W-7-X team: IEEE Trans Appl. Supercond. **10**, 614 (2000).

39 T. Satow S. Imagawa, N. Yanagi, K. Takahata, T. Mito, S. Yamada, H. Chikaraishi, A. Nishimura, S. Satoh u. O. Motojima: IEEE Trans Appl.Supercond. **10**, 600 (2000).

40 D. Normile: Science **279**, 1846 (1998).

41 W. V. Hassenzahl, IEEE Power Engineering Review **20**, 4 (2000).

42 S. S. Kalsi, D. Aized, B. Connor, G. Snitchler, J. Campbell, R. E. Schwall, J. Kellers, Th. Stephanblome, A. Tromm u. P. Winn: IEEE Trans. Appl. Supercond. **7**, 971 (1997)

43 K.-P. Juengst, R. Gehring, A. Kudymow, H.-J. Pfisterer, E. Suess: IEEE Trans. Appl. Supercond. **12**, 754 (2002).

44 G. Ries u. H.-W. Neumueller: Physica C **357**, 1306 (2001); X. D. Xue, K. W. E. Cheng, D. Sutanto, Supercond. Sci. Technol. **19**, R31 (2006).

45 W. V. Hassenzahl, IEEE Trans. Appl. Supercond. **11**, 1447 (2001).

46 S. Nagaya, N. Kashima, M. Minami, H. Kawashima, S. Unisuga, Y. Kakiuchi u. H. Ishigaki: Physica C **357**, 866 (2001); N. Koshizuka, F. Ishikawa, H. Nasu, M. Murakami, K. Matsunaga, S. Saito, O. Saito, Y. Nakamura, H. Yamamoto, R. Takahata, T. Oka, H. Ikezawa u. M. Tomita: Physika C **378**, 11 (2002).

47 H. J. Bornemann u. M. Sander: IEEE Trans. Appl. Supercond. **7**, 398 (1997).

48 A. D. Appleton: »Superconductors in Motion« in »A Guide to Superconductivity«, ed. by D. Fislock, McDonald & Co. Ltd. 1969, S. 78.

49 J. S. Edmonds: IEEE Trans. Mag. Mag. **15**, 673 (1979).

50 Fa. American Superconductor, 2001;

51 J. X. Jin, S. X. Dou u. H. K. Liu: Supercond. Sci. Technol. **11**, 1071 (1998).

52 A. Lichtenberg: Verkehrstechnik/Der Verkehrsingenieur **26**, 73 (1942) 2. C. Albrecht, W. Elsel, H. Franksen, C. P Parsch u. K. Wilhelm: ICEC 5 International Cryogenic Engineering Conference, Mai 1974, Kyoto, Vortrag B 2.

53 R. McFee: Elect. Eng. (N.Y), Feb. 1962, S. 122.

54 W. F. Gauster, D. C. Freeman u. H. M. Long: paper 56, Proc. World Power Conf. 1964, S. 1954.

55 R. L. Garwin u. J. Matisoo: Proc. IEEE **55**, 538 (1967)

56 P. Klaudy, I. Gerold, A. Beck, P Rohner, E. Scheffler u. G. Ziemeck: IEEE Trans. Magn. **MAG-17**, 153 (1981).

57 P. Corsaro, M. Bechis, P. Caracino, W. Castiglioni, G. Cavalleri, G. Coletta, G. Colombo, P. Ladié, A. Mansoldo, R. Mele, S. Montagner, C. Moro, M. Nassi, S. Spreafico, N. Kelley u. C. Wakefield: Physica C **378**, 1168 (2002).

58 B. W. McConnell, S. P. Mehta u. M. S. Walker: IEEE Power Engineering Review **20**, 7 (2000).

59 M. Leghissa, B. Gromoll, J. Rieger, M. Oomen, H.-W. Neumüller, R. Schlosser, H. Schmidt, W. Knorr, M. Meinert u. U. Henning, Physica C **372**, 1688 (2002).

60 H. Zueger, Cryogenics **38**, 1169 (1998); K. Funaki u. M. Iwakuma: Supercond. Sci. Technol. **13**, 60 (2000); S. W. Schwenterly, S. P. Mehta, M. S. Walker u. R. H. Jones: Physica C **382**, 1 (2002).

61 B. Gromoll, G. Ries, W. Schmidt, H.-P. Kraemer, B. Seebacher, B. Utz, R. Nies, H.-W. Neumüller, E. Baltzer, S. Fischer u. B. Heismann: IEEE Trans. Appl. Supercond. **9**, 656 (1999); A. Heinrich, J. Müller, A. Hiebl, K. Numssen, H. Kinder, W. Weck, A. Müller u. H. Schölderle: IEEE Trans. Appl. Supercond. **11**, 1952 (2001); M. Noe, K.-P. Juengst, F. Werfel, L. Cowey, A. Wolf u. S. Elschner: IEEE Trans. Appl. Supercond. **11**, 1960 (2001).

62 W. Paul, M. Lakner, J. Rhyner, P. Unternährer, Th. Baumann, M. Chen, L. Widenhorn u. A. Guérig: Supercond. Sci. Technol. **10**, 914 (1997).

63 M. Chen, W. Paul, M. Lakner, L. Donzel, M. Hoidis, P. Unternaehrer, R. Weder, M. Mendik: Physica C **372**, 1657 (2002).

64 N. Klein: Rep. Prog. Phys. **65**, 1387 (2002).

65 A. B. Pippard: Proc. R. Soc. A **216**, 547 (1953).

66 D. C. Mattis u. J. Bardeen, Phys. Rev. **111**, 412 (1958).

67 M. A. Biondi u. M. P. Garfunkel: Phys. Rev. **116**, 853 u. 862 (1959) u. Phys. Rev. Lett. **2**, 143 (1959).

68 C. Passow: Eletrotechniky Casopis **XXI**, 419 (1970).

69 W. Weingarten, Frontiers of Accelerator Technology, S. I. Kutokawa et al. (Hrsg.), Singapore, Word Scientific, S. 363.

70 H. Padamsee: Supercond. Sci. Technol. **14**, R28 (2001).

71 D. Proch: Rep. Prog. Phys. **61**, 431 (1998).

72 P. Schmüser u. B. H. Wiik: Phys. Bl. **54**, 219 (1998).

73 D. M. Pozar, »Microwave engineering«, Wiley, New York (1998).

74 B. A. Willemsen, in [M25], S. 387

75 R. A. Arnott, S. Ponnekanti, C. Taylor u. H. Chaloupka: IEEE Communications Magazine **36**, 96 (1998); M. Klauda, T. Kässer, B. Mayer, C. Neumann, F. Schnell, B. Aminov, A. Baumfalk, H. Chaloupka, S. Kolesov, H. Piel, N. Klein, S. Schornstein u. M. Bareiss: IEEE Trans. Microwave Theory and Techniques **48**, 1227 (2000).

76 R. R. Mansour, in [M25], S. 417.

77 B. A. Willemsen: IEEE Trans. Appl. Supercond. **11**, 60 (2002).

78 A. Baumfalk, H. Chaloupka, S. Kolesov, M. Klauda u. C. Neumann: IEEE Trans Appl. Supercond. **9**, 2857 (1999); S. Kolesov, H. Chaloupka, A. Baumfalk u. T. Kaiser: J. Supercond. **10**, 179 (1997).

79 E. K. Hollmann, O. G. Vendik, A. G. Zaitsev u. B. T. Melekh: Supercond. Sci. Technol. **7**, 609 (1994).

80 M. Zeisberger, M. Manzel, H. Bruchlos, M. Diegel, F. Thrum, M. Kinger, A. Abraimowicz: IEEE Trans. Appl. Supercond. **9**, 3897 (1999).

81 G. Schlom u. J. Mannhart: Encyclopedia of Materials: Science and Technology, K. H. J. Buschow, R. W. Cahn, M. C. Flemings, B. Ilschner, E. J. Kramer u. S. Mahajan (Hrsg.), Elsevier Science, Amsterdam, 3806 (2002); R. Wördenweber: Supercond. Sci. Technol. **12**, R86 (1999).

82 J. S. Hong, M. J. Lancaster, R. B. Greed, D. Voyce, D. Jedamzik, J. A. Holland, H. J. Cha-loupka u. J.-C. Mage: IEEE Trans. Appl. Supercond. **9**, 3893 (1999); R. B. Greed, D. C. Voyce, D. Jedamzik, J. S. Hong, M. J. Lancaster, M. Reppel, H. J. Chaloupka, J. C. Mage, B. Marcilhac, R. Mistry, H. U. Häfner, G. Auger u. W. Rebernak: IEEE Trans. Appl. Super-cond. **9**, 4002 (1999).

83 H. Chaloupka, in [M25], S. 337.

84 S. M. Anlage, in [M25], S. 353 (1999).

85 C. K. Stahle, D. McCammon u. K. D. Irwin: Physics Today, August 1999, 32.

86 D. Twerenbold, Rep. Prog. Phys. **59**, 349 (1996).

87 H. Kraus: Supercond. Sci. Technol. **9**, 827 (1996).

88 G. Aschermann, E. Friedrich, E. Justi u. J. Kramer: Phys. Z. **42**, 349 (1941).

89 G. Angloher, M. Bruckmayer, C. Bucci, M. Bühler, S. Cooper, C. Cozzini, P. DiStefano, F. von Feilitzsch, T. Frank, D. Hauff, Th. Jagemann, J. Jochum, V. Jörgens, R. Keeling, H. Kraus, M. Loidl, J. Marchese, O. Meier, U. Nagel, F. Pröbst, Y. Ramarchers, A. Rulofs, J. Schnagl, W. Seidel, I. Sergeyev, M. Sisti, M. Stark, S. Uchaikun, L. Stodolsky, H. Wulan-dari u. L. Zerle: Astropart. Phys. **18**, 43 (2002)

90 G. C. Hilton, J. M. Martinis, K. D. Irwin, N. F. Bergren, D. A. Wollman, M. E. Huber, S. Deiker u. S. W. Nam: IEEE Trans. Appl. Phys. **11**, 739 (2001); D. A. Wollman, K. D. Irwin, G. C. Hilton, L. L. Dulcie, D. E. Newbury u. J. M. Martinis: J. Microscopy **188**, 196 (1997).

91 D. T. Chow, M. L. van den Berg, A. Loshak, M. Frank, T. W. Barbee, Jr. u. S. E. Labov: IEEE Trans. Appl. Supercond. **11**, 743 (2001).

92 G. C. Hilton, J. A. Beall, S. Deiker, J. Beyer, L. R.Vale, C. D. Reintsema, J. N. Ullom u. K. D. Irwin, IEEE Trans Appl. Supercond. **13**, 664 (2003).

93 J. Jochum, C. Mears, S. Golowa, B. Sadoulet, J. P. Castle, M. F. Cunningham, O. B. Drury, M. Frank, S. E. Labov, F. P. Lipschultz, H. Netel u. B. Neuhauser: J. Appl. Phys. **83**, 3217 (1998).

94 L. Li, L. Frunzio, C. Wilson, K. Segall, D. E. Prober, A. E. Szymkowiak u. S. H. Moseley: IEEE Trans. Appl. Supercond. **11**, 685 (2001).

95 H. Pressler, M. Ohkubo, M. Koike, T. Zama, D. Fukuda u. N. Kobayashi: IEEE Trans. Appl. Supercond. **11**, 696 (2001).

96 M. Frank, L. J. Hiller, J. B. le Grand, C. A. Mears, S. E. Labov, M. A. Lindeman, H. Netel, D. Chow u. A. T. Barfknecht: Rev. Sci. Instr. **69**, 25 (1998).

97 A. D. Semenov, G. N. Gol'tsman u. R. Sobolewski: Supercond. Sci. Technol. **15**, R1 (2002).

98 E. M. Gershenzon, M. E. Gershenzon, G. N. Gol'tsman,. A. D. Semenov u. A. V. Sergeev: JETP Lett. **34**, 268 (1981).

99 A. J. Kreisler u. A. Gaugue: Supercond. Sci. Technol. **13**, 1235 (2000).

100 J. Clarke, P. L. Richards u. N.-H. Yeh: Appl. Phys. Lett. **30**, 664 (1977).

101 M. J. M. E. de Nivelle, M. P. Bruijn, R. de Vries, J. J. Wijnbergen, P. A. J. de Korte, S. Sánchez, M. Elwenspoek, T. Heidenblut, B. Schwierzi, W. Michalke u. E. Steinbeiss: J. Appl. Phys. **82**, 4719 (1997).

102 Y. Y. Divin, O. Volkov, V. Pavlovskii, U. Poppe u K. Urban: IEEE Trans Appl. Supercond. **11**, 582 (2001); F. Ludwig, J. Menzel, A.Kaestner, M. Volk u. M. Schilling: IEEE Trans Appl. Supercond. **11**, 586 (2001).

103 J. R. Tucker u. M. J. Feldman: Rev. Mod. Phys. **57**, 1055 (1985).

104 K. H. Gundlach u. M. Schicke: Supercond. Sci. Technol. **13**, R171 (2000).

105 T. Lehnert, H. Rothermel u. K. H. Gundlach: J. Appl. Phys. **83**, 3892 (1998).

106 V. P. Koshelets u. S. V. Shitov: Supercond. Sci. Technol. **13**, R53 (2000).

107 S. Kiryu, W. Zhang, S. Han, S. Deus u. J. E. Lukens: IEEE Trans. Appl. Supercond. **7**, 3107 (1997).

108 P. Barbara, A. B. Cawthorne, S. V. Shitov u. C. J. Lobb: Phys. Rev. Lett. **82**, 1963 (1999); J. Oppenländer, W. Güttinger, T. Traeuble, M. Keck, T. Doderer u. R. P. Huebener: IEEE Trans. Appl. Supercond. **9**, 4337 (1999).

109 M. Darula, T. Doderer u. S. Beuven: Supercond. Sci. Technol. **12**, R1 (1999).

110 W. Eisenmenger u. A. H. Dayem: Phys. Rev. Lett. **18**, 125 (1967).
111 H. Kinder, K. Laszmann u. W. Eisenmenger: Phys. Lett. **31** A, 475 (1970); H. Kinder: Phys. Rev. Lett. **28**, 1564 (1972).
112 P. Berberich, R. Buemann u. H. Kinder: Phys. Rev. Lett. **49**, 1500 (1982).
113 M. Osofsky: J. Supercond. **13**, 209 (2000); R. Meservey and P. M. Tedrow: Phys. Rep. **238**, 173 (1994); P. Fulde: Adv. Phys. **22**, 667 (1973).
114 Für einen Überblick, siehe D. Koelle, R. Kleiner, F. Ludwig, E. Dantsker u. J. Clarke: Rev. Mod. Phys. **71**, 631 u. 1249 (1999).
115 A. H. Silver u. J. E. Zimmerman: Phys. Rev. **157**, 317 (1967).
116 M. B. Ketchen: IEEE Trans. Mag. **Mag-17**, 387 (1980).
117 J. E. Zimmerman: J. Appl. Phys. **42**, 4483 (1971).
118 F. Ludwig, E. Dantsker, D. Koelle, R. Kleiner, A. H. Miklich, D. T. Nemeth, J. Clarke, D. Drung, J. Knappe u. H. Koch: IEEE Trans. Appl. Supercond. **5**, 2919 (1995).
119 D. Drung, R. Cantor, M. Peters, H. J. Scheer u. R. Koch: Appl. Phys. Lett. **57**, 406 (1991); D. Drung u. H. Koch: IEEE Trans. Appl. Supercond. **3**, 2594 (1993).
120 D. Drung: Physica C **368**, 134 (2001).
121 D. Drung in: SQUID Sensors: Fundamentals, Fabrication and Applications; H. Weinstock (Hrsg.), NATO ASI Series E329, Kluwer, Dordrecht, S. 63 (1996).
122 E. Dantsker, S. Tanaka u. J. Clarke: Appl. Phys. Lett. **70**, 2037 (1997); E. Dantsker, S. Tanaka, P. Å. Nilsson, R. Kleiner u. J. Clarke: Appl. Phys. Lett. **69**, 4099 (1996).
123 H.-J. Barthelmess, B. Schiefenhöfel u. M. Schilling: Physica C **368**, 37 (2002).
124 R. H. Koch, J. Z. Sun, V. Foglietti u. W. J. Gallagher: Appl. Phys. Lett. **67**, 709 (1995); F. P. Milliken, S. L. Brown u. R. H. Koch: Appl. Phys. Lett. **71**, 1857 (1997).
125 J. E. Mercereau: Rev. Phys. Appl. **5**, 13 (1970); M. Nisenoff: Rev. Phys. Appl. **5**, 21 (1970); J. E. Zimmerman, P. Thiene u. J. T. Harding: J. Appl. Phys. **41**, 1572 (1970).
126 S. Krey, O. Brügmann u. M. Schilling: Appl. Phys. Lett. **74**, 293 (1999).
127 J. Oppenländer, Ch. Häussler, T. Träuble u. N. Schopohl: Physica C **368**, 119 (2002).
128 V. Schultze, R. I. IJsselsteijn, H.-G. Meyer, J. Oppenländer, Ch. Häussler u. N. Schopohl, IEEE Trans. Appl. Supercond. **13**, 775 (2003).
129 J. Oppenländer, P. Caputo, Ch. Häussler, T. Träuble, J. Tomes, A. Friesch u. N. Schopohl: Appl. Phys. Lett. **83**, 969 (2003) und IEEE Trans. Appl. Supercond. **13**, 771 (2003).
130 J. Vrba: Physica C **368**, 1 (2002).
131 J. Bork, H.-D. Hahlbohm, R. Klein u. A. Schnabel: Biomag2000, Proc. 12th Int. Conf. on Biomagnetism, J. Nenonen, R. J. Ilmoniemi u. T. Katila (Hrsg.), Helsinki Univ. of Technology, Espoo, Finland, (2001) S. 970
132 G. Daalmans: Appl. Supercond. **3**, 399 (1995).
133 M. I. Faley, U. Poppe, K. Urban, H. J. Krause, H. Soltner, R. Hohmann, D. Lomparski, R. Kutzner, R. Wördenweber, H. Bousack, A. I. Braginski, V. Y. Slobodchikov, A. V. Gapelyuk, V. V. Khanin u. Y. V. Maslenikov: IEEE Trans. Appl. Supercond. **7**, 3702 (1997)
134 J. Vrba u. S. E. Robinson: Supercond. Sci. Technol. **15**, R51 (2002).
135 V. Pizzella, S. Della Penna, C. Del Gratta u. G. L. Romani: Supercond. Sci. Technol. **14**, R79, (2001).
136 V. Jazbinšek, O. Kosch, P. Meindl, U. Steinhoff, Z. Trontelj u. L. Trahms: Biomag2000, Proc. 12th Int. Conf. on Biomagnetism, J. Nenonen, R. J. Ilmoniemi, and T. Katila, eds. (Helsinki Univ. of Technology, Espoo, Finland, 2001), S. 583.
137 R. Weidl, L. Dörrer, F. Schmidl, P. Seidel, G. Schwarz, U. Leder, H. R. Figulla, R. Schüler, O. Solbrig u. H. Nowak, Recent Advances in Biomagnetism, Proc. 11t Int. Conf. Biomag., T. Yoshimoto (Hrsg.), Tohoku University Press, Sendai (1999), S. 113; P. Seidel, F. Schmidl, S. Wunderlich, L. Dörrer, T. Vogt, H. Schneidewind, R. Weidl, S. Lösche, U. Leder, O. Solbrig, H. Nowak: IEEE Trans. Appl. Supercond. **9**, 4077 (1999).
138 J. R. Kirtley u. J. P. Wikswo, Jr.: Annu. Rev. Mater. Sci. **29**, 117 (1999).
139 J. R. Kirtley: Physica C **368**, 55 (2002).
140 S. Chatraphorn, E. F. Fleet u. F. C. Wellstood: J. Appl.Phys. **92**, 4731 (2002).
141 J. Beyer, H. Matz, D. Drung u. Th. Schurig: Appl. Phys. Lett. **74**, 2863 (1999).

142 F. Baudenbacher, N. T. Peters, P. Baudenbacher u. J. P. Wikswo: Physica C **368**, 24 (2002).

143 T. S. Lee, Y. R. Chemla, E. Dantsker u. J. Clarke, IEEE Trans. Appl. Supercond. **7**, 3147 (1997).

144 J. Clarke: Scientific American, August 1994, S. 36 (Spektrum der Wissenschaften, Oktober 1994, S. 58)

145 M. v. Kreutzbruck, K. Allweins, G. Gierelt, H.-J. Krause, S. Gärtner u. W. Wolf: Physica C **368**, 85 (2002).

146 H.-J. Krause, W. Wolf, W. Glaas, E. Zimmermann, M. I. Faley, G. Sawade, R. Mattheus, G. Neudert, U. Gampe u. J. Krieger: Physica C **368**, 91 (2002)

147 M. Mück, C. Welzel, F. Gruhl, M. v. Kreutzbruck, A. Farr u. F. Schölz: Physica C **368**, 96 (2002).

148 W. Vodel, S. Nietzsche, R. Neubert u. H. Dittus: Physica C **372**, 154 (2002).

149 C. Hilbert u. J. Clarke: J. Low Temp. Phys. **61**, 263 (1985); M. Mück, J. B. Kycia u. J. Clarke: Appl. Phys. Lett. **78**, 967 (2001); M. Mück: Physica C **368**, 141 (2002).

150 C. Hagman, D. Kinion, W. Stoeffl, K. Van Bibber, E. Daw, H. Peng, L. J. Rosenberg, J. LaVeigne, P. Sikivie, N. S. Sullivan, D. B. Tanner, F. Nezrik, M. S. Turner, D. M. Moltz, J. Powell u. N. A. Golbev: Phys. Rev. Lett. **80**, 2043 (1998).

151 D. M. TonThat, M. Ziegeweid, Y.-Q. Song, E. J. Munson, S. Appelt, A.Pines u. J. Clarke: Chem. Phys. Lett. **272**, 245 (1997); K. Schlenga, R. McDermott, J. Clarke, R. E. de Souza, A. Wong-Foy u. A. Pines: Appl. Phys. Lett. **75**, 3695 (1999).

152 C. P. Foley, K. E. Leslie, R. A. Binks, S. H. K. Lam, J. Du, D. L. Tilbrook, E. E. Mitchell, J. C. Macfarlane, J. B. Lee, R. Turner, M. Downey u. A. Maddever: Supercond. Sci. Technol. **15**, 1641 (2002).

153 C. A. Hamilton, Rev. Sci. Instr. **71**, 3611 (2000).

154 J. Niemeyer: PTB-Mitteilungen **110**, 169 (2000) und Handbook of Applied Superconductivity, S. 1813, B. Seeber (Hrsg.), Institut of Physics Publishing, Bristol (1998).

155 M. T. Levinsen, R. Y. Chiao, M. J. Feldman u. B. A. Tucker: Appl. Phys. Lett. **31**, 776 (1977).

156 R. L. Kautz, Rep. Prog. Phys. **59**, 935 (1996).

157 A. M. Klushin, S. I. Borovitskii, C. Weber, E. Sodtke, R. Semerad, W. Prusseit, V. D. Gelikonova u. H. Kohlstedt: Appl. Supercond. **158**, 587 (1997).

158 S. P. Benz, C. A. Hamilton, C. J. Burroughs, T. E. Harvey u. L. A. Christian: Appl. Phys. Lett. **71**, 1866 (1997).

159 K. K. Likharev u. V. K. Semenov: IEEE Trans. Appl. Supercond. **1**, 3 (1991).

160 D. A. Buck: Proc. IRE **44**, 482 (1956).

161 J. Matisoo: Appl. Phys. Lett. **9**, 167 (1966).

162 W. Anacker: IBM J. Res. Develop. **24**, 107 (1980).

163 T. Nishino: Supercond. Sci. Techol. **10**, 1 (1997); S. Kotani, A. Inoue, H. Suzuki, S. Hasuo, T. Takenouchi, K. Fukase, F. Miyagawa, S. Yoshida, T. Sano u. Y. Kamioka: IEEE Trans Appl. Supercond. **1**, 164 (1991); M. Hosoya, T. Nishino, W. Hioe, S. Kominami u. K. Takagi: IEEE Trans Appl. Supercond. **5**, 3316 (1995).

164 S. Faris, S. Raider, W Gallagher u. R. Drake: IEEE Trans. Magn. **MAG-19**, 1293 (1983); J. Mannhart: Supercond. Sci. Technol. **9**, 49 (1996).

165 A. H. Silver: IEEE Trans. Appl. Supercond. **7**, 69 (1997); T. Van Duzer, IEEE Trans. Appl. Supercond. **7**, 98 (1997); K. K. Likharev: Czech. J. Phys. **46**, 3331 (1996).

166 W. Chen, V. Rylyakov, V. Patel, J. E. Lukens u. K. K. Likharev: IEEE Trans. Appl. Supercond. **9**, 3212 (1999).

167 M. Dorojevets: Physica C **378**, 1446 (2002); M. Dorojevets, P. Bunyk u. D. Zinoviev, IEEE Trans Appl. Supercond. **11**, 326 (2002).

168 M. Dorojevets, P. Bunyk, D. Zinoviev u. K. K. Likharev: IEEE Trans. Appl. Supercond. **9**, 3606 (1999).

169 T. Van Duzer, Y. Feng, X. Meng, S. R. Whiteley u. N. Yoshikawa: Supercond. Sci. Technol. **15**, 1669 (2002); T. Van Duzer, L. Zheng, X. Meng, C. Loyo, S. R. Whiteley, L. Yu, N. Newman, J. M. Rowell u. N. Yoshikawa: Physica C **372**, 1 (2002).

170 R. Koch u. W. Jutzi: Physica C **326**, 122 (1999).

Monographien und Stoffsammlungen

Zur Geschichte der Supraleitung

[M1] Per Fridtjof Dahl: »Superconductivity. Its Historical Roots and Development From Mercury to The Ceramic Oxides«, American Institute of Physics, New York 1992.

Allgemeine Darstellungen

[M2a] R. D. Parks (Hrsg.): »Superconductivity«, 2 Bände, Marcel Dekker, Inc., New York 1969.

[M2b] K.-H. Bennemann und J. B. Ketterson (Hrsg.), »The physics of super-conductors«, 2 Bände, Springer-Verlag, Berlin 2003. *Sehr umfassende Darstellungen der Supraleitung durch verschiedene Autoren.*

[M3] M. Tinkham: »Introduction to Superconductivity«, McGraw-Hill Book Company, New York 1996. *Einführung in die Theorie der Supraleitung.*

[M4] J. R. Waldram, Superconductivity of Metals and Cuprates, Institute of Physics Publishing, Bristol and Philadelphia, 1996. *Supraleitung in Theorie und Experiment.*

[M5] J. B. Ketterson and S. N. Song, »Superconductivity«, Cambridge University Press, Cambridge, 1999. *Einführung in die Theorie der Supraleitung.*

[M6] V. V. Schmidt, »The Physics of Superconductors – Introduction to Fundamentals and Applications«, P. Müller, A. V. Ustinov (eds.), Springer-Verlag, Berlin – Heidelberg – New York, 1997. *Neuauflage eines Klassikers aus der russischen Literatur.*

[M7] M. Cyrot u. D. Pavuna, »Introduction to Superconductivity and High-T_c Materials«, World Scientific Publishing Co., 1992. *Kurze Einführung in die Supraleitung.*

[M8] P.-G. de Gennes: »Superconductivity of Metals and Alloys«, W A. Benjamin, Inc. New York 1966. *Einführung in die Theorie der Supraleitung.*

Spezielle Materialien

[M10] H. Ullmaier: »Irreversible Properties of Type II Superconductors«, Springer Tracts in Modern Physics 76, Springer-Verlag, Berlin – Heidelberg – New York 1975. *Kurzgefasste Monographie über harte Supraleiter.*

Supraleitung: Grundlagen und Anwendungen, 6. Auflage
Werner Buckel, Reinhold Kleiner
Copyright © 2004 Wiley-VCH Verlag GmbH & Co. KGaA, Weinheim
ISBN: 978-3-527-40348-6

[M11] V. L. Ginsburg u. D. A. Kirzhuits: »High Temperature Superconductivity«, Consultants Bureau, New York and London 1982.

[M12] T. Ishiguro u. K. Yamaji: »Organic Superconductors«, Springer Series in Solid-State Sciences **88** (1990).

[M13] »Superconductivity in Ternary Compounds«, O. Fischer u. M. B. Maple (Hrsg)., Vol. 32 of »Topics in Current Physics«, Springer-Verlag, Berlin 1982.

Tunnelkontakte, Josephsoneffekt und Flusswirbel

[M14] E. L. Wolf, »Principles of Electron Tunneling Spectroscopy«, Oxford University Press, New York Clarendon Press, Oxford (1985).

[M15] A. Barone, G. Paterno, »Physics and Applications of the Josephson Effect«, John Wiley & Sons, New York, 1982.

[M16] K. K. Likharev, »Dynamics of Josephson Junctions and Circuits«, Gordon and Breach Science Publishers, Philadelphia, 1991.

[M17] R. P. Huebener, »Magnetic flux structures in superconductors«, 2. Aufl. Springer Series in Solid-State Sciences 6, Spinger, New York (2001).

Nichtgleichgewichtssupraleitung

[M18] »Nonequilibrium Supersonductivity«, Elsevier Science Publishers, Amsterdam (1986), Modern Problems in Condensed Matter Sciences 12, D. N. Langenberg, A. I. Larkin (Hrsg..), Elsevier Science Publishers, Amsterdam, 1986.

Anwendungen der Supraleitung

Allgemeiner Überblick

[M19] T. P. Orlando, K. A. Delin, »Foundations of Applied Superconductivity« Addison-Wesley Publishing Company, Inc., Reading (MA), 1991.

Magnete, Kabel, Energietechnik

[M20a] M. N. Wilson, »Superconducting Magnets«, Oxford University Press, New York (1983).

[M20b] Y. Iwasa, »Case Studies in Superconducting Magnets«, Plenum Press, New York (1994).

[M21] P. Komarek, »Hochstromanwendungen der Supraleitung«, Teubner Studienbücher, Stuttgart (1995).

[M22] B. R. Lehndorff, »High-T_c Superconductors for Magnet and Energy Technology«, Springer Tracts in Modern Physics **171**, Berlin, Heidelberg (2001).

[M23] F. C. Moon, »Superconducting Levitation«, Wiley, New York (1994).

Mikrowelleneigenschaften, Magnetfeldsensoren, Elektronik

[M24] M. Hein, »High-Temperature Superconductor Thin Films at Microwave Frequencies«, Springer Tracts in Modern Physics **155**, Berlin, Heidelberg (1999).

[M25] »Microwave Superconductivity«, H. Weinstock u. M. Nisenoff (Hrsg.), NATO Science Series E: Applied Sciences, Vol. 375, Kluwer Academic Publishers, Dordrecht/Boston/London, (1999).

[M26] »SQUID Sensors: Fundamentals, Fabrication and Applications«, H. Weinstock (Hrsg), NATO ASI Series E: Applied Sciences 329, Kluwer Academic Publishers, Dordrecht (1996).

[M27] »SQUID Handbook«, J. Clarke u. A. Braginski (Hrsg.) Wiley-VCH, Berlin (2003).

[M28] »Superconducting Devices«, S. T. Ruggiero u. D. A. Rudman (Hrsg.), Academic Press Inc., San Diego (1990).

[M29] »The New Superconducting Electronics«, H. Weinstock u. R. W. Ralston (Hrsg.), NATO Science Series E: Applied Sciences, Vol. 251, Kluwer Academic Publishers, Dordrecht/Boston/London, S. 387 (1999).

[M30] J. Hinken: »Supraleiter-Elektronik«, Grundlagen – Anwendungen in der Elektronik, Springer, Heidelberg 1988.

[M31] V Kose: »Superconducting Quantum Electronics« Springer-Verlag, Heidelberg 1989.

Tieftemperaturphysik allgemein

[M32] Ch. Enss und S. Hunklinger: »Tieftemperaturphysik«, Springer-Verlag, Heidelberg, 2000.

[M33] O. V Lounasmaa: »Experimental Principles and Methods below 1 K«, Academic Press, London and New York 1974.

Ausblick aus der 1. Auflage (1972)

Die Supraleitung hat in den letzten 15 Jahren eine besonders stürmische Entwicklung erfahren. Ein physikalisches Phänomen, noch immer beschränkt auf einen schmalen Temperaturbereich über dem absoluten Nullpunkt, fand im Magnetbau eine großtechnische Anwendung. Wie wird diese Entwicklung weitergehen?

Es ist natürlich sehr schwer, wissenschaftliche und technische Entwicklungen einigermaßen sicher vorauszusagen. Man muß stets auf Überraschungen gefaßt sein. Die folgenden Ausführungen können deshalb nicht mehr als die subjektive Meinung des Verfassers darstellen.

Das Hauptinteresse auf dem Gebiet der Supraleitung wird in den kommenden Jahren bei den technischen Anwendungen liegen. Hier bieten sich verlockende Möglichkeiten. Auch in Bereichen, wo man dies vielleicht zunächst nicht erwarten würde, kann die Supraleitung im Zuge der allgemeinen Entwicklung große Bedeutung bekommen. Ein Beispiel möge dies etwas erläutern.

Zweifellos hat die konventionelle Technik im Bau von elektrischen Motoren und Generatoren durch eine lange Entwicklung nahezu optimale Lösungen gefunden. Wie könnte hier die Supraleitung noch Vorteile bieten? Bei kleinen Motoren ist auch sicher kein Vorteil zu erwarten. Anders ist dies aber bei großen und sehr großen Maschinen. Sowohl bei Motoren als auch bei Generatoren geht die Entwicklung zu immer größeren Leistungen in einer Einheit. Die konventionelle Technik erfordert dafür immer größere Maschinen, größer sowohl hinsichtlich des Gewichtes als auch des Volumens. Damit werden diese Maschinen aber unbeweglich, weil sie einfach mit üblichen Transportmitteln nicht mehr befördert werden können. Die supraleitenden Maschinen haben zwar noch eine etwas ungewöhnliche Technik, sie können aber bei gleicher Leistung sehr viel kleiner und leichter gebaut werden. Damit gibt uns die Supraleitung überhaupt erst die Möglichkeit, die Leistungsgrenze für eine einzelne Einheit stark zu erhöhen. Ähnliche Überlegungen gelten für die Leistungsübertragung der Zukunft. Beim Magnetbau ist diese Entwicklung schon abgelaufen. Magnetfelder, wie sie für die Hochenergiephysik heute mit supraleitenden Magneten verfügbar werden, wären konventionell einfach nicht zu erzeugen.

Im Zusammenhang mit diesen technischen Anwendungen wird in Zukunft die Materialforschung, ein Zweig der Grundlagenforschung, noch viele Probleme zu lösen haben. Wir sind weit davon entfernt, genügend quantitative Zusammenhänge zwischen entscheidenden Metallparametern und der Supraleitung zu kennen. Es sollte nicht unmöglich sein, Materialien zu finden, die schon bei 30 K oder sogar etwas höher supraleitend werden können. Für die technische Anwendung würde eine solche Erhöhung der Übergangstemperatur einen enormen Vorteil bringen.

Sicherlich sind das keine einfachen Substanzen. Vieles deutet daraufhin, daß die für die Supraleitung besonders günstigen Materialien eine Tendenz zu Instabilitäten zeigen. Der Versuch einer weiteren Verbesserung der für die Supraleitung wichtigen Parameter könnte dazu führen, daß diese Substanzen in eine neue Struktur mit erniedrigter Übergangstemperatur übergehen. Extrem hohe T_c-Werte können dann möglicherweise nur mit künstlich stabilisierten Materialien erhalten werden.

Diese Überlegungen gelten für die Elektron-Phonon-Wechselwirkung. Man muß natürlich auch daran denken, daß neue Wechselwirkungsmechanismen gefunden werden können, die zu einer Kondensation im System der Leitungselektronen und damit zur Supraleitung führen können. Leider haben viele theoretische Hypothesen bis heute keinen greifbaren Erfolg gehabt. Das besagt aber keineswegs, daß hier nicht noch große Überraschungen bereit liegen können. Die Supraleitung bei Zimmertemperatur dürfte wohl noch lange ein Wunschtraum bleiben.

Die meßtechnischen Anwendungen der Supraleitung werden zweifellos in den kommenden Jahren in wachsendem Maße eingesetzt werden und eine Fülle von neuen Ergebnissen bringen. Auch die Entwicklung dieser supraleitenden Meßgeräte ist noch keineswegs abgeschlossen.

Die zum Verständnis der Supraleitung entwickelten theoretischen Beschreibungen von Vielteilchensystemen werden in Zukunft auch für die Behandlung anderer Systeme mit Erfolg Anwendung finden. Dabei wird man weitere Einsichten in die Supraleitung gewinnen. Welche Möglichkeiten die Natur hier noch bereithält, kann nur die künftige Entwicklung zeigen.

Ausblick aus der 2. Auflage (1977)

Ein Ausblick ist immer eine Art Vorschau und deshalb mit allen Unsicherheiten behaftet, die jede Voraussage für eine aktuelle naturwissenschaftlich-technische Entwicklung notwendig haben muß. Es scheint deshalb gerechtfertigt, den »Ausblick«, der 1972 in der 1. Auflage gegeben wurde, nicht einfach zu ersetzen, sondern fortzuführen.

Die Materialforschung ist zweifellos in den zurückliegenden Jahren ein zentrales Gebiet der Supraleitung gewesen und wird auch in Zukunft noch viel Interesse finden und große Anstrengungen erfordern. Selbst wenn keine neue Wechselwirkungen gefunden werden, die höhere Übergangstemperaturen ermöglichen, können wir heute hoffen, mit der Elektron-Phonon-Wechselwirkung zu $T \sim$ Werten um 30 K zu kommen. Auch vorsichtige Extrapolationen haben dies für $NT_{c}\text{-}3Si$ in der β-Wolfram-Struktur ergeben. Damit würden wir aber Supraleiter erhalten, die in technischen Geräten bei der Temperatur des flüssigen Wasserstoffs verwendet werden können. Da die Wasserstofftechnologie im Zusammenhang mit dem Energieproblem ohnehin mehr und mehr Bedeutung gewinnen dürfte – man bedenke, daß bereits Automotoren entwickelt worden sind, die mit Wasserstoff betrieben werden –, würde ein in flüssigem Wasserstoff technisch verwendbarer Supraleiter besonders attraktiv sein.

Auch die technischen Anwendungen werden in der nächsten Zukunft kaum an Interesse verlieren. Dabei liegt zur Zeit ein Schwerpunkt bei den supraleitenden Motoren und Generatoren. An mehreren Stellen werden Versuchsmaschinen mit beachtlichen Leistungen gebaut.

Die Fortschritte, die in der Herstellung miniaturisierter Josephson-Kontakte gemacht wurden, haben gezeigt, daß diese extrem schnellen und leistungsarmen Schaltelemente durchaus mit den besten Transistorelementen konkurrieren können und für spezielle Zwecke diesen sogar weit überlegen sind. Hier sind neue Möglichkeiten für die Zukunft bereitgestellt worden.

Aus allen diesen Entwicklungen wird deutlich, daß die Supraleitung nichts von ihrer Aktualität verloren hat.

Ausblick aus der 3. Auflage (1984)

Die Anwendungen der Supraleitung im Magnetbau und in der Meßtechnik werden sicherlich auch in der Zukunft weiter entwickelt werden. Bei den medizinischen Anwendungen stehen wir noch immer am Anfang. Es zeichnet sich aber ab, daß supraleitende Magnetfeldmesser besonders in der Erforschung des Gehirns und bei der Diagnose von Gehirnkrankheiten eine entscheidende Bedeutung erhalten werden.

Die supraleitenden Meßgeräte, wie Bolometer und Magnetfeldmesser, werden sprunghaft an Bedeutung gewinnen, wenn die heute laufenden Entwicklungen zur Herstellung von Miniaturkühlern zu einer serienreifen Konstruktion geführt haben werden. Hier sind die Möglichkeiten noch gar nicht abzusehen.

Ausblick aus der 4. Auflage (1989)

Die Arbeiten von Bednorz und Müller haben der Supraleitung eine völlig neue Perspektive eröffnet. Mindestens für das nächste Jahrzehnt wird uns die systematische Suche nach neuen Substanzen mit noch höherer Übergangstemperatur beschäftigen. Das Verständnis des oder der Mechanismen, die Übergangstemperaturen über 100 K liefern können, ist eine großartige Herausforderung an die Kollegen der Theorie. Die Experimentalphysiker werden sich bemühen, die entscheidenden Parameter der neuen Supraleiter eindeutig zu bestimmen, um damit eine sichere Grundlage für die Theorie zu schaffen. In den Entwicklungslabors wird man sich bemühen, aus den neuen Materialien geeignete Leiter herzustellen. Auch das ist eine gewaltige Herausforderung und erfordert sicherlich noch eine ganze Reihe neuer Ideen.

Man darf gespannt sein, was die nächsten Jahre auf diesem alten und jetzt wieder sehr jungen Gebiet bringen werden.

Ausblick aus der 5. Auflage (1993)

Noch steht ein befriedigendes theoretisches Verständnis der Supraleiter mit Übergangstemperaturen über 100 K aus. Hier liegt noch immer - auch sieben Jahre nach der Entdeckung der neuen Supraleiter - eine große Herausforderung.

Auch in Zukunft wird die Anwendung der Supraleitung ein zentrales Thema bleiben. Hier darf man immer auf Überraschungen gespannt sein. So hat in jüngster Zeit das Studium der Korngrenzen in den Oxiden gezeigt, daß diese Korngrenzen als Bereiche schwacher Kopplung hervorragende Eigenschaften haben können. Damit wurde der Bau extrem empfindlicher Magnetfeldsensoren mit einer Betriebstemperaturen von 77 K (Siedetemperatur des flüssigen Stickstoffs) möglich.

Die Entwicklung von Leitermaterial aus den Oxiden wird auch in den kommenden Jahren einen Schwerpunkt der Arbeiten darstellen. Hier ist ein systematisches Studium der Haftzentren in Supraleitern mit extrem kleiner Kohärenzlänge von besonderer Bedeutung. Nach aller Erfahrung der zurückliegenden Jahre darf man hoffen, daß es in Zukunft möglich sein wird, große supraleitende Magnete zu bauen, die bei der Temperatur des flüssigen Stickstoffs betrieben werden können. Die systematische Entwicklung der Kühlsysteme wird auch dazu führen, daß man Betriebstemperaturen um 50-60 K ökonomisch einsetzen kann. Die Leiterentwicklung und die Optimierung der Kühlbedingungen sollten beide energisch vorangetrieben werden.

Ausblick aus der 6. Auflage (2003)

In dem Jahrzehnt seit Erscheinen der letzten Auflage war im Bereich der Grundlagenforschung »unkonventionelle Supraleitung« das vielleicht wichtigste Stichwort. Die Hochtemperatursupraleiter wurden in vielerlei Hinsicht als unkonventionell erkannt und es wurden eine ganze Reihe neuer unkonventioneller Supraleiter entdeckt, die sich nicht in das klassische Bild der Supraleitung einfügen. So besitzen in den Hochtemperatursupraleitern die Cooper-Paare einen endlichen

Drehimpuls, der dazu führt, dass der supraleitende Paarzustand entlang unterschiedlicher Kristallrichtungen sein Vorzeichen wechselt. Die Längenkala, auf der sich der Paarzustand ändern kann, ist atomar klein. Dies führt einerseits dazu, dass Josephsoneffekte eine intrinsische Eigenschaft dieser Materialien werden, andererseits entsteht eine Vielzahl von Flusswirbelzuständen wie z. B. Flüssigphasen. Der Mechanismus der Hochtemperatursupraleitung ist allerdings nach wie vor offen.

Auch in der Anwendung sind Supraleiter weiter etabliert worden. So sind supraleitende Magnete aus NbTi oder Nb_3Sn aus der Kernspinresonanz-Spektroskopie oder Kernspintomographie nicht mehr wegzudenken. Es wurden Vielkanalsysteme aus hunderten supraleitender Quanteninterferometer (SQUIDs) aufgebaut, die mehr und mehr im Bereich der Hirnforschung eingesetzt werden. Viele Anwendungen der Hochtemperatursupraleitung sind in der Erprobungsphase. Beispielhaft seinen supraleitende Hochstromkabel, Filter für die Kommunikationstechnik oder SQUID-Systeme für die zerstörungsfreie Werkstoffprüfung genannt.

Ganz wesentlich ist, dass sich parallel zur Supraleitung auch die Kühltechnik stetig weiterentwickelt, sodass Temperaturen von einigen 10 K und darunter schon bald nichts Exotisches mehr an sich haben dürften.

Man darf erwarten, dass es in der Supraleitung auch in den nächsten Jahren viele wichtige Entwicklungen geben wird.

Stichwortverzeichnis

Supraleitung: Grundlagen und Anwendungen, 6. Auflage
Werner Buckel, Reinhold Kleiner
Copyright © 2004 Wiley-VCH Verlag GmbH & Co. KGaA, Weinheim
ISBN: 978-3-527-40348-6